国家“十二五”规划重点图书
中国地质调查局
青藏高原1：25万区域地质调查成果系列

中华人民共和国

区域地质调查报告

比例尺 1：250 000

艾提开尔丁萨依幅 英吉沙县幅

（J43C002002） （J43C002003）

项目名称：新疆1：25万库尔干幅、艾提开尔丁萨依幅、英吉沙县幅区域地质调查

项目编号：200313000002

项目负责：卢书炜

图幅负责：卢书炜

报告编写：卢书炜 杜凤军 任建德 方怀宾 李春艳 裴中朝 杨俊峰 刘品德 吕宪河 岳国利 陈俊魁 史春睿 李中民

编写单位：河南省地质调查院

单位负责：张 良（院长）
燕长海（院总工程师）

中国地质大学出版社
ZHONGGUO DIZHI DAXUE CHUBANSHE

内容摘要

图区位于西昆仑西段，帕米尔构造最北缘东侧弧形弯折部位，横跨塔里木地块、西昆仑中间地块和羌塘地块3个Ⅰ级构造单元。

工作中采用地面调查与室内研究相结合的方法，充分应用遥感与计算机技术等新技术手段，以平均7km的路线间距对调查区内的自然地理、经济交通、地层、侵入岩、火山岩、变质岩、构造等方面进行了系统调查和研究。报告运用造山带多重地层单位划分理论和方法，全面调研了测区地层单位，根据新发现的地层接触关系和古生物化石重新厘定并合理划分建立了全区的岩石地层及构造地层(岩石)单位。按照时间-空间关系合理划分了侵入岩填图单位。项目成果由报告正文和附图两部分组成，附图为区域地质图。

该项工作成果是研究区内第一份中比例尺以上的系统调查资料，取得了大量新发现和新认识，可供青藏高原地质、矿产、生态环境研究及教学、生产人员参考使用。

图书在版编目(CIP)数据

中华人民共和国区域地质调查报告·艾提开尔丁萨依幅（J43C002002)、英吉沙县幅(J43C002003)：比例尺1：250 000/卢书炜，杜凤军，任建德等著.—武汉：中国地质大学出版社，2013.10

ISBN 978-7-5625-2973-6

Ⅰ.①中…

Ⅱ.①卢… ②杜…③任…

Ⅲ.①区域地质-地质调查-调查报告-中国 ②盆地-地质调查-调查报告-新疆

Ⅳ.①P562

中国版本图书馆CIP数据核字(2012)第242513号

中华人民共和国区域地质调查报告
艾提开尔丁萨依幅(J43C002002)、
英吉沙县幅(J43C002003)　比例尺1：250 000

卢书炜　杜凤军　任建德　等著

责任编辑：马新兵　刘桂涛　　责任校对：戴　莹

出版发行：中国地质大学出版社(武汉市洪山区鲁磨路388号)　　邮政编码：430074
电　　话：(027)67883511　　传真：(027)67883580　　E-mail：cbb @ cug.edu.cn
经　　销：全国新华书店　　http://www.cugp.cn

开本：880毫米×1 230毫米 1/16　　字数：626千字　印张：18.5　图版：11　插页：2　附件：2
版次：2013年10月第1版　　印次：2013年10月第1次印刷
印刷：武汉中远印务有限公司　　印数：1—1 500册

ISBN 978-7-5625-2973-6　　定价：495.00元

前　言

青藏高原包括西藏自治区、青海省及新疆维吾尔自治区南部、甘肃省南部、四川省西部和云南省西北部，面积达 260 万 km^2，是我国藏民族聚居地区，平均海拔 4 500m 以上，被誉为"地球第三极"。青藏高原是全球最年轻、最高的高原，记录着地球演化最新历史，是研究岩石圈形成演化过程和动力学的理想区域，是"打开地球动力学大门的金钥匙"。

青藏高原蕴藏着丰富的矿产资源，是我国重要的资源后备基地。青藏高原是地球表面的一道天然屏障，影响着中国乃至全球的气候变化。青藏高原也是我国主要大江大河和一些重要国际河流的发源地，孕育着中华民族的繁生和发展。开展青藏高原地质调查与研究，对于推动地球科学研究、保障我国资源战略储备、促进边疆经济发展、维护民族团结、巩固国防建设具有非常重要的现实意义和深远的历史意义。

1999 年国家启动了"新一轮国土资源大调查"专项，按照温家宝总理"新一轮国土资源大调查要围绕填补和更新一批基础地质图件"的指示精神，中国地质调查局组织开展了青藏高原空白区 1∶25 万区域地质调查攻坚战，历时 6 年多，投入 3 亿多，调集 25 个来自全国各省（自治区）地质调查院、研究所、大专院校等单位组成了精干区域地质调查队伍，每年近千名地质工作者奋战在世界屋脊，徒步遍及雪域高原，完成了全部空白区 158 万 km^2 共 112 个图幅的区域地质调查工作，实现了我国陆域中比例尺区域地质调查的全面覆盖，在中国地质工作历史上树立了新的丰碑。

新疆 1∶25 万 J43C002002（艾提开尔丁萨依幅）、J43C002003（英吉沙县幅）区域地质调查项目，由河南省地质调查院承担，工作区位于帕米尔高原与塔里木盆地和西南天山交结部位。目的是通过对调查区进行全面的区域地质调查，按照《1∶25 万区域地质调查技术要求（暂行）》和《青藏高原空白区 1∶25 万区域地质调查要求（暂行）》及其他相关的规范、指南，参照造山带填图的新方法，应用遥感等新技术手段，以区域构造调查与研究为先导，合理划分测区的构造单元，对测区不同地质单元、不同的构造-地层单位采用不同的填图方法进行全面的区域地质调查。通过对盆地充填演化分析、岩浆作用、变质变形和盆-山耦合关系研究，建立测区构造格架，反演区域地质演化史。

J43C002002（艾提开尔丁萨依幅）、J43C002003（英吉沙县幅）地质调查工作时间为 2003—2005 年，累计完成地质填图面积为 20 410.89km^2，实测剖面 245.5km，地质路线2 585km，采集各类样品 2 385件，全面完成了设计工作量。主要成果有：①在阿克巴西麻扎尔一带原划中泥盆统克孜勒陶组下部发现重要平行不整合面，并在不整合面之下的泥岩夹层中采获丰富的孢子花粉，时代为中泥盆世，新建阿克巴西麻扎尔组（D_2a），代表中泥盆世早期拉张之前的浅滩-陆相氧化环境沉积；②在乌依塔克南库夏勒一带原划中侏罗统杨叶组含煤岩系中采获大量植物化石，并采获晚三叠世标准分子，为该套层位时代归属提供了直接依据，改称上三叠统霍峡尔组；③重新厘定了英吉莎群的含义，根据岩石组合、生物年代、地球化学等多方面综合研究，将吐依洛克组时代置古新世早期，从而使英吉莎群成为一个跨年代地层单位，其时代为晚白垩—古新世；④在奥依塔克西发现蛇绿岩和放射虫硅质岩，首次提出乌鲁阿特组火山岩是以洋脊火山岩为主夹杂部分洋内弧火山岩的大洋火山岩；⑤通过对奥依塔克蛇绿岩和石炭—二叠纪火山岩研究，确认奥依塔克—恰尔隆地区是一个从中泥盆世开始拉张至中二叠世前后闭合的晚古生代裂陷槽，与库地原特提斯洋在时间上和空间上都不相关。

2006年4月，中国地质调查局组织专家对项目进行了最终成果验收，评审认为：通过填图和综合研究，圆满完成了规定任务，在地层古生物、侵入岩、火山岩、区域构造方面，取得了显著成果，获得了突出新进展，是一项较高水平的区域地质调查成果，提高了区域地质研究程度。成果报告章节齐全，内容丰富，论证有据，地质图面结构合理。经评审委员会认真评议，通过了成果评审，艾提开尔丁萨依幅、英吉沙县幅成果报告被评为良好级。

参加报告编写的主要有卢书炜、杜凤军、任建德、方怀宾、李春艳、裴中朝、杨俊峰，由卢书炜统编定稿。刘品德、吕宪河、岳国利、李中民、陈俊魁、史春睿参加了有关章节的编写工作，地质图编图由任建德、杜凤军完成。

在整个项目实施和报告编写过程中，得益于许多单位和领导的大力协助、支持，尤其要感谢的是：中国地质调查局、西安地质矿产研究所、新疆乌鲁木齐工作总站和喀什工作站、新疆自治区第二地质大队。项目始终得到了李荣社、赵树铭、李卫东等多方指导和帮助，报告文字录入和排版由郭晓燕完成，地质图和报告插图计算机制图由许国丽、焦静华、晁红丽、孙学静、王旭辉等完成，在此表示诚挚的谢意。

为了充分发挥青藏高原1∶25万区域地质调查成果的作用，全面向社会提供使用，中国地质调查局组织开展了青藏高原1∶25万地质图的公开出版工作，由中国地质调查局成都地质调查中心与项目完成单位共同组织实施。出版编辑工作得到了国家测绘局孔金辉、翟义青及陈克强、王保良等一批专家的指导和帮助，在此表示诚挚的谢意。

鉴于本次区调成果出版工作时间紧、参加单位较多、项目组织协调任务重以及工作经验和水平所限，成果出版中可能存在不足与疏漏之处，敬请读者批评指正。

“青藏高原1∶25万区调成果总结”项目组

2010年9月

目　　录

第一章 绪 论

第一节 任务的下达与要求

中国地质调查局于2003年3月20日以中地调函[2003]77号文下达了《新疆1:25万库尔干幅(J43C001002)、艾提开尔丁萨依幅(J43C002002)、英吉沙县幅(J43C002003)区域地质调查工作内容任务书》,任务书编号为基[2003]001-09,工作内容编码为200313000002,工作性质为基础调查,工作期限为2003年1月—2005年12月,工作单位为河南省地质调查院,所属实施项目为青藏高原北部空白区基础地质调查与研究,实施单位为西安地质矿产研究所。本报告为联测图幅中艾提开尔丁萨依幅(J43C002002)和英吉沙县幅(J43C002003)的研究内容,工作区范围为北纬38°00′00″～39°00′00″、东经76°30′00″以西至中国和塔吉克斯坦国界,面积20 410.89 km^2。其中,英吉沙县幅14 478.46 km^2,艾提开尔丁萨依幅5 932.43 km^2(包括塔吉克斯坦实际控制区205.82 km^2)。

任务书提出的总体目标是:按照《1:25万区域地质调查技术要求(暂行)》和《青藏高原空白区1:25万区域地质调查要求(暂行)》及其他相关的规范、指南,参照造山带填图的新方法,应用遥感等新技术手段,以区域构造调查与研究为先导,合理划分测区的构造单元,对测区不同地质单元、不同的构造-地层单位采用不同的填图方法进行全面的区域地质调查。通过对盆地充填演化分析、岩浆作用、变质变形和盆山耦合关系研究,建立测区构造格架,反演区域地质演化史。

任务书特别强调,工作区地处喜马拉雅帕米尔构造结的东部,西南天山东西向构造带与西昆仑南北向构造带交汇部位,有数条重要构造结合带汇聚于此,地质构造复杂,成矿地质条件良好,对柯岗-库地、康西瓦-苏巴什结合带的构造组成与演化研究和成矿地质背景调查尤为重要,本着图幅带专题的原则,选择关键地段开展专题研究,全面提高本区基础地质研究程度。

第二节 自然地理和经济概况

一、位置与交通

调查区位于新疆维吾尔自治区西南部,行政区划大部分属克孜勒苏柯尔克孜自治州阿克陶县,少部分属乌恰县和喀什地区英吉沙县、塔什库尔干塔吉克自治县,西部与塔吉克斯坦共和国接壤。

区内交通相对方便(图1-1)。东部有国道315线从克孜勒进入测区向北经英吉沙可达喀什;中部有喀什至红其拉甫的314国道(中巴公路)从区内通过;北部有阿图什至伊尔克什坦口岸公路,西至吉尔吉斯斯坦共和国。其他还有乡间大道与公路相连,山区有驮运小道。除314、315国道为沥青路面外,其余均为沙石路面和泥土路面,雨季通行困难。

二、自然地理

调查区横跨昆仑山西段,西部地处帕米尔高原北部,东部少部分延入塔里木盆地,大部分地区属高原山地。山脉走势呈北西—北北西向弧状弯曲。地势西高东低,区内山势雄伟,峰峦叠障,冰峰林立,地形切割强烈,平均海拔4 000m左右。公格尔山耸立于调查区中部,最高海拔7 649m,其他主要山峰有慕士塔

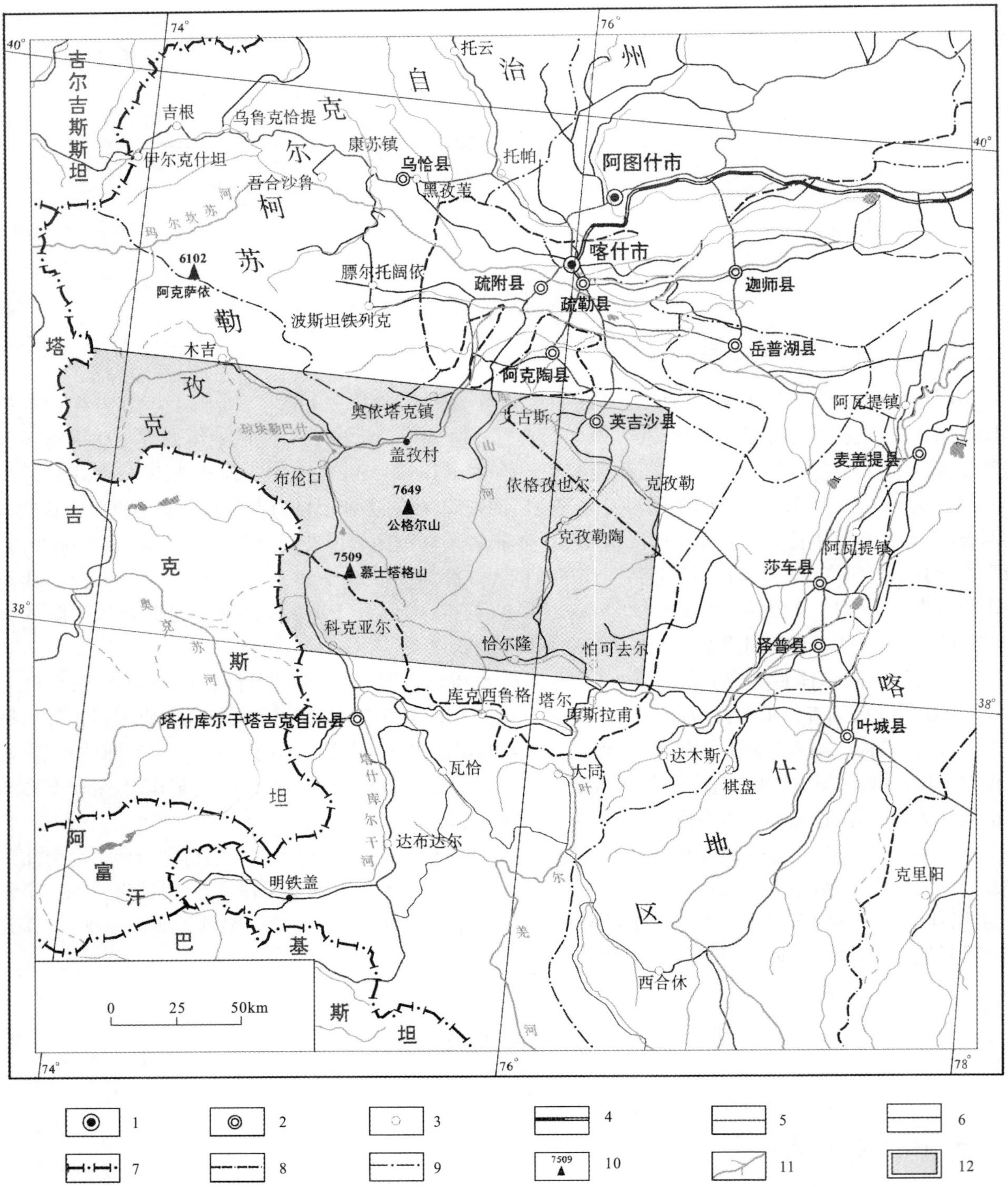

图 1-1　测区交通位置图

1. 市政府驻地；2. 县政府驻地；3. 乡政府驻地；4. 铁路；5. 重要公路；6. 次要公路；7. 国界；8. 地区(自治州)界；9. 县界；10. 山峰及高程；11. 河流水系；12. 工作区范围

格山(7 509m)、萨雷阔勒岭主峰(5 888m)、布瑞库孜山(5 884m)等。

区内永久性积雪和冰川覆盖面积达 1 210km^2，昆盖山和公格尔山、慕士塔格山上雪山冰川区堪称喀什绿洲的固体水库。调查区属内陆水系，具有独特的分布特征，山区水系为不对称的向心状水系，主要河流有盖孜河、库山河和依格孜牙河，向东汇入喀什绿洲区。盖孜河是区内第一大河，区内长约 120km，源于慕士塔格山、公格尔山、昆盖山等雪山冰川区(测区主要河流流量见表 1-1)。

据新疆维吾尔自治区地图册(2003)，调查区属典型的大陆性干旱季风区气候，西部高山区严寒湿润，气候垂直分带明显，东部干旱少雨，冷热剧变。西部高山区气候具有明显的垂直分带规律。海拔5 000m

以上，年平均气温在－10℃以下，年降水量在500mm以上；海拔3 000～4 000m的中高山区，年降水量为231.5mm；海拔2 000m以下的塔里木盆地边缘，年平均气温11.3℃，年降水量62.8mm，年平均水分自然蒸发量为2 464.3mm，年平均日照时数为2 862.8小时，太阳年平均辐射量为140.4kcal/cm²，年平均浮尘日25.7天，无霜期为222天。

表1-1 测区主要河流流量特征值统计表

河名	水文站	坐标		多年平均流量(m^3/s)	多年平均径流量(×10^8m^3)	年径流模数(dm³/s·km²)	年径流深度(mm)	历年最大		历年最小	
		东经	北纬					流量	年-月-日	流量	年-月-日
库山河	沙曼	75°39′	38°48′	20.1	6.36	9.29	293	221	1955-06-18	2.26	1995-12-21
依格孜牙河	克孜勒苔克	76°04′	38°34′	2.99	0.94	2.23	70.3	114	1991-06-23	0.15	1982-04-07
喀拉库里河	喀拉库里	74°58′		11.4	3.59	5.24	164.7	157	1994-08-24	0.92	1964-01-14
盖孜河	克勒克	75°23′	38°48′	30.3	9.56	3.10	98.0	295	1978-07-07	4.38	1978-01-14
维他克河	维他克	75°27′	38°58′	5.48	1.73	11.0	347.0	403	1979-08-11	0.50	1987-04-05

注：资料由盖孜水文站提供，流量统计到1995年

三、经济地理概况

据新疆维吾尔自治区地图册(2003)，除英吉沙绿洲外全部属牧业区，居民稀少，分布极不均匀，居民主要为柯尔克孜族、维吾尔族、汉族、塔吉克族等。维吾尔族多居住于绿洲区以务农为主。农作物有小麦、玉米、棉花、大麦、油料，山区可种植青稞、玉米，瓜果类主要有葡萄、哈密瓜、苹果、桃、梨、杏等，土特产有杏干、巴旦木等。畜牧业以饲养绵羊、山羊、牛、马、骆驼为主。野生动物有棕熊、雪豹、狐狸、旱獭、狼、大头羊、黄羊、盘羊、青羊、岩羊、雪鸡、野兔、天鹅、鹰、金雕、鹭鸶等。野生药用植物有甘草、红花、党参、紫草、麻黄、当归、贝母、阿魏等。矿产资源主要有煤、铜、铁、铅、锌、水晶石、黄金、石膏、石灰石、食盐、云母、石棉等。工业有采煤、发电、水泥、农机修理、地毯、皮革加工、制鞋、民族手工艺品加工等，驰名中外的“英吉沙”小刀具有悠久的历史和浓厚的民族特色，远销国内外。名胜古迹有盖孜河驿站、慕士塔格峰、公格尔峰、公格尔九别峰、喀拉库勒湖、英吉沙代尔瓦孜清真寺、艾提喀美其特清真寺及新建立的奥依塔克森林公园等。

第三节 地质矿产调查简史

调查区区域地质研究工作以1949年10月1日为界划分为前后两个大的阶段。自1872年开始，到1949年的近80年中，有少数外国地质学者在测区范围内作了零星的路线地质调查，但资料多已散失，难以查清。中华人民共和国成立以后，在20世纪80年代后期，随着国民经济的发展，先后在成矿带上进行了正规图幅的1∶20万和1∶5万区域地质、矿产调查，同时进行了1∶50万区域地球化学调查、1∶100万航磁测量、专题研究及区域地质编图，研究内容涉及地层、古生物、岩石、变质作用、构造作用、成矿条件等方面。调查区地质调查历史见表1-2，地质研究程度见图1-2。

一、区域地质调查

测区的区域地质调查工作有路线调查和面积性调查两种，早期工作以路线调查为主。

1872—1874年，ф.弗斯托列契甫在调查区南部穷布斯萨依一带进行过路线地质调查。

1889—1890年，K.П.博格达诺维奇在调查区南部考库亚一带进行过路线地质调查。

1909年，格盖林茨在调查区中部进行过路线地质调查。

1914年，格盖德在苏古鲁克—木吉一带进行过路线地质调查。

1941—1942年，谢尔盖霍夫在调查区南部的坦木一带进行过路线地质调查。

1952—1953年，前苏联地质保矿部第十三航空地质大队在喀什西部进行过1∶20万综合性的地质测量，编写了《新疆喀什西北-克孜勒苏河流域1∶20万地质测量及普查工作报告》(俄文)，1976年，新疆地

质局区测大队在此基础上编译出了《1：20 万喀什地区地质图及说明书》[①]（又名喀什专报），是涉及测区的第一份系统地质资料。

表 1-2 调查区地质调查历史简表

序号	调查时间（年）	成果名称	作者	出版时间（年）	出版单位
1	1952—1953	1：20 万喀什西北-克孜勒苏河流域地质测量及普查工作报告	Л. Б. 翁加兹，В. А. 法拉暂夫	1953	前苏联地质保矿部第十三航空地质大队
2	1966—1967	1：100 万西昆仑地区木吉—塔什库尔干一带地质、矿产调查报告	新疆局区测大队	1967	新疆地质局区测大队
3	1983—1985	1：100 万西昆仑布伦口—恰尔隆地区区域地质调查报告	田阔邦等	1985	新疆地矿局第一区域地质调查大队
4	1986—1989	1：20 万克孜勒幅（J-43-ⅩⅦ）区域地质调查报告	甄保生等	1989	新疆地矿局第一区域地质调查大队
5	1991—1995	1：5 万奥依塔克等 2 幅区域地质调查报告及说明书	张东生等	1995	新疆地矿局第二区域地质调查大队
6	1994—1998	1：5 万喔尔托克等 4 幅区域地质调查报告及说明书	高鹏等	1998	新疆地质调查院第二地质调查所
7	1983—1985	1：50 万新疆南疆西部地质图、矿产图说明书	汪玉珍等	1985	新疆地矿局第二地质大队
8	1984—1986	新疆维吾尔自治区 1：200 万大地构造图及说明书	陈哲夫等	1986	新疆地矿局第一区域地质调查大队
9	1994	西昆仑西部 1：50 万区域化探	杨万志等	1994	新疆地矿局第二地质大队
10	1982—1988	新疆维吾尔自治区区域地质志	陈哲夫等	1993	新疆地矿局
11	1991—1995	新疆维吾尔自治区岩石地层	蔡土赐等	1999	新疆地矿局
12	2000	1：100 万新疆地质图（数字版）	王福同等	2000	新疆地矿局第一区调大队和遥感中心
13	2001	青藏高原中西部 1：100 万航磁调查	熊盛青等	2001	中国国土资源航空物探遥感中心
14	1987—1991	喀喇昆仑—昆仑综合科学考察导论	潘裕生等	1992	科学出版社
15	1991—1993	西昆仑造山带与盆地	丁道桂等	1996	地质出版社
16	1994	中国新疆西部喀喇昆仑羌塘地块及康西瓦构造带构造演化	李永安等	1995	新疆科技卫生出版社
17	1994—1995	塔里木盆地西南缘海相白垩系—第三系界线研究	郝诒纯等	2001	地质出版社
18	1996—2000	西昆仑金属成矿省概论	孙海田等	2000	地质出版社
19	1996—2000	塔木-卡兰古铅锌矿带成矿条件及评价研究	汪东坡等	2000	国家 305 项目办公室

1956 年，地质部第十三地质大队在调查区南部进行过 1：50 万地质调查；同年，新疆冶金局 702 队在调查区东南部进行过 1：20 万地质调查。

1965 年，地质部地质研究所据前人资料，编写出版了《喀什幅 1：100 万地质图及说明书》。

1967 年，新疆地质局区测大队在木吉—塔什库尔干一带进行了 1：100 万路线地质、矿产调查[②]。

1979 年，新疆地质局地质科学研究所根据前人资料编制了《新疆超基性岩及铬铁矿报告》[③]。

1981 年，青藏高原普查一分队沿中巴公路进行了路线地质调查，其成果反映在 1982 年出版的由姜春发等编著的《昆仑开合构造》一书中。

1985 年，新疆地矿局第一区域地质调查大队五分队在布伦口—恰尔隆地区进行了 1：100 万地质矿

① 新疆地质局区域地质测量大队编译. 1：20 万喀什地区地质图及说明书（又名喀什专报）. 1976.

② 新疆地质局区域地质测量大队二分队. 西昆仑地区木吉—塔什库尔干一带 1：100 万路线地质、矿产调查报告. 1967.

③ 新疆地质局地质科学研究所. 新疆超基性岩与铬铁矿. 1979.

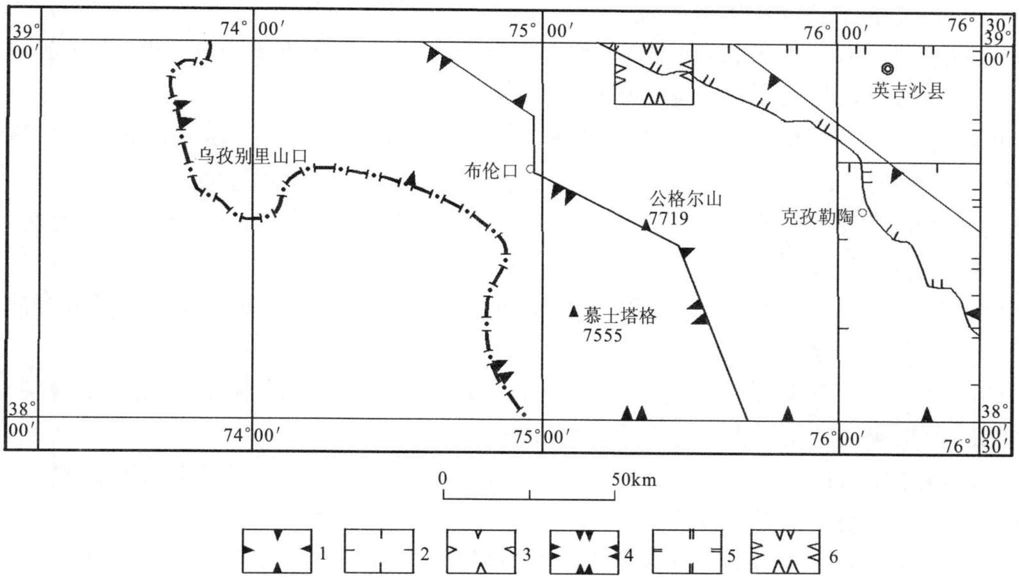

图 1-2　艾提开尔丁萨依幅、英吉沙县幅地质研究程度图

1. 1∶100 万区域地质调查区(1989);2. 1∶20 万区域地质调查区(1989);3. 1∶5 万区域地质调查区(1998);
4. 1∶100 万区域地质调查区(1967);5. 1∶20 万区域地质调查区(1953);6. 1∶5 万区域地质调查区(1995)

产调查①。同年,新疆地矿局第二地质大队编制了《1∶50 万新疆南疆西部地质图及说明书》②。

1986 年,新疆地矿局第一区域地质调查大队编制了《新疆维吾尔自治区 1∶200 万大地构造地质图及说明书》③。

1989 年,新疆地矿局第一区域地质调查大队一分队在调查区南部进行了 1∶20 万克孜勒幅(J-43-ⅩⅦ)区域地质调查,出版了地质矿产图和地质调查报告④。

1987—1991 年,中国科学院青藏高原综合科考队潘裕生、法国 P. Tapponnior 等在中国科学院和法国科学研究中心资助下开展了喀喇昆仑山—西昆仑山地区喀什-红其拉甫路线考察,对该区地质历史及板块构造机制等进行了深入研究,并于 1991 年 5 月召开了国际讨论会,1992 年出版了《喀喇昆仑—昆仑综合科学考察导论》。

1994 年,新疆地矿局第二区域地质调查大队三分队在调查区中部进行了 1∶5 万奥依塔克幅(J-43-43-B)、阿克塔什幅(J-43-31-C)区域地质调查,出版了地质图和地质报告,其中奥依塔克幅位于测区范围内⑤。

1998 年,新疆石油管理局在测区东部七美干地区开展了山前地面石油地质调查与评价工作。

1998—2000 年,中国国土资源航空物探遥感中心在调查区进行了 1∶100 万航磁测量,覆盖了区内约 90%以上的面积。2001 年出版了专著《青藏高原中西部航磁调查》。

二、综合研究

1986 年,新疆地矿局第一区域地质调查大队编写了《新疆维吾尔自治区 1∶200 万大地构造图及说明书》、《新疆维吾尔自治区 1∶200 万变质图及说明书》⑥,对新疆大地构造、变质作用及其分布进行了系统总结。

1991—1993 年,丁道桂等承担了“八五”国家科技攻关项目“新疆塔里木盆地西南部和西昆仑造山带

① 新疆地矿局第一区域地质调查大队五分队. 西昆仑山布伦口—恰尔隆地区 1∶100 万区域地质调查报告. 1985.

② 新疆地矿局第二地质大队. 1∶50 万新疆南疆西部地质图及说明书. 1985.

③ 新疆地矿局第一区域地质调查大队. 新疆维吾尔自治区 1∶200 万大地构造地质图及说明书. 1986.

④ 新疆地矿局第一区域地质调查大队一分队. 1∶20 万克孜勒幅(J-43-ⅩⅦ)区域地质调查报告. 1989.

⑤ 新疆地矿局第二区域地质调查大队三分队. 1∶5 万奥依塔克幅、阿克塔什幅区域地质调查报告. 1994.

⑥ 新疆地质矿产局第一区域地质调查大队. 新疆维吾尔自治区 1∶200 万大地构造地质图及说明书. 1986.

形成、演化与油气关系”研究，1996 年出版了专著《西昆仑造山带与盆地》。

1993 年，新疆地矿局出版了《新疆维吾尔自治区区域地质志》，该成果是对 1985 年底前地质调查、研究成果系统全面的总结，其成果是本次区域地质调查的重要参考文献之一。

1994 年，为第三十届国际地质大会作好准备，新疆地矿局开展了中巴公路地质旅游路线调查，1995 年出版了李永安等著的《中国新疆西部喀喇昆仑羌塘地块及康西瓦构造带构造演化》。

1994—1995 年，郝诒纯等在地质矿产部和西北石油地质局资助下开展了“塔里木盆地西南缘海相白垩系—第三系界线研究”，2001 年出版了同名专著。

1995 年，贾群子等承担了地质矿产部定向科研项目“西昆仑块状硫化物矿床成矿条件和成矿预测”研究，1999 年出版了同名专著。

1999 年，新疆地矿局编写出版了《新疆维吾尔自治区岩石地层》，对全疆地层按多重地层划分对比进行了系统厘定，其成果对本次工作具有重要使用价值。

2000 年，新疆地矿局第一区域地质调查大队和遥感中心编制了 1∶100 万数字版新疆维吾尔自治区地质图，是本次工作主要的参考资料。

1996—2000 年，孙海田等承担了国家 305 项目“西昆仑贵金属、有色金属大型矿床成矿远景及靶区预测”课题，提交了综合研究报告，2003 年出版了专著《西昆仑金属成矿省概论》；汪东坡等承担了本项目子课题，编写了《塔木-卡兰古铅锌矿带成矿条件及评价研究报告》。

除上述提到的研究项目和论著以外，涉及本区的重要论著还有：潘裕生等著的《喀喇昆仑—昆仑山地区地质演化》(2000)；刘训等著的《塔里木板块周缘的沉积-构造演化》(1998)；陈荣林等著的《塔里木盆地中新生界沉积特征与石油地质》(1995)；王宝瑜等著的《中国天山西段地质剖面综合研究》(1994)；新疆地矿局地质矿产研究所和新疆地矿局第一区调大队所著的《新疆古生界(上、下)》(1990—1991)；张师本所著的《塔里木盆地震旦纪—二叠纪地层古生物》(1991)；周志毅等主编的《塔里木盆地生物地层和地质演化》(1990)；唐天福等著的《新疆塔里木盆地西部白垩纪至第三纪海相地层及含油性》(1989)；赵治信等著的《塔里木盆地西南缘石炭纪地层及其生物群》(1984)；唐天福等著的《塔里木盆地西部晚白垩纪至早第三纪海相地层及沉积环境》(1982)等。

多年来，许多地质学者在调查区及邻区进行了大量针对某些地质问题的专门研究，提高了区域地质研究程度和认识水平，涉及区内的论文达 100 多篇，这些都为本次区域地质调查工作奠定了良好的基础，并拓宽了思路，对提高本项目的工作成果和质量都具有重要的意义。

第四节　任务完成情况

一、工作概况

项目组成立后着手收集地形图和影像资料，对卫星影像进行初步解译，对前人资料进行分析研究，确定工作方案。下半年对测区及相邻有关地区进行了野外踏勘并完成了 10 000km^2 的野外试填图和少量剖面测制工作以及验证、补充和修改遥感解译标志。野外工作结束后，于年底前完成了项目总体设计的编制，12 月中旬在西安通过地调局西北项目办的设计审查。

2004 年 1—2 月进行了项目总体设计的修改并送西安地质矿产研究所进行了认定，同时编制年度工作计划，3 月下旬出队，4—10 月全面展开路线地质调查、剖面测制、专题研究等野外作业。

2004 年收队后至 2005 年 4 月主要进行年度资料整理，5—6 月继续完成剩余的野外地质调查任务，部分人员进行野外验收前的资料整理工作。2005 年 7 月中旬在喀什通过西安地质矿产研究所组织的野外资料验收，其中英吉沙县幅得分 90.5 分，为优秀级；艾提开尔丁萨依幅得分 87 分，为良好级。野外资料验收后，项目组根据专家意见和决议书要求，安排了重点地质情况检查，对重要地质问题的原始资料进行了进一步发掘整理，随后转入报告编写阶段。

2006 年 4 月，报告通过了西安地质矿产研究所组织的专家组评审，获良好级。

参加报告编写的技术人员及分工是:第一章卢书炜,第二章杜凤军、方怀宾,第三章任建德,第四章李春艳,第五章卢书炜、裴中朝,第六章李春艳、杨俊峰,第七章杜凤军,第八章卢书炜,最后由卢书炜统编定稿,刘品德、吕宪河、岳国利、李中民、陈俊魁、史春睿参加了有关章节的编写工作。地质图编制:任建德、杜凤军;计算机制图:许国丽、晁红丽、焦静华、孙学静、王旭辉;报告文字录入和排版:郭晓燕。

二、工作底图和卫片的选择

野外工作底图和地质总图及实际材料图选用了中国人民解放军总参谋部1972—1985年出版的1∶10万彩色地形图,野外工作期间参考使用了国家测绘局1988年出版的1∶25万彩色地形图、ETM及TM卫星影像资料(1∶25万及1∶10万彩色影像图)。上述地形图和卫片资料可满足设计精度和规范要求。

三、工作方法和精度

本项目工作类型采取了实测方式,充分利用了"3S"技术,对区内不同地质单元、构造地层单位采用了不同的填图方法进行了全面的区域地质调查。本次在联测图幅内共完成的各类地质观察路线总长度2 585km,各类地质点1 125个,平均路线间距7.5km,对间距较大地区增加了遥感解译路线。

野外地质点定位以GPS数据为准,辅以交汇法校准。经验证误差小于100m。

直径大于500m、宽度大于100m的地质体及长度大于500m的断层均在图上进行了标定,对有重要意义的特殊地质体适当夸大表示。半数填图路线有信手剖面图,全部路线有小结。

剖面对地质体的控制程度已满足设计要求,达到每个地层单元、较大侵入体都有剖面控制,部分地质单元有2条剖面控制。剖面比例尺一般为1∶5 000,个别地层为1∶2 000。

四、完成的实物工作量

设计的主要实物工作量绝大部分已完成或超额完成,各主要岩体、各火山地层单元都有同位素年龄和稀土、微量、硅酸盐分析等配套样品。每条剖面上都有足够的薄片样品,沉积地层都尽量采集化石样品以确定时代。实物工作量完成情况见表1-3。

五、资料整理情况

野外整理基本上以填图路线或剖面为单元,内容包括记录本与手图扣合(自检)及着墨、路线小结、搬图、样品整理及送样单填写等,并对下步工作进行布置。一个基站工作结束就进行阶段整理,包括连图、工作总结、质量检查、月季报等。

年度资料整理包括填写样品登记表、分类送样、分析测试成果批注登记、编制和完善1∶10万实际材料图,编制各类剖面图、成果图等,编制阶段性工作总结、年报以及下年度工作计划。

野外验收前综合整理主要进行各类资料汇总编目、系统填制各类卡片、登记表等;补充完善剖面图、柱状图、野外地质总图、实际材料图等各类原始资料;编制各种图件、表格及区域地质调查简报,制作供野外验收使用的多媒体汇报材料。

报告编写前综合整理包括分析测试数据处理和计算,区域地层序列、构造格架的建立,报告插图插表的制作和报告提纲编写,各类原始资料和实物样品及分析结果的分类整理,各种图件、卡片的补充修正和完善。

六、质量评述

项目质量管理工作严格按照《河南省地质调查院质量管理体系》运行,根据设计书和有关规范开展工作,建立了地调院和基础中心、项目部、分队和作业组三级质量检查制度,开展经常性自检、互检工作(100%),项目负责人检查20%,基础中心和地调院抽检5%~10%,地调院每年初对上年度原始资料和成果进行全院展评活动,工作质量符合有关要求,全部质量活动均有记录。

表 1-3 实物工作量一览表

项 目	单位	联测图幅设计总量	艾提开尔丁萨依幅完成工作量	英吉沙县幅完成工作量	备注
1∶25 万地质填图	km^2	32 395.45	5 932.43	14 478.46	
1∶25 万遥感地质解译	km^2	33 515	5 932.43	14 478.46	
填图路线	km	4 200	751	1 834	
1∶2 000～1∶5 000 地质剖面	km	351	73.6	171.9	
化学分析	件	100	14	30	
硅酸盐分析	件	80	18	47	
微量元素分析	件	80	18	47	
稀土元素分析	件	80	18	47	
岩石薄片	块	2 000	449	1 049	
标本	块	200	43	145	
定向薄片	块	20	3	7	
粒度分析	块	100	0	47	
长石有序度	件	15	5	6	
包体测温	件	15	5	6	
电子探针	点	50	14	20	
大化石	个	500	5	268	
微体化石	件	150	12	36	
Rb-Sr 年龄样	组	2	0	1	
锆石 U-Pb 年龄样	件	4	4	6	
SHRIMP	件	3	—	—	调整为锆石 U-Pb
K-Ar 年龄样	件	11	2	2	
$\delta^{18}O$	件	15	5	6	

第二章 地 层

测区地层分布广泛，发育较齐全，特别是晚古生代至中生代地层发育较好，古生物化石丰富。各时代地层沿走向延伸较稳定，岩性组合变化不大。

根据地层发育情况、沉积类型和沉积建造、古地理特征、古生物群面貌、大地构造位置、区域断裂的分布特征以及与构造有关的岩浆活动和变质作用等，以空贝利-木扎灵断裂为界，分为塔里木地层区和昆仑地层区。大致以库夏勒—克孜勒陶—昔力比里一线为界，将塔里木地层区分为塔里木盆地分区和塔南地层分区，塔里木盆地分区又分为喀什和喀依孜地层小区；塔南地层分区进一步分为恰尔隆、乌依塔克和盖孜3个地层小区。空贝利-木扎灵断裂以南为西昆仑地层分区，以乌孜别里山口—江托克铁热克达坂一线为界，将西昆仑地层分区分为公格尔、科克亚尔2个地层小区(图2-1)。

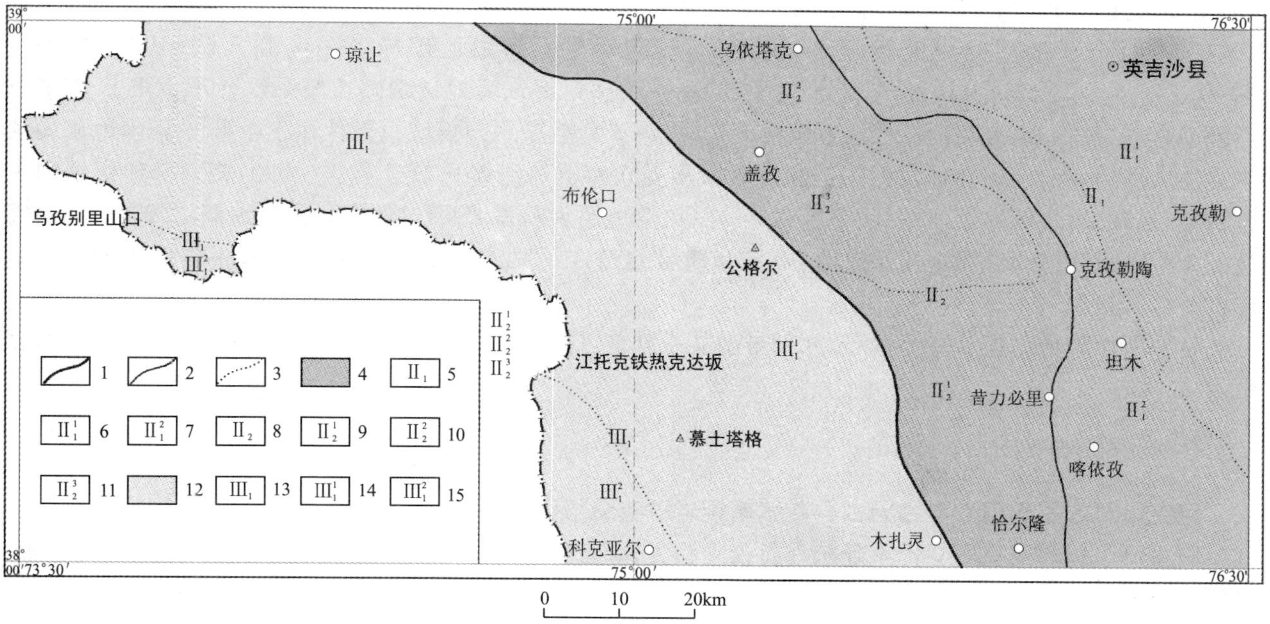

图 2-1 测区地层区划图

1. 地层区界线；2. 地层分区界线；3. 地层小区界线；4. 塔里木地层区；5. 塔里木盆地地层分区；6. 喀什地层小区；7. 喀依孜地层小区；8. 塔南地层小区；9. 恰尔隆地层小区；10. 乌依塔克地层小区；11. 盖孜地层小区；12. 昆仑地层区；13. 西昆仑地层分区；14. 公格尔地层小区；15. 科克亚尔地层小区

塔里木地层区出露地层主要为上古生界—新生界，其中塔里木盆地分区出露地层主要为中—新生界。泥盆系为海相碎屑岩建造，石炭系—下二叠统为海相碎屑岩-碳酸盐岩建造，中二叠统为碎屑岩-碳酸盐岩夹火山岩建造，上二叠统为陆相碎屑岩建造，侏罗系为陆相含煤碎屑岩建造，白垩系—新近系为海陆交互相碎屑岩-碳酸盐岩建造。乌依塔克-喀依孜地层分区出露地层主要为上古生界，泥盆系为海相碎屑岩建造，石炭系沉积建造类型较多，主要有海相碎屑岩建造、碳酸盐岩建造、火山岩建造，二叠系为碎屑岩-碳酸盐岩建造，三叠系—侏罗系陆相含煤碎屑岩建造，白垩系—新近系海陆交互相红色碎屑岩建造，少量的元古界，为变质岩系。昆仑地层区出露地层主要为古元古界、长城系、志留系，少量奥陶系及上白垩统。古元古界及长城系为变质岩系，奥陶系和志留系为浅变质的海相碎屑岩-碳酸盐岩建造，上石炭统—下二叠统为碎屑岩夹火山岩建造，白垩系为红色碎屑岩建造。第四系在塔里木地层区以河流、湖泊相为主，而在西昆仑则以冰碛冰水堆积物为主。

本次区调对沉积地层进行了岩石地层、生物地层及年代地层为主的多重地层划分，对变质地层进行了构造-地层划分，对浅变质岩、沉积岩及部分火山岩进行了岩石地层划分，对塔里木盆地分区的石炭系进行了生物地层划分。重新厘定了测区地层系统(表 2-1)，建立组级正式地层单位 37 个(其中新建 2 个，新划分 3 个)，(岩)群级地层单位 17 个。

本报告多采用新疆维吾尔自治区岩石地层(1999)建立的岩石地层单位名称，时代归属以 1：25 万区调新成果为基础，参考中国地层典进行了调整。新建地层单位有明确的定义，有代表性剖面，依据充分，具有可填图性，易于识别，并有古生物化石佐证其时代归属。

第一节　古元古界

古元古界在塔里木及昆仑地层区均有出露，塔里木地层区称赫罗斯坦岩群，昆仑地层区称布伦阔勒岩群。

一、赫罗斯坦岩群($Pt_1H.$)

赫罗斯坦岩群出露于也希尔达坂及沙黑孜阿勒克等地，为一套中深变质岩系，变质矿物组合具角闪岩相，主要岩性为石榴黑云斜长片麻岩、黑云斜长变粒岩、黑云石英片岩等。

区内对该套地层的研究始于 20 世纪 80 年代中期。新疆地矿局第一区调大队(1985)在进行 1：100 万西昆仑山布伦口—恰尔隆地区区域地质调查时，将该套地层划归长城系巴什考供群①，该单位(1989)在进行 1：20 万克孜勒幅区域地质调查时，将该套地层划归长城系巴什库尔干群②；新疆地矿局第二地质大队(1985)将该套地层划归下元古界欧阳麦切特群③；新疆区域地质志(1993)将该套地层划归古元古界；新疆 1：100 万地质图(数字版，2000)将该套地层划归长城系赛图拉群；河南地调院(2004)在南邻进行 1：25 万叶城幅区域地质调查时，将该套地层划归古元古界赫罗斯坦杂岩④。本报告采用赫罗斯坦岩群一名，时代归古元古代。

赫罗斯坦岩群呈楔状零星分布，北部被蓟县系桑株塔格群或下侏罗统莎里塔什组不整合覆盖，出露面积约 80km²。

(一)剖面介绍

阿克陶县沙黑孜阿勒克古元古界赫罗斯坦岩群实测剖面

剖面位于新疆阿克陶县恰尔隆东沙黑孜阿勒克，起点坐标：X=4 210 812，Y=13 598 108，H=2 659。剖面长约 3.2km(图 2-2)。

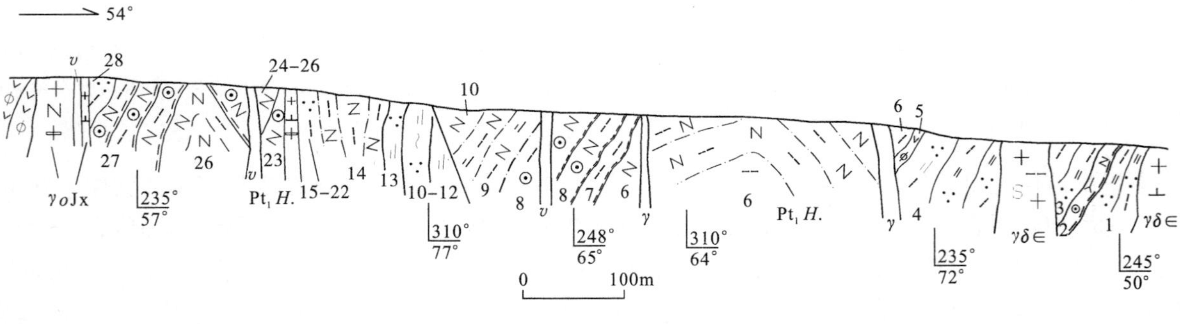

图 2-2　阿克陶县沙黑孜阿勒克古元古界赫罗斯坦岩群实测剖面图

---

① 新疆地矿局第一区域地质调查大队五分队. 西昆仑山布伦口—恰尔隆地区 1：100 万区域地质调查报告. 1985.

② 新疆地矿局第一区域地质调查大队一分队. 1：20 万克孜勒幅(J-43-ⅩⅦ)区域地质调查报告. 1989.

③ 新疆地矿局第二地质大队. 1：50 万新疆南疆西部地质图及说明书. 1985.

④ 河南省地质调查院. 1：25 万叶城县幅区域地质调查报告. 2004.

表 2-1　测区地层序列表

年代地层 \ 岩石地层分区			塔里木地层区：塔里木盆地地层分区：喀什地层小区	塔里木地层区：塔里木盆地地层分区：喀依孜地层小区	塔里木地层区：塔南地层分区：恰尔隆地层小区	塔里木地层区：塔南地层分区：乌依塔克地层小区	塔里木地层区：塔南地层分区：盖孜地层小区	昆仑地层区：西昆仑地层分层：公格尔地层小区	昆仑地层区：西昆仑地层分层：科克亚尔地层小区
新生界	第四系	全新统	冲积(Qh^{al})、冲洪积(Qh^{pal})、湖积(Qh^{l})、冰碛(Qh^{gl})、风积(Qh^{eol})、化学堆积(Qh^{ch})、湖沼堆积(Qh^{fl})						
		上更新统	新疆群($Qh^{3}X$)、冰水堆积(Qp^{3gfl})、湖积(Qp^{3l})、风积(Qp^{3eol})、冲洪积(Qp^{3pal})						
		中更新统	乌苏群($Qp^{2}W$)、洪积(Qp^{2l})					洪积(Qp^{2pl})、冰水堆积(Qp^{2gfl})	
		下更新统	西域组($Qp^{1}x$)						
	新近系	上新统	阿图什组(N_2a)			阿图什组(N_2a)			
		中新统	乌恰群：帕卡布拉克组(N_1p)						
			乌恰群：安居安组(N_1a)						
			乌恰群：克孜洛依组(N_1k)						
	古近系	渐新统	喀什群：巴什布拉克组(E_3b)						
		始新统	喀什群：乌拉根组(E_2w)						
			喀什群：卡拉塔尔组(E_2k)						
		古新统	喀什群：齐姆根组($E_{1-2}q$)						
			喀什群：阿尔塔什组(E_1a)						
			英吉莎群：吐依洛克组(E_1t)						
中生界	白垩系	上统	英吉莎群：依格孜牙组(K_2y)					铁龙滩群(K_2T)	
			英吉莎群：乌依塔克组(K_2w)						
			英吉莎群：库克拜组(K_2k)						
		下统	克孜勒苏群：乌鲁克恰特组(K_1w)						
			克孜勒苏群：江额结尔组(K_1j)						
	侏罗系	上统	库孜贡苏组(J_3kz)						
		中统	叶尔羌群：塔尔尕组(J_2t)						
			叶尔羌群：杨叶组(J_2y)						
		下统	叶尔羌群：康苏组(J_1k)						
			叶尔羌群：莎里塔什组(J_1sh)						
	三叠系	上统				霍峡尔组(T_3h)			
		中统							
		下统							
古生界	二叠系	上统		达里约尔组(P_3d)	克斯麻克组(P_3k) 达里约尔组(P_3d)				
		中统		棋盘组(P_2q)		棋盘组(P_2q)			
		下统		克孜里奇曼组(P_1kz)		下二叠统(P_1)			
				塔哈奇组(C_2P_1th)	特给乃奇克达坂组(C_2P_1tg)				哈拉米兰河群(C_2P_1H)
	石炭系	上统		阿孜干组(C_2a)	库尔良群(C_2K)	上石炭统(C_2)			
				卡拉乌依组(C_2kl)					
		下统		和什拉甫组(C_1h)	他龙群(C_1T)	乌鲁阿特组(C_1w)	罕铁热克组(C_1ht)		
	泥盆系	上统		克里塔克组(D_3C_1kl)			库山河组(D_3C_1k)		
				奇自拉夫组(D_3q)			奇自拉夫组(D_3q)		
		中统		克孜勒陶组(D_2kz)			克孜勒陶组(D_2kz)		
				阿克巴西麻扎尔组(D_2a)			阿克巴西麻扎尔组(D_2a)		
		下统							
	志留系	顶统							
		上统						达坂沟群($S_{2-3}D$)；志留系(S)	
		中统							
		下统						温泉沟群(S_1W)	
	奥陶系							奥陶系(O)	
	寒武系								
新元古界	震旦系								
	南华系								
	青白口系								
中元古界	蓟县系			桑株塔格群(JxS)					
	长城系					赛图拉岩群(ChST.)		赛图拉岩群(ChST.)	
古元古界				赫罗斯坦岩群($Pt_1H.$)				布伦库勒岩群($Pt_1B.$)	

———— 整合　　- - - - - - - 平行不整合　　〰〰〰 角度不整合　　·········· 未见接触

蓟县纪斜长花岗岩侵入	（未见顶）
————斜长花岗岩侵入————	
古元古界赫罗斯坦岩群（$Pt_1H.$）：	**>1 210.20m**
28. 灰色黑云绢云石英片岩与灰色黑云变粒岩、灰白色浅粒岩互层	53.90m
27. 灰色石榴绢云斜长片麻岩	111.50m
26. 灰绿色绢云绿泥斜长片岩（黑云斜长片麻岩退变质）	8.50m
25. 灰色斜长浅粒岩	8.50m
24. 灰白色条带状斜长浅粒岩	19.00m
23. 浅灰色石榴斜长绢云片岩（石榴斜长片麻岩）	28.60m
22. 灰色斜长浅粒岩	19.00m
21. 灰色绢云斜长变粒岩	27.60m
20. 褐灰色条带状二云斜长变粒岩	20.70m
19. 灰色黑云斜长变粒岩（黑云斜长片麻岩退变质）	30.30m
18. 灰色黑云斜长变粒岩与灰白色斜长浅粒岩互层	81.50m
17. 黑灰色黑云斜长片麻岩	13.10m
16. 黑灰色黑云斜长片麻岩夹少量灰黑色含炭质片岩	43.80m
15. 褐灰色石榴绢云石英片岩（石榴斜长片麻岩）	11.40m
14. 灰色黑云斜长变粒岩（黑云斜长片麻岩退变质）	120.80m
13. 灰色长石绢云石英片岩	33.40m
12. 灰色绿泥绢云斜长变粒岩（黑云斜长片麻岩退变质）	7.40m
11. 灰色黑云绢云斜长变粒岩（黑云斜长片麻岩退变质）	27.90m
10. 灰色黑云斜长变粒岩（黑云斜长片麻岩退变质）	78.00m
9. 灰色黑云绢云斜长变粒岩（黑云斜长片麻岩退变质）	130.10m
8. 黑灰色条带状含石榴黑云斜长片麻岩	130.00m
7. 灰黑色黑云石英片岩	0.10m
6. 灰色黑云斜长变粒岩	60.60m
5. 灰色黝帘角闪片岩（斜长角闪片麻岩退变质）	17.50m
4. 黑灰色二云石英片岩与灰白色绢云石英片岩互层（1∶1）	24.50m
3. 灰黑色黝帘二云石英片岩	404.00m
2. 灰白色石榴矽线斜长片麻岩	32.00m
1. 黑灰色黝帘二云石英片岩	66.10m
————花岗闪长岩侵入————	
寒武纪花岗闪长岩侵入	（未见底）

（二）岩石地层划分及其特征

1. 岩石地层划分

赫罗斯坦岩群总片褶厚度大于 1 210.2m。下部主要岩性为黝帘二云石英片岩、二云石英片岩，少量石榴矽线斜长片麻岩和绢云石英片岩，片褶厚度大于 526.6m。中部主要岩性为黑云（绢云、二云）斜长变粒岩、含石榴黑云斜长片麻岩，少量黑云斜长片麻岩、（石榴）绢云石英片岩、灰色黝帘角闪片岩，片褶厚度大于 821.2m。上部主要为斜长浅粒岩、石榴绢云斜长片麻岩、绢云（绿泥）斜长片岩、黑云石英片岩等，片褶厚度大于 249m。

2. 岩石地层特征

赫罗斯坦岩群以片岩、片麻岩及变粒岩为主，许多岩石发生了退变质，如黑云绢云斜长变粒岩退变质前为黑云斜长片麻岩，黝帘角闪片岩退变质前为斜长角闪片麻岩。变形较为强烈，形成紧闭褶皱、不对称的同斜褶皱、无根褶皱，岩层中的石英脉也形成石香肠构造等。岩石中含矽线石和石榴石，变质程度达角闪岩相。本岩群还有一个显著特点，就是有较多的角闪岩（原岩为辉石岩）、辉长岩等基性岩脉侵入到地层中。

(三)区域地层对比及时代归属

1. 区域地层对比

赫罗斯坦岩群区域上分布于叶城县探勒克、奥吐腊格也尔等地(新疆维吾尔自治区岩石地层,1999),主要岩性为黑云二长片麻岩、黑云斜长片麻岩、角闪二长片麻岩、黑云二长浅粒岩等,常见辉绿岩墙(脉)、闪长岩脉穿插。为一套经历了深层次塑性流动变形,变质程度达角闪岩相的变质岩系,并伴有不同程度的混合岩化,其中也不乏有中酸性火成岩存在。由于经受了多期变质变形作用的改造,原岩结构构造已消失殆尽,现存的片麻理是后期构造作用的产物,该套变质地层已呈片状无序构造-岩石地层单元,片褶厚度大于 1 155.5m。

2. 时代归属讨论

区内赫罗斯坦岩群被蓟县系桑株塔格群(JxS)角度不整合覆盖,在测区南邻 1∶25 万塔什库尔干幅侵入该层位的阿卡孜岩体同位素年龄有(2 261±95/75)Ma(U－Pb 全岩)、1 408Ma(Rb－Sr 全岩)、1 508Ma(钾长石 Rb－Sr 法模式年龄)①,为该套地层提供了界定依据,即地层时代应早于中元古代。

另外,区域上赫罗斯坦岩群和埃连卡特群的最老盖层均为蓟县系,而埃连卡特群上覆的塞拉加兹塔格群火山岩 Rb－Sr 法年龄值为 1 764Ma(汪玉珍,1985),虽然赫罗斯坦岩群与塞拉加兹塔格群未见接触,但也间接证明赫罗斯坦岩群与埃连卡特群的时代大致相当,即都早于中元古代。

故将赫罗斯坦岩群时代置于古元古代。至于有否可能属太古宇还需进一步工作证实。

二、布伦阔勒岩群($Pt_1B.$)

布伦阔勒岩群出露于勒布隆—布伦口—公格尔山一带,为一套富含石榴石、矽线石的中深变质岩系。呈北西—南东向展布,与长城系、泥盆系均呈断层接触,面积约 1 600km²。

新疆地质局区域地质测量大队(1967)在进行 1∶100 万西昆仑地区木吉—塔什库尔干一带地质矿产调查时,将该套变质地层命名为前震旦系布伦阔勒群②;新疆区域地层表(1977)将其划归库拉那古群;新疆地矿局第一区调大队(1985)在进行 1∶100 万西昆仑山布伦口—恰尔隆地区区域地质调查时,将该套地层划归下元古界库拉那古群③。新疆 1∶200 万地质图(1986)将其划归长城系④;新疆地矿局第二地质大队(1985)将布伦口—木吉一带的元古代变质岩北部划归布伦阔勒群,南部划归未分元古界⑤;新疆区域地质志(1993)将布伦口—木吉一带的中深变质岩称下元古界布伦阔勒群,将公格尔山—朗库里一带的变质岩划归下元古界公格尔群;新疆 1∶100 万地质图(数字版,2000)将公格尔—木吉一带统称下元古界公格尔群⑥;本报告采用古元古界布伦阔勒岩群。

(一)剖面介绍

阿克陶县喀拉马沟古元古界布伦阔勒岩群实测剖面

剖面位于新疆阿克陶县布伦口乡北西喀拉马沟,起点坐标:X=4 289 301,Y=13 476 229,H=3 813。剖面长约 2 035m(图 2-3)。

---

① 河南省地质调查院. 1∶25 万塔什库尔干塔吉克自治县幅、克克吐鲁克幅区域地质调查报告. 2004.
② 新疆地质局区域地质测量大队二分队. 西昆仑地区木吉—塔什库尔干一带 1∶100 万路线地质、矿产调查报告. 1967.
③ 新疆地矿局第一区域地质调查大队五分队. 西昆仑山布伦口—恰尔隆地区 1∶100 万区域地质调查报告. 1985.
④ 新疆地矿局第一区域地质调查大队. 新疆维吾尔自治区 1∶200 万大地构造图及说明书. 1986.
⑤ 新疆地矿局第二地质大队. 新疆南疆西部 1∶50 万地质图、矿产图说明书. 1985.
⑥ 新疆地矿局第一区调大队和遥感中心. 1∶100 万新疆地质图(数字版). 2000.

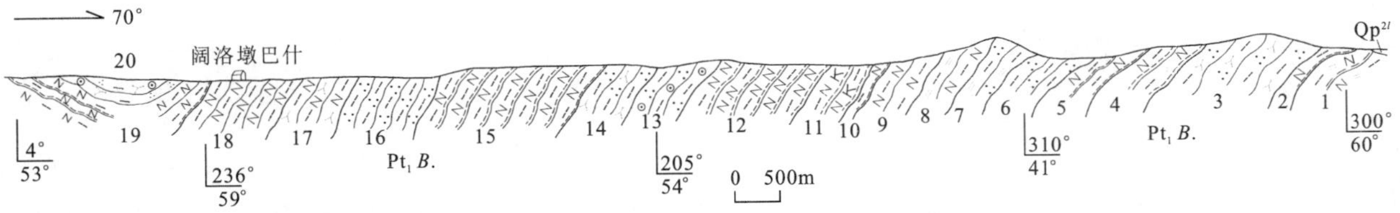

图 2-3　阿克陶县喀拉马沟古元古界布伦阔勒岩群实测剖面图

向斜核部	（未见顶）	
古元古界布伦阔勒岩群($Pt_1B.$)：		**>3 392.55m**
20.灰色石榴矽线黑云石英片岩		39.09m
19.浅灰色黑云斜长片麻岩夹石榴白云黑云斜长片麻岩		7.52m
18.灰色黑云斜长片岩		373.07m
17.灰色含矽线黑云斜长片岩		224.11m
16.浅灰黑色黑云石英片岩		331.17m
15.浅灰黑色黑云斜长片麻岩		463.45m
14.浅灰黑色矽线黑云石英片岩		29.49m
13.浅灰黑色含石榴黑云石英片岩		170.74m
12.浅灰黑色黑云斜长片麻岩		416.01m
11.浅灰黑色黑云二长片麻岩		149.96m
10.浅灰黑色黑云斜长片麻岩		60.47m
9.灰黑色黑云斜长片岩		171.15m
8.灰黑色二云片岩与黑云斜长片岩不等厚互层		13.49m
7.浅灰黑色白云黑云石英片岩		120.67m
6.浅灰黑色黑云石英片岩		125.36m
5.浅灰黑色黑云斜长片麻岩		107.88m
4.浅灰黑色二云斜长片麻岩		155.52m
3.浅灰黑色矽线黑云石英片岩		411.81m
2.浅灰黑色二云斜长片麻岩与黑云斜长片麻岩互层		20.34m
1.浅灰黑色碎裂岩化二云斜长片麻岩		1.25m
第四系覆盖	（未见底）	

（二）岩石地层划分及其特征

1.岩石地层划分

布伦阔勒岩群主要岩性为黑云石英片岩、黑云斜长片麻岩和黑云斜长片岩，总片褶厚度大于3 392.55m。下部主要岩性为浅灰色黑云斜长片麻岩、二云斜长片麻岩，少量黑云斜长片岩、矽线黑云石英片岩，片褶厚度大于1 753.91m。上部主要岩性为浅灰黑色黑云石英片岩、含石榴黑云石英片岩、灰色黑云斜长片岩、含矽线黑云斜长片岩，少量黑云斜长片麻岩、石榴矽线黑云石英片岩、矽线黑云石英片岩等，片褶厚度大于1 638.64m。

2.岩石地层特征

该群以黑云石英片岩、黑云斜长片(麻)岩发育为特征，区域上夹石英岩、大理岩、斜长角闪片岩，局部夹变质砾岩(新疆维吾尔自治区岩石地层，1999)。该岩群中发育大量伟晶岩脉和基性岩脉。岩石中含矽线石、石榴石及十字石等特征变质矿物，变质程度达角闪岩相。

(三)区域地层对比及时代归属

1. 区域地层对比

区域上该套地层在西昆仑山北西布伦口地区广泛出露,出露厚度差异较大。1∶25 万塔什库尔干塔吉克自治县等幅区调报告(2004)显示①,塔什库尔干县走克本一带主要为角闪斜长片麻岩、石榴斜长角闪片麻岩、黑云斜长片麻岩、石榴黑云斜长片麻岩、大理岩,夹大量斜长石英岩等,厚约 5 874m。空木达坂一带视厚度超过 7 000m。瓦恰地区厚度大于 5 170m;马尔洋一带厚度大于 5 874m。维布隆地区总厚度逾万米。

2. 时代归属深讨

区内布伦阔勒岩群未见底,与长城系赛图拉岩群呈断层接触,从二者的变质变形程度来看,布伦阔勒岩群明显高于赛图拉岩群,因此布伦阔勒岩群时代应早于长城纪。

前苏联曾在西帕米尔与本群相当的变质岩系采用 U－Pb 法和 Rb－Sr 等时线法测得 2 130～2 700Ma的同位素年龄;孙海田(2000)在布伦口湖岸边黑云斜长片麻岩中获得锆石 U－Pb 年龄(2 772±177)Ma;本书将布伦阔勒群时代暂定为古元古代,有可能包括部分新太古代。

第二节 中元古界

中元古界在塔里木及西昆仑地层区均有出露,塔里木地层区仅出露蓟县系桑株塔格群,昆仑地层区出露地层为长城系赛图拉岩群。

一、蓟县系桑株塔格群

桑株塔格群出露于也提木苏达坂、恰尔隆萨依、艾去库雨孜、江嘎尔等地,为一套浅变质岩系,主要岩性为大理岩、石英岩、斜长变粒岩等,出露面积约 100km²。

桑株塔格群是新疆地质局(1960)在编 1∶100 万和田地区地质图时创名,新疆地层表(1981)将本区相同层位沿用桑株塔格群,时代归长城纪—青白口纪;新疆地矿局第二地质大队(1985)将该套地层划归长城系②;新疆地矿局第一区调大队(1985)在进行 1∶100 万西昆仑山布伦口—恰尔隆地区区域地质调查时,将该套地层归蓟县系塔昔达坂群③,该单位(1989)在进行 1∶20 万克孜勒幅区域地质调查时,沿用蓟县系塔昔达坂群④;新疆 1∶100 万地质图(数字版,2000)将该套地层划归蓟县系桑株塔格群⑤,本书沿用。

(一)剖面介绍

阿克陶县江嘎尔蓟县系桑株塔格群实测剖面

剖面位于新疆阿克陶县恰尔隆乡江嘎尔,起点坐标:X=4 212 193,Y=13 608 591,H=2 178。剖面长约 1 500m(图 2-4)。

早二叠世花岗闪长岩侵入 (未见顶)

————花岗闪长岩侵入————

蓟县系桑株塔格群(Jx*S*): ＞670.29m

18. 灰绿色黑云斜长变粒岩 ＞19.20m

---

① 河南省地质调查院. 1∶25 万塔什库尔干塔吉克自治县幅、克克吐鲁克幅区域地质调查报告. 2004.

② 新疆地矿局第二地质大队. 新疆南疆西部 1∶50 万地质图、矿产图说明书. 1985.

③ 新疆地矿局第一区域地质调查大队五分队. 西昆仑山布伦口—恰尔隆地区 1∶100 万区域地质调查报告. 1985.

④ 新疆地矿局第一区域地质调查大队一分队. 1∶20 万克孜勒幅(J-43-ⅩⅦ)区域地质调查报告. 1989.

⑤ 新疆地矿局第一区调大队和遥感中心. 1∶100 万新疆地质图(数字版). 2000.

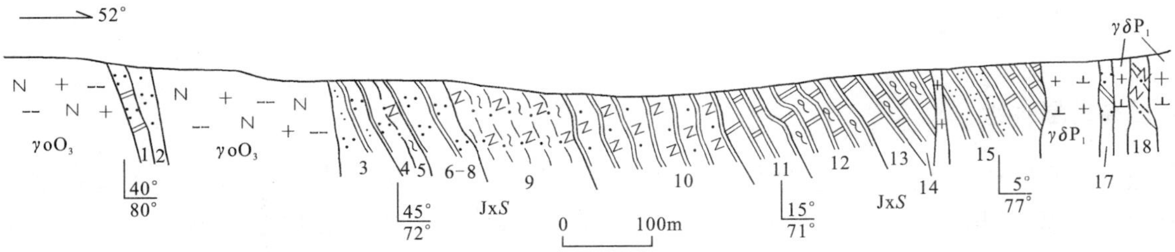

图 2-4 阿克陶县江嘎尔蓟县系桑株塔格群实测剖面图

17. 灰白色薄板状石英岩，岩层厚 2～5m	14.40m
16. 灰黑色块状大理岩	65.68m
15. 灰白色变中细粒长石砂岩	38.84m
14. 灰黑色条纹状大理岩与灰色大理岩互层，岩层厚 2～4m，二者之比 1∶1	77.15m
13. 灰色大理岩(细晶灰岩)	25.72m
12. 灰黑色条纹状大理岩(细晶灰岩)	59.80m
11. 黑灰色中厚层大理岩(细晶灰岩)	45.74m
10. 灰白色变中粒长石砂岩	45.29m
9. 灰黑色绿泥斜长变粒岩	123.09m
8. 白色石英岩	34.26m
7. 灰黑色绿泥斜长变粒岩	17.13m
6. 白色石英岩	8.56m
5. 灰黑色绿泥斜长变粒岩	8.56m
4. 白色石英岩	17.13m
3. 绿灰色(变)石英粉砂岩	25.69m
2. 灰色(变)石英砂岩	17.62m
1. 红灰色片理化硅质细晶灰岩	>26.43m
晚奥陶世斜长花岗岩侵入　　　　(未见底)	

(二)岩石地层划分及其特征

桑株塔格群以大理岩(细晶灰岩)、石英岩、绿泥(黑云)斜长变粒岩为主，剖面上未见顶、底，出露厚度大于 670.29m。下部以绿泥斜长变粒岩、石英岩为主，少量变石英(粉)砂岩夹硅质细晶灰岩，厚度大于 323.76m。上部以大理岩(细晶灰岩)为主，夹少量长石砂岩、石英岩、黑云斜长变粒岩，厚度大于 346.53m。

区内桑株塔格群与下伏古元古界赫罗斯坦岩群呈不整合接触，其上被侏罗系不整合覆盖。区内出露面积较小，岩性变化不大。该群含叠层石 *Conophyton* sp.，*Baicalia*? sp. 等。

(三)区域地层对比及时代归属

1. 区域地层对比

区域上桑株塔格群分布于阿克陶县库斯拉甫西、和田县桑株塔格达坂、和田县蒙古包等地(新疆维吾尔自治区岩石地层，1999)。该群在阿喀孜达坂一带厚度最大，从区内向东南方向碳酸盐岩层增多，厚度有增大趋势(图 2-5)。

2. 时代归属讨论

桑株塔格群在区内不整合于古元古界赫罗斯坦岩群之上，其上又被侏罗系不整合覆盖，时代应早于侏罗纪，晚于古元古代。

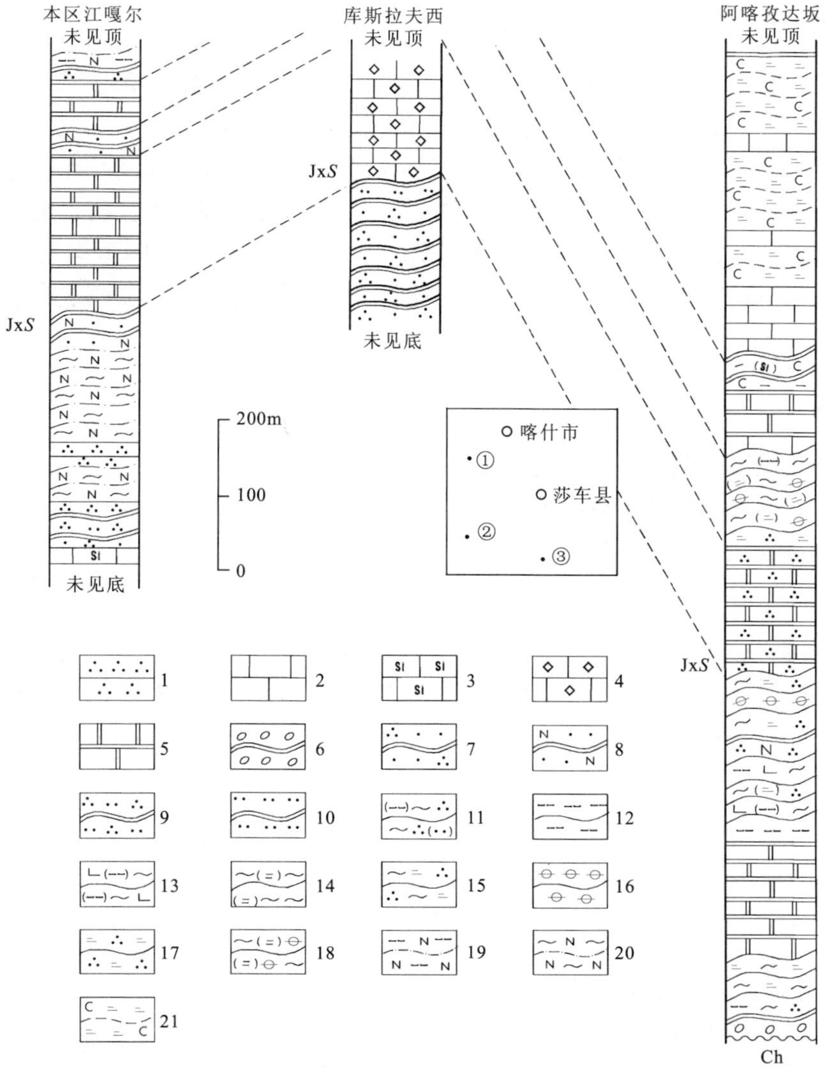

图 2-5 中元古界蓟县系桑株塔格群柱状对比图

JxS. 蓟县系桑株塔格群；Ch. 长城系；1. 石英岩；2. 灰岩；3. 硅质细晶灰岩；4. 细晶灰岩；5. 大理岩；6. 变质砾岩；7. 变石英砂岩；8. 变长石砂岩；9. 变石英粉砂岩；10. 变粉砂岩；11. 含黑云绿帘石英片岩；12. 黑云母片岩；13. 含黑云绿泥钙质片岩；14. 含绢云绿泥片岩；15. 绿泥绢云石英片岩；16. 绿帘石岩；17. 绢云石英片岩；18. 含白云母绿泥绿帘片岩；19. 黑云斜长变粒岩；20. 绿泥斜长变粒岩；21. 炭质绢云千枚岩

新疆地矿局第一区调大队(1989)在区内库斯拉甫西侧叶尔羌河边黑色板岩中的礁状叠层石灰岩透镜体夹层中采获 *Jacutophyton*(雅库叠层石)①，经缪长泉鉴定时代为蓟县纪。新疆地矿局第一区调大队(1985)在该层位中采获 *Conophyton*、*Baicalia* 等叠层石，从其主要分子特征看类似于新疆蓟县纪金雁山组合②。

区内巴克岩体侵入桑株塔格群，其同位素年龄为 495.2Ma，时代为寒武纪；南邻幅阿孜别里地岩体侵入桑株塔格群，河南省地质调查院(2004)在岩体中获得锆石 U－Pb 同位素上交点年龄为(1 301±15)Ma、下交点年龄为(1 321±72)Ma③，将其时代定为中元古代。

综上所述，将桑株塔格群时代置于蓟县纪。

① 新疆地矿局第一区域地质调查大队一分队. 1∶20 万克孜勒幅(J-43-ⅩⅦ)区域地质调查报告. 1989.

② 新疆地矿局第一区域地质调查大队五分队. 西昆仑山布伦口—恰尔隆地区 1∶100 万区域地质调查报告. 1985.

③ 河南省地质调查院. 1∶25 万塔什库尔干塔吉克自治县幅、克克吐鲁克幅区域地质调查报告. 2004.

二、长城系赛图拉岩群

赛图拉岩群出露于公格尔山以东的苏盖特一带，为一套含石榴石中级变质岩系，在奥依塔克南，赛图拉岩群以推覆体形式盖在下石炭统乌鲁阿特组之上，出露面积约 610km^2。

赛图拉群由毛国洪(1960)创名于皮山县英西约 25km 蒙古包，时代归震旦系；新疆地矿局第一区调大队(1985)在进行 1∶100 万西昆仑山布伦口—恰尔隆地区区域地质调查时，将公格尔山东苏盖特一带的变质地层划归下元古界库拉那古群①；新疆区域地质志(1993)将苏盖特一带划归奥陶系；新疆 1∶100 万地质图(数字版，2000)将苏盖特一带的地层划归下—中奥陶统玛列兹肯群②；本次将苏盖特一带的变质地层称长城系赛图拉岩群。

(一)剖面介绍

阿克陶县苏盖特长城系赛图拉岩群实测剖面

剖面位于新疆阿克陶县克孜勒陶乡苏盖特，起点坐标：$X=4\ 243\ 103$，$Y=13\ 547\ 460$，$H=3\ 569$。剖面测制总方向为 65°，剖面长约 8km(图 2-6)。

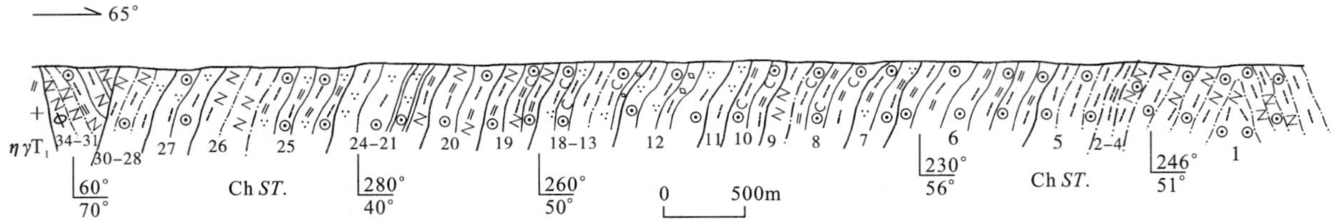

图 2-6 阿克陶县苏盖特长城系赛图拉岩群实测剖面图

二叠纪二长花岗岩侵入 (未见顶)

————二长花岗岩侵入————

中元古界长城系赛图拉岩群(Ch*ST.*)：	**>5 503.94m**
34. 灰绿色绿帘钠长变粒岩，具楔状交错层理	54.53m
33. 浅灰白色含石榴二云钠长片岩，岩层发生褶曲，如波状	49.08m
32. 浅灰白色黑云斜长片岩，岩层发生褶曲，呈反"S"型	176.30m
31. 深灰色含石榴二云斜长片岩，小褶曲仍较发育	103.80m
30. 浅灰色黑云斜长变粒岩	123.68m
29. 深灰色含石榴黑云钠长变粒岩	65.18m
28. 浅灰色黑云石英片岩	163.77m
27. 深灰色含石榴黑云石英片岩	160.83m
26. 浅灰色黑云斜长变粒岩	233.96m
25. 深灰色含石榴二云石英片岩	320.86m
24. 浅灰色黑云石英片岩	129.40m
23. 深灰色含石榴黑云石英片岩	111.31m
22. 浅灰白色含石榴石英岩	84.03m
21. 深灰色二云钠长片岩	45.35m
20. 浅灰白色含石榴二云钠长片岩	28.88m
19. 深灰色石榴二云钠长片岩	288.22m
18. 深灰色石榴炭质二云钠长片岩	271.07m
17. 浅灰色黑云变粒岩	13.89m
16. 深灰色含石榴炭质黑云石英片岩	123.94m

① 新疆地矿局第一区域地质调查大队五分队. 西昆仑布伦口—恰尔隆地区 1∶100 万区域地质调查报告. 1985.

② 新疆地矿局第一区调大队和遥感中心. 1∶100 万新疆地质图(数字版). 2000.

15. 浅灰色黑云变粒岩	87.03m
14. 深灰色含石榴炭质黑云石英片岩	92.33m
13. 浅灰色黑云方解石片岩	25.99m
12. 深灰色含石榴黑云石英片岩夹少量厚约 2.5m 浅灰色黑云方解石片岩	397.16m
11. 浅灰色黑云变粒岩	104.53m
10. 深灰色含石榴炭质二云片岩	206.49m
9. 浅灰色黑云钠长变粒岩夹少量灰黑色含石榴黑云石英片岩	157.31m
8. 深灰色含石榴炭质二云片岩	218.79m
7. 浅灰色含石榴二云石英片岩	146.05m
6. 深灰色含石榴二云片岩	716.82m
5. 深灰色含石榴黑云变粒岩	282.85m
4. 浅灰色黑云变粒岩	39.24m
3. 深灰色含石榴黑云钠长变粒岩	73.87m
2. 浅灰色黑云变粒岩	40.45m
1. 深灰色含石榴黑云钠长变粒岩	366.95m
背斜核部　　　　　　　　　　（未见底）	

（二）岩石地层划分及其特征

1. 岩石地层划分

区内赛图拉岩群总厚约 5 503.94m。下部主要岩性为含石榴黑云（钠长）变粒岩、含石榴二云片岩，厚度大于 1 666.23m；中部主要岩性为含石榴炭质（钠长）二云片岩、含石榴（炭质）黑云石英片岩、炭质（钠长）二云片岩、黑云（钠长）变粒岩、石榴二云钠长片岩，厚约 2 060.98m；上部主要岩性为含石榴黑云（二云）石英片岩、（含石榴）黑云斜长变粒岩、黑云石英片岩、黑云斜长片岩、含石榴二云钠长片岩，厚约 1 776.73m。

在奥依塔克南，赛图拉岩群以推覆体形式盖在下石炭统乌鲁阿特组之上，主要岩性为绢云石英片岩、条带状大理岩、黑云角闪片岩、石榴二云片岩等，厚约 1 648m。

2. 岩石地层特征

赛图拉岩群岩石变质程度中等，主要岩石类型有黑云绢云石英片岩、绢云黑云石英片岩、含石榴石绢云黑云石英片岩、变粒岩、浅粒岩、大理岩、次闪石岩等，以普遍含石榴石、黑云母为特征，原岩组合应为一套碎屑岩夹灰岩沉积建造。

（三）区域地层对比及时代归属探讨

1. 区域地层对比

区域上，赛图拉岩群分布于皮山县英西、叶城县库地等地（新疆维吾尔自治区岩石地层，1999），为一套绿片岩相变质的碎屑岩。主要为大理岩，含绢云母、黑云母的石英片岩与绢云母绿泥石变砂岩的不均匀互层，夹凝灰岩和霏细斑岩。皮山县英西蒙古包一带，下部为变质砾岩夹绿泥石英片岩；中部为绢云绿泥石英片岩、角闪石英片岩、角闪斜长片岩、绿帘石英角闪片岩、绿帘黑云石英片岩与大理岩不均匀互层；上部为大理岩。出露厚度 5 450m。

2. 时代归属讨论

赛图拉岩群在区内因岩体吞噬未见顶，上与石炭系呈断层接触，其时代应早于石炭纪。区域上蓟县系桑株塔格群不整合覆盖于赛图拉岩群之上，因此暂将其归长城纪。

第三节 奥陶系

区内奥陶系出露较少，主要位于木扎灵断裂以西的于灭尔开达坂东—帕斯热瓦提一带，呈北西向条带状展布，出露面积约 100km²。

新疆地质局区域地质测量大队(1967)在进行 1∶100 万西昆仑地区木吉—塔什库尔干一带地质矿产调查时，将该套地层命名为寒武—奥陶系木孜塔格群①；新疆地矿局第一区调大队(1985)将该套地层划归下元古界库拉那古群②；新疆地矿局二大队将该套地层划归志留—泥盆系卡拉塔什河群③；新疆区域地质志(1993)将其划归奥陶系；新疆 1∶100 万地质图划归早—中奥陶世玛列兹肯群④；河南省地质调查院 1∶25 万塔什库尔干幅将该套地层划归奥陶—志留系⑤。本书据岩石组合、变质变形特征等差异暂将其划归奥陶系。

一、剖面介绍

塔什库尔干县科科什老可奥陶系实测剖面

剖面位于图区南边缘塔什库尔干县科科什老可塔河北岸，起点坐标：X=4 189 297，Y=13 566 039；终点坐标：X=4 190 656，Y=13 568 708。剖面总长度 3 600m(图 2-7)。

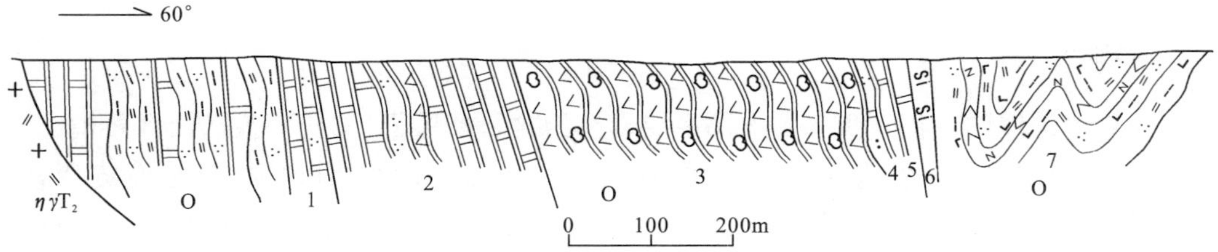

图 2-7 塔什库尔干县科科什老可奥陶系实测剖面图

向斜核部 (未见顶)

奥陶系(O)： >842.90m

7. 浅灰色钙质二云石英片岩夹角闪斜长片岩，褶皱极发育	113.80m
6. 浅灰黑色硅质岩与粉砂质中晶灰岩互层，岩石多呈薄板状，单层厚度 1～2cm，保留较好的原始层理	28.40m
5. 浅灰色钙质构造片岩、长英质糜棱岩、钙质糜棱岩	49.90m
4. 浅灰黄色变石英粉砂岩，石英脉发育，并被剪断、拉长呈透镜状	4.90m
3. 变杏仁状安山岩，纤状粒状变晶结构，块状构造、变余杏仁状构造，杏仁体系石英充填而成，并定向分布	477.60m
2. 浅灰白色中薄层状大理岩，夹浅灰绿色石英岩和变安山岩，向上变安山岩增多，三者呈互层产出，紧闭褶皱发育	144.60m
1. 浅灰色中薄层状石英大理岩	23.70m

————二长花岗岩侵入————

三叠纪二长花岗岩侵入 未见底

二、岩石地层特征

区内奥陶系岩石类型主要为二云石英片岩、大理岩、杏仁状安山岩，少量硅质岩、结晶灰岩及变质粉砂

---

① 新疆地质局区域地质测量大队二分队. 1∶100 万西昆仑地区木吉—塔什库尔干一带地质、矿产调查报告. 1967.

② 新疆维吾尔自治区地质局第一区域地质调查大队. 1∶100 万布伦口—恰尔隆地区区域地质调查报告. 1985.

③ 新疆地矿局第二地质大队. 新疆南疆西部地质图、矿产图说明书(1∶50 万). 1985.

④ 新疆地矿局第一区调大队和遥感中心. 1∶100 万新疆地质图(数字版). 2000.

⑤ 河南省地质调查院. 1∶25 万塔什库尔干塔吉克自治县幅、克克吐鲁克幅区域地质调查报告. 2004.

岩等。由于受慕士塔格岩体影响，接触变质明显，使靠近该岩体的岩石变质程度明显变深，结晶颗粒明显较粗，形成二云石英片岩、大理岩。厚度大于842.9m。

三、区域地层对比

区域上出露于塔什库尔干县看因力达坂一带，主要岩性为灰黑色变长石石英粉砂岩、黑灰色含炭质泥质粉砂质板岩、片理化泥晶灰岩、变泥质粉砂岩夹变中性火山岩，厚度大于484.6m；塔什库尔干县司热洪一带主要为二云（黑云）石英片岩、大理岩、黑云母石英岩，少量角闪斜长片岩，厚约1 092.2m①。向南有变薄趋势。

四、时代归属讨论

该套地层在区内未见其与周围地层正常接触关系，曾冠以不同名称并赋予不同时代含义；新疆地质局区域地质测量大队（1967）在该套地层中采获扭月贝类 *Stropheodontidae* 及海百合茎化石②，*Stropheodontidae* 产于中奥陶世—志留纪。

慕士塔格岩体侵入奥陶系，本次在二长花岗岩中获得锆石 U－Pb 同位素年龄为214.4Ma，时代为晚三叠世；河南省地质调查院（2004）在南邻图幅协力波斯西南公路边，从该岩体中斑黑云二长花岗岩中获得锆石 U－Pb 表面年龄（212.2±0.7）Ma，权重平均年龄204.3Ma③（天津地研所测试），时代相当于晚三叠世—早侏罗世。因此该套地层时代应早于晚三叠世。

该套地层与公格尔山以西志留系在岩石组合、沉积环境、大地构造位置上均不相同，其变质变形程度比其更高，因可靠的化石资料少，故笼统地将该套地层时代置于奥陶纪。

第四节　志留系

志留系仅分布于昆仑地层区，出露地层为下志留统温泉沟群、中—上志留统达坂沟群及志留系（未分），呈北西西向及近南北向展布，出露面积约1 700km^2。温泉沟群由新疆地质局区测大队（1976）在《西昆仑地区下古生界概述》创名，地点位于叶尔羌河上游。达坂沟群是新疆区域地层表编写组（1981）根据新达坂沟剖面创名。

温泉沟群出露于琼巴额什沟—萨雷巴勒岭一带，厚约1 878m；达坂沟群主要分布于克以勒介克沟—托代乌托克沟及苏巴什—布伦口东一带，厚约1 650m。

志留系（未分）出露于昆盖山南坡的阿日其麻扎一带，主要为一套千枚岩夹大理岩，厚约728m，出露面积约25km^2。

新疆区域地质测量大队（1967）将现划分的温泉沟群划归米计干群，时代划归寒武—奥陶纪，将达坂沟群划归木吉群①，时代划归志留—泥盆纪。新疆地矿局第二地质大队（1985）将该套地层划归奥陶—志留系和志留—泥盆系木吉群④；新疆区域地质志（1993）将该套地层划归下志留统温泉沟组和中上志留统达坂沟群，1∶100万地质图（数字版，2000）将该套地层划分为下志留统温泉沟群和中上志留统达坂沟群⑤；本书采用后者划分方案。

新疆区域地质测量大队（1967）在进行1∶100万木吉—塔什库尔干路线地质、矿产调查报告中将木吉西一套变质地层称木吉群，时代归志留—泥盆纪，而将公格尔西侧的一套浅微变质地层划归志留—中泥盆统卡拉塔石河群①；新疆地矿局第二地质大队（1985）将该套地层划归志留—泥盆系木吉群③；新疆地矿局

---

① 河南省地质调查院. 1∶25万塔什库尔干塔吉克自治县幅、克克吐鲁克幅区域地质调查报告. 2004.

② 新疆地质局区域地质测量大队二分队. 1∶100万西昆仑地区木吉—塔什库尔干一带地质、矿产调查报告. 1967.

③ 河南省地质调查院. 1∶25万塔什库尔干塔吉克自治县幅、克克吐鲁克幅区域地质调查报告. 2004.

④ 新疆地矿局第二地质大队. 新疆南疆西部地质图、矿产图说明书（1∶50万）. 1985.

⑤ 新疆地矿局第一区调大队和遥感中心. 1∶100万新疆地质图（数字版）. 2000.

第一区域地质调查大队(1985)将昆盖山南坡的该套地层划归下—中志留统①,本书暂将其划归志留系(未分)。

一、剖面介绍

1. 阿克陶县琼巴额什沟下志留统温泉沟群实测剖面

剖面位于阿克陶县木吉乡琼巴额什沟,起点坐标:$X=4\ 281\ 496$,$Y=13\ 405\ 667$,$H=4\ 308$。长6 437m。未见底,上被上白垩统铁龙滩群不整合覆盖(图2-8)。

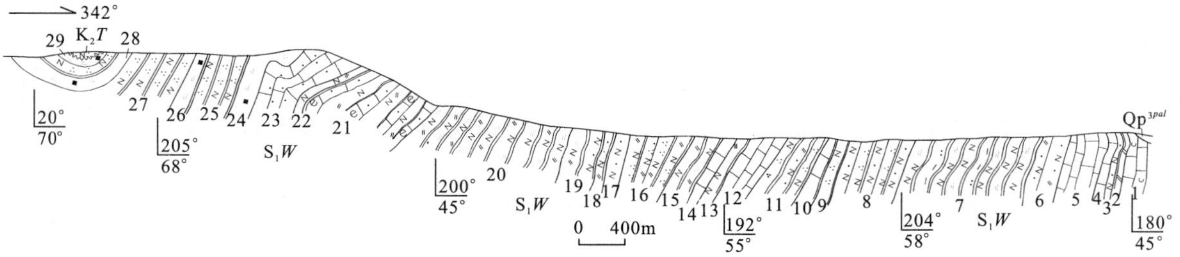

图2-8　阿克陶县琼巴额什沟下志留统温泉沟群实测剖面图

上覆地层:上白垩统铁龙滩群细粒长石石英砂岩

~~~~~~角度不整合~~~~~~

下志留统温泉沟群(S_1W):	**>1 878.24m**
29. 灰色极薄层细粒长石石英岩与灰色含炭质绢云千枚岩互层,二者之比为3∶2	22.33m
28. 浅灰色细粒长石石英岩与深灰色含磁铁矿绢云千枚岩互层	33.49m
27. 灰色厚层细粒—中粒长石石英岩	133.44m
26. 灰色中—细粒长石石英岩与深灰色含磁铁矿绢云千枚岩互层,二者比例为1∶1	26.61m
25. 灰色细粒长石石英岩	76.37m
24. 浅灰色细粒长石石英夹深灰色磁铁矿绢云千枚岩	98.97m
23. 灰色薄层粉晶砂屑灰岩	91.94m
22. 灰黑色白云质绢云长石板岩	14.14m
21. 灰色中层含生物碎屑砂屑灰岩与灰黑色白云质绢云长石板岩互层,灰岩中生物碎屑主要为棘皮类,少量腕足类、珊瑚等碎片	143.74m
20. 灰黑色绢云长石板岩	101.51m
19. 灰绿色白云质长石板岩与浅灰黄色变细—中粒长石砂岩互层,二者之比为2∶1	77.20m
18. 灰黑色白云质细粒长石石英砂岩	9.69m
17. 灰色细粒白云质长石石英砂岩与浅灰黄色变细—中粒长石砂岩互层,二者比例为1∶1.5	38.76m
16. 灰黑色白云质细粒长石石英岩夹浅灰色细粒白云质长石石英粉砂岩,比例为4∶1	125.90m
15. 灰色中层白云质绢云纳长板岩夹灰白色白云质细粒长石石英岩,比例为10∶1	49.53m
14. 灰色中层条纹状粉晶灰岩,夹厚约60cm的黄色含砂质细晶灰岩	23.65m
13. 灰色中层白云质钠长板岩	15.77m
12. 灰色薄层微晶灰岩夹灰黑色炭质绢云千枚岩条带	63.67m
11. 灰色白云质细—中粒长石石英岩与灰色含白云质细—中粒长石砂岩互层	75.28m
10. 灰色薄层白云质绢云钠长板岩与灰黑色薄层微晶灰岩互层,二者比例为2∶1	17.37m
9. 灰色白云质细—中粒长石石英岩与灰色含白云质细—中粒长石砂岩互层	28.32m
8. 灰色白云质细—中粒长石砂岩与灰黑色白云质长石石英岩互层,比例为2∶1	150.28m
7. 灰黑色绢云长石板岩夹黄灰色粉砂质板岩	253.06m
6. 浅灰色白云质细粒长石砂岩	57.70m

① 新疆维吾尔自治区地质局第一区域地质调查大队. 1∶100万布伦口—恰尔隆地区区域地质调查报告. 1985.
~~~~~~

5. 灰色中层粉晶白云岩 66.40m
4. 灰色中层条带状粉晶灰岩,含珊瑚化石 26.72m
3. 浅灰绿色变细粒长石砂岩 13.36m
2. 灰色中层粉—细晶白云岩 5.74m
1. 灰色中层含炭质粉晶灰岩夹灰黑色长石板岩 37.30m

上更新统洪冲积层覆盖

(未见底)

2. 阿克陶县苏巴什中—上志留统达坂沟群实测剖面

剖面位于阿克陶县布伦口乡苏巴什村,剖面起点坐标:X=4 253 035,Y=13 505 492,H=3 688。剖面长约 4 000m(图 2-9)。

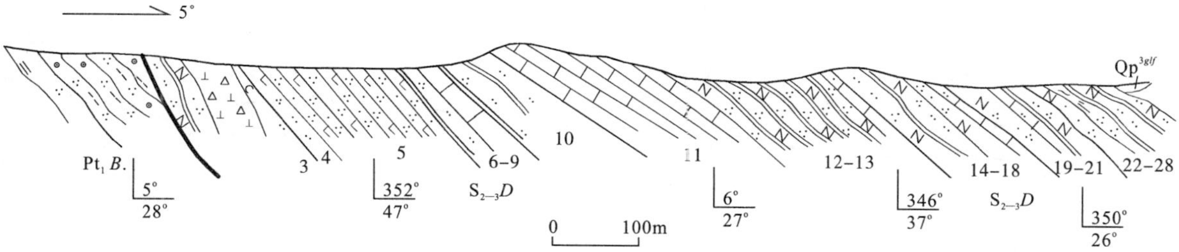

图 2-9 阿克陶县苏巴什中—上志留统达坂沟群实测剖面图

上更新统冰水堆积层覆盖 (未见顶)

中—上志留统达坂沟群($S_{2-3}D$): >1 649.30m

28. 灰色中层钙质长石石英粉砂岩 17.40m
27. 灰黑色绿泥绢云石英千枚岩 17.40m
26. 浅灰色薄层变长石石英粉砂岩 8.60m
25. 灰黑色绿泥绢云石英千枚岩 6.50m
24. 浅灰色薄层变长石石英粉砂岩与灰黑色绿泥绢云石英千枚岩互层 10.80m
23. 灰黑色绿泥绢云石英千枚岩 32.50m
22. 底部为厚约 5m 的灰色厚层变细粒长石石英砂岩,其上为灰色薄层变长石石英粉砂岩 28.20m
21. 灰色薄层变长石石英粉砂岩 42.80m
20. 深灰色薄板状片理化含铁质粉砂质粉晶灰岩 18.30m
19. 浅灰色中—厚层变细粒长石石英砂岩 127.00m
18. 灰黑色片理化粉砂质细晶灰岩 22.20m
17. 浅灰色厚层变细粒长石石英砂岩 13.10m
16. 灰黑色片理化粉砂质细晶灰岩 10.90m
15. 灰色薄层变细粒长石石英砂岩 21.00m
14. 灰色厚层变长石石英粉砂岩 132.50m
13. 浅灰色中—厚层砂质细晶灰岩 21.60m
12. 浅灰色片理化长石石英岩 236.60m
11. 灰黄色中层微晶灰岩 173.40m
10. 浅灰色薄—中层变石英粉砂岩 90.60m
9. 浅黄色中层微晶灰岩 29.80m
8. 浅灰色薄—中层变石英粉砂岩 8.30m
7. 浅黄色片理化粉晶灰岩 33.90m
6. 浅灰色中层变石英粉砂岩 42.20m
5. 灰色薄层片理化钙质细粒石英砂岩 270.00m
4. 浅灰绿色片理化钙质石英粉砂岩 34.70m
3. 灰黑色含炭质绢云石英千枚岩 52.10m

2. 深灰色薄层变细粒长石石英砂岩 125.20m

1. 浅灰色变长石石英粉砂岩 21.70m

════断层════

古元古界布伦阔勒岩群：褐灰色含石榴黑云石英片岩

3. 阿克陶县铁克塔希志留系(未分)实测剖面

剖面位于新疆阿克陶县木吉乡铁克塔希，起点坐标：$X=4\ 304\ 304$，$Y=13\ 430\ 434$，$H=3\ 799$。剖面测制总方向为15°，剖面全长约14 520m(图2-10)。

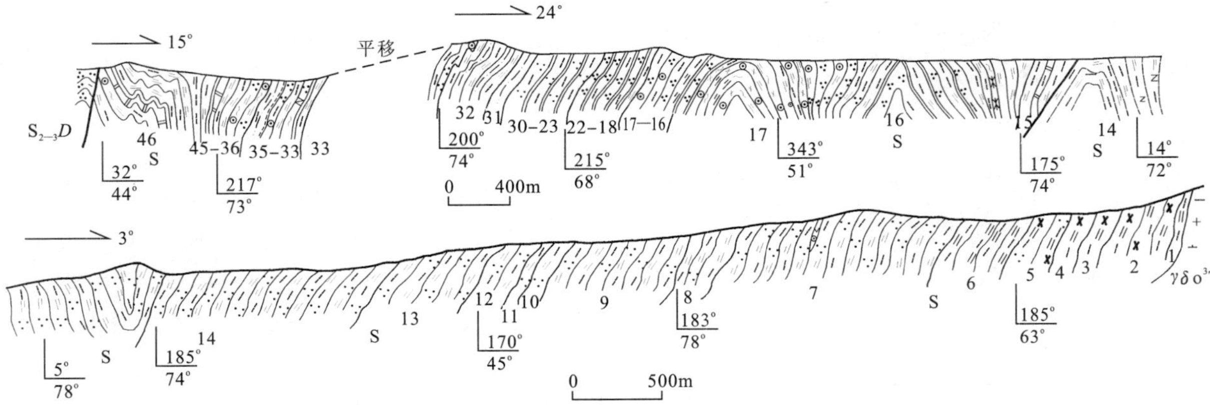

图2-10　阿克陶县铁克塔希志留系实测剖面图

上盘岩系：中—上志留统达坂沟群石英粉砂岩

════断层════

志留系(未分)(S)： **>4 598.41m**

46. 黑灰色绢云黑云片岩与灰色黑云绢云板岩互层，二者比例为1∶1 48.45m
45. 灰色中层细粒大理岩与黑灰色绢云黑云片岩互层，二者比例为1∶2 7.99m
44. 灰色含石榴绢云黑云石英片岩 48.46m
43. 灰色中层细粒大理岩与灰色黑云绢云片岩互层，二者比例为1∶2 9.70m
42. 灰色黑云绢云片岩与灰色绢云黑云片岩互层，二者比例为1∶1～1∶8，向上绢云黑云片岩减少 76.29m
41. 灰绿色绿泥次闪石岩 23.70m
40. 黑灰色绢云黑云片岩夹灰色中层细粒大理岩，二者比例为10∶1～20∶1 14.20m
39. 灰色黑云绢云片岩夹灰色绢云黑云片岩，二者比例为3∶1～5∶1 140.40m
38. 灰色含石榴绿泥绢云黑云石英片岩，夹少量灰黑色灰岩透镜体 75.85m
37. 灰色含石榴绿泥绢云石英片岩夹白色石榴角闪变粒岩，二者比例为8∶1 53.65m
36. 灰色黑云变粒岩，夹少量薄层细粒大理岩 89.90m
35. 灰色黑云变粒岩夹灰白色石榴绿泥长石石英岩，二者比例为8∶1 203.71m
34. 灰色千枚状黑云绢云片岩与青灰色绿帘黑云浅粒岩互层，二者比例为1∶1～1∶3 282.56m
33. 灰色绿帘黑云浅粒岩 91.00m
32. 灰白色中厚层含绢云黑云石英岩，岩层厚30～50cm 11.84m
31. 灰色黑云石英片岩 19.73m
30. 灰色巨厚层含绢云石英岩，岩层厚约3m 23.67m
29. 黑灰色黑云石英片岩 31.56m
28. 灰色巨厚层含绢云黑云母石英岩，岩层厚3～5m 80.30m
27. 黑灰色黑云石英片岩 32.12m
26. 灰色巨厚层含绢云黑云母石英岩，岩层厚3～5m 56.21m
25. 黑灰色黑云石英片岩 121.95m
24. 灰色巨厚层含绢云黑云母石英岩，岩层厚2～4m 61.78m
23. 黑灰色黑云石英片岩 63.60m

22. 灰色巨厚层含绢云黑云母石英岩，岩层厚 2～3m	20.97m
21. 黑灰色黑云石英片岩	62.82m
20. 灰色巨厚层含绢云黑云母石英岩，岩层厚 2～3m	104.73m
19. 黑灰色黑云石英片岩	138.75m
18. 黑灰色黑云绢云片岩	141.78m
17. 黑灰色含石榴绢云母石英岩	40.18m
16. 灰色绢云黑云石英片岩夹黑云绢云片岩，二者比例为 2∶1～3∶1	18.75m
15. 灰色绢云黑云石英片岩夹少量黑云母大理岩	90.00m
14. 灰色绢云黑云石英片岩	405.55m
13. 灰色绢云黑云石英片岩与黑云绢云石英片岩互层，二者之比为 1∶1～1∶3	224.40m
12. 绿灰色绢云黑云石英片岩夹浅灰色黑云绢云片岩，二者之比为 2∶1～3∶1	67.60m
11. 浅灰色黑云绢云石英片岩	30.80m
10. 灰色黑云绢云石英片岩与浅灰色黑云绢云片岩互层，二者比例为 1∶1	43.17m
9. 灰色黑云绢云石英片岩与绿灰色黑云绢云片岩互层，二者之比为 1∶1～3∶1	327.60m
8. 灰色黑云绢云石英片岩与绿灰色黑云绢云片岩互层，二者之比为 2∶1～3∶1	152.70m
7. 浅灰色黑云绢云石英片岩	479.80m
6. 灰色二云片岩	164.80m
5. 黑灰色含红柱石二云石英片岩	91.60m
4. 灰色红柱二云片岩	69.27m
3. 黑红色红柱二云片岩	60.60m
2. 黑灰色红柱二云片岩	153.35m
1. 灰色二云石英片岩	40.57m
早三叠世英云闪长岩侵入　　（未见底）	

二、岩石地层划分及其特征

区内志留系由下而上划分为下志留统温泉沟群、中上志留统达坂沟群及志留系（未分）。

温泉沟群（S_1W）总厚度大于 1 878.24m，根据岩石组合可划分为 3 部分：下部主要岩性为黑灰色绢云长石板岩、灰色（含）白云质细粒长石砂岩，少量长石石英岩、粉—细晶白云岩、粉晶灰岩，厚度大于 638.88m；中部为灰色中层白云质绢云长石板岩、粉晶砂屑灰岩、白云质长石石英岩，少量长石砂岩、泥—微晶灰岩、白云质长石石英砂岩，厚约 848.15m；上部主要为灰色细粒长石石英岩夹深灰色含磁铁矿绢云千枚岩，厚约 391.21m。

达坂沟群（$S_{2-3}D$）总厚度大于 1 649.3m，据岩石组合，划分为 4 部分：下部主要为变钙质石英砂岩、变长石石英砂岩、变石英粉砂岩，少量含炭质绢云石英千枚岩，厚度大于 545.9m；中部主要为灰、灰黄色微—细晶灰岩、浅灰色片理化长石石英岩，少量浅灰色薄—中层变石英粉砂岩，厚 594.2m；上部为灰色变长石石英粉砂岩和变细粒长石石英砂岩，少量灰黑色片理化粉砂质细晶灰岩，厚约 416m；顶部为灰黑色绿泥绢云石英千枚岩，少量灰色钙质长石石英粉砂岩和浅灰色薄层变长石石英粉砂岩，厚约 93.2m。

志留系（未分）总厚约 4 598.41m。下部主要岩性为黑云绢云石英片岩、含红柱石二云片岩，少量黑云绢云片岩、（含红柱石）二云石英片岩、绢云黑云石英片岩等，厚度大于 1 681.86m；中部主要岩性为绢云黑云石英片岩、黑云石英片岩、含绢云黑云石英岩，少量黑云绢云片岩、黑云绢云石英片岩，厚约 1 750.69m；上部主要岩性为黑云变粒岩、黑云绢云板岩、绢云黑云片岩，少量含石榴绢云黑云石英片岩、含石榴绿泥绢云石英片岩及大理岩等，厚度大于 1 857.16m。在昆盖山南坡主要为灰黑色条带状泥钙质石英千枚岩、灰黑色含炭质绢云石英千枚岩，少量大理岩，厚约 728m。

三、沉积环境分析

温泉沟组总体特征为颜色较深，岩层较薄，碎屑物中不稳定矿物较多，白云质含量较高，沉积构造不发育，含珊瑚、腕足类化石，综合判断其沉积环境应为浅海陆棚上部沉积环境。

达坂沟群以灰—浅灰色为主，岩层以中—薄层为主，碎屑物以粉砂级颗粒为主，且长石含量较高，灰岩以中层为主，未见化石，综合判断其沉积环境应为浅海陆棚上部沉积环境。

志留系(未分)总体特征为颜色较深，以黑灰色—灰黑色为主，泥质含量较高，碳酸盐岩较少，碎屑物粒度较细，未见化石，为浅海陆棚下部沉积环境。

四、含矿特征

温泉沟群含铜矿，铜矿产于灰岩与岩体接触带上，少量产于基性岩体中。沙子沟铜矿有2个透镜状矿体，长100～300m，厚0.1～1.8m，矿石品位一般达5%，矿石矿物主要为辉铜矿，次为黄铜矿和斑铜矿，次生矿物为铜蓝、孔雀石。成因类型为中低温热液型铜矿。

达坂沟群主要含菱铁矿，菱铁矿产于大理岩及片岩中。其中，切列克其菱铁矿为一大型富铁矿，矿体走向近东西向，由3个矿体组成。1号矿体产于大理岩中，2号与3号矿体产于片岩中，由4～6层菱铁矿组成，TFe含量为41.78%～47.38%。原生菱铁矿在地表变为褐铁矿，是明显的找矿标志，含铁白云石较多也是一个找矿标志。在碳酸盐岩较发育部位是成矿有利部位，产于碳酸盐岩中的矿体往往位于与碎屑岩过渡部位。

志留系(未分)含菱铁矿，在卡拉敦一带，菱铁矿体产于大理岩中。矿体呈红褐色，似层状、透镜状，出露长度一般为1 000m，矿体宽约300m，菱铁矿含量在40%左右。该菱铁矿延伸稳定，严格受岩层控制，经检查评价，属大型菱铁矿床，具有良好的找矿远景。

五、岩石地层对比及时代归属讨论

1. 区域地层对比

温泉沟群主要岩性为细粒长石石英砂岩、板岩、灰岩等，总厚度大于1 878.24m。塔什库尔干县沙依地库拉沟一带的温泉沟群主要岩性为泥(板)岩、炭质板岩、砂质细晶灰岩，少量大理岩、变长石粉砂岩、变细粒长石砂岩等，以浅灰—灰黑色为主，呈薄层状—薄板—页片状，水平纹理发育，厚1 220m(新疆维吾尔自治区区域地质志，1993)。区域上该组岩石组合、厚度均变化不大。

达坂沟群主要为灰岩、长石粉砂岩、钙质细粒石英砂岩等，总厚度大于1 649.3m。天神达坂附近的达坂沟群为一套灰、深灰色薄层灰岩、大理岩、生物屑灰岩；在卡帕浪沟口达坂沟群主要为一套灰色薄层状灰岩，与下伏温泉沟群整合接触，厚约1 284m(新疆维吾尔自治区区域地质志，1993)。区内与区域上相比，碎屑岩较多，厚度变化不大。

志留系(未分)在铁克塔希一带的总厚约5 289.71m。在伊日吉勒嘎一带主要为深灰色绢云黑云石英片岩、绿灰色黑云绢云石英片岩、浅灰绿色绢云石英片岩，厚约4 146m。岩石组合与厚度变化不大。

2. 时代归属

区域上可见温泉沟群不整合于奥陶系之上，伏于泥盆系之下，说明温泉沟组形成时代应晚于奥陶纪，早于泥盆纪，叶尔羌河上游可见其与上覆中—上志留统达坂沟群呈整合接触(新疆维吾尔自治区岩石地层，1999)。

王世炎等(2003)在南邻区温泉沟群采获早志留世笔石、几丁虫和疑源类，其中，*Climacograptus*、*Diplograptus* 见于巴楚小海子地区早志留世鲁丹期至埃隆期 *Glyptograptus persculptus-Akidograptus* 组合(王务严，1990)。几丁虫化石 *Conochitina* 的层位相当于我国龙马溪阶中—上部 *gregarius* 带至 *sedgwikii* 带，本组可以与之对比。

据新疆维吾尔自治区岩石地层(1999)，天神达坂附近的达坂沟群含头足类 *Eoadnatoceras* sp.，*Geisonoceras* sp.，三叶虫 *Encrinurus* sp.，*Psilocephalina* sp.，腹足类 *Murchisonia*? sp.；卡帕浪沟口的达坂沟群含三叶虫 *Encrinurus* sp.，头足类 *Michelinocreas* sp.，时代为中晚志留世；塔什库尔干县达布达尔乡沙依地库拉沟产笔石 cf. *Climacograptus anjiensis*(Yang)，*C.* cf. *minutus*，*Carruthers*，cf. *Diplograptus deformis* Huang et Lu；塔什库尔干县明铁盖哨班附近产几丁虫和疑源类 *Ancyrospora* sp.，*Conochitina* (Belenochitina) cf. *robusta*(Eisenack)，*C.* cf. *microcantha*(Eisenack)，*Rhabdochitina* cf. *hedlundi*，*Ta-*

ugourdeau, *Gorgonisphaeridium* sp., *Priscogalea* sp., *P.* cf. *striatula* (*vavrdova*), *Buedingisphaeridium sp.*, *Florisphaeridium castellum* Lister;虫牙化石(鄂器)*Scolecodont*。

综合以上证据,本书将温泉沟群时代置于早志留世,将达坂沟群归属中晚志留世。

铁克列沟岩体侵入志留系(未分),本次在英云闪长岩中获得锆石 U-Pb 年龄为 244Ma,时代为三叠纪,其时代应早于三叠纪;志留系(未分)在岩石组合、变质变形期次、含矿性等方面与区内的温泉沟群及达坂沟群有相似之处,因此将其暂归志留纪。

第五节 泥盆系

分属塔里木地层区的塔里木盆地地层分区和塔南地层分区,缺失下泥盆统,出露面积约 2 300km^2。前者出露于英吉沙南的乔库—阿克巴西麻扎尔一带及考库亚西等地;后者沿布瑞库孜山—盖孜—库山河一带分布。出露地层为中泥盆统阿克巴西麻扎尔组、克孜勒陶组、上泥盆统奇自拉夫组和上泥盆—下石炭统克里塔克组、库山河组。

阿克巴西麻扎尔组(D_2a)为本次新建组,指平行不整合于克孜勒陶组之下的一套碎屑岩,含孢粉化石,下未见底,厚度大于 1 736m。

克孜勒陶组由新疆地矿局第一区调大队(1985)在进行 1∶100 万布伦口—恰尔隆地区区调时创建,时代归中泥盆世①。

奇自拉夫组源自德·泰拉(1932)中亚考察队在奇自拉夫河及桑株河一带创名的提士纳夫统,新疆地矿局第一区调大队(1985)将该套地层划归上泥盆统奇自拉夫组①。

《西北地区区域地层表·新疆维吾尔自治区分册》(1981)将含大量 Visean(维宪)晚期化石的地层另立新名——和什拉甫组,时代为早石炭世晚期,而将克里塔克组限定为下统下部,本书也沿用此划分方案,时代为早石炭世。卡拉巴西塔克组属同物异名,应停用。

库山河组由新疆地矿局第二地质大队(1981)创名,时代归早石炭世;《新疆维吾尔自治区岩石地层》(1999)沿用。据古生物组合,本次工作将其归属晚泥盆世—早石炭世。

一、剖面介绍

1. 阿克陶县阿克巴西麻扎尔西沟中泥盆统实测剖面

剖面位于阿克陶县克孜勒陶乡阿克巴西麻扎尔西沟,起点坐标:$X=4\ 277\ 878$,$Y=13\ 589\ 868$,$H=2\ 692$。剖面长约 6 865m(图 2-11)。

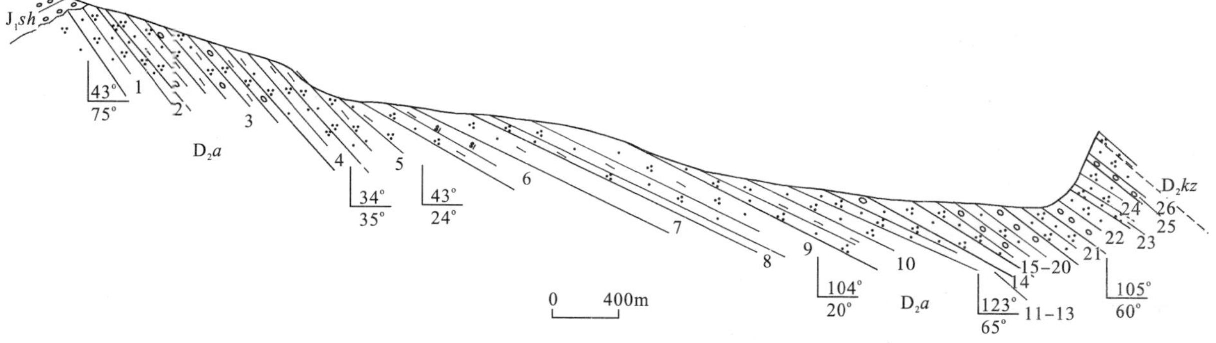

图 2-11 阿克陶县阿克巴西麻扎尔西沟中泥盆统实测剖面图

① 新疆维吾尔自治区地质局第一区域地质调查大队. 1∶100 万布伦口—恰尔隆地区区域地质调查报告. 1985.

上覆地层：中泥盆统克孜勒陶组细粒石英砂岩

--------------平行不整合--------------

阿克巴西麻扎尔组(D_2a)：	**1 621.88m**
26. 灰白色中层粗—中粒石英砂岩，见少量铁质斑点，具大型楔状交错层理	202.09m
25. 灰白色中层石英岩质砾岩	14.06m
24. 灰白色中层中细粒石英砂岩与灰白色(略带褐色)中层粗粒石英砂岩互层	139.77m
23. 灰白色(略带褐色)中层中粒石英砂岩，含20%的铁质斑点	21.60m
22. 灰白色中层石英岩质砾岩与粗粒石英砂岩互层，具楔状交错层理	134.90m
21. 灰白色中层粗粒石英砂岩	90.03m
20. 灰白色厚层石英岩质砾岩，具大型楔状交错层理	20.38m
19. 灰白色中层粗粒石英砂岩，具楔状交错层理	26.70m
18. 灰白色厚层石英岩质砾岩，具大型楔状交错层理	23.79m
17. 灰白色中层粗粒石英砂岩	21.78m
16. 灰白色厚层石英质砾岩，具大型楔状交错层理，夹灰绿色粉砂岩质砾岩层	21.37m
15. 灰白色中层石英岩质砾岩与粗粒石英砂岩互层，具大型楔状交错层理，二者比例约1∶1.5	69.24m
14. 灰褐色中层粗粒石英砂岩，具大型楔状交错层理	93.49m
13. 灰褐色中层含砾粗粒石英砂岩，具大型楔状交错层理	2.31m
12. 灰褐、灰紫色中层细粒石英砂岩，发育大型楔状交错层理	28.43m
11. 灰褐色中层细粒石英砂岩、灰紫色中层细粒石英砂岩与灰绿色含砂质泥岩互层，褐色砂岩中具冲洗层理	1.84m
10. 灰紫色中层细粒石英杂砂岩夹灰绿色薄板状含砂质泥岩，杂砂岩中具楔状交错层理	84.80m
9. 灰紫色中层中细粒石英杂砂岩夹少量灰绿色薄层细粒石英杂砂岩	131.67m
8. 灰紫色中层中细粒石英杂砂岩与灰绿色薄层细粒石英杂砂岩互层	14.02m
7. 灰紫色中层中—细粒石英杂砂岩夹少量灰绿色薄层细粒石英杂砂岩	43.13m
6. 灰紫色中层细粒石英杂砂岩夹灰黑色—灰绿色泥质硅质岩，砂岩具小型楔状交错层理，含孢子花粉 *Geminospora* sp.，*Retusotriletes minor* Naumova，*Stenozonotriletes* cf. *extensus* Naumova，疑源类 *Leiofusa* sp.	35.67m
5. 灰紫色中层细粒石英杂砂岩夹极少量灰绿色薄层变细粒石英杂砂岩，具大型楔状交错层理	73.14m
4. 灰紫色中层细粒石英杂砂岩与少量灰紫色中层含砾中粒石英杂砂岩互层，顶部为厚约0.5m的灰黑色含砂质泥岩，含孢子花粉 *Leiotriletes* sp.，*Geminospora nanus*，*Retasotriletes* sp.，*Gymbosporites cyathus*，*Archaeozonotrietes* sp.	93.91m
3. 灰紫色中层细粒石英杂砂岩与灰紫色中层含砾中粒石英杂砂岩互层，具大型楔状交错层理	209.97m
2. 灰白色中层中粒石英砂岩	6.38m
1. 黄绿色具紫色斑状中层中粒石英砂岩	>17.41m

下侏罗统莎里塔什组不整合覆盖　　　　　　（未见底）

2. 阿克陶县库山河中泥盆统实测剖面

剖面位于阿克陶县巴仁乡罕铁热克村南库山河，起点坐标：X=4 264 414，Y=13 557 065，H=2 712。剖面长约13 500m，未见底(图2-12)。

上覆地层：上泥盆统奇自拉夫组厚层含砾中粗粒岩屑砂岩

————整合————

中泥盆统克孜勒陶组(D_2kz)：	**7 186.14m**
36. 浅绿灰色厚—巨厚层变粗中粒石英砂岩，具平行层理	750.50m
35. 灰、灰红色厚—巨厚层变中—粗粒石英砂岩，局部见平行层理及楔状层理，局部夹紫红色粉砂质泥岩及细砾岩透镜体	1 352.90m
34. 灰、灰红色厚—巨厚层变中粗粒石英砂岩，偶夹紫红色泥岩及细砾岩	719.70m
33. 绿灰、灰红色巨厚层变中—粗粒石英砂岩，偶夹紫红色粉砂质泥岩(厚约30cm)，局部见细砾岩	317.80m
32. 深灰色巨厚层—块状变中粗粒石英杂砂岩	180.70m

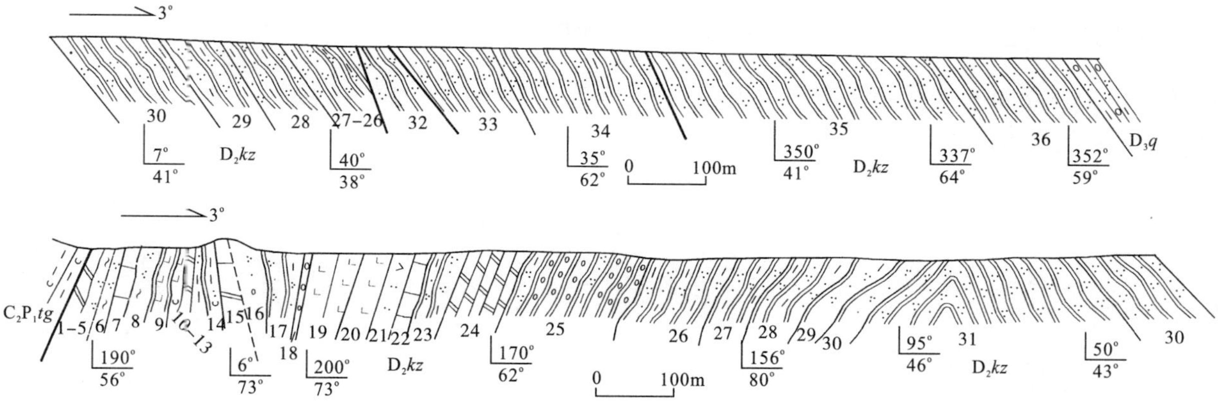

图 2-12 阿克陶县库山河中泥盆统实测剖面图

31. 灰绿色中厚层变细粒石英砂岩	33.06m
30. 灰、深灰色中厚层变粗中粒石英杂砂岩	10.00m
29. 灰色中厚层变细中粒石英杂砂岩	304.40m
28. 灰色中厚层变中粒石英杂砂岩	325.80m
27. 灰、深灰色薄板状变中粒石英杂砂岩	363.40m
26. 浅灰、灰色变中粒石英杂砂岩	574.50m
25. 浅灰绿色变质砾岩与变中粒石英杂砂岩互层，二者比例为 3∶1	629.50m
24. 黑灰、深灰色巨厚层钙质白云岩，局部含燧石条带	322.70m
23. 灰、浅灰色中厚层变细中粒石英杂砂岩	22.48m
22. 灰白色巨厚层微晶灰岩	113.70m
21. 灰绿色糜棱岩化安山质凝灰岩	145.50m
20. 灰色片理化斑状玄武岩与灰绿色片理化玄武岩互层，二者比例为 1∶4～1∶9	176.80m
19. 灰绿色片理化玄武岩	368.90m
18. 浅灰绿色变质砾岩，砾石多呈次棱角状，被拉长定向，主要成分为脉石英(45%)、灰岩(10%)，大小为 1～2cm	56.10m
17. 灰绿色巨厚层变细粒石英杂砂岩	274.90m
16. 灰绿色块状变含砾中粒石英杂砂岩	142.80m

------------平行不整合------------

阿克巴西麻扎尔组(D$_2$a)：	**>752.80m**
15. 黑灰色中厚层微晶白云质灰岩	60.00m
14. 灰黑色炭质粉砂质板岩，偶夹黑灰色白云质灰岩	131.30m
13. 黑灰色炭质粉砂质板岩	6.60m
12. 黑灰色微晶白云岩	7.50m
11. 浅灰绿色变细粒石英杂砂岩	5.80m
10. 黑灰色薄层微晶白云岩	5.00m
9. 灰黑色含炭质钙质板岩	170.80m
8. 灰绿色绿泥石英千枚岩，偶夹白云岩透镜体	118.60m
7. 深灰、灰白色微晶灰岩	22.10m
6. 灰绿色绿泥石英千枚岩夹灰白色微晶灰岩	39.60m
5. 灰绿色绿泥千枚岩	20.60m
4. 灰绿色绢云绿泥石英片岩夹灰白色微晶灰岩	134.00m
3. 黑灰色粉晶白云岩	3.40m
2. 灰绿色绿泥石英片岩	6.90m
1. 黑灰色厚层粉晶白云岩(断层切割，未见底)	20.60m

══════断层══════

上盘岩系：上石炭统—下二叠统特给乃奇克达坂组炭质泥岩

3. 阿克陶县卡拉巴西塔克上泥盆统—下石炭统实测剖面

剖面位于阿克陶县克孜勒陶乡卡拉巴西塔克西，起点坐标：$X=4\ 280\ 800$，$Y=13\ 599\ 081$，$H=1\ 860$。剖面长约1 230m（图2-13）。

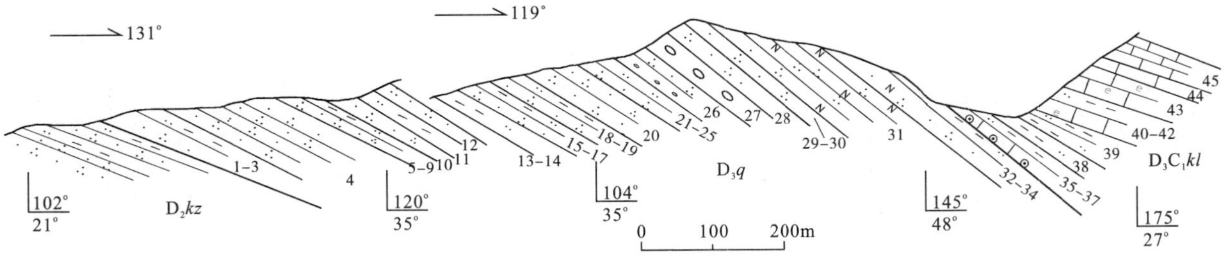

图2-13 阿克陶县卡拉巴西塔克上泥盆统—下石炭统实测剖面图

剥蚀 （未见顶）

上泥盆—下石炭统克里塔克组(D_3C_1kl)： **>112.95m**

45. 褐灰色中层细晶灰岩 19.03m
44. 黄灰色薄层粉晶灰岩 9.52m
43. 灰黑色薄层泥晶生物碎屑灰岩 17.22m
42. 中下部灰黑色薄层细晶生物碎屑灰岩，上部灰绿色薄层粉砂岩夹灰黑色薄层细晶生物碎屑灰岩，下部灰岩具小型楔状交错层理，含珊瑚 *Zaphrentites* sp. 9.61m
41. 灰绿色含粉砂质泥岩，底部为灰黑色含粉砂质泥岩、薄层生物屑粉晶灰岩，近顶部夹厚约15cm的生物碎屑粉晶灰岩，含珊瑚 *Paralithostrotion* sp. 4.81m
40. 灰黑色薄层生物屑粉晶灰岩 4.81m
39. 灰绿色含粉砂质泥岩夹少量紫灰色含粉砂质泥岩，顶部(30cm)为黄色薄板状粉砂岩夹灰黑色薄层生物屑粉晶灰岩 14.42m
38. 灰绿色粉砂质泥岩与灰黑色含粉砂质泥岩互层，夹灰黑色薄层泥晶生物碎屑灰岩，灰岩中含腕足类 *Cyrtospirifer* cf. *sinensis* (Grabau)，*C. subextensus* (Martelli)，*C.* cf. *subextensus* (Martelli)，*C. archiaciformis* (Grabau)，*C.* sp.，*Tenticospirifer* cf. *gortani* (Pellizzari) 17.22m
37. 下部为灰绿色含粉砂质泥岩，上部为灰黑色中层泥晶生物碎屑灰岩，含腕足类 *Cyrtospirifer subextensus*(Martelli)，*C. archiaciformis*(Grabau)，*C. pellizzariformis*(Grabau)，*C.* cf. *junggarensis* (Zhang) 4.87m
36. 灰绿色含粉砂质泥岩，顶部(厚2m)为浅灰色厚层亮晶含生物碎屑鲕粒灰岩 6.33m
35. 浅灰色薄层含砂质生物碎屑细晶灰岩 5.11m

————整合————

上泥盆统奇自拉夫组(D_3q)： **652.77m**

34. 灰绿色粉砂质板岩夹厚约1m的灰白色中层钙质含砾中粒长石石英砂岩 2.43m
33. 灰白色中层细粒长石石英砂岩与紫红色薄层细粒长石石英砂岩、薄板状粉砂岩互层，中粒长石石英砂岩具大型楔状交错层理 18.16m
32. 紫红色薄板状细粒长石石英砂岩与灰绿色薄板状长石石英砂岩互层，二者比例为1∶1 17.84m
31. 紫红色与灰绿色薄层细粒长石石英砂岩互层，夹浅褐色中层含砾中粒长石石英砂岩，含砾砂岩具大型交错层理 102.70m
30. 紫红色薄板状粉砂岩夹厚约0.5m灰绿色薄板状粉砂岩 3.60m
29. 下部(厚约4m)为紫红色薄板状粉砂岩，中上部为紫红色中层细粒长石石英砂岩 14.40m
28. 紫红色中层细砾岩与含砾中粒石英砂岩互层 15.61m
27. 褐红色厚层细砾岩夹紫红色中层含砾中粒石英砂岩，砂岩中发育大型楔状交错层理 18.01m
26. 紫红色中层细砾岩与含砾中粒石英砂岩互层，具大型板状交错层理 27.81m
25. 紫红色薄板状粉砂岩 3.79m
24. 紫红色中层细粒石英砂岩 6.31m

23. 紫红色粉砂质板岩，夹 30cm 厚的灰绿色粉砂质板岩　5.05m
22. 紫红色中层石英粉砂岩与紫红色粉砂质板岩互层，二者之比为 1∶1，各厚 20cm　12.63m
21. 下部为灰色中层中粒石英砂岩，具大型板状交错层理，上部为灰绿色中粒石英砂岩　6.31m
20. 绿灰色中层细粒石英砂岩与紫灰色中层细粒石英砂岩互层，具大型楔状交错层理，二者比例为 2∶1　50.51m
19. 灰绿色粉砂质板岩　6.31m
18. 灰绿色中层细粒石英砂岩与紫灰色中层细粒石英砂岩互层，二者之比为 2.5∶1，夹少量灰褐色中层细粒石英砂岩，具大型楔状交错层理　35.73m
17. 灰绿色粉砂质板岩，底部夹紫灰色薄层细粒石英砂岩　13.40m
16. 绿灰色中层细粒石英砂岩夹紫灰色中层细粒石英砂岩(7∶1)　20.54m
15. 灰绿色粉砂质板岩夹薄层细粒石英砂岩　10.72m
14. 绿灰色中层细粒石英砂岩夹紫灰色中层细粒石英砂岩(7∶1)　24.12m
13. 灰绿色粉砂质板岩，夹灰褐色细粒石英砂岩透镜体　7.15m
12. 绿灰色中层细粒石英砂岩与灰红色中层细粒石英砂岩互层，二者比例约 1∶1　25.96m
11. 灰绿色粉砂质板岩夹厚约 2.5m 的绿灰色中层细粒石英砂岩与紫红色中层细粒石英砂岩互层　6.49m
10. 绿灰色中层细粒石英砂岩与紫红色中层细粒石英砂岩互层，前者具楔状交错层理　29.21m
9. 灰绿色粉砂质板岩，顶部为厚约 20cm 的紫红色薄板状细粒石英砂岩　8.30m
8. 紫红色中层细粒石英砂岩与灰绿色中层细粒石英砂岩互层，具平行层理，二者比例为 1∶2.5　8.30m
7. 灰绿色粉砂质板岩与紫灰色薄层细粒石英砂岩互层　5.53m
6. 紫红色中层细粒石英砂岩　5.53m
5. 灰绿色粉砂质泥岩　13.84m
4. 紫灰色中层细粒石英砂岩与绿灰色薄层细粒石英砂岩互层，二者比例为 1∶1.7　84.14m
3. 灰绿色粉粉质板岩夹紫灰色中—薄层细粒石英砂岩　5.43m
2. 紫红色粉砂质板岩　2.71m
1. 灰紫色中层细粒石英砂岩，灰紫—灰绿色薄层细粒石英砂岩，夹灰绿色粉砂岩　34.2m

————整合————

下伏地层：中泥盆统克孜勒陶组(D_2kz)绿灰色中层细粒石英砂岩

4. 阿克陶县库山河上泥盆统奇自拉夫组实测剖面

剖面位于新疆阿克陶县巴仁乡罕铁热克村南库山河，起点坐标：X=4 283 645，Y=13 559 993，H=2 230。剖面长约 5 760m(图 2-14)。

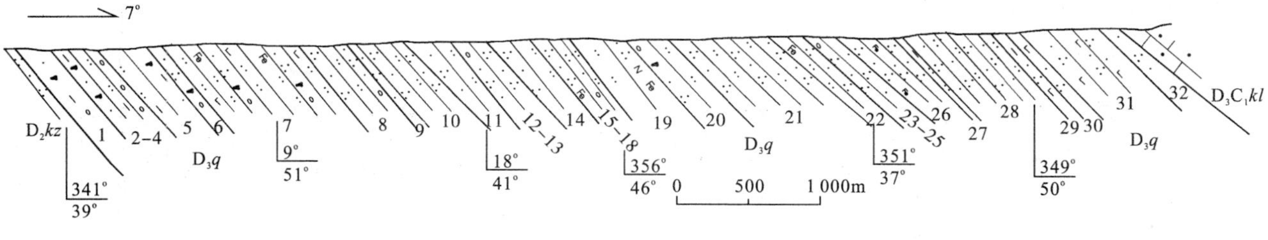

图 2-14　阿克陶县库山河上泥盆统奇自拉夫组实测剖面图

上覆地层：上泥盆统—下石炭统库山河组深灰色砂质细晶灰岩夹鲕粒灰岩

————整合————

上泥盆统奇自拉夫组(D_3q)：　5 064.7m

32. 灰色厚层细粒石英砂岩　75.19m
31. 深灰色厚—巨厚层钙质细粒石英砂岩　470.77m
30. 灰、深灰色中厚层钙质细粒石英砂岩，风化后呈暗灰色　85.43m
29. 灰绿色中薄层细粒石英杂砂岩　55.63m
28. 紫红色厚—巨厚层粉砂岩与中厚层细粒石英砂岩不等厚互层，比例为 1∶2　267.03m
27. 灰绿色中厚层泥质粉砂岩　14.39m

26. 紫红色厚层细粒铁质石英砂岩与中厚层细粒石英砂岩互层，二者比例为 1∶2　264.63m

25. 紫红色巨厚层粉砂岩与薄层细粒石英砂岩互层　45.82m

24. 紫红色厚层铁质粉砂岩与细粒石英砂岩互层　6.41m

23. 浅灰绿色中厚层含砾中粗粒石英砂岩　17.62m

22. 紫红色中厚层铁质粉砂岩与中粒石英砂岩互层　185.89m

21. 紫红色厚层粉砂岩与中—薄层细粒石英砂岩互层　364.99m

20. 紫红色中厚层含砾粗粒岩屑石英砂岩与厚—巨厚层粉砂岩互层，见交错层理　213.15m

19. 灰红色中薄层铁质细粒石英砂岩与中层粉砂岩互层　168.81m

18. 灰红色中薄层含砾中粒石英砂岩与中厚层粉砂岩互层　69.04m

17. 灰红色巨厚层含砾中粒石英砂岩与中薄层粉砂岩互层　16.05m

16. 灰红色厚层含砾中粒铁质石英砂岩与中薄层细粒铁质石英砂岩、粉砂岩互层　40.18m

15. 灰红色中厚层含砾中粒石英砂岩　49.65m

14. 棕红色薄—中层粉砂岩与细粒石英砂岩互层　200.06m

13. 灰红色厚层含砾中细粒长石石英砂岩与薄层细粒石英砂岩、粉砂岩互层　29.85m

12. 棕红色中薄层粉砂岩与厚层细粒石英砂岩互层　133.68m

11. 棕红色厚层粉砂岩与薄层细—中粒石英砂岩互层　179.87m

10. 红褐色厚层粉砂岩与中厚层细粒石英砂岩互层，二者比例为 2∶1　258.15m

9. 红褐色厚层中粒石英砂岩与粉砂岩互层，二者比例为 3∶1　40.87m

8. 红褐色厚层含砾中粒石英砂岩、细粒石英砂岩与粉砂岩互层　304.21m

7. 灰红色中薄层含砾细粒岩屑石英砂岩、钙质粉砂岩与铁质粉砂岩互层　648.65m

6. 灰红色厚层含砾中粒岩屑石英砂岩与细粒石英砂岩、粉砂岩互层，比例为 4∶2∶1　108.73m

5. 灰红色厚层中粒岩屑杂砂岩与中薄层泥质粉砂岩互层，二者比例为 2∶1　257.31m

4. 浅灰色巨厚层复砾岩　1.82m

3. 灰红色厚层中粒岩屑杂砂岩夹中薄层泥质粉砂岩，二者比例为 5∶1　44.64m

2. 灰红色巨厚层含砾粗粒岩屑杂砂岩夹薄层细—中粒屑杂砂岩　135.89m

1. 灰红色巨厚层含砾岩屑杂砂岩，局部具平行层理和斜层理　310.29m

————整合————

下伏地层：中泥盆统克孜勒陶组(D_2kz)浅灰绿色粗—中粒石英砂岩

5. 阿克陶县库山河上泥盆统—下石炭统库山河组实测剖面

剖面位于新疆阿克陶县巴仁乡罕铁热克村南库山河，起点坐标：X＝4 285 049，Y＝13 559 993，H＝2 230。剖面长 5 760m(图 2-15)。

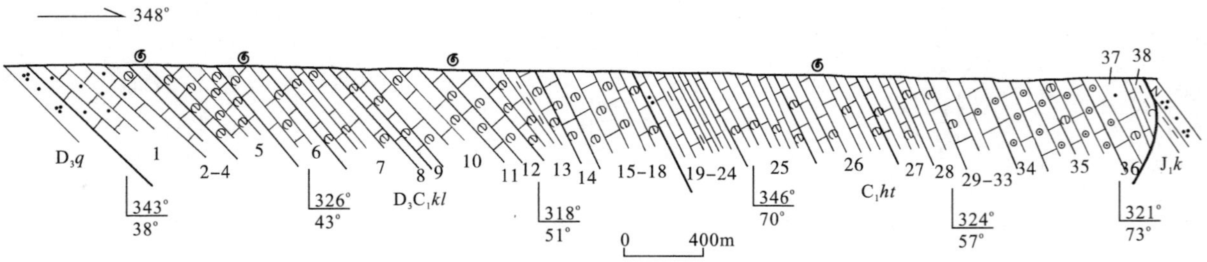

图 2-15　阿克陶县库山河上泥盆统—下石炭统库山河组实测剖面图

上覆地层：下石炭统罕铁热克组(C_1ht)灰岩

————整合————

库山河组(D_3C_1k)：　1 708.66m

18. 黑灰色厚层—中层生物碎屑灰岩　41.39m

17. 绿灰色薄—中层白云石化粉晶灰岩　3.58m

16. 黑灰色薄—中层生物碎屑细晶灰岩夹含泥粉晶灰岩　23.88m

15. 黑灰色厚—巨厚层生物碎屑细晶灰岩　153.88m

14. 黑灰色薄—中层生物碎屑细晶灰岩夹灰绿色薄层含泥粉晶灰岩	75.18m
13. 黑灰色厚—巨厚层生物碎屑细晶灰岩夹少量绿灰色粉砂岩	219.74m
12. 深灰、黑灰色厚—巨厚层生物碎屑细晶灰岩，局部夹绿灰色薄层泥岩。灰岩中含腕足类 *Cyrtospirifer* sp.，*Prewaagenoconcha* sp.	61.16m
11. 灰、深灰色中层含生物碎屑细晶灰岩，具波状层理	67.55m
10. 黑灰色厚—巨厚层生物碎屑细晶灰岩，岩层厚 0.7～2.5m	183.91m
9. 黑灰色中厚层生物碎屑细晶灰岩	52.91m
8. 灰、黑灰色厚—巨厚层生物碎屑细晶灰岩	38.37m
7. 黑灰色厚层含生物碎屑细晶灰岩	201.35m
6. 黑灰色中层含生物碎屑细晶灰岩，层厚 30～50cm，含腕足类 *Cyrtospirifer* sp.，*Composita* sp.	139.77m
5. 黑灰色中层含生物碎屑细晶灰岩	189.67m
4. 黑灰色中层含生物碎屑细晶灰岩，岩层厚 15～40cm，含珊瑚 *Zaphrentitoids*，腕足类 *Tenticospirifer* sp.，*Chonetes* sp.	36.08m
3. 黑灰色厚层含生物碎屑细晶灰岩夹薄层绿灰色粉砂质粉晶灰岩	42.65m
2. 黑灰色厚层含生物碎屑粉砂质粉晶灰岩夹黑灰色薄层粉砂质粉晶灰岩	57.97m
1. 灰色厚层砂质细晶灰岩夹黑灰色薄层或透镜状含生物碎屑鲕粒灰岩	119.62m

————整合————

下伏地层：上泥盆统奇自拉夫组（D_3q）浅灰绿色细粒石英砂岩

6. 阿克陶县兰尕南上泥盆统—下石炭统库山河组实测剖面

剖面位于阿克陶县布伦口乡兰尕南沟，起点坐标：X=4 296 058，Y=13 539 589，H=2 302。剖面长 1 500m，未见顶（图 2-16）。

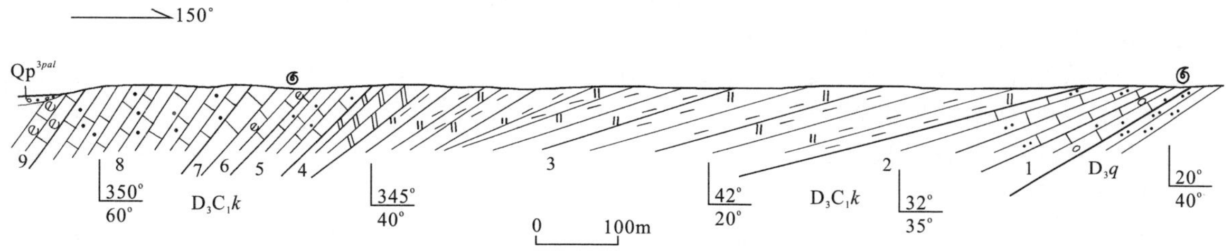

图 2-16　阿克陶县兰尕南上泥盆统—下石炭统库山河组实测剖面图

上更新统洪冲积层覆盖　　（未见顶）

上泥盆统—下石炭统库山河组（D_3C_1k）：	**432.54m**
9. 浅灰色巨厚层生物碎屑泥晶灰岩	75.50m
8. 浅灰色巨厚层砂屑泥晶灰岩	97.80m
7. 灰色厚层粉晶灰岩	32.60m
6. 浅灰色中—厚层生物碎屑泥晶灰岩，含有孔虫 *Bradyina* sp.，? *Agathammina* sp.，*Pledogyra* sp.	16.30m
5. 浅红色中层含粉砂质微晶灰岩	32.50m
4. 浅灰色厚层微晶白云岩	12.69m
3. 灰黑色白云质泥岩，纹理极为发育	88.36m
2. 浅灰白色厚层含粉砂质泥晶灰岩	53.15m
1. 灰色中层含砾屑砂屑灰岩，含有孔虫 *Palaeoleturia* sp.	23.62m

————整合————

下伏地层：上泥盆统奇自拉夫组（D_3q）紫红色泥质粉砂岩

7. 阿克陶县恰看特勒克上泥盆统—下石炭统克里塔克组实测剖面

剖面位于阿克陶县库斯拉甫乡恰看特勒克（图区南边缘外），起点坐标：X=4 207 050，Y=

13 624 746，H=2 040。剖面长约 3 900m，下与上泥盆统奇自拉夫组、上与下石炭统和什拉甫组整合接触（图 2-17）。

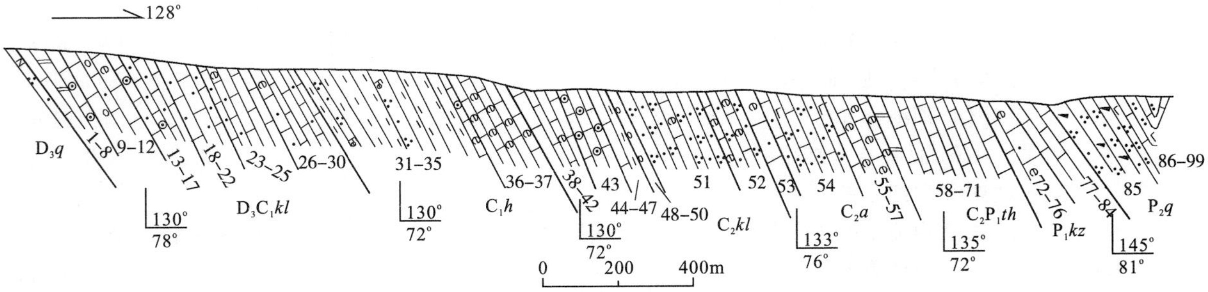

图 2-17　阿克陶县恰看特勒克上泥盆统—石炭系实测剖面图

上覆地层：下石炭统和什拉甫组（C_1h）灰色中晶灰岩

————整合————

上泥盆统—下石炭统克里塔克组（D_3C_1kl）：　　725.25m

30. 灰色中厚层中晶灰岩，含腹足类 *Euomphalus* sp.　　47.35m
29. 黑灰色中厚层亮晶含生物屑砂屑灰岩，含珊瑚 *Dibunophyllum* sp.　　10.01m
28. 灰色中厚层中晶灰岩夹黑灰色中层亮晶含生物屑砂屑灰岩　　17.87m
27. 灰黑色中层中晶灰岩　　11.44m
26. 灰黑色中层亮晶含生物屑砂屑灰岩　　28.60m
25. 浅灰色厚层粗晶灰岩　　29.60m
24. 暗灰色中层亮晶含生物屑鲕粒砂屑灰岩，含腕足类 *Athyris* sp.，腹足类 *Euomphalus* sp.　　6.30m
23. 灰色厚层含生物屑砂屑灰岩，岩层厚 70～90cm　　59.56m
22. 黑灰色块状亮晶含生物砂屑灰岩，岩层厚 1.2～1.6cm　　50.84m
21. 浅黑灰色块状微晶砂屑灰岩，岩层厚大于 2m　　9.17m
20. 灰色块状中晶鲕粒灰岩，岩层厚大于 2m　　13.75m
19. 灰色块状微晶砂屑灰岩，岩层厚大于 2m　　18.32m
18. 黑灰色块状细晶砂屑灰岩，岩层厚大于 2m　　13.75m
17. 黑灰色中层亮晶含生物屑鲕粒砂屑灰岩，岩层厚 40～60cm　　5.50m
16. 灰色厚层含生物屑砂屑灰岩，含珊瑚、棘皮类碎屑，岩层厚 50～60cm　　3.67m
15. 灰色中层亮晶含生物屑鲕粒砂屑灰岩，岩层厚 30～40cm　　27.51m
14. 灰色中厚层细晶灰岩，岩层厚 40～70cm　　5.16m
13. 灰色中层亮晶含生物屑鲕粒砂屑灰岩，岩层厚 40～60cm　　94.65m
12. 灰色厚层含生物屑细晶灰岩，岩层厚 50～60cm　　50.27m
11. 灰色厚层亮晶砾屑细晶灰岩，岩层厚 50～60cm　　16.12m
10. 灰色厚层含砾屑细晶灰岩，岩层厚 70～80cm　　30.95m
9. 灰色厚层亮晶砂屑灰岩，岩层厚 60～70cm　　10.96m
8. 灰色厚层亮晶鲕粒灰岩，含珊瑚 *Pseudozaphrentis* sp.，腹足类 *Euomphalus* sp.　　16.12m
7. 灰色中层中晶灰岩，岩层厚 30～40cm　　12.90m
6. 灰白色厚层亮晶核形石鲕粒灰岩，岩层厚 50～70cm　　3.22m
5. 灰色中层含钙质中晶白云岩，岩层厚 30～40cm　　8.38m
4. 灰色细晶砂屑砾屑含钙质白云岩　　6.45m
3. 灰色厚层中细晶含钙质白云岩，岩层厚 60～70cm　　5.80m
2. 灰色厚层中细晶含钙质白云岩，岩层厚 60～80cm　　63.34m
1. 灰色中厚层粉晶灰岩，岩层厚 40～70cm　　47.69m

————整合————

下伏地层：上泥盆统奇自拉夫组（D_3q）长石砂岩

二、岩石地层划分及其特征

(一)岩石地层划分

根据岩石组合、沉积环境、生物组合等特征,由下而上划分为中泥盆统阿克巴西麻扎尔组(D_2a)、克孜勒陶组(D_2kz)、上泥盆统奇自拉夫组(D_3q)和上泥盆统—下石炭统克里塔克组(D_3C_1kl)与库山河组(D_3C_1k)。

阿克巴西麻扎尔组在区内岩石组合及厚度差别较大,上覆均为克孜勒陶组。在阿克巴西麻扎尔西与上覆克孜勒陶组为平行不整合接触(图版Ⅶ,1),克孜勒陶一带因侏罗系覆盖未见底,总厚约 1 622m。下部以灰紫色中层砂岩为主,主要岩性为灰紫色中层中—细粒石英杂砂岩、灰褐色中层细粒石英砂岩,少量含砾石英杂砂岩、灰绿色细粒石英杂砂岩、灰黑色含砂质泥岩及灰白色中层中粒石英砂岩,杂砂岩中发育大型楔状交错层理,局部发育冲洗层理,本次在泥岩中采获较多的孢粉化石,厚约 836m。上部以灰白色粗碎屑岩为主,主要岩性为灰白色中—厚层砾岩、中层粗—中粒石英砂岩,发育大型楔状交错层理,厚约 786m。在库山河一带,因断层切割未见底,出露总厚度约 753m。下部主要岩性为灰绿色绿泥(石英)千枚岩、灰绿色绢云绿泥石英片岩,少量深灰色微晶灰岩和黑灰色粉晶白云岩,厚度大于 365.8m。上部主要为灰黑色含炭质钙质板岩、炭质粉砂质板岩、灰黑色微晶白云质灰岩,少量黑灰色微晶白云岩和浅灰绿色变细粒石英杂砂岩,厚约 387m。

克孜勒陶组(D_2kz)在克孜勒陶一带厚度较小,厚约 1 737m。下部主要为灰绿色中—薄层泥质石英粉砂岩、灰绿色(含)粉砂质泥岩,少量褐色薄层钙质石英粉砂岩、细粒石英砂岩,极少量微晶砂屑灰岩,局部见水平虫穴,厚约 1 169m。上部主要为灰绿色石英粉砂岩、钙质石英粉砂岩,少量泥质石英粉砂岩、生物屑泥晶灰岩、钙质细粒石英砂岩,砂岩具槽状交错层理、楔状交错层理、不对称波痕,灰岩中含腕足类、珊瑚等化石,粉砂质泥岩及泥质石英粉砂岩中有较多的水平虫穴,厚约 612m。在库山河一带厚度较大,总厚约 7 186m。下部主要岩性为灰、灰绿色片理化(斑状)玄武岩、灰绿色安山质凝灰岩、灰绿色变(含砾)中—细粒砂岩杂砂岩,少量浅灰绿色变质砾岩,厚约 1 165m。中部主要为灰色中厚层变中粒石英杂砂岩、浅灰绿色变质砾岩、黑灰色巨厚层钙质白云岩、深灰色巨厚层中粗粒变石英砂岩及灰白色巨厚层微晶灰岩,少量灰绿色中厚层变细粒石英砂岩,厚约 3 180m。上部主要为灰、灰红色厚—巨厚层变中—粗粒石英砂岩和浅绿灰色厚—巨厚层变粗中粒石英砂岩,具平行层理和楔状层理,局部夹紫红色粉砂质泥岩和细砾岩,厚约 3 140m。在盖孜一带本组上部夹灰黑色泥岩及深灰色含生物屑灰岩,灰岩中含头足类、苔藓虫、珊瑚、腕足类等化石。

在克孜勒陶一带奇自拉夫组厚度较小,厚约 653m。下部以红、绿色相间色调为特征,主要岩性为紫红、紫灰、灰紫色中层细粒石英砂岩与灰绿、绿灰色中层细粒石英砂岩互层,夹灰绿色粉砂质泥(板)岩及少量紫红色粉砂质板岩,绿灰色砂岩局部具楔状交错层理、平行层理,厚约 230m。中部以绿色色调为特征,主要岩性为灰绿、绿灰色中层细粒石英砂岩与灰绿色粉砂质板岩不等厚互层,夹灰紫色中层细粒石英砂岩,砂岩具大型楔状交错层理,厚约 175m。上部以红色调为特征,主要岩性为紫红色薄—中层细粒长石石英砂岩、灰绿色薄层—薄板状细粒长石石英砂岩,少量紫红色中层砾岩、含砾中粒石英砂岩、石英粉砂(板)岩,极少量灰绿色粉砂岩、粉砂质板岩,含砾砂岩中发育大型楔状交错层理,厚约 248m。在库山河一带奇自拉夫组(D_3q)厚度较大,总厚达 5 081m。下部主要为灰红色巨厚层含砾岩屑杂砂岩、灰红色厚层中粒岩屑杂砂岩,夹中层变泥质粉砂岩及砾岩,含砾岩屑杂砂岩中具平行层理、斜层理,厚约 750m。中部主要为灰红色中薄层(铁质)粉砂岩、灰红色厚层细粒(铁质)石英砂岩、含砾中粒石英砂岩、含砾中—细粒岩屑石英砂岩、钙质石英砂岩、含砾中粒岩屑石英砂岩,厚约 2 248m。上部主要为灰色厚层细粒石英砂岩、钙质细粒石英砂岩、紫红色厚层(铁质)粉砂岩、紫红色铁质细粒石英砂岩、含砾粗粒岩屑石英砂岩,少量灰绿色中薄层细粒石英杂砂岩、浅灰绿色中厚层含砾石英砂岩,厚约 2 067m。

克里塔克组在卡拉巴西塔克一带主要岩性为灰黑色薄层泥晶生物屑灰岩、生物屑粉晶灰岩、灰绿色含粉砂质泥岩,少量褐灰色中层细晶灰岩、浅灰色厚层亮晶含生物屑鲕粒灰岩,下部泥晶生物屑灰岩中含大量腕足类,上部含珊瑚、腹足类等,厚约 113m。在恰看特勒克一带为一套碳酸盐岩,厚约 725.25m。下部主要为灰色中细晶含钙质白云岩、灰色中厚层鲕粒砂屑灰岩、含粒屑细—中晶灰岩，少量球粒(或核形石)鲕粒灰岩，厚约372m。上部主要为灰色厚层(含生物屑)砂屑灰岩、灰黑色中层中—粗晶灰岩，少量含砾屑鲕粒砂屑灰岩和(砂屑)鲕粒灰岩，含珊瑚、腕足类、腹足类等，厚约353.24m。

库山河组在罕铁热克—阿格孜一带呈弧形带状展布，在兰尕一带呈北西西向条带状展布。在罕铁热克一带下部主要为灰黑色中—厚层生物屑粉晶灰岩、灰色厚层砂质细晶灰岩，少量灰绿色薄层粉砂质粉晶灰岩，极少量黑灰色薄层含生物屑鲕粒灰岩，含腕足类、珊瑚等，厚约787m。上部为黑灰色厚—巨厚层生物屑细晶灰岩、深灰色中—巨厚层含生物屑粉砂质细晶灰岩，少量黑灰色中—厚层生物屑灰岩、黑灰色厚—巨厚层生物屑粉晶灰岩，极少量白云岩化粉晶灰岩、绿灰色薄层泥岩和灰绿色薄层含泥粉晶灰岩，含腕足类 *Cyrtospirifer* sp.，*Prewaagenoconcha* sp.，厚约922m。在兰尕一带下部主要为灰黑色白云质泥岩、浅灰白色厚层含粉砂质泥晶灰岩、浅红色中层含粉砂质微晶灰岩，少量灰色中层含砾屑砂屑灰岩、浅灰色厚层微晶白云岩，含有孔虫 *Palaeoleturia* sp.，厚约210m。上部主要为浅灰色巨厚层砂屑泥晶灰岩、生物屑泥晶灰岩，少量灰色厚层粉晶灰岩和浅灰色中—厚层生物屑泥晶灰岩，含有孔虫 *Bradyina* sp.，? *Agathammina* sp.，*Pleclogyra* sp.，厚约222m。

(二)岩石地层特征

1. 阿克巴西麻扎尔组(D_2a)

阿克巴西麻扎尔组在阿克巴西麻扎尔一带下部为灰紫色碎屑岩，上部为灰白色粗碎屑岩。下部基本层序为灰紫色中层细粒石英杂砂岩与灰紫色中层含砾中粒砂岩杂砂岩互层—灰黑色含砂质泥岩，一个基本层序厚3～6.5m，为向上变细层序；上部基本层序由A、B层组成，A层为灰白色中层砾岩，具大型楔状交错层理，厚2m；B层为灰白色中层粗粒石英砂岩，具大型楔状交错层理，厚3m；向上砂岩逐渐增多，砾岩减少，反映其为向上变细的层序特征。在库山河一带的阿克巴西麻扎尔组下未见底，上与克孜勒陶组呈平行不整合接触，总厚度大于752.8m。下部以绿色色调和含绿泥石千枚岩、片岩为特征，上部以灰黑色色调和含炭质板岩、微晶白云质灰岩为特征。在米亚一带主要为灰色中—薄层(钙质)中—细粒石英砂岩、灰绿、灰褐色中层中细粒岩屑石英砂岩、长石石英砂岩，少量灰白色厚层砾岩、灰绿色薄层粉砂岩、粉砂质泥岩及绿泥绢云千枚岩，总厚约1 348m。

2. 克孜勒陶组(D_2kz)

以平行不整合界面与下伏阿克巴西麻扎尔组分界，阿克巴西麻扎尔一带以灰绿色细碎屑岩为主夹灰岩。基本层序为褐灰色中层细粒石英砂岩(厚1～2m)—灰绿色中层泥质石英粉砂岩(厚30～70cm)—灰绿色薄板状石英粉砂质板岩(厚15～30cm)，为向上变薄变细层序。库山河一带下部以灰绿色色调和出现大量玄武岩为特征，中部为灰、灰绿色碎屑岩夹碳酸盐岩，上部为灰、灰红、浅灰绿色碎屑岩。在米亚一带主要为灰绿色中—薄层中细粒石英砂岩、粉砂岩、长石岩屑(杂)砂岩、粉砂质泥岩夹灰岩，含珊瑚、苔藓虫化石，厚约882m。

3. 奇自拉夫组(D_3q)

奇自拉夫组以大量紫红色岩层出现为标志与克孜勒陶组分界，在阿克巴西麻扎尔一带以红色碎屑岩为主，少量灰绿色碎屑岩。基本层序为灰紫色中层细粒石英砂岩(厚30～50cm)—灰紫或灰绿色薄层细粒石英砂岩(厚1m)夹灰绿色粉砂岩(厚5～10cm)，为向上变薄变细的层序。

4. 克里塔克组(D_3C_1kl)

克里塔克组以灰岩出现为标志与奇自拉夫组分界，岩性主要为灰黑色薄层灰岩和灰绿色粉砂质泥岩，含大量古生物化石。基本层序为灰绿色含粉砂质泥岩(厚1～2m)—灰、灰黑色薄层泥晶生物屑灰岩(厚30～50cm)，为向上变细的层序。

5. 库山河组(D_3C_1k)

库山河组以灰岩出现为标志与奇自拉夫组分界，与上覆下石炭统罕铁热克组整合接触，主要为一套碳酸盐岩夹少量碎屑岩，灰岩中含大量动物化石，厚约 1 709m。

三、区域地层对比及时代归属

(一)区域地层对比

阿克巴西麻扎尔组仅在区内出现(图 2-18)，区域上尚未报道。在阿克巴西麻扎尔及米亚一带厚度较大，在库山河一带厚度较小，可能是断裂破坏所致。

区内克孜勒陶组基本岩性稳定，厚度变化较大。库山河一带夹火山岩，厚度达 7 000m；在库斯拉夫一带厚 1 710m；在乌恰县伯日科孜中泥盆统克孜勒陶组主要为灰绿色厚—巨厚层细粒石英砂岩和灰红色厚—巨厚层细粒石英砂岩，少量砾质中粗粒石英砂岩及肉红、灰红色细粒岩屑石英砂岩，视厚度约 3 063m。

奇自拉夫组岩性基本横向稳定，仅在库山河一带厚度最大达 5 000 余米；在叶城县喀腊坎厄格勒一带底部平行不整合覆盖在震旦系及以前不同层位之上，切割下伏层理，底部常含滞留小砾石，与上覆石炭系下统克里塔格组为整合接触。主要岩石组合为中—细粒石英砂岩、钙质细粒石英砂岩、细粒长石石英砂岩。砂岩发育槽状交错层理或平行层理，粉砂岩、泥岩发育水平层理，该组下部基本层序为向上变粗变厚再变薄变细，上部为向上变细型，厚约 1 027m。在阿克陶县土其曼北奇自拉夫组主要为紫红、紫色中厚层粉砂岩、泥质粉砂岩、细粒石英砂岩及浅灰绿色中厚层灰岩，灰岩中含孢粉化石，厚约 1 350m。

区内克里塔克组岩石组合稳定，在莎车县台萨孜西与下伏泥盆系上统奇自拉夫组为整合接触，以碳酸盐岩大量出现为标志与奇自拉夫组分界，其中白云岩主要出现在下部。与上覆和什拉甫组为整合接触。莎车县达木斯乡台萨孜一带厚 369.6m，该组岩性稳定，厚度有变化，叶城县棋盘厚 193.2m，莎车县和什拉甫厚 386.3m。

库山河组仅限于库山河地区，但其岩石组合及古生物特征基本可与克里塔克组对比。

(二)时代归属

阿克巴西麻扎尔组下未见底，上与克孜勒陶组平行不整合，含孢粉 *Geminospora nanus* (Naumova) Gao, *Cymbosporites cyathus* Allen, *Leiotriletes* sp., *Retusotriletes minor* Naumova, *R.* sp., *Archaeozonotriletes* sp., *Geminospora* sp., *Stenozonotriletes* cf. *extensus* Naumova，这些孢子在我国主要出现在华南和西南地区的中泥盆世地层中，*Geminospora nanus* Naumova、*Cymbosporites cyathus* Allen 是中泥盆世典型种(周志毅，2001)，相当于艾菲尔期，因此归属中泥盆世早期。

克孜勒陶组平行不整合于阿克巴西麻扎尔组之上，其上与奇自拉夫组整合接触，含腕足类 *Atrypa richthofeni* (Kayser)(图版Ⅴ，3，4)，*A.* cf. *peshiensis* Grabau(图版Ⅴ，5，6)，*A.* sp., *Spinatrypa* var. *kwangsiensis* (Grabau)(图版Ⅴ，1，2)，*S.* sp.，? *Dielasma* sp.，珊瑚 *Pseudozaphrentis* sp. (图版Ⅱ，7，8)等，时代为中泥盆世吉维特期。

库山河奇自拉夫组上部采获植物 *Leptophloeum rhombicum*, *Lepidodendropsis* sp.，在土曼其北采获孢粉 *Trachytriletes subminor*, *T. solidus*, *Lepidozonotriletes* sp., *T. medius*, *T. normalis*，时代为晚泥盆世。高联达、詹家桢(1999)在依格孜牙剖面奇自拉夫组顶部采获孢子 *Retispora lepidophyta*，时代为晚泥盆世。综合区内上述古生物资料，时代确定为晚泥盆世。

克里塔克组整合于奇自拉夫组之上，上与下石炭统和什拉甫组整合接触。本次在下部采获腕足类 *Cyrtospirifer subextensus* (Martelli) (图版Ⅴ，8，9)，*C. archiaciformis* (Grabau) (图版Ⅴ，11，12)，*C. pellizzarriformis* (Grabau)(图版Ⅴ，13，14)，*C.* cf. *sinensis* (Grabau)，*C.* cf. *junggarensus* Zhang(图版Ⅴ，10)，*C.* sp. (图版Ⅴ，7)，*Tenticospirifer* cf. *gortani* (Pellizzari)，时代为晚泥盆世；在上部采获珊瑚 *Pseudozaphrentis* sp., *Dibunophyllum* sp. (图版Ⅴ，1，2)，*Zaphrentites* sp., *Paralithostrotion* sp.，等，

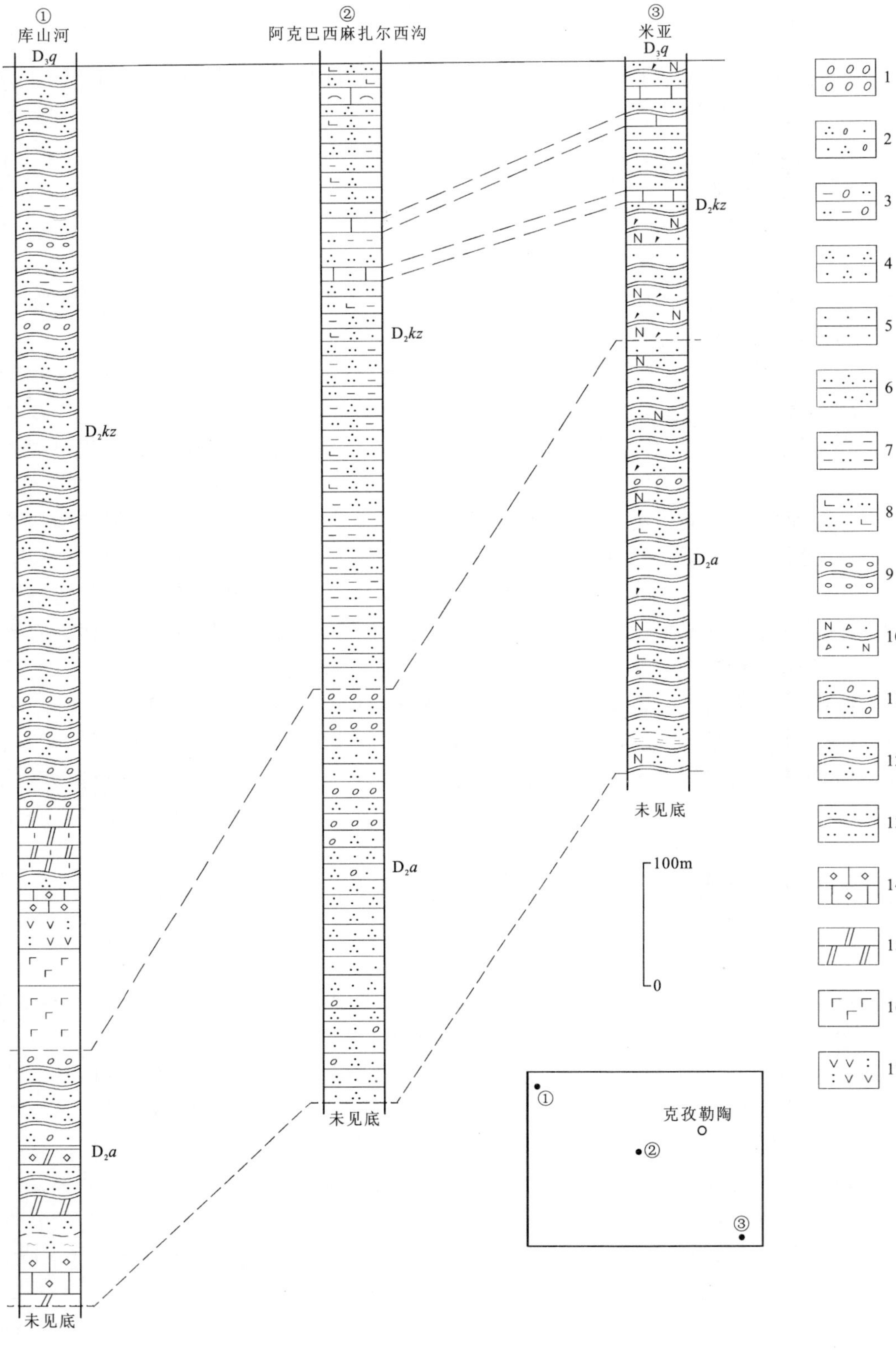

图 2-18　中泥盆统柱状对比图

D_3q. 上泥盆统奇自拉夫组；D_2kz. 中泥盆统克孜勒陶组；D_2a. 中泥盆统阿克巴西麻扎尔组；1. 砾岩；2. 含砾石英粉砂岩；3. 含砾泥质粉砂岩；4. 石英砂岩；5. 砂岩；6. 石英粉砂岩；7. 粉砂质泥岩；8. 钙质石英粉砂岩；9. 变质砾岩；10. 变长石岩屑砂岩；11. 变含砾石英砂岩；12. 变石英砂岩；13. 变质粉砂岩；14. 结晶灰岩；15. 白云岩；16. 玄武岩；17. 安山质凝灰岩

时代为早石炭世。

张建东、朱志新(2004)在卡拉巴西塔克剖面克里塔克组采获牙形石，其中下部的牙形石主要分子有 *Polygnathus znepolensis*，*P. perplexus*，*Spathognathodus* sp.，*Apatognathus* sp.，*Neoprioniodus* sp.，

Bispathodus aculeatus, *Ozarkodina* sp., *Hindeodella* sp.,时代为晚泥盆世法门期。上部牙形石主要分子有 *Spathognathuodus* sp., *Polygnathus communis*,时代为早石炭世杜内期。因此,将克里塔克组时代划归晚泥盆世—早石炭世。

本次在库山河组采获腕足类 *Cyrtospirifer* sp., *Prewaagenoconcha* sp., *Tenticospirifer* sp., *Chonetes* sp. ,珊瑚 *Zaphrentitoids*,有孔虫 *Bradyina* sp., ? *Agathammina* sp., *Pledogyra* sp., *Palaeoleturia* sp. 。新疆地矿局第一区调大队(1985)在库山河本组中采获丰富的动物化石,下部含腕足类 *Composita communis*, *C. megala*, *Cyrtospirfer* cf. *archiaei*, *C. chaci* var. *kueichowensis*, *Schuchertella valentinae*, *S.* cf. *globosa*, *Brachythyris ovalis* 等,时代为晚泥盆世;上部含珊瑚 *Neobeichuanophyllum xinjiangense*, *Beichuanophyllum kushanheense*, *Kueichowpora* sp. 等①,时代为早石炭世。

因此将库山河组时代划归晚泥盆世—早石炭世。

第六节 石炭系

测区石炭系出露于塔里木陆块与西昆仑中间地块交接部位,分属塔里木和昆仑地层区。前者展布于盖孜—恰尔隆一线以北地区,总体呈北西向带状展布,出露面积约 2 400km^2,分为塔里木盆地和塔南地层分区。昆仑地层区仅出露西昆仑地层分区科克亚尔小区。

一、塔里木盆地地层分区

塔里木盆地地层分区地层主要有下石炭统和什拉甫组(C_1h)、上石炭统卡拉乌依组(C_2kl)和阿孜干组(C_2a)、上石炭统—下二叠统塔哈奇组(C_2P_1th)。

和什拉甫组、卡拉乌依组、阿孜干组为新疆区域地层表编写组(1981)建立,各组之间均为整合接触,和什拉甫组归下石炭统,其余均归上石炭统。1∶100 万西昆仑布伦口—恰尔隆地区区调(1985)①、1∶20 万克孜勒幅区调(1989)②、新疆古生界(1991)、新疆区域地质志(1993)、新疆岩石地层(1999)均沿用此名。

新疆区域地层表编写组(1981)将该套地层首建塔哈奇群(组),时代归晚石炭世;赵志信等(1978)将塔哈奇组上部新建克孜里奇曼组;1∶20 万克孜勒幅区调(1989)②、新疆古生界(1991)、新疆区域地质志(1993)均沿用此名;新疆岩石地层(1999)将克孜里奇曼组划归塔哈奇组,时代为晚石炭世,并停止使用克孜里奇曼组名。《中国地层典》(2000)将塔哈奇组归晚石炭世—早二叠世,将克孜里奇曼组归早二叠世,本书采用《中国地层典》(2000)划分方案。

(一)剖面介绍

阿克陶县恰看特勒克石炭系实测剖面

剖面位于新疆阿克陶县库斯拉夫乡恰看特勒克,起点坐标:X=4 207 050,Y=13 624 746,H=2 040。剖面长 3 900m(图 2-17)。

上覆地层:下二叠统克孜里奇曼组暗灰色中层泥晶灰岩

————整合————

上石炭统—下二叠统塔哈奇组(C_2P_1th):	**281.08m**
71. 灰色巨厚层微晶灰岩,岩层厚 2.5～3m	24.07m
70. 灰白色薄板状泥晶灰岩,岩层厚 3～5cm	5.56m
69. 灰色中层状微晶灰岩,岩层厚 10～15cm	0.93m
68. 灰白色巨厚层微晶灰岩,岩层厚 2～2.5m	8.33m
67. 灰色薄板状微晶含生物屑砂屑灰岩,岩层厚 3～5m	48.38m

① 新疆维吾尔自治区地质局第一区域地质调查大队. 1∶100 万布伦口—恰尔隆地区区域地质调查报告. 1985.

② 新疆维吾尔自治区地质局第一区域地质调查大队. 1∶20 万克孜勒幅(J-43-ⅩⅦ)区域地质调查报告. 1989.

66. 灰色巨厚层微晶灰岩，岩层厚 2～2.5m　30.17m
65. 暗灰色巨厚层条带状泥晶灰岩，偶见海百合茎化石　13.71m
64. 灰白色巨厚层细晶灰岩，岩层厚 2～3m　32.00m
63. 暗灰色厚层泥晶灰岩　9.14m
62. 灰色巨厚层泥晶灰岩，岩层厚 2～2.5m　6.40m
61. 灰色中层泥晶灰岩　6.40m
60. 暗灰色巨厚层泥晶灰岩，岩层厚 2～2.5m　5.67m
59. 灰黑色薄—中层泥晶灰岩，岩层厚 8～15cm　14.17m
58. 灰色厚—巨厚层细晶白云岩，岩层厚 1.5～2m　76.15m

————整合————

上石炭统阿孜干组(C_2a)：　336.83m

57. 灰色中层微晶生物碎屑灰岩，富含海百合茎化石，岩层厚 30～40cm　90.42m
56. 灰黑色泥质粉砂岩夹灰色薄层微晶灰岩　9.56m
55. 黑灰色厚层砂屑微晶灰岩，偶见珊瑚、腕足类化石　14.34m
54. 黑灰色厚层砂屑微晶灰岩与灰色钙质石英粉砂岩互层，夹黑灰色薄层砾屑砂屑微晶灰岩及少量灰白色中层中粒长石石英砂岩(见槽状交错层理)，共有 3 个韵律。灰岩中含腹足类 *Euomphalus* sp.　146.11m
53. 黑灰色厚层微晶含生物屑砂屑灰岩(岩层厚 50～70cm)与灰黑色泥质粉砂岩互层，二者比例为 1∶2～1∶3，共有 4 个韵律。灰岩中含腕足类 *Dielasma* sp.，*Martinia undatifera* Chao，腹足类 *Euomphalus* sp.　76.40m

————整合————

上石炭统卡拉乌依组(C_2kl)：　326.51m

52. 灰黑色厚层微晶生物屑灰岩与浅灰绿色中层中粒石英砂岩互层，比例为 1∶3～1∶5，共有 12 个韵律　86.85m
51. 灰黑色厚层微晶生物屑灰岩与浅灰色页片状细粒石英砂岩互层，二者比例为 1∶3～1∶5　208.30m
50. 暗灰色厚层含生物屑泥晶灰岩，含腕足类、棘皮类碎片　21.24m
49. 黑灰色泥岩夹灰色薄层泥晶灰岩　8.28m
48. 灰白色厚层石英岩质砾岩　1.84m

————整合————

下石炭统和什拉甫组(C_1h)：　731.85m

47. 黑灰色中厚层生物屑微晶灰岩，含腕足类 *Choristites* cf. *lebedev* Fredericks　1.84m
46. 灰绿色薄板状细粒石英砂岩，岩层厚 3～5cm　2.76m
45. 黑灰色泥岩夹褐灰色薄层含生物屑粉砂质泥晶灰岩，含腕足类 *Dictyoclostus* sp.，*Martinia* sp.　9.20m
44. 灰黑色厚层含粉屑细晶灰岩，岩层厚 30～40cm　26.68m
43. 灰黑色厚层亮晶鲕粒灰岩，岩层厚 60～70cm　74.80m
42. 灰黑色中层亮晶鲕粒灰岩，岩层厚 10～20cm　11.51m
41. 灰白色厚层细粒石英砂岩，岩层厚 90cm　5.75m
40. 灰色泥晶生物屑灰岩，富含腕足类、珊瑚、棘皮类碎屑　13.43m
39. 灰色薄层泥晶灰岩，岩层厚 15～30cm　4.79m
38. 黑灰色中层含粒屑泥晶灰岩(岩层厚 20～40cm)，含腕足类 *Gigantoproductus irregularis* (Janis-chewsky)，*G. superbus* (Sarytcheva)，G. sp.　43.15m
37. 灰黑色厚层含生物屑微量灰岩，含珊瑚 *Actinocyathus* sp.，*Diphyphyllum* sp.　28.77m
36. 暗灰色中厚层亮晶生物屑灰岩，岩层厚 40～70cm　51.99m
35. 暗灰色中厚层亮晶生物屑灰岩，岩层厚 15～2cm　42.66m
34. 黑灰色厚层亮晶砂屑鲕粒灰岩夹灰黑色薄层亮晶含生物屑藻屑灰岩，含腕足类 *Gigantoproductus latissimus* (Sowerly)，腹足类 *Bellerophon* sp.　9.24m
33. 灰黑色中层含生物泥晶灰岩，岩层厚 20～40cm　9.24m
32. 灰黑色薄层泥晶鲕粒生物屑灰岩，含珊瑚 *Dibunophyllum* sp.，*Diphyphyllum* sp.　9.24m
31. 灰黄色中层铁质细粒石英砂岩与灰绿色泥岩互层(1∶5～1∶10)，共有 7 个以上的韵律　354.97m

————整合————

下伏地层:上泥盆统—下石炭统克里塔克组黑灰色中厚层中晶灰岩

(二)岩石地层划分及其特征

根据岩石组合及生物组合,将该分区的石炭系由下而上划分为下石炭统和什拉甫组、上石炭统卡拉乌依组、阿孜干组及上石炭统—下二叠统塔哈奇组。

和什拉甫组(C_1h)主要为一套碎屑岩-碳酸盐岩建造,下部为碎屑岩,上部为碳酸盐岩夹碎屑岩,含丰富的海相动物化石,总厚约732m。以砾岩出现作为与下伏克里塔克组分界标志。下部主要为灰黄色中层细粒石英砂岩、灰褐色中厚层石英粉砂岩与灰绿色泥岩互层,含腕足类等化石,厚约393m。上部主要为灰黑色厚层亮晶粒屑鲕粒灰岩、黑灰色中厚层生物屑微晶灰岩、泥晶生物屑灰岩、含粒屑泥晶灰岩,少量灰黑色中层含粉屑细晶灰岩、泥岩、灰绿色薄板状细粒石英砂岩,含较丰富的腕足类和珊瑚,少量双壳类和腹足类,厚约345m。

卡拉乌依组(C_2kl)主要为碎屑岩-碳酸盐岩建造,含较丰富的海相动物化石,总厚约326m。底部为灰白色厚层砾岩,并依此为标志与下伏和什拉甫组分界,向上主要为浅灰色薄板状细粒石英砂岩、灰黑色厚层含生物屑细晶灰岩、微晶生物屑灰岩、含生物屑泥晶灰岩、少量灰黑色泥岩,含较多的䗴类、珊瑚、腕足类等。

阿孜干组(C_2a)主要为灰色中层微晶生物屑灰岩、灰黑色厚层砂屑微晶灰岩、灰色钙质石英粉砂岩,少量黑灰色厚层微晶含生物屑砂屑灰岩、灰黑色泥质粉砂岩,含较丰富的䗴类,少量腕足类和腹足类,厚约337m。

塔哈奇组(C_2P_1th)主要为一套碳酸盐岩,为灰色巨厚层细晶白云岩、微晶灰岩、泥晶灰岩、灰色薄板状含生物屑砂屑灰岩,少量细晶灰岩,含较丰富的海相动物化石,主要有䗴类、有孔虫、珊瑚、腕足类等,厚约281m。

(三)岩石地层对比及年代地层讨论

1. 区域地层对比

区内的石炭系基本可与塔里木盆地西南缘的相同层位对比,岩石组合及厚度变化不大(图2-19)。区内和什拉甫组恰看特勒克下部主要为碎屑岩,上部主要为碳酸盐岩,含珊瑚、腕足类、腹足类等化石,厚约738m;在考库亚主要为黄灰色石英砂岩、灰黑色生物灰岩和生物碎屑灰岩,含丰富的珊瑚、腕足类及䗴类化石,厚约311m。据新疆维吾尔自治区岩石地层(1999),在阿热塔什一带主要为黑灰色含生物碎屑微晶灰岩、黑灰色生物碎屑灰岩、深灰色亮晶含生物碎屑鲕粒灰岩、含生物屑泥晶灰岩,少量含生物屑灰岩及砾岩,含丰富的珊瑚、腕足类和䗴类,厚约163m。

据新疆维吾尔自治区岩石地层(1999),区域上和什拉甫组在和什拉甫地区主要为一套浅灰黑色为主的灰岩、生物灰岩夹浅灰绿色、褐红色粉砂岩细砂岩及黑色页岩、浅灰色砂岩、砾岩,厚472.2m;莎车县瓦斯塔拉格下部为褐红色极薄层状钙质石英粉砂岩与褐红色薄层状钙质细粒岩屑石英砂岩夹灰白、灰绿色厚层状(含砾)粗—中粒石英砂岩(单层向上砾石增多)及深灰色巨厚—厚层状亮晶砂屑鲕粒灰岩、中—薄层状泥晶生物屑灰岩、泥晶灰岩。上部为泥质粉砂岩、粉砂质页岩、薄—中层状细粒(岩屑)石英砂岩夹粉砂质微晶球粒灰岩、含生物泥晶灰岩及泥晶灰岩。该组下部产腕足类、珊瑚、䗴等化石,厚约413m。区域上和什拉甫组岩石组合及厚度变化不大,岩石组合均为碎屑岩与碳酸盐岩不等厚互层,在恰看特勒克一带厚度稍厚。

区内卡拉乌依组在恰看特勒克底部为灰白色厚层砾岩,向上主要为浅灰色薄板状细粒石英砂岩、灰黑色厚层含生物屑细晶灰岩、微晶生物屑灰岩、含生物屑泥晶灰岩,总厚约326m;在阿热塔什主要岩性为黑灰色生物屑灰岩、灰白色石英长石砂岩、浅灰色含生物屑灰岩等,含珊瑚、腕足类、䗴类等化石,厚约513m。

据新疆维吾尔自治区岩石地层(1999),区域上卡拉乌依组在莎车县瓦斯塔拉格岩石组合为细—中粒石英砂岩、细粒岩屑石英砂岩、石英粉砂岩、泥质粉砂岩、炭质粉砂岩、灰黑色页岩、泥晶生物屑灰岩、生物屑泥晶灰岩、泥晶砂屑灰岩、泥晶灰岩，厚 793.47m。在叶城县棋盘一带岩石组合相同，厚约 159m。

卡拉乌依组区域上基本可以对比，从区内向东南方向厚度逐渐增大。

区内阿孜干组在恰看特勒克主要为灰色中层微晶生物屑灰岩、灰黑色厚层砂屑微晶灰岩、灰色钙质石英粉砂岩，少量黑灰色厚层微晶含生物屑砂屑灰岩、灰黑色泥质粉砂岩，含腕足类、腹足类等，厚约 337m。在七美干主要岩性为浅红色巨厚层微晶灰岩、灰黑色厚层生物屑灰岩、中厚层白云质灰岩等，含腕足类、䗴类化石，厚约 220m。

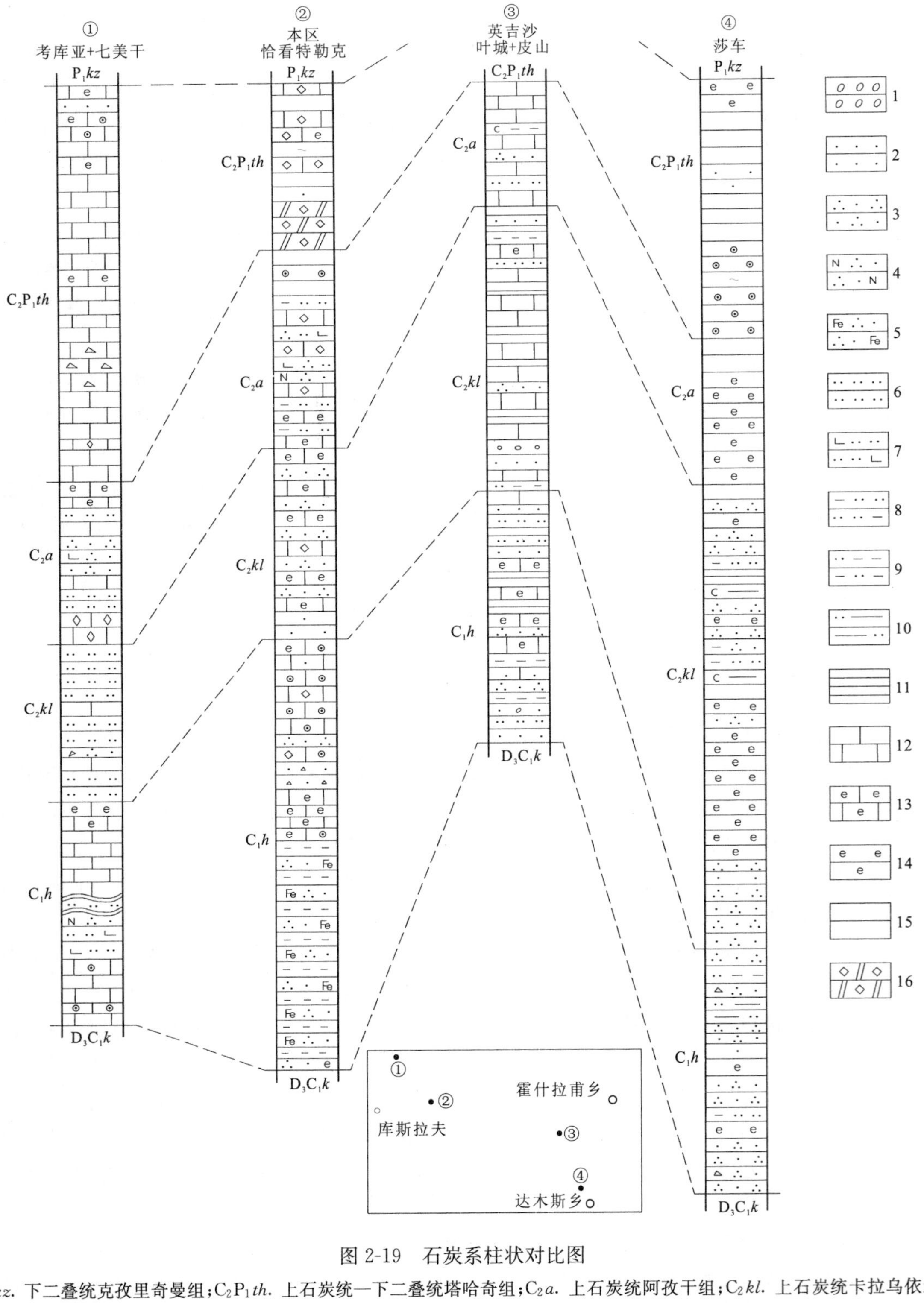

图 2-19　石炭系柱状对比图

P_1kz. 下二叠统克孜里奇曼组；C_2P_1th. 上石炭统—下二叠统塔哈奇组；C_2a. 上石炭统阿孜干组；C_2kl. 上石炭统卡拉乌依组；C_1h. 下石炭统和什拉甫组；D_3C_1k. 上泥盆统—下石炭统库山河组；1. 砾岩；2. 砂岩；3. 石英砂岩；4. 长石石英砂岩；5. 铁质石英砂岩；6. 粉砂岩；7. 钙质粉砂岩；8. 泥质粉砂岩；9. 粉砂质泥岩；10. 粉砂质页岩；11. 页岩；12. 灰岩；13. 生物屑灰岩；14. 生物屑泥晶灰岩；15. 亮晶灰岩；16. 细晶白云岩

据新疆维吾尔自治区岩石地层(1999),区域上阿孜干组在莎车县塔尔一带下部为泥晶灰岩、生物屑泥晶灰岩夹粉砂质页岩;中部为含燧石条带泥晶灰岩、含生物屑砂屑泥—粉晶灰岩;顶部为微—泥晶灰岩,厚245m;在叶城县棋盘该组厚128.7m,在莎车县和什拉甫该组厚200.3m。区域上该岩石组合稳定,厚度变化不大。

区内塔哈奇组在恰看特勒克主要为灰色巨厚层细晶白云岩、微晶灰岩、泥晶灰岩、灰色薄板状含生物屑砂屑灰岩,厚约281m。在七美干岩性为灰色中层含生物屑鲕粒灰岩、浅灰色厚层生物屑灰岩、灰黑色厚—巨厚层生物屑灰岩,含丰富的腕足类、䗴类化石,厚约246m。

据新疆维吾尔自治区岩石地层(1999),区域上塔哈奇组在莎车县塔尔一带下部为黄灰色厚层状亮晶鲕粒灰岩、黄灰色厚层状条带状泥晶灰岩及黄灰色中层状泥晶灰岩,向上为灰色中层状泥晶—亮晶(含生物屑)砂屑灰岩、薄层状泥晶灰岩、中层状含生物屑泥晶灰岩,顶部出现灰黑色砂质页岩,含腕足类、有孔虫、牙形石等,厚442m。区域上与塔哈奇组岩石组合一致,厚度向东南方向有增大趋势。

2. 时代确定依据

和什拉甫组整合于克里塔克组之上,含䗴类 *Eostaffella* 带,四射珊瑚 *Kueichouphyllum-Siphyonophyllum* 组合带及腕足类 *Gigantoproductus edslburgensis-Striatifera striata* 组合带,时代为早石炭世。

卡拉乌依组整合于和什拉甫组之上,含䗴类 *Pseudostaffella-Profusulinella* 带,四射珊瑚 *Caninia-Carinokoninckophyllum* 组合带及腕足类 *Choristites-Paramuirwoodia* 组合带,时代为晚石炭世早期。

阿孜干组整合于卡拉乌依组之上,含䗴类 *Fusulina-Fusulinella* 带,四射珊瑚 *Skolekophyllum-Heritchioides neosymmetricus* 组合带及腕足类 *Marginifera-Martinia* 组合带,时代为晚石炭世晚期。

塔哈奇组整合于阿孜干组之上,含䗴类 *Triticites* 带和 *Sphaeroschwagerina-Pseudoschwagerina* 带,珊瑚 *Caninophyllum* 组合带,并含大量的非䗴有孔虫及腕足类 *Liraplecta sapera*(图版Ⅳ,11,13),*L. richthofeni*(图版Ⅳ,14),*Streptorhychus* sp.(图版Ⅳ,7),海绵等,时代为晚石炭世—早二叠世。

二、塔南地层分区

可分为恰尔隆地层小区、奥依塔克地层小区和盖孜地层小区共3个地层小区。

(一)恰尔隆地层小区

恰尔隆地层小区的石炭系主要分布于艾捷克达坂—恰尔隆一带,呈近长方形南北向展布,出露面积约1 800km^2。出露地层主要有下石炭统他龙群、上石炭统库尔良群和上石炭统—下二叠统特给乃奇克达坂组。

新疆地矿局第一区域地质调查大队(1985)在进行1∶100万布伦口—恰尔隆地区区调时将该小区的石炭系划归下—中石炭统①,在进行1∶20万克孜勒幅区调时(1989),将其上部解体为中石炭统和上石炭统特给乃奇克达坂组②;新疆1∶100万地质图(数字版,2000)将其统归上石炭统库尔良群③。

他龙群(C_1T)是地质部第十三大队(1958)在进行1∶20万克里阳幅地质测量时创名"塔仑岩系"的;新疆地矿局区调大队(1984)进行1∶100万西昆仑山叶尔羌河上游地区、西昆仑山康西瓦至喀喇昆仑山河尾滩区调时,将这套地层划分为他龙群,时代为早石炭世。

库尔良群(C_2K)是新疆地矿局区调大队(1984)在进行西昆仑山康西瓦—河尾滩地区区域地质调查时在皮山县克里阳河建立的,时代为晚石炭世;该地层在1∶100万喀什幅说明书中划为"泥盆—石炭系";新疆区测大队(1967)在木吉—塔什库尔干一带进行1∶100万路线地质调查时划分为木吉群④;新疆区域地质志(1993)将库尔良群限定为库尔良—苏纳克一带,时代归中—晚石炭世;新疆岩石地层(1999)沿用新疆

---

① 新疆维吾尔自治区地质局第一区域地质调查大队. 1∶100万布伦口—恰尔隆地区区域地质调查报告. 1985.
② 新疆维吾尔自治区地质局第一区域地质调查大队. 1∶20万克孜勒幅(J-43-ⅩⅦ)区域地质调查报告. 1989.
③ 新疆地矿局第二地质大队. 新疆南疆西部地质图、矿产图说明书(1∶50万). 1985.
④ 新疆地质局区域地质测量大队二分队. 1∶100万西昆仑地区木吉—塔什库尔干一带地质、矿产调查报告. 1967.

区调大队(1984)建立的库尔良群,时代归晚石炭世。

特给乃奇克达坂组(C_2P_1tg)是新疆地矿局第一区调大队(1989)在进行 1∶20 万克孜勒幅区调时于英吉沙县也提木苏达坂创名[②],时代归晚石炭世;新疆岩石地层(1999)沿用该名,时代归晚石炭世。

本次根据其整合于库尔良群之上,将其时代归晚石炭世—早二叠世(表 2-2)。

表 2-2　恰尔隆地层小区石炭系划分沿革表

<table>
<tr><th>新疆第一区调大队(1985)</th><th>新疆第二地质大队(1985)</th><th colspan="2">新疆第一区调大队(1989)</th><th colspan="3">新疆地质图(2000)</th><th colspan="3">本书(2005)</th></tr>
<tr><td rowspan="4">下—中石炭统</td><td rowspan="4">石炭系+二叠系</td><td>上石炭统</td><td>特给乃奇克达坂组</td><td rowspan="4">石炭系</td><td rowspan="4">石炭系上统</td><td rowspan="4">库尔良群</td><td>二叠系</td><td>下统</td><td rowspan="2">特给乃奇克达坂组</td></tr>
<tr><td colspan="2" rowspan="2">中石炭统</td><td rowspan="3">石炭系</td><td rowspan="2">上统</td></tr>
<tr><td>库尔良群</td></tr>
<tr><td colspan="2"></td><td>下统</td><td>他龙群</td></tr>
</table>

1. 剖面介绍

(1)阿克陶县牙满萨依下石炭统他龙群实测剖面

剖面位于新疆阿克陶县克孜勒陶乡牙满萨依,起点坐标:$X=4\ 262\ 574$,$Y=13\ 566\ 575$,$H=3\ 672$。剖面长 4 050m(图 2-20)。

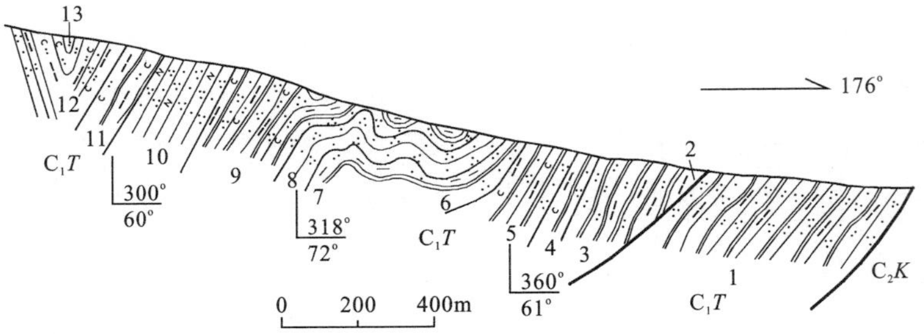

图 2-20　阿克陶县牙满萨依下石炭统他龙群实测剖面图

向斜核部

下石炭统他龙群(C_1T):　　(未见顶)　　**>583.07m**

13. 灰黑色薄层含炭质粉砂岩　157.76m
12. 黑灰色中层细粒石英砂岩与灰黑色薄板状含炭质粉砂质泥板岩互层,比例为 1∶1　51.42m
11. 灰黑色薄层含炭质粉砂质泥板岩,夹少量薄层细粒石英砂岩　32.72m
10. 黑灰色中层细粒石英砂岩与灰色薄层细粒长石石英砂岩、灰黑色板状含炭质粉砂质泥板岩互层,三者比例为 3∶2∶1　32.72m
9. 黑灰色厚层细粒石英砂岩与灰黑色含炭质粉砂质泥板岩互层　65.44m
8. 黑灰色厚—巨厚层细粒石英砂岩夹灰黑色薄板状粉砂质板岩,比例为 5∶1～10∶1　14.02m
7. 灰黑色薄板状粉砂质板岩夹黑灰色薄—中层细粒石英砂岩,二者比例为 3∶2～5∶1　14.02m
6. 黑灰色中厚层细粒石英砂岩与灰黑色薄层粉砂质板岩互层,二者之比为 1∶1～1∶2　38.20m
5. 黑灰色中厚层细粒石英砂岩与灰黑色薄层粉砂质板岩互层,二者之比为 1∶1～1∶2　38.18m
4. 黑灰色厚—中层细粒石英砂岩与薄板状含炭质泥板岩互层,比例为 1∶1～1∶2　65.43m
3. 灰黑色厚层粉砂质板岩,偶夹薄层细粒石英砂岩　27.13m
2. 灰黑色薄板状粉砂质泥板岩夹灰色薄层细粒石英砂岩,二者比例为 10∶1　39.84m

═══断层═══

1. 黑灰色厚层中粒石英砂岩与灰黑色薄板状粉砂质泥板岩互层　6.19m

═══断层═══

下盘岩系:上石炭统库尔良群

(2)阿克陶县阿克奇上石炭统库尔良群实测剖面

剖面位于新疆阿克陶县阿克达拉牧场南阿克奇，起点坐标：$X=4\ 250\ 202$，$Y=13\ 587\ 241$，$H=2\ 586$。长约 3 400m(图 2-21)。

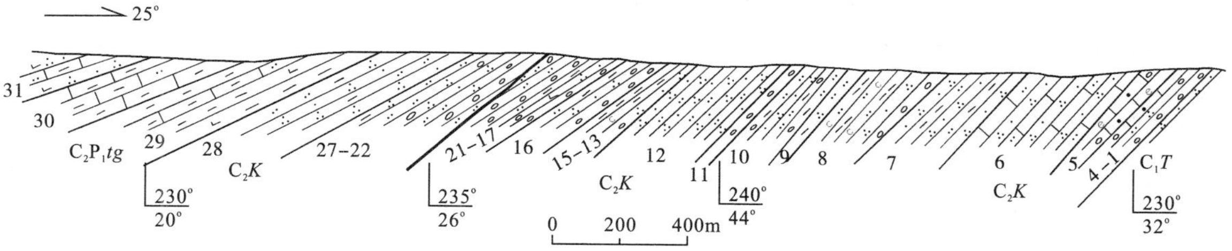

图 2-21　阿克陶县阿克其上石炭统库尔良群实测剖面图

剥蚀

上石炭统—下二叠统特给乃奇克达坂组(C_2P_1tg)：(未见顶)　**>394.44m**

31. 灰色中层钙质细粒石英砂岩与灰黑色薄层含粉砂质泥质泥晶灰岩韵律性互层，底部砂岩厚约 6m　123.55m
30. 灰黑色薄层含粉砂质泥质泥晶灰岩，夹少量薄层细粒石英砂岩　126.40m
29. 暗灰色含粉砂钙质泥岩夹灰黑色薄层含粉砂泥质泥晶灰岩　144.49m

————整合————

上石炭统库尔良群(C_2K)：　**1 137.46m**

28. 灰色中层细粒石英砂岩与灰黑色薄层泥质石英粉砂岩互层，二者组成韵律层，厚 5～10m　152.17m
27. 灰黑色薄层泥质石英粉砂岩　22.93m
26. 灰黑色薄层含砾石英粉砂岩与灰色中层细粒石英砂岩组成韵律层，每个韵律层厚 1～2m　28.66m
25. 灰黑色薄层含砾石英粉砂岩　16.42m
24. 灰色中层含砾粗粒石英砂岩　9.25m
23. 灰黑色薄层含砾石英粉砂岩　28.20m
22. 灰色厚层复成分砾岩与灰色中层含砾石英砂岩组成韵律层，韵律层厚约 10m　25.42m
21. 灰色、褐灰色中厚层含砾石英粉砂岩，砾石成分主要为灰黑色粉砂质泥岩，多呈次圆状，大小 3cm 以下，含量约 10%　18.75m
20. 灰色厚层复成分砾岩　1.50m
19. 灰黑色含砾粉砂质泥岩，其中砾石成分主要为灰黑色粉砂岩，大小为 2～3cm，多呈次圆状，含量 10%以下　20.15m
18. 灰色中—厚层含砾中粒石英砂岩与灰黑色薄—中层粉砂质泥岩韵律性互层，韵律层厚 20～80cm，向上砂岩变薄，粉砂质泥岩增厚　21.76m
17. 暗灰色厚层复成分砾岩(厚 5m)，其上为灰色含砾中粒石英砂岩和灰黑色含砾粉砂质泥岩　10.75m
16. 灰色厚层复成分砾岩与褐灰色含砾钙质细粒石英砂岩、黑灰色薄层含粉砂质泥岩组成韵律层，三者比例为 1∶5∶8，共有 8 个这样的韵律　103.87m
15. 灰黑色含炭质泥岩夹少量灰色薄层细粒石英砂岩　35.66m
14. 暗灰色薄板状石英粉砂岩　7.75m
13. 褐灰色中层含砾细粒石英砂岩　23.25m
12. 灰色薄板状细粒石英砂岩与石英粉砂岩互层，二者比例为 1∶2.5～1∶3，韵律层厚几十厘米　175.23m
11. 灰色厚层复成分砾岩与褐灰色厚层含砾中粒石英砂岩、暗灰色薄层泥质石英粉砂岩互层，三者比例为 1∶5∶10　24.32m
10. 暗灰色薄层含砾泥质石英粉砂岩夹薄层细粒石英砂岩　130.60m
9. 暗灰色薄层泥质石英粉砂岩　34.40m
8. 灰色厚层复成分砾岩与细粒石英砂岩、灰色含炭质粉砂质泥岩组成韵律层，三者比例为 1∶1∶10，粉砂岩中发育水平虫穴　59.50m
7. 灰色中层细粒石英砂岩与灰色粉砂质泥岩互层，二者比例为 1∶3～5　27.58m
6. 深灰色中层粉砂质微晶灰岩与深灰色中层细粒石英砂岩互层，韵律层厚 8～15m　26.84m
5. 灰色厚层亮晶含砾屑粉屑生物碎屑灰岩，含䗴 *Eoparafusulina* sp.，*Pseudofusulina* sp.，*Schu-*

bertella sp.　54.85m

4. 深灰色巨厚层亮晶砾屑砂屑灰岩　19.50m

3. 灰色厚层亮晶砾屑砂屑灰岩　11.70m

2. 暗灰色薄层含砾泥质石英粉砂岩　46.15m

1. 灰色中层钙质细砾岩　1.30m

————整合————

下伏地层：下石炭统他龙群(C_1T)灰色中粒石英砂岩

(3)阿克陶县克斯麻克上石炭统—下二叠统特给乃奇克达坂组实测剖面

位于新疆阿克陶县克孜勒陶乡克斯麻克，起点坐标：X=4 245 226，Y=13 569 263，H=3 399。剖面长约 5 460m(图 2-22)。

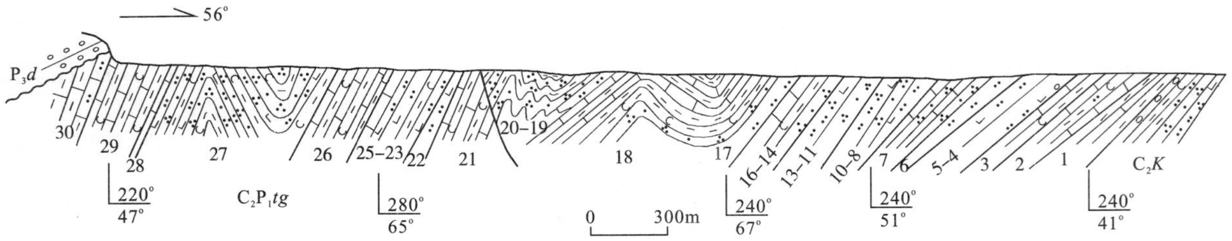

图 2-22　阿克陶县克斯麻克上石炭统—下二叠统特给乃奇克达坂组实测剖面图

上覆地层：上二叠统达里约尔组(P_3d)灰绿色、紫红色厚层砾岩

~~~~~~角度不整合~~~~~~

上石炭统—下二叠统特给乃奇克达坂组(C_2P_1tg)：　2 273.38m

30. 灰黑、深灰色含泥质粉砂质微晶灰岩与炭质泥岩互层，夹灰色薄层细粒石英砂岩及灰黑色薄层细晶灰岩　41.56m

29. 灰黑色炭质泥岩与薄层细晶灰岩互层，夹钙质粉砂岩、细粒石英砂岩、灰黑色含泥质粉砂质微晶灰岩　174.65m

28. 灰黑色中—厚层粉砂质泥晶灰岩夹钙质粉砂岩、炭质泥岩，灰岩具纹层及条带状构造　113.65m

27. 灰黑色薄层钙质粉砂岩与灰色细粒石英砂岩、炭质泥岩，灰岩具纹层及条带状构造　18.03m

26. 灰黑色薄层粉砂质泥晶灰岩与炭质泥岩互层，夹钙质粉砂岩、细粒石英砂岩　144.93m

25. 灰黑色厚层泥晶灰岩，夹细粒石英砂岩条带及灰黑色薄层粉晶灰岩或透镜体　37.52m

24. 灰黑色厚层泥晶灰岩夹炭质泥岩及钙质粉砂岩　20.87m

23. 灰黑色钙质粉砂岩与炭质泥岩互层，夹砂岩条带及灰岩透镜体　111.23m

22. 灰黑色钙质粉砂岩夹炭质泥岩及灰岩透镜体　30.02m

21. 灰黑色泥晶灰岩与炭质泥岩互层，夹钙质粉砂岩及细粒石英砂岩透镜体　168.01m

20. 灰色细粒石英粉砂岩与灰黑色粉砂质泥岩互层，夹粉砂岩　54.48m

19. 灰黑色变钙质石英粉砂岩与粉砂质泥岩互层，夹粉晶灰岩透镜体　30.55m

18. 灰黑色泥晶灰岩与泥岩互层，夹细粒石英砂岩　86.93m

17. 灰黑色炭质泥岩与粉砂岩互层，二者比例为 2∶1，夹灰黑色粉晶灰岩透镜体　148.05m

16. 灰色厚层细粒石英砂岩　6.32m

15. 灰黑色厚层泥晶灰岩与炭质泥岩互层，比例为 1∶1，夹灰色细粒石英砂岩　12.63m

14. 灰、灰黑色厚层钙质细粒石英砂岩与炭质泥岩互层，二者比例为 1∶1　100.55m

13. 灰黑色厚—巨厚层钙质石英粉砂岩，夹厚层钙质细粒石英砂岩、炭质泥岩　50.63m

12. 灰黑色厚层钙质石英粉砂岩夹粉晶灰岩透镜体及炭质泥岩，粉砂岩具水平层理　62.73m

11. 灰色薄—中层中细粒石英砂岩夹灰黑色炭质泥岩，砂岩底面具重荷模　15.68m

10. 灰黑色厚—巨厚层钙质石英粉砂岩，夹灰色厚层细粒石英砂岩、炭质泥岩　62.69m

9. 灰色厚—巨厚层细粒石英砂岩，夹少量粉砂岩或泥岩　23.51m

8. 灰黑色钙质石英粉砂岩与灰色细粒石英砂岩互层，夹泥岩　87.46m

7. 灰黑色泥晶灰岩夹炭质泥岩与钙质细粒石英砂岩组成韵律层　101.34m
~~~~~~

6. 灰黑色粉砂岩与灰色细粒石英砂岩互层，夹泥岩及灰岩透镜体	91.39m
5. 灰黑色钙质粉砂岩夹炭质泥岩及细粒石英砂岩	148.66m
4. 灰黑色厚层含砾钙质石英粉砂岩与炭质泥岩	30.40m
3. 灰黑色泥晶灰岩与炭质泥岩互层，夹细粒石英砂岩	68.40m
2. 灰黑色泥晶灰岩与泥岩互层，夹细粒石英砂岩	141.04m
1. 灰黑色泥晶灰岩与炭质泥岩互层，夹薄层细粒石英砂岩	89.47m

————整合————

下伏地层：石炭统库尔良群(C_2K)灰色厚层砾岩夹细粒石英砂岩

2. 岩石地层划分及其特征

该小区的岩石地层由下而上划分为下石炭统他龙群、上石炭统库尔良群和上石炭统—下二叠统特给乃奇克达坂组，三者之间均为整合接触，他龙群未见底。

他龙群出露于克斯麻克达坂—克其克卡拉阔达坂及艾捷克达坂一带，呈北西向条带状展布，出露面积约 600km²。主要为灰黑色中厚层细粒石英砂岩与灰黑色薄层—薄板状含炭质粉砂质泥(板)岩互层，夹灰黑色薄层含炭质粉砂岩、灰黑色粉砂质泥板岩，厚约 583m。

库尔良群出露于恰特—恰尔隆一带，呈北西向带状展布，出露面积约 500km²。库尔良群以含砾为特征，颜色呈灰黑色。底部为一层灰色钙质细砾岩，厚约 1 138m。下部为灰、深灰色厚层亮晶含砾屑砂屑生物屑灰岩、亮晶砾屑砂屑灰岩、暗灰色薄层含砾泥质石英粉砂岩，少量灰色粉砂质泥岩和细粒石英砂岩，含少量䗴类化石，厚约 188m。中上部主要为灰黑色薄层含砾石英粉砂岩、薄层泥质石英粉砂岩、石英粉砂岩、细粒石英砂岩、含砾石英砂岩及粉砂质泥岩，少量灰色厚层砾岩、含砾粉砂质泥岩、含炭质泥岩，厚约 950m。

特给乃奇克达坂组出露于上其木干—羊大库勒及艾捷克达坂—特给乃奇克达坂一带，呈北西向条带状展布，出露面积约 700km²。该组下未见底，其上被上二叠统达里约尔组不整合覆盖，厚约 2 273m。主要岩性为灰黑色炭质泥岩、厚层钙质粉砂岩、薄层(粉砂质)泥晶灰岩及灰色中—薄层细粒石英砂岩，少量粉砂质泥岩、细晶灰岩等。

3. 沉积环境分析

他龙群主要岩性为细粒石英砂岩与含炭质粉砂质泥(板)岩互层，夹含炭质粉砂岩、粉砂质泥板岩，表现为颜色较深，岩层较薄，为深海—半深海沉积环境。

库尔良群主要为含砾石英粉砂岩、泥质石英粉砂岩、细粒石英砂岩、含砾石英砂岩、粉砂质泥岩和亮晶含砾屑砂屑(生物屑)灰岩，下部含䗴。以含砾为特征，颜色呈灰黑色，岩层较薄，粒度较细，为深海—浅海陆棚沉积环境，部分为浊流沉积环境。

特给乃奇克达坂组主要岩性为炭质泥岩、钙质粉砂岩、泥晶灰岩，表现为颜色较深，岩层以中—薄层为主，粒度较细，灰岩较多，含䗴、珊瑚等化石，为浅海陆棚沉积环境。

4. 区域地层对比及时代归属

(1)区域地层对比

他龙群在区内恰尔隆一带主要岩性为深灰色薄层含炭质粉砂岩及细粒石英砂岩，少量含砾砂岩，含芦木类茎干化石，厚约 583m(图 2-23)。

区域上，据新疆维吾尔自治区岩石地层(1999)，他龙群在大同幸福六号桥一带为薄—中层细粒石英砂岩、变长石石英砂岩、杂砂岩与薄层状含炭质泥质石英粉砂岩及粉砂质泥岩韵律互层，厚约 2 235m；创名地下部由黑色泥质-炭质页岩组成，夹砂岩、灰岩、大理岩及绢云绿泥片岩和细砂岩，上部由黑色、灰黑色炭质泥质页岩和砂岩组成，厚 2 000～2 500m；康西瓦—河尾滩一带为灰、灰绿色厚层变质石英砂岩、粉砂岩、炭质粉砂岩、炭质页岩夹灰色中层灰岩、大理岩等，厚 1 883～2 936m。

他龙群在区域上岩石组合基本一致，厚度向南逐渐变厚。库尔良群在区内也提木苏达坂一带主要为灰黑色特征粉砂岩、灰黑色薄层细粒石英砂岩、粉砂岩夹砂砾岩，厚约 1 202m；在塔什克勒木为灰黑色

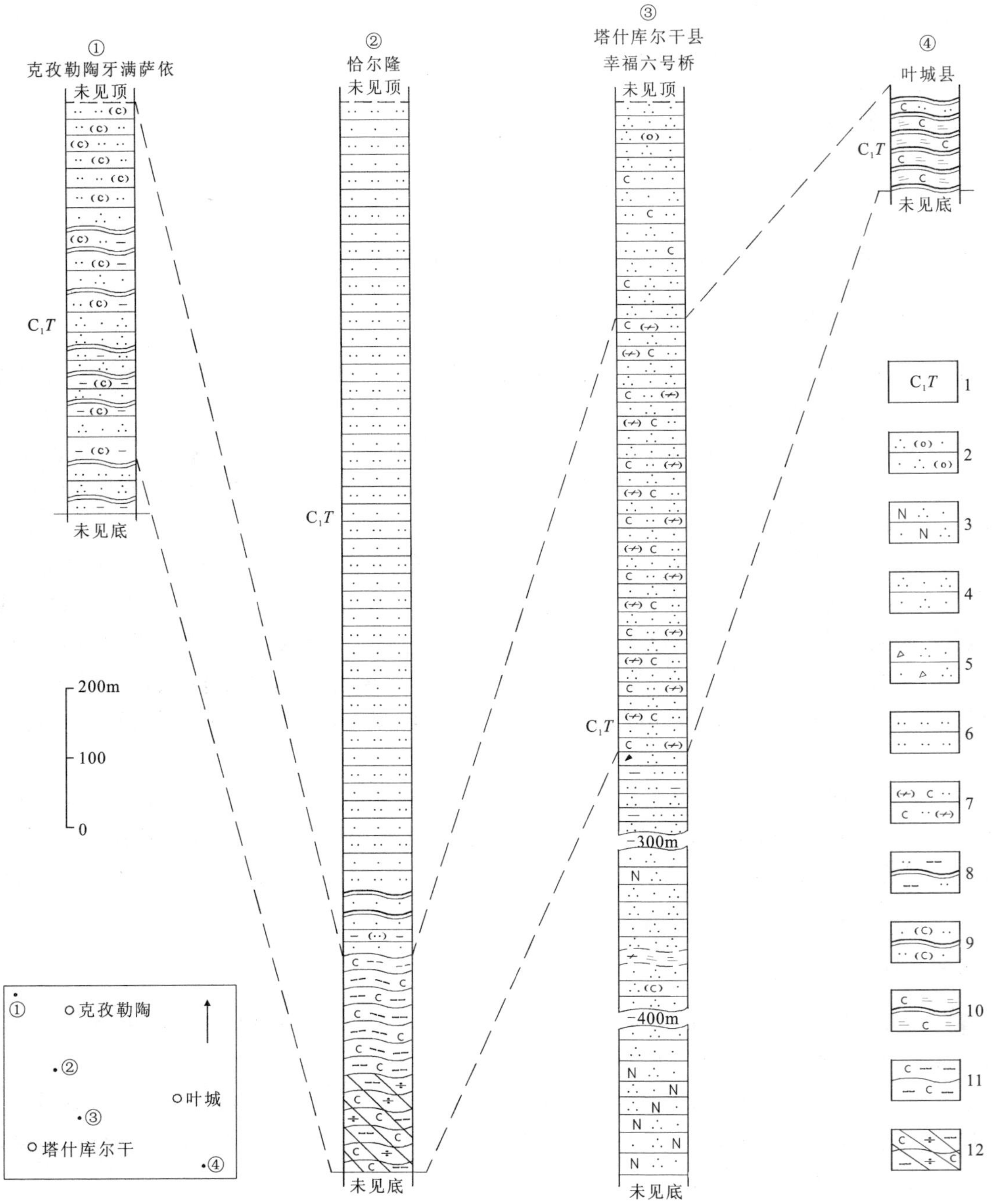

图 2-23　下石炭统他龙群柱状对比图

1. 下石炭统他龙群；2. 含砾石英砂岩；3. 长石石英砂岩；4. 石英砂岩；5. 岩屑石英砂岩；6. 粉砂岩；7. 含红柱石炭质粉砂岩；8. 粉砂质泥板岩；9. 含炭质泥板岩；10. 炭质绢云板岩；11. 炭质黑云母片岩；12. 含炭质透闪石黑云母角岩

薄—中层粉砂岩、薄层细粒石英砂岩夹含砾粗粒石英砂岩及砾岩，厚约 835m。区域上库尔良群创名剖面岩性为灰黑色—灰色含砂砾岩、炭质粉砂岩、长石石英砂岩、灰岩、灰绿色薄—中层钙质粉砂岩、砂质结晶灰岩等，厚约 5 759m；在苏纳克一带为含砾粗砂岩、炭质粉砂岩、中—细粒砂岩等，含珊瑚 *Syringopora* sp.，厚约 2 722m。在阿克齐乌斯塘河一带岩性为褐灰色钙质粉砂岩、灰色炭质粉砂岩，含珊瑚 *Koninckophyllum* sp.，*Empodesma* sp.，*Syringopora* sp.，厚约 1 017m。

区内也提木苏达坂为特给乃奇克达坂组命名地，主要岩性为灰黑色粉砂岩、钙质细砂岩夹粗粒岩屑砂岩及砂质灰岩、砾屑灰岩等，含珊瑚 *Caninia* sp.，厚约 847m；艾捷克一带主要为黑色薄层泥质粉砂岩、深灰色薄层细砂岩、中粗粒砂岩、黑灰色厚层灰岩等，厚约 1 238m。

(2)时代归属

他龙群下未见底，上与库尔良群整合接触，克斯麻克达坂一带产䗴 *Eostaffella* sp.，珊瑚 *Auloclisia* sp. ,*Arachnolasma* sp. ,*Dibunophyllum* sp. ,*Hexaphyllia* sp. ,*Lithostrotion* sp. ,腕足类 *Dielasma* sp. ,*Cleiothyridina* sp. 等,时代为早石炭世。

库尔良群上与特给乃奇克达坂组整合接触,含䗴 *Eoparafusulina* sp. ,*Pseudofusulina* sp. ,*Schubertella* sp. ,时代为晚石炭世。

特给乃奇克达坂组上被上二叠统达里约尔组不整合覆盖,含䗴 *Eoparafusulina* sp. (图版Ⅵ,5),*Pseudofusulina* sp. (图版Ⅵ,7,9),*P.* cf. *kipingensis* Chang,*Quasifusulina* sp. ,*Rugosofusulina stabilis* Ranser,珊瑚 *Caninia* sp. ,时代为晚石炭世—早二叠世。

(二)乌依塔克地层小区

该小区石炭系以发育火山岩为特征,出露于乌依塔克—巧去里达坂一带,呈北西向条带状展布,出露面积约 110km^2。

新疆地矿局第一区调大队(1985)将该小区的石炭系划分为下—中石炭统和上石炭统①;新疆地矿局第二地质大队(1985)则将其划归下石炭统库山河群、中上石炭统盖孜群和下二叠统阿克塞巴什组②;新疆地矿局第二区调大队(1995)在进行 1∶5 万奥依塔克幅区调时将该套地层由下而上划分为下石炭统库山河组、乌鲁阿特组(新建)、中石炭统卡拉乌依组③。

1. 剖面介绍

(1)阿克陶县塔西克西沟下石炭统乌鲁阿特组实测剖面

剖面位于新疆阿克陶县布伦口乡塔西克西沟,起点坐标:$X=4\ 304\ 345$,$Y=13\ 536\ 425$,$H=2\ 542$。长约 5 800m(图 2-24)。

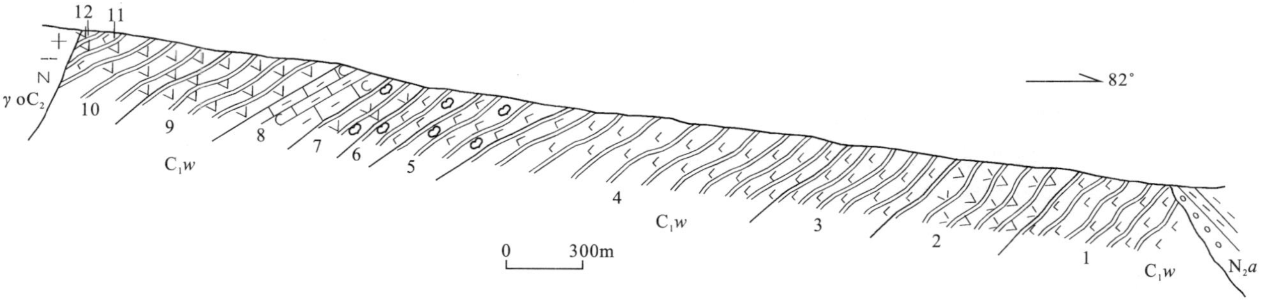

图 2-24 阿克陶县塔西克西沟下石炭统乌鲁阿特组实测剖面图

晚石炭世斜长花岗岩侵入

————斜长花岗岩侵入————

下石炭统乌鲁阿特组(C_1w):	(未见顶)	**>1 952.93m**
12. 灰绿、墨绿色蚀变安山岩夹 70～80cm 厚的浅紫色英安岩		102.58m
11. 灰绿色蚀变玄武安山岩夹厚 40～80cm 紫灰色英安岩,喷发单层厚 30～50cm		182.22m
10. 灰绿色变质安山岩,具球状风化		125.78m
9. 灰绿色变质安山岩夹中厚层浅紫色安山岩,岩层厚 20～30cm		145.74m
8. 紫灰色中—厚层炭质泥质灰岩,夹浅灰绿、灰绿色薄层大理岩(岩层厚 2～3cm)		128.09m
7. 灰绿色杏仁状安山岩夹灰色薄层安山岩,局部夹紫灰色薄层灰岩		133.81m
6. 灰绿色变质杏仁状玄武岩,杏仁大小 0.5～1mm,个别 2～3cm		121.51m
5. 灰绿色片理化杏仁状玄武岩		88.09m
4. 灰绿色蚀变玄武岩		248.67m

① 新疆维吾尔自治区地矿局第一区域地质调查大队. 1∶100 万布伦口—恰尔隆地区区域地质调查报告. 1985.

② 新疆维吾尔自治区地矿局第二地质大队. 新疆南疆西部地质图、矿产图说明书(1∶50 万). 1985.

③ 新疆维吾尔自治区地矿局第二区域地质调查大队. 1∶5 万奥依塔克等 2 幅区域地质调查报告及说明书. 1995.

3. 灰绿色蚀变玄武岩，风化面多呈褐黄色　　235.64m

2. 淡灰色安山岩，具枕状构造，呈椭圆形，大小 20cm×50cm　　336.83m

1. 灰绿色变质玄武岩，风化面多呈灰褐色　　>103.97m

上新统阿图什组不整合覆盖　　（未见底）

(2)阿克陶县阿牙克库索依南下石炭统乌鲁阿特组实测剖面

剖面位于阿克陶县乌依塔克西阿牙克库索依南，起点坐标：X＝4 313 491，Y＝13 529 343，H＝2 241。剖面长约 250m(图 2-25)。

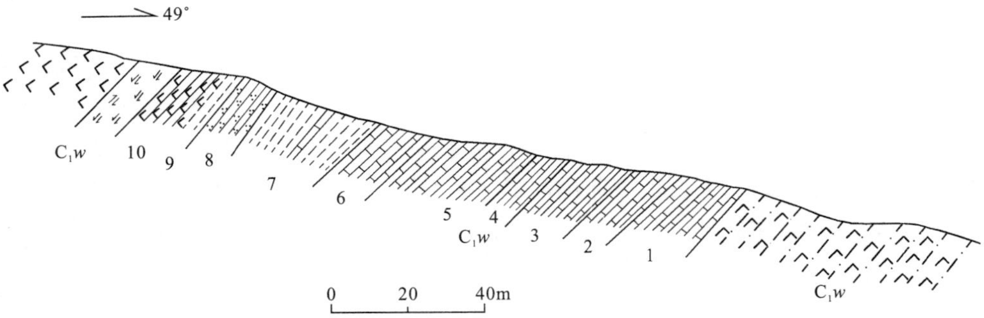

图 2-25　阿克陶县阿牙克库索依南下石炭统乌鲁阿特组实测剖面图

上盘岩系：下石炭统乌鲁阿特组块状玄武岩

═══断层═══

下石炭统乌鲁阿特组(C_1w)：　　（未见顶）　　**>113.50m**

10. 紫红色薄板状—薄层硅质岩　　4.90m

9. 灰绿色千糜岩　　1.60m

8. 青灰色薄层细—粉粒石英岩(硅质岩)　　6.70m

7. 绿灰色千糜岩夹少量灰白色薄层中晶灰岩透镜体　　25.40m

6. 浅灰白色薄—中层中—粗晶灰岩　　10.10m

5. 灰色薄板状中晶灰岩，含较多的黄铁矿晶体，夹少量灰白色薄层中—粗晶灰岩　　25.00m

4. 白色薄层中—粗晶灰岩　　3.30m

3. 灰色薄板状细晶灰岩，水平纹层极为发育　　16.60m

2. 灰色薄板状细晶灰岩夹灰白色薄层含粉砂中晶灰岩，水平纹层极为发育　　9.60m

1. 浅灰色薄板状条带状不等晶灰岩　　10.30m

═══断层═══

下盘岩系：乌鲁阿特组片理化玄武岩

(3)阿克陶县巧去里达坂上石炭统简测剖面

剖面位于阿克陶县奥依塔克西南的巧去里达坂东侧，起点坐标：X＝4 299 950，Y＝13 530 750，H＝2 405。剖面长约 7 000m(图 2-26)。

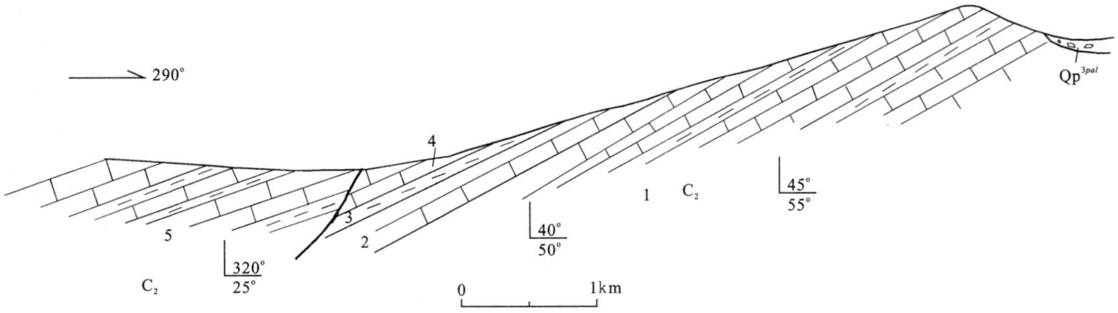

图 2-26　阿克陶县巧去里达坂上石炭统简测剖面图

剥蚀

上石炭统(C_2):	(未见顶)	**>4 035m**
5.灰白色厚—巨厚层细晶灰岩夹紫红色中层粉砂质泥岩、泥岩		364.5m
4.灰白色厚—巨厚层细晶灰岩		1 023.0m
3.紫红色泥岩与灰黄色中厚层泥灰岩互层,夹深灰色薄层灰岩		78.7m
2.灰白色厚—巨厚层细晶灰岩		757、2m
1.灰白色厚—巨厚层细晶灰岩夹紫红色厚层泥岩、深灰色厚层灰岩		1 811.6m
上更新统洪冲积层覆盖	(未见底)	

2.岩石地层划分及其特征

根据岩石组合,该小区的石炭系由下而上划分为下石炭统乌鲁阿特组(C_1w)、上石炭统(未分)和下二叠统(未分)。

乌鲁阿特组出露总厚约 1 953m,据岩石组合分为 3 部分:下部为灰绿色变质玄武岩、杏仁状玄武岩夹浅灰色安山岩,厚约 1 269m;中部在塔西克西沟为紫灰色中—厚层炭质泥质灰岩,夹浅灰绿、灰绿色薄层大理岩,厚约 128m,在阿牙克库索依南中部主要为灰色薄板状结晶灰岩及薄层硅质岩,厚约 113.5m;上部主要为变质安山岩夹紫灰色英安岩,厚约 556m。

上石炭统(未分)下部为灰白色厚—巨厚层细晶灰岩夹紫红色中厚层泥岩、深灰色厚层灰岩,含珊瑚碎屑,视厚度为 2 569m;中部为紫红色中层泥岩与灰黄色中厚层泥灰岩互层夹灰、深灰色薄层细晶灰岩,视厚度为 79m;上部主要为灰白色厚—巨厚层细晶灰岩夹紫红色中层粉砂质泥岩、泥岩及灰、深灰色厚层灰岩,含珊瑚碎屑,视厚度为 1 388m。

3.沉积环境分析

乌鲁阿特组以玄武岩为主,夹灰色薄板状结晶灰岩及薄层(含放射虫)硅质岩,其中薄板状结晶灰岩及薄层(含放射虫)硅质岩为深水沉积环境,主要特征是颜色较深,岩层较薄,硅质岩中含放射虫。

上石炭统以厚—巨厚层碳酸盐岩为主,夹少量红色泥岩,表现为颜色较浅,岩层较厚,为开阔台地沉积环境。

4.区域地层对比及时代归属

(1)区域地层对比

乌鲁阿特组区域上岩石组合及厚度变化不大,由 1∶5 万奥依塔克等幅区调(1995)命名①,在建组下部岩性为枕状玄武岩、杏仁状玄武岩、玄武安山岩,少量英安岩夹薄层灰岩;上部为少量凝灰岩、细粒岩岩屑长石杂砂岩夹灰岩,厚约 1 298m。在沃尔托克一带岩性主要为块状玄武岩、枕状玄武岩,夹少量英安岩、流纹质凝灰岩、流纹岩、粉晶灰岩、火山角砾岩、生物碎屑鲕粒泥晶灰岩、砾岩等,厚约 2 618m。

上石炭统(未分)在玛尔坎土山一带主要为灰黑色薄层泥晶灰岩、灰色厚层泥晶灰岩、灰黑色厚层含砂屑泥晶灰岩,少量含砾屑砂屑灰岩、亮晶砂屑灰岩等,厚约 533m。

(2)时代归属讨论

乌鲁阿特组下未见底,区域上被上石炭统—下二叠统塔哈奇组不整合覆盖,其时代应早于晚石炭—早二叠世。

新疆地矿局第二区调大队(1995)在乌鲁阿特组采获 Pb-Pb 同位素年龄 343Ma,侵入乌鲁阿特组的花岗岩年龄为 318Ma①,因此,时代确定为早石炭世。

上石炭统(未分)下未见底,上与下二叠统整合接触,其时代应早于早二叠世。新疆地矿局第一区调大队(1985)在果勒多孙采获珊瑚 *Diphyphyllum platiforme* Yu,在波斯坦铁列克以西采获珊瑚 *Auloclisia*,*Neoclisiophyllum*,*Gangamophyllum*,*Siphonodendron* cf. *irregulare* Phillips,腕足类 *Dielasma*;在

① 新疆维吾尔自治区地矿局第二区域地质调查大队.1∶5 万奥依塔克等 2 幅区域地质调查报告及说明书.1995.

波斯坦铁列克南以买克附近采获珊瑚 *Syringopora*,*Multithecopora*?,时代为晚石炭世①。

(三)盖孜地层小区

新疆地矿局第一区调大队(1985)首次将该小区的石炭系划分为下石炭统库山河组和罕铁热克组②;新疆地矿局第二地质大队(1985)将该套地层划归下石炭统库山河群、中上石炭统盖孜群③;新疆区域地质志(1993)将该套地层划归下石炭统库山河组、克里塔克组;新疆岩石地层(1999)将该套地层划归下石炭统库山河组和罕铁热克组;新疆 1∶100 万地质图(数字版,2000)沿用下石炭统库山河组和罕铁热克组④;本书将库山河组划归上泥盆统—下石炭统,罕铁热克组归下石炭统。

1. 剖面介绍

阿克陶县库山河下石炭统地层实测剖面

剖面位于新疆阿克陶县巴仁乡罕铁热克村南库山河,起点坐标:X=4 285 049,Y=13 559 993,H=2 230。剖面长约 5 760m(图 2-15)。

上盘岩系:下侏罗统康苏组长石石英砂岩与泥岩互层

═══════断层═══════

下石炭统罕铁热克组(C_1ht):	**>2 235.99m**
38. 灰黑色薄—中层亮晶生物碎屑灰岩与灰黑色薄层含炭质粉砂质泥岩韵律互层,二者比例为 2∶1,灰岩中含腕足类 *Platyspirifer*? sp.,*Brachtlyrina lata* Chao,*Schizophoria resupinata* (Mantin),*S.* sp.,*Rhipidomella* sp.,*Wellerella* sp.,*Martiniella* sp.,*Girtyella* cf. *depressa* Wang	99.93m
37. 灰黑色巨厚层亮晶含砂屑生物屑灰岩,岩层厚约 2m 以上,含腕足类 *Brachtlyrina lata* Chao,*Fluctuaria* sp.	127.37m
36. 灰色厚层亮晶鲕粒灰岩,深灰色中层亮晶鲕粒灰岩、黑灰色薄层含生物碎屑微晶灰岩与灰黑色薄板状粉砂质泥岩不等厚互层	72.79m
35. 灰色厚层亮晶鲕粒灰岩、深灰色中厚层亮晶鲕粒灰岩、黑灰色中层生物碎屑微晶灰岩夹薄板状灰黑色粉砂质泥岩,含腕足类 *Composita* sp.	254.51m
34. 灰色厚层亮晶鲕粒灰岩、深灰色中厚层亮晶鲕粒灰岩、黑灰色薄层含生物碎屑微晶灰岩及灰黑色薄板状粉砂质泥岩构成韵律层	199.34m
33. 灰、深灰色厚层亮晶鲕粒灰岩、中厚层亮晶鲕粒灰岩、黑灰色薄—中层含生物碎屑微晶灰岩夹黑灰色薄板状粉砂质泥岩,鲕粒灰岩中具缝合线构造	125.56m
32. 灰黑色厚—巨厚层含生物碎屑微晶灰岩,岩层厚 50~20cm	11.62m
31. 黑灰色薄层含生物屑微晶灰岩与褐灰(绿灰)色含泥质粉晶灰岩不等厚互层	31.00m
30. 灰黑色厚—巨厚层含生物碎屑微晶灰岩	69.74m
29. 灰黑色厚—巨厚层生物碎屑微晶灰岩,含腕足类 *Stegacanthia* sp.	23.46m
28. 黑灰色中层含生物碎屑粉晶灰岩与褐灰(绿灰)色薄层泥质粉晶灰岩不等厚互层,二者比例为 4∶1~6∶1	247.11m
27. 黑灰色薄层含生物碎屑粉晶灰岩与绿灰色薄层泥质粉晶灰岩不等厚互层,含棘皮类 *Uperocrinus* sp.	181.94m
26. 黑灰色薄层生物碎屑粉晶灰岩与褐灰色薄层泥质粉晶灰岩不等厚互层,二者比例为 1∶2~1∶4,含腕足类 *Ptychomaletoechia* sp.,*Spirifer* sp.,腹足类 *Euomphalus* sp.	133.12m
25. 黑灰色薄层含生物碎屑粉晶灰岩与褐灰色泥质粉晶灰岩不等厚互层,具波状层理	359.59m
24. 绿灰色薄层含生物碎屑粉晶灰岩与绿灰色泥质粉晶灰岩不等厚互层,二者之比为 1∶1	93.12m
23. 绿灰色薄层弱白云石化砂质粉晶灰岩夹灰色薄层粉砂质粉晶灰岩透镜体	10.29m

① 新疆维吾尔自治区地矿局第一区域地质调查大队. 1∶100 万布伦口—恰尔隆地区区域地质调查报告. 1985.
② 新疆维吾尔自治区地矿局第二地质大队. 新疆南疆西部地质图、矿产图说明书(1∶50 万). 1985.
③ 新疆维吾尔自治区地矿局第二地质大队. 新疆南疆西部地质图、矿产图说明书(1∶50 万). 1985.
④ 新疆维吾尔自治区地矿局第一区调大队和遥感中心. 1∶100 万新疆地质图(数字版). 2000.

22. 黑灰色亮晶鲕粒灰岩	7.72m
21. 深灰色厚—巨厚层弱白云石化粉砂质粉晶灰岩夹绿灰色薄层粉砂质粉晶灰岩	5.54m
20. 黑灰色薄层泥质粉晶灰岩夹灰色薄层弱白云石化粉砂质粉晶灰岩，平行层理	104.85m
19. 灰色薄层弱白云石化粉细晶灰岩与黑灰色薄层生物碎屑微晶灰岩互层	77.39m

————整合————

下伏地层：上泥盆统—下石炭统库山河组生物碎屑灰岩

2. 岩石地层划分及其特征

该小区的石炭系出露面积约 60km^2，仅有下石炭统罕铁热克组，主要出露于罕铁热克一带，为一套碳酸盐岩，厚约 2 236m。

罕铁热克组下部主要岩性为黑灰、褐灰、绿灰色薄层泥质粉晶灰岩，灰黑色厚—巨厚层(含)生物屑微晶灰岩，灰黑色薄层(含)生物屑粉晶灰岩，少量褐灰色薄层含泥质粉晶灰岩、粉—细晶灰岩及鲕粒灰岩，含腕足类 *Ptychomaletoechia* sp.，*Spirifer* sp.，*Stegacanthia* sp.，腹足类 *Euomphalus* sp.，棘皮类 *Uperocrinus* sp. 等，厚约 1 356m。上部主要为灰色厚层亮晶鲕粒灰岩、灰黑色薄板状粉砂质泥岩、灰黑色巨厚层亮晶含砂屑生物屑灰岩，少量灰黑色薄—中层亮晶生物碎屑灰岩、灰黑色薄层含炭质粉砂质泥岩，含腕足类，厚约 880m。

3. 沉积环境分析

罕铁热克组岩性主要以灰岩为主，颜色较深，灰岩中含较多的内碎屑及较丰富的动物化石，为开阔台地潮下带沉积环境。

4. 时代归属

本组含腕足类 *Platyspirifer*? sp.，*Brachtlyrina lata* Chao(图版Ⅲ，13)，*B.* cf. *longa* Chao(图版Ⅳ，1，2)，*Phricodothyris asiatica* (Chao)(图版Ⅳ，3，5)，*Schizophoria resupinata* (Mantin)，*S.* sp.，*Rhipidomella* sp.，*Wellerella* sp.，*Martiniella* sp.，*Girtyella* cf. *depressa* Wang，*Fluctuaria undata* (Defrance)(图版Ⅲ，14，18)，*Composita* sp.，*Ptychomaletoechia* sp.，*Spirifer* sp.，*Stegacanthia* sp.(图版Ⅲ，8，9)，时代为早石炭世，因此将罕铁热克组时代归早石炭世。

三、西昆仑地层分区

仅出露于科克亚尔地层小区，该小区石炭系出露于琼喀依纳尔沟—玉奇吉勒嘎一带，呈近北西西向带状展布，出露地层主要为上石炭统—下二叠统哈拉米兰河群(C_2P_1H)，出露面积约 180km^2。新疆地矿局区域地质测量大队(1967)将该套地层划归中上石炭统奈扎塔什群第二组①，岩性为灰色绢云石英片岩、变气孔状安山岩，夹结晶灰岩及斜长角闪岩；新疆地矿局第二地质大队(1985)将其划归奥陶—志留系②；新疆区域地质志(1993)将其划归志留系。本次工作据岩性组合与瓦恰地区对比为哈拉米兰河群。

(一)剖面介绍

阿克陶县克其克客依纳尔沟上石炭统—下二叠统哈拉米兰河群简测剖面

剖面位于阿克陶县木吉乡克其克客依纳尔沟东侧，起点坐标：X=4 277 576，Y=13 403 050，H=4 436。剖面长约 3 000m(图 2-27)。

剥蚀

上石炭统—下二叠统哈拉米兰河群(C_2P_1H)：	(未见顶)	**>2 208.6m**
2. 暗绿色气孔状安山岩夹灰色绢云石英片岩		>358.4m

① 新疆地质局区域地质测量大队二分队. 1：100 万西昆仑地区木吉—塔什库尔干一带地质、矿产调查报告. 1967.

② 新疆地矿局第二地质大队. 新疆南疆西部地质图、矿产图说明书(1：50 万). 1985.

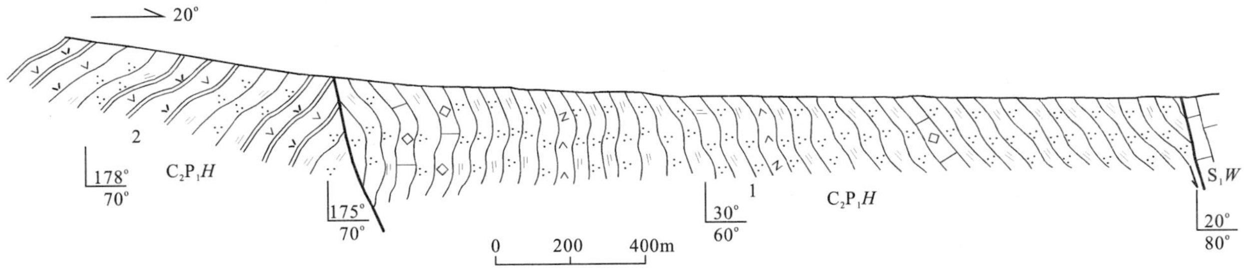

图 2-27　阿克陶县克其克客依纳尔沟上石炭统—下二叠统哈拉米兰河群简测剖面图

══════断层══════

1. 灰色绢云石英片岩夹深灰色结晶灰岩，偶夹灰黑色斜长角闪岩　　1 850.2m

══════断层══════

上盘岩系：下志留统温泉沟群灰岩

（二）岩石地层划分及其特征

哈拉米兰河群（C_2P_1H）总厚约 2 209.1m。下部为灰色绢云石英片岩夹深灰色结晶灰岩及少量灰黑色斜长角闪岩，厚约 1 850.2m。上部主要为暗绿色变安山岩夹灰色绢云石英片岩，厚度大于 358.4m。

（三）区域地层对比及时代归属

1. 区域地层对比

在哈拉米兰河流域，该群与上覆棋盘组整合接触，总厚 4 500m（新疆维吾尔自治区岩石地层，1999）。下部为灰色钙质砂岩与灰绿色钙质石英岩屑砂岩、长石岩屑砂岩互层，夹灰岩、炭质页岩、凝灰岩、玄武岩，灰岩中含䗴类 *Schwagerina* sp.，*Rugosofusulina* sp.，珊瑚 *Lophophyllum* sp.，*Caninia* sp.；中部为灰黑色钙质砂岩、灰岩、凝灰岩，灰岩中含䗴类 *Triticites* sp.，*Schwagerina* sp.，腕足类 *Orthotichia* sp.；上部为灰黑、灰白色薄—厚层灰岩夹灰绿色钙质粉砂岩，灰岩中含䗴类 *Rugosofusulina* sp.，珊瑚 *Lophophyllum* sp.，菊石 *Perrinites* cf. *cumins*。

在塔什库尔干县瓦恰一带总厚约 1 591.4m，下部为碎屑岩，厚 503.3m，横向上岩性稳定，岩性为灰色含粉砂泥岩、黄灰色薄层状钙质细粒长石砂岩、黄灰色薄层状硅质团块泥晶灰岩、深灰色中层含粉砂泥晶灰岩等。上部为溢流相火山熔岩，厚约 1 088.1m，主要岩性为灰绿色、灰黑色英安岩，夹英安质角砾熔岩，与区内哈拉米兰河群岩石组合基本一致。

2. 时代归属

哈拉米兰河群区内与志留系为断层接触。阿尔保德含珊瑚 *Sochkineophyllum* sp.，*Verbeekiella*? sp.，*Chaetetes*? sp.，哈拉米兰河含䗴类 *Schwagerina* sp.，*Rugosofusulina* sp.，珊瑚 *Lophophyllum* sp.，*Caninia* sp.，腕足类 *Orthotichia* sp.，菊石 *Perrinites* cf. *cumins*，时代为晚石炭世—早二叠世。新疆局二大队（1985））在布仑木莎河上游采获䗴类 *Pseudoschwagerina* sp.，*Triticites* sp.，腕足类 *Gigantoproductus* sp.，*Antiquatonia* cf. *hindi* 等①，时代为晚石炭世—早二叠世。故其时代确定为晚石炭世—早二叠世。

第七节　二叠系

本区二叠系出露于塔里木地层区的塔里木盆地地层分区和塔南地层分区，塔里木地层分区出露地层

① 新疆维吾尔自治区地矿局第二地质大队. 新疆南疆西部地质图、矿产图说明书（1∶50 万）. 1985.

主要为下二叠统克孜里奇曼组、中二叠统棋盘组和上二叠统达里约尔组；塔南地层分区出露地层为下二叠统（未分）、上二叠统达里约尔组和克斯麻克组。

克孜里奇曼组由新疆石油局赵志信（1978）在《新疆皮山、叶城一带石炭二叠系及牙形石化石初步研究》中新建，时代划归二叠纪；赵志信、韩建修、王增吉（1984）所著《塔里木盆地西南缘石炭纪地层及其生物群》归早二叠世。新疆区域地质志（1993）归晚石炭世。

地质部第十三大队（1957）将区内二叠系自上而下分为丘盘达里岩系、达里约尔岩系、萨克玛尔-亚丁斯克建造。新疆区域地层编写组（1981）创建下二叠统棋盘组，将达里约尔岩系称达里约尔组，前者时代归早二叠世，后者归晚二叠世。1999年《新疆维吾尔自治区岩石地层》沿用此方案。经本次区域地质调查，据所采化石和岩石组合及二叠系三分原则，将棋盘组划归中二叠世，达里约尔组划归晚二叠世。

一、塔里木盆地地层分区

塔里木盆地地层分区仅出露于塔里木盆地地层分区的喀依孜地层小区。分布于塔木、七美干和恰看特勒克一带，呈北北西向断续分布，出露面积约 $20km^2$。出露地层为下二叠统克孜里奇曼组、中二叠统棋盘组和上二叠统达里约尔组。

1. 剖面介绍

阿克陶县恰看特勒克二叠系实测剖面

剖面位于新疆阿克陶县库斯拉夫乡恰看特勒克，起点坐标：X=4 207 050，Y=13 624 746，H=2 040。剖面长 3 900m（图 2-17）。

向斜核部

中二叠统棋盘组(P_2q)： （未见顶） **231.13m**

99. 灰黑色薄—中层生物碎屑泥晶灰岩与灰黑色薄层钙质石英粉砂岩、灰褐色薄层细粒岩屑石英砂岩互层，灰岩中含腕足类 *Martinia orbicularis* Gemmellaro，*Phricodothyris* sp.，*Liraplecta aspera* (Wang) 6.23m
98. 灰黑、灰绿色薄层钙质石英粉砂岩与褐紫色细粒岩屑石英砂岩不等厚互层 17.51m
97. 灰白色薄层细粒长石石英砂岩，岩层厚 5～10cm 12.61m
96. 褐紫色薄层细粒岩屑石英砂岩，岩层厚 5～10cm 1.40m
95. 灰黑色页片状钙质石英粉砂岩夹灰绿色薄层细粒岩屑石英砂岩，二者比例约为 5∶1，砂岩岩层厚 10～15cm 9.81m
94. 灰白色厚层含砾粗粒长石石英砂岩，岩层厚 50～60cm 4.96m
93. 深灰色中层微晶砂屑灰岩，岩层厚 20～30cm 4.96m
92. 深灰色薄层细粒石英砂岩，岩层厚 5～10cm，下为厚约 1.5m 的中粒石英砂岩 10.90m
91. 灰黑色薄层钙质石英砂岩 4.96m
90. 灰黑色薄层微晶含生物屑砂屑灰岩，岩层厚 5～10cm，含腕足类 *Avonia echidniformis* Grabau，*A.* sp.，*Richthofenia* sp.，*Eomarginifera* sp.，*Orthotetes* sp.，*Orthotichia* sp. 4.96m
89. 灰黑色薄层钙质石英粉砂岩夹灰白色薄层细粒岩屑石英砂岩 21.81m
88. 灰黑色薄—中层含生物碎屑泥晶灰岩，岩层厚 5～15cm 7.93m
87. 灰黑色薄层钙质石英粉砂岩 21.81m
86. 黑色薄—中层含生物碎屑泥晶灰岩，岩层厚 5～15cm 7.93m
85. 灰绿色中层细粒岩屑石英砂岩，岩层厚 30～40cm 93.35m

————整合————

下二叠统克孜里奇曼组(P_1kz)： **190.04m**

84. 灰黑色薄板状—薄层泥晶灰岩 1.57m
83. 黑灰色中层泥晶灰岩，岩层厚 20～40cm 14.52m
82. 黑灰色中厚层微晶灰岩，岩层厚 40～60cm 35.70m
81. 黑灰色中层泥晶灰岩，岩层厚 20～40cm 10.23m

80. 黑灰色巨厚层微晶灰岩，岩层厚 2m 左右	1.71m
79. 灰黑色薄—中层泥晶灰岩，岩层厚 10～15cm	4.26m
78. 灰色中层泥晶灰岩，局部含燧石透镜体，岩层厚 30～40cm	5.97m
77. 黑灰色中薄层亮晶含生物屑砂屑灰岩，岩层厚 10～30cm	13.64m
76. 灰色巨厚层亮晶含砾屑砂屑灰岩，岩层厚 2.5～3m	2.56m
75. 黑灰色中厚层微晶含生物-砂屑鲕粒灰岩，层厚 40～70cm，由厚—中层组成 2 个韵律	22.40m
74. 黑灰色块状微晶灰岩，岩层厚 2～3m	34.90m
73. 灰色块状微晶灰岩，岩层厚 3～4m	18.51m
72. 暗灰色中层泥晶灰岩，岩层厚 10～30cm	24.07m

————整合————

下伏地层：上石炭统—下二叠统塔哈奇组

2. 岩石地层划分及其特征

该小区的石炭系由下而上划分为下二叠统克孜里奇曼组(P_1kz)、中二叠统棋盘组(P_2q)和上二叠统达里约尔组(P_3d)。克孜里奇曼组主要为一套碳酸盐岩，棋盘组下部为碎屑岩，上部为碳酸盐岩，达里约尔组主要为红色碎屑岩。

克孜里奇曼组主要岩性为灰、黑灰色块状中厚层微晶灰岩，灰黑、黑灰色薄—中层泥晶灰岩，中厚层微晶含生物屑砂屑鲕粒灰岩，厚约 190m。

棋盘组主要为灰褐色薄层细粒岩屑石英砂岩、灰黑色钙质石英粉砂岩、灰黑色薄—中层生物屑泥晶灰岩，少量细粒长石石英砂岩及含生物屑砂屑灰岩，含腕足类 *Avonia echidniformis* Grabau，*A.* sp.，*Richthofenia* sp.，*Eomarginifera* sp.，*Orthotites* sp.，*Orthotichia* sp.，*Martinia orbicularis* Gemmellaro，*Phricodothyris* sp.，*Liraplecta aspera*（Wang)，厚约 231m。

达里约尔组在克斯麻克一带以角度不整合于特给乃奇克达坂组之上(图版Ⅶ，2)，岩性为灰紫色薄层钙质粉砂岩、细粒岩屑砂岩，少量紫红色泥质粉砂岩、灰绿色细砂岩、粉砂岩，极少量的粉砂质灰岩、泥晶灰岩，厚约 694m。

3. 区域地层对比及时代归属

(1)区域地层对比

据新疆维吾尔自治区岩石地层(1999)，区域上克孜里奇曼组分布于英吉沙—和田一带，叶城县棋盘河为灰、深灰色白云质灰岩、介壳灰岩、团粒灰岩、鲕粒灰岩，厚约 282m。在莎车县和什拉甫主要岩性为灰岩、生物屑灰岩、介壳灰岩夹钙质泥岩、砂岩，厚约 432m。从区内向东南方向厚度有增大趋势。

棋盘组在区内七美干一带主要为灰黑色厚—薄层灰岩、深灰色(含粉砂质)生物屑灰岩，厚约 486m。在七美干以西夹绿灰色蚀变玄武岩、绿灰色石英砂岩及砂质灰岩，含苔藓虫、双壳类等，厚约 658m。区域上棋盘组在叶城县拜勒都为中—细粒长石石英砂岩、岩屑长石砂岩、钙质长石粉砂岩、石英粉砂岩、粉砂质泥岩、炭质泥岩及页岩夹含砂生物屑泥晶灰岩等，含腕足类、双壳类等，厚约 632.65m。在柏亚迪一带，厚约 450m。

区域上达里约尔组在棋盘河一带，岩石组合为灰绿色厚—薄层状粗—细粒钙质石英砂岩，灰红色薄层状钙质石英粉砂岩，紫红、暗灰红色薄层状泥岩夹绿色泥质页岩。下部偶夹绿色薄层状含粉砂微晶灰岩，含植物化石，上部含丰富孢粉，厚 231.44m。

(2)时代归属

克孜里奇曼组与下伏塔哈奇组及上覆棋盘组均呈整合接触，本次采获䗴类 *Eoparafusulina constans*，*E. parva*，*E. shengi*，*Triticites variabilis*，*T. samarica*，*T. pseudosimplex*，*Rugosofusulina* sp.，*Pseudofusulina* sp.，腕足类 *Hustedia* sp.，*Orthotichia* sp.（图版Ⅳ，6，8—10），*Athyris mininus*（图版Ⅳ，15），*Martinia orbicularis*(图版Ⅳ，16)，*Eomarginifera* sp.，*Linoproductus cora*，*Phricodothyris* sp.，*Huresania* sp.，珊瑚 *Paracaninia yohi*，*Lophyphyllidium coniferme*，*Eowentzelellites kunlunensis*，牙形石 *Anchignathodus typicalis*，*Lateralonchodina curvata*，*Gnathodussicilianus*，*Hindeodella qupanensis* 等，时

代为早二叠世。

棋盘组与上覆达里约尔组呈平行不整合接触，本次采获腕足类 *Avonia* sp.，*Kunlunia* sp.，*K. aspera*，*K. tenuitriata*，*Cancrinella* sp.，*Productus* sp.，双壳类 *Aviculopecten* sp.，*Prodentalium* sp.，*Schizodus* sp.，*Deltopecten* sp.，*Nuculopsis* sp.，*Streblochondria* sp.，头足类 *Domatoceras* sp. 等，*Liraplecta aspera*(Wang)，*Cancrinella* sp.，*Crurithyris* sp.，苔藓虫 *Fenstella* sp.，*Stenopora* sp.，*Ascopora* sp.，*Septepora* sp. 等，时代为中二叠世。

本次在棋盘河达里约尔组采获植物化石 *Playiozamites* sp.，*Callipteris* sp. 及较丰富的孢粉 *Gulisporites cochleans*，*Calamosopora micorugosa*，*Diptychosporites polygoniatus*，*Protohaploxypinus arachnoideus*，*P. bharadwajii*，*P. goraiensis*，*P. Limpidus*，*P. suchonensii*，*P.* cf. *diagonalis*，*Striqtoabieites longus*，*S. parliextensisaccus*，*S. sulliformis*，*Hamiapollenites fusiforms*，*H. maragelis*，*H. medius*，*H. ovatus*，*H. ruiditatus*，*H.* cf. *tractiferinus*，*Costapollenites scitulus*，*Fusacdpites fusus* 与 *Vittatina* cf. *vittifer*，*Cordaitina duralimita*，*C. tenurugosa*，*Potonieisporites* cf. *xinjiangensis*，时代为晚二叠世。

二、塔南地层分区

（一）恰尔隆地层小区

该小区的石炭系零星出露于布拉达坂、克斯麻克、克斯麻克达坂及阿克达拉牧场南等地，出露面积约 90km^2，出露上二叠统达里约尔组和克斯麻克组。

新疆地质局区域测量大队二分队(1967)将该小区的二叠系划归下二叠统棋盘组①；新疆地矿局第一区调大队(1985)将该套地层划归下二叠统②；新疆 1∶100 万地质图(数字版，2000)将该套地层划归上二叠统达里约尔组③；本书在达里约尔组之上新建克斯麻克组，时代归晚二叠世。

1. 剖面介绍

阿克陶县克斯麻克上二叠统实测剖面

剖面位于新疆阿克陶县克孜勒陶乡克斯麻克达坂东，起点坐标：$X=4\ 245\ 226$，$Y=13\ 569\ 263$，$H=3\ 399$。剖面长约 2 370m(图 2-28)。

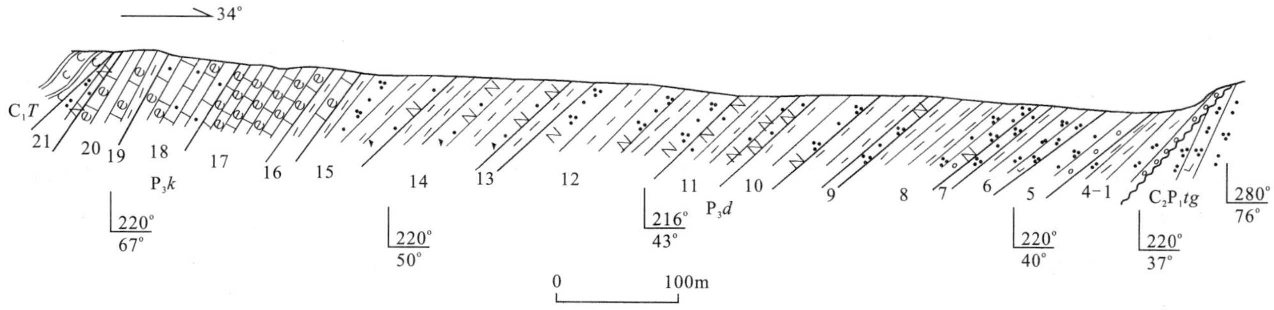

图 2-28　阿克陶县克斯麻克上二叠统实测剖面图

上盘岩系：下石炭统他龙群炭质板岩

══════断层══════

上二叠统克斯麻克组(P_3k)：	(断层切割，未见顶)	**455.57m**
21. 紫红色、灰绿色中细粒长石砂岩与粉砂岩、泥岩互层，夹浅灰色泥晶灰岩、细粒石英砂岩		16.22m
20. 灰、灰黑色厚层生物碎屑泥晶灰岩与灰白色细晶灰岩互层，夹灰白色微晶灰岩(具鸟眼构造)		56.75m

① 新疆地质局区域地质测量大队二分队. 1∶100 万西昆仑地区木吉—塔什库尔干一带地质、矿产调查报告. 1967.

② 新疆维吾尔自治区地矿局第一区域地质调查大队. 1∶100 万布伦口—恰尔隆地区区域地质调查报告. 1985.

③ 新疆维吾尔自治区地矿局第一区调大队和遥感中心. 1∶100 万新疆地质图(数字版). 2000.

19. 浅紫色泥岩夹粉砂岩，局部夹灰绿色细粒石英砂岩及薄层泥晶灰岩　16.90m
18. 灰白色厚—巨厚层亮晶含生物碎屑砂屑灰岩与灰色厚层含生物碎屑泥晶灰岩互层，局部夹灰白色薄层微晶灰岩　141.86m
17. 灰色厚层泥晶生物碎屑灰岩，夹少量紫红、灰绿色泥岩，灰岩中含珊瑚？*Durhamia* sp.，双壳类 *Pernopecten* sp.，*Sedgwichia* sp.，*Heteropecten* sp.，Radiolitidae　172.44m
16. 灰、灰绿色厚层亮晶团粒生物碎屑灰岩与钙质泥岩互层，灰岩中含腕足类 *Athyris*? sp.，锥石类 *Conularida*，双壳类 *Phestia* sp.　51.40m

————整合————

达里约尔组(P_3d)：　**1 232.57m**

15. 下部灰紫、紫灰、灰色厚—中层细粒岩屑长石砂岩与紫灰色泥岩互层，中上部为灰绿色薄层细粒石英砂岩与灰绿色泥岩互层，含双壳类 *Anuliconcha* cf. *interlineata*(Meek et Worthen)　154.18m
14. 紫红色厚—薄层细粒岩屑长石砂岩与紫红色泥岩互层，夹中粒岩屑长石砂岩及薄层砾岩　178.12m
13. 紫红色厚层泥岩夹粉砂岩及细粒岩屑长石砂岩　35.96m
12. 暗紫、紫红色厚层—巨厚层中粒长石石英砂岩夹砾岩、中粗粒长石砂岩及薄层泥岩，具板状、楔状交错层理　226.13m
11. 紫红色厚层细粒长石砂岩夹薄层泥岩，砂岩底部含砾，具楔状交错层理　101.92m
10. 紫红色中—厚层细粒长石石英砂岩与薄层泥岩互层，砂岩发育板状交错层理、平行层理　78.33m
9. 紫红色厚层泥岩夹紫红色细粒长石石英砂岩，局部含砾　159.18m
8. 紫红色含砾长石石英砂岩、细粒石英砂岩、泥岩互层，比例 1∶2∶10，共 4 个韵律　84.52m
7. 底部灰色厚层砾岩，下部为含砾中粒石英砂岩、细粒石英砂岩，上部为细粒石英砂岩与紫红色泥岩互层　21.09m
6. 紫红、暗紫色钙质石英粉砂岩与泥岩互层，夹灰绿色薄层粉砂岩，石英粉砂岩底部常有 20～50cm 厚的细粒石英砂岩，具水平层理　82.18m
5. 下部灰色中—厚层细砾岩、灰色厚层中—细粒石英砂岩，上部细粒石英砂岩夹泥岩，顶部灰绿色泥岩与细粒石英砂岩互层(厚 8m)　63.94m
4. 灰绿色粉砂质泥岩，局部夹粉砂岩或紫红色泥岩透镜体　18.60m
3. 紫红色泥岩夹泥质粉砂岩、薄层细粒长石石英砂岩　7.56m
2. 紫红、浅灰绿、褐红色泥质粉砂岩夹暗紫色含铁质粉砂质微晶灰岩，顶部为灰绿、紫红色泥岩　18.75m
1. 灰绿、紫红色厚层砾岩夹含砾粗砂岩　2.11m

~~~~~~角度不整合~~~~~~

下伏地层：上石炭统—下二叠统特给乃奇克达坂组(C_2P_1tg)

2. 岩石地层划分及其特征

由下而上划分为上二叠统达里约尔组、克斯麻克组，达里约尔组不整合于特给乃奇克达坂组之上(图2-29)，总厚度大于 1 688m。

达里约尔组主要岩性为紫红色泥岩、紫红色中—厚层细粒长石石英砂岩、紫红色厚—薄层细粒岩屑长石砂岩和灰、灰绿色中厚层中—细粒石英砂岩，少量钙质石英粉砂岩、泥质粉砂岩、粉砂质泥岩及暗紫色含铁质粉砂质微晶灰岩，底部为砾岩，含双壳 *Anuliconcha* cf. *interlineata*(Meek et Worthen)，厚约 1 233m。

克斯麻克组(P_3k)主要岩性为灰色厚层泥晶生物碎屑灰岩，灰、灰黑色厚层生物碎屑泥晶灰岩，灰白色厚—巨厚层亮晶含生物碎屑砂屑灰岩，少量细晶灰岩、亮晶团粒生物屑灰岩、(钙质)泥岩。含珊瑚？*Durhamia* sp.，双壳类 *Pernopecten* sp.，*Sedgwichia* sp.，*Heteropecten* sp.，*Phestia* sp.，Radiolitidae(图版Ⅰ，3)，锥石类 *Conularida* 等，厚约 456m。

3. 区域地层对比及时代归属

(1)区域地层对比

据新疆维吾尔自治区岩石地层(1999)，达里约尔组(P_3d)在叶城县棋盘河一带岩石组合为灰绿色厚—薄层状粗—细粒钙质石英砂岩、灰红色薄层状钙质石英粉砂岩和紫红、暗灰红色薄层状泥岩夹绿色泥质页岩。下部含植物化石及含丰富孢粉，厚 231.44m。

克斯麻克组在区域上出露较少，主要岩性为灰色厚层泥晶生物碎屑灰岩，灰、灰黑色厚层生物碎屑泥
~~~~~~

晶灰岩，灰白色厚—巨厚层亮晶含生物碎屑砂屑灰岩，含珊瑚、双壳类、锥石类等，厚约456m。

(2)时代归属

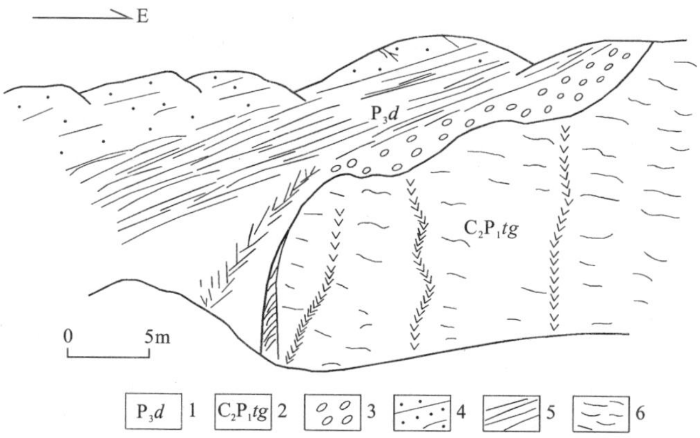

图 2-29 阿克陶县达里约尔组与特给乃奇克达坂组角度不整合关系素描图

1. 上二叠统达里约尔组；2. 上石炭统—下二叠统特给乃奇克达坂组；3. 砾岩；4. 砂岩；5. 泥岩；6. 板岩

据新疆维吾尔自治区岩石地层(1999)，达里约尔组在叶城县棋盘河一带含植物 *Plagiozamites* sp.，*Callipteris* sp.，孢粉 *Gulisporites cochleans*，*Calamosopora micorugosa*，*Diptychosporites polygoniatus*，*Protohaploxypinus arachnoideus*，*P. bharadwajii*，*P. goraiensis*，*P. limpidus*，*P. suchonensii*，*P.* cf. *diagonalis*，*Striqtoabieites longus*，*S. parliextensisaccus*，*S. sulliformis*，*Hamiapollenites fusiforms*，*H. maragelis*，*H. medius*，*H. ovatus*，*H. ruiditatus*，*H.* cf. *tractiferinus*，*Costapollenites scitulus*，cf. *Fusacdpites fusus* 与 *Vittatina* cf. Vittifer，*Cordaitina duralimita*，*C. tenurugosa*，*Potonieisporites* cf. *xinjiangensis*，时代为晚二叠世。

克斯麻克组本次采获珊瑚? *Durhamia* sp.，双壳类 *Anuliconcha* cf. *interlineta*，*Pernopecten* sp.，*Sedgwichia* sp.，*Heteropecten* sp.，*Phestia* sp.，腕足类 *Athyris*? sp.，*Phricodothyris* sp.，锥石类 *Conularida* 等，由于采获的标准化石较少，鉴定时代跨度加大，但多集中于石炭—二叠纪，部分延至三叠纪，考虑到与下伏达里约尔组呈整合接触，暂将其时代划归晚二叠世。

(二)乌依塔克地层小区

该小区二叠系出露零星，出露地层为下二叠统(未分)和中二叠统棋盘组，下二叠统(未分)位于库台依买克—阿克其克塔什吉勒尕一带及库夏勒南，出露面积仅 $12km^2$。与下伏上石炭统整合接触，主要为一套火山岩及火山碎屑熔岩，厚约 1 580m。棋盘组零星出露于霍峡尔煤矿西及托尕依北，出露面积仅 $2.1km^2$。

新疆地矿局第一区调大队(1985)将该套地层划归下—中石炭统和上石炭统①；新疆地矿局第二地质大队(1985)将该套地层划归下二叠统阿克塞巴什组②；本书将盖孜河一带的含火山岩地层归下二叠统。

1. 剖面介绍

阿克陶县阿其克塔什吉勒尕下二叠统简测剖面

剖面位于新疆阿克陶县阿其克塔什吉勒尕沟，起点坐标：$X=4\ 299\ 194$，$Y=13\ 534\ 787$，$H=2\ 650$。剖面长约 3 500m(图 2-30)。

向斜核部　　　　(未见顶)	
下二叠统(P_1)：	**1 181.70m**
8. 灰绿、灰紫红色玄武安山岩	641.80m
7. 浅灰绿、灰紫红色晶屑凝灰熔岩	167.20m
6. 浅灰绿、灰紫红色玄武安山岩与深灰绿色石英安山岩韵律互层，二者比例为 1∶5～1∶10，单个韵律厚 10～30m，其中石英安山岩厚 1～3m	240.50m
5. 深灰绿色石英安山岩与灰红、灰绿色安山质凝灰熔岩互层	29.70m
4. 灰紫红色晶屑凝灰熔岩	3.30m

① 新疆维吾尔自治区地矿局第一区域地质调查大队. 1∶100 万布伦口—恰尔隆地区区域地质调查报告. 1985.

② 新疆维吾尔自治区地矿局第二地质大队. 新疆南疆西部地质图、矿产图说明书(1∶50 万). 1985.

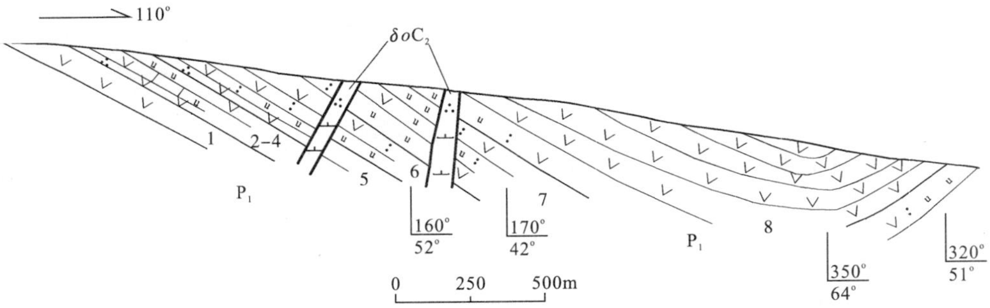

图 2-30 阿克陶县阿其克塔什吉勒尕下二叠统简测剖面图

3. 灰紫红色玄武安山质集块熔岩	3.30m
2. 深灰绿色石英安山岩与浅绿灰、褐紫红色安山质凝灰熔岩韵律互层，二者比例为 1∶10，单个韵律厚 1～2m	46.40m
1. 浅绿灰、褐灰色安山岩	49.50m
第四系覆盖 （未见底）	

2. 岩石地层划分及其特征

该小区二叠系由下而上划分为下二叠统（未分）和中二叠统棋盘组。下二叠统（未分）主要岩性为浅灰绿色玄武安山岩、石英安山岩、安山岩、灰紫红色安山质凝灰熔岩、晶屑凝灰熔岩，少量灰紫红色玄武安山质集块熔岩，厚度大于 1 182m。

棋盘组（P_2q）零星出露，岩性为灰色厚层亮晶生物屑砂屑灰岩，浅灰、灰绿色安山岩，含有孔虫、苔藓虫、腕足类等碎屑，厚约 500m。

3. 区域地层对比及时代归属

向西在卡拉特河一带，下二叠统（未分）底部为红色碎屑岩，下部为碳酸盐岩夹玄武岩，中下部为红色、绿色碎屑岩、火山碎屑岩，中上部为灰绿色碎屑岩、灰色碳酸盐岩，上部主要为灰黑色碳酸盐岩，总厚约 4 297m。

本小区的下二叠统仅相当卡拉特河一带下二叠统下部的一部分。新疆局第一区调大队（1985）在古鲁滚涅克与下二叠统相当的层位采获䗴类 *Dunbarinella* sp.，*Triticites* sp.，*Protriticites*? sp.，*Quasifusulina* sp.，*Schwagerina* sp.，*Ozawainella* sp.①，在古肉木土尔河上游采获䗴类 *Rugosofusulina* cf. *serrata* Rauser，*R.* cf. *bimorpha* Bensh，*R.* sp.，*Schwagerina* sp. 等，时代为早二叠世。

棋盘组向北西在托希克一带主要为砾岩、灰岩、岩屑长石砂岩、钙质砂岩、岩屑砂岩、凝灰质砂岩夹玄武岩、辉石安山岩等，厚约 1 153m。新疆地调院第二地质调查所（1998）在托希克一带棋盘组采获䗴类 *Rugosofusulina* cf. *alpine* (Schellwien)，*R. extensa* Skinner et Wilde，*R.* sp.，*Pseudofusulina parafecunda* Shamov et Scherbovich，*P. urdalensis breriata* Ranser，同时采获丰富的孢粉化石②，时代为中二叠世。

第八节 塔里木地层区古生代沉积盆地分析

塔里木地层区古生代地层较为发育，沉积类型较复杂，沉积物主要为陆源碎屑岩和碳酸盐岩，少量火山岩。塔里木地层区古生代沉积盆地类型主要有大陆边缘沉积盆地、边缘坳陷沉积盆地、陆内沉积盆地、

① 新疆维吾尔自治区地矿局第一区域地质调查大队. 1∶100 万布伦口—恰尔隆地区区域地质调查报告. 1985.

② 新疆地质调查院第二地质调查所. 1∶5 万喔尔托克等 4 幅区域地质调查报告及说明书. 1998.

大陆裂谷沉积盆地、内陆坳陷盆地等。

一、泥盆纪沉积盆地

泥盆纪沉积盆地主要类型为陆内沉积盆地，沉积环境主要为浅海陆棚、海滩、潮坪、碳酸盐台地等，沉积盆地经历了向上变浅的沉积过程。

（一）主要沉积组合

1. 河口湾沉积组合

以阿克巴西麻扎尔一带的阿克巴西麻扎尔组下部为代表，主要岩性为灰紫色中层中—细粒石英杂砂岩、灰褐色中层细粒石英砂岩，少量含砾石英杂砂岩、灰绿色细粒石英杂砂岩、灰黑色含砂质泥岩及灰白色中层中粒石英砂岩，石英杂砂岩中发育大型楔状交错层理，局部发育冲洗层理，

2. 海滩沉积组合

以阿克巴西麻扎尔组上部为代表，主要岩性为灰白色中—厚层砾岩、中层粗—中粒石英砂岩，发育大型板状交错层理和平行层理，砾岩中砾石成分主要为石英岩，少量石英砂岩、石英粉砂岩及灰岩，多呈浑圆状，大小一般为1～3cm，分选较好，砾石含量在65%以上，砂质充填。砂岩中石英含量在80%左右，硅质胶结，反映了原始沉积物成分成熟度和结构成熟度均较高，代表了一种高能量的海滩（前滨）沉积环境。

3. 滨外沉积组合

以克孜勒陶组下部为代表，主要岩性为灰绿色中—薄层泥质石英粉砂岩、灰绿色（含）粉砂质泥岩，少量褐色薄层钙质石英粉砂岩、细粒石英砂岩，极少量微晶砂屑灰岩，泥质石英粉砂岩中有大量的水平潜穴，具波状层理和小型楔状交错层理。主要特征为颜色呈灰绿色，岩层较薄，多呈中—薄层状，部分为薄板状，沉积物颗粒较细，其成分成熟度较高，反映了海滩与浅海陆棚之间过渡的沉积环境。

4. 潮坪下部沉积组合

以克孜勒陶组上部为代表，主要岩性为灰绿色石英粉砂岩、钙质石英粉砂岩，少量泥质石英粉砂岩、生物屑泥晶灰岩、钙质细粒石英砂岩，砂岩具槽状交错层理、楔状交错层理、不对称波痕，粉砂质泥岩及石英粉砂岩中有较多的水平虫穴。灰岩中含较多的腕足类和珊瑚等化石。颜色多呈灰绿色，岩层较薄，多呈中—薄层，成分成熟度较低，主要表现为含泥质较高，为潮坪潮下-潮间带沉积环境。

5. 潮坪上部沉积组合

以奇自拉夫组为代表，主要岩性为紫红、紫灰、灰紫色中层细粒石英砂岩与灰绿、绿灰色中层细粒石英砂岩互层，夹灰绿色粉砂质泥（板）岩及少量紫红色粉砂质板岩。绿灰色砂岩具楔状交错层理、平行层理，为潮道沉积环境，除此之外为以潮间带为主的砂坪沉积环境。

6. 三角洲沉积组合

以奇自拉夫组上部为代表，岩性为紫红色薄—中层细粒长石石英砂岩、灰绿色薄层状细粒长石石英砂岩，少量紫红色中层砾岩、含砾中粒石英砂岩、石英粉砂（板）岩，极少量灰绿色粉砂岩、粉砂质板岩，含砾砂岩中发育大型楔状交错层理。为三角洲前缘沉积环境。

7. 开阔台地沉积组合

以克里塔克组下部为代表，主要岩性为灰黑色薄层泥晶生物屑灰岩、生物屑粉晶灰岩、灰绿色含粉砂质泥岩，少量褐灰色中层细晶灰岩、浅灰色厚层亮晶含生物屑鲕粒灰岩，下部泥晶生物屑灰岩中含腕足类、珊瑚、腹足类等。为潮下带中—低能沉积环境。

8. 台地边缘浅滩沉积组合

以克里塔克组上部为代表，主要为灰色厚层含生物屑砂屑灰岩、灰黑色中层中—粗晶灰岩，少量含砾屑鲕粒砂屑灰岩，含珊瑚、腕足类、腹足类等。为潮下高能沉积环境。

(二)沉积盆地演化特征

区内缺失早泥盆世沉积，中—晚泥盆世全为海相沉积。泥盆纪沉积盆地是在较古老的基底上经拉张作用形成的沉积盆地。中泥盆世早期，水体总体较浅，在阿克巴西麻扎尔一带形成河口湾及海滩沉积环境，在库山河的其木干一带形成含炭质细碎屑岩与白云岩交互的沉积层序，为局限陆棚边缘沉积环境。中泥盆世晚期，随着海侵的不断扩大，在其木干一带，首先形成 470m 含砾碎屑岩及砾岩，伴随着地壳的拉张作用，形成了厚约 550m 的玄武岩及厚约 150m 的安山质凝灰岩。之后，形成快速充填的碎屑岩沉积盆地，厚度 6 000 余米。在阿克巴西麻扎尔一带形成海滩-潮坪的沉积环境，为碎屑岩-碳酸盐岩沉积建造，厚度较小，含珊瑚、腕足类及生物遗迹，发育层理、波痕等，厚约 1 740m。晚泥盆世早期，区内发生海退，形成了以潮坪环境为主体的红色碎屑岩建造，局部为陆相沉积。在其木干一带沉积厚度仍然较大，厚达5 000余米，沉积物中出现大量不稳定矿物，杂基含量普遍较高，古生物仅有少量植物化石，沉积构造较发育，为一种快速堆积的三角洲沉积环境；在阿克巴西麻扎尔一带厚度较小，厚约 650m，形成了潮坪-三角洲的沉积环境。在晚泥盆世晚期，海侵进一步扩大，陆源碎屑物供给不足，形成了碳酸盐台地沉积环境，沉积环境以潮下带为主。

二、石炭纪沉积盆地

(一)主要沉积组合

1. 开阔台地沉积组合

以和什拉甫组中上部、卡拉乌依组、阿孜干组、塔哈奇组为代表，主要岩石类型为灰黑、黑灰及灰色含生物屑泥-微晶灰岩、砂屑微晶灰岩、微晶含生物屑砂屑灰岩、微晶生物屑灰岩、亮晶鲕粒灰岩、亮晶生物屑灰岩、泥-微晶灰岩、灰绿色泥岩等，少量灰绿色细—中粒石英砂岩，含较丰富的腕足类、珊瑚、有孔虫、棘皮类等海相动物化石，主要表现为色深、层薄、富含生物，为潮下—潮间沉积环境。

2. 内陆棚沉积组合

以和什拉甫组下部为代表，主要岩石类型为灰绿色泥岩、灰色中层细粒石英砂岩、中厚层石英粉砂岩，主要特征为由下而上岩层逐渐变薄、颗粒变细，粉砂岩中含腕足类化石，为过渡带沉积环境。

(二)沉积盆地演化特征

早石炭世在泥盆纪海盆地沉积的基础上，地壳又一次大规模拉张，在库山河一带形成陆缘沉积盆地，在奥依塔克一带形成陆缘裂谷沉积盆地(图 2-31)，在塔里木盆地分区形成稳定的陆内沉积盆地。

早石炭世，在恰尔隆一带形成了颜色较深、岩层较薄、含炭质的一套细碎屑岩，沉积构造不发育，生物化石很少，沉积物以石英与含炭质粉砂为主，为陆缘坳陷的深海—半深海沉积环境。在奥依塔克一带形成厚度较大的玄武-安山质喷发岩，在喷发间歇期间，有深水灰岩及薄层硅质岩沉积，其下部具有蛇绿岩性质的玄武岩，其上部为岛弧火山岩。在考库亚—恰看特勒克一带为稳定的陆缘沉积盆地，由于也提木苏古陆的阻隔，在晚泥盆世碳酸盐台地的基础上，形成了以碎屑岩为主夹灰岩的内陆棚沉积环境。

晚石炭世奥依塔克裂谷已经封闭，形成以碳酸盐为主的狭长残留海盆。在恰尔隆一带，继承了深水盆地，早期形成的岩石颜色较深、岩层较薄，为浅海陆棚—深海沉积环境。晚期为快速堆积的浊流沉积环境。在考库亚—恰看特勒克一带仍为开阔台地沉积环境。

晚石炭世末期—早二叠世初期(塔哈奇组及特给乃奇克达坂组形成的时间)在恰尔隆一带，形成了颜

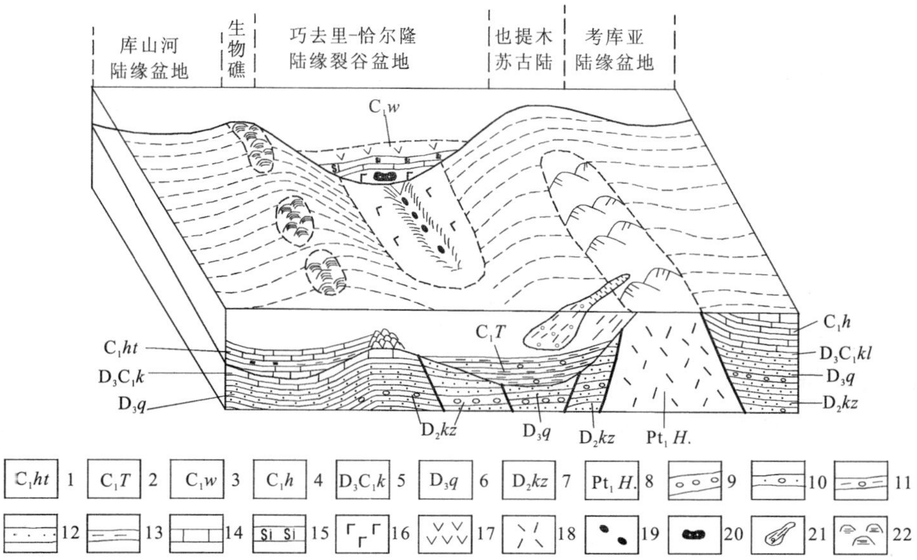

图 2-31　早石炭世塔西南沉积盆地演化模式图

1. 下石炭统罕铁热克组；2. 下石炭统他龙群；3. 下石炭统乌鲁阿特组；4. 下石炭统和什拉甫组；5. 上泥盆统—下石炭统库山河组；6. 上泥盆统奇自拉夫组；7. 中泥盆统克孜勒陶组；8. 古元古界赫罗斯塔岩群；9. 砾岩；10. 含砾砂岩；11. 含砾泥岩；12. 砂岩；13. 泥岩；14. 灰岩；15. 硅质岩；16. 玄武岩；17. 安山岩；18. 基地岩系；19. 蛇绿岩；20. 枕状构造；21. 浊积扇；22. 生物礁

色较深、岩层较薄、粒度较细、碎屑岩为主夹较多含古生物灰岩的浅海陆棚沉积环境。在考库亚—恰看特勒克一带仍为开阔的碳酸盐台地沉积环境。

三、二叠纪沉积盆地

（一）主要沉积组合

1. 开阔台地沉积组合

以克孜里奇曼组为代表，主要岩石类型为黑灰色中—巨厚层微晶灰岩、泥晶灰岩，含少量生物屑，主要表现为颜色深、粒度细，为潮下低能带沉积环境。

2. 浅滩沉积组合

以克孜里奇曼组中部为代表，主要岩石类型为黑灰色中—厚层含生物屑砂屑鲕粒灰岩、含砾屑砂屑灰岩、含生物屑砂屑灰岩，含较多的生物屑。主要表现为颜色深、岩层厚，为潮下高能沉积环境。

3. 滨海沉积组合

以棋盘组上部、达里约尔组上部为代表，主要岩石类型为灰绿色细粒石英砂岩、灰白色含砾粗粒—细粒长石石英砂岩、褐紫色细粒岩屑石英砂岩，少量灰黑色生物屑泥晶灰岩、钙质粉砂岩，灰岩中含腕足类等海相化石。主要特点为色杂、岩层厚薄不一，为滨海沉积环境。

4. 河流沉积组合

以达里约尔组下部为代表，主要岩石类型为紫红色泥岩、紫红色中—厚层中—细粒长石石英砂岩、紫红色厚—薄层细粒岩屑长石砂岩、少量钙质石英质、泥质粉砂岩、粉砂质泥岩及砾岩等，基本层序为细粒（长石或岩屑）石英砂岩→泥岩，砂岩中发育板状交错层理、楔状交错层理，少量平行层理。紫红色，岩层厚薄不一，沉积构造发育，为冲积平原沉积环境。

5. 潮间—潮下沉积组合

以克斯麻克组为代表，主要岩性为灰色厚层泥晶生物屑灰岩、灰黑色厚层生物碎屑泥晶灰岩、灰白色厚—巨厚层亮晶含生物碎屑砂屑灰岩，少量细晶灰岩、(钙质)泥岩，灰岩中含珊瑚、双壳类等海相化石，颜色较杂，岩层较厚，生物较多，为潮间—潮下沉积环境。

（二）沉积盆地演化

早二叠世在奥依塔克一带，由于板块的碰撞作用，形成弧内沉积盆地，由于岛弧火山活动强烈，形成以熔岩-火山碎屑岩为主，少量正常碎屑岩及碳酸盐岩沉积。碎屑物以长石及火山岩屑为主，成分及结构成熟度均较低，早期为滨海沉积环境，晚期形成碳酸盐台地，海相动物化石较多。在恰看特勒克一带，继承了晚石炭世沉积盆地，仍为碳酸盐台地沉积环境。

中二叠世在区内主要为碎屑岩与碳酸盐岩交互沉积，为开阔台地-滨海沉积环境，由于局部的拉张作用，形成玄武-安山质熔岩。

晚二叠世，由于地壳的大规模隆起，发生大规模的海退，早期形成河流沉积环境，之后形成残余海盆地，仅在克斯麻克一带形成滨海碎屑岩及潮间—潮下的碳酸盐沉积环境。

第九节 三叠系

测区仅在塔南地层分区出露上三叠统霍峡尔组，集中分布在奥依塔克南霍峡尔(东风)煤矿一带，呈北西向带状展布，受山前推覆构造影响，层位不全，面积约 10km^2。

霍峡尔组由杨基端、李佩贤于 1994 年命名，命名地位于阿克陶县奥依塔克镇南霍峡尔煤矿。此前，前苏联地质保矿部第十三航空大队(1953)将该套地层置上三叠统未分①；新疆第一区调队 1∶100 万西昆仑山布伦口—恰尔隆地区区调(1985)沿用②；新疆地调院在进行 1∶5 万奥依塔克幅、阿尔塔什幅区调时(1998)将其置叶尔羌群杨叶组③。

本次工作在测区霍峡尔煤矿采获晚三叠世标准分子，因此本书将其置晚三叠世，沿用霍峡尔组名。划分沿革见表 2-3。

表 2-3 测区三叠系地层划分沿革表

前苏联第十三航空大队(1953)	新疆区域地层表(1977)	新疆局一区调(1985)	新疆局二大队(1985)	杨基端、李佩贤(1994)	新疆地调院(1998)	本报告(2005)
上三叠统	下—中侏罗统 叶尔羌群	上三叠统	上三叠统 —侏罗系	上三叠统 霍峡尔组	中侏罗统 杨叶组	上三叠统 霍峡尔组

一、剖面介绍

阿克陶县东风(霍峡尔)煤矿上三叠统霍峡尔组实测剖面

剖面位于阿克陶县中巴公路西侧霍峡尔煤矿，起点坐标：X=4 310 785，Y=13 542 789，H=1 883。长约 762m(图 2-32)。

上覆地层：上新统阿图什组(N_2a)复成分砾岩

～～～～～～角度不整合～～～～～～

上三叠统霍峡尔组(T_3h)： **319.10m**

① 前苏联地质保矿部第十三航空地质大队. 1∶20 万喀什西北—克孜勒苏河流域地质测量及普查工作报告. 1953.

② 新疆维吾尔自治区地矿局第一区域地质调查大队. 1∶100 万布伦口—恰尔隆地区区域地质调查报告. 1985.

③ 新疆维吾尔自治区地矿局第二区域地质调查大队. 1∶5 万奥依塔克等 2 幅区域地质调查报告及说明书. 1995.

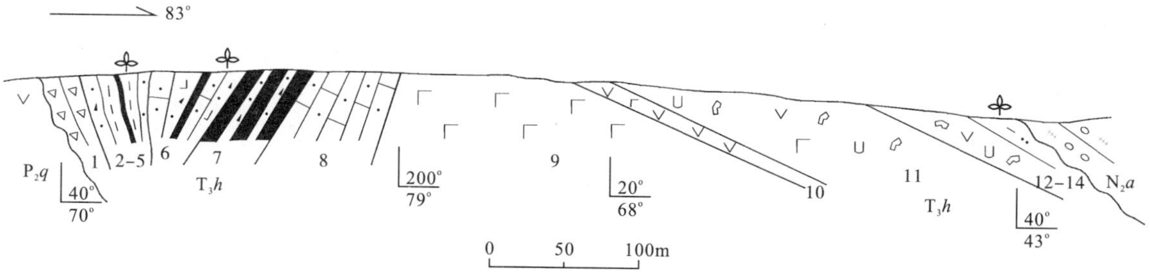

图 2-32 阿克陶县东风煤矿上三叠统霍峡尔组实测剖面图

14. 浅褐色玄武安山质熔结角砾岩 8.20m

\~\~\~\~\~\~喷发不整合\~\~\~\~\~\~

13. 浅灰黑色、浅黄色泥质粉砂岩、安山质集块岩、含煤层混杂在一起。泥质粉砂岩中见植物碎片 2.70m
12. 浅灰绿色玄武安山质集块熔岩 24.30m
11. 灰杂色玄武质集块熔岩 40.00m
10. 褐红色玄武-安山岩 5.40m
9. 灰绿、灰黑色玄武岩 23.50m
8. 浅灰白色砂质灰岩 38.10m
7. 灰黑色煤层夹浅黄色岩屑砂岩，砂岩夹层主要有两层，下层稍厚，上层较薄 27.40m
6. 灰黑色钙质岩屑砂岩与浅灰绿色砂质灰岩韵律层，夹厚10～25cm的煤线；前者厚0.5～2m，后者厚1～5m，一个韵律层厚2～3m。砂岩中见植物碎片 56.60m
5. 浅灰绿色细粒岩屑砂岩，夹厚10cm以下煤层或煤线，含 *Todites denticulatus* (Brongn.) Krasser, *Neocalamites carrerei* (Zeiller) Halle, *Neocalamites* sp. 20.50m
4. 浅灰黑色泥岩，含植物、钙化硅化木 9.50m
3. 浅灰—浅灰绿色含砾岩屑砂质粘土岩 2.70m
2. 杂色钙质不等粒岩屑砂岩、粉砂岩、泥岩韵律层，泥岩含煤线及植物化石碎片 23.90m
1. 浅灰、浅褐色泥质砾岩，棱角状，10cm，含量60%±，以花岗岩、安山岩为主 36.30m

\~\~\~\~\~\~角度不整合\~\~\~\~\~\~

下伏地层：中二叠统棋盘组(P_2q)浅灰绿色安山玢岩

二、岩石地层划分及其特征

该组据岩性可分为上下两部分，下部为碎屑岩夹煤层，上部主体以火山碎屑岩为主，夹火山熔岩及少量粗—中碎屑岩类。

区内本组下部主体为灰、杂色钙质岩屑砂岩、不等粒岩屑砂岩、灰绿色含砾岩屑砂质粘土岩，含多层煤(线)，具工业意义。其底部为一套浅灰、浅褐色泥质砾岩，砾石成分与下伏层位岩性一致，砾石多呈棱角状，粒径相差较大。下部向上层位则以灰绿、黄绿色调为主，岩性为浅灰绿色细粒岩屑砂岩、砂质灰岩，夹多层煤，产硅化木(图版Ⅶ,3)。煤层横向上不太稳定，时为透镜状产出，时而外延变为煤线，厚度不大，厚0.8～2m，煤质较差。硅化木主要赋存于砂岩之中，且多与煤层相伴，保存较完整，大小混杂，多平行于层理面，横截面上可见清晰的年轮，硅化木长1.5～1.8m，直径7～20cm者外观更为完整。产植物 *Neocalamites* sp. (图版Ⅰ,1)，*Cycadocarpidium swabii* Nathorst，*Podozamites distans* (Presl) Braun，*Todites denticulatus* (Brongn) Krasser(图版Ⅰ,2,3,5,8,9)，*Hysterites friesi* Nathorst ，*Equisetites orenaceus* Taag.，*Podozamites*，*Lepidopteris*，*Cladophlebis tsaidiamensis* Sze.，*Podozamites lanceolatus* (L. et H.)，*Ferganiella podozamioides* Lm，*Pterophyllum nathorst* Schenk，*Neocalamites carreri* (Zeiller) Halle，*Danaeopsis* ? sp. ，*Cladophlebis* sp. ；孢粉 *Dictyophyllidites harrisil* Couper，*Alisporites* sp. ，*Verrucosisporites rarus* Bur 等。上部主体为一套火山岩夹碎屑岩，以火山碎屑岩类居多，熔岩次之。岩性组合为下部黄绿色安山质集块熔岩、安山质熔结角砾岩，灰黑、灰绿色玄武岩、褐红色安山-玄武岩；上部夹灰黑色、浅黄色泥质粉砂岩，含煤层，粉砂岩中见大量植物碎片。

区内该组出露不全，自下而上为砾岩-砂岩-粉砂岩-泥岩，粉砂岩泥岩段夹煤层，色调以紫褐色、灰黑色为主，视厚319.1m。总体上，该组下部具明显的下粗上细特征，见大量植物化石及多层煤(线)。上述岩性表明，其沉积环境为滨湖-湖泊沼泽-火山岩相。

该组有两次相对强烈的火山喷发过程。第一次为基—中性熔岩-火山碎屑岩，由喷溢—爆发相，之后转入了相对宁静时期，沉积了泥质粉砂岩夹煤层。第二次为爆发相。该组爆发相、喷溢相和沉积相齐全，属陆相环境下多中心裂隙式喷发，同时连续沉积而无间断，也表明火山喷发具同源多次喷发、连续沉积和由弱到强的喷发旋回特征。

综上所述，区内该组标志明显，易与上下层位区分。该组下部以一套碎屑岩夹工业煤层或煤线、底部出现底砾岩为特征，区别于下伏乌鲁阿特组和中二叠统棋盘组，同时又以黄绿色为主色调，而与同样含有工业煤层的下—中侏罗统叶尔羌群康苏组、杨叶组相区别。另外，区内该组含煤层位粒度总体也明显大于叶尔羌群各含煤层位，且本组普遍见硅化木。上部则以大量火山碎屑岩为主，夹有或与陆相碎屑岩韵律性组合为特征，同样易与含火山岩层位的乌鲁阿特组和棋盘组区分开来。总之，本组以既赋有工业煤层或煤线，又富含火山物质为鲜明特点而区别于上下层位。

三、区域地层对比及时代确定

(一)区域地层对比

区域上霍峡尔组出露不多，横向上明显受西昆仑山前推覆构造带控制。区内下部层位与西邻库尔干幅萨俄孜俄勒克、穆呼一带在岩石组合上变化不大。该组下部均以底部出现一套数十米的浅灰绿色砾岩开始，向上过渡为含砾粗—中粗粒岩屑砂岩、不等粒岩屑砂岩、细粒岩屑砂岩及少量岩屑长石石英砂岩，而上为灰、灰黑色泥岩、粉砂岩夹多层煤层(线)，多具工业意义。东风煤矿一带层位相对完整，在其上部见有砂质灰岩。牧古鲁加衣洛沟一带以黄灰色、灰黑色调为主，主体为粉砂岩、砂岩、含炭粉砂岩，多夹煤线，厚度大于300m；萨俄孜俄勒克一带主体为黄绿色粗—中粒岩屑砂岩，夹多层煤(线)，厚度大于900m。在西部穆呼一带仅出露上部火山岩层位，且以爆发相为主，厚度大于2 536.6m(图2-33)。

总体上，该组自东向西，火山地层变多，喷发强度由弱到强，有由中性或基性向中酸性过渡的趋势，色调上也由绿向灰转变，粒度由细变粗，煤层由厚变薄。

(二)时代确定依据

区内霍峡尔组不整合于中二叠统棋盘组之上，联测图幅内见其不整合于下石炭统乌鲁阿特组之上，其时代应晚于中二叠世，另外该组北界被山前推覆断裂所控，侏罗系—白垩系地层向南不过此线，其时代大致应局限于三叠纪。

横向上霍峡尔组岩性组合基本一致，所含化石时代为晚三叠世，大地构造位置也一致，其时代也应相同。本次工作在东风煤矿采获有 *Cycadocarpidium swabii* Nathorst，为晚三叠世标准分子，*Allicospermum obscurum* Harris 是东格陵兰 *Lepidopteris* (T)的种，*Ferganiella podozamioides* Lin 报道于固里晚三叠世须棠组和白果湾组；*Hysterites friesi* Nathorst 曾发现于西藏贡觉晚三叠世夺盖拉组；西邻区牧古鲁加衣洛沟西侧，该组煤系间的砂岩中产苏铁杉 *Podozamites*，萨俄孜俄勒克一带产植物 *Neocalamites* sp.，*Podozamites lanceolatus* (L. et H.)，*Neocalamites carreri* (Zeiller) Halle，*Danaeopsis* ? sp.，*Equisetites orenaceus* Taag 等晚三叠世常见分子[①]。其中 *Podozamites lanceolatus* (L. et H.)，*Neocalamites carreri* (Zeiller) Halle 常见于华北区延长群上部层位，相当于上三叠统椿树腰组和谭庄组。综上所述，霍峡尔组时代属晚三叠世无疑。

① 新疆地质调查院第二地质调查所. 1∶5万喔尔托克等4幅区域地质调查报告及说明书. 1998.

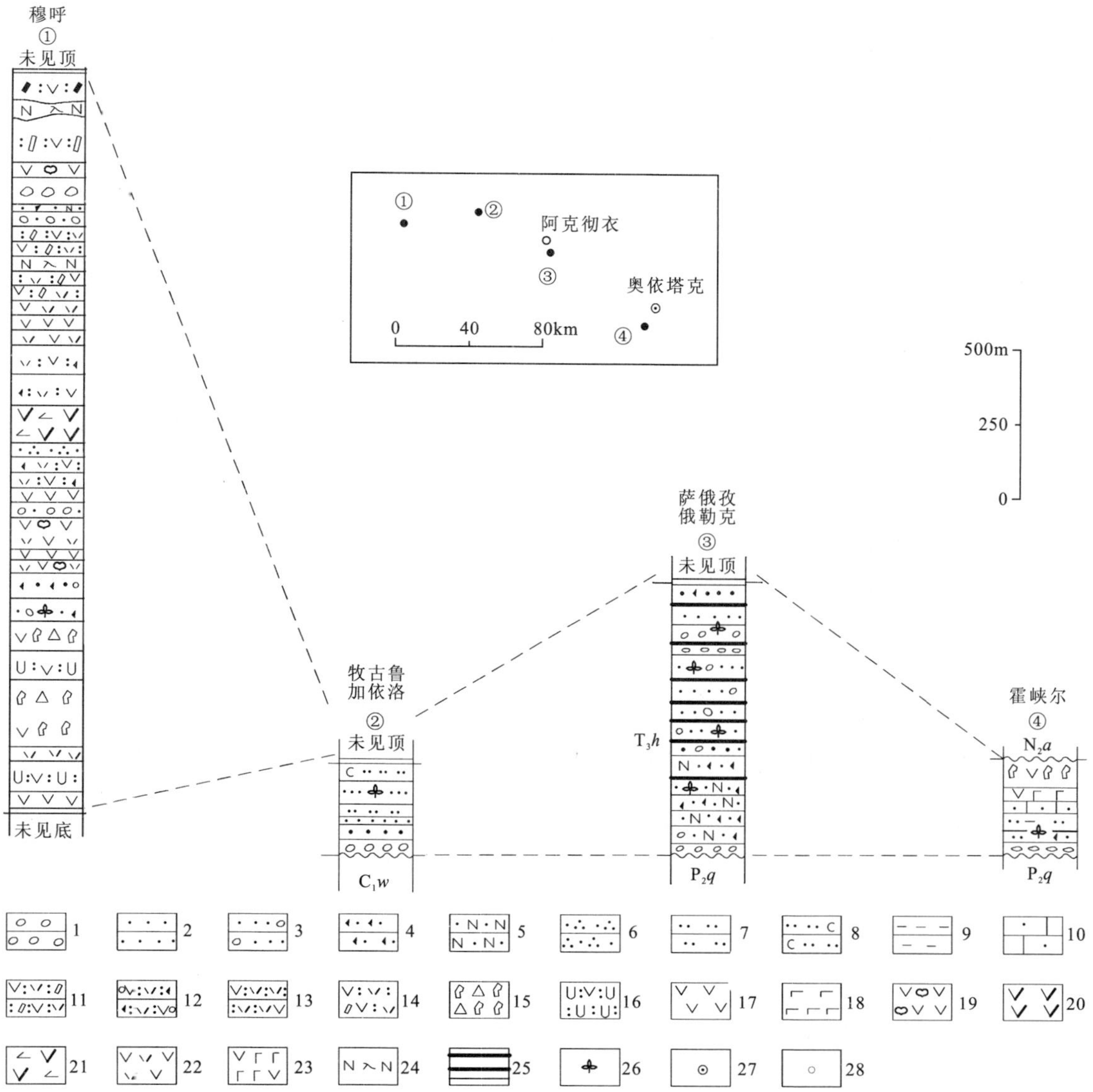

图 2-33　上三叠统霍峡尔组区域地层柱状对比图

N_2a. 上新统阿图什组；T_3h. 上三叠统霍峡尔组；P_2q. 中二叠统棋盘组；C_1w. 下石炭统乌鲁阿特组；1. 砾岩；2. 砂岩；3. 含砾砂岩；4. 岩屑砂岩；5. 长石砂岩；6. 石英砂岩；7. 粉砂岩；8. 含炭粉砂岩；9. 泥岩；10. 砂质灰岩；11. 安山质晶屑沉凝灰岩；12. 安山质晶屑岩屑沉凝灰岩；13. 安山质沉凝灰岩；14. 安山质晶屑凝灰岩；15. 安山质角砾集块岩；16. 安山质凝灰熔岩；17. 安山岩；18. 玄武岩；19. 杏仁状安山岩；20. 斑状安山岩；21. 含辉石斑状安山岩；22. 斑状英安岩；23. 安山-玄武岩；24. 斜长玢岩；25. 煤层(线)；26. 植物化石；27. 镇政府驻地；28. 村

第十节　侏罗系

本区侏罗系主要分布于测区东南部的库尔干塔格—克孜勒陶—阿西布拉克达坂一线，呈北北西向宽带状展布。总面积约 1 338.5km^2。包括下—中侏罗统叶尔羌群的莎里塔什组、康苏组、杨叶组和塔尔尕组以及上侏罗统的库孜贡苏组，总体为一套湖沼相的含煤碎屑岩建造。

前苏联第十三航空大队在所著《新疆喀什西北—克孜勒苏河流域 1：20 万地质测量及普查工作报告》中将区内该套地层三分(1953)：下统里阿斯组、中统道格组和上统麻姆组①；新疆区域地层表编写组

① 前苏联地质保矿部第十三航空地质大队. 1：20 万喀什西北—克孜勒苏河流域地质测量及普查工作报告. 1953.

(1981)将出露于包括测区在内的该套湖沼相含煤碎屑岩划为叶尔羌群，其时代划归早—中侏罗世，将该套地层之上粗碎屑岩系命名为库孜贡苏组，时代定为晚侏罗世。《新疆地质志》(1993)、《新疆维吾尔自治区岩石地层》(1999)等沿用。《中国地层典》(2000)依据上下层位，将库孜贡苏组置中侏罗统。本次工作未取得有关证据，故仍采用《新疆维吾尔自治区岩石地层》(1999)划分方案(表 2-4)。

表 2-4　测区侏罗系地层划分沿革表

<table>
<tr><td colspan="3">前苏联第十三航空大队
(1953)</td><td colspan="2">新疆地层表
(1981)</td><td>新疆 1∶200 万
地质图(1982)</td><td>新疆地质志
(1993)</td><td colspan="2">中国地层典
(2000)</td><td colspan="2">本文
(2005)</td></tr>
<tr><td>上统</td><td colspan="2">麻姆组(J_3)</td><td colspan="2">库孜贡苏组(J_3kz)</td><td rowspan="7">叶尔羌群
($J_{1-2}Y$)</td><td>库孜贡苏组</td><td colspan="2">克孜勒苏群
($J_3—K_1$)</td><td colspan="2">库孜贡苏组
(J_3kz)</td></tr>
<tr><td rowspan="3">中统</td><td rowspan="2">道格组(J_2)</td><td>上亚组(J_2b)</td><td rowspan="6">叶尔羌群
($J_{1-2}Y$)</td><td rowspan="2">塔儿尕组
(J_2t)</td><td rowspan="2">塔儿尕组</td><td rowspan="6">叶尔羌群</td><td>库孜贡苏组(J_2kz)</td><td rowspan="6">叶尔羌群</td><td rowspan="2">塔儿尕组(J_2t)</td></tr>
<tr><td>下亚组(J_2a)</td><td>塔儿尕组(J_2t)</td></tr>
<tr><td rowspan="2"></td><td rowspan="2">J_{1-2}</td><td>杨叶组(J_2y)</td><td>杨叶组</td><td>杨叶组(J_2y)</td><td>杨叶组(J_2y)</td></tr>
<tr><td rowspan="3">下统</td><td>康苏组(J_1k)</td><td>康苏组</td><td>康苏组(J_1k)</td><td>康苏组(J_1k)</td></tr>
<tr><td rowspan="2">里阿斯组
(J_1)</td><td>上亚组(J_1b)</td><td rowspan="2">莎里塔什组(J_1sh)</td><td rowspan="2">莎里塔什组</td><td rowspan="2">莎里塔什组
(J_1sh)</td><td rowspan="2">莎里塔什组
(J_1sh)</td></tr>
<tr><td>下亚组(J_1a)</td></tr>
</table>

一、剖面介绍

1. 阿克陶县克拉思克阿格孜下侏罗统莎里塔什组实测剖面

剖面位于阿克陶县库斯拉甫乡(南东侧图外)北北西约 17km，克拉思克阿格孜村北东约 1km 处沟中。剖面长 70m(图 2-34)。

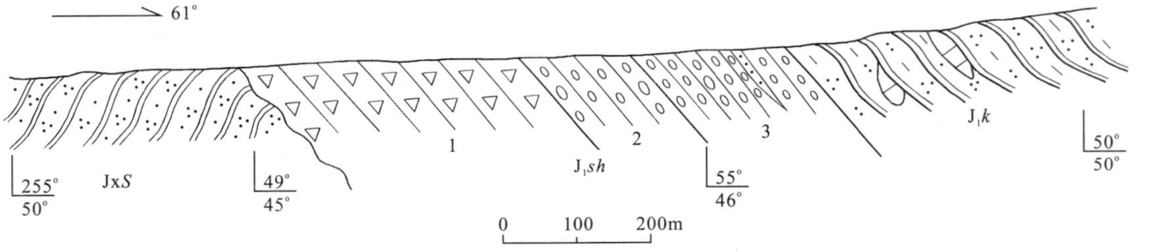

图 2-34　阿克陶县克拉思克阿格孜下侏罗统莎里塔什组实测剖面图

上覆地层：康苏组(J_1k)石英粉砂质板岩

————整合————

莎里塔什组(J_1sh)： **23.90m**

3. 灰绿色中层状粉砂质板岩-砂岩质细砾岩，砾径 3～10mm，单层厚 30cm，具平行层理　7.50m
2. 灰绿色厚层状粉砂质-砂岩质中—粗砾岩，砾径两种，一种 1～3cm，一种 7～20cm，二者大致为 1∶1　4.60m
1. 灰白色巨厚层粉砂质板岩-砂岩质粗角砾岩，大小混杂，次棱角—棱角状，含量 70%±　11.80m

～～～～～角度不整合～～～～～

下伏地层：蓟县系桑株塔格岩群(JxS)变细粒石英砂岩

2. 阿克陶县卡拉达坂西侏罗系实测剖面

剖面位于阿克陶县库斯拉甫乡北 17km 卡拉达坂西沟，起点坐标：X=4 217 933，Y=13 607 630，H=2 267。剖面长 3 845m(图 2-35)。

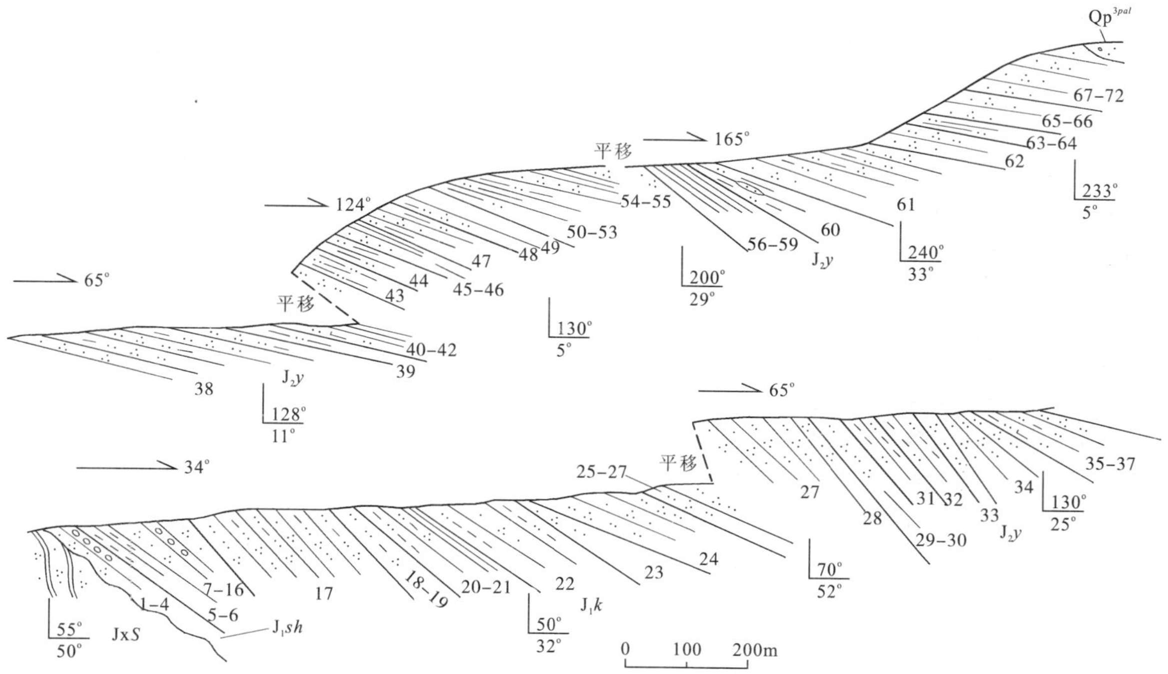

图 2-35 阿克陶县卡拉达坂西侏罗系实测剖面图

上更新统风积层(Qp^{3eol})覆盖

~~~~~~不整合~~~~~~

下—中侏罗统叶尔羌群($J_{1-2}Y$): （未见顶） **>1 776.44m**

杨叶组(J_2y): **>1 003.55m**

72. 灰白色中层状中粒石英砂岩 >4.78m
71. 深灰色极薄层状泥质石英粉砂岩 9.56m
70. 灰白色中层状中粒石英砂岩,间夹 1 层厚 4m 的深灰色极薄层状泥质石英粉砂岩,砂岩具平行层理 13.83m
69. 深灰色极薄层状泥质石英粉砂岩 21.14m
68. 灰白色中层状中粒石英砂岩,夹 1 层 4m 厚的深灰色薄层状泥质石英粉砂岩 21.14m
67. 深灰色极薄层状泥质石英粉砂岩 14.80m
66. 灰白色中层状中粒石英砂岩,间夹 1 层厚约 5m 的深灰色极薄层状泥质石英粉砂岩,砂岩具平行层理 26.10m
65. 灰黑色极薄层状钙质石英粉砂岩与少量浅褐绿色中层状粗粒岩屑石英砂岩互层,夹黄褐色薄层状钙质泥岩 10.04m
64. 褐灰色中层状细粒石英砂岩或浅灰绿色中层状细粒石英砂岩与深灰色粉砂质页岩夹褐灰色中—薄层钙质石英粉砂岩互层 16.25m
63. 灰黑色极薄层状泥质石英粉砂岩夹褐色薄层状泥铁质石英粉砂岩 5.62m
62. 灰黑色极薄层状泥质石英粉砂岩夹土黄色极薄层状钙质石英粉砂岩,底部为厚 1.5m 的灰绿色中层细粒石英砂岩 42.13m
61. 灰黑色极薄层状泥质石英粉砂岩夹土黄色极薄层状钙质石英粉砂岩,底部为厚 1.5m 的灰绿色中层细粒石英砂岩 91.11m
60. 上部为灰绿色粉砂质页岩,中部为灰黑色粉砂质页岩,底部为厚约 1m 的浅褐灰色中层泥岩-砂岩质中砾岩 25.34m
59. 灰黑色粉砂质页岩,夹少量黄褐色泥铁质石英粉砂岩透镜体 8.37m
58. 灰绿色页岩,顶和底均为厚约 30cm 的灰绿色中层状细粒石英砂岩 19.52m
57. 灰黑色页岩 8.37m
56. 灰绿色中层状细粒石英砂岩,具平行层理 8.37m
55. 灰黑色极薄层状泥质石英粉砂岩 24.83m
54. 上部为灰绿色页岩,下部为灰绿色中层状细粒石英砂岩 29.77m
53. 灰黑色粉砂质页岩夹少量黄褐色泥铁质石英粉砂岩 18.99m
~~~~~~

52. 上部为灰绿色薄层状细粒石英砂岩，下部为褐灰色中层状细粒石英砂岩 4.37m
51. 灰黑色粉砂质页岩夹黄褐色薄层状泥质石英粉砂岩，底部为厚 1.5m 的褐色极薄层状细粒石英砂岩 4.37m
50. 灰绿色中层状细粒石英砂岩与灰黑色粉砂质页岩互层 10.55m
49. 底部 2m 为灰褐色极薄层状细粒石英砂岩与灰黑色粉砂质泥岩互层，中上部为灰黑色粉砂质页岩与少量褐灰色薄层状细粒石英砂岩互层 31.93m
48. 顶部为灰黑色炭质页岩夹少量黄褐色泥岩，中部为灰黑色粉砂质页岩夹少量黄褐色薄层状泥铁质石英粉砂岩，下部为厚 2m 的灰绿色中层状细粒石英砂岩与灰黑色粉砂质页岩互层，砂岩具平行层理 23.95m
47. 灰黑色粉砂质页岩与少量灰绿色中层状细粒石英砂岩互层，砂岩具平行层理 50.87m
46. 上部为灰黑色含炭质粉砂质页岩，中部为灰黑色粉砂质页岩夹少量黄褐色泥质石英粉砂岩，下部为灰绿色薄层状细粒石英砂岩夹灰黑色粉砂质页岩 25.43m
45. 下部灰绿色薄层状细粒石英砂岩夹灰黑色粉砂质页岩；上部灰黑色粉砂质页岩，隔 1m 夹 1 层 3cm 的黄褐色泥质石英粉砂岩，顶部为 1m 厚的炭质页岩 16.96m
44. 灰黑色粉砂质页岩 28.83m
43. 灰黑色粉砂质页岩夹少量褐灰色薄层状细粒石英砂岩 29.78m
42. 灰绿色中—薄层状泥质石英粉砂岩，具水平纹层 9.33m
41. 灰黑色含粉砂质页岩与少量黄褐色薄层状钙质石英粉砂岩互层 1.70m
40. 中上部为灰黑色页岩泥质石英粉砂岩与少量浅褐灰色极薄层状钙质石英粉砂岩互层，下部为浅褐色中薄层状钙质石英粉砂岩与灰黑色页片状泥质石英粉砂岩韵律层 4.33m
39. 灰黑色粉砂质页岩夹少量黄褐色薄层状泥铁质石英粉砂岩 8.06m
38. 灰黑色极薄层状泥质石英粉砂岩，下部为 1m 厚的深灰色薄层状细粒石英砂岩夹灰黑色极薄层状泥质石英粉砂岩 79.34m
37. 上部为灰黑色极薄层状粉砂质泥岩，下部为灰黑色极薄层状泥质石英粉砂岩与深灰色薄层状细粒石英砂岩互层，底部为厚约 4m 的深灰色薄层状细粒石英砂岩，具水平纹理 11.34m
36. 灰黑色极薄层状粉砂质泥岩 18.37m
35. 褐灰色薄层状含钙质粉砂质泥岩与灰黑色极薄层状泥质石英粉砂岩互层，泥岩具水平纹理 21.03m
34. 上部灰黑色极薄层状泥质石英粉砂岩夹薄层泥铁质石英粉砂岩，下部为深灰色极薄层状细粒石英砂岩，具平行层理 38.40m
33. 灰黑色薄层状泥质石英粉砂岩，底部为褐色薄层石英粉砂岩，顶部为厚约 2m 的炭质粉砂质泥岩 22.63m
32. 灰黑色极薄层状粉砂质泥岩，底部为厚约 3m 的褐色薄层状石英粉砂岩 52.80m
31. 灰黑色极薄层状粉砂质泥岩，具水平纹层 44.60m
30. 褐灰色薄层状细粒石英砂岩与灰黑色极薄层状粉砂质泥岩互层 24.28m
29. 灰黑色块状泥质石英粉砂岩，上部具页片状构造，隔 2m 夹 5cm 厚的黄褐色泥铁质石英粉砂岩 20.24m

————整合————

康苏组(J_1k)： **763.72m**

28. 褐灰色薄层状细粒石英砂岩与深灰色薄层状石英粉砂岩互层，楔状交错层理 24.28m
27. 灰黑色块状泥质石英粉砂岩夹少量黄褐色薄层状含粉砂质泥岩，隔 2～3m 夹 1 层厚约 1m 的浅灰色中层细粒石英砂岩 69.52m
26. 浅灰色薄层中粒石英砂岩，隔 1～2m 厚夹 1m 左右的浅淡绿—灰白色中层含砾粗粒石英砂岩，具平行层理 27.54m
25. 灰黑色块状泥质石英粉砂岩夹少量褐灰色石英粉砂岩透镜体 2.60m
24. 灰黑色极薄层状石英粉砂岩与少量灰褐薄层状细粒石英砂岩互层 48.71m
23. 灰色薄层状细粒石英砂岩与灰黑色极薄层状石英粉砂岩互层 10.52m
22. 灰黑色粉砂质泥岩与少量灰褐色薄层细粒石英砂岩互层 79.63m
21. 灰黑色页岩与少量灰褐色薄层细粒石英砂岩互层 9.89m
20. 绿灰色薄层状泥质石英粉砂岩与灰黑色粉砂质泥岩互层 38.58m
19. 绿灰色页片状泥质石英粉砂岩 9.40m
18. 绿灰色页片状泥质石英粉砂岩与灰褐色薄层细粒石英砂岩互层 18.80m

17. 绿灰色极薄层泥质石英粉砂岩，夹褐灰色薄层细粒石英砂岩 199.45m
16. 灰黑色泥质石英粉砂岩与少量褐灰色薄层石英粉砂岩互层，隔 2m 夹 1 层厚约 4cm 的褐灰色薄层状细粒石英砂岩 13.97m
15. 灰黑色页片状泥质石英粉砂岩 7.45m
14. 灰黑色薄层状细粒石英砂岩与灰黑色极薄层状石英粉砂岩互层 10.47m
13. 灰黑色泥质石英粉砂岩与少量褐灰色薄层状石英粉砂岩互层 19.20m
12. 灰黑色页片状泥质石英粉砂岩 6.98m
11. 灰白色厚层状含中砾中粒石英砂岩-褐灰色薄层状硅质-石英岩质中砾岩，间夹 1m 厚的灰黑色页片状泥质石英粉砂岩 6.98m
10. 灰黑色极薄层状泥质石英粉砂岩与少量褐灰色薄层细粒石英砂岩互层 59.01m
9. 褐灰色薄层细粒石英砂岩与灰黑色极薄层泥质石英粉砂岩，见削顶波痕 17.28m
8. 灰黑色极薄层状泥质石英粉砂岩夹少量褐灰色薄层细粒石英砂岩 10.82m
7. 褐灰色薄层状石英粉砂岩 5.41m
6. 灰黑色粉砂质泥岩夹褐灰色薄层状铁质石英粉砂岩 37.88m
5. 灰黑色粉砂质页岩夹极少量黄褐色薄层状钙质石英粉砂岩 29.35m

————整合————

莎里塔什组(J_1sh)： **9.17m**

4. 灰色中层状石英岩质细砾岩 2.29m
3. 灰白色中层状中粒石英砂岩，具平行层理 4.58m
2. 灰绿色块状砂岩质粗角砾岩，底界面凹凸不平 0.92m
1. 灰褐色中层铁质中—细粒石英砂岩，具平行层理 1.38m

~~~~~~角度不整合~~~~~~

下伏地层：蓟县系桑株塔格岩群(JxS)变细粒石英砂岩

3. 阿克陶县同由路克南中侏罗统杨叶组—上侏罗统库孜贡苏组实测剖面

剖面位于阿克陶县克孜勒陶乡赛拉因沟中，起点坐标：$X=4\ 262\ 976$，$Y=13\ 606\ 513$，$H=2\ 330$。剖面长约 8 436m(图 2-36)。

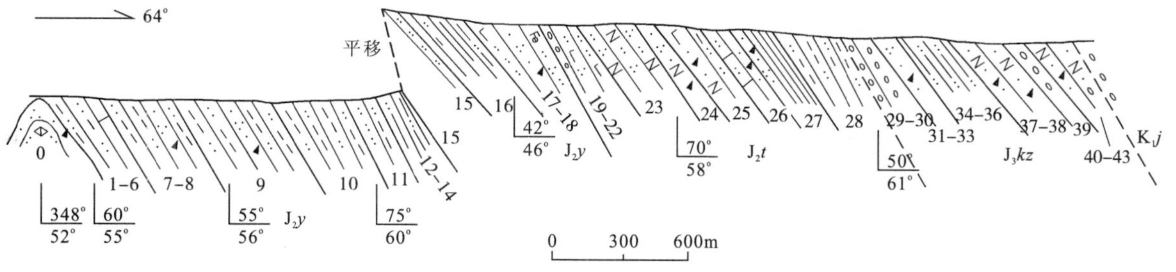

图 2-36 阿克陶县同由路克南中侏罗统杨叶组—上侏罗统库孜贡苏组实测剖面图

上覆地层：下白垩统江额结尔组(K_1j)灰紫色石英砂岩质粗砾岩

~~~~~~平行不整合~~~~~~

上侏罗统库孜贡苏组(J_3kz)： **831.60m**

43. 褐红色薄层状细粒长石岩屑砂岩，其中夹 1 层厚约 1.5m 的浅红绿色中层状中粒长石屑砂岩，且向上变薄变细 21.50m
42. 浅黄绿色含细砾粗粒长石砂岩，其中夹有 3 层厚 20m 的粗—中砾岩，局部见波痕 14.30m
41. 紫红色薄层状泥质岩屑粉砂岩 14.30m
40. 紫红色中层状中粒长石砂岩夹浅紫红色中层状石英岩质中砾岩，砾岩具底蚀现象 113.60m
39. 浅紫红色厚层状石英岩质中砾岩与厚层状粗粒长石岩屑砂岩互层。前者厚 1.5m±，后者厚 2m±，均发育大型槽状层理 61.90m
38. 浅紫红色厚层状中—细粒长石岩屑砂岩，夹薄层绿色中粒长石岩屑砂岩。砂岩底面不平，内具

正粒序特征。下部发育平行层理，上部发育大型楔状层理，局部见大型槽状层理 158.10m

37. 紫红色中层状细粒长石岩屑砂岩夹紫红色粉砂质页岩 42.10m
36. 紫红色薄层状细粒长石岩屑砂岩与紫红色粉砂质页岩互层，前者向上变薄，发育大型楔状层理；后者向上变厚 90.80m
35. 紫红色粉砂质页岩，下部夹少量浅绿色薄层细粒岩屑砂岩，上部夹少量紫红色薄层状细粒长石岩屑砂岩 90.80m
34. 浅绿色薄层状细粒岩屑砂岩，其中夹 2 层厚约 2m 的紫红色泥岩 16.10m
33. 浅绿色极薄层状岩屑粉砂岩夹紫红色泥岩 40.30m
32. 浅绿色中层状钙质中—粗粒岩屑石英砂岩夹浅绿色中层状硅质中砾岩、细粒岩屑砂岩；总体向上粒度变细，发育大型楔状层理 49.10m
31. 浅绿色中层状石英砂岩质中砾岩夹粗—细粒长石岩屑砂岩，砾岩具底蚀、冲刷现象，发育大型楔状交错层理 51.50m
30. 浅绿色中层状粗—细粒长石岩屑砂岩与石英岩质中—细砾岩不等厚互层。底部为 1 层厚约 4m 的砾岩，向上砾岩变为细砾岩，且变少，具底蚀、冲刷现象，发育大型楔状层理 60.90m
29. 灰绿色厚层状粗—中砾岩(复成分)，砾石由下、中部的粗砾渐变为上部的砾，具正粒序层，且向上含量减少，部分为砂砾岩或砾质砂岩，底部见厚 1cm± 的角砾岩，并有泥裂印模，底界面具侵蚀现象 6.30m

------------平行不整合------------

下—中侏罗统叶尔羌群($J_{1-2}Y$)：

塔尔尕组(J_2t)： **925.20m**

28. 紫红色粉砂质泥岩，顶部为厚约 4m 的粉砂质页岩，绿色，夹少量薄层石膏 313.90m
27. 浅绿色中—薄层状钙质细粒石英砂岩与紫红色粉砂质页岩互层，一个互层厚 15～20m，前者 3～9m，后者一般 9～15m 94.10m
26. 紫红色极薄层状含粉砂质泥晶灰岩，夹灰绿色中层状钙质中粒岩屑石英砂岩，绿色粉砂质页岩。见大型楔状层理 87.70m
25. 浅褐灰色中层状钙质细粒长石岩屑砂岩与灰绿色极薄层状泥质粉砂岩互层。底界面不平整，前者厚 1m±，后者 2m± 30.30m
24. 褐红色极薄层状泥质粉砂岩，底部为 4m 厚的浅褐灰色钙质细粒长石岩屑砂岩，顶部见绿色粉砂质页岩 11.70m
23. 褐红色薄层状钙质长石石英粉砂岩夹浅褐灰色中层状钙质细粒长石岩屑砂岩 194.90m
22. 灰绿色中层状细粒石英砂岩与褐红色、浅黄绿色极薄层状钙质长石石英粉砂岩不等厚互层。大致 2 个韵律，前者向上变少，后者增多 115.70m
21. 杂色极薄层状钙质石英粉砂岩、长石石英粉砂岩。底部有厚约 30cm 的黄褐色中层钙质细粒岩屑石英砂岩，顶部为绿灰色粉砂质页岩 56.20m
20. 灰绿色极薄层状含砂质亮晶砂屑灰岩，顶部为厚约 3m 的褐红色钙质粉砂岩 18.10m
19. 绿褐色中层状中—细粒岩屑石英砂岩，底部有一层厚约 20cm 的灰岩质细砾岩 2.60m

————整合————

杨叶组(J_2y)： **1 422.90m**

18. 黄褐色中层状含铁质结核钙质细粒岩屑石英砂岩，中部夹十几米厚的灰绿色极薄层状石英粉砂岩 53.80m
17. 黄色极薄层状钙质石英粉砂岩夹灰褐色中层状钙质细粒岩屑石英砂岩 123.70m
16. 灰褐、黄褐色中层状钙质细粒岩屑石英砂岩、黄色极薄层状钙质石英砂岩与灰黑色粉砂质页岩组成的韵律层重复，砂岩向上变薄变少。底部见中型不对称波痕，另向上见大型楔状交错层理、水平层理 217.70m
15. 黄灰色极薄层状钙质石英粉砂岩与灰黑色粉砂质页岩互层，前者厚 1～2m，后者厚 0.3m 27.30m
14. 灰绿色极薄层状石英粉砂岩与灰黑色粉砂质页岩互层，前者厚 1.5m，后者厚 1m 7.80m
13. 黄灰色薄层状岩屑长石粗粉砂岩与灰黑色粉砂质页岩韵律层重复，前者厚 15cm，后者 2m，发育水平纹层 116.80m
12. 灰黑色粉砂质页岩，底部为厚约 2m 的灰绿色砂质泥晶砂屑灰岩 7.80m

11. 灰黑色粉砂质泥岩与灰绿色极薄层状粉砂岩互层，前者厚约 2m，后者厚 3m　　132.40m
10. 灰黑色粉砂质泥岩　　278.40m
9. 灰黑色粉砂质泥岩夹褐色薄层状细粒岩屑石英砂岩，发育平行层理。含较多孢粉 *Gleicheniidites sennonious* Ross，另有 *Stereisporites reginum*（Drozhastchich，1961）Drugg，*Deltoidis porahallii* Minner，*Leiotriletes* sp.，*Verrucosisporites varians* Volhomer，*Concavissimisporites* cf. *dongshengensis* Zhang，*Lyeopodiunsporites* sp.，*Cycadosporites nitidus* (Balme) Pocock　　406.90m
8. 绿灰色极薄层状石英粉砂岩夹褐色薄层状细粒岩屑石英砂岩　　13.70m
7. 灰黑色粉砂质泥岩夹褐色极薄层状细粒岩屑石英砂岩　　254.40m
6. 绿色极薄层状含粉砂质泥晶灰岩夹薄层褐色细粒岩屑石英砂岩　　41.60m
5. 灰黑色粉砂质泥岩夹褐色薄层状含粉砂质菱铁矿，该层每隔 2m 左右夹 1 层约 20cm 的灰绿色薄层状泥质长石石英粉砂岩，底面见槽模，波状交错层理　　88.30m
4. 绿灰色中层状中—细粒长石石英砂岩　　4.00m
3. 绿灰色薄层状细粒长石石英砂岩与灰黑色粉砂质泥岩互层，每隔 4m 夹 1 层绿灰色中层状细粒长石石英砂岩　　31.20m
2. 灰色中层状中细粒长石石英砂岩　　7.20m
1. 灰色中层状—薄层状细粒长石石英砂岩与灰黑色粉砂质泥岩互层，前者厚 30～10cm，后者厚 30～50cm，该层底界为一突变面　　8.80m
0. 灰黑色中层状细粒岩屑石英砂岩与灰黑色薄层状含粉砂质菱铁矿夹灰褐色薄层状粉砂岩互层　　8.00m
背斜核部

（未见底）

二、岩石地层划分及特征

1. 莎里塔什组(J_1sh)

莎里塔什组在区内出露宽度不大，面积约 80.8km²，分别角度不整合覆盖于蓟县系、泥盆系、石炭系等不同层位之上（图 2-37），具明显的超覆现象。

莎里塔什组岩性主要为灰—灰绿色中—厚层状石英岩-砂岩质粗砾岩、灰白色中层状中粒石英砂岩，底部多为粗角砾岩。厚几米—数十米，克拉思克阿格孜厚23.9m，卡拉达坂一带仅厚 9.2m。砾岩中砾石以次棱角状为主，少量次圆状和棱角状，一般多在 1～20cm，大小混杂，个别可达 50cm，含量 50%～70%，走向上可相变为砂砾岩或砾质砂岩。基质-颗粒支撑，填隙物以砂泥质为主。砾石成分为白色石英岩、砂岩、粉砂质板岩等。底部角砾岩，呈次棱角状，大小混杂，为 2～10cm，含量 70%左右。

该组有两个明显向上变粗的韵律，砾岩具底蚀冲刷现象。区内该组岩性稳定，厚度变化大，以一套磨圆、分选性均较差的砾岩组合为特征，沉积构造不发育，结合砾石特征，说明其物源不远，具冲积扇堆积特点，或为湖口扇沉积环境。

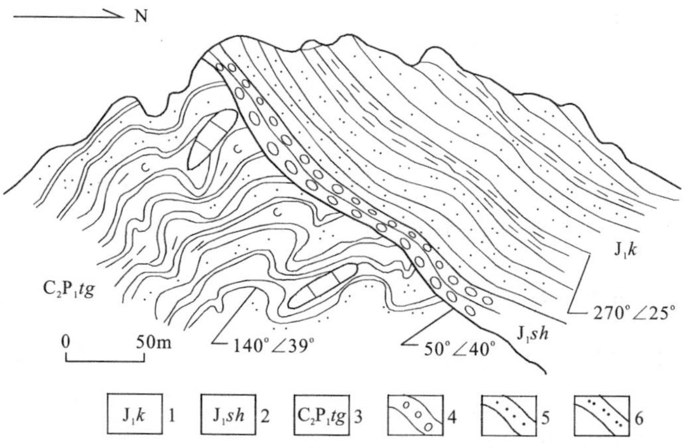

图 2-37　阿克陶县昔力必里莎里塔什组与特给乃奇克达坂组角度不整合接触素描图

1. 下侏罗统康苏组；2. 下侏罗统莎里塔什组；3. 上石炭统—下二叠统特给乃奇克达坂组；4. 砾岩；5. 砂岩；6. 粉砂岩；7. 泥岩；8. 炭质板岩；9. 变石英砂岩；10. 变粉砂岩；11. 灰岩透镜体；12. 产状

2. 康苏组(J_1k)

康苏组与莎里塔什组相伴呈不规则片状出露，面积 776.4km²。与下伏莎里塔什组及上覆杨叶组均为整合接触关系。

区内康苏组在卡拉达坂一带岩性为灰绿色泥质石英粉砂岩，夹褐灰色薄层石英粉砂岩、褐灰色薄层细粒石英砂岩。基本层序由灰黑色泥质石英粉砂岩与褐灰色薄层细砂岩构成，具向上变粗的粒序特征，厚763m。区内该组普遍含有工业煤层，并伴有菱铁矿结核或透镜体。中上部见波痕，发育平行层理、楔状层理和小型槽状层理，其沉积环境为湖泊-沼泽相沉积。

剖面中没有见到煤层(线)，不过在路线上见有多层煤(线)，煤层厚 50～70cm，局部可达数米，延伸较为稳定，多具工业意义。区内康苏组岩性较为稳定，横向变化不大。受构造影响，层位出露不十分连续，厚度大于 763.7m。以其大量的中碎屑岩组合、褐灰色调和含工业煤层或煤线为主要特征，易于同以粗碎屑组合、灰绿色调为特征的莎里塔什组区分，并以大量页岩的出现作为杨叶组开始的标志。

区内本组产丰富的植物化石，本次采获有 *Neocalamites* sp.，*Neocalamites hoerensis* (Schimper) Halle(图版Ⅰ,6,7)，*Coniopteris* sp.(图版Ⅰ,4)，*Sphenobaiera* sp.，*Phoenicopsis angustifolia* Heer，*Podozamites* sp.，*Phoenicopsis* sp.，另外局部还见有介壳类碎片。

3. 杨叶组(J_2y)

杨叶组与康苏组出露位置大致相同，呈面状出露于山坡地带，面积 337.6km²。主体岩性下部为灰黑色极薄层状泥质粉砂岩、泥质石英粉砂岩或粉砂质页岩、炭质页岩，炭质页岩往往相变为煤层或煤线，见菱铁矿；中部多为“泛绿”段，以页岩、细砂岩为主；上部以灰色、黄灰色细粒砂岩、钙质石英粉砂岩为主。砂岩中多见平行层理、波状层理，顶部砂岩还见有对称波痕。

区内杨叶组岩性稳定，变化不大。剖面上未见顶，厚 2 828.2m。剖面上虽未测到含煤层位，但在路线上，该组下部见有少量煤线，厚一般几厘米。另在砂岩中见双壳类碎片，炭质页岩中还产有植物及其大量碎片。

总体上杨叶组具向上变粗的粒序层，自下而上，炭质页岩由多变少，至上部不见，砂岩由少变多，粒度变粗，层理变厚，而粒度处于中间的粉砂岩，相应地以中部为多。组内多见平行层理、水平层理，且中下部见黄铁矿晶体。其色调也由灰黑向灰、褐灰色过渡的特征，表现出沉积环境上由湖泊沼泽相向湖泊相、由还原环境向弱氧化环境渐变的趋势。

本次采获有植物 *Equisetites* ? sp.；孢粉 *Gleicheniidites sennonious* Ross(赛诺里白孢)，*Stereisporites reginum* (Drozhastchich，1961) Drugg(勒勒坚实孢)，*Deltoidispora hallii* Minner(哈氏三角)，*Leiotriletes* sp.(光面三缝孢)，*Verrucosisporites varians* Volhomer(变异瘤面孢)，*Concavissimisporetes* cf. *dongshengensis* Zhang(东胜凹边孢)，*Lycopodiunsporetes* sp.(拟石松孢)，*Cycadosporites nitidus* (Balme) Pocock(整接拟苏铁粉)。

4. 塔尔尕组(J_2t)

区内本组与前者相比，出露范围及面积均明显减少，面积 86.4km²。区内本组沿走向岩相稳定，岩性变化不大。在同由路克及其以西、罕铁热克等地出露齐全，同由路克一带厚 869.9m。岩性组合为紫红、褐红色钙质长石石英粉砂岩、粉砂质页岩、灰绿色细粒石英砂岩、褐灰色钙质细粒岩屑石英砂岩和杂色质、粉砂质灰岩，底部见砾岩。砂岩中多见楔状层理，局部见泥裂(图 2-38)，总体向上变粗，色调由灰绿色转变为褐灰色、紫红色，为一套滨湖—浅湖相沉积，同时有弱氧化环境向较强氧化环境过渡的趋势。该组以独具的杂色色调为外貌特征，是区分上、下层位的良好标志。

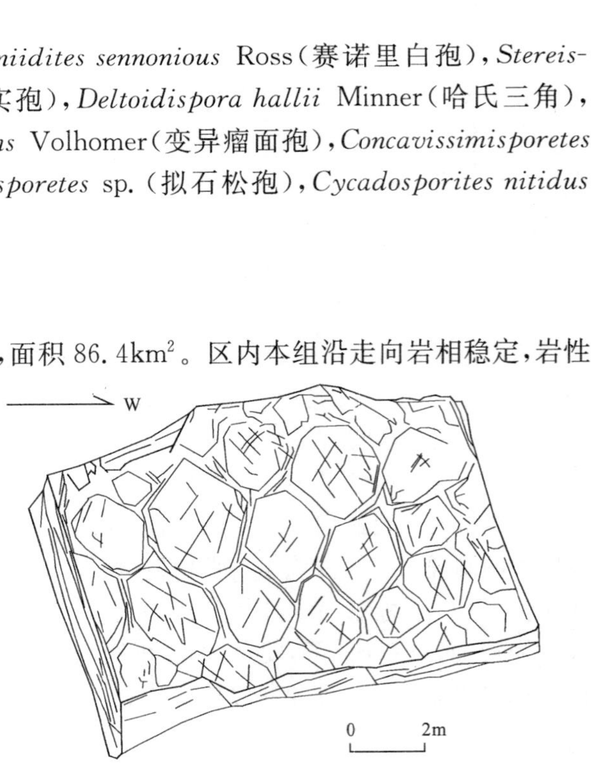

图 2-38　阿克陶县库山河塔尔尕组泥岩中泥裂构造素描图

5. 库孜贡苏组(J_3kz)

区内库孜贡苏组主要分布于库山河—同由路克等

地，靠近盆地的边缘地带，呈规模不大的条带状，多以单斜形式产出，面积57.3km²，与下伏塔尔尕组为平行不整合接触（图2-39），其上均被下白垩统克孜勒苏群平行不整合覆盖，局部为整合接触。

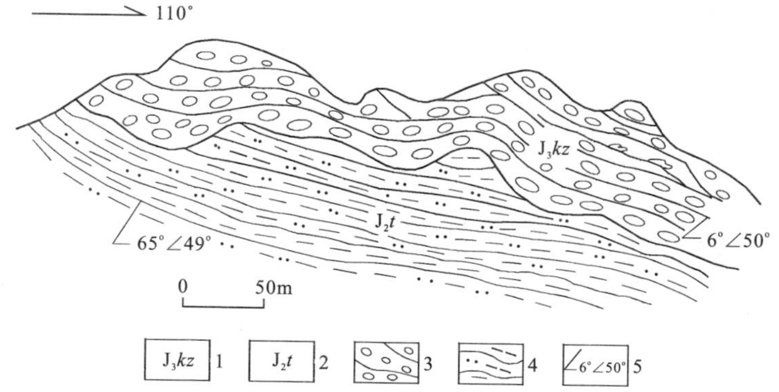

图2-39 阿克陶县同由路克库孜贡苏组与塔尔尕组平行不整合接触关系素描图

1.上侏罗统库孜贡苏组；2.中侏罗统塔尔尕组；3.砾岩；4.粉砂质泥岩；5.产状

本组主体为一套红色粗碎屑岩建造，厚831.7m。下部岩性组合为浅绿色中层状粗—中砾岩与中—薄层状粗—细粒长石岩屑砂岩不等厚互层。底部为灰绿色复成分粗—中砾岩，砾岩向上变细，具正粒序层，且向上砾石含量趋少，而相变为砂砾岩或砾质砂岩，见泥裂印模。其上砾岩则为浅灰绿色石英砂岩质中砾岩，砾岩层对下伏砂岩层多具底蚀、冲刷现象，砂岩中发育大型楔状层理。中部为浅绿色薄层状细粒岩屑砂岩，夹紫红色泥岩。上部为紫红色薄—厚层状细—中粒长石岩屑砂岩，靠下夹紫红色粉砂质页岩，页岩向上变少，由页岩夹砂岩—页岩与砂岩互层—砂岩夹页岩。靠上则夹多层浅紫红色中—厚层状中砾岩，或浅黄绿色含砾粗粒长石砂岩。砾岩同样具底蚀现象，砂岩中发育大型楔状层理、大型槽状层理。

区内本组岩性及厚度变化不大，仅因砾石成分差异而在色调上有所不同。底部多普遍见有角砾岩，砾石成分与下伏层位岩性特征相一致。垂向上多具向上由粗变细，再变粗，色调由绿色向上变为红色。砾石分选及磨圆较好。砾石局部定向排列，见不甚发育的平行层理和砾石层对下伏砂岩层的冲刷底蚀现象。从砾石形态和成分上看，明显为近距物源快速堆积的产物，总体上反映了干旱或半干旱条件下的冲积扇沉积，倾向上表现为以泥石流为主变为以河道为主。

三、区域地层对比及时代确定

（一）区域对比

区内侏罗系各组上述特征相对稳定，自卡拉达坂一带向西、向南已不见沉积，向西超覆于不同层位之上（图2-40）。

1.莎里塔什组

本组底部的褐红色砾岩极具对比特征，横向上延伸较为稳定。其上几乎全由灰绿色砾岩组成，厚度变化不大。塔塔一带厚229.4m；莎里塔什一带夹少许砂岩、泥岩和炭质泥岩，厚达1 314m；向东至克孜勒陶一带，还见夹绿灰色薄—中层含砂粉砂岩夹煤线，产植物碎片，厚仅29.6m 。总体以一套绿色粉碎屑为主，向南东变薄。

2.康苏组

在克孜勒陶一带，以灰黑色粉砂岩为主，夹绿灰色长石石英砂岩，产较多工业煤层，最厚可达17m，且向上变多，厚440.3m。向西至乌恰县康苏一带下部砾岩较多，主体呈灰绿色、灰色砂岩、砾状砂岩与泥岩互层，夹炭质泥岩，薄煤和工业煤层为该区首要产煤层系，厚1 500m；康苏及以西铁热河一带主体以灰、褐灰色长石石英砂岩为主，夹灰黑色炭质粉砂岩，含工业煤层及煤线，表现稳定，厚度大于3 167.5m。该组自西向东、向南具明显的变薄趋势，但所含煤层却逐渐增多变厚。

3.杨叶组

在区内克孜勒陶地区下部以灰黑色薄层泥质粉砂岩、炭质页岩为主，炭质页岩横向易相变为煤层或煤线，产工业煤层。中部多为“泛绿”段，以页岩、细砂岩为主。向上过渡为灰、黄灰色，以细砂岩、钙质石英粉

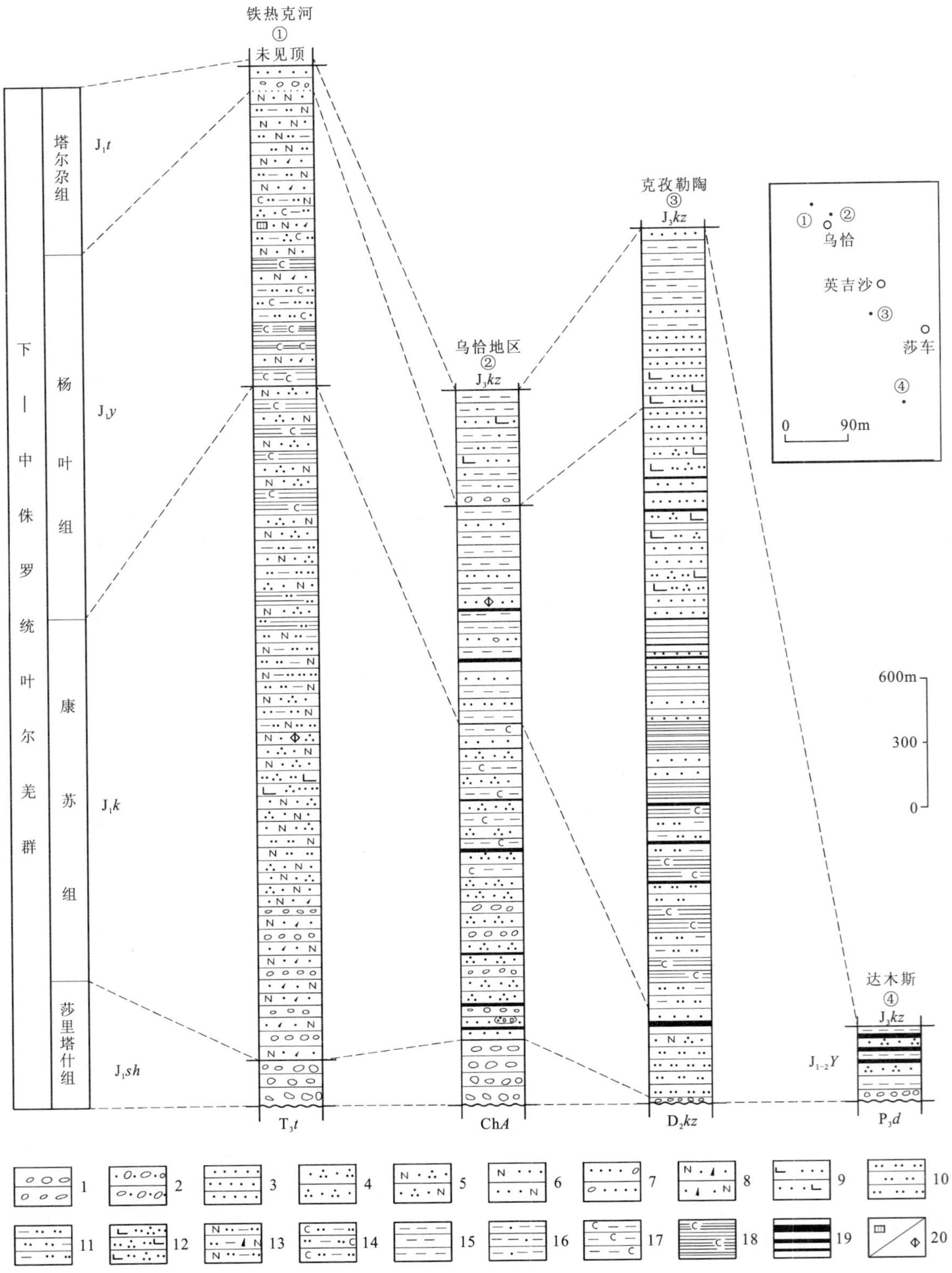

图 2-40　测区下—中侏罗统区域地层柱状对比图

J_3kz. 上侏罗统库孜贡苏组；$J_{1-2}Y$. 下—中侏罗统叶尔羌群；T_3t. 上三叠统塔里奇克组；P_3d. 上二叠统达里约尔组；D_2kz. 中泥盆统克孜勒陶组；ChA. 长城系阿克苏群；1. 砾岩；2. 砂砾岩；3. 砂岩；4. 石英砂岩；5. 长石石英砂岩；6. 长石砂岩；7. 含砾砂岩；8. 长石岩屑砂岩；9. 钙质砂岩；10. 粉砂岩；11. 泥质粉砂岩；12. 钙质石英粉砂岩；13. 泥质长石粉砂岩；14. 炭质泥质粉砂岩；15. 泥岩；16. 砂质泥岩；17. 炭质泥岩；18. 炭质页岩；19. 煤层(线)；20. 黄铁矿/菱铁矿

砂岩为主，厚达 2 828.2m；乌恰一带则以底部厚近百米的灰色片状泥岩为分组标志，向上过渡为灰绿、黄绿色中—细粒砂岩，至顶部夹少许砾岩透镜体，另夹劣质煤，亦无工业煤层，厚 160～1 030m；康苏及以西铁热克河一带，以底部大套灰黑色炭质页岩作为分组标志，向上粒度渐变加粗，含少量煤线，厚度大于

1 395.4m。总体表现为向东、向西变厚，而向东含煤层位却增多、增厚。

4. 塔尔尕组

在区内克孜勒陶地区为一套黄绿、绿、紫红、暗紫等杂色调的粉砂岩、细砂岩和泥岩等组合，极富特点，且向上粒度变粗，厚 835.5m；乌恰地区则以较鲜的绿色泥岩为主夹紫红色泥岩条带，底部为灰黄色砾岩，顶部则以红色泥岩为主，厚 533m；康苏以西出露极少，主要为红色粗—中碎屑岩，厚度不大。区域上本组具自南向北粒度变粗、厚度减小的特征。

5. 库孜贡苏组

区内岩性组合差异不大。克孜勒陶地区表现为下绿上红，岩性组合为砾岩，含砾粗砂岩、粗砂岩，夹细粒长石石英砂岩、含砾粗砂岩、粗砂岩、粉砂岩和泥岩等。由下而上具由粗—细—粗的沉积韵律，厚 658.7m；乌恰地区与上述岩性组合大致相同，具向上变细的正粒序层特征，与下伏塔尔尕组为整合接触，厚 423m；北部乌鲁克恰提地区主体以一套红色碎屑岩为主，夹少量灰绿色砾岩，厚 164.7m(图 2-41)。区域上表现为北粗南细、北薄南厚。

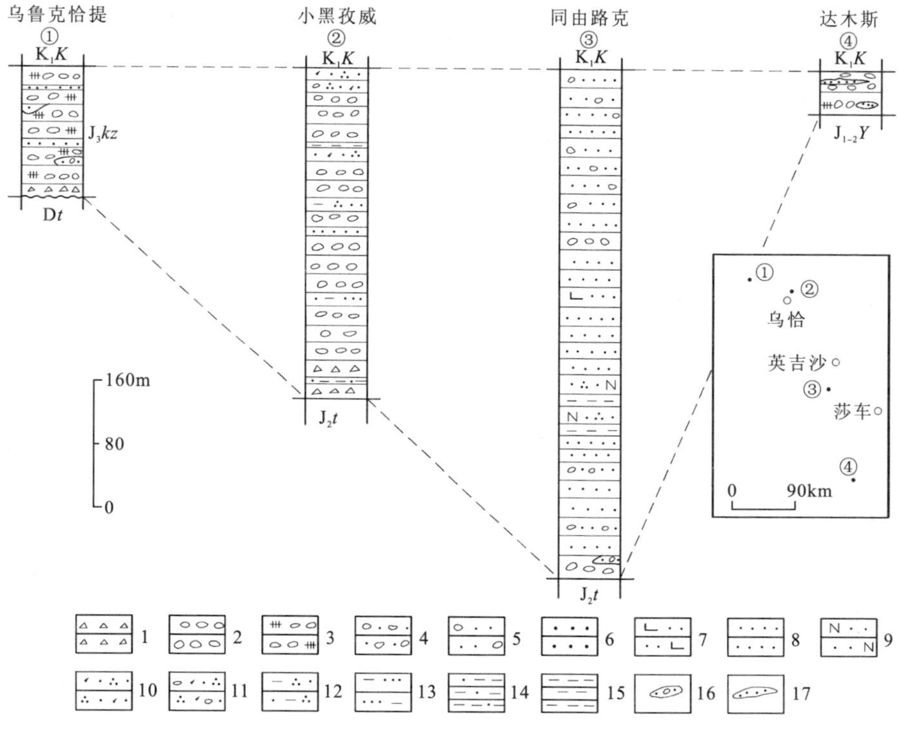

图 2-41 上侏罗统库孜贡苏组区域地层柱状对比图

K_1K. 下白垩统克孜勒苏群；J_3kz. 上侏罗统库孜贡苏组；J_2t. 中侏罗统塔尔尕组；$J_{1-2}Y$. 下—中侏罗统叶尔羌群；Dt. 泥盆系塔什多维组；1. 角砾岩；2. 砾岩；3. 复成分砾岩；4. 砂砾岩；5. 含砾粗砂岩；6. 粗砂岩；7. 钙质细砂岩；8. 细砂岩；9. 长石石英砂岩；10. 岩屑石英砂岩；11. 含砾岩屑石英砂岩；12. 石英杂砂岩；13. 杂砂岩；14. 砂质泥岩；15. 泥岩；16. 砂砾岩透镜体；17. 粗砂岩透镜体

(二)时代确定

1. 莎里塔什组

区内该组普遍以角度不整合覆盖于古生界地层之上，其上均被有化石依据的下侏罗统康苏组整合覆盖，且二者在岩相、岩性上差别较大，易区别，因而在层序上就限定了本组时代。再者，本组与莎里塔什地区命名剖面以及区域上所出露的该组层位在岩相建造、岩性及出露层序上极其相似，除厚度较薄外，其他基本一致，故将其置早侏罗世早期是合适的，层位相当于莎里塔什组，并沿用其名。

2. 康苏组

在区内及区域上均与下伏莎里塔什组和上覆中侏罗统杨叶组为整合接触，含丰富的植物化石，常见为 *Coniopteris hymenophylloides-Phoenicopsis speciosa* 组合类型，双壳类以 *Unio-Ferganoconcha-Mytilus* 为主。本次采获较多的 *Phoenicopsis angustifolia* Heer，*Podozamites* sp.，*Sphenobaliera* sp.，少量采有 *Equisetites* ? sp.。据新疆岩石地层(1999)论述，铁热克河一带本组中采获有 *Cladophlebis hoiburnensis* Brongn.，*Ctenis* sp.，*Coniopteris hymenophylloides* Brongn 等，并见有双壳类化石。这些属种均在上述剖面命名地的组合范围内，同时在出露层序及岩性等特征上与之相比较也非常相似。这些化石还见于阳霞组、八道湾组和三工河组中。国内下侏罗统甘肃大西沟组、吉林红旗组、陕北富县组及内蒙古南苏勒图组、五当沟组中均有分布。国外与之相近的有中亚地区的费尔干纳盆地和西伯利亚南部库兹涅茨盆地早侏罗世植物群，相同及相似分子较多。因此将本组时代归为早侏罗世是合适的，层位相当于康苏组。

3. 杨叶组

本次在杨叶组仅采获少量 *Equisetites*? sp.，孢粉较多，有 *Gleicheniidites sennonious* Ross，*Stereisporites reginum* (Drozhastchich，1961) Drugg，*Deltoidispora hallii* Minner，*Leiotriletes* sp.，*Verrucosisporites varians* Volhomer，*Concavissimisporetes* cf. *dongshengensis* Zhang，*Lycopodiunsporetes* sp.，*Cycadosporites nitidus* (Balme) Pocock 等。本组在命名地区化石组合为 *Coniopteris hymenophylloides-Phoenicopsis speciosa*。其中少有较老分子，如 *Neocalamites carrerei*，而大量出现较新分子，如 *Coniopteris burejensis*。双壳类组合为 *Pseudocardinia-Lamprotula* (*Eolamprotula*)-*Psilunio*。与库车地区库孜努尔组、陕甘宁盆地的延安组、山西的大同组均可对比(新疆岩石地层，1999)。考虑到区内该组整合于康苏组之上，而又被塔尔尕组整合覆盖，在岩相建造、岩性、色调和出露层序上极为相似，可直接对比，故其层位相当于杨叶组，时代为中侏罗世。

4. 塔尔尕组

区内该组未采到化石，其时代确定主要依据岩相、岩性、色调及出露层序作区域对比而划分。在乌恰塔尔尕含有介形类化石，并整合于下伏有化石依据的杨叶组之上，上又被一套红色磨拉石建造的上侏罗统库孜贡苏组整合覆盖，区内与之相比较，除粒度稍细之外，其他特征均可直接对比，因此将其时代定为中侏罗世，层位相当于塔尔尕组。

5. 库孜贡苏组

本组时代依据同样是岩相、岩性、色调和出露层序与区域对比而定的。区内本组不论是北部还是南部昆仑山前均较稳定，以一套红色碎屑岩为主，与乌恰县小黑孜威命名剖面特征相象，且在塔里木盆地西南缘一带也较稳定，均为一套红色碎屑岩系，可直接对比。

乌恰西乌鲁克恰特一带产介形类 *Lycoplerocypris* sp.，轮藻 *Aclistochara Laiae*，*A. call* 和 *A. nuangshuiensis* 等(郝诒纯，2001)。据此，将本组时代置晚侏罗世是合适的。

第十一节　白垩系

测区内白垩系地层大致可分为三个出露带，西带起自西图边，沿乌孜别里山口—克孜勒治业克沟一带，呈近东西向带状出露；中带沿乌依塔克—库山河一线，呈北西向带状展布，上述二者出露规模均不大；东带沿同由路克—可则达坂一线呈不规则带状分布，多受山前推覆断裂所控，区内出露总面积为 487km^2。西部白垩系与下伏中—上志留统温泉沟群为角度不整合接触，东部白垩系多以角度不整合超覆于泥盆系、二叠系等不同层位之上，上与古新统为连续沉积，分属西昆仑地层区和塔南地层分区。前者为上白垩统铁龙滩群，后者划分为下白垩统克孜勒苏群和上白垩统—古新统英吉莎群，群间为整合接触。

一、塔里木地层区

主要分布于东南部的同由路克—阿依巴什一带，呈不规则带状、面状展布，另在奥依塔克少量出露，面积 455km²。

前苏联第十三航测队在进行喀什西北—克孜勒苏河流域 1∶20 万地质测量及普查工作时，将该套地层划分为白垩纪，并将上白垩统自下而上分为土仑阶和赛诺曼阶—达宁阶；中国科学院南京地质古生物研究所顾知微(1962)称奥依塔克群，时代为早白垩世；新疆区域地层表编写组(1981)改分为上白垩统英吉莎群和下白垩统克孜勒苏群，并将克孜勒苏群分为下亚旋回和上亚旋回；新疆局第一区调队 1∶20 万克孜勒幅(1989)区调沿用①；新疆局二区调队 1∶5 万奥依塔克幅(1995)区调将下白垩统称克孜勒苏组，分为两个段②；本书据综合研究划分如表 2-5。

表 2-5 测区白垩系划分沿革表

<table>
<tr><th colspan="2">前苏联十三航测队(1953)</th><th colspan="3">西北石油局 101 分队(1980)</th><th colspan="3">中国地层典(2000)</th><th colspan="3">新疆区域地层表编写组(1981)</th><th colspan="2">新疆局二区调队(1995)</th><th colspan="2">郝诒纯等(2001)</th><th colspan="3">本书(2005)</th></tr>
<tr><td rowspan="4">上白垩统</td><td rowspan="2">赛诺曼阶—达宁阶</td><td rowspan="4">上白垩统</td><td rowspan="4">英吉莎群</td><td>吐依洛克组</td><td>古新统</td><td rowspan="4">英吉莎群</td><td>吐依洛克组</td><td rowspan="4">上白垩统</td><td rowspan="4">英吉莎群</td><td>吐依洛克组</td><td rowspan="4">英吉莎群</td><td>吐依洛克组</td><td>古新统</td><td>吐依洛克组</td><td>古新统</td><td rowspan="4">英吉莎群</td><td>吐依洛克组</td></tr>
<tr><td>依格孜牙组</td><td rowspan="2">上白垩统</td><td>依格孜牙组</td><td>依格孜牙组</td><td>依格孜牙组</td><td rowspan="3">上白垩统</td><td>依格孜牙组</td><td rowspan="3">上白垩统</td><td>依格孜牙组</td></tr>
<tr><td rowspan="2">土仑阶</td><td>乌依塔克组</td><td>乌依塔克组</td><td>乌依塔克组</td><td>乌依塔克组</td><td>乌依塔克组</td><td>乌依塔克组</td></tr>
<tr><td>库克拜组</td><td rowspan="2">中白垩统</td><td>库克拜组</td><td>库克拜组</td><td>库克拜组</td><td>库克拜组</td><td>库克拜组</td></tr>
<tr><td rowspan="2">下白垩统</td><td rowspan="2">K_1</td><td colspan="2">中白垩统</td><td>乌鲁克恰特组</td><td rowspan="2">下白垩统</td><td rowspan="2">K_{1-2}</td><td rowspan="2">下白垩统</td><td rowspan="2">克孜勒苏群</td><td>上部亚旋回</td><td rowspan="2">克孜勒苏组</td><td>第二段(K_1k^2)</td><td rowspan="2">下白垩统</td><td rowspan="2">克孜勒苏群</td><td rowspan="2">下白垩统</td><td rowspan="2">克孜勒苏群</td><td>乌鲁克恰特组</td></tr>
<tr><td>下白垩统</td><td>克孜勒苏群</td><td>K_1kz</td><td>下白垩统</td><td>下部亚旋回</td><td>第一段</td><td>江额结尔组</td></tr>
</table>

注：《中国地层典》侏罗系分册中将克孜勒苏群置晚侏罗—早白垩世，与白垩系分册划分不一，待考

(一)剖面介绍

阿克陶县同由路克南白垩系实测剖面

剖面位于阿克陶县克孜勒陶乡赛拉因沟中，起点坐标：X=4 262 976，Y=13 606 513，H=2 330。剖面长约 8 436m(图 2-42)。

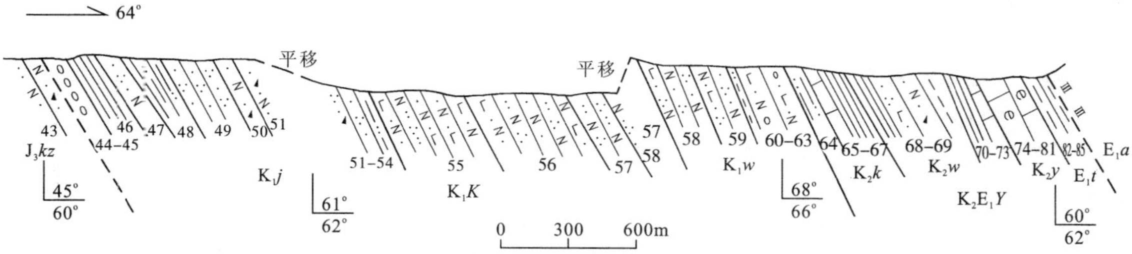

图 2-42 阿克陶县同由路克南白垩系实测剖面图

上覆地层：喀什群(EK)阿尔塔什组(E_1a)石膏岩

------------平行不整合------------

上白垩统—古新统英吉莎群(K_2E_1Y)： 522.10m

古新统吐依洛克组(E_1t)： 38.40m

① 新疆维吾尔自治区地质局第一区域地质调查大队．1∶20 万克孜勒幅(J-43-ⅩⅧ)区域地质调查报告．1989．

② 新疆维吾尔自治区地质局第二区域地质调查大队．1∶5 万奥依塔克等 2 幅区域地质调查报告及说明书．1995．

85. 棕红色膏泥岩与泥质白云岩互层，夹稀疏薄层石膏岩　11.20m
84. 紫色泥岩　8.60m
83. 棕红色膏泥岩　6.10m
82. 棕红色泥岩　12.50m

————整合————

依格孜牙组(K_2y)：　101.30m

81. 浅绿色中层状亮晶生物屑砾屑灰岩　5.80m
80. 褐色中层状粉晶鲕粒砾屑灰岩，具大型楔状交错层理　6.70m
79. 灰黄色中层状生物屑泥晶灰岩　7.50m
78. 灰白色厚层状粉晶生物灰岩夹少量肉红色中层状生物屑泥晶灰岩　20.80m
77. 肉红色中层状含生物屑泥晶灰岩与灰白色厚层状粉晶生物屑灰岩互层。二者中均产有 *Dreania radiatus* Yang　31.10m
76. 肉红色中层状含生物屑泥晶灰岩　11.20m
75. 灰白色厚层状含生物屑灰岩，含大量双壳类碎片　10.40m
74. 浅灰色中层状泥晶灰岩，底部约 1m 厚灰绿色含砂质泥晶白云岩　7.80m

————整合————

乌依塔克组(K_2w)：　254.90m

73. 黄褐色薄层状钙质细粒长石砂岩　34.60m
72. 浅灰色中层状含生物屑泥晶灰岩　4.30m
71. 紫红色页岩，发育少量绿色页岩条带　18.10m
70. 浅灰色中层状泥晶鲕粒灰岩　4.30m
69. 褐红色中层状细粒岩屑长石砂岩(2m±)与褐红色泥岩(1m±)互层　173.70m
68. 紫红色页岩，夹 4 层灰绿色中层状钙质细粒长石砂岩，普遍发育绿色页岩条带及少量薄层石膏　19.90m

————整合————

库克拜组(K_2k)：　127.50m

67. 灰黄色中层状粉晶白云岩，中部夹 1 层厚约 1m 的灰绿色页岩　8.00m
66. 灰绿色页岩与灰黄色页岩互层，偶夹少量灰红色页岩；其中部夹有 1 层厚约 1m 的灰黄色中层状介壳灰岩。灰岩中产 *Rhynchostreon suborbiculatum* (Lamarck)，*Rhynchostreon plicatulum* (Lamarck)　82.80m
65. 浅灰色中层状泥晶灰岩，中部夹 1 层厚约 1m 的灰黑色页岩。灰岩中产 *Dosiniopsis subrotunda* (Sowerby)，*Otostoma* cf. *divaricatum*(d'Orbigny)　4.80m
64. 紫红色粉砂质页岩夹少量绿色粉砂质页岩条带，并夹 1 层厚约 1m 的绿色薄层状含孔雀石钙质细粒长石砂岩　31.90m

————整合————

下白垩统克孜勒苏群(K_1K)：　1 297.70m

乌鲁克恰特组(K_1w)：　292.10m

63. 灰白色中层状钙质细粒长石石英砂岩，具中型楔状交错层理　0.90m
62. 棕红色极薄层状长石石英粉砂岩　13.70m
61. 浅褐色厚层状含泥砾钙质细粒长石砂岩，夹暗褐色砂质细砾岩。具大型楔状交错层理　84.90m
60. 棕红色粉砂质泥岩　13.50m
59. 黄绿色厚层状钙质中粒长石石英砂岩　6.10m
58. 土褐色厚层钙质细粒长石石英砂岩，夹黄绿色厚层状钙质细粒长石石英砂岩　173.00m

————整合————

江额结尔组(K_1j)：　1 005.60m

57. 褐色极薄层状铁泥质长石石英粉砂岩　78.80m
56. 褐红色厚层状钙质细粒长石砂岩与褐红色极薄层状铁泥质长石石英粉砂岩互层，前者厚 1～3m，向上变薄，后者 3～4m，向上略增厚　440.60m
55. 褐红色厚层状钙质细粒长石砂岩与极薄层状铁泥质长石石英砂岩不等厚互层。间夹浅绿色中层状钙质细粒长石砂岩和紫红色中层状钙质细粒长石岩屑砂岩　39.50m

54. 紫红色粉砂质页岩与浅绿色中层状钙质中细粒长石砂岩不等厚互层，向上前者增多，后者减少　62.70m

53. 紫红色厚层状细粒长石岩屑砂岩，中部夹厚约1m的褐红色极薄层状铁泥质长石石英粉砂岩，具小型不对称波痕　9.90m

52. 紫红色粉砂质页岩，中部夹1层厚约30cm的细粒岩屑长石砂岩　20.30m

51. 紫红色中层状细粒岩屑长石砂岩与紫红色粉砂质页岩互层　20.30m

50. 紫红色巨厚层状中粒岩屑长石砂岩，见暗红色铁质细粒岩屑长石砂岩透镜体　34.60m

49. 褐红色中—厚层细粒长石石英砂岩夹3层厚约1m的紫红色中层钙质中粒岩屑长石砂岩。前者具大型槽状层理，后者具大型楔状层理。前者产植物化石　90.40m

48. 紫红色粉砂质页岩　73.10m

47. 褐红色中—厚层状细粒长石石英砂岩夹紫红色粉砂质页岩，见大型楔状层理　97.30m

46. 紫红色粉砂质页岩　10.40m

45. 褐红色中层状含细砾中—细粒长石石英砂岩与褐红色块状长石石英砂岩互层，前者向上变薄，发育中型楔状层理　10.40m

44. 灰紫色巨厚层石英砂岩质粗砾岩，底面凹凸不平　17.30m

············平行不整合············

下伏地层：上侏罗统库孜贡苏组(J_3kz)细粒长石岩屑砂岩

(二)岩石地层划分及特征

1. 下白垩统克孜勒苏群(K_1K)

自下而上分为江额结尔组和乌鲁克恰特组。区内该群因出露少或受构造影响，部分地段以群表示。分布位置大致同前述，面积352km²。

(1)江额结尔组(K_1j)

该组分布于同由路克、库尔干塔格等地，与下伏库孜贡苏组为平行不整合接触关系，七美干一带则以角度不整合超覆于中二叠统棋盘组之上(图2-43)。与上覆乌鲁克恰特组为整合接触。主体岩性为褐红、灰红色厚—巨厚层状细粒长石石英砂岩，夹砾岩或含砾粗砂岩。底部为灰紫色巨厚层状石英砂岩质粗砾岩，底界面凹凸不平。向上逐渐过渡为含砾中—细粒长石石英砂岩、长石石英粉砂岩、粉砂质页岩。具向上粒度变细、层厚变薄的特征，厚1 005.5m。砂岩中发育楔状交错层理、板状斜层理、平行层理，为冲积扇远端—扇前洪泛平原沉积。

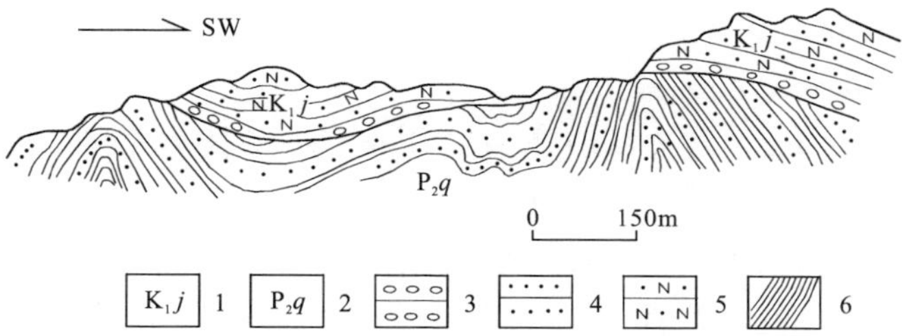

图2-43　阿克陶县七美干南江额结尔组与棋盘组角度不整合接触关系素描图

1. 下白垩统江额结尔组；2. 中二叠统棋盘组；3. 砾岩；4. 砂岩；5. 长石砂岩；6. 泥岩

(2)乌鲁克恰特组(K_1w)

该组与上覆英吉莎群为整合接触关系，以浅褐色、黄绿色上部灰白色厚—中层状中—细粒长石石英砂岩为主，与下伏江额结尔组红色岩系在色调上差异明显，易于区分，厚292m。

其下部为土褐色钙质细粒长石石英砂岩，夹黄绿色厚层状钙质细粒长石石英砂岩，向上为棕红色粉砂质泥岩。再向上为浅褐色厚层状含泥砾钙质细粒长石石英砂岩夹细砾岩、棕红色极薄层状长石石英粉砂岩，顶部有一层将近1m厚的灰白色钙质细粒长石石英砂岩。具两个向上变细的韵律，砂岩中发育楔状层理、平行层理。

2. 上白垩统—古新统英吉莎群(K_2E_1Y)

该群自下而上分为库克拜组、乌依塔克组、依格孜牙组和吐依洛克组，面积103km²。郝诒纯等(2001)在测区西部乌依塔克，该群顶部吐依洛克组中采获有孔虫化石，而将该组置于古新世早期，归喀什群。本次据此也将该组置古新世早期，基于对区内英吉莎群和喀什群出露的宽度及成图尺寸等因素的考虑，为便于区分，本次仍将吐依洛克组归并英吉莎群，在此一并叙述。本群与上、下层位间均为整合接触关系，群内各组间亦呈整合接触关系。

(1)库克拜组(K_2k)

本组以紫红色、灰绿色、灰色条带状泥岩出现为显著特征与下伏乌鲁克恰特组相区分，二者呈整合接触关系。该组岩性为页岩、介壳灰岩、粉砂质灰岩，在同由路克厚127.5m。底部为紫红色粉砂质页岩夹少量绿色粉砂质页岩条带，并见1层厚约1m的绿色含孔雀石钙质细粒长石砂岩，其上为浅灰色泥晶灰岩。上部以灰绿色、灰黄色页岩互层为主，夹少量灰红色页岩，见一层厚约1m的灰黄色中层状介壳灰岩，顶部见厚约8m的灰黄色粉晶白云岩。总体有两个页岩—灰岩的韵律，灰岩不太发育。页岩中发育平行层理，介壳灰岩中化石丰富。灰岩中产 *Dosiniopsis subrotunda*(Sowerby)(图版Ⅵ,2)，*Phynchostreon plicatulum*(Lamarck)(图版Ⅵ,1)，*Phynchostreon subrotunda* (Lamarck)，*Otostoma* cf. *divsricatum*(d'Orbigny)，沉积环境为潮坪环境。

(2)乌依塔克组(K_2w)

该组与下伏库克拜组、上覆依格孜牙组均呈整合接触关系。在同由路克一带，主体为褐红色中层状细粒岩屑长石砂岩与泥岩互层。底部为紫红色页岩，夹多层灰绿色中层状钙质细粒长石砂岩及少量薄层石膏；上部为紫红色页岩、浅灰色泥晶鲕粒灰岩、含生物屑泥晶灰岩，红色页岩中见少量灰绿色页岩条带；顶部为黄褐色薄层状钙质细粒长石砂岩，总厚254.9m。其沉积环境为潮坪—泻湖相沉积。

(3)依格孜牙组(K_2y)

为一套浅海相碳酸盐岩沉积。区内主体为灰色泥晶灰岩和肉红色、灰白色生物屑泥晶灰岩，底部为1层厚约1m的灰绿色含砂质泥晶白云岩，顶部见鲕粒砾屑灰岩，厚101.3m。该组以其岩性、色调的独特性，易于与上下层位识别。泥岩中发育水平层理，本组产丰富的双壳类 *Durania radiatus* Yang(图版Ⅵ,4)，*Gyrosterea turkestanensis*(Bobbova)，*Ostrea oxiana* Romanovskiy，*Lima* aff. *subrigida* Roemer，*Leptosolen bashibulakeensis* Lan et Wei，*Tracnycardium kokanicum* Romanovskiy；腹足类 *Trochactaeon* (*Neocylindrites*)*wuyitakeensis* Pan等。总体为潮间—潮下沉积环境，能量较高。

(4)吐依洛克组(E_1t)

该组与下伏依格孜牙组、上覆阿尔塔什组均为整合接触关系。岩性为棕红、紫红色厚层泥岩、膏泥岩。由下部棕红色泥岩开始，共有两个泥岩—膏泥岩的韵律层组成。顶部为膏泥岩与泥质白云岩互层，并夹有薄层石膏岩。向上膏泥岩变多，在同由路克一带总厚38.4m，为典型的泻湖相沉积环境。

(三)区域地层对比及时代确定

1. 区域地层对比

(1)克孜勒苏群

区内克孜勒苏群岩性较为稳定，与上下层位识别标志清晰(图2-44)。

①江额结尔组

区内岩性稳定，在同由路克一带下部为褐红色细粒长石石英砂岩与紫红色粉砂岩韵律层，上部为褐红色钙质细粒长石与铁泥质长石石英粉砂岩韵律层。下部沉积构造十分发育，常见大型楔状层理、槽状层理，另见有波痕等，厚1 005.6m。北西奥依塔克为紫红、棕红色中—细粒砂岩、石英砂岩，夹少量棕红色泥质粉砂岩，底部为厚数十米的紫色砾岩，向上粗度变细，厚666m；北至康苏一带下部以棕红色砾岩、砂砾岩为主，向上变细为棕红色中—细粒石英砂岩与砂质泥岩构成的韵律层，夹杂砂岩和薄层砾岩，厚793m；据本次联测图幅调查，乌鲁克恰提一带厚488m，主体为一套灰红、砖红、紫红色长石石英砂岩；斯本哈那一带以棕红、暗紫色岩屑长石砂岩为主，向上多见灰、棕红色砾岩、砂砾岩，厚304m；托库孜布克一带主要为灰褐色岩屑长石砂岩，上部为砾岩粗砂岩，向上粒度变粗，未见顶，厚171m；本组横向上北西粒度稍粗，向南东变细，厚度上则自西北向东南变厚，且变化较大。

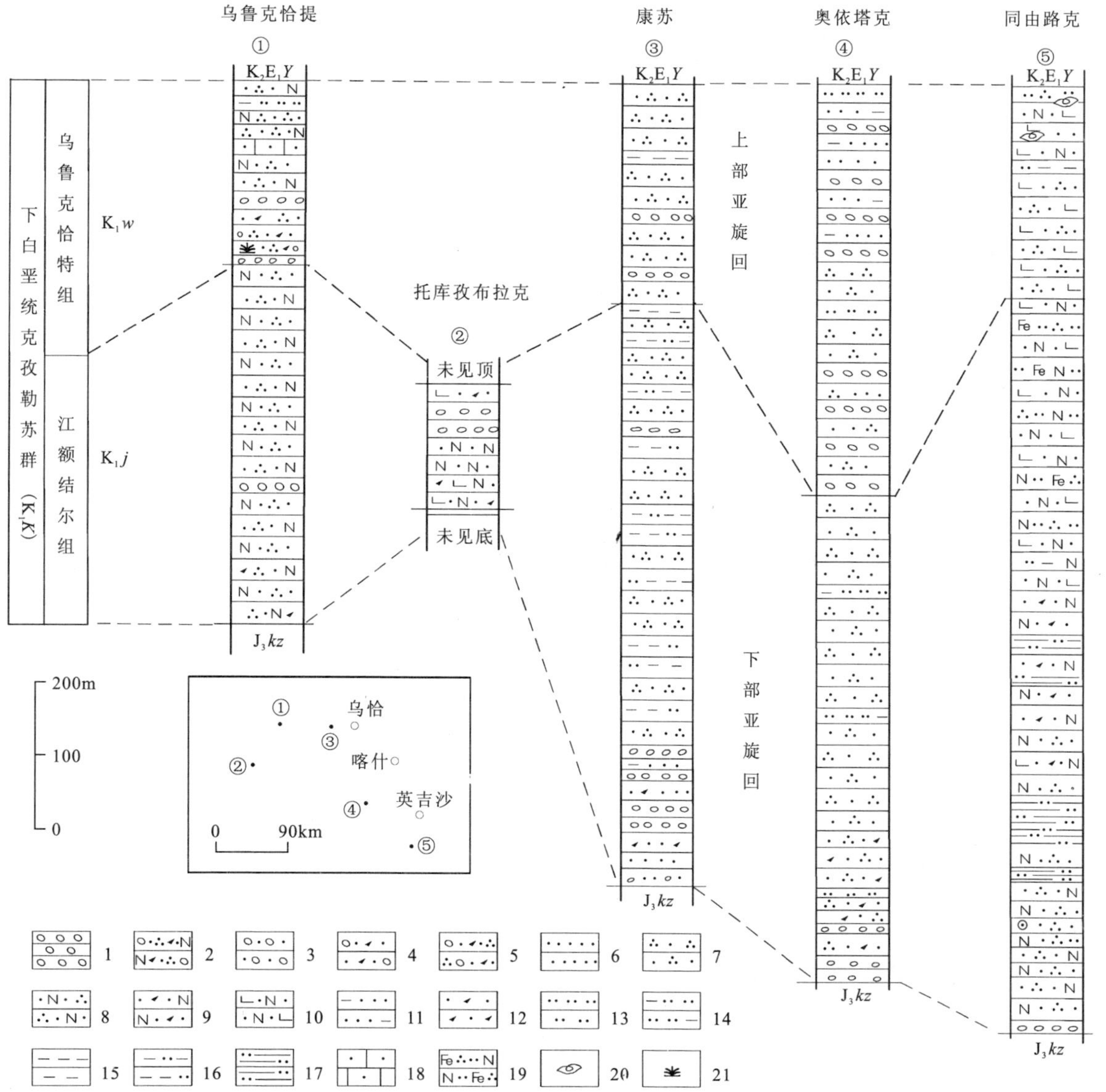

图 2-44 测区下白垩统区域地层柱状对比图

K_2E_1Y. 上白垩统—古新统英吉莎群；J_3kz. 上侏罗统库孜贡苏组；1. 砾岩；2. 含砾岩屑长石石英砂岩；3. 砂砾岩；4. 含砾岩屑砂岩；5. 含砾岩屑石英砂岩；6. 砂岩；7. 石英砂岩；8. 长石石英砂岩；9. 岩屑长石砂岩；10. 钙质长石砂岩；11. 杂砂岩；12. 岩屑砂岩；13. 粉砂岩；14. 泥质粉砂岩；15. 泥岩；16. 粉砂质泥岩；17. 粉砂质页岩；18. 砂质灰岩；19. 含铁质长石石英砂岩；20. 砾岩透镜体；21. 孔雀石

②乌鲁克恰特组

在区内同由路克一带岩性组合为土褐、浅褐色钙质细粒长石石英砂岩，夹棕红色粉砂质泥岩，向上色调变浅，厚 292.1m；奥依塔克一带则为棕红色、棕黄色细粒石英质细砂岩，向上过渡为粉砂质泥岩，夹少量砾岩，厚 559m；本次联测图幅的康苏一带则以灰白色浅棕色中—细粒石英砂岩为主，夹棕红或灰绿色粉砂岩、粉砂质泥岩，厚 793m；乌鲁克恰提一带下部为灰白、灰黄色含砾中细粒长石石英砂岩，见有含孔雀石层位，走向上稳定，局部还见有沉积方铅矿夹层，底部为石英质砾岩，向上过渡为灰白、浅红色细粒长石石英砂岩，厚 247.6m，其西吉根一带厚 162.7m。整体上，本组无论区内还是区域上，其色调均浅于江额结尔组，具下粗上细的粒序特点。康苏一带厚度最大，向西及南东渐薄。

(2)英吉莎群

区域上英吉莎群为一套滨浅海—泻湖相沉积，横向上分布较为稳定，纵向上变化明显，层序清晰，发育完整，化石较丰富(图 2-45)。

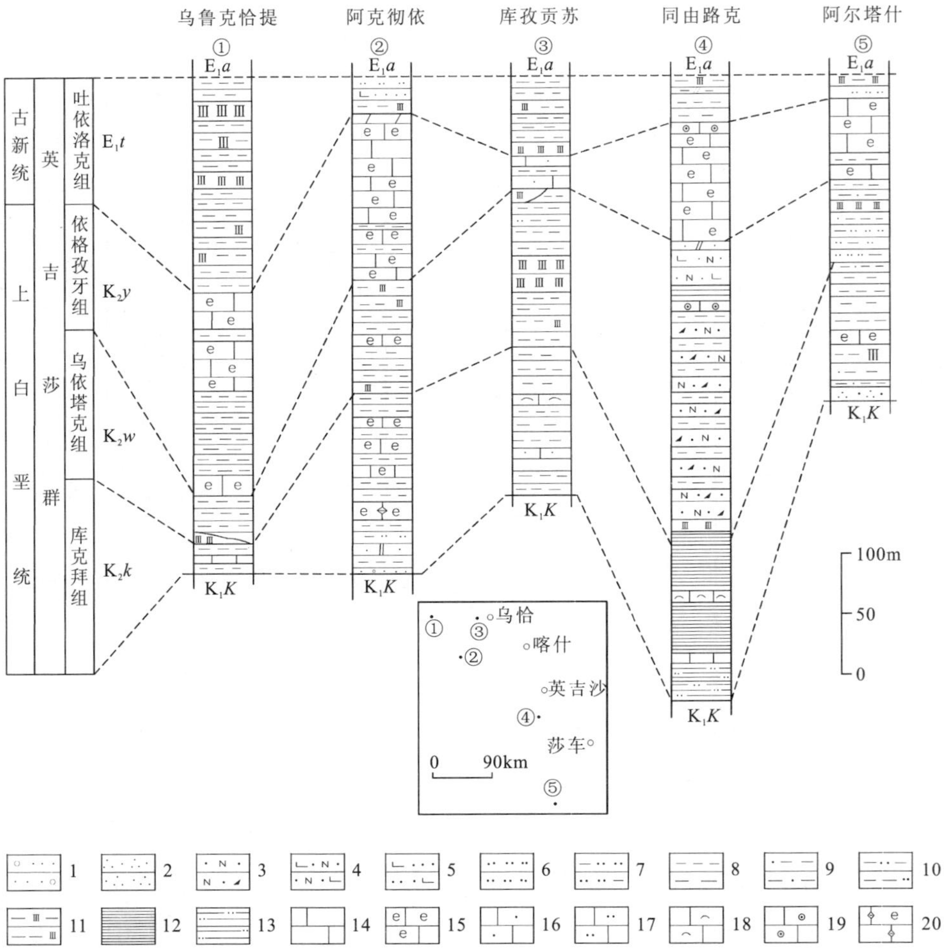

图 2-45　测区英吉莎群区域地层柱状对比图

E_1a. 古新统阿尔塔什组；K_1K. 下白垩统克孜勒苏群；1. 含砾砂岩；2. 石英砂岩；3. 岩屑长石砂岩；4. 钙质长石砂岩；5. 钙质砂岩；6. 粉砂岩；7. 泥质粉砂岩；8. 泥岩；9. 砂质泥岩；10. 粉砂质泥岩；11. 膏泥岩；12. 页岩；13. 粉砂质页岩；14. 灰岩；15. 生物碎屑灰岩；16. 砂质灰岩；17. 粉砂质灰岩；18. 介壳灰岩；19. 鲕粒灰岩；20. 生物屑泥晶灰岩

①库克拜组

广泛分布于昆仑山前和天山前缘地区，岩性和岩相较稳定，主要为灰绿、暗红、褐红色泥岩，夹灰、灰黄色灰岩、生物灰岩。在同由路克以灰绿、灰黄色页岩为主，夹少量介壳层，厚 255m；在乌鲁克恰提一带厚 26～76m，以泥岩为主夹灰岩；在阿克彻依灰岩与泥岩大致均等，厚 152m，中部有孔虫较丰富，主要为肢结壳类型，可构成 *Migros-Ammobaculites* 和 *Talimuella-Ammobaculites* 上下两个组合带，上部主要为钙质微孔壳底栖类型，可构成 *Discorbi-Hedbergella* 组合带。另有介壳层，以双壳类牡蛎为主，有 *Liestrea oxiana*，*Exogyna columba*，*Ostrea delletrei*，*Gryphaea costei*，*Gyroostrea turkestanensis* 等。剖面命名地库克拜组以泥岩为主，夹多层黄灰色或红灰色介壳层，双壳类化石丰富，厚 134m；莎车县阿尔塔什组以灰绿、灰黄、棕褐色泥岩、砂质泥岩为主，夹少量生物灰岩，底部为灰白色石英细砂岩，厚 117m。本组西起斯木哈那，南东至玉力群一带，延伸约 450km，在杜瓦附近尖灭。

②乌依塔克组

分布范围略小，天山前缘地带和昆仑山前地层差异较大。在同由路克以褐红色细粒岩屑长石砂岩为主，夹紫红色页岩及少量灰色鲕粒灰岩、生物屑泥晶灰岩，顶部发育约 1m 厚的含砂白云岩，整体较其他分布区粒度要粗，厚达 255m。在乌鲁克恰提—斯木哈那以杂色泥岩、粉砂岩、膏泥岩为主，夹少量生物屑灰岩，局部夹薄层石膏岩，厚 38～228m 不等。阿克彻依地区下部以灰绿色泥岩、膏泥岩为主，夹薄层石膏；上部则以棕红、紫红色泥岩、砂质泥岩为主，夹砂质膏泥岩；中部海相化石丰富，计有牡蛎、介形虫、海百合茎、海胆、腕足类等，有孔虫可分为 *Migros-Ammobaculites*，*Pararotalia-Nonionella*，*Cibicidina-Quinquel-*

oculina 和 *Quinqueloclina* 四个组合带，厚 97m。在乌恰库孜贡苏主体为灰绿、棕红、紫红、褐红色泥岩，夹块状白色石膏岩及团块，具上红、下绿的特征，厚 133m；在莎车阿尔塔什为紫褐、棕褐色泥岩，含砂泥岩、石英细砂岩，夹少量白云岩和薄层石膏，底部见灰绿色泥岩，且含双壳类化石 *Nucula* sp.，厚 69m。本组在区内同由路克厚度大，而且粒度最粗，走向上向两侧变薄、变细。

③依格孜牙组

是英吉莎群四个组当中在区域上岩性、岩相最为稳定的一个层位。岩性几乎均为一套生物屑灰岩和泥岩组合。在英吉沙同由路克则不见泥岩夹层，为紫红、灰白、灰黄、浅绿、紫灰色等杂色灰岩，构成色彩斑斓的外观，顶部还见一层鲕粒灰岩，产双壳类 *Pecten* sp.，*Durania* sp.，*Sauvagesia* sp. 等，厚 101m；在乌恰库孜贡苏所夹泥岩变为红色，且有少量石膏出现，厚度也仅有 27m；在乌鲁克恰提一带灰绿色泥岩较多，厚 173m，向西至吉根一带仅厚 29m；阿克彻依泥岩层变少，厚 140m，产丰富的生物化石，有牡蛎、固着蛤、海扇、腹足类、腕足类、有孔虫、介形虫和孢粉等，其中有孔虫可构成 *Quinqueloculina-Nodosaria-Textularia* 和 *Psudotriloculina-Ammodiscus-Protelphidium* 两个组合带；在莎车阿尔塔什为灰白、棕红色生物屑灰岩夹少量棕红色粉砂质泥，厚 67m。下部产双壳类 *Nucula* sp.，*Lapeirrousellaria* sp. 等，上部产有孔虫 *Quinqueloculin* sp.，*Triloculina* sp.，*Ammobaculites* sp. 等，双壳类 *Lopha* sp.，*Biradiolite sboldjuanensis*，*Neitheopsis quadincostata* 等，介形虫 *Paijenborchella* 等。本组自北西向南东，厚度由薄—厚—薄—厚，呈波状跌宕起伏，所含泥岩层则相对变少，由绿变红。

④吐依洛克组

该组是英吉莎群在区域上岩性、岩相较为稳定的又一个地层单元。在北部乌鲁克恰提为一套较为单纯的紫红色泥岩夹石膏岩、膏泥岩，厚 179m；在阿克彻依灰岩相对稍多，厚 27m；在库孜贡苏基本同乌鲁克恰提岩石组合，厚 67m；本区同由路克顶部见白云岩，厚 38m，至莎车县阿尔塔什下部粒度稍粗，为紫褐、灰白色石英砂岩和泥质粉砂岩，上部以膏泥岩为主，厚 20m。该组自北向南厚度呈渐薄之势，而粒度略粗。

2. 时代确定

(1)克孜勒苏群

区域上平行不整合或整合于上侏罗统库孜贡苏组之上，上被有化石依据的上白垩统英吉莎群整合覆盖，其时代应限于白垩世。新疆局一区调(1989)曾在同由路克江额结尔组中采到介形类① *Darwinula tubiformis*，*Damonella circularis*，*Mongolianella* sp.，*Rhinocypris echinata*，*Clinocypris scolia*，*Cypriden* aff，*piednenti*，*C.* aff *foreilata*，也曾在同由路克相应层位中采获有 *Daruinla contracta*，*Clinoeypris seolia*，*Mongolianella rhamariniemsis* 和 *Lycoptelocypris circulata* 等，其时代为早白垩世。上部的乌鲁克恰特组区内未见化石报道，但与其毗邻且在岩相和出露层序上均十分相似的康苏地区，产轮藻 *Flabelladliara* sp.，孢粉 *Lygodiumsporites*，*Magnoliapollis*，*Conuencosisporites*，*Deltoidespora*，*Cicatricosisprites*，*Retitriletes*，*Piceapollenites*，*Tricolporopllenites*，故将其时代置早白垩世晚期。

(2)库克拜组

横向上较为稳定，本次采获有双壳类 *Rhynchostreon suborbiculatum*(Lamarck)，*Rhynchostreon plicatulum*(Lamarok)，*Dosiniopsis subrotunda* (Sowerby)，*Otostoma* cf. *divaricatum*(d'Orbigny)。郝诒纯等(2000)据化石组合将其置晚白垩世早期，时限为赛诺曼中晚期—土仑期。前面生物地层已经叙及，不再赘述。

(3)乌依塔克组

据郭宪璞(1995)、郝诒纯(2000)根据有孔虫和孢粉化石时代分析，将其定为赛诺曼期—土仑晚期，本次据区域对比和前人资料，将其置晚白垩世。

(4)依格孜牙组

区域上十分稳定，双壳类化石十分丰富，郝诒纯(2000)等根据有孔虫组合带，划归马斯特里郝特期。本次工作亦采获有大量双壳类 *Durania radiatus* Yang，*Cyrostrea turkestansis*(Bobkova)，*Ostrea oxiana*

① 新疆维吾尔自治区地矿局第一区域地质调查大队. 1∶20 万克孜勒幅(J-43-ⅩⅦ)区域地质调查报告. 1989.

Romanovskiy, *Ostrea* sp., *Lima* aff. *subrigida* Roemer, *Leptosolen bashibulakeensis* Lan et Wei, *Trachycardium kokanicum* Romanovskiy, *Linearia*? sp. 等。结合前人资料,将其时代置晚白垩世晚期。

(5)吐依洛克组

区域上亦较稳定,其上均为喀什群阿尔塔什组块状石膏岩整合覆盖。郝诒纯等(2000)在本组上部采到具时代意义有孔虫组合,其分子有 *Quinqueloculina ranikolensis* 和 *Q. psendovata*,以及 *Q. naheolensis*, *Textularia protenta* 等,其时代定为古新世丹尼期。另外郭宪璞(1990)曾在邻区库孜贡苏该层位中发现了以 *Cibicides-Cibicidoides* 为代表的有孔虫组合,时代为早古新世。

综上所述,克孜勒苏群属早白垩世,群中上下两组分别归早白垩世早期和早白垩世晚期,相当于贝利阿斯—赛诺曼早期;英吉莎群归晚白垩—古新世,相当于赛诺曼中期—丹尼期。

二、西昆仑地层区

仅在艾提开尔丁萨依幅西南端的乌孜别里山口一带,出露上白垩统铁龙滩群。集中分布于琼巴额什沟北侧半坡及其南侧克孜勒治业克沟底部和北侧沟坡,均呈近东西向带状展布,总面积约 32km²。

1967 年新疆局区域地质测量大队二分队在进行 1∶100 万西昆仑地区木吉—塔什库尔干一带路线地质及矿产调查时,将区内该套地层称之为克孜勒接以克群,并分为第一组和第二组①,新疆区域地层表(1981)沿用其名,分为上亚群和下亚群;新疆岩石地层(1999)认为克孜勒接以克群与克孜勒苏群属同物异名,废除了克孜勒接以克群;本次工作根据岩性及其组合、大地构造位置,暂以铁龙滩群称之。

(一)剖面介绍

阿克陶县孔吉尔加套山南坡上白垩统铁龙滩群实测剖面

剖面位于阿克陶县木吉乡南西孔吉尔加套山南坡,起点坐标:X=4 278 856,Y=13 405 458。剖面长约 1 900m(图 2-46)。

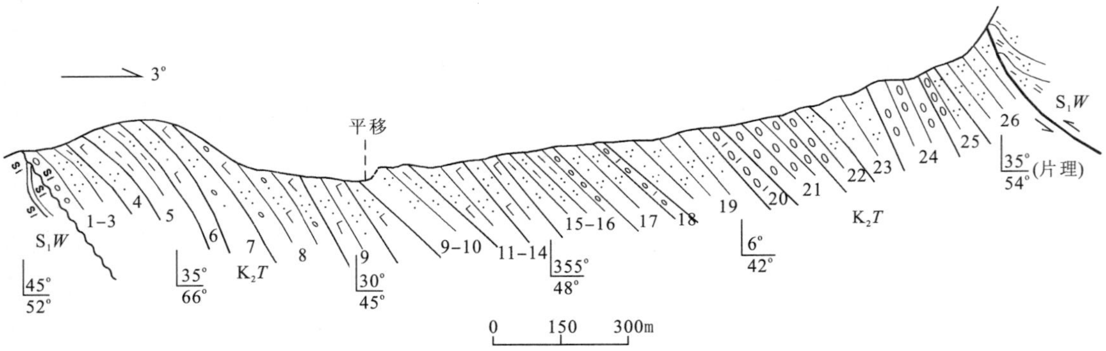

图 2-46 阿克陶县孔吉尔加套山南坡上白垩统铁龙滩群实测剖面图

上盘岩系:下志留统温泉沟群

══════断层══════

上白垩统铁龙滩群(K_2T):	**>1 242.20m**
26. 褐色薄层状细粒石英砂岩,具中型楔状交错层理	95.20m
25. 褐色中层状细粒石英砂岩夹灰红色中层状中—细砾岩	25.20m
24. 灰红色厚层状石英岩质-灰岩质粗—中砾岩与褐色厚层状复成分细砾岩互层	96.70m
23. 褐色薄层状细粒石英砂岩	112.80m
22. 灰红色中层状石英岩质-灰岩质中砾岩与褐色中层状中粒石英砂岩互层	46.30m
21. 灰红色厚层与中层状石英岩质—灰岩质粗—中砾岩互层,发育大型楔状层理	86.40m
20. 灰红色中层状灰岩质中砾岩与褐色中层状中粒石英砂岩互层,具平行层理	32.60m

① 新疆地质局区域地质测量大队二分队. 1∶100 万西昆仑地区木吉—塔什库尔干一带地质、矿产调查报告. 1967.

19. 褐色薄层状细粒石英砂岩　127.70m

18. 灰红色中层状灰岩质粗—中砾岩，具平行层理，砾石向上变细　9.40m

17. 褐色薄层状细粒石英砂岩　50.40m

16. 灰红色中层状灰岩质中砾岩与褐色薄层状含细砾中粒石英砂岩互层，砾石向上变细，呈叠瓦状排列，方向为271°，显示古流水方向　3.20m

15. 褐色极薄层状泥质粉砂岩　67.50m

14. 褐色薄层状钙质细粒石英砂岩，具平行层理　56.60m

13. 灰褐色中层状钙质中粒石英砂岩与褐色中层状钙质细粒石英砂岩互层　14.60m

12. 褐色薄层状含砾钙质细粒石英砂岩，见平行层理　2.40m

11. 灰褐色厚—中层状钙质中粒石英砂岩与褐色中层状钙质细粒石英砂岩互层，具大—中型槽状层理、平行层理，粒度向上变细　63.90m

10. 褐色极薄层状泥质粉砂岩　28.70m

9. 褐色中层状钙质细粒石英砂岩　74.60m

8. 褐色中层状钙质含细砾细粒石英砂岩，具平行层理　109.60m

7. 褐色中层状含砾中粒石英砂岩与钙质细粒石英砂岩互层，普遍发育平行层理　31.70m

6. 褐色中层状钙质细粒石英砂岩，发育平行层理和中型槽状层理　31.80m

5. 褐色粉砂质泥岩　23.80m

4. 褐色中—薄层状钙质细粒石英砂岩，向上变薄变细　57.20m

3. 绿色极薄层状泥质粉砂岩　19.60m

2. 褐色中层状细粒石英砂岩，发育中型楔状层理　41.30m

1. 灰黄色钙质硅质岩，系风化壳　0.70m

~~~~~~角度不整合~~~~~~

下伏地层：下志留统温泉沟群含砂质硅质岩

（二）岩石地层划分及其特征

从剖面上看，本群岩性组合明显具二分性。下部岩性及色调较杂，主要为褐色中层状钙质细粒石英砂岩，薄层状泥质粉砂岩，黄灰色、灰色灰岩、生物灰岩，绿、黄绿色泥质粉砂岩，红色砂岩等。底部为灰黄色硅质风化壳，暗红、灰红色细砾岩、含砾砂岩，具底砾岩性质；上部为灰红、褐、浅棕红色中层状灰岩质-石英岩质粗—中砾岩、砂砾岩、褐色薄—中层状中—细粒石英砂岩，夹细砾岩、角砾岩等。本组自下而上具由细—粗的粒序特征，砾岩中砾石以灰岩、石英岩为主，多呈次棱角状，呈叠瓦状排列，显示古流水方向为271°。底界面多为冲刷面，底蚀现象明显。石英砂岩自下而上，除粒度变化外，石英砂含量也由60%逐渐增至80%，磨圆由次圆—次棱角状渐变为圆—次圆状，其分选性、磨圆度向上均逐渐提高。

本群砂岩中发育平行层理、楔状层理及槽状交错层理。灰岩中产 *Pecten* sp.，*Trigonarca* sp.，*Viviparus* sp，*Myophorella* sp.，*Rectithyris* sp.，*Conus* sp.，*Melanella* sp.，*Cardium* sp，为滨岸—岸滩沉积环境，也可能存在陡岸边坡扇体堆积，砾岩中大量的灰岩质砾石表明其物源不远，具物源丰富快速堆积的沉积特点。区内向西北灰岩出现并增多，同时据上述古流向分析认为，海水南东浅，北西深，即海水来自西侧，古海岸线大致为北东—南西向。

（三）区域地层对比及时代确定

1. 区域对比

区域上铁龙滩群均未见顶，在剖面命名地厚1 252m（图2-47）。

铁龙滩群主要岩性组合，下部为浅灰、黄白、褐黄色生物碎屑灰岩、灰岩、砖红色泥岩夹砂岩以及少量泥质粉砂岩；上部为砖红色、灰白色砂岩与泥岩互层，顶部为黄白色、粉红色含生物碎屑灰岩。灰岩中产丰富的双壳类：*Amphidonte* sp.，*Hippurites* sp.，*Sanvagesia*，*Neritodonta*，*Bournonia* cf. *fourtaui*，*Ceratostreon* sp.，*Plagiostoma* sp.，*Anatinya* sp.，*Cucullaea*（*Idonearca*）sp.，*Radiolites* sp.，*Pleurotomaria* 等。据新疆区域地质志（1993）、新疆岩石地层（1999），该群在阿克沙依湖西南一带，主体为灰白、灰色、黄
~~~~~~

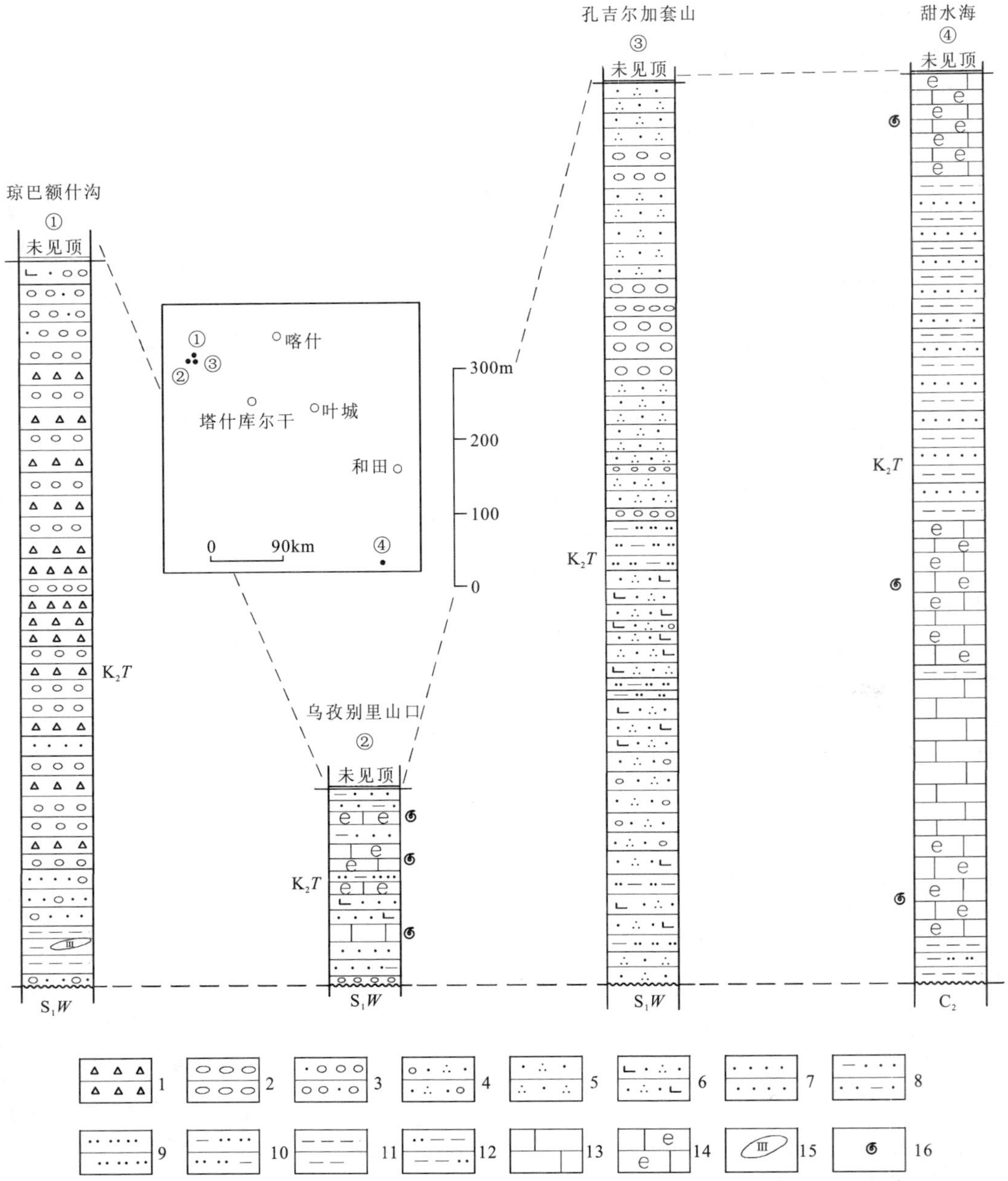

图 2-47　上白垩统铁龙滩群区域地层柱状对比图

K_2T. 上白垩统铁龙滩群；C_2. 上石炭统；S_1W. 下志留统温泉沟群；1. 角砾岩；2. 砾岩；3. 砂砾岩；4. 含砾石英砂岩；5. 石英砂岩；6. 钙质石英砂岩英钟；7. 砂岩；8. 杂砂岩；9. 粉砂岩；10. 泥质粉砂岩；11. 泥岩；12. 粉砂质泥岩；13. 灰岩；14. 生物屑灰岩；15. 石膏透镜体；16. 动物化石

色中厚层—薄层状生物灰岩、灰岩、泥灰岩，底部为厚约 4m 的紫红色砂岩、砾岩，上部夹少量薄层状钙质粗砂岩和粉砂岩，厚度大于 1 967m。下部灰岩中产双壳类 *Lima* sp.，*Megaladon* sp.，*Durania* sp.，*Bournonia* cf. *fourtaui*，*Neithea*（*N.*）sp.，*N.* cf. *quadricostata*，*Aritea quadrata*，*Chlamys*（*Pethopecten*）sp.，*Cucullaea*（*Idonearea*）sp.，*Radiolites* sp.，*Pleurotomaria* sp. 等；珊瑚 *Peplosmilia* sp.；腹足类 Pseudernelanidae(?)等。在阿克赛钦湖东南，主要岩性为砖红色灰岩与粗砂岩、细砂岩互层，含菊石类 *Mortoniceras* sp.，*Thomasites* sp.，*Hemihoplites* sp，*Protbrissus canaliculatus* 和双壳类化石。

由此看来，区内铁龙滩群整体粒度明显较上述各分布地要粗，阿克沙依湖地区厚度最大。

2. 时代确定

区内铁龙滩群出露层位较为散乱，也不齐全，但海相生物化石丰富，尤其是双壳类及其组合，为其时代确定提供了有力佐证。据新疆地质志(1993)描述,其中的 *Thomasites* sp.,在非洲、西班牙、南北美洲的上白垩统最下部 Typoh 阶经常可见。*Hemihoplites* sp. 见于法国东南部的下白垩统巴列姆阶,*Brancoceras* sp. 见于西欧、非洲、南美的下白垩统顶部阿尔布阶,*Mortoniceras* sp. 见于喜马拉雅山下白垩统岗巴群中部。同时铁龙滩群的这些化石常与 *Ampullinopsis* sp.,*Protobrissus canaliculatus* 共生,因此该群时代应为早白垩世晚期至晚白垩世早期。头足类 *Placenticeras* sp. 和双壳类 *Durania* sp.,*Sauvagesia* sp. 等在区域上该群中广见,在塔里木地层区的英吉莎群中也出现较多。

区域上本群中发现的双壳类化石十分丰富,但并未见到早白垩世典型分子,其中部分可与塔里木盆地对比,常见于上白垩统—古新统英吉莎群,该套地层有可能与塔里木区的英吉莎群同时,只是在环境略有不同。因此,本次将铁龙滩群置晚白垩世是合适的。

第十二节 古近系

区内古近系地层见于塔南地层分区,局限于昆仑山前缘地带。主要有两个集中分布地,一是英吉沙县幅的西北部—奥依塔克南侧,盖孜河东西两侧和库山河下游沟口一带,多呈不规则面状、块状展布。二是测区东部的同由路克—七美干—考库亚一线,多呈北西向带状、条带状展布。区内出露层位为古—渐新统喀什群,自下而上分为阿尔塔什组、齐姆根组、卡拉塔尔组、乌拉根组和巴什布拉克组。前者基于成图尺寸、构造等因素,仅以群表示,未分到组。出露总面积为 315km^2。

C·C·维亚洛夫(1940)将该套地层称老第三系,此后,1952—1953 年前苏联地质保矿部第十三航测大队首次命名为塔什皮萨克岩系,自下而上分为古新统布哈尔组—阿克得亚尔层、古—始新统苏扎克组、始新统阿莱依组和吐尔可斯坦组及始—渐新统苏木扎克组—利什坦组①;新疆区域地层表编写组(1981)将包括测区在内的古近系地层命名为喀什群,自下而上分为古新统阿尔塔什组、古—始新统齐姆根组、始新统卡拉塔尔组和乌拉根组、始—渐新统巴什布拉克组;郝诒纯等(1982)将该套地层自下而上分为古新统阿尔塔什组和齐姆根组、始新统盖吉塔格组、卡拉塔尔组、乌拉根组和卓尤勒干苏组及渐新统巴什不拉克组;新疆局一区调队在进行 1∶20 万克孜勒幅区调时(1989)沿用新疆区域地层表编写组的划分方案②;新疆局第二区调队 1∶5 万奥依塔克幅区调将奥依塔克一带该套地层划归古新统,通称为喀什组③,并自下而上分为 5 个段。本次工作据测区该套地层的展布位置、出露层序及其岩石组合等特征,除古新统吐依洛克组归英吉莎群外,其他仍归喀什群。

一、剖面介绍

阿克陶县七美干古近系喀什群实测剖面

剖面位于阿克陶县克孜勒陶乡东七美干村,起点坐标:X=4 255 746,Y=13 620 836,H=2 027。剖面长约 6 000m(图 2-48)。

上覆地层:中新统克孜洛依组(N_1k)

~~~~~~平行不整合~~~~~~

巴什布拉克组(E_3b): **481.30m**

31. 底部为 2m 厚的紫红色钙质细粉砂岩,中部为紫红色钙质粉砂岩,顶部为紫红色钙质粉砂质泥岩与紫红色钙质细粉砂岩互层,由上述三者构成基本层序重复,共 7 个。细粉砂岩中发育小型爬升层理及楔状层理 159.60m
30. 羊肝色泥岩夹紫红色中薄层状钙质细粉砂岩,钙质细粉砂岩单层厚 5~20cm,泥岩单层厚 15m 98.50m
29. 紫红色钙质细粉砂岩和羊肝色泥岩不等互层,向上泥岩增多,至顶部变为泥岩夹粉砂岩 33.60m

① 前苏联地质保矿部第十三航空地质大队. 1∶20 万喀什西北—克孜勒苏河流域地质测量及普查工作报告. 1953.
② 新疆维吾尔自治区地矿局第一区域地质调查大队. 1∶20 万克孜勒幅(J-43-ⅩⅦ)区域地质调查报告. 1989.
③ 新疆维吾尔自治区地矿局第二区域地质调查大队. 1∶5 万奥依塔克等 2 幅区域地质调查报告及说明书. 1995.
~~~~~~

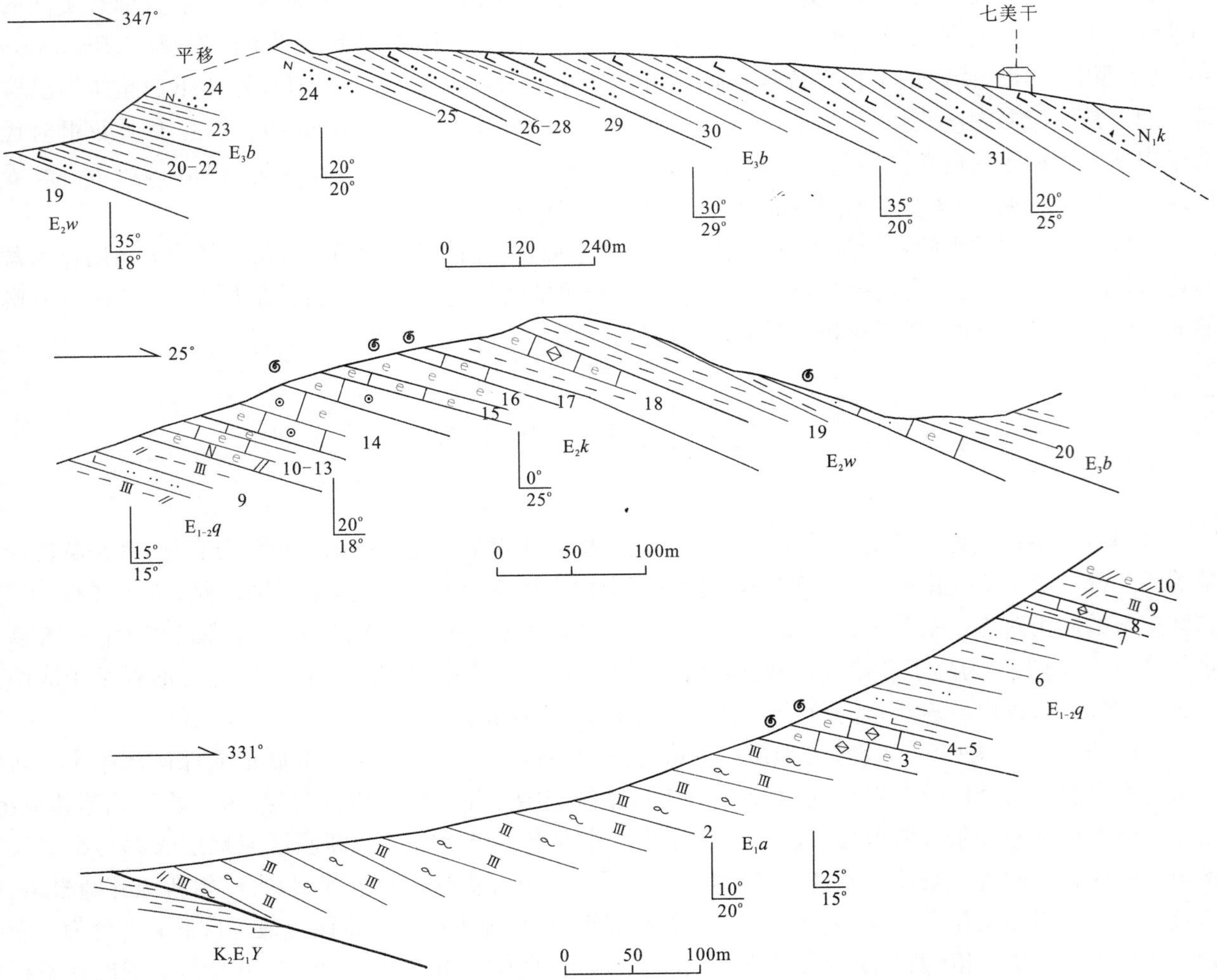

图 2-48　阿克陶县七美干古近系喀什群实测剖面图

28. 羊肝色泥岩与紫红色钙质细粉砂岩，二者之比约为 1∶1，顶部为 1.5m 厚的钙质泥岩　23.20m
27. 羊肝色泥岩夹紫红色薄层状细粒钙质长石石英砂岩，二者之比约为 5∶1　33.30m
26. 紫红色厚层状细粒钙质长石石英砂岩夹羊肝色泥岩　1.30m
25. 羊肝色泥岩夹紫红色中层状细粒长石石英砂岩，二者之比为 5∶1～10∶1。砂岩中见平行层理、楔状、槽状交错层理　22.60m
24. 羊肝色泥岩与紫红色中层状细粒长石石英砂岩互层，二者之比为 3∶1～1∶1。砂岩中见槽状交错层理、大型平行层理　8.20m
23. 羊肝色泥岩与紫红色中薄层状钙质粗粉砂岩互层，下部二者之比为 2∶1，上部为 3∶1，粗粉砂岩中见平行层理　32.90m
22. 羊肝色泥岩夹紫红色细粒石英砂岩、薄层石膏　8.20m
21. 羊肝色泥岩夹紫红色厚层状钙质粗粉砂岩，粗粉砂岩中见槽状交错层理　19.20m
20. 羊肝色泥岩夹灰绿色中薄层状粉砂质泥晶灰岩、钙质细砂岩　40.80m

————整合————

乌拉根组(E_2w)：　78.80m

19. 灰绿色块状层泥岩夹灰绿色钙质粉砂岩，夹 1 层厚 3.5m 的灰白色厚层状砂质生物屑泥晶灰岩。产双壳类 *Kokanostrea kokanensis* (Sokolov), *Pelecyora* (*Cordiopsis*) *incrascata* (Sowerby), *Ostrea* sp., *Flemingostrea yengisarica* (Wei), *Ostrea* (*Ostrea*) *ulugqatica* Lan et Wei　38.60m
18. 灰绿色泥岩与灰、灰绿色生物屑泥晶灰岩互层　40.20m

————整合————

卡拉塔尔组(E_2k)：　100.10m

17. 灰色厚层状砂质含生物屑灰岩，单层厚 1.5m　6.40m

16. 灰色厚层生物屑泥晶灰岩,向上生物屑含量有所增加。产双壳类 *Kokanostrea kokanensis* (Sokolov), *Sokolovia bushsii* (Grewingk)	25.40m
15. 灰色厚层生物屑泥晶灰岩,单层厚 1m±。产双壳类 *Sokolovia bushsii gamma* (Vyalov), *Sokolovia bushsii* (Grewingk), *Kokanostrea kokanensis* (Sokolov)	1.10m
14. 灰色中厚层状生物屑泥晶鲕粒灰岩。产双壳类化石 *Sokolovia*? sp.	50.20m
13. 灰色厚层状生物屑泥晶灰岩,单层厚 1.5m±	2.10m
12. 灰色中厚层生物屑泥晶鲕粒灰岩	9.60m
11. 灰绿色块状泥岩	2.90m
10. 灰色生物屑泥晶白云岩	2.40m
————整合————	
齐姆根组($E_{1-2}q$):	**151.50m**
9. 棕红色厚层状含膏白云石泥岩夹灰绿色薄层状含膏钙质粉砂岩,二者之比为 5∶1～7∶1	23.60m
8. 灰色中层状泥晶灰岩,单层厚 30～50cm	6.70m
7. 灰绿色细粉砂质泥岩与灰色中层状细晶灰岩互层,二者之比为 2∶1～3∶1	13.50m
6. 灰绿色块状细粉砂质泥岩	80.80m
5. 灰黑色厚层状钙质泥岩夹灰色生物屑泥晶灰岩	13.50m
4. 灰色中厚层状生物屑泥晶灰岩与灰黑色钙质泥岩互层,二者之比为 2∶1,一个互层厚 3～5m。产双壳类 *Pholadomya* (*Pholadomya*) *norini* Frebold, *Flemingostrea kasehgarica* Vyalov, *Kokanostrea kokanensis* (Sokolov)	13.50m
————整合————	
阿尔塔什组(E_1a):	**180.10m**
3. 深灰色厚层状含生物屑泥晶灰岩,单层厚 50～75cm。产双壳类 *Corbula*? sp., *Ostrea*? sp.	12.40m
2. 白色厚层—巨厚层状条带状石膏岩	140.60m
1. 白色厚层条带状石膏岩夹灰色白云石膏岩	27.10m
════断层════	
下盘岩系:上白垩统—古新统吐依洛克组紫红色钙质泥岩	

二、岩石地层划分及其特征

(一)岩石地层划分

区内古近系除古新统吐依洛克组归英吉莎群外,其他通称喀什群。据岩石组合特征,自下而上可分为 5 个组:古新统阿尔塔什组、古—始新统齐姆根组、始新统卡拉塔尔组和乌拉根组以及渐新统巴什布拉克组,与下伏英吉莎群呈整合接触,与上覆乌恰群呈平行不整合接触,群内各组间均为整合接触关系。

(二)岩石地层特征

1. 阿尔塔什组(E_1a)

该组从出露的层序上看,明显可分为上、下两部分。下部主体为白色块状硬石膏岩,局部夹少量灰岩,底部为条带状石膏岩夹灰色白云石石膏岩。上部为深灰色厚层状含生物屑泥晶灰岩,产双壳类 *Corbula* sp., *Ostrea* sp.。七美干剖面厚 180m,下部石膏岩厚达 168m,可建一个非正式单位。在考库亚下部石膏岩层厚达 484m,上部灰岩还产有双壳类 *Pelecyora* (*Pelecyora*) sp.。测区西北部的奥依塔克,受后期推覆构造影响,层位发生倒转,厚 196m,下部为大套紫灰色厚—块状砾岩夹黄褐色厚—块状细粒石英砂岩,向上为浅褐色粉砂岩与褐灰色泥质粉砂岩互层夹深褐色砂质泥岩,含少量薄条石膏。上部为灰绿色泥岩、砂质泥岩、黄灰色泥灰岩夹白色石膏岩。具下粗上细特征,构成由砾岩-砂岩-粉砂岩-泥岩-灰岩完整的旋回性层序,灰岩中产 *Brachidentes jerentenjewi* (Rodi), *Cardita* sp., *Potanides*? sp.。总体上区内本组厚度向西变薄,粒度变粗,石膏岩急剧减少。上述表明,本组为泻湖—浅海相碳酸盐台地—滨海相沉积环境,下部属吐依洛克组海退的延续,二者在层序上也是连续的,总体为一明显的海进序列。

2. 齐姆根组($E_{1-2}q$)

该组具下绿上红特征,厚51.2~151.5m。下部为灰绿、灰、灰黑色钙质泥岩、灰色中厚层状生物屑泥晶灰岩;中部灰绿色块状粉砂质泥岩,上部棕红、紫红色厚层状含白云质泥岩、灰色中层状灰岩,夹少量薄层石膏、网脉状石膏。区内奥依塔克一带以灰黄色厚—块状含砾砂岩、石英质细砾岩、棕红色泥岩为主夹粉砂岩,其粒度向上变粗,且整体粒度也较东部粗。泥岩中发育水平层理,代表台缘浅滩—滨海相沉积环境。

本组双壳类丰富,主要有 *Pholadomya*(*Pholadomya*)*norini* Frebold,*Flemingostrea kaschgarica* Vyalov,*Kokanostrea kokanensis*(Sokolov)(图版Ⅵ,5),*Brachidontes elegans*(Sowerby),*Cardita kschtutica* Kachanova,*Sigmesalia*,*Sokolovia buhsis alpha*(Vyalov)等。

3. 卡拉塔尔组(E_2k)

本组以壳厚、体大、量多的牡蛎化石组成的介壳灰岩为显著特征,引人注目,为区域上该套地层的明显标志。岩性组合为灰色生物屑泥晶灰岩、鲕粒灰岩、介壳灰岩,下部夹少量灰绿色泥岩。在七美干厚100.1m,主体为灰色厚层状生物泥晶灰岩、中厚层状生物屑泥晶鲕粒灰岩,底部为厚约2.5m的灰色生物泥晶白云岩,向上生物含量增多。在考库亚夹紫红色、褐紫色杂砂岩、钙质杂砂岩。在奥依塔克本组粒度变粗,主要为紫黑色砾岩、紫褐色厚层状砂岩、含砾细砂岩,未见顶。上述表明,该组横向上岩性及其组合、厚度变化较大,而在纵向上显现海进序列,为高能的开阔台地边缘地带介壳滩沉积环境。

组内采获大量双壳类 *Ostrea*(*Turkostrea*)*strictiplicata* Rsulin et Delbos,*Sokolovia buhsii*(Grewingk),*Ostrea*(*Turkostrea*)*baissuensis* Bohm 等。

4. 乌拉根组(E_2w)

本组下部为灰绿色泥岩与灰、灰绿色生物屑泥晶灰岩互层,上部以灰绿色块状泥岩为主,夹钙质粉砂岩、灰白色厚层状砂质生物屑泥晶灰岩。在七美干剖面厚78.8m,至西北部的奥依塔克一带,下部为深灰色钙质泥岩、钙质粉砂质泥岩,夹少量砂岩、粉砂岩和泥灰岩团块。双壳类化石丰富,主要有 *Kokanostrea koksnensis*(Sokolov),*Flemingostrea yeagisarica*(Wei)(图版Ⅴ,15),*Pelecyora*(*Cordiopsis*)*incrascata*(Sowerby)等。上部为灰绿色钙质粉砂岩、砂岩,至顶部色调渐变为紫红色。本组色调上总体构成灰绿色外貌,垂向上出现较多的细碎屑岩,而区别于下伏以灰色生物灰岩为主的卡拉塔尔组层位,也易与上覆以红色调为主的巴什布拉克组相区分。本组向上有粒度变粗之趋势,代表了开阔碳酸盐台地—滨岸沉积环境。

5. 巴什布拉克组(E_3b)

本组以紫红色调构成其外貌特征,与下伏乌拉根组整合接触,但与其绿色调形成极大反差,易于判别,上被中新统克孜洛依组平行不整合覆盖(图2-49)。该组以富含钙质的细碎屑岩沉积为特点,岩性组合为紫红色泥岩、钙质细粒长石石英砂岩、钙质粉砂岩、紫红色薄层砂质泥岩,夹少量薄层石膏或脉状石膏,在七美干剖面厚481.3m;在考库亚岩石色调发暗,多呈灰紫、酱紫色,厚度变大,达709m。砂岩中发育槽状交错层理、平行层理及楔状交错层理,局部还见小型爬升层理。区内本组岩性横向上相对稳定,变化不大,总体上为潮上砂泥坪,局部可能为泻湖相沉积环境。

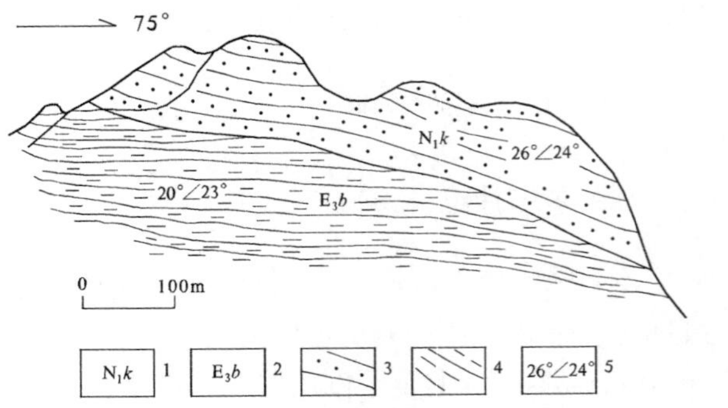

图2-49 阿克陶县七美干克孜洛依组与巴什布拉克组接触关系素描图

1. 中新统克孜洛依组;2. 渐新统巴什布拉克组;3. 砂岩;4. 泥岩;5. 产状

三、区域地层对比及时代确定

1. 阿尔塔什组

该组区域上分布较广，据新疆岩石地层(1999)描述，该组在麦盖提地区见于玛扎塔克、古董山、乌山、罗斯塔克、海米奇塔克等地，上界为断层，下未见底。岩性以白色晶粒状石膏层为主，夹不规则褐色、灰绿色泥岩、灰岩和薄层状白云岩，厚 11～105m；在莎车达木斯厚度最大，达 431m。测区呈带状分布于同由路克、奥依塔克等地，奥依塔克底部为砾岩，粒度较粗，向上过渡为砂岩、粉砂岩、泥岩、泥灰岩，构成向上变细的基本层序，仅夹少量石膏岩，厚 196m(图 2-50)。

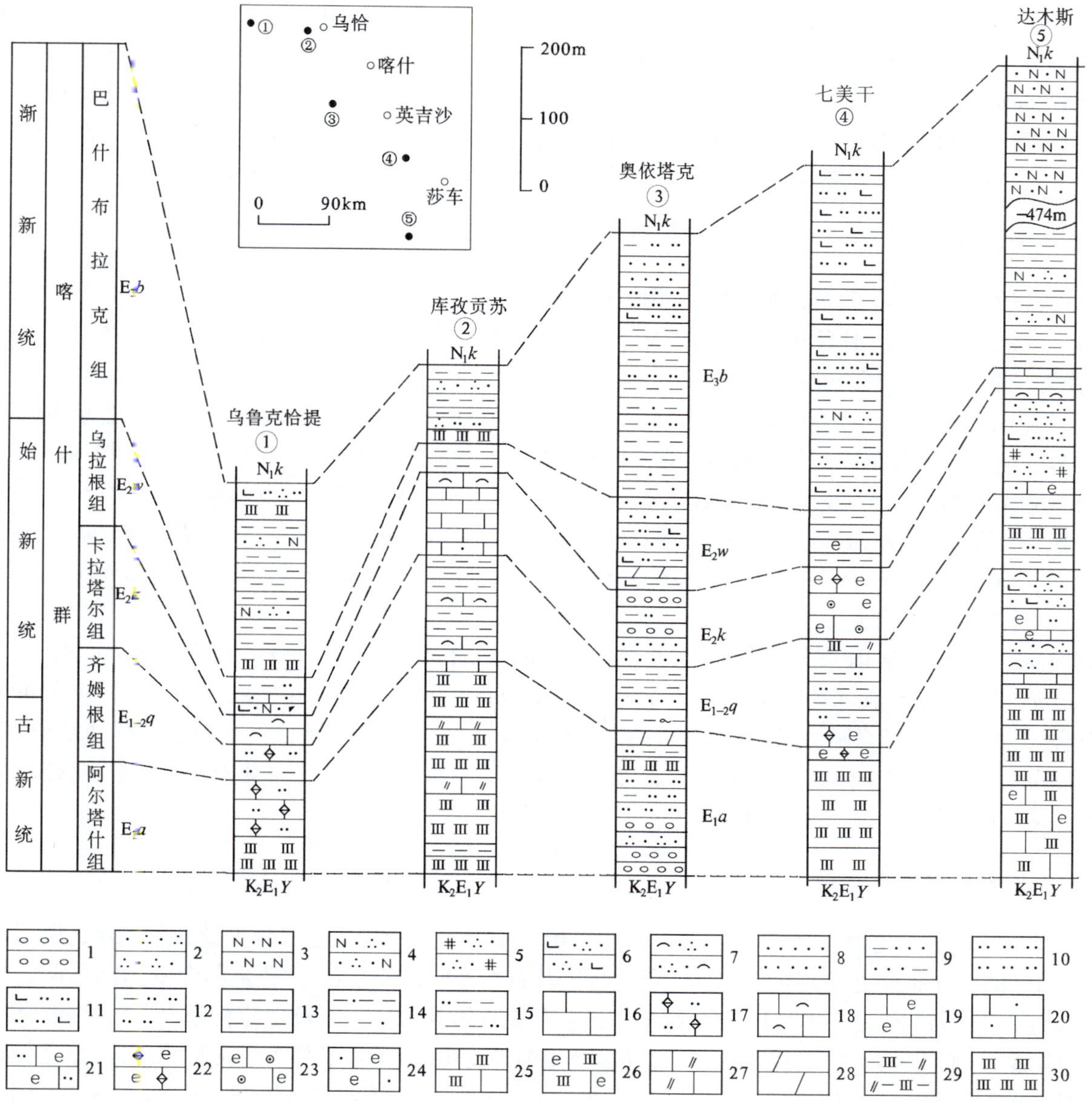

图 2-50 测区古近系区域地层柱状对比图

N_1k. 中新统克孜洛依组；K_2E_1Y. 上白垩统—古新统英吉莎群；1. 砾岩；2. 石英砂岩；3. 长石砂岩；4. 长石石英砂岩；5. 海绿石石英砂岩；6. 钙质石英砂岩；7. 介壳石英砂岩；8. 砂岩；9. 杂砂岩；10. 粉砂岩；11. 钙质粉砂岩；12. 泥质粉砂岩；13. 泥岩；14. 砂质泥岩；15. 粉砂质泥岩；16. 灰岩；17. 含粉砂泥晶灰岩；18. 介壳灰岩；19. 生物屑灰岩；20. 砂质灰岩；21. 粉砂生物屑灰岩；22. 生物屑泥晶灰岩；23. 生物屑鲕粒灰岩；24. 砂质生物屑灰岩；25. 含膏灰岩；26. 含膏生物屑灰岩；27. 白云质灰岩；28. 泥灰岩；29. 白云质膏泥岩；30. 石膏岩

在喀什、乌恰地区，呈带状分布于天山山前、昆仑山麓、克孜克阿尔特山、卡巴加特山。在库孜贡苏发育白云质灰岩，厚294m。本组顶部为厚数米至数十米灰岩，是全区最稳定层位之一。在乌拉根、塔什皮萨克石膏不发育，厚度最小；康苏一带在石膏层下出现绿色块状砂岩夹砾岩，厚40～50m。在克孜阿尔特山区，顶部灰岩变为灰黑色。西昆仑山麓沉积的边缘相，底部有近100m的红色砾岩，其上为白、灰色薄—厚层状石膏、膏泥岩、灰岩互层。

据郭宪璞(1995)，本组产丰富的海相化石，有双壳类、腹足类、介形类和有孔虫等。其中 *Brachidentes jerentenjewi*(Rodi)，*Cardita* sp.，*Potanides*(?)sp. 等，均为古新世才出现的新种，而且地方色彩较浓，属种单调。只有 *Brachidentes jerentenjewi* 可进行区域对比，在北部天山前的库孜贡苏、乌鲁克恰提、斯木哈那相当本组的层位中有分布，并在该处与 *Corbula*(*Cuneocorbula*)*asiatica* 共生，二者在西邻费尔干纳盆地和塔吉克盆地之布哈尔层和其下伏的石膏层中均有产出，因此，其层位均应相当。

郝诒纯等(2001)也曾在库孜贡苏、斯木哈那等地采获有孔虫 *Quinqueloculia* 以及小型双壳类和腹足类 *Corbula* (*Cuneocorbula*) *asiatica*，*C.* (*C*)*angulata*，*Brachydontes jeremejewi*，*B. elongans*，*Potamidea* sp.，*Modiolus* sp.，*Cardita* sp.，*Natica* sp. 等。据史基安《塔里木盆地西部层序地层与沉积、成岩演化》(2001)在阿尔塔什、喀拉吐孜等地产孢粉化石 *Parcisporites*-*Echitriporites* 及古新统常见孢粉化石 *Myrtaceidites*，*Echitriporites*，*Sapindaceidites* 等，综合本区资料，其时代确定为古新世。

2. 齐姆根组

该组岩性较为稳定，乌拉根隆起的局部地区缺失。测区本组厚度最大，在七美干厚151.5m。另七美干以东本组中上部层位，往往还见有石膏岩。在喀什、乌恰一带上部为棕红色泻湖膏泥岩，厚30～50m，下部为浅海相灰绿色泥岩夹薄层状介壳灰岩。含极丰富有孔虫、双壳类、介形虫化石，在乌恰西乌鲁克恰提最薄，厚仅51.3m。在克孜克阿尔特山东部，上段红层较下部绿色层厚。西部昆仑山麓为边缘相，岩性变红变粗，在昆仑山前莎车以西较为发育，区内奥依塔克一带就极具代表性。向东在叶城地区下部层位多变为杂色，克里阳厚约54m，莎车地区夏合也尔厚107m。本次组内采获有 *Pholadomya*(*Pholadomya*)*norini* Frebold，*Flemingostrea kaschgarica* Vyalov，*Kokanostrea kokanensis*(Sokolov)，*Brachidontes elegans* (Sowerby)，*Cardita kschtutica* Kachanova，*Sigmesalia* cf. *sulcata* (Lamarck)等，其中 *Flemingostrea kaschgarica* 等常见于本组上部层位。

郭宪璞(1995)在区内采到有孔虫，并将其分为四个组合：*Spiroplectammina*-*Textularia* 组合，*Lagenammina*-*Haplophragmoides* 组合，*Discorbis*-*Globigerina*-*Globorotalia* 组合和 *Nonionellina*-*Anomalisna* 组合，为古新统上部常见分子；郝诒纯(1987)在乌鲁克恰提、库孜贡苏地区齐姆根组上部地层中也发现有 *Nonionlaevis*，*Cibicides lobatulus*，*Anomalinoides petaliformis* 等有孔虫化石，时代为始新世。故本组时代确定为晚古新世—早始新世。

3. 卡拉塔尔组

该组在区域上变化较大，分布广泛。在乌鲁克恰提本组底部灰岩之上出现少量红色泥岩夹层，其东相距约15km的巴什布拉克及其东部出现红色膏泥岩及石膏夹层；再向东至库孜贡苏全变为红色泥岩、石膏和灰色钙质介壳灰岩互层，厚111.5m。延至本区西部奥依塔克地区为红色山麓相砾岩、砂岩夹红、绿色条带状砂质泥岩，向上粒度变粗，厚108m。地处昆仑山前的皮山县，本组下部为正常海相灰岩、介壳灰岩，上部为泻湖相石膏和红色膏泥岩，厚仅20余米。在莎车达木斯中下部出现海绿石石英砂岩，顶底为生物灰岩，厚146m。本次在斯木哈那—乌鲁克恰提一带采获大量双壳类化石，主要有 *Ostrea* (*Turkostrea*) *strictiplicata* Rsulin et Delbos，*Sokolovia orientalis* (Grewingk，Dsipova et Belskaya)，*Sokolovia buhsii* (Grewingk)，*Ostrea* (*Turkostrea*) *baissuensis* Bohm，*Ostrea* (*Turkostrea*) *cizancourti* Cox，*Venericardia simplex* (Edward)，*Sokolovia buhsii gamma* (Vyalov)，*Kokanostrea koksnensis* (Sokolov)。其中突厥牡蛎"*Ostrea* (*Turkostrea*)"是确定本组最重要的生物依据和标志，*Ostrea* (*Turkostrea*) *strictiplicata*-*Ostrea* (*Turkostrea*) *cizancourti* 组合为本组常见分子。本组所产 *Ostrea* (*Turkostrea*) *strictiplicata* Rsulin et Delbos 就是典型的代表分子。郝诒纯等(1982)在乌鲁克恰提也曾采到有孔虫 *Nonion laevis*，*Pararo*-

talia mimicusa, *Asterigerina bararotalia*, *Anomalina* sp., *Cibicides* sp., *Melonis* sp., *Quinqueloculina* sp. 等。故将其时代确定为中始新世是比较合适的。

4. 乌拉根组

该组在本区七美干以灰绿色泥岩为主，夹生物屑泥晶灰岩、钙质粉砂岩，灰岩中产双壳类。在天山山前为正常海相沉积的绿色泥岩，厚5～60m，局部出现红色泥岩和石膏夹层。西昆仑山麓地带为红色泥岩、砂岩互层，夹少量暗红色砾岩及绿色泥岩条带，条带中产海相软体动物化石，奥依塔克厚128m。在乌恰库孜贡苏地区，本组上部为灰黄色砂质鲕状灰岩、砂砾岩、鲕状灰岩；中下部为灰绿色泥岩夹浅灰色介壳灰岩，化石丰富，厚40m。据新疆岩石地层(1999)，向西至康苏岩性与上述一致，厚仅27m。向东延至莎车达木斯主体为灰绿色泥岩，仅夹少量生物灰岩，产丰富的双壳类化石，厚也只有27m。据本组所产化石 *Kokanostrea kokanensis* (Sokolov), *Pelecyora* (*Cordiopsis*) *incrascata* (Sowerby), *Ostrea* sp., *Flemingostrea yengisarica* (Wei)等，明显为始新世面貌。结合郝诒纯等(1982)在库孜贡苏和康苏一带采有有孔虫 *Nonion-Anomalinoides-Cibicides assemblage* 组合和前述事实，其时代确定为中晚始新世是正确的。

5. 巴什布拉克组

区域上巴什布拉克组呈带状分布于天山山前、克孜克阿尔特山区和昆仑山前地带。标准岩相在测区之北乌恰县的乌鲁克恰提及巴什布拉克一带，为以红色外貌为特征的暗红色泥岩、砂质泥岩与橘红色、灰红色块状砂岩、砾状砂岩互层，夹石膏及砂质介壳层的滨海泻湖相沉积，牡蛎化石丰富。本组在大部分地区仅残存下部层位，不少地区全部缺失，如塔什皮萨克、乌拉根等地。本组在库孜贡苏地区厚仅111m，莎车达木斯厚度达894m，且上部以红色细粒长石砂岩为主，粒度也较西部明显变粗。总体上，该组区域上自西向东，由泥岩、石膏岩逐渐过渡为粉砂岩、砂岩，石膏岩逐渐不见，但本组总厚度变大。

郝诒纯等(1982)在区内本组采获有孔虫，分为 *Cibicidoides-Spiroplectammina*, *Cibicidoides-Baggina* 和 *Cibicidoides-Cibicides* 三个组合带。时代为早—中渐新世。

结合本次工作组内采获有双壳类 *Fergania galeata*, *F. ferganensis*, *Cubitostrea tianshanensis*, *C. prona* 等在始新世晚期至中渐新世地层中常见分子，故本次将巴什布拉克组的沉积时代置渐新世，不跨始新世。

第十三节　新近系

测区新近系主要分布于测区东北部山前地带，区内层位出露齐全，在英吉沙东构成著名的英吉沙背斜，出露总面积为490km²。中新统乌恰群与下伏喀什群为平行不整合接触，上覆阿图什组呈整合接触关系，奥依塔克地区后期构造影响较大，未分到组。

1952—1953年前苏联第十三航测大队在喀什地区进行1∶20万区测工作时，称其下部为玛萨盖特阶橙黄色岩组，时代为渐—中新世，上部扎卡普组①归上新世；新疆局第一区调队1∶100万布伦口—恰尔隆地区区调②(1985)及1∶20万克孜勒幅区调③(1989)沿用，并将阿图什组分为上、下两个段。新疆地质志(1993)将乌恰群统归中新世。新疆局第二区调队在奥依塔克地区进行1∶5万地质调查时，将属于上新统阿图什组的一部分地层划归为下更新统西域组④。本次采用新疆地质志(1993)划分方案，沿用其组名(表2-6)。

① 前苏联地质保矿部第十三航空地质大队. 1∶20万喀什西北—克孜勒苏河流域地质测量及普查工作报告. 1953.
② 新疆维吾尔自治区地矿局第一区域地质调查大队. 1∶100万布伦口—恰尔隆地区区域地质调查报告. 1985.
③ 新疆维吾尔自治区地矿局第一区域地质调查大队. 1∶20万克孜勒幅(J-43-ⅩⅦ)区域地质调查报告. 1989.
④ 新疆维吾尔自治区地矿局第二区域地质调查大队. 1∶5万奥依塔克等2幅区域地质调查报告及说明书. 1995.

表 2-6　测区新近系划分沿革表

前苏联第十三航测队 1∶20 万区调报告(1952—1953)			新疆区域地层表编写组 (1981)			新疆地质志 (1993)			新疆岩石地层 (1999)			本文(2005)		
	扎卡普组(N_2)		上新统	阿图什组(N_2a)		上新统	阿图什组		上新统	阿图什组(N_2a)		上新统	阿图什组(N_2a)	
玛萨盖特阶	橙黄色岩组	上亚组 $(E_3—N_1)_c$	中新统	乌恰群($E_3N_1—wq$)	帕卡布拉克组(N_1p)	中新统	乌恰群	帕卡布拉克组	中新统	乌恰群(E_3N_1W)	帕卡布拉克组(N_1p)	中新统	乌恰群(N_1W)	帕卡布拉克组(N_1p)
		中亚组 $(E_3—N_1)_b$			安居安组(N_1a)			安居安组			安居安组(N_1a)			安居安组(N_1a)
		下亚组 $(E_3—N_1)_a$	渐新统		克孜洛依组$(E_3—N_1)k$			克孜洛依组	渐新统		克孜洛依组(E_3N_1k)			克孜洛依组(N_1k)

一、剖面介绍

1. 阿克陶县七美干中新统乌恰群—上新统阿图什组实测剖面

剖面位于阿克陶县克孜勒陶乡东，七美干村北，起点坐标：X＝4 257 962，Y＝13 625 716，H＝1 631。剖面长约 10 000m(图 2-51)。

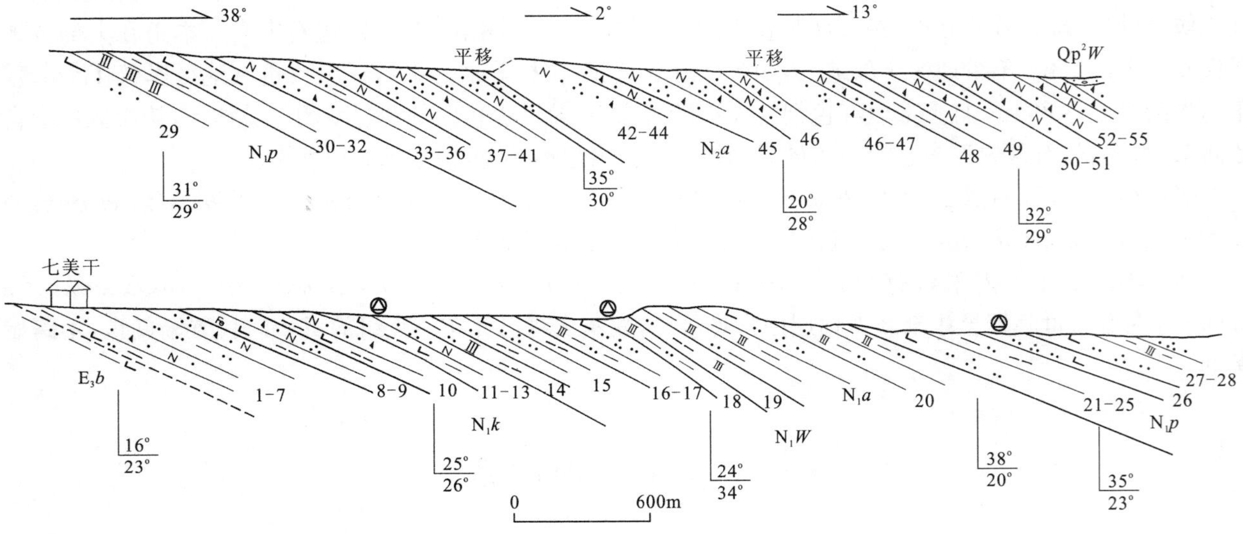

图 2-51　阿克陶县七美干中新统乌恰群—上新统阿图什组实测剖面图

上覆地层：中更新统乌苏群(Qp^2W)砾石层

~~~~~~角度不整合~~~~~~

上新统阿图什组(N_2a)：　　1 571.70m

55. 灰黄色中层状含粉砂钙质泥岩夹灰色薄层状细粒岩屑长石砂岩、羊肝色钙质粉砂质泥岩　　21.80m
54. 灰色巨厚层状细粒岩屑长石砂岩，偶夹紫红色含钙质粉砂质薄层泥岩　　47.90m
53. 灰黄色中层状含粉砂质钙质泥岩夹灰色薄层状细粒岩屑长石砂岩及泥岩　　13.10m
52. 灰色巨厚层状细粒岩屑长石砂岩，偶夹紫红色含粉砂质泥岩条带(透镜体)　　64.10m
51. 灰黄色中薄层状含粉砂钙质泥岩夹灰色中层细粒岩屑长石砂岩、紫色泥岩　　59.80m
50. 灰色巨厚层状细粒岩屑长石砂岩夹羊肝色含钙质粉砂质泥岩条带(透镜体)　　39.20m
49. 紫红、灰色巨厚层状细粒岩屑长石砂岩与灰黄色、羊肝色含钙质粉砂泥岩构成重复的韵律层，前者厚 2～5m，后者厚 10～20m，其中普遍见石膏层　　189.30m
48. 紫红色薄层状细粒长石岩屑砂岩与灰色薄层状钙质泥岩互层，泥岩中普遍见石膏层　　60.00m
47. 灰黄色巨厚层状中粒长石岩屑石英砂岩，紫红色厚层状细粒岩屑长石砂岩和灰黄色薄层状中粒长石岩屑石英砂岩夹紫红色含粉砂质钙质泥岩条带，三者构成重复的韵律层，泥岩中见薄层石膏　　75.20m
~~~~~~

46. 砖红色厚层状中粒岩屑长石石英砂岩夹灰绿色厚层状细粒岩屑长石石英砂岩及紫红色、灰黄色泥岩　135.30m
45. 砖红色厚层状中粒岩屑长石石英砂岩与灰绿色厚层状细粒岩屑长石石英砂岩互层，二者之比为2∶1～3∶1　212.00m
44. 灰绿色厚—巨厚层状细粒岩屑长石石英砂岩夹砖红色中层状细粒岩屑长石石英砂岩　65.70m
43. 灰绿色巨厚层状细粒岩屑长石石英砂岩与灰黄色薄层状细粒岩屑长石石英砂岩、灰黄色含泥质微晶灰岩组成的基本层序　16.80m
42. 灰黄色中薄层状细粒岩屑长石砂岩与灰色薄层状细粒石英砂岩互层，夹灰黄色含泥质微晶灰岩　12.60m
41. 灰绿色巨厚层状细粒岩屑长石石英砂岩，偶夹灰黄色含泥质微晶灰岩、灰黄色薄层状细粒岩屑长石石英砂岩，前者对下伏层位具冲刷现象，后两者走向上易相变为透镜体　51.00m
40. 灰黄色中薄层细粒岩屑长石石英砂岩与灰色薄层状微晶灰岩互层，夹灰、紫红色膏泥岩　4.80m
39. 灰绿色巨厚层状细粒岩屑长石石英砂岩，偶夹灰黄色泥岩透镜体　38.80m
38. 灰绿色巨厚层状细粒岩屑长石石英砂岩夹黄色含粉砂质钙质泥岩。砂岩中见大型楔状斜层理，局部见底蚀现象。粒度由下而上，由粗—细的变化趋势　235.40m
37. 灰色中层状细粒岩屑长石石英砂岩与薄层状细粒岩屑石英砂岩、羊肝色钙质石英粉砂岩组成重复的韵律层　12.20m
36. 灰色厚层状细粒岩屑长石石英砂岩、灰黄色薄层状细粒岩屑石英砂岩、羊肝色钙质石英粉砂岩构成重复的韵律层。前者对下伏层位具冲刷、底蚀现象　61.00m
35. 灰色巨厚层状细粒岩屑长石石英砂岩夹灰黄色薄层状细粒岩屑石英砂岩、羊肝色钙质石英粉砂岩　15.30m
34. 灰色巨厚层状细粒岩屑长石石英砂岩夹羊肝色含钙质泥岩，局部呈透镜状　105.40m
33. 灰色中层状细粒岩屑石英砂岩夹羊肝色含钙质泥岩，砂岩层向上变厚　35.00m

————整合————

中新统乌恰群(N_1W)：　2 069.60m

帕卡布拉克组(N_1p)：　700.70m

32. 紫红色粉砂质膏泥岩与灰色钙质泥岩、灰绿色细粒钙质石英砂岩不均匀互层，三者之比约为2∶2∶1　59.20m
31. 灰色钙质泥岩、紫红色粉砂质膏泥岩不等厚互层，向上泥岩渐少，膏泥岩增多，间夹灰绿色钙质细粒石英砂岩　46.20m
30. 灰绿色中薄层状钙质细粒石英砂岩夹紫红色钙质泥岩条带，广见薄层石膏　54.60m
29. 灰绿色中层状钙质细粒石英砂岩夹紫红色钙质泥岩条带，见三层紫红色粉砂质膏泥岩，其中亦发育薄层石膏　163.40m
28. 紫红色薄层钙质泥岩　3.50m
27. 灰绿色中层钙质石英粉砂岩夹紫红色粉砂质膏泥岩条带，灰黄色巨厚层钙质石英粉砂岩　110.70m
26. 灰绿色中薄层钙质石英粉砂岩与紫红色粉砂质膏泥岩不均匀互层夹灰黄色厚层钙质石英粉砂岩。膏泥岩中多见薄层石膏。粉砂岩中含粗糙栎粉 *Quercoidites asper*(Thomson et Pflu) Sung et Sheng　76.20m
25. 灰绿色中薄层状钙质石英粉砂岩与紫红色中层状粉砂泥岩不均匀互层，粉砂岩向上变多　90.30m
24. 灰绿色薄层状钙质石英粉砂岩与紫红色薄层状泥质粉砂岩互层。二者之比约为2∶1，泥质粉砂岩中见石膏团块　54.90m
23. 紫红色、灰绿色、灰黄色钙质石英粉砂岩，夹紫红色泥岩　8.60m
22. 紫红色泥质粉砂岩夹紫红色钙质石英粉砂岩、灰绿色钙质石英粉砂岩　11.00m
21. 灰绿色薄层钙质石英粉砂岩与紫红色厚层状钙质石英粉砂岩互层，夹膏泥岩　22.10m

————整合————

安居安组(N_1a)：　863.00m

20. 紫红色粉砂质膏泥岩夹紫红色中薄层状钙质石英粉砂岩、灰绿色页片状钙质石英粉砂岩，见石膏团块　337.80m
19. 紫红色粉砂质膏泥岩夹棕黄色钙质石英粉砂岩、灰绿色钙质石英粉砂岩　75.00m
18. 紫红色粉砂质膏泥岩夹灰绿色中厚层状钙质石英粉砂岩，棕红色薄层状钙质石英粉砂岩、灰色泥岩。灰色泥岩中见植物碎片，粉砂岩中采获无显著肋纹粉 *Cicatiucosisporites* cf. *angustus*

Singe，瘤面三缝孢 *Verrucosisporites* sp. 和双棘松粉 *Pinusporites* sp.　129.10m

17. 紫红色粉砂质膏泥岩夹灰黄色、灰绿色钙质石英粉砂岩、石膏层　32.70m

16. 紫红色粉砂质膏泥岩夹灰黄色钙质石英粉砂岩，局部夹石膏层　46.20m

15. 紫红色粉砂质泥岩夹灰黄色中层状钙质石英粉砂岩、杂色粉砂岩。钙质石英粉砂岩中发育平行层理　177.20m

14. 紫红色粉砂质膏泥岩夹杂色薄片状粉砂岩　65.00m

————整合————

克孜洛依组(N_1k)：　505.90m

13. 紫红色粉砂质膏泥岩夹紫红色细粒岩屑长石砂岩　41.40m

12. 棕黄色厚层、巨厚层条带状细粒岩屑长石砂岩夹紫红色铁质钙质泥岩。砂岩中见平行层理及板状斜层理　6.10m

11. 紫红色铁质钙质泥岩与紫红色条带状细粒岩屑长石砂岩互层，砂岩走向上不稳定，底界面为一突变面。砂岩中采获筒状龙眼粉(相似种)*Proteacidites* cf. *orthobasulis* Chen　7.40m

10. 紫红色铁质钙质泥岩与紫红色细粒岩屑长石石英砂岩互层，二者之比为 1∶1　40.50m

9. 紫红色铁质钙质泥岩夹紫红色中层状细粒岩屑长石石英砂岩　95.20m

8. 紫红色厚层状细粒岩屑长石石英砂岩与紫红色铁质钙质泥岩不均匀互层。二者之比为 2∶1，泥岩中见小型爬升层理及水平层理，砂岩中见大型平行层理　84.40m

7. 紫红色厚层状细粒岩屑长石石英砂岩夹铁质钙质泥岩，二者之比为 10∶1　45.60m

6. 紫红色厚层状细粒岩屑长石石英砂岩与紫红色粉砂质钙质泥岩互层，向上泥岩渐多，即二者之比由 2∶1 向上渐变为 1∶2　39.20m

5. 紫红色厚层、巨厚层细粒岩屑长石石英砂岩夹紫红色泥质粉砂岩，比例为 8∶1　19.60m

4. 底部为 3m 厚的细粒岩屑长石石英砂岩，上为紫红色粉砂质钙质泥岩与细粒岩屑长石石英砂岩互层。砂岩中可见大型板状斜层理、平行层理、楔状斜层理　10.20m

3. 紫红色巨厚层状细粒岩屑长石石英砂岩、紫红色粉砂质钙质泥岩、薄层状细粒岩屑长石石英砂岩构成的韵律层　5.00m

2. 紫红色粉砂质钙质泥岩与薄层状细粒岩屑长石石英砂岩互层，二者之比为 1∶1　41.40m

1. 紫红色厚—巨厚层状细粒岩屑长石石英砂岩夹羊肝色细粉砂质钙质泥岩。向上砂岩层变薄变少，发育平行层理、大型板状交错层理　69.90m

~~~~~~平行不整合~~~~~~

下伏地层：喀什群巴什布拉克组(E_3b)紫红色钙质粉砂质泥岩

2. 阿克陶县吉安布克上新统阿图什组实测剖面

剖面位于阿克陶县奥依塔克老乡政府北约 2km，起点坐标：X=4 316 182，Y=13 536 002，H=2 101。剖面长约 538m(图 2-52)。

上覆地层：下更新统西域组(Qp_1x)浅灰绿色厚层状复成分砾岩

————整合————

上新统阿图什组(N_2a)：　163.80m

10. 土红—土黄色钙质泥质粉砂岩　1.40m

9. 浅灰色复成分砾岩　4.50m

8. 浅土红色钙质泥质粉砂岩　2.30m

7. 浅灰色复成分砾岩　3.00m

6. 浅土红色钙质泥质粉砂岩　1.50m

5. 浅灰色复成分砾岩，对下伏地层有冲刷现象，底界面弯曲不平　1.50m

4. 土红—土黄色钙质泥质粉砂岩　37.50m

3. 浅灰色复成分砾岩，底界具冲刷现象　2.70m

2. 浅土红—土黄色钙质泥质粉砂岩　107.60m

1. 浅土红—土黄色杂基砾岩，砾石呈棱角状。大小不等，底部发育厚约 25cm 的褐红色风化壳，为含砾粘土松散堆积　1.80m
~~~~~~

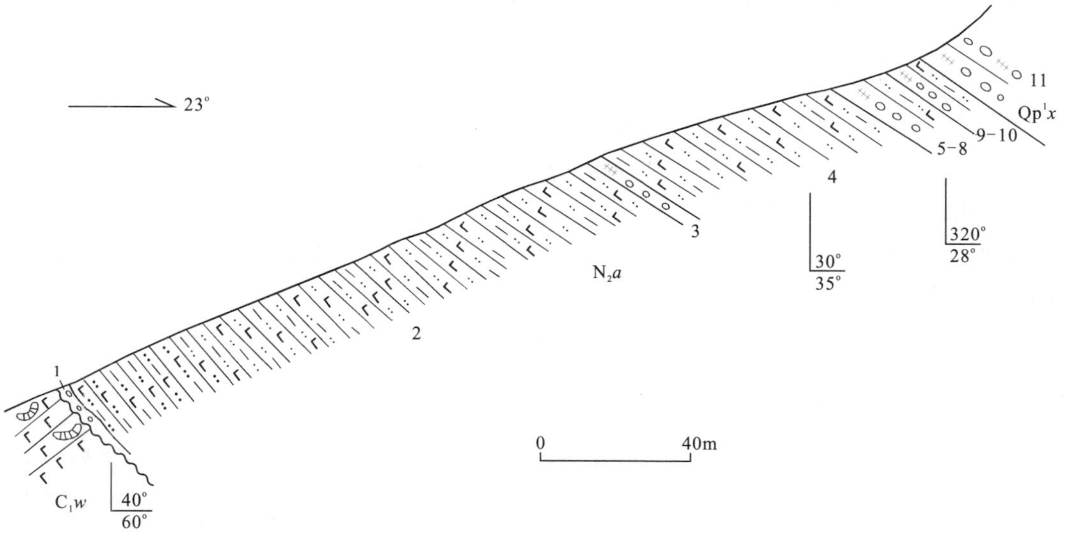

图 2-52 阿克陶县吉安布克上新统阿图什组实测剖面图

~~~~~~~角度不整合~~~~~~~

下伏地层:下石炭统乌鲁阿特组(C_1w)玄武岩

二、岩石地层划分及其特征

(一)岩石地层划分

区内新近系地层按其岩性组合、上下接触关系,自下而上可分为中新统乌恰群和上新统阿图什组。其中乌恰群据岩性及其组合自下而上又可以分为克孜洛依组、安居安组和帕卡布拉克组3个组,上述各地层单位间均呈整合接触关系。

(二)岩石地层特征

1. 中新统克孜洛依组(N_1k)

该组以富含钙质、铁质为特点,下部为紫红色薄—厚层状细粒岩屑长石石英砂岩与紫红色钙质泥岩、钙质粉砂质泥岩、铁质钙质泥岩不等厚互层,夹羊肝色钙质泥岩;上部为细粒石英砂岩与钙质粉砂岩互层,厚505.9m。砂岩向上变薄变少,泥岩增多。该组以其色调发暗、发灰为特点,并以下部巨大厚层砂岩出现为标志与巴什布拉克组相区分。本组砂岩中沉积构造发育,多见大型板状斜层理、平行层理、楔状斜层理、波痕等,代表了陆内咸化湖或陆源碎屑湖之湖滨—浅湖沉积环境。

本次在七美干采获少量孢粉 *Proteacidites* cf. *orthobasulis* Chen(桶状龙眼粉,相似种)。

2. 安居安组(N_1a)

在区内为一套富含钙质的泻湖相细碎屑岩沉积,岩性为灰紫、灰绿色钙质石英粉砂岩、膏泥岩、粉砂质膏泥岩,局部夹石膏层,厚863.0m。本组下部以紫红色粉砂质泥岩为主,夹杂色粉砂岩、灰黄色、灰绿色钙质石英粉砂岩,上部以紫红色粉砂质膏泥岩为主,夹灰绿色、灰黄色、棕红色钙质石英粉砂岩及少量灰色泥岩、白色石膏岩或团块。本组以红绿相间的色调,加上不同宽度的彩色条带,构成其艳丽夺目之外貌,颇具特征,是区分上下地层的良好标志,横向上延伸稳定,构成标志层。

粉砂岩中见水平层理,砂岩中发育平行层理,局部还见有波痕,总观上述特征,为残留泻湖或较封闭泻湖相沉积环境。

上部灰色泥岩中采获有孢粉:*Cicatricosisporites* cf. *angustus* Singe(无显著肋纹粉,相似种),*Ver-*
~~~~~~~

ricpsisporites sp.（瘤面三缝孢，未定种）和 *Pinusporitea* sp.（双簇松粉，未定种）。

3. 帕卡布拉克组(N_1p)

七美干该组厚700.7m，岩性组合为灰绿色钙质石英粉砂岩、钙质细粒石英砂岩、紫红色粉砂质泥岩夹薄层石膏、粉砂质膏泥岩。该区本组以一套“绿色岩层”、少有红色为特征，区别于上下地层，纵向上红色岩层更少，代表了泻湖相向陆相转化的沉积环境；总体粒度向上变细，但整体粒度明显大于安居安组，可与安居安组划分开来。组内泥岩中发育水平层理，砂岩中发育平行层理、大型交错层理，层面见波痕等，为陆源滨湖—浅湖沉积环境。

区内本次仅采获 *Quercoidites aspe*r (Thomson et pflu) Sang et Sheng（粗糙栎粉）。

4. 上新统阿图什组(N_2a)

下部为灰绿、灰色细粒岩屑长石砂岩，夹灰黄色粉砂质钙质泥岩；上部为砖红色中粒岩屑石英砂岩、灰黄色含粉砂钙质泥岩、灰色细粒岩屑长石砂岩、土黄色含砾粗砂岩，偶夹泥质灰岩，粒度由细到粗再变细。奥依塔克向上出现较多的砾岩层，向上变粗特征明显，厚163.8～1 571.7m。该组外貌上形成下绿、上红的特点，粒度向上整体变粗，表明由湖泊—河口沉积环境的变化。该区以下伏帕卡布拉克组上部含膏层位的消失为标志，而与该组相区分。

三、区域地层对比及时代确定

（一）区域对比

据新疆岩石地层(1999)，区域上乌恰群大体上可分为2个相区，前天山相区及前昆仑山相区。在前天山相区和前昆仑山相区之英吉沙及其以西地区，横向岩相变化较大，中部有绿色层，可明显分为3个组：克孜洛依组、安居安组和帕卡布拉克组。在康苏到乌帕尔一线以东，沉积较细，乌恰地区总厚约3 258m。过英吉沙地区向东岩石粒度变粗；莎车达木斯地区厚2 741m，可分为上下两个段，下段为灰红色薄层状细粒长石砂岩、浅灰色厚层状砾岩，夹浅灰色薄层状砾岩、长石砂岩透镜体，砾岩底为突变，向上变细变薄或变粗变厚再变细变薄；上段岩石组合为暗灰色薄层状细砾岩，灰红色薄层状钙质细粒长石砂岩，细粒长石砂岩及灰红色泥岩夹薄石膏层。再往东到叶城柯克亚一带厚431m，主要岩石组合为褐红色厚层状长石石英粉砂岩，薄—厚层状石英粉砂岩夹褐灰色厚—薄层状细砾岩，上部粉砂岩中夹薄层状膏泥岩(图2-53)。

1. 克孜洛依组

在乌恰地区厚422m，底部见有1层厚不足1m的砾岩层，下部还夹有少量石膏岩。在英吉沙七美干一带粒度整体稍粗，与下伏渐新统巴什布拉克组呈平行不整合接触，主要为紫红色岩屑长石石英砂岩，夹钙质泥岩，厚506.7m。

2. 安居安组

在乌恰地区本组命名地，以灰绿色泥岩为主，夹粉砂岩及少量细粒石英砂岩，厚668m。在英吉沙七美干一带以灰绿色钙质石英粉砂岩与紫红色粉砂质泥岩互层为主，夹有粉砂质膏泥岩，厚863m。上述两者粒度均较测区要细。

3. 帕卡布拉克组

在命名地厚2 168m，由石英砂岩、粉砂岩和泥岩构成重复韵律。向东至七美干厚度减薄为700.7m，以灰绿色调为主，主要岩性为钙质石英粉砂岩，向上出现较多的膏泥岩、粉砂质膏泥岩，并见少量薄层石膏。区域上本组向东粒度变细，向两侧厚度变薄。

4. 上新统阿图什组

区域上岩性变化很大，山麓地带为砂砾岩，而近平原地区为一套厚度很大的具苍棕色外观砂岩和泥

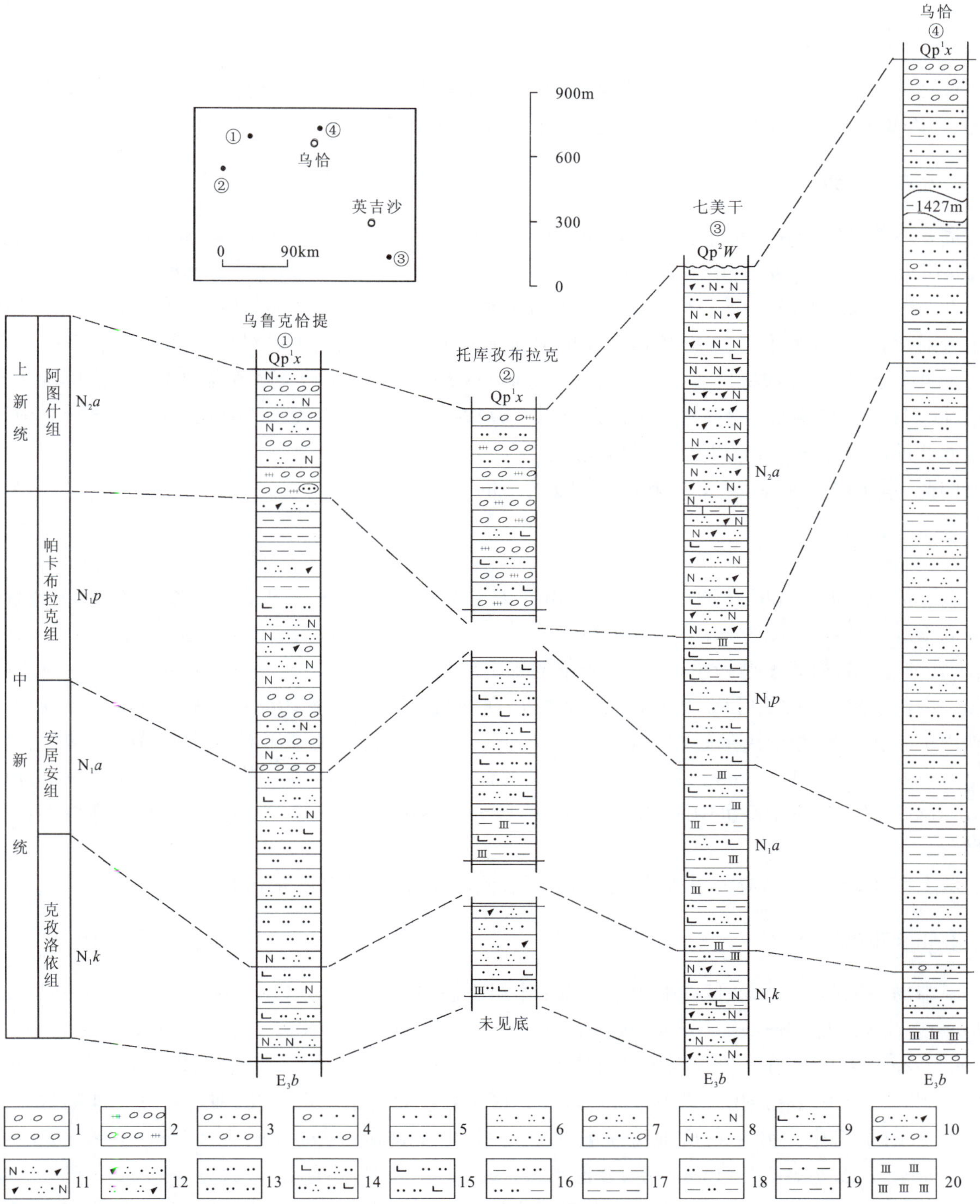

图 2-53 测区新近系区域地层柱状对比图

Qp^1x. 下更新统西域组；Qp^2W. 中更新统乌苏群；E_3b. 渐新统巴什布拉克组；1. 砾岩；2. 复成分砾岩；3. 砾质砂岩；4. 含砾砂岩；5. 砂岩；6. 石英砂岩；7. 含砾石英砂岩；8. 长石石英砂岩；9. 钙质石英砂岩；10. 含砾岩屑石英砂岩；11. 岩屑长石石英砂岩；12. 岩屑石英砂岩；13. 粉砂岩；14. 钙质石英粉砂岩；15. 钙质粉砂岩；16. 泥质粉砂岩；17. 泥岩；18. 粉砂质泥岩；19. 砂质泥岩；20. 石膏岩

岩。在疏附、喀什、阿图什一带发育最佳，厚 3 000m，以湖相沉积为主，以泥岩、粉砂岩、砂岩为主要岩性，夹少量含砾砂岩。在测区七美干以灰、灰黄、灰绿色细粒岩屑长石石英砂岩为主，夹泥岩、粉砂岩，厚 1 723m；在叶城柯克亚其底部及顶部为灰绿色厚层状细粒岩屑长石砂岩，并以此与乌恰群及西域组分界，主体为褐灰色厚层状复成分砾岩夹褐黄色薄层状细粒长石砂岩、薄层状岩屑石英粉砂岩及细砾岩，厚 1 711m。向东多相变为山麓河流相，以灰棕、土黄和苍棕色砾岩夹砂岩为主，在卡巴加特山明显变粗，为灰色砾岩和砂岩。

(二)时代确定

区域上乌恰群与下伏渐新统巴什布拉克组整合接触,阿图什组被下更新统西域组整合或角度不整合覆盖,二者间亦为整合接触关系,因此,二者时代应局限于新近纪。

1. 克孜洛依组

周永昌等(2002)在本组采获有介形虫 *Cypides littoralis*, *Hemicyprinotus valvaetumidus*, *Cyprinotus daductus*, *C. circumscritus*, *Mediocypris schneiderae*, *Eucypris longa*, *Limnocythere aligra*, *Darwinula stevensoni* 等,与哈萨克斯坦中亚前天山洼地、土尔克明尼亚、斋桑盆地、伊犁盆地新近系产出的介形虫可对比,与我国准噶尔盆地、柴达木盆地中新统产出的介形虫也可以对比。其中 *Cyprinotus daductus* 是准噶尔盆地中新统标准分子,*Hemicyprinotus valvaetumidus* 是柴达木盆地中新统的标准化石。另郝诒纯等(1982)在乌鲁克恰提本组下部采有以 *Cypides littoralis* 为代表的有孔虫组合,该种在前苏联及我国西北地区均分布于中新世及其以后地层。

因此,本次将克孜洛依组置中新世早期是合适的。

2. 安居安组

新疆局一区调(1989)在测区七美干沟相当于本次所测安居安组中采到介形类 *Prionocypris* sp., *Limnocythere iliensis*, *Cyprideis littoralis*, *Cyprinotus bsturini*, *Eucypris concinna*, *Candona* (*Candana*) *neglecta* 等,以陆相淡水型为主,表现出较浓的中上新世面貌①。其中 *Limnocythere iliensis* 见于吐哈盆地渐—中新统桃树园子组和准噶尔盆地中新统塔西河组;*Cyprideis littoralis* 见于准噶尔盆地中—上新统独山子组和库车地区中新统康村组中。区域上在乌鲁克恰提等地亦采获有孔虫 *Ammonia* 组合,主要有 *A. hatatatensis*, *A. tepida* 及 *Cibicides borislavensis*, *Nonin* sp. 等,其中 *Ammonia honyaensis*, *A. hatatatensis* 见于日本中新世中期的浅水沉积中,*Cibicides borislavensis* 在乌克兰可从渐新世上延到早中新世。

综上所述,本组时代应为中新世。另据上下层位,本次将其置中新世中期。

3. 帕卡布拉克组

新疆局一区调(1989)在区内七美干相当于本组层位中采到介形类 *Cyprides littorslis*, *Candana* (*C.*) *compressaformi*, *C. convexa*, *Limnocythere iliensis*, *Ilyocypris errabundis* 等①,其中 *Cyprides littorslis*, *Limnocythere iliensis* 在乌恰县西帕卡布拉克本组命名剖面中广有分布,其岩相、岩性等特征上也很相似,区域上相同层位中均有产出。塔里木北缘库车地区中新统康村组中也见及,前者还见于准噶尔盆地中—上新统独山子组中。另在乌恰地区也曾采获有孔虫 *Ammonia honyaensis* (Asano), *A. hatatatensis* (Takayanagi), *A. beccarii* (Linne)等;介形类以 *Cyprideis* 为主,并有 *Ilyocypris biplicata* (Koch), *Cypris subglobosa* (Sow)等。上述有孔虫虽与下伏安居安组的有孔虫基本面貌相似,但介形类却出现了新分子,故将本组时代置中新世晚期。

4. 阿图什组

化石比较少,新疆局一区调(1989)采获有介形类 *Eucypris notabilis* Schneider, *Lineocypris asseptis* Galeev, *Advenocypris decuria* Schneider, *Candoniella acuta* (Sokac), *Condona neglecta* Sars 等,轮藻 *Sphaerochara primorskensis* (Maslov), *Nitellopsis meriani* (Braun ex Unger)等②。其中介形类 *Eucypris notabilis*, *Advenocypris decuria*, *Condona neglecta* 见于西邻吉尔吉斯斯坦上新统,*Cyprides punctillata* 见于柴达木狮子沟上新统;轮藻 *Sphaerochara primorskensis* 也曾见于吉尔吉斯斯坦上新统。据蒋显庭

① 新疆维吾尔自治区地矿局第一区域地质调查大队. 1∶20万克孜勒幅(J-43-ⅩⅦ)区域地质调查报告. 1989.

② 新疆维吾尔自治区地矿局第一区域地质调查大队. 1∶20万克孜勒幅(J-43-ⅩⅦ)区域地质调查报告. 1989.

(1995)研究,本组产出的介形动物群为 *Lineocypris-Subalacypris* 组合,以上新世色彩为主,据此将阿图什组置于上新世。

第十四节 中新生代沉积盆地分析

测区中生代地层在东北部的英吉沙及其以南等地发育,受新构造运动影响,昆盖山南及喀拉库勒湖地区发育小型山间断陷盆地,充填了中更新世及其以后的松散堆积物。其展布形态与区域构造线方向一致,总面积 8 016km^2,占测区总面积的 37%。本区中新生代沉积类型较为复杂、多变,主体以陆源碎屑岩为主,属陆内沉积盆地。本节分析主要内容包括沉积组合、沉积层序及盆地演化等内容。

一、主要沉积组合

测区中新生代主要沉积组合具有反复多次出现的特点,以下由老到新依次叙述。

1. 洪积扇-三角洲沉积组合

此类沉积分布于奥依塔克南霍峡尔煤矿的上三叠统霍峡尔组下部,完整层序包括 3 种主要沉积单元。

洪积扇沉积:为霍峡尔组底部浅灰绿—浅褐色泥质砾岩,厚 36m。砾岩中砾石呈棱角状,大小一般 1cm 左右,不太均匀。砾石成分为砂岩、安山岩、花岗斑岩等,无定向排列,砾石含量 60%~70%,填隙物以泥质物为主,分选及磨圆均较差。

三角洲平原沉积:主要为杂色钙质不等粒岩屑砂岩、浅灰绿色细粒岩屑砂岩、粉砂岩和泥岩构成的旋回性层序,砂岩中碎屑多呈棱角状,磨圆度差,泥岩多呈黑灰色,夹煤线,含植物碎片。不等粒砂岩出现于下部,向上以细砂岩、粉砂岩和泥岩旋回层为主,构成向上变细的正粒序层。另上部为黑灰色钙质岩屑砂岩与砂质灰岩,夹厚 10~25cm 的煤线,砂岩中见植物碎片,局部可能为曲流河或河口湾产物。

前三角洲沉积:主体为黑灰色泥岩,下部为厚约 3m 的含砾岩屑砂质粘土岩。泥岩中含大量植物碎片和硅化木。硅化木多发生钙化,呈层状分布,排列呈斜列式,少量可见其年轮。

2. 湖泊-沼泽沉积组合

沼泽相沉积为霍峡尔组中部黑色煤层夹浅黄色岩屑砂岩。煤层最厚约 5m,砂岩夹层 6~8cm,代表了洪泛期片状流特点,中部有一层厚约 10m 的砂岩,可能为一次大的洪泛事件。

该组合上部为大套浅灰白色砂质灰岩,代表了浅—半深湖沉积,其中砂级物混入较多,其成分为石英和花岗岩、火山质岩屑,为动荡环境下的湖盆产物。

3. 火山熔岩-碎屑沉积组合

该组合仅见于奥依塔克霍峡尔组上部,岩石组合为灰绿—灰黑色玄武岩、褐红色玄武-安山岩、杂色玄武-安山质集块熔岩。玄武-安山质角砾熔岩,靠上部夹黑灰、浅黄色泥质粉砂岩、煤线等。其韵律为早期的基—中性喷溢相火山熔岩,色调由绿—黑—红,表明向上氧化加强,再向上为爆发相的集块熔岩、熔结角砾岩,火山活动由弱到强。宁静期的泥质粉砂岩夹煤线及其中含植物碎片说明其为扇缘相的沉积产物。

4. 湖泊-三角洲平原沉积组合

该组合类型在中新生代最为发育,主要分布于早—中侏罗世和中—上新世,包括滨湖、浅湖、咸化湖和三角洲平原沉积产物。滨湖相以下侏罗统莎里塔什组、中侏罗统塔尔尕组底部最具代表性。卡拉达坂等地主要岩性组合为:灰褐色、灰白色中层中—细粒石英砂岩,灰、灰绿色砾岩,砂岩中发育平行层理,有两个向上变粗的韵律层序,砾岩中砾石成分均来自下伏前古生界地层。向南本组相变为角砾岩、粗—细砾岩,砾石直径 1~20cm,分选及磨圆均较差,来自下伏元古界地层,物源为近距,可能为洪积扇沉积产物。

浅湖相沉积以康苏组下部、杨叶组、塔尔尕组中—上部和中新统帕卡布拉克组较为典型,岩性组合为泥岩、粉砂质泥岩，夹细粒岩屑砂岩、粉砂质灰岩，泥岩中发育水平层理，砂岩中见少量楔状层理、浅成波痕，并见黄铁矿、菱铁矿，为还原环境产物。杨叶组广见黑色炭质页岩、泥岩，发育水平纹层，除较强的还原条件外，部分可能为半深或深湖沉积环境。

三角洲平原相以上新统阿图什组为代表，主要岩石组合为灰、灰绿色巨—巨厚层状细粒岩屑长石石英砂岩、羊肝色钙质石英粉砂岩，夹钙质泥岩、泥质灰岩，构成向上变细的韵律，砂岩中普遍发育平行层理、楔状斜层理，局部见冲刷面，上述还表明有水上沉积——曲流河或河口湾环境。

5. 咸化湖沉积组合

主要见于中新统安居安组，岩性组合为紫红色粉砂质膏泥岩，棕红、灰绿、灰黄色钙质粉砂岩，夹灰色泥岩、石膏岩及少量石膏团块，粉砂岩中发育平行层理，含植物碎片和孢粉，类似于海岸萨布哈沉积环境。上述具有咸化湖或盐湖典型的“干”、“湿”季变化，“干”季沉积了以石膏、膏泥岩为代表的盐岩，“湿”季湖水迅速充盈，并带来碎屑物质。

6. 辫状河三角洲沉积组合

其代表为上侏罗统库孜贡苏组，也包括下白垩统江额结尔组，由一系列纵向叠置颇有规律的旋回型基本层序组成，每个基本层序厚 2～10m。下部有两类岩石，一是灰绿、浅绿色厚—中层状粗—中砾岩，砾石大小一般 1～5cm，呈次圆—圆状，成分多为石英砂岩、脉石英，部分为砂岩或粉砂岩，偶见灰岩质砾岩，砂质充填，砾岩内同样具正粒序层理。另一类是浅绿、紫红色薄—厚层状中—细粒长石岩屑砂岩，发育平行层理、楔状层理、槽状交错层理，底界面多具冲刷、底蚀现象。基本层序上部为浅绿、紫红色薄层粉砂岩、粉砂质泥岩，夹薄层细粒长石岩屑砂岩，发育平行层理、楔状层理，含植物化石碎片，这部分细碎屑岩类似三角洲平原沉积。

7. 陆源碎屑海岸沉积组合

分布于乌鲁克恰特组上部，为退积型海岸沉积，海侵早期产物。为浅褐色砂质细砾岩、厚层状含砾细粒长石石英砂岩，砾石砾径 3～8mm，次圆状，之上为灰白色中层状细粒长石石英砂岩，石英质碎屑含量不高，约 40%，分选一般，磨圆较好，成分成熟度较低，以上两者中均发育楔状交错层理，上述特征表明物源的近源性，可能与盆地的活动性较强有关。

8. 碳酸盐台地沉积组合

见于上白垩统—古新统英吉莎群和古近系喀什群，可划分为台地潮坪相和开阔台地相。

台地潮坪相在上述两群广为发育，较为典型的见于库克拜组、吐依洛克组、阿尔塔什组下部、乌拉根组和巴什布拉克组。主要岩性组合为：紫红色、灰绿色页岩，灰黄色中层状粉晶白云岩、棕红色泥岩、膏泥岩、白色块状碱石膏岩，灰色白云石石膏岩。其中大部分为潮上蒸发产物，部分为潮间带沉积。巴什布拉克组为暗色泥岩夹紫红色钙质粉砂岩，多见膏泥岩和薄层石膏岩，陆源碎屑含量 50%～70%，主体为砂、泥坪沉积，局部可能为泻湖环境，并具向上变细的粒序特点，为高能浅滩产物。

开阔台地相主要见于上白垩统依格孜牙组上段和始新统卡拉塔尔组，前者由灰色薄—中厚状含生物碎屑微晶灰岩、夹少量灰绿色薄层泥岩组成，含丰富的双壳类，后者主要为灰、灰白色生物屑泥晶灰岩、介壳灰岩，岩石均呈厚层状，向上达巨厚层状，海相化石丰富，尤以双壳类最为丰富，表明海水较深，清澈透明。指示开阔海的清水环境。

二、层序地层分析

测区中新生界地层按旋回层序及层序界面的划分原则做了层序划分，并根据出露层序特征、构造单元等，划为 1 个一级层序（I_1），5 个二级层序。

（一）上三叠统

测区上三叠地层出露不多，仅就所见部分，可划分出 1 个不完整的二级层序（II_1）、1 个三级层序（III_1）

(图 2-54)。底界面为霍峡尔组底部砾岩底界,为Ⅰ型界面,未见顶。

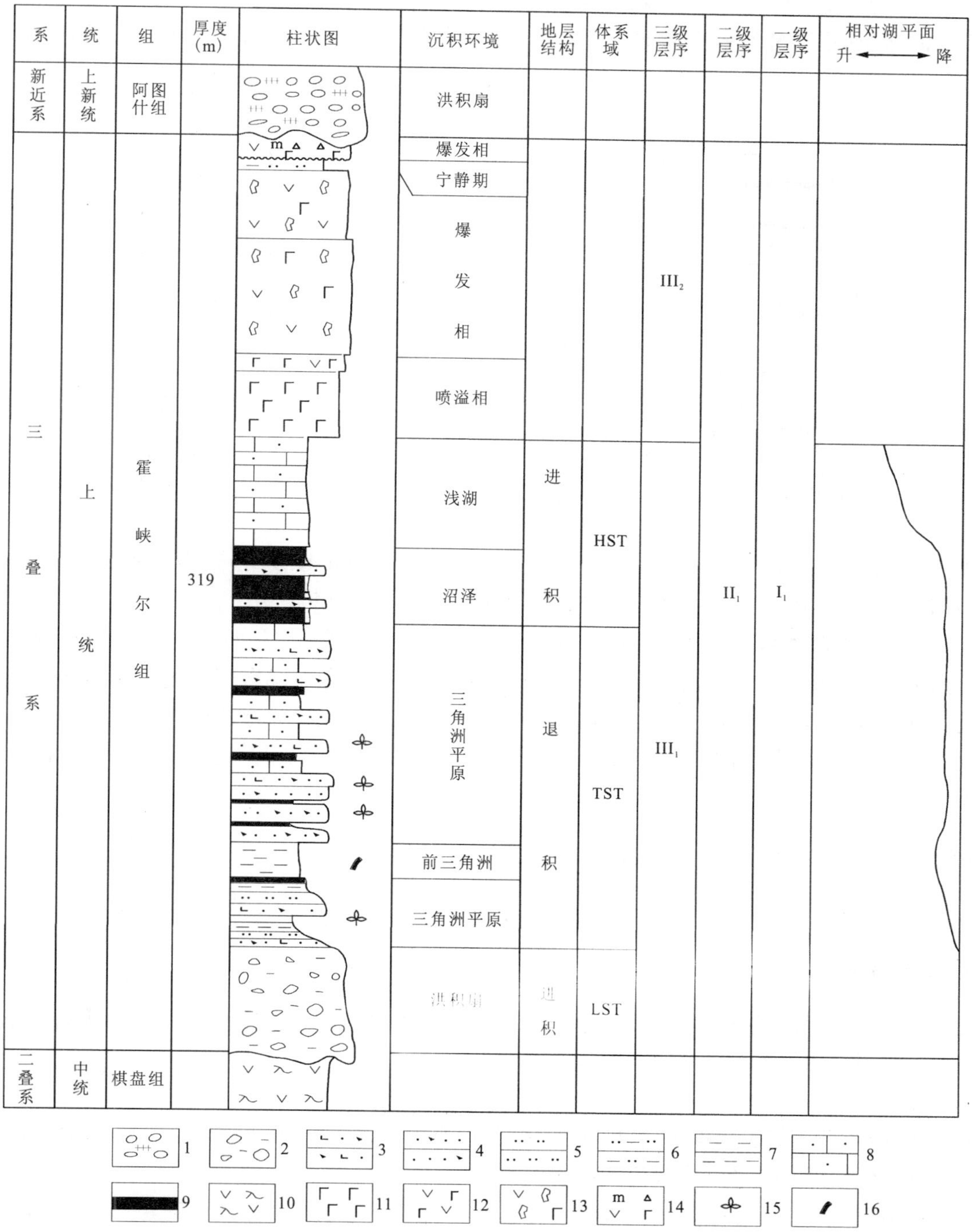

图 2-54　上三叠统沉积层序分析图

1. 复成分砾岩;2. 泥质砾岩;3. 钙质岩屑砂岩;4. 岩屑砂岩;5. 粉砂岩;6. 泥质粉砂岩;7. 泥岩;8. 砂质灰岩;9. 煤层(线);10. 安山玢岩;11. 玄武岩;12. 玄武-安山岩;13. 玄武安山质集块岩;14. 玄武安山质熔结角砾岩;15. 植物化石;16. 硅化木

Ⅲ$_1$层序由霍峡尔组中、下部含煤碎屑岩、湖相碳酸盐岩组成(剖面第 1—8 层),底界同Ⅱ$_1$ 层序底界,顶界为剖面第 8 层之砂质灰岩顶界面,为Ⅰ型界面,由低水位体系域、湖泛体系域和高水位体系域构成。

低水位体系域(LST)为浅灰、浅褐色泥质砾岩(第 1 层),砾石砾径 1cm 左右,多呈棱角状,少量为次棱角状,砾石含量 60%～70%,成分主要为熔岩,部分为花岗斑岩。填隙物以泥质为主,其他为砂质。砾石磨圆及分选均较差,其成分均来自下伏二叠系、石炭系层位,物源较近,几乎为就地堆积。其中有两种色调相间出现,略显模糊层理,为洪积扇产物。

湖泛体系域(TST)由一系列退积型的副层序叠置而成(剖面第 2—6 层),下部基本层序为杂色钙质不等粒岩屑砂岩(a)、粉砂岩(b)和泥岩(c)构成重复的次级旋回层(图 2-55),泥岩中常夹煤线。中部为浅灰绿色细粒岩屑砂岩,夹厚约 10cm 以下的煤线。上部为灰黑色钙质岩屑砂岩(a)与浅灰绿色砂质灰岩(b)构成重复的韵律层(图 2-56),每个韵律厚 2～6m,前者一般厚 0.5～2m,后者厚 1～5m,其中夹有 10～25cm 的煤线。

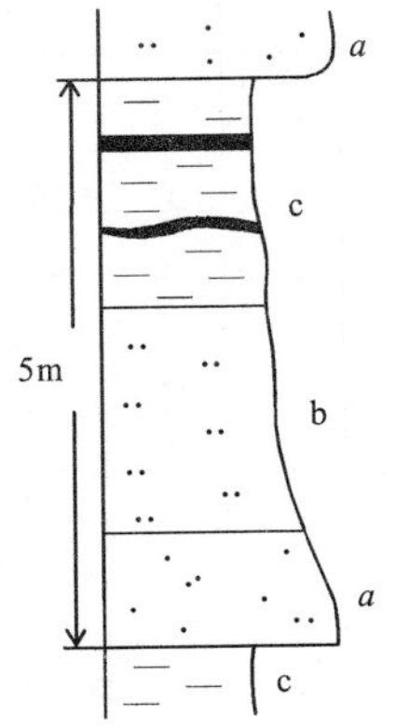

图 2-55 霍峡尔组下部基本层序图

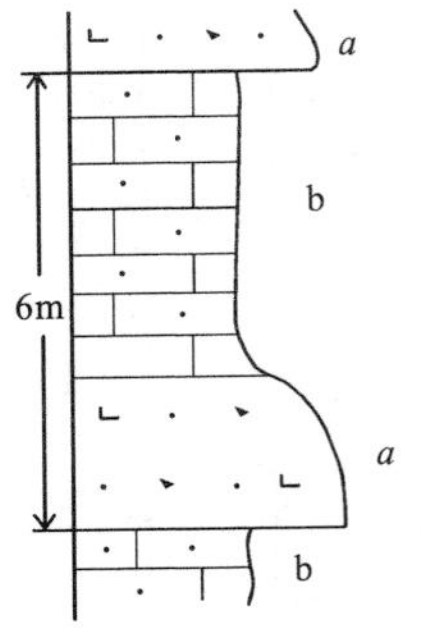

图 2-56 霍峡尔组上部基本层序图

高水位体系域(HST)由剖面第 7—8 层组成,岩性组合为灰黑色煤层-浅灰白色砂质灰岩,煤层中夹厚 5～8cm 的浅黄色岩屑砂岩,表现为向上变粗的进积型结构,能量增强。

Ⅲ_1层序之上,即霍峡尔组上部为一套火山熔岩-火山碎屑岩沉积组合,据岩性特征可分为喷溢相、爆发相和宁静期 3 种类型。下部喷溢相为(第 9—10 层)灰黑色、灰绿色玄武岩-褐红色玄武-安山岩,构成一个喷发韵律,由基性—中性,顶部红色为氧化红顶。上部(第 11—14 层)为爆发相,由灰杂色、浅灰绿色、浅褐色玄武-安山质集块熔岩、角砾熔岩组成。宁静期为河流相的灰黑色、浅黄色泥质粉砂岩,含煤层(线),厚 2.7m。

(二)侏罗系—第四系

可分出 4 个二级层序(Ⅱ_2—Ⅱ_5),14 个三级层序,见图 2-57、图 2－58、图 2－59(1,2)。

1. Ⅱ_2层序特征

底界为莎里塔什组(卡拉达坂剖面)底部中—细粒石英砂岩底界面,为Ⅱ型界面,顶界为塔尔尕组顶界面,为Ⅱ型界面,可分出 3 个三级层序。

(1)Ⅲ_1层序

由莎里塔什组、康苏组下部构成,底界同Ⅱ_1底界,顶界为卡拉达坂剖面第 25 层之泥岩顶界面,由湖泛体系域、高水位体系域组成,缺失低水位体系域。

湖泛体系域(TST)由莎里塔什组和康苏组底部组成(第 1—14 层),由砂岩—砾岩—含砾砂岩—泥岩,向上总体变细,为退积型基本层序,下部砂岩中发育平行层理,粉砂岩见波痕,为滨湖沉积,代表湖泛初始沉积产物。

高水位体系域(HST)为剖面第 15—25 层,下部由灰黑色、褐灰色泥质石英粉砂岩与灰黑色粉砂质岩构成韵律层,夹少量灰绿、灰褐色薄层细粒石英砂岩。上部为灰黑色石英粉砂岩夹少量灰褐色薄层细粒石英砂岩,砂岩有所增多,总体向上变细再变粗,为进积型结构。

(2)Ⅲ_2层序

由康苏组上部和杨叶组组成,底界为剖面第 26 层中粒石英砂岩底界面,顶界面为杨叶组顶界(同由路克剖面第 18 层),为Ⅰ型界面。由湖泛体系域、高水位体系域构成。

湖泛体系域(TST)为卡拉达坂剖面第 26—28 层,由两个向上变细的基本层序构成。下部为浅灰绿色薄层中粒石英砂岩夹灰白色含粗粒石英砂岩、灰黑色泥质石英粉砂岩及少量黄褐色粉砂质泥岩和浅灰色中层细粒石英砂岩。上部为褐灰色薄层细粒石英砂岩与深灰色薄层状石英粉砂岩构成的韵律层。发育有

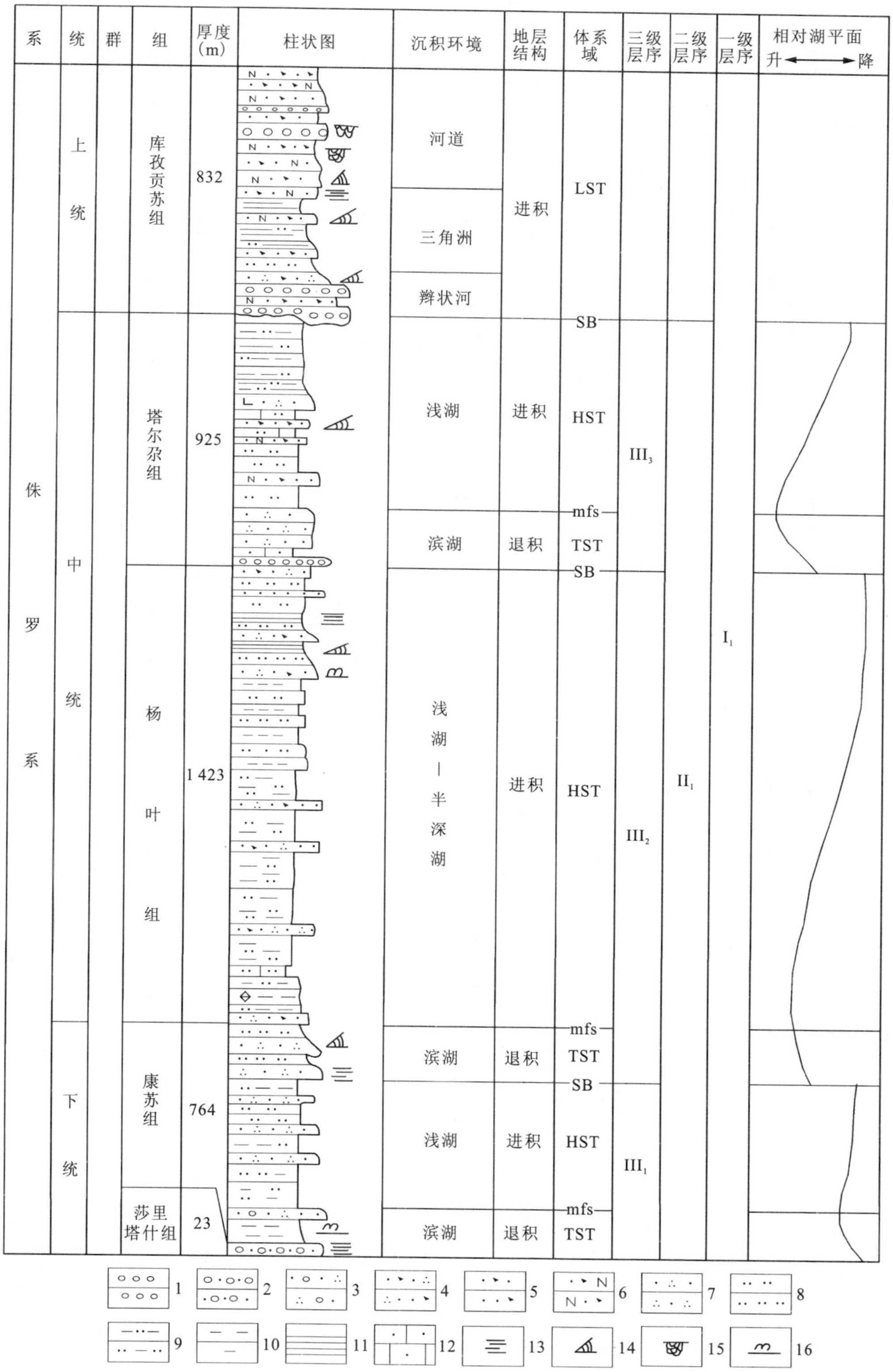

图 2-57 侏罗系沉积层序分析图

1. 砾岩;2. 砂质砾岩;3. 含砾石英砂岩;4. 岩屑石英砂岩;5. 岩屑砂岩;6. 长石岩屑砂岩;7. 石英砂岩;8. 粉砂岩;9. 粉砂质泥岩;10. 泥岩;11. 页岩;12. 砂质灰岩;13. 平行层理;14. 楔状斜层理;15. 槽状交错层理;16. 波痕

楔状交错层理、平行层理,总体向上变细,为退积型结构。

高水位体系域(HST)由同由路克剖面第 1—18 层组成,下部主体为灰黑色粉砂质泥岩夹细粒长石石英砂岩和少量粉砂质泥晶灰岩,见菱铁矿,代表浅湖—半深湖沉积环境,最大湖泛面大致为剖面第 7 层灰黑色泥岩之中部,为向上变细的层序结构。上部为灰黑色粉砂质泥岩、黄灰、绿灰色石英粉砂岩、长石粗粉

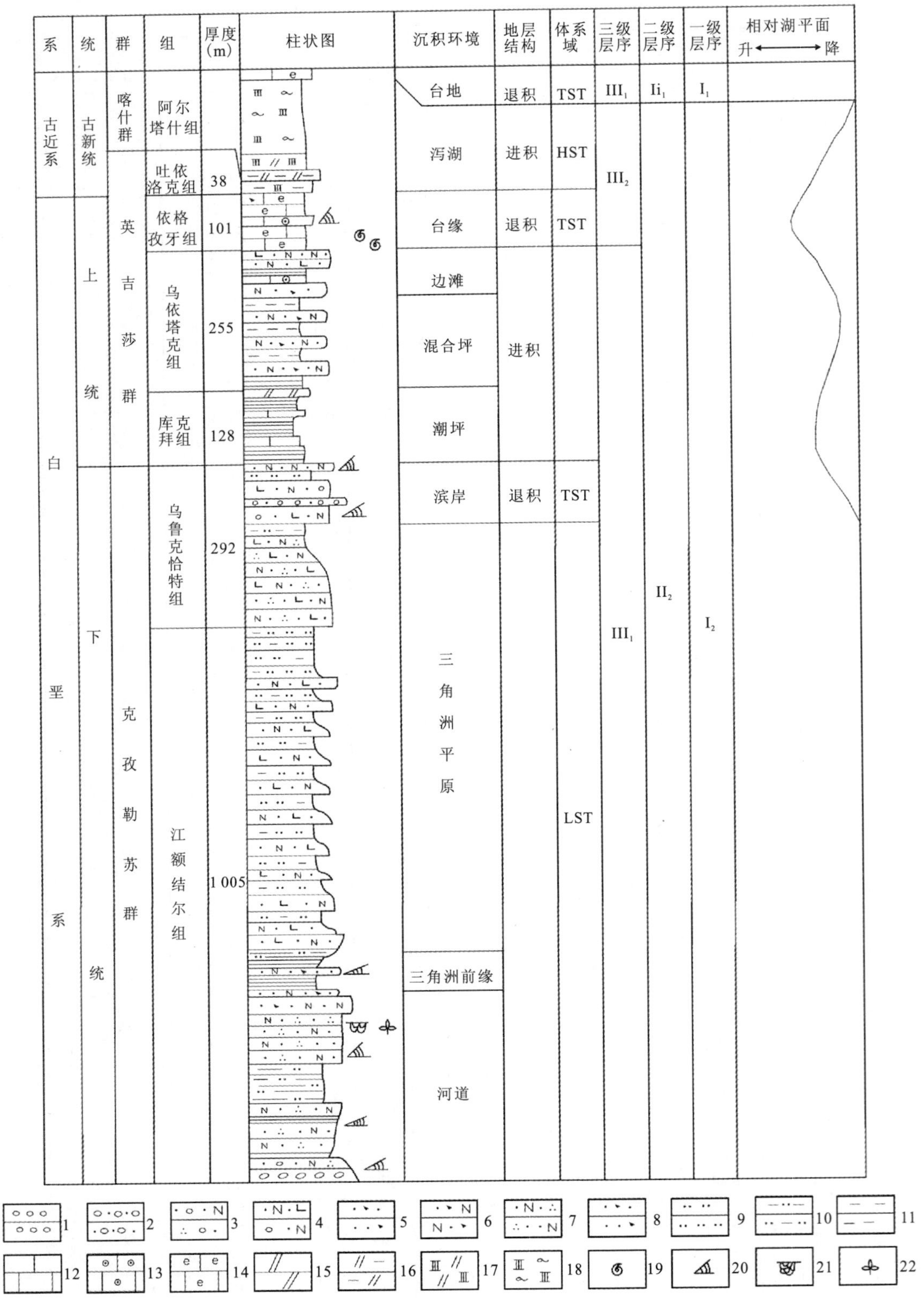

图 2-58 白垩系沉积层序分析图

1. 砾岩；2. 砂砾岩；3. 含砾长石石英砂岩；4. 含砾钙质长石砂岩；5. 岩屑砂岩；6. 长石岩屑砂岩；7. 长石石英砂岩；8. 岩屑长石石英砂岩；9. 粉砂岩；10. 泥质粉砂岩；11. 泥岩；12. 灰岩；13. 鲕粒灰岩；14. 生物碎屑灰岩；15. 白云岩；16. 白云质泥岩；17. 白云质石膏岩；18. 条带状石膏岩；19. 生物化石；20. 楔状斜层理；21. 槽状交错层理；22. 植物化石

砂岩-细粒岩屑砂岩，向上变粗。发育楔状交错层理、平行层理、水平层理、不对称波痕等，为进积型地层结构。

(3)Ⅲ$_3$层序

由塔尔尕组构成(剖面第 19—28 层)，底界面为第 19 层底部灰岩质砾岩底界，顶界同Ⅱ$_2$层序顶界，由湖泛体系域、高水位体系域组成。

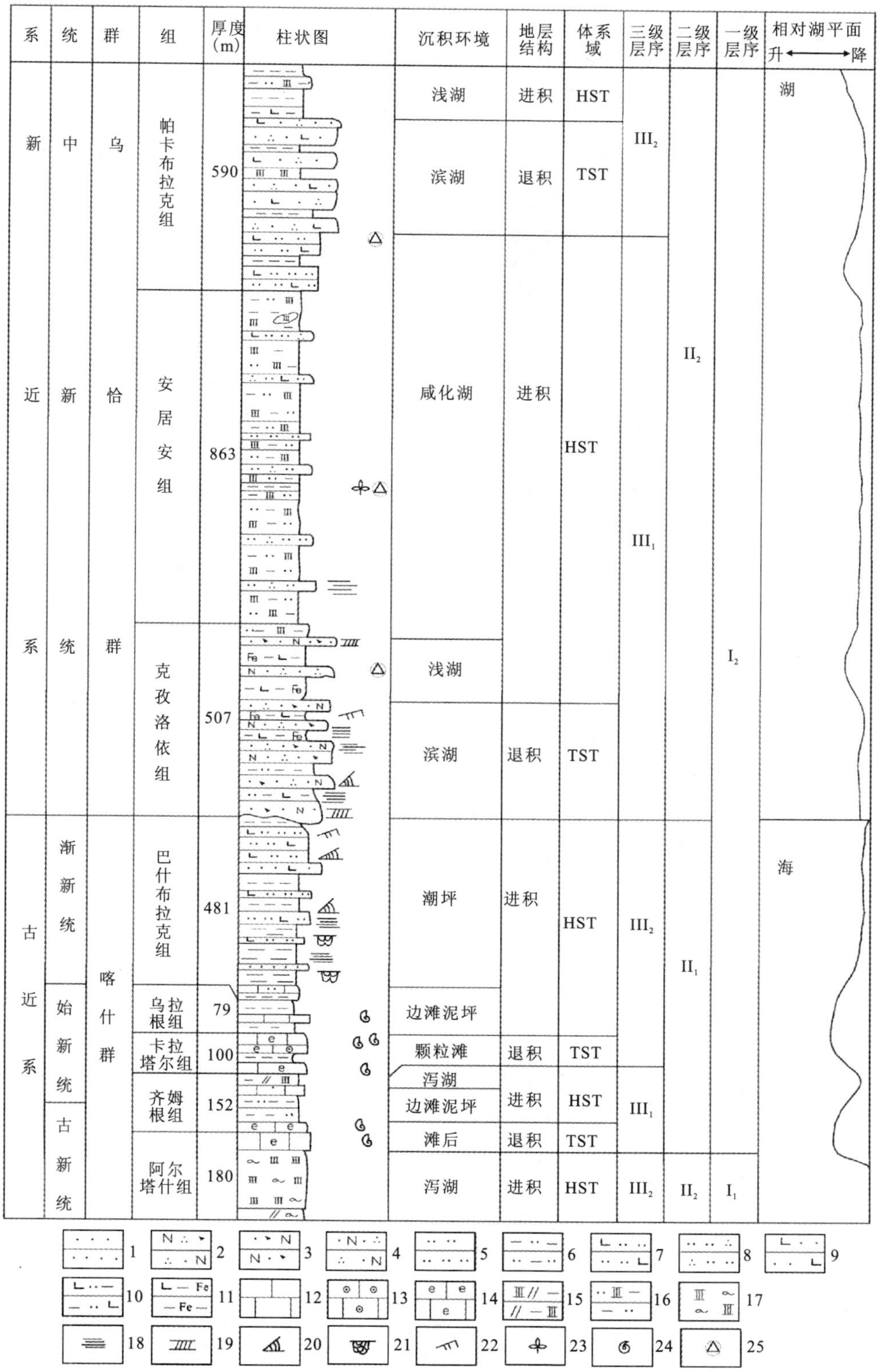

图 2-59(1) 测区新生界沉积层序分析图(1)

1. 砂岩;2. 长石岩屑石英砂岩;3. 长石岩屑砂岩;4. 长石石英砂岩;5. 粉砂岩;6. 泥质粉砂岩;7. 钙质粉砂岩;8. 石英粉砂岩;9. 钙质砂岩;10. 钙质泥质粉砂岩;11. 钙质铁质泥岩;12. 灰岩;13. 鲕粒灰岩;14. 生物碎屑灰岩;15. 白云质泥质石膏岩;16. 粉砂质膏泥岩;17. 条带状石膏岩;18. 平行层理;19. 板状斜层理;20. 楔状斜层理;21. 槽状交错层理;22. 斜层理;23. 植物化石;24. 动物化石;25. 孢粉

湖泛体系域(TST)由剖面第19—22层组成,有两种向上变细的基本层序,下部为灰岩质砾岩-绿褐色中—细粒岩屑石英砂岩-灰绿色含砂质亮晶砂屑灰岩,基本层序厚21m,底部为湖泛初始滞留砾岩。上部灰绿色中层细粒石英砂岩与褐红、浅黄绿色薄层状钙质长石石英粉砂岩构成韵律层,向上砂岩变少,粉砂

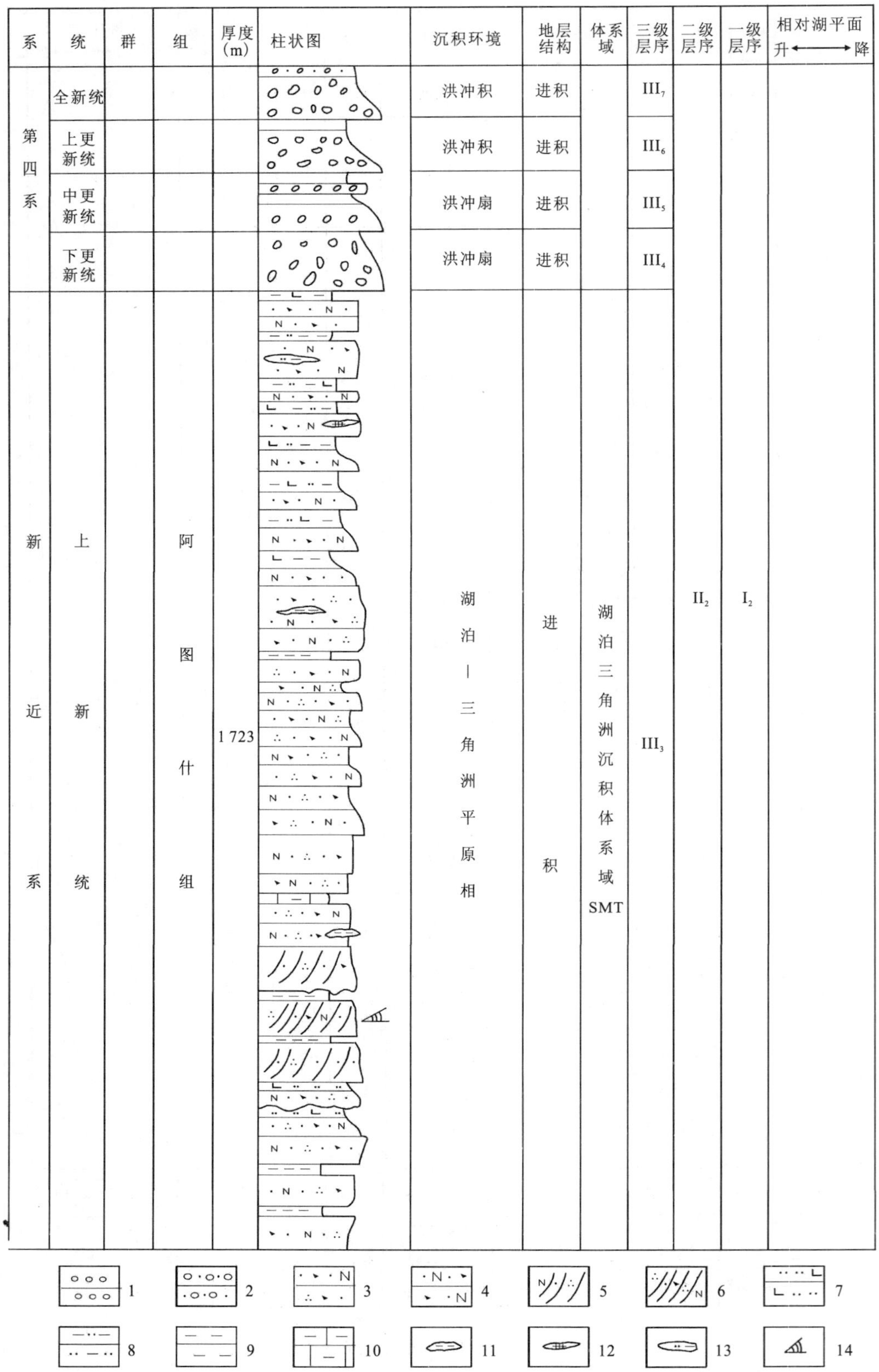

图 2-59(2)　测区新生界沉积层序分析图(2)

1. 砾岩；2. 砂砾岩；3. 岩屑长石石英砂岩；4. 岩屑长石砂岩；5. 斜层理长石石英砂岩；6. 斜层理长石岩屑石英砂岩；7. 钙质粉砂岩；8. 泥质粉砂岩；9. 泥岩；10. 泥灰岩；11. 泥岩透镜；12. 复成分砾岩透镜；13. 泥质粉砂岩透镜；14. 楔状斜层理

岩增多。为退积型地层结构，属滨湖沉积环境。

高水位体系域(HST)由剖面第 23—28 层构成，岩性为灰绿色、褐红色泥质粉砂岩、泥岩，含粉砂质泥晶灰岩，夹灰绿色细粒长石岩屑砂岩，向上变为砂岩、泥岩互层，色调变为紫红色，代表了湖水由浅—深—

浅，由还原环境过渡为氧化环境，顶部见薄层石膏，为进积型地层结构，总体属浅湖沉积环境。

2. Ⅱ$_3$层序特征

由库孜贡苏组、克孜勒苏群、英吉莎群和古新统阿尔塔什组下部组成，底界为库孜贡苏底部砾岩（第29层）底界，顶界面为阿尔塔什组下部石膏岩顶界，可分出2个三级层序。

（1）Ⅲ$_1$层序

底界面同Ⅱ$_2$层序底界，顶界为乌依塔克组顶界（剖面第73层）。由低水位体系域、海侵体系域和高水位体系域组成。

低水位体系域（LST）为剖面第29—60层，包括库孜贡苏组、江额结尔组和乌鲁克恰特组下部层位。下部为灰绿色厚—中层状砾岩、灰绿、紫红色中—厚层状中—细粒长石岩屑砂岩、粉砂岩-粉砂质泥岩构成的向上变细的基本层序，大致可识别两个这样的基本层序，局部表现为向上变粗。普遍见冲刷、底蚀现象，砾岩层内部具正粒序层理，砂岩中发育楔状层理、槽状交错层理，主体为辫状河沉积产物。上部主要为紫红色中厚层细粒岩屑长石砂岩、褐红色薄层状铁泥质长石石英粉砂岩和粉砂质泥岩（页岩），向上变粗—变细—变粗，发育楔状交错层理。总体向上侧向加积作用明显，呈现为由辫状河—河控三角洲的沉积环境。

海侵体系域（TST）由乌鲁克恰特组上部层位构成（剖面第61—63层），由暗褐色砂质细砾岩-浅褐色厚层状含砾细粒长石砂岩-灰白色中层状钙质细粒长石砂岩组成，发育大—中型楔状交错层理。为典型向上变细的沉积层序，色调由深变浅，层厚变薄，为退积型地层结构。表现出海侵开始，海水加深，物源减少的过程。

高水位体系域（HST）由库克拜组和乌依塔克组构成（剖面第64—73层），为高水位期的潮坪、混合坪沉积环境，下部为紫红色粉砂质页岩、灰绿色页岩和浅灰色中层泥晶灰岩、灰黄色中层状粉晶白云岩，代表了潮间—潮上沉积产物。上部为褐红色中层细粒岩屑长石砂岩与泥岩互层，夹生物屑泥晶灰岩，顶部为黄褐色钙质细粒长石砂岩，向上粒度有所变粗，为明显的进积型地层结构，为潮间带砂泥坪沉积产物。

（2）Ⅲ$_2$层序

由依格孜牙组、吐依洛克组和阿尔塔什组下部组成，（剖面第74—85层，及七美干剖面第1—2层），底界面为依格孜牙组底部（第74层），为Ⅰ型界面，顶界同Ⅱ$_2$层序顶界，由海侵体系域和高水位体系组成。

海侵体系域（TST）由依格孜牙组构成（剖面第74—81层），由浅灰色、肉红色中层泥晶灰岩、灰白色厚层粉晶生物屑灰岩-褐色中层粉晶鲕粒砾屑灰岩、浅绿色中层亮晶生物砾屑灰岩，见楔状交错层理。表现为低能的潮坪环境向高能开阔的台地环境过渡，上部为鲕粒砾屑灰岩，为台缘高能颗粒滩地沉积产物，为海水不断加深，退积型地层结构。

高水位体系（HST）由吐依洛克组、阿尔塔什组下部（七美干剖面第1—2层，下同）组成，下部为棕红色泥岩-膏泥岩-泥质白云岩-白云石石膏岩-块状条带状石膏岩，具典型泻湖沉积相序，为海退期沉积产物，即由潮坪逐渐过渡为蒸发岩台地，垂向上为进积型地层结构。

3. Ⅱ$_4$层序

由阿尔塔什组上部、齐姆根组、卡拉塔尔组和巴什布拉克组（剖面第3—31层）构成。底界面同Ⅰ$_2$底界，顶界面为巴什布拉克组顶界，为Ⅱ型界面，可分出2个三级层序。

（1）Ⅲ$_1$层序

为剖面第3—9层，底界面同Ⅱ$_2$底界，顶界为剖面第9层含膏白云石泥岩顶界面，为Ⅰ型界面，由海侵体系域和高水位体系域构成。

海侵体系域由剖面第3—5层构成，为深灰色厚层含生物屑泥晶灰岩-灰色中厚层生物屑泥晶灰岩-灰黑色钙质泥岩，向上变细变薄，厚39m。显示海水加深，向滞留还原环境变化，能量减弱，为退积型地层结构。

高水位体系域为剖面第6—9层，由灰绿色粉砂质泥岩-灰色中层细晶灰岩-棕红色厚层状含膏白云石泥岩组成，显现为高水位下的海退系列沉积相序，向上岩层变厚，顶部出现白云石膏泥岩，为潮坪—泻湖相沉积环境，垂向上进积作用明显。

(2)Ⅲ$_2$层序

由卡拉塔尔组、乌拉根组和巴什布拉克组(剖面第10—31层)构成,底界面为第10层生物屑泥晶白云岩底界,顶界面同Ⅱ$_1$层序顶界,Ⅱ型界面,由海侵体系域、高水位体系域组成。

海侵体系域由剖面第10—17层组成,主要为灰色中—厚层状生物屑泥晶灰岩、鲕粒灰岩、介壳灰岩。表现快速海侵环境下的颗粒滩地沉积,向上生物含量增多,海水变深,环境趋于稳定,形成开阔台地相沉积环境,但退积型结构不太明显。

高水位体系域由剖面第18—31层组成,下部基本层序为灰绿色泥岩-生物屑泥晶灰岩-钙质粉砂岩,显示为边滩泥坪沉积环境;上部羊肝色泥岩-紫红色钙质粉砂岩-中—厚层细粒长石石英砂岩,粉砂岩中发育平行层理,砂岩中广见楔状交错层理、槽状交错层理,色调由绿变红,粒度变粗,岩层变厚,垂向上进积型结构特征明显,为系列海退相序,其中还夹有薄层石膏岩,总体上由泥坪相过渡为潮间-潮上沉积环境,可能存在局限台地泻湖相沉积或暴露带沉积。

4. Ⅱ$_5$层序

包括中新统乌恰群、上新统阿图什组以及第四系沉积地层,底界面为克孜洛依组底界,为Ⅱ型界面,上未见顶,正在发育之中,可分出7个三级旋回层序。

(1)Ⅲ$_1$层序

由克孜洛依组、安居安组和帕卡布拉克组下部层位组成(剖面第1—28层),底界面同Ⅱ$_2$底界,顶界面为第28层薄层钙质泥岩顶界,由湖泛体系域、高水位体系域构成。

湖泛体系域由剖面第1—8层组成,基本层序为紫红色厚—巨厚层状细粒岩屑长石石英砂岩-薄层状细粒岩屑长石石英砂岩-粉砂质钙质泥岩,为一系列向上变细的层序叠置而成。基本层序下部砂岩中发育大型板状交错层理、斜层理、楔状斜层理,上部泥岩中多见平行层理。总体向上砂岩变少变薄,泥岩渐多,为典型的退积型地层结构,表明湖泛期水深不断加大,物源渐远的沉积环境。

高水位体系域由剖面第9—28层组成,下部第9—13层为紫红色铁质钙质泥岩夹细粒长石石英砂岩,向上变粗,发育平行层理,为浅湖沉积环境,上部以粉砂质膏泥岩为主,夹灰黄、灰绿色钙质石英粉砂岩,普遍发育薄层石膏或团块,粉砂岩中见平行层理,向上粉砂岩增多,岩层变厚,并含较多钙质细粒石英砂岩层,垂向加积作用明显,总体代表干旱气候条件下的咸化湖沉积环境。另外,中部还见有含植物的灰色薄层泥岩,具干盐湖沉积相序特征。

(2)Ⅲ$_2$层序

包括剖面第29—32层,由湖泛体系域和高水位体系域组成。湖泛体系域为剖面第29—30层,由灰绿色钙质细粒石英砂岩、紫红色钙质泥岩组成,向上前者变少变薄,后者增多增厚,为向上变细的基本层序,代表湖泛期滨湖沉积环境。高水位体系域为剖面第31—32层,基本层序为灰色钙质泥岩-紫红色粉砂质膏泥岩-灰绿色细粒钙质石英砂岩,下部石英砂岩以夹层出现,上部呈互层状产出,向上变粗,代表高水位期浅湖相沉积环境。

(3)Ⅲ$_3$层序

由阿图什组构成剖面第33—35层,为湖泊—三角洲沉积体系域,基本层序为灰、灰绿色巨厚层状细粒岩屑长石石英砂岩-薄层细粒岩屑石英砂岩-羊肝色钙质石英粉砂岩-泥岩,并夹有泥质微晶灰岩、紫红色膏泥岩,总体向上变细。下部多见砂岩对下伏层位的底蚀冲刷现象,属于三角洲平原相之河流沉积环境。

(4)Ⅲ$_4$旋回层序

由西域组地层组成,为受局部构造运动的陆相冲积扇沉积,层序由块状—厚层状复成分砾岩夹砂岩、钙质粉砂岩透镜体,见有平行层理,总体向上变粗再变细,本层序未见顶。

Ⅲ$_5$、Ⅲ$_6$和Ⅲ$_7$3个旋回层序受局部构造运动控制,分别对应于第四系中更新统(Qp_2)、上更新统(Qp_3)和全新统(Qh)砂砾石层,在山区沟谷中为河流沉积,构成河岸阶地,在山前河口地带为冲积扇沉积,逐次向前推进。

三、沉积盆地演化特征

早三叠世古特斯洋闭合后,造成昆仑山脉迅速隆起,再持续挤压下一个短暂的应力松弛阶段,形成了一个东西向的山前断陷盆地。早期主要为一套湖沼相沉积，为含煤碎屑岩建造。晚期沉积了一套厚度较大的爆发相火山碎屑岩和喷溢相火山熔岩，但其强度不大，其间有大量的碎屑沉积夹层或二者交互出现。

侏罗纪早期在南北向挤压持续影响下，出现一个北西向的塔拉斯-费尔干纳走滑断裂，形成了早—中侏罗世拉分盆地。沿北邻区康苏—乌恰—库斯拉甫一线呈带状展布，盆内堆积了一套碎屑含煤岩系，厚度巨大，沉积作用受断裂控制明显，区内莎里塔什组冲积粗碎屑岩系向南不断超覆的现象可以证明。该时期沉积中碎屑物来自下伏前古生界地层，莎里塔什组砾岩之砾石以变砂岩、片岩、灰岩为主，就是很好的例证。

早—中侏罗世拉分盆地进一步发展，接受了一套湖沼相的含煤碎屑岩建造，成为该区一个重要的成煤期。中侏罗世后期，盆地萎缩，沉降中心随之向盆内迁移，表现为区内上侏罗统库孜贡苏组与中侏罗统之间的平行不整合，而向北至乌鲁克恰提地区，其影响较大。

早白垩世早期，在前述盆地的基础上，区内沉积了一套辫状河—三角洲相红色粗—中碎屑岩，随坳陷作用，下白垩统江额结尔组与下伏上侏罗统库孜贡苏组或连续过渡或以微角度相接。早白垩世晚期受世界性海侵的影响，海水沿测区西部阿莱谷地涌入本区，形成了口小肚大的西塔里木古海湾，沉积了一套滨岸碎屑沉积和海相碳酸盐岩沉积组合。同一时期，在西南部的乌孜别里山口一带，另一支海水涌入沉积了一套滨岸碎屑沉积和海相碳酸岩沉积组合，东至洛克宗山和阿克赛钦地区，均有大套碳酸盐岩和碎屑岩夹膏盐岩沉积，含双壳类和有孔虫化石，可能是白垩纪海侵的另一支海湾。

关于海侵时间，此前大量资料都论述了海侵从晚白垩世赛诺曼期开始。但刘训等(2001)在下白垩统乌鲁克恰特组中发现有遗迹化石，郭宪璞(1990)也曾在相应层位中发现有海绿石，结合本次资料，可以认为海侵是从早白垩世开始的，在同由路克剖面上，相当于乌鲁克恰特组底部的石英质砾岩层。但这一特征与北部乌鲁克恰提对比来看，并不十分明显。不过，这一现象可以解释为海侵到达的时间和程度上的不同。

自早白垩世海侵开始至古新世早期，区内有两次明显的海进海退过程，即晚白垩世库克拜组海进，形成了潮间带沉积环境，但这一时间不长，沉积厚度也不大。晚期海平面开始下降，至乌依塔克期，成为较闭塞的干旱潮坪环境，沉积了泻湖相的石膏岩、膏泥岩。依格孜牙期开始第二次海侵，规模明显较前次要大，形成了较为宽阔的台地环境，沉积了大套生物屑灰岩和泥岩，其中双壳类十分丰富。古新世早期，海水退缩，故吐依洛克期为咸化泻湖相的泥岩、膏泥岩和石膏岩组合，并在阿尔塔什早期，形成蒸发岩台地，沉积了巨厚的石膏盐岩。这一时期盆地范围与早白垩世大致相似，只是稍有扩展，因此海侵范围受原古地势的控制，在昆仑山前坳陷带，沉积厚度较大。其间在测区西北部的斯木哈那地区，因处于挤压应力的集中部位，抬升作用明显，导致上白垩统部分地层缺失。当然，西南缘的乌孜别里山口一带，这一作用更加明显，抬升高度和速率是前者无法比拟的，除了无明显的海侵、海退序列外，其整体粒度要粗。目前区内尚未发现铁龙滩群之上有古近纪层位存在，最大的可能是该海湾后期并未得以继续发展，随海水迅速向南、向西退去，便早早夭折。

继古新世早期海退，并受盆地北西端抬升影响，在古新世中期—阿尔塔什早期，海湾出口受阻，加以干旱的气候条件，整个海湾形成一个巨大的咸化泻湖，沉积了巨厚石膏岩层。阿尔塔什后期包括测区在内的塔里木盆地西部再次下降，海水重新侵漫坳陷区，其影响范围较之晚白垩世的海侵范围要大得多。区内逐渐变为开阔台地、半局限台地环境。沉积了泥质和多含牡蛎的碳酸盐岩，已处于正常海湾环境，但水动力条件可能较为强烈。随之出现了较多生活于广海的生物，如前述的浮游有孔虫及个别深水类型的有孔虫等，这说明此时海湾与外海畅通无阻。但浮游有孔虫未能得到进一步的发展，很快衰灭。

始新世早期本区又出现一个较普遍的泻湖环境，出现了以齐姆根组为代表的泥岩、膏泥岩沉积。始新世中期，沉积物以泥质和碳酸盐岩为主，多含牡蛎、海相介形虫及有孔虫。有孔虫都是生活在海水较深地带的类型。因此始新世中期本区又大致处于正常的潮下带上部环境，表明海水进侵的规模加大。卡拉塔尔期海侵达到本区古近纪以来之极致，沉积了大量的牡蛎礁灰岩和生物碎屑灰岩，形成了以沉积灰岩为主的开阔台地相环境。而同一时期在西部昆仑山前奥依塔克等地，由于受昆仑山隆升的影响，还有冲积扇砾岩、砂砾岩的堆积，始新世后期一度出现了泻湖环境，发育了泥质及膏盐沉积。

始新世末—渐新世海退开始，在巴什布拉克期发育了潮坪相的泥岩、含膏泥岩等。此时，测区北邻的乌拉根地区仍高出水面，形成沉积间断，其余地区出现一套棕红和灰绿间互的杂色泥质粉砂沉积，发育了多种生物，有牡蛎、海扇，其他另有双壳类、腹足类、蠕虫动物及介形虫、有孔虫等。这段时期有孔虫得到空前发展，其种类和数量都十分丰富，说明这时为正常海水，气候也变得温暖适宜，整体环境较为稳定。渐新世晚期，塔里木海湾相对抬升，随着海水逐渐退出，除乌鲁克恰提和巴什布拉克等地外，很多地区遭受剥蚀。而接受沉积的地区沉积物粒度变粗，海生生物受到显著影响，大部分趋于灭绝。

中新世早期盆地再次下沉，水体面积有逐渐扩大的趋势，但总体上已进入陆内湖泊演化阶段。此时可能仍有不定期的海泛事件，有孔虫仅在区域上分布于乌鲁克恰提等局部地带，不过其种类和数量都大为减少。中新世中期，盆地可能已完全封闭。但水体面积进一步扩大，仍然保留残留海的特点，使原有少量有孔虫得已继续生存。部分地区可能由于河流淡水的注入，海水进一步淡化，发育了半咸水有孔虫动物群。中新世后期，有孔虫完全绝迹，盆地进入陆相沉积时期，物源均来自再旋回造山带。自中新世—中新世末，区内大致经历了二次明显的湖泊扩张和收缩。随后由于印度板块向北持续挤压造成西昆仑抬升显著，盆地相应急剧下降，随之盆地及其沉积中心不断向东向南迁移。区内大致沿奥依塔克—七美干一线，成为该时期的沉积中心，而向东、向西区域上的湖泊演化已经萎缩，继而消亡。

上新世阿图什组为巨厚的碎屑岩建造，属湖泊-三角洲沉积组合。七美干地区仍然为一套以湖相沉积为主的细碎屑岩组合，并成为沉积中心，但湖泊已明显萎缩。此时西部西昆仑山前地带，大部分地区褶皱隆起成山，遭受剥蚀。如奥依塔克一带，因受昆仑山隆升的影响，沉积了一套边缘河流相的砾岩、砂岩等粗碎屑岩组合。早更新世的西域运动，形成了西域组的盆缘坳陷冲积扇沉积，砾石物源主要来自古近系及其以前层位。这一作用至少持续到全新世早期，区内普遍见中更新统乌苏群形成的高基座阶地，与现今河流侵蚀面相对高差高达300余米。综上所述，新生界其古地理地势中部低，周边高。由早到晚其碎屑岩由石英砂岩—长石石英砂岩—长石砂岩，其成熟度渐低，总体来自造山带再旋回物源区。

测区中西部的布伦口等地第四纪以来形成的山间断陷盆地与晚侏罗世以来的构造挤压关系密切，尤其是上新世以后。由于印度板块持续和强烈向北推挤，除了一系列前陆盆地的诞生之外，同时其内部也出现了受阻或强力之后的应力回弹。其表现有二：一是形成了规模不同、形态各异的山间盆地；二是在边缘形成了一系列右行走滑断裂。至今这一活动仍在持续，表现为不断的、强烈的下切作用，使早期湖积层与现今河床形成多达数百米的高差。

第十五节　第四系

区内第四系分布广泛。有冲洪积成因的西域组、乌苏群、新疆群以及冰川堆积、冰水堆积、湖积、风积、化学堆积等。面积5 380km^2，占测区总面积的25%。

一、剖面介绍

1. 阿克陶县吉安布克下更新统西域组实测剖面

剖面位于阿克陶县奥依塔克老乡政府北约2km，起点坐标：X=4 316 182，Y=13 536 002，H=2 101。剖面长约538m(图2-60)。

剥蚀　　　　（未见顶）

下更新统西域组(Qp^1x)：　　284.50m

11. 浅灰绿色厚层状复成分砾岩，砾石排列呈叠瓦式，底界具冲刷、底蚀现象　　284.50m

————整合————

下伏地层：上新统阿图什组(N_2a)土黄色钙质泥质粉砂岩

2. 阿克陶县阿孜特阔里中更新统湖积层实测剖面

剖面位于木吉乡南东约25km木吉河北岸，起点坐标：X=4 308 838，Y=13 476 000，H=3 449。剖面长约640m(图2-61)。

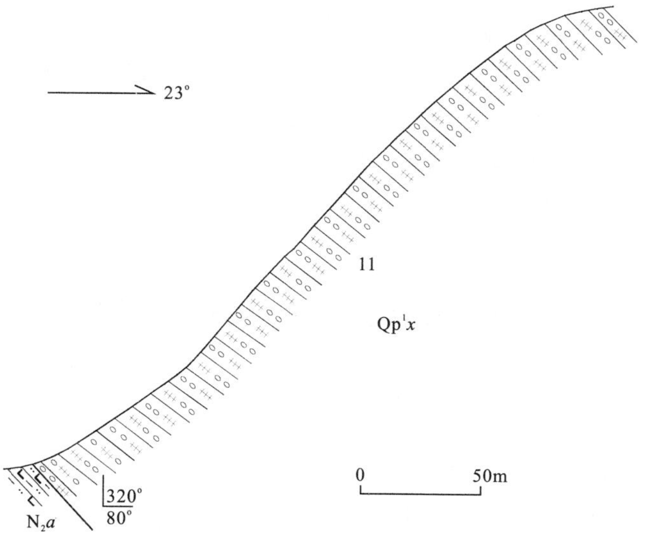

图 2-60　阿克陶县吉安布克下更新统西域组剖面图

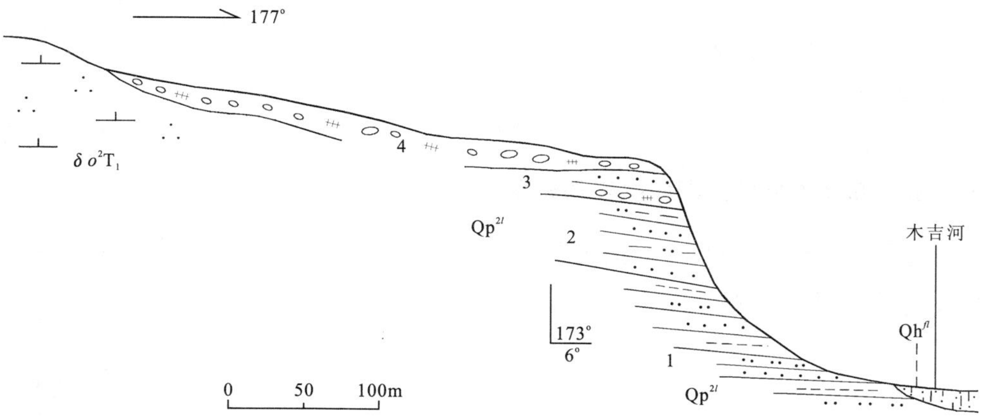

图 2-61　阿克陶县阿孜特阔里中更新统湖积层实测剖面图

剥蚀

中更新统湖积层(Qp_2^l)：　　（未见顶）　　**135.20m**

4. 浅灰色复成分砾石层，松散堆积。砾石多呈次棱角状，大小 1.5cm 以下，含量 80%±，砾石成分主要为片岩、片麻岩、花岗岩、闪长岩等　　47.00m

3. 浅灰色复成分砾石层和砂层，砾石棱—次棱角状，多在 10cm 以下，最大 50cm，向上总体变细　　19.60m

2. 浅灰色粉砂质细粒砂层与灰黄色粉砂质泥质层不等厚互层。砂层多厚 15～70cm，后者多厚 20～80cm　　43.00m

1. 浅灰黑色细砂层、粉砂质泥质层与浅灰黄色粉砂质泥质层不等厚互层，含腹足类碎片　　25.60m

全系统湖沼堆积层覆盖　　（未见底）

3. 阿克陶县狼孜西中更新统湖积层实测剖面

剖面位于阿克陶县木吉乡南东约 20km 木吉河北岸，起点坐标：X=4 315 900，Y=13 459 272，H=3 481。剖面长约 1 400m(图 2-62)。

上覆地层：全新统湖沼堆积层(Qh^{fl})细砂、粉砂

～～～～～～不整合～～～～～～

中更新统湖积层(Qp_2^l)：　　**>261.50m**

10. Ⅰ₂浅灰黑色粉砂层与灰黄色粉砂质泥质层不等厚互层　　40.60m

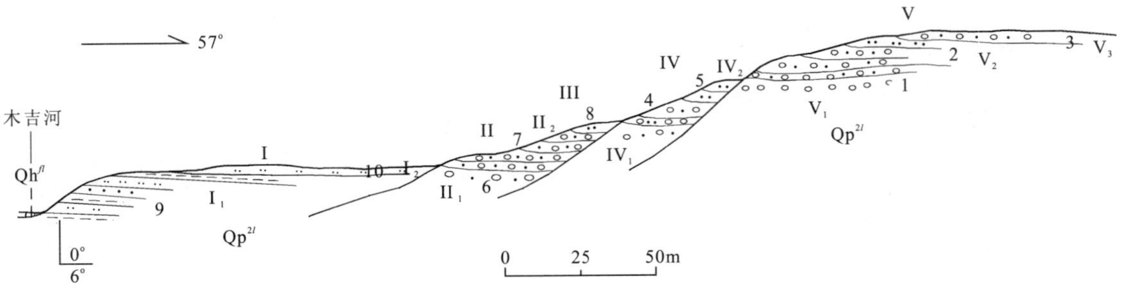

图 2-62　阿克陶县狼孜西中更新统湖积层实测剖面图

9. Ⅰ₁浅灰色粉砂质细粒沙层与浅灰黄色粉砂质泥质层不等厚互层　48.50m

8. Ⅲ灰色细砂夹少量细砾石层　0.70m

7. Ⅱ₂细砾石层夹细砂层　16.10m

6. Ⅱ₁砾石层、砂、粉砂，砾石多在 5cm 以下，扁平状，偶见 30cm 大小砾石，主要成分为片岩、片麻岩、花岗岩等　30.90m

5. Ⅳ₂砾石层、粉砂　5.30m

4. Ⅳ₁砾石层、粉砂层、砂层　50.20m

3. Ⅴ₃砾石层、砂层　4.50m

2. Ⅴ₂砾石层夹泥岩层，砾石大小多在 20cm 以下　54.20m

1. Ⅴ₁砾石层夹少量砂层　10.50m

（未见底）

4. 阿克陶县布伦口南中更新统湖积层实测剖面

剖面位于阿克陶县布伦口乡政府驻地南西约 400m 处，起点坐标：X=4 279 777，Y=13 495 567，H=3 301。剖面长约 450m（图 2-63）。

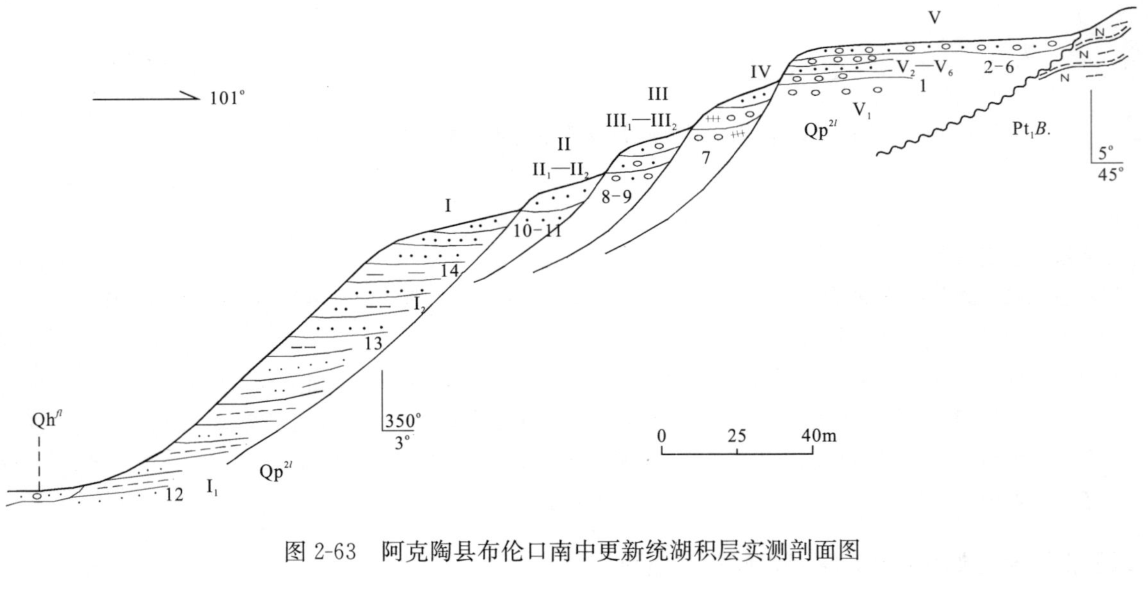

图 2-63　阿克陶县布伦口南中更新统湖积层实测剖面图

上覆地层：全新统湖沼堆积层（Qh^{fl}）粉砂物

中更新统湖积层（Qp^{2l}）：　（未见顶）　**124.60m**

14. Ⅰ₃ 灰、浅灰色粉砂层夹浅灰色粉砂层，顶部为一平坦面　20.50m

13. Ⅰ₂ 浅灰色粉砂层与浅灰绿—浅灰色黄色粉砂质泥层互层。岩石胶结松散，发育波状纹层　34.10m

12. Ⅰ₁ 浅灰色粉砂层与浅灰黄色粉砂质泥层韵律互层，向上泥岩层变厚　15.20m

11. Ⅱ₂ 土灰色、灰白色泥质粉砂层，单层厚 50 cm±，向上岩层变薄　5.70m

10. Ⅱ₁ 浅灰色厚层状中粒岩屑砂层，胶结松散，单层厚 40～80cm　7.50m

9. Ⅲ₂ 土红色粉砂质泥质层　7.10m
8. Ⅲ₁ 复成分砂砾石层，大小 20cm 以下，次棱、次圆状，主要为花岗岩、片岩、片麻岩　5.30m
7. Ⅳ土灰色复成分砂砾层与土黄色砂质粉砂层、土灰色砂岩层韵律层　14.10m
6. Ⅴ₆ 细砾石与砂层不等互层，为一平坦面　6.20m
5. Ⅴ₅ 砾石、砂沉积，以砾岸堤为主，宽一般 1～4m，成分以片麻岩为主，花岗岩次之　6.70m
4. Ⅴ₄ 湖岸堤间中—粗粒砂，局部含砾　0.20m
3. Ⅴ₃ 湖岸堤砾石层　0.10m
2. Ⅴ₂ 砾石层、砂层，分选较好，多扁平状，以片麻岩为主，次为花岗岩、片岩　1.20m
1. Ⅴ₁ 复成分砾岩、砂岩，单层厚 30～60cm　0.70m

～～～～～～角度不整合～～～～～～

下伏地层：古元古界布伦阔勒岩群（$Pt_1B.$）片麻岩

5. 阿克陶县乌尊塔勒沟东侧中—上更新统湖积及冰碛层实测剖面

剖面位于布伦口乡政府驻地南东约 2km 康西瓦河东岸，起点坐标：X＝4 278 365，Y＝13 498 443，H＝3 303。剖面长 5 020m（图 2-64、图 2－65）。

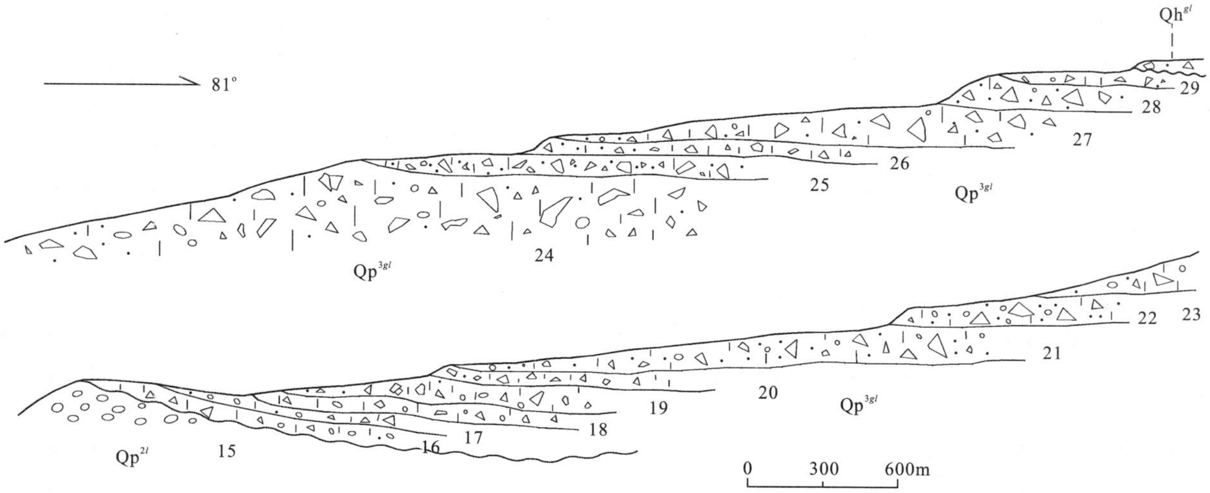

图 2-64　乌尊塔勒沟上更新统冰碛层实测剖面图

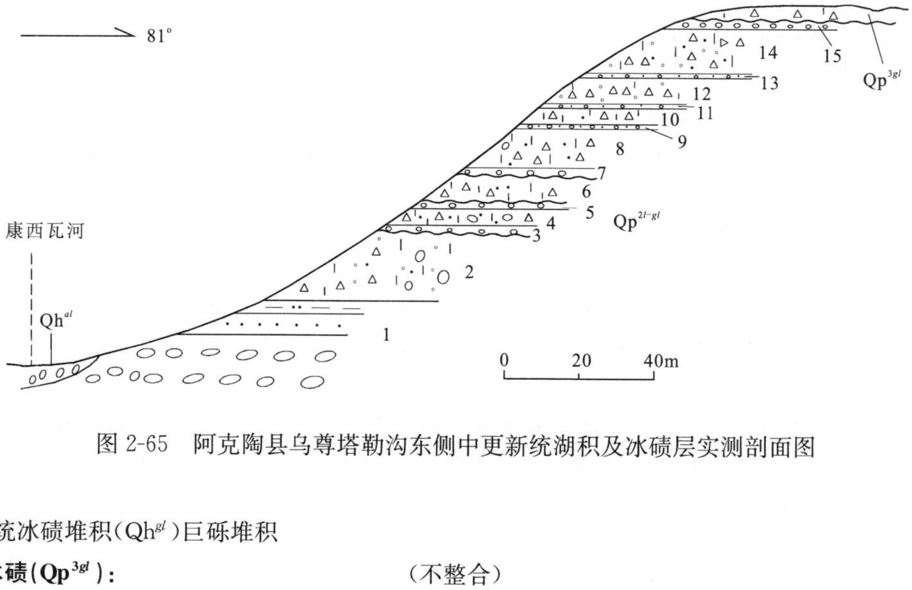

图 2-65　阿克陶县乌尊塔勒沟东侧中更新统湖积及冰碛层实测剖面图

上覆：全新统冰碛堆积（Qh^{gl}）巨砾堆积

上更新统冰碛（Qp^{3gl}）：　（不整合）　**617.20m**

第 6 期

29. 后缘冰碛砾、砂混杂堆积，砾石呈棱角状，最大约 1.8m，含量 85%，以片岩、片麻状花岗岩为主，松

散堆积。地貌上为丘状、垅状，坡角 2°± 20.00m

28. 前缘堆积，垅状、舌状，多不完整，砾石呈棱角状，大小混杂，最大 1.8m，含量 80%。地形坡度约 30°左右 15.60m

第 5 期

27. 后缘堆积，棱角状砾石、砂混杂堆积物，砾石大者可达 2m 以上，缓形坡度为 4°～6° 53.80m

26. 前缘堆积，棱角状砾石、砂混杂堆积，坡度为 18°± 7.30m

第 4 期

25. 后缘堆积，棱角状砾、砂混积物，大小混杂，最大达 2m，含量 80%±，砂级物充填，砾石主要为片岩、变砂岩、花岗岩，片麻岩次之。垅状地貌，坡度为 4°± 25.10m

24. 后缘堆积，中缓坡，坡度为 8°～10°，其他特征同上 131.30m

23. 后缘堆积，不完整垅状地形，坡度为 4°左右，其他特征同第 25 层 64.50m

22. 前缘堆积，棱角状砾石、砂等混积，大小悬殊，大者 2m 以上，以花岗岩(片麻状)为主，次为绢云石英片岩、绿泥石英片岩、黑云斜长片岩(片麻岩)，含量 80%±。舌状地貌，坡角较陡 46.00m

第 3 期

21. 后缘堆积，棱角状砾石、砂等混杂堆积，砾石最大 1.5m，含量 80%，砂、泥充填，以片麻状花岗岩为主，片岩、片麻岩等次之，缓坡，垅状地貌 77.10m

20. 前缘堆积砾石、砂、泥等，棱角状，大小混积，大者达 1.8m，砾石占 80%±，以片麻状花岗岩为主，大致同第 21 层，舌状地形，坡角 30°± 6.40m

第 2 期

19. 后缘堆积，砾、砂混杂堆积，棱角状砾石，占 75%±，以花岗岩(片麻状)为主，约占 50%，片岩次之，占 20%，其他还有石英片岩、黑云斜长片岩、变砂岩等，占 5%。缓形坡、垅状地貌 30.00m

18. 前缘堆积，为一陡坎，高约 10m，其他特征大致同第 19 层 10.00m

第 1 期

17. 后缘堆积，缓坡，舌状地貌，坡角为 2°～3°。大小棱角状砾石混杂堆积物，最大约 70cm，砾石占 85%或更多，以片岩、花岗岩、片麻岩为主，砂质填隙 24.10m

16. 前缘堆积，为一陡坎，高约 6m，其他特征大致同第 17 层 6.00m

～～～～～～角度不整合～～～～～～

中更新统冰碛及湖积(Qp^{2l-gl})： **100.00m**

15. 湖积砂、粉砂，顶部为平台，下界面截然 0.5m

14. 冰碛砾石、砂混杂堆积物，砾石呈棱角状，大小不等，最大约 60cm，含量 60%，以片岩、花岗岩、变砂岩、大理岩为主，砂物约 40% 13.40m

13. 湖积浅灰色砾石层，砾石呈次棱角状、扁平状，多 6cm，最大 15cm，含量 80%，以片岩、变砂岩为主，花岗岩次之，上、下界面平直、清晰 0.20m

12. 冰碛、砾石、砂等混杂堆积，棱角状，最大 70cm，含量 70%，以片岩、片麻岩为主，花岗岩次之 9.90m

11. 湖积浅灰色砾石层，大小为 5～10cm，最大 20cm，定向排列，以片岩、变砂岩为主，花岗岩次之 0.80m

10. 冰碛砾、砂混杂堆积，砾石呈棱角状，最大 70cm，含量 70%，以片岩、片麻岩为主，花岗岩次之，上、下界线清晰 5.90m

9. 湖积浅灰色砾石层，砾石呈次棱—次圆状，多扁平状，砾石大小多为 3cm，最大 10cm，具定向排列，轴面北倾，以绢云石英片岩、绿泥石英片岩、变砂岩为主，花岗岩次之 0.20m

8. 冰碛砾、砂混积，砾石呈棱角状，最大 70cm，占 70%。主要为片岩、片麻岩，花岗岩、闪长岩次之 13.90m

7. 湖积浅灰白色砂层，横向变化大，砂级物主要为岩屑，次棱角状，见交错层理，底界过度下切 0.20m

6. 冰碛砾、砂混积，棱角状，砾石最大 50cm，底界面不平 9.40m

5. 湖积浅灰色砾石层，砾石 2～10cm，次棱角状、扁平状，定向分布，以片岩为主，片麻岩和花岗岩次之 0.40m

4. 冰碛砾、砂混杂堆积物，棱角状砾石，最大 60cm，含量 75%，主要为片麻状花岗岩、片麻岩、片岩等 6.60m

3. 湖积浅灰色中—细砾石层，砾石 0.5～10cm，分选段好，呈叠瓦式排列，主要为片岩、片麻状花岗岩，花岗闪长岩次之。对下伏地层具冲刷现象 1.00m

2. 冰碛砾、砂混杂堆积，大小悬殊，棱角状，可见最大砾石为 50cm，其成分以片麻状花岗岩为主，片麻岩、片岩等次之，总含量 70% 11.30m

1. 湖积细砾、砂、粉砂质泥，砾石多扁平、次棱角状，大小 2cm，主要为花岗岩、片麻岩和片岩，局部见大小 20cm 的漂砾。砂以岩屑为主,次棱角状。三者构成韵律层,砾石层厚 10～30cm,砂层厚 50～60cm,粉砂质泥厚 10～15cm 26.30m

全新统冲积层覆盖 (未见底)

二、岩石地层特征及成因类型划分

综合上述剖面及路线地质研究资料,第四系地层划分为下更新统、中更新统、上更新统和全新统 4 个地层单元及多种成因类型。

1. 下更新统西域组(Qp^1x)

主要分布于奥依塔克及东侧的博孜达坂—琼托阔依等地。呈大小、形态各异的面状或片状,出露面积 170km²。区域上多为角度不整合覆盖于老的不同层位之上,在吉安布拉克与下伏阿图什组为整合接触,上被乌苏群或更新层位所覆盖。

该组主要为一套褐灰色、灰色厚—块状复成分砾岩,夹紫红、灰红色粗砂岩、薄层细砂岩或透镜体。砾石一般 3～6cm,个别达 50cm,多呈次棱角状,少量为次圆状,含量 80%左右。层理多较清晰,上部较模糊,具粒径向上变细的韵律性,每一韵律层厚 1～2m。砾多具定向排列,局部为叠瓦式排列。下部主要成分有灰岩、砂岩、变碎屑岩、火山岩、花岗岩、变质岩等,砂、泥质填隙。砾石成分因地而异,多与周边出露岩性有关,地貌上多形成陡壁断崖。奥依塔克一带视厚 284.5m,为一套洪积扇体堆积。

本组时代确定主要是依据岩相、岩性、色调以及出露层序而划分。其一,整合于上新统阿图什组之上;其二,在岩相上与阿图什组差异明显,即不属于同一沉积环境,也不是同期产物;其三,与区域上所描述的西域组可以对比。

2. 中更新统

(1)乌苏群(Qp^2W)

主要在东部的克孜勒陶农场南侧一带呈不规则带状出露,出露面积 169km²。多覆盖于老的不同层位之上,常形成高基座阶地,高出河床数十米。测区露头不好,未测制剖面。

本群为一套灰褐色冲洪积堆积的粗碎屑沉积,为砾石层、砂砾石层,多呈半胶结,上部少量未胶结,呈松散状,易风化。砾石成分因地而异,但远比西域组复杂,磨圆中等,砾径为 1～15 cm,最大 80cm,可视厚度 10～50m。

本群时代确定主要是依据岩相、岩性、色调、出露层序以及区域对比而划分。

(2)湖积层(Qp^{2l})

中更新统湖积层以中西部的布伦口、木吉河沿岸和英吉沙县城南东一带为主要分布地,出露面积 72km²。可形成多级阶地,木吉河—布伦口一带,普遍可达五级。阶高几米至数十米不等。由高到低,主要为砾石层-砂层-粉砂层和泥质层,具明显的粒序特征,岩石固结程度较差。可视厚度 125～262m。砾石多呈次棱—次圆状,少量为扁平状,10cm 以下,含量 70%～80%,成分均来自周边基岩山地。布伦口、狼孜等地可识别出五级阶地,每一阶地沉积物均表现为由砾岩层—砂层—粉砂质—泥质层的韵律性变化。但向上整体变细,砾岩变少,至晚期阶地则以粉砂和泥为主。阶地相对高差也由早—晚逐渐加大,区内累计最大高差在木吉河沿岸,达 270m。砂、泥质中普遍发育水平层理及纹层,稍高阶地层理微向盆地中心倾斜,倾角为 5°～7°。在琼块勒巴什湖北侧泥岩中见植物化石,本次仅采获 *Equisetum*? sp.。

其时代主要是根据所处的地貌位置和上覆地层而定。

(3)湖积-冰碛层(Qp^{2l-gl})

仅在布伦口—包孜亚沿盖孜河两岸见及,出露面积 24km²。为河流阶地的组成部分,阶高几米至数十米不等,由湖积物与冰碛物互层构成。从乌尊塔勒沟剖面上可以看出,湖积层厚度极小,多不足 1m,仅下部较厚,达 20 余米。湖积物主要为砾石层、砂层、粉砂层和泥质层,具明显的粒序特征。砾石多呈次棱角状、扁平状,大小 2～10cm,最大 20cm。含量 80%,砾石成分主要为片麻状花岗岩、片麻岩、片岩,少量变砂岩、大理岩，与下伏及其周边山地基岩一致。多具定向排列或呈叠瓦式排列，轴面北倾，对下伏层位具冲刷现象。泥质中普遍发育水平层理，砂质岩中见有槽状层理。冰碛物由大小不一的棱角状的砾石与砂、泥质物混杂堆积组成，砾石大者达3～5m，含量多在80%左右，成分以花岗岩（片麻状花岗岩）为主，石英砂岩次之，另有少量黑云石英片岩、黑云斜长片麻岩和变砂岩等。上述表明为湖岸沉积，经常有冰碛物混入，剖面上二者规律性的叠置可见有8期，可视厚度100m。向上湖积层极薄，多20cm，代表冰期物源的匮乏，古湖岸线大致为北东—南西向。

其时代是根据该区湖积层的相互对比确定。

3. 上更新统

（1）新疆群（Qp^3X）

主要在东部的艾古斯—克孜勒一带呈北西向宽带状展布，基本上组成了昆仑山前平原，构成较平坦的戈壁砾石滩。另沿英吉沙一线呈近东西向带状亦有分布，多超覆于下伏老的不同层位之上，视厚10～30m，出露面积889km^2。测区露头不好，未测制剖面。

该群为一套冲洪积堆积的灰色砾石层，多半松散未胶结，仅下部少量为半胶结。砾石随远离山麓而逐渐变小，磨圆度也渐好。靠近山麓多在10～30cm，最大可达100cm，远山区5～10cm。砾石分选性差，成分复杂，东南部一带砾石表面有一层沙漠漆，使其发灰黑色。

（2）冲洪积层（Qp^{3pal}）

零星分布于测区各大谷地及其支沟岸侧，或为阶地或为冲洪积扇体，面积867km^2。据地形地貌不同，其出露形态各异，大小不一。垂向上见典型二元结构（图2-66），下部多为褐黄、灰黄色砾石层，砾石呈次棱—次圆状，大小混杂；上部为褐黄、土黄色粘土层、亚砂土层。

（3）湖积层（Qp^{3l}）

上更新统湖积层主要分布于英吉沙周边一带，多为开阔平地，为土黄色、棕黄色粘土层，上部腐殖层，发育植物根系，向洼地中心方向过渡为灰白色含盐碱的粘土层。

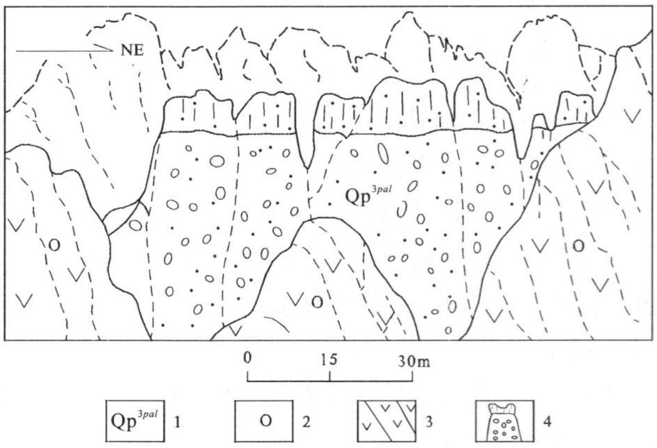

图2-66　阿克陶县托鱼鲁布隆西上更新统洪冲积层残留体特征素描图

1. 上更新统洪冲积层；2. 奥陶系；3. 安山岩；4. 残留体

（4）冰碛层（Qp^{3gl}）

布伦口南康西瓦河东侧较为发育，切列克其沟、五宗塔里等地少量分布，出露面积548km^2，视厚617m。上更新统冰川堆积多在山腰部以下，地形相对狭小的地带或沟谷中分布。由大小不一的棱角状砾石等混杂堆积而成。乌尊塔勒沟剖面可识别出6期冰碛堆积，每期可识别出前缘和后缘堆积，前缘坡度较陡，多形成陡坎，后缘为缓形坡，坡度一般为2°～6°。砾石大小悬殊，小者仅数厘米，大者达2m以上，均呈棱角状，含量80%～85%，砾石成分主要为片麻状花岗岩、片麻岩、片岩以及少量石英岩、变砂岩等，均来自现代冰雪覆盖的高大山川基岩带，砂、泥质充填，无固结，松散堆积。

（5）冰水堆积层（Qp^{3gfl}）

主要围绕昆盖山—公格尔山—慕士塔格山等发育现代冰川的山系分布。上更新统冰水堆积多在山腰部以下地形相对开阔的地带或宽谷中分布，出露面积693km^2。主要由大小不一的棱角状砾石等混杂堆积而成，局部微显层状特征。有的构成现代河流阶地，在强烈侵蚀区可形成高达100余米的岸侧陡崖，其内部结构一览无余。

（6）风积层（Qp^{3eol}）

主要分布于测区北东角的萨罕乡、英也尔乡一线东侧，向北东与塔里木盆地大沙漠连为一体，区内分布面积169km^2。另在盆山结合部位的洼地中零星分布，多不具成图尺寸。由砂堆、砂丘、砂垄组成。砂丘多呈新月形，走向为40°～50°。

4. 全新统(Qh)

(1)冲积层(Qh^{al})

为现代河流的河床、河漫滩及Ⅰ级阶地沉积物，具二元结构，面积263km²。按岩性、地貌特征可分上部和下部冲积层，下部冲积层分布于区内各大河流及其支流两岸，为河流Ⅰ级阶地，岩性为砾石层、砂土层、含砾砂土层；上部冲积层分布于区内大小河流的河床、河漫滩上，为河流冲积、堆积物，岩性因地而异，沉积物以砾石、砂为主，局部地带可见有淤泥沉积，河流上游到下游沉积物有由大到小、磨圆度由棱角到次棱角—次圆状、分选由差到好的变化规律和分布特征。

(2)洪积层(Qh^{pl})

主要分布于测区中、西部的科克亚尔、昆盖山南坡的木吉河北侧岸等地，面积36km²。大体上与活动构造带的发育位置及程度有关。以棱角—次棱角状砾石为主，夹杂大量泥沙质物，大致与泥石流相似。多呈扇形、长喇叭状，影像上十分醒目。

(3)洪冲积层(Qh^{pal})

主要分布于测区中西部、海拔相对较高的宽阔河谷中，构成现代河流的阶地或岸坡。以砾石、砂、砂土等为主，出露面积308km²。局部地段可见洪水期砾石堆积，二者在垂向上多呈透镜状产出，层偶清晰。

(4)湖积层(Qh^{l})

全新统湖积层仅在英吉沙南侧、布伦口南等现代湖泊周边零星分布，组成湖漫滩或湖岸Ⅰ级阶地，出露面积32km²。与更新统湖积在地貌上分界明显，地势平坦或微向湖心方向倾斜，沉积物多为砂、粘土和淤泥等。

(5)湖沼堆积层(Qh^{fl})

分布于木吉河主河道与支河交汇口部位和布伦口等地，近串珠状分布，与活动构造带的断陷带位置相吻合，面积69km²。主要为细砂、深色淤泥等。其中水草发育，常有水泡冒出。

(6)冰川堆碛层(Qh^{gl})

主要围绕昆盖山—公格尔山—慕士塔格山等发育现代冰川的山系分布，面积318km²。多分布于现代冰川的前缘、冰蚀槽谷内和“U”型悬谷附近地带。多呈长舌状，由棱角状砾石、冰块组成(图版Ⅶ,5)，砾石大小极为悬殊，大者可达10余米。

(7)风积层(Qh^{eol})

全新统风积层在布伦口北侧山坡呈不连续片状分布，为活动砂体，主要为灰白色细粒砂。砂源主要来自附近河滩的砂体，受定向风吹扬、控制形成。面积11km²。

(8)全新统“泥火山”堆积-化学堆积层(Qh^{sl}-Qh^{ch})

仅在测区西部的北图边木吉盆地南缘见及，主体在北邻库尔干幅内。大都成群出现，并呈北西—南东向串珠状分布。单体呈火山锥状，平面多为近圆形、椭圆形，直径为1.0～40m，地面以上高1～5m，以下深1～2m。大致有两类物质，一是土灰色粉砂质泥土，个别有少量砂、砾，即“泥火山”喷出物；另一种是钙华堆积(图版Ⅶ,4)。

第三章 岩浆岩

测区岩浆岩较发育,出露面积约 3 102km²,占测区面积的 15.2%,其中侵入岩、火山岩分别占岩浆岩的 95%、5%。岩石类型以酸性岩为主,次为中性岩,少量基性—超基性岩。岩浆活动始于寒武纪,结束于新生代的古近纪。寒武纪、奥陶纪仅有少量酸性岩侵入,泥盆纪表现为少量中性—超基性岩的侵入与喷出,石炭纪—侏罗纪以大规模的中酸性岩浆侵入及中基性岩浆喷出为特点,古近纪仅有较小规模的酸性岩浆侵入活动。

测区岩浆岩的分布受板块构造所控制,呈 NW—SE 向带状展布。据时空分布及演化规律,大致以空贝利-木扎灵断裂、康西瓦断裂(测区为江托克铁热克达坂断裂)为界由北东向南西划分为西昆仑北、西昆仑中、西昆仑南 3 个构造岩浆岩带,分布见图 3-1。

岩浆岩的时代界线按照全国地层委员会 2001 年编制的《中国地层指南及中国地层指南说明书》所推荐的中国年代地层表进行划分。

岩浆岩的分类命名按照 1999 年实施的国家标准《火成岩岩石分类和命名方案》进行,对于似斑状花岗岩,采用斑晶含量 10%作为含斑与斑状界线。

用于岩石地球化学型式、稀土配分模式图解的球粒陨石值,采用《花岗岩类 1∶5 万区域地质填图方法指南》(1991)推荐的球粒陨石平均值(Boynton,1984)。

第一节 基性—超基性侵入岩

本节包括基性—超基性侵入岩、蛇绿岩及与蛇绿岩密不可分的火山岩,出露面积约 117km²。可划分为泥盆纪木吉-托尔色子基性—超基性侵入岩带、早石炭世奥依塔克基性—超基性岩带。

一、泥盆纪木吉-托尔色子基性—超基性侵入岩带

零星出露于测区西部的额勒克乌托克、让达坂至南东部的恰特一带,总体呈北西—南东向展布,向北西延入库尔干幅,图内面积 7km²。本次工作共填绘出 7 个岩体或岩体群,规模均小。各岩体特征见表 3-1,现综合叙述如下。

(一)地质及岩石学特征

岩体呈脉状、透镜状、带状、岩瘤状零星但广布于志留系及其以前地层中,与围岩多数为侵入关系,仅少数表现为断层关系。上其木干岩体边部发育细粒化带,明显为侵入关系。

辉橄岩:产于西部卓尔托尔—卡尔足克及克孜勒壤岩体群中,为岩体的次要类型,常发育蛇纹石化、绿泥石化。

辉石岩:产于艾格日克亚克岩体群、克孜勒壤南岩体群中,为前者的主要岩石类型、后者的次要类型。前者含角闪石,构成角闪辉石岩,局部夹磁铁矿层,后者含少量橄榄石,构成含橄辉石岩。

角闪石岩:产于恰特岩体及卓尔托尔-卡尔足克岩体群中。常发育阳起石化、透闪石化。

斜长次闪石岩:产于额勒克乌托克岩体及克孜勒壤岩体群中。二者矿物组成差别不大,次闪石为 55%～60%,内含少量次生磁铁矿,斜长石为 20%～35%。

辉长岩:为托尔色子岩体的唯一类型,卓尔托尔-卡尔足克岩体群的主要类型,两个岩体中的暗色矿物含量差别较大,辉石具强烈次闪石化。

表 3-1　木吉-托尔色子基性—超基性侵入岩岩体特征一览表

岩体名称	代号	位置	地质特征	岩石类型	岩性特征
卓尔托尔-卡尔足克	$\sigma-\upsilon D$	艾提开尔丁萨依幅西部、库依滚乌托克西	呈脉状、透镜状、串珠状产于志留系中，岩体长轴平行或斜交围岩面理，宽 5～100m，长 1 000～5 000m。共 7 条脉状体	强蛇纹石化方辉橄榄岩，绿泥透闪石化橄榄角闪岩	变余含橄结构，纤维网环、纤维柱状结构，放射状纤维变晶结构，块状构造
				暗色蚀变辉长岩	灰绿色，残余半自形粗粒结构、糜棱结构，块状、定向构造。石英 2%，他形粒状，0.1mm±；次闪石化辉石 50%～70%；斜长石 28%～47%；磁铁矿少量，局部少量方解石
额勒克乌托克	ΨD	艾提开尔丁萨依幅西部、命名地南 1.5km	呈透镜状产于志留系中，宽 10m ±，长 30m±	斜长次闪石岩	灰绿色，纤、粒状变晶结构，定向构造。次闪石 60%±，纤状，1～2mm；斜长石 35%±，他形粒状，1～2mm，An＝30，钠长石双晶；石英 5%±，他形粒状，0.1～0.2mm；副矿物为磁铁矿
克孜勒壤南岩体群	ΨD	艾提开尔丁萨依幅中部、命名地南 2km	与志留系断层或侵入接触，长带状、透镜状产出，共 3 条，宽 10～50m，最宽 300m，长 0.05～11km	斜长绿帘次闪石岩	灰绿色，纤状变晶结构，块状构造。次闪石 55%±，纤柱状；斜长石 20%±；绿帘石 20%±；绿泥石 5%±；副矿物为榍石、金属矿物
				含橄辉石岩，绿泥石化蛇纹石化辉橄岩	粒状结构、纤状变晶结构，块状及片理构造
让达坂	ΨD	艾提开尔丁萨依幅东北部、命名地附近	呈小透镜状产于 Pt_1B. 中	次闪石岩	浅灰绿色，纤状变晶结构、残晶结构，块状构造。次闪石 55%±，呈大小不等的柱状、纤柱状，小于 2mm×3mm，由斜方辉石蚀变而来；绿泥石 30%±；普遍辉石 5%±，呈残晶状；橄榄石＜5%，呈残晶出现；磁铁矿＜5%
恰特	$\varphi o D$	艾提开尔丁萨依幅东南、命名地东 2.5km	呈小透镜状位于 Pt_1H. 中	蚀变角闪石岩	灰绿色，残余半自形粒状结构，块状构造。角闪石 95%±，绿色柱状，0.5mm×0.5mm～5mm×3mm，大都变成了纤维状阳起石，杂乱分布；方解石 5%±，为次生；副矿物为磁铁矿
托尔色子	υD	英吉沙县幅中部、命名地南 3.5km	呈小岩瘤状侵入 ChST. 中，边部具细粒化带	蚀变辉长岩	暗灰色，残余细粒辉长结构，块状构造。斜长石 57%±，An＝30；次闪石 40%±，为短柱状；黑云母 3%，为褐色片状
艾格日克亚克岩体群	$\varphi l D$	艾提开尔丁萨依幅东南，命名地西 3.5km	呈脉状产于 Pt_1B. 中，共 3 条，宽 10～30m，长 1～2km	角闪辉石岩	灰黑色，半自形中粒结构，块状构造。辉石 60%±，柱状，3.5mm×1.3mm～5mm×1.5mm；角闪石 30%±，0.6mm×0.2mm～1.7mm×1mm，绿色柱状；斜长石 10%±，半自形板柱状，0.5mm×0.25mm～2.5mm×1.2mm

（二）岩石化学及地球化学特征

1. 岩石化学特征

分析结果及参数见表 3-2。

辉橄岩、角闪石岩、斜长次闪石岩、辉长岩的 SiO_2 含量分别为 37.31%、41.74%、51.51%、50.29%，属超基性—基性岩类。辉橄岩出现标准矿物刚玉，属过铝质，角闪石岩、斜长次闪石岩、辉长岩铝指数分别为 0.22、0.61、0.71，属偏铝质类型。斜长次闪石岩、辉长岩在硅-碱图上（图 3-2）位于亚碱性系列区，在 FeO^*/MgO 与 SiO_2、FeO^* 图解上（图 3-3）位于拉斑玄武岩系列区，综合显示该基性岩属拉斑玄武岩系列。斜长次闪石岩 K_2O 含量为 0.25%，$Na_2O-2>K_2O$，属富钠的低钾类型；辉长岩的 K_2O 达 1.4%～1.84%，在硅-钾图上位于高钾区，$Na_2O-2<K_2O$，属富钾高钾类型；AR-SiO_2 图解（图 3-4）显示该基性—超基性岩碱度上属莱特的钙碱性岩。

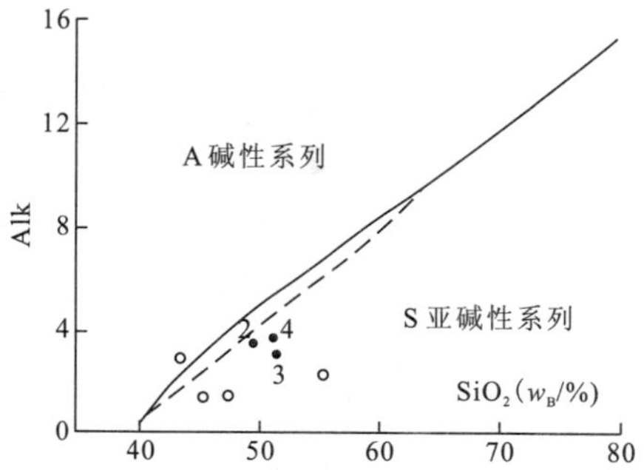

图 3-2　木吉-托尔色子基性岩硅-碱图

（Irvine T N 等，1971）

•. 本区；○. 库尔干幅资料；编号同表 3-2

辉橄岩与方辉橄榄岩与邱家骧（1991）平均值相比，TiO_2、Al_2O_3、Fe_2O_3、CaO 高，MgO、Na_2O、K_2O 低；斜长次闪岩与中国辉长岩平均值较接近，具高 MgO、低 FeO^*、K_2O 的特点；辉长岩与之相比，具高Al_2O_3(16.29%～17.28%)、高K_2O、低FeO^*的特点。

辉橄岩镁铁比值 M/F=4.57，属吴利仁(1963)的铁质超基性岩，该类型与硫化铜镍矿及铂矿床有关，其他镁铁比值 M/F=1.29～0.75，属富铁质超基性岩、基性岩，通常不成矿。

表 3-2 木吉-托尔色子基性—超基性岩岩石化学成分、CIPW 标准矿物及特征参数一览表

岩体	序号	样号	岩石类型	氧化物含量(%)													
				SiO_2	TiO_2	Al_2O_3	Fe_2O_3	FeO	MnO	MgO	CaO	Na_2O	K_2O	P_2O_5	H_2O^+	CO_2	总量
a	1		辉橄岩	37.31	0.67	4.43	5.41	6.40	0.11	29.29	3.33	0.16	0.04	0.002	1.37	1.64	99.62
b	2	2070/3	角闪石岩	41.74	1.11	5.73	6.06	11.25	0.23	12.27	13.80	0.32	0.35	0.02	2.90	3.91	99.69
c	3	2130/2	斜长次闪石岩	51.51	1.74	13.08	2.03	8.87	0.24	7.68	8.78	3.13	0.25	0.06	1.97	0.42	99.76
d	4	0031/1	蚀变辉长岩	50.63	1.06	17.28	2.50	6.83	0.18	4.74	10.47	2.21	1.40	0.23	1.73	0.52	99.78
	5	0031/2	蚀变辉长岩	48.90	1.47	16.59	2.78	8.27	0.19	4.58	10.00	2.23	1.84	0.31	1.84	0.73	99.73

序号	样号	CIPW 标准矿物										特征参数								
		or	ab	an	c	di	hy	q	ap	il	mt	σ	AR	DI	SI	Alk	A/CNK	FL	MF	M/F
1		0.24	1.35	6.90	2.73		33.43	38.83		1.29	3.12		1.05	1.77	70.92	0.20		5.67	28.73	4.57
2	2070/3	2.07	2.71	13.20		25.60	6.93		0.05	2.11	6.47		1.07	4.78	40.78	0.67	0.22	4.63	58.29	1.29
3	2130/2	1.54	27.08	21.40		16.39	24.02	2.11	0.13	3.38	3.02	1.34	1.37	30.72	34.97	3.38	0	27.80	58.67	1.26
4	0031/1	8.27	18.70	33.10		11.92	15.42	3.89	0.53	2.01	3.62	1.71	1.30	30.86	26.81	3.61	0.71	25.64	66.31	0.91
5	0031/2	10.9	18.87	29.80		11.26	17.14	1.41	0.72	2.79	4.03	2.81	1.36	31.15	23.25	4.07	0.70	28.93	70.70	0.75

注：a. 卓尔托尔-卡尔足克岩体；b. 恰特岩体；c. 额勒克乌托克岩体；d. 托尔色子岩体

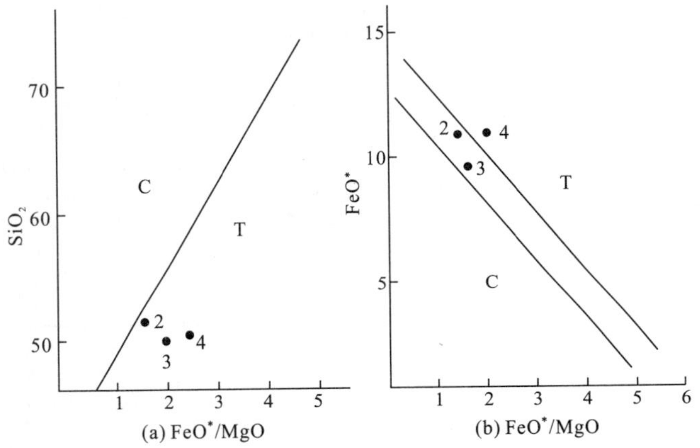

图 3-3 木吉-托尔色子基性岩 FeO^*/MgO 与 SiO_2、FeO^* 图

(Miyashiro A, 1974)

C. 钙碱性系列；T. 拉斑玄武岩系列；样品编号同表 3-2

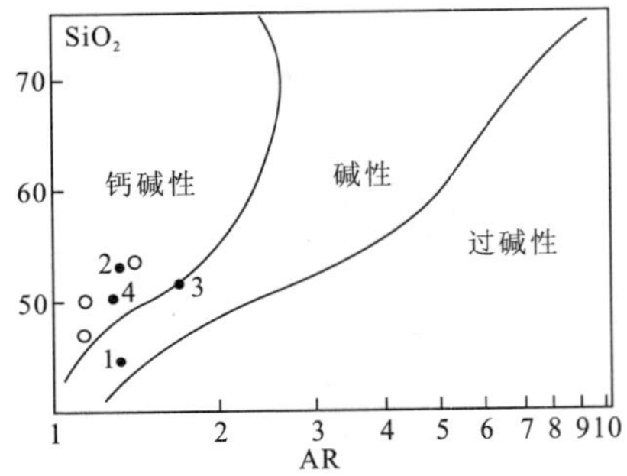

图 3-4 木吉基性岩 AR - SiO_2 图

(Wright J B, 1969)

•. 本区；○. 库尔干幅资料；样品编号同表 3-2

2. 稀土元素特征

分析结果及参数见表 3-3。角闪石岩、次闪石岩的稀土总量为 58.59×10^{-6}、110.5×10^{-6}，与基性岩基本相当，蚀变辉长岩的稀土总量为 209.59×10^{-6}，远高于基性岩的平均含量，可能与岩石蚀变有关，但与碱性岩一致。标准化曲线见图 3-5，角闪石岩轻稀土相对弱富集，$(La/Yb)_N=2.68$，具中等的铕负异常；次闪石岩、辉长岩稀土曲线类似，均为轻稀土中等富集型，$(La/Yb)_N=5.54\sim7.4$，具轻微的铕亏损。曲线型态与典型的蛇绿岩套的堆积岩不同。

3. 微量元素特征

分析结果及参数见表 3-3。与维氏克拉克值相比，蚀变角闪石岩的微量元素含量介于超基性岩与基性岩之间，高 V、低 Ni；次闪石岩与基性岩的维氏值基本接近，具高 Rb、V、Hf，低 Cr、Ba、Ga 的特点；辉长岩与基性岩的维氏值很接近，具高 Rb、Hf，低 Cr、Ni 的特点。

表 3-3　木吉-托尔色子基性—超基性岩稀土和微量元素含量及特征数值一览表

序号	样号	稀土元素含量(×10⁻⁶)															特征参数			
		La	Ce	Pr	Nd	Sm	Eu	Gd	Tb	Dy	Ho	Er	Tm	Yb	Lu	Y	ΣREE	LR/HR	δEu	$(La/Yb)_N$
1	2070/3	5.99	13.94	1.99	8.82	2.42	0.52	2.86	0.49	2.92	0.57	1.57	0.25	1.51	0.23	14.51	58.60	3.24	0.60	2.68
2	2130/2	15.79	32.94	4.43	18.02	4.27	1.36	4.44	0.73	4.20	0.80	2.08	0.33	1.92	0.27	18.92	110.50	2.28	0.95	5.54
3	0031/1	25.10	55.12	7.40	31.95	6.78	1.95	6.33	0.94	5.11	0.98	2.48	0.36	2.37	0.36	23.48	170.70	6.78	0.90	7.14
4	0031/2	33.84	78.64	11.00	48.59	10.32	2.29	9.40	1.43	7.68	1.46	3.89	0.58	3.61	0.53	35.09	248.30	6.46	0.70	6.32

序号	样号	微量元素含量(×10⁻⁶)														特征参数		
		V	Cr	Ni	Rb	Sr	Zr	Ba	Th	Sc	Hf	Nb	Co	Ta	Ga	Rb/Sr	Ba/Sr	Zr/ Hf
1	2070/3	957.00	376.00	105.00	5.40	212.00	75.30	10.00	3.61	99.20	2.50	2.95	75.60	0.35	6.73	0.025	0.047	30.12
2	2130/2	450.00	71.50	126.00	10.90	689.00	109.00	47.30	2.32	40.00	3.40	16.00	47.10	1.24	8.76	0.016	0.067	32.06
3	0031/1	276.00	43.60	5.82	45.70	561.00	112.00	217.00	1.90	38.20	3.50	8.79	30.90	0.82	16.00	0.081	0.39	32.00
4	0031/2	301.00	38.80	8.92	62.80	488.00	129.00	465.00	2.35	35.80	3.70	13.30	31.60	0.80	24.00	0.13	0.952	34.86

注:本表所列样品岩石类型与表 3-2 对应一致

(三)成因及时代

该基性—超基性岩与围岩之间多表现为侵入关系,岩石化学显示为拉斑系列,故认为它是板内的镁铁—超镁铁岩建造。岩体侵入志留系,晚于泥盆纪的地层中均未见及,调查及综合资料显示泥盆纪测区处于板内拉张环境,该基性—超基性岩可能与该时期的大陆裂解活动有关。故将其时代暂置于泥盆纪。

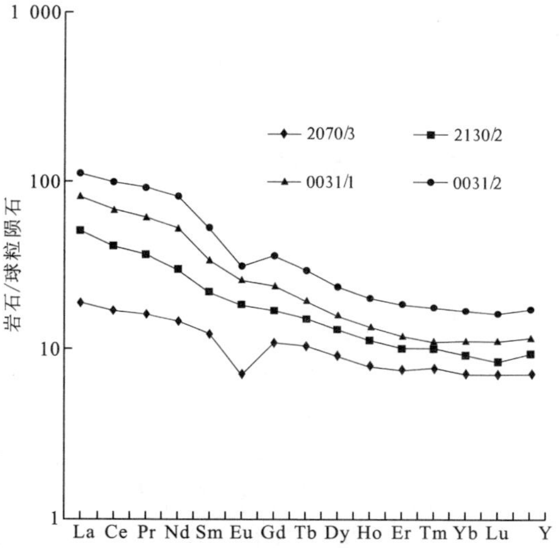

图 3-5　木吉-托尔色子基性—超基性岩稀土配分模式
(Coryell,1963;样品编号同表 3-3)

二、早石炭世奥依塔克基性—超基性岩带

分布于测区北部,奥依塔克镇南侧,图内出露面积约 110km²。该岩带位于塔里木板块西南缘的奥依塔克裂陷槽内,沿构造线带状展布特征明显,北、南两侧被断层围限,向东被新地层覆盖,向西延伸出图,经阿克塔什、波斯坦铁列克至联测图幅库尔干幅的木孜都嫩乔库苏托。岩带宽 10～17km,长约 130km,有乌鲁阿特组火山岩及少量基性、超基性深成岩两种岩石类型,伴少量海相沉积岩。该岩带的时代确定依据了其中的火山地层,见前面地层部分论述。

(一)喷出岩单元

该火山岩构成乌鲁阿特组的主体,占其 94%±,火山地层的中、上部夹稀少的中薄层灰岩、石英岩层。图幅内火山岩厚度稳定,达 1 950m±。东部的奥依塔克镇一带中下部为中基性岩,上部为中酸性岩;西至本测区皮拉勒一带及西邻库尔干幅的玛依牙一带从下至上均以中基性岩为主,上部有少量酸性岩夹层,皮拉勒一带尚发育少量凝灰岩及角砾熔岩夹层。从东向西岩石向基性方向变化,从下至上岩石向酸性方向演化。该火山岩总体以偏基性的玄武质—玄武安山质为主,占火山岩的 57%～95%,次为偏酸性的安山质、英安质岩石,分别占火山岩的 36%～4%和 7%～1%。

1. 韵律旋回划分

该火山地层的结构为熔岩型,在奥依塔克镇南塔西克西沟剖面上据岩石成分变化可划分为 6 个韵律(表 3-4),韵律内部均从较基性向较酸性演化,韵律类型为"变玄武岩→变安山岩"、"变安山岩或玄武岩→

安山岩→变英安岩”。据岩浆成分从下至上由中基性向中酸性演化的规律性，结合韵律类型可划分为 2 个亚旋回，下部亚旋回厚 1 398m，由 2 个“玄武岩→安山岩”韵律组成，韵律厚度大；上部亚旋回厚 556m，由若干个“安山岩或玄武岩→安山岩→英安岩”韵律组成，韵律厚度小，在剖面上表现为 2 种岩性频繁互层。

表 3-4　奥依塔克岩带火山岩韵律划分表

亚旋回	韵律	厚度(m)	层号	岩石组合	韵律结构特征	喷发强度
上部亚旋回	6	102.6	12	灰绿、墨绿色变安山岩夹 70～80cm 的浅紫灰色变英安岩	变安山岩→变英安岩	喷溢
	5	177.2	13 52～51	灰绿色变玄武-安山岩夹紫灰色厚层状变英安岩(单层厚 40～80cm)	变玄武-安山岩→变英安岩	喷溢
	4	130.8	10～11	紫灰色厚层状变英安岩 灰绿片理化变安山岩	变安山岩→变英安岩	喷溢
	3	145.7	9	灰绿色片理化变安山岩夹浅紫灰色中厚层状变英安岩	变安山岩→变英安岩	喷溢
下部亚旋回	2	956.8	3～8	紫灰色中厚层状炭质泥质灰岩 灰绿色杏仁状变安山岩 灰绿色片理化杏仁状变玄武岩 灰绿色变玄武岩	变玄武岩→杏仁状变玄武岩→杏仁状变安山岩→炭质泥质灰岩	喷溢→宁静
	1	440.8	1～2	淡灰色枕状变安山岩 灰绿色变玄武岩	变玄武岩→变安山岩	喷溢

2. 岩石类型及特征

该火山岩发育熔岩、火山碎屑岩、潜火山岩三大类，后两者很少。

(1)熔岩类

①变玄武岩亚类

广泛产于火山地层的下部，向西在地层的上部也大量发育。依构造可划分为块状、杏仁状、枕状玄武岩；据蚀变程度可划分出强绿帘石化变玄武岩。

变块状玄武岩：灰绿色，多具斑状结构，基质间粒或间隐结构。斑晶含量小于 30%，主要为普通角闪石，次为辉石，其中的角闪石呈长柱状，多次闪石化，一般长轴 0.7mm±，辉石呈短柱状，粒径小于 0.6mm，大部分破碎而不完整。基质间粒结构由钠长石(一般 50%～55%)、纤闪石(20%～35%)、绿帘石(少量～20%)、绿泥石(少量～5%)组成，有的含少量石英；钠长石呈显微板柱状，杂乱分布，大部分已微粒化，且被纤闪石嵌布，绿帘石呈柱状，一般 0.05～0.1mm，纤闪石一般呈显微纤维状，绿帘石及纤闪石充填于长石的格架间；基质间隐结构内部含少量玻璃质。

变杏仁状玄武岩：杏仁体含量 3%～5%，呈椭圆状，0.5～3mm，充填物为石英、方解石、绿泥石。其他特征同上述变块状玄武岩。

变枕状玄武岩：分布于阿克陶县水泥厂附近，灰绿色，间隐结构，由斜长石(60%±)及玻璃质(40%±)组成，斜长石呈板条状微晶，0.05mm×0.5mm～0.1mm×1mm，玻璃质脱玻化形成斜长石、绿泥石、磁铁矿等。枕状体大小不一，15cm×40cm～40cm×60cm，通常中间内凹构成典型的枕状形态，边部具玻璃质冷凝边。

强绿帘石化玄武岩：分布于皮拉勒等地，灰绿色，柱状或粒状变晶结构，块状构造。由绿帘石(85%±)、斜黝帘石(3%±)、钠长石(9%±)及少量方解石、白云母组成，钠长石少数呈残斑，粒径小于 0.4mm，多呈小于 0.1mm 的晶粒，绿帘石具交代钠长石现象。

②变安山岩亚类

主要分布于中巴公路西侧，产于该火山岩的上部，按成分可划分为变玄武-安山岩、变安山岩，按构造可划分为块状、杏仁状两种类型。

变块状安山岩：灰绿色，斑状结构、变余交织结构，块状构造。斑晶少量，为斜长石。基质由钠长石(40%～45%)、绿泥石(35%～45%)、绿帘石(5%～10%)、纤闪石(0%～5%)、石英(5%)组成。钠长石呈板柱状，0.1mm×0.2mm，大致定向排列；绿泥石呈鳞片状，部分残留有纤柱状角闪石；绿帘石呈柱状，0.5mm±；石英呈不规则粒状，多以填隙状分布于长石间；副矿物为磁铁矿（<5%）、榍石。

变玄武安山岩：灰绿色，变余交织-间隐结构，暗色矿物 50%，其他特征同上述安山岩。

③变英安岩亚类

分布于中巴公路西侧，产于该火山岩的上部。紫红色，斑状结构，基质霏细结构，局部具显微文象结构，流纹构造。斑晶 5%±，由钠长石、石英组成，二者有时构成文象交生。基质由钠长石（60%±）、石英（30%±）及少量绿泥石、绢云母组成，长英质呈霏细状，以梳状分布于斑晶周围。副矿物为磁铁矿、绿帘石、磷灰石、白钛石。

（2）火山碎屑岩类

测区内仅在皮拉勒发育少量褐帘石化晶屑凝灰岩。红褐色，鳞片晶屑结构，块状构造，由钠长石晶屑（40%±）、透闪石晶屑（30%±）、绢云母（35%±）、褐帘石（20%±）等组成。透闪石呈板柱状，长达 0.6mm；褐帘石粒径小于 0.02mm，分布不均。

3. 岩石化学及地球化学特征

（1）岩石化学特征

岩石化学分析结果及参数见表 3-5。

表 3-5　奥依塔克基性—超基性岩带岩石化学成分、CIPW 标准矿物及特征参数一览表

单元	序号	样号	岩性	氧化物含量(%)													
				SiO_2	TiO_2	Al_2O_3	Fe_2O_3	FeO	MnO	MgO	CaO	Na_2O	K_2O	P_2O_5	H_2O^+	CO_2	总量
火山岩	1	655/3	玄武岩	48.99	1.63	14.54	5.50	5.13	0.20	4.54	11.08	3.71	0.04	0.26	2.67	1.50	99.79
	2	656/3	玄武岩	48.70	1.62	13.57	4.92	5.98	0.19	5.93	10.69	3.44	0.24	0.20	2.98	1.34	99.80
	3	ZB39★	玄武岩	49.79	1.36	16.63	4.08	6.51	0.12	6.54	7.28	4.59	0.75	0.14	0.70	0.95	99.44
	4	ZB38★	玄武安山岩	53.06	0.75	14.24	2.75	5.62	0.12	8.97	7.24	3.99	0.33	0.24	0.92	1.36	99.59
	5	ZB36★	安山岩	61.38	0.86	13.82	2.01	6.01	0.14	5.02	2.82	6.11	0.11	0.14	1.30	0.92	100.64
岩体	6	1136/1	辉长岩	49.70	0.29	17.30	1.89	3.72	0.13	8.03	12.93	2.20	0.40	0.03	2.97	0.23	99.82

序号	样号	CIPW 标准矿物										特征参数								
		or	ab	an	c	di	hy	q	ap	il	mt	σ	AR	DI	SI	Alk	A/CNK	FL	MF	M/F
1	655/3	0.24	32.32	23.58		17.65	9.91	3.10	0.59	3.19	5.73	2.35	1.34	35.73	24.00	3.75	0.55	25.29	70.07	0.80
2	656/3	1.48	30.04	21.58		18.78	13.43	1.92	0.46	3.17	5.90	2.38	1.36	33.47	28.91	3.68	0.54	25.61	64.77	0.99
3	ZB39★	4.31	37.91	15.30	2.47		22.34	0.70	0.31	2.53	5.77	4.20	1.58	43.56	29.11		0.80	42.31	61.82	1.12
4	ZB38★	1.95	33.93	20.04		4.77	27.23	2.10	0.52	1.42	4.00	1.86	1.50	38.34	41.41		0.71	37.37	48.27	1.96
5	ZB36★	0.65	51.36	7.32	0.94		20.60	10.94	0.31	1.61	2.90	2.10	2.19	63.78	26.06		0.91	68.81	61.50	1.12
6	1136/1	2.36	18.61	36.15		21.67	14.91	0.00	0.07	0.55	2.73	1.01	1.19	20.98	49.45	2.60	0.63	16.74	41.13	2.55

注：带“★”者数据来自丁道桂《西昆仑造山带与盆地》（1996）一文

该火山岩 SiO_2 含量 48.7%～61.28%，属中、基性岩。鉴于样品有所风化，采用 $Zr/TiO_2-Nb/Y$ 和 SiO_2-Zr/TiO_2 图解（图 3-6）进行分类，图解显示为亚碱性系列的玄武岩、玄武安山岩、安山岩，与镜下定性分类一致。硅钾图（图 3-7）显示主要为低钾岩石，个别为中钾岩石。$Na_2O-2>K_2O$，均属钠质类型。

FeO^*/MgO 与 SiO_2、FeO^* 图解（图 3-8）显示玄武岩属拉斑玄武岩系列，玄武安山岩、安山岩属钙碱性系列。在 $AR-SiO_2$ 图解（图 3-9）上位于钙碱性区，但接近碱性区边界，里特曼指数 $\sigma=1.86\sim2.38$，二者碱度属皮科克的钙碱性岩。

玄武岩 Al_2O_3 含量一般较低，为 13.6%～14.5%，部分样品及北邻阿克塔什附近样品的 Al_2O_3 含量较高，大于 16%，高 Al_2O_3 值为岛弧拉斑玄武岩特征；TiO_2 含量（1.36%～1.64%）与洋脊玄武岩平均值（1.5%）接近，而不同于高 TiO_2 的板内拉斑玄武岩（平均 2.2%）；FeO^* 含量较低（10.08%～10.41%），K_2O 含量很低（0.04%～0.75%），均与洋脊、岛弧拉斑玄武岩一致；Na_2O 含量普遍较高（3.44%～

4.59%)。该玄武岩氧化物含量总体与洋脊、岛弧拉斑玄武岩接近,表中 2 号样品与东巴布亚蛇绿岩中的玄武岩极其一致,仅 MgO 稍低、CaO 稍高。

安山岩与中国安山岩平均值相比总体接近,具高 MgO、Na_2O,低 Al_2O_3、K_2O 特点。

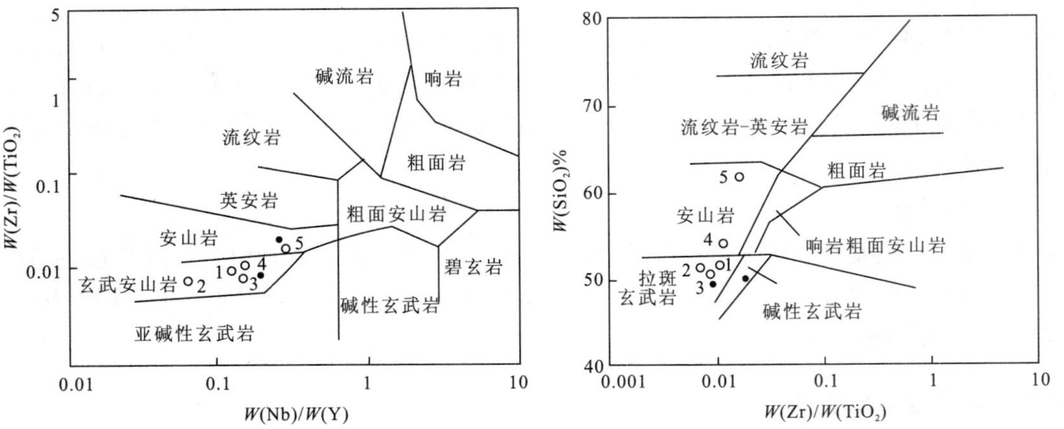

图 3-6　奥依塔克基性岩带火山岩 Zr/TiO_2 - Nb/Y 和 SiO_2 - Zr/TiO_2 相关图

(Winchester and Floyd,1976)

○. 本区;样品编号同表 3-6;•. 联测图幅库尔干幅阿克塔什样品

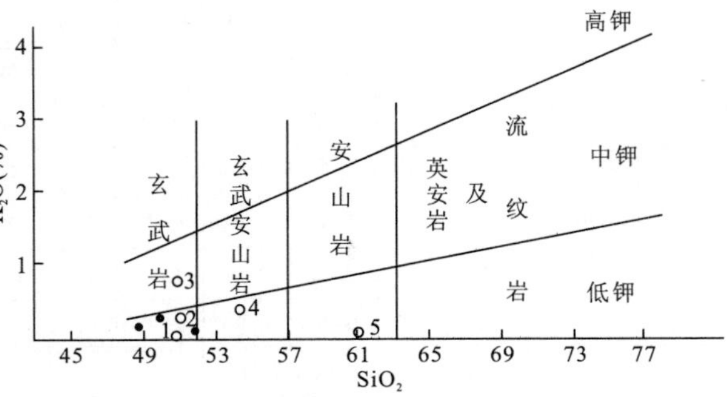

图 3-7　奥依塔克基性岩带硅钾图

(Pecerillo 等,1976;IUGS,1989)

○. 本区;样品编号同表 3-6;•. 库尔干幅阿克塔什样品

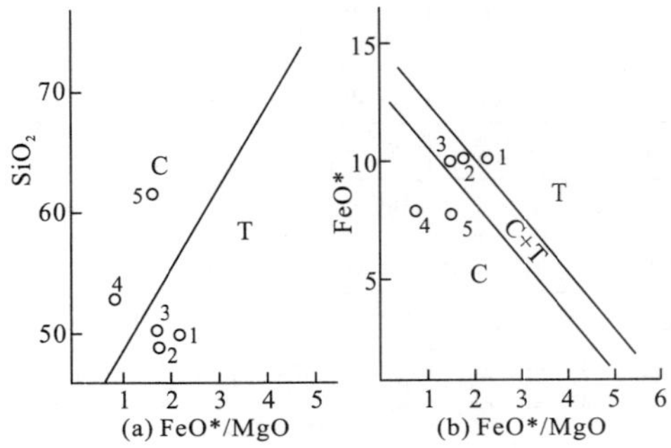

图 3-8　奥依塔克基性岩带 FeO^*/MgO 与 SiO_2、FeO^* 图

(Miyashiro A,1974)

C. 钙碱性系列;T. 拉斑玄武岩系列;样品编号同表 3-6

(2)稀土元素特征

分析结果及参数见表 3-6。玄武岩的稀土总量为 69×10^{-6}～132×10^{-6},接近于基性岩的平均值(85×10^{-6})。安山岩、玄武安山岩稀土总量 45×10^{-6}～100×10^{-6},略低于中性岩的平均值(130×10^{-6})。稀土配分模式(图 3-10)为平坦型,曲线斜率$(La/Yb)_N$ 为 0.99～2.06。弱铕异常,$\delta Eu=0.89$～1.03,与洋内岛弧蛇绿岩中的拉斑玄武岩典型型式一致。

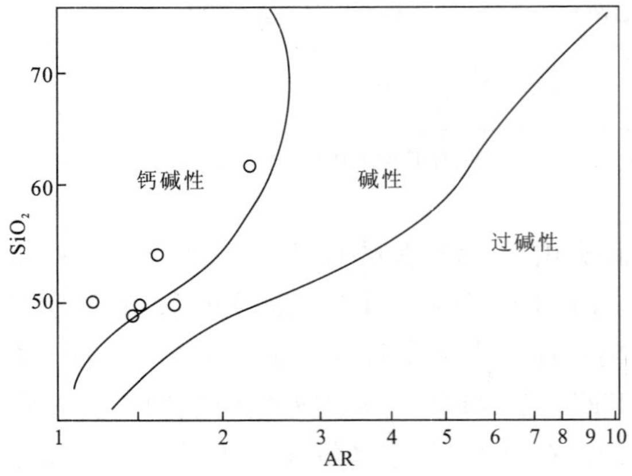

图 3-9　奥依塔克基性岩 AR - SiO_2 图

(Wright J B,1969;样品编号同表 3-5)

(3)微量元素特征

分析结果及参数见表 3-6,地球化学型式见图 3-11。可概括为以下几种类型:①高场强元素亏损,大离子亲石元素选择性富集 Ba 等(如 ZB38),与洋内岛弧拉斑玄武岩的典型型式一致;②高场强元素大部分亏损,其中具 Nb 的负异常,Ce、Ti 的正异常,大离子亲石元素均中等富集,具有三隆起的型式(如 ZB39),与火山弧玄武岩大体一致;③右侧的高场

表 3-6　奥依塔克基性—超基性岩带稀土和微量元素含量及特征数值一览表

序号	样号	稀土元素含量($\times10^{-6}$)										特征参数								
		La	Ce	Pr	Nd	Sm	Eu	Gd	Tb	Dy	Ho	Er	Tm	Yb	Lu	Y	ΣREE	LR/HR	δEu	$(La/Yb)_N$
1	655/3	9.83	25.33	4.13	19.34	5.40	1.98	6.75	1.23	7.46	1.62	4.30	0.66	4.31	0.69	39.34	132.40	2.44	1.00	1.54
2	656/3	5.77	16.67	2.98	15.03	4.85	1.87	6.48	1.18	7.67	1.64	4.36	0.68	4.38	0.70	37.75	112.00	1.74	1.02	0.89
3	ZB39★	5.20	14.20	1.92	9.60	2.57	0.98	3.28	0.57	3.68	0.78	2.30	0.36	2.29	0.36	15.20	83.97	1.20	1.03	1.53
4	ZB38★	2.80	7.44	1.06	4.90	1.80	0.64	2.34	0.40	2.72	0.64	1.92	0.32	1.90	0.29	14.50	59.45	0.74	0.95	0.99
5	ZB36★	9.70	22.10	3.14	12.90	4.50	1.38	5.00	0.72	4.65	1.09	3.20	0.54	3.18	0.51	18.10	117.70	1.45	0.89	2.06
6	1136/1	1.00	2.20	0.44	2.19	0.76	0.47	1.16	0.22	1.47	0.32	0.87	0.14	0.85	0.13	7.93	20.20	1.37	1.53	0.79

序号	样号	微量元素含量($\times10^{-6}$)														特征参数		
		V	Cr	Ni	Rb	Sr	Zr	Ba	Th	Sc	Hf	Nb	Co	Ta	Ga	Rb/Sr	Ba/Sr	Zr/Hf
1	655/3	331.00	15.90	12.60	1.50	386.00	169.00	10.00	1.90	31.40	4.30	4.70	28.10	0.47	9.44	0.004	0.025	39.30
2	656/3	323.00	180.00	60.90	6.40	246.00	138.00	31.20	0.30	35.60	3.20	2.67	40.10	0.26	8.55	0.027	0.126	43.13
3	ZB39★	262.70	120.40	61.60	13.30	491.40	124.20	205.80	1.90			2.40			12.40	0.027	0.418	
4	ZB38★	217.90	214.40	89.10	1.80	67.40	86.10	83.10	1.90			2.50			11.00	0.027	1.233	
5	ZB36★	164.60	125.80	49.10	1.80	14.70	143.40	29.70	1.50			5.40			17.10	0.122	2.020	
6	1136/1	125.00	272.00	110.00	7.50	139.00	16.70	51.00	0.20	30.90	0.50	0.67	38.10	0.24	7.07	0.054	0.367	33.40

注:表中所列样品岩性与表 3-5 对应;其中带"★"者数据来自丁道桂《西昆仑造山带与盆地》(1996)一文

强元素略有富集(如 656/3),仅 Cr、Nd 亏损,左侧大离子亲石元素富集,与 MORB - VAB 过渡型的阿曼蛇绿岩类似;④右侧高场强元素略富集,显著亏损 Cr,Nd 显著负异常,左侧的大离子亲石元素仅选择性富集 Sr 和 Th(如 655/3),具有岛弧与板内拉斑玄武岩的双重特点。

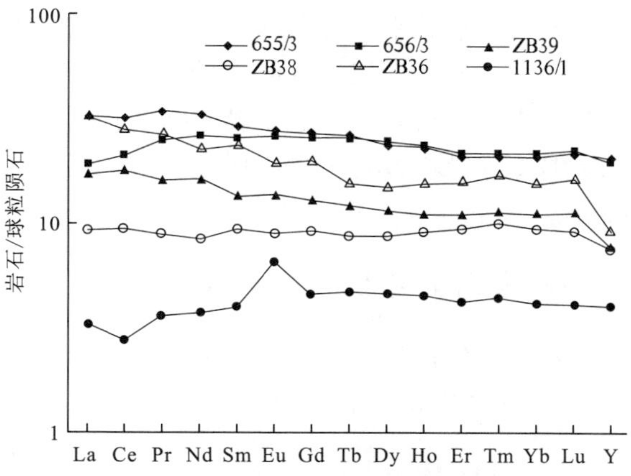

图 3-10　奥依塔克基性岩稀土配分模式

(Coryell,1963;样品编号同表 3-6)

(二)侵入岩单元

该岩带中相关深成岩体很少,仅在奥依塔克大队部附近发现两个,规模均很小,一个位于大队部南侧,岩性为细—中粒辉长岩、辉绿岩,另一个位于大队部南 1km 处,岩性为蛇纹石化辉石橄榄岩。后者位于玄武岩之中,与围岩关系不清,具石棉矿化。现仅介绍前者特征。

1. 地质及岩石学特征

该岩体呈岩株状,边缘与周围枕状玄武岩呈极不规则穿插关系,中心为辉长岩,边部发育宽 50m 的辉绿岩。

辉绿岩:灰色,变余辉绿结构,块状构造。由次闪石(55%±)、斜长石(45%±)组成。斜长石板状,1～1.5mm,钠黝帘石化明显,杂乱分布;次闪石呈绿色,为普通角闪石,半自形柱状—粒状,1mm±,具辉石假象,充填于斜长石间隙中;副矿物为磁铁矿。

辉长岩:灰色,变余中粒辉长结构,块状构造。由斜长石(55%±)、辉石(45%±)组成。斜长石半自形板状,2～4mm,大部分被细粒黝帘石集合体交代,有少量斜长石残余;辉石半自形短柱状,2～3mm,个别4～5mm,大部分被纤状次闪石集合体交代。

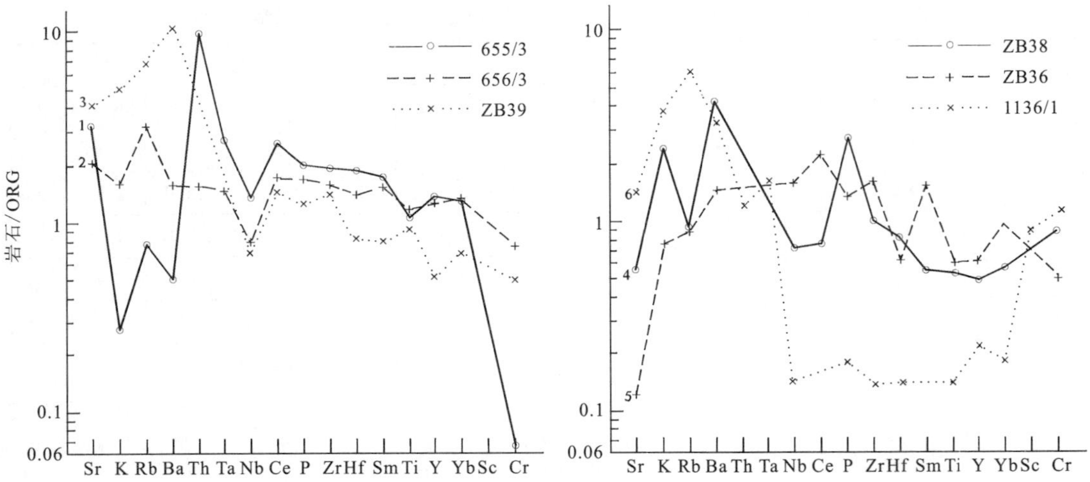

图 3-11　奥依塔克基性岩带地球化学型式图

（Pearce，1984；样品编号同表 3-6）

2. 岩石化学及地球化学特征

辉长岩岩石化学分析结果见表 3-5。硅-碱图显示为亚碱性系列，硅-钾图（图 3-7）显示为低—中钾类型。在 AR－SiO_2 图解上（图 3-9）位于钙碱性区，里特曼指数 σ＝1.01，二者显示碱度上相当于皮科克的钙性岩，与中国辉长岩平均值相比差别较大，具显著高 Al_2O_3（17.3%），高 CaO、MgO，显著贫 TiO_2（0.29%）、FeO^*、K_2O（0.4%）的特点。

稀土元素分析结果及参数见表 3-6，稀土曲线见图 3-10。稀土总量 20.15×10^{-6}，远低于基性岩平均值（85×10^{-6}）。轻稀土相对亏损，中等正铕异常，与蛇绿岩套堆积辉长岩相似。

微量元素分析结果及参数见表 3-6。与维氏基性岩克拉克值相比差别很大，表现为高 Cr、低 V，显著低 Sr、Zr、Ba、Th、Sc、Nb、Ga 的特点。地球化学型式见图 3-11，稍富集左侧大离子亲石元素，亏损中部的高场强元素。

（三）与火山岩伴生的沉积岩

火山岩的上部伴少量沉积岩夹层，沉积主要为结晶灰岩、石英岩，灰岩中不含或含少量生物屑，剥离层较薄，石英岩中含海绿石、磷灰石。岩相显示为较深水海洋环境。

（四）成因及构造环境分析

该火山岩主体为一套偏基性的玄武岩-玄武安山岩-安山岩（少量）组合，局部上部出现偏酸性的玄武安山岩-安山岩-英安岩组合。一部分为拉斑玄武岩系列，一部分为钙碱性系列。钙碱性系列及偏酸性者为弧火山岩特征；拉斑玄武岩系列偏基性者可以产在多种环境。

稀土元素标准化曲线与洋内岛弧玄武岩、蛇绿岩中的玄武岩、板内拉斑玄武岩一致，而与大陆弧玄武岩不同。微量元素地球化学型式具有岛弧、洋中脊玄武岩的特点。玄武岩样品在 Ti/Y－Nd/Y 图（图 3-12）、Zr/Y－Zr 图（图 3-13）、Ti－Zr－Y 图（图 3-14）、Zr－Nb－Y 图（图 3-15）上，主要位于火山弧-洋中脊区，显示非板内玄武岩。对于落入火山弧—洋中脊重叠区的玄武岩进一步在 Th－Hf－Ta 图（图 3-16）、Cr－Ti 图（图 3-17）上判别，各样点吻合性很好，一致显示一部分为洋中脊玄武岩、一部分为火山弧玄武岩。该弧玄武岩显然具有洋内岛弧玄武岩的特点。

对于其中的弧火山岩部分（结合库尔干幅资料）进一步研究表明，K_2O/Na_2O＝（0.02～0.19）＜0.6，FeO^*/MgO＝（1.17～1.56）＜2.0，岩石组合中的玄武岩多于英安岩，安山岩均为中、低钾类型，与久也总结的洋内岛弧火山岩一致。

蛇绿岩套玄武岩与上述的基性、超基性岩体分别构成了蛇绿岩套的喷出岩单元、深成岩单元，其中的钠长花岗细晶岩脉可能为同一母岩浆分异形成而与蛇绿岩伴生的淡色岩。

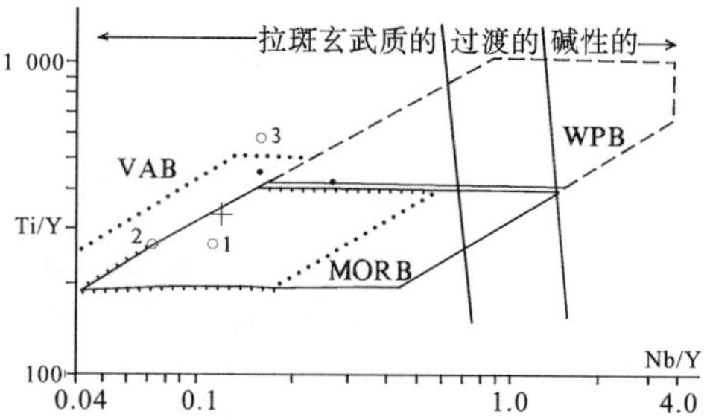

图 3-12　奥依塔克基性岩带 Ti/Y - Nb/Y 图

(Pearce,1982)

○. 本区;编号同表 3-6;+. 库尔干幅;

•. 阿克塔什,据丁道桂等(1996)

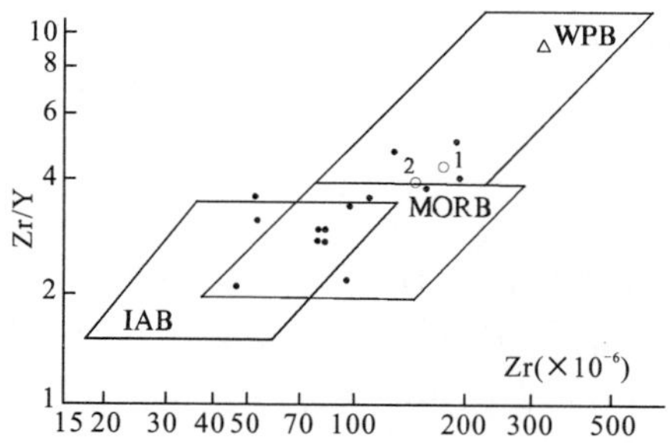

图 3-13　玄武岩的 Zr/Y - Zr 环境判别图

(Pearce,1982)

MORB. 洋中脊;WPB. 板内玄武岩;IAB. 岛弧玄武岩;

○. 本区;编号同表 3-6;•. 库尔干幅资料;△. 棋盘组

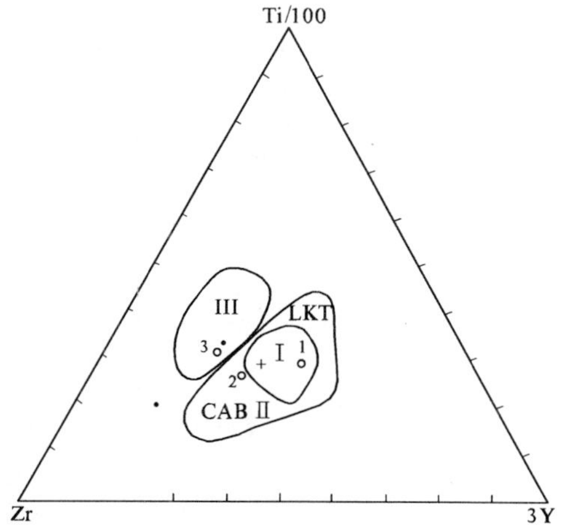

图 3-14　奥依塔克基性岩带 Ti - Zr - Y 图

(Pearce,1979)

○. 本区;编号同表 3-6;+. 库尔干幅(4579/1);

•. 阿克塔什,据丁道桂等(1996)

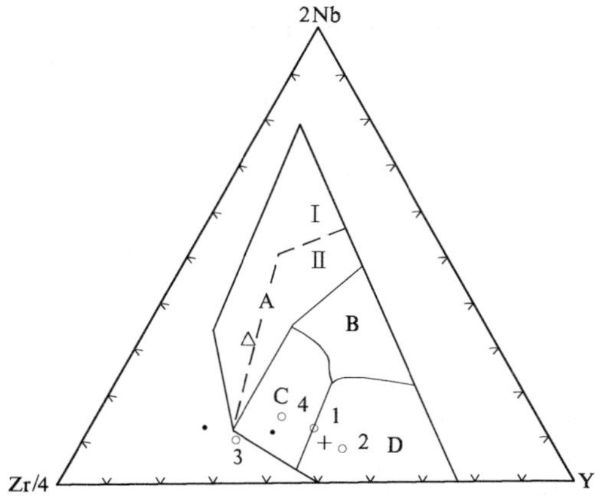

图 3-15　玄武岩的 Zr - Y - Nb 环境判别图

(Meschede,1986)

A. Ⅰ和Ⅱ板内碱性玄武岩;Ⅱ和 C. 板内拉斑玄武岩;

D. N - MORB;C - D. 火山弧玄武岩

○. 本区;编号同表 3-6;•. 阿克塔什;+. 库尔干幅;△. 棋盘组

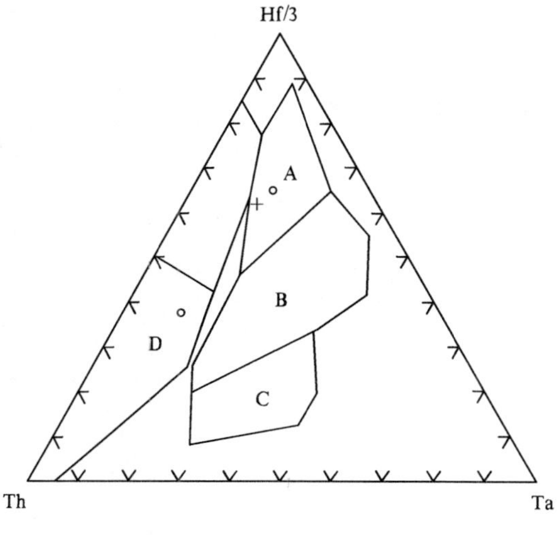

图 3-16　玄武岩的 Th - Hf - Ta 环境判别

(Wood,1979)

A. M - MORB;B. P - MORB;C. 板内碱性玄武岩

及分异产物;D. 岛弧拉斑玄武岩及分异产物

○. 本区;编号同表 3-6;+. 库尔干幅(4579/1)

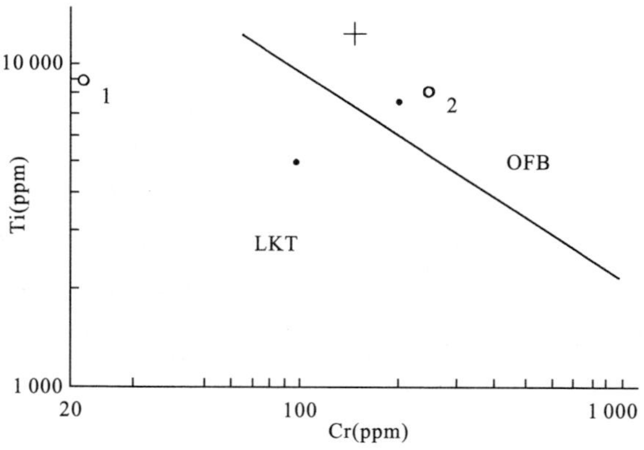

图 3-17　洋底玄武岩与岛弧拉斑玄武岩的 Cr - Ti 图

(Meschede,1986)

OFB. 洋底玄武岩;LKT. 岛弧拉斑玄武岩

○. 本区;编号同表 3-6;

•. 阿克塔什,据丁道桂等(1996);+. 库尔干幅(4579/1)

第二节　中酸性侵入岩

测区中酸性侵入岩较发育，出露面积 2 956km^2，占测区面积的 14.5 %。分别产于西昆仑北、中、南 3 个构造岩浆岩带中（岩带划分见前述），形成时期为寒武纪—古近纪，本次工作共填绘出岩体 46 个，解体出侵入体 67 个。岩体规模大小悬殊，呈岩基、岩株、岩墙产出，岩石类型主要为花岗岩，其次为闪长岩，少量二长岩。

一、西昆仑北带中酸性侵入岩

构造位置处于塔里木地块西南缘，南以空贝利-木扎灵断裂为界，岩体出露面积 314km^2。可划分为蓟县纪、寒武纪、晚奥陶世、晚石炭世、早二叠世、晚二叠世、晚三叠世 7 期。划分情况及岩体简况见表 3-7。

表 3-7　西昆仑北带中酸性侵入岩划分及简况一览表

时代	阶段	岩体名称	面积（km^2）	侵入体主体岩性	代号	侵入次序	年龄（Ma）	主要接触关系	岩体中心坐标	
晚三叠世		托喀依	5	花岗斑岩	$\gamma\pi T_3$			侵入 T_3h	75°30′	38°56′
中二叠世		穷布斯萨依	27	细粒黑云母花岗闪长岩	$\gamma\delta P_2$		U-Pb 330	侵入 C_2P_1tg 及 δoP_1	75°53′	38°27′
早二叠世	二	库台依买克	0.5	细粒黑云母二长花岗岩	$\eta\gamma P_1$	4		侵入 P_1	75°23′	38°50′
		江嘎尔	4	中—细粒花岗闪长岩	$\gamma\delta P_1$	3		侵入 JxS	76°15′	38°03′
				中—细粒石英闪长岩	δoP_1	2				
		也提木苏	44	含中斑中—细粒石英二长闪长岩	$\eta\delta P_1$	3		侵入 JxS	76°09′	38°06′
				含中斑中—细粒黑云花岗闪长岩	$\gamma\delta P_1$					
		阿克达拉	12	文象正长花岗岩	$\xi\gamma P_1$	末期		侵入 C_2P_1tg，被 J_1sh 覆盖	75°59′	38°25′
				中—细粒花岗闪长岩	$\gamma\delta P_1$	2				
		库里巴克吉勒嘎	0.5	中粒石英闪长岩	δoP_1	1		被 $\gamma\delta P_2$ 侵入	75°55′	38°26′
	一	克拉思克阿格孜	1	中粒斜长花岗岩	γoP_1			侵入 Pt_1H.	76°11′	38°07′
晚石炭世	二	皮拉勒	8	糜棱岩化中粒花岗闪长岩	$\gamma\delta C_2$	4		侵入 C_1w	75°17′	38°56′
		阿克达坂	4	细粒石英闪长岩	δoC_2	2		侵入 C_1w	75°26′	38°54′
		托喀依东	48	中粒石英闪长岩	δoC_2	2		侵入 C_1w	75°33′	38°56′
		维齐得歪	36	细粒斜长花岗岩	γoC_2	3	U-Pb 258	侵入 C_1w	75°25′	38°52′
				细粒闪长岩	δC_2	1				
	一	奥依塔克	42	中粒斜长花岗岩	γoC_2	2	Pb-Pb 313	侵入 C_1w	75°22′	38°58′
				细粒斜长花岗岩		1				
晚奥陶世		卡依孜	34	细粒黑云母斜长花岗岩	γoO_3		U-Pb 440		76°10′	38°07′
寒武纪		巴格	25	片麻状中—细粒黑云二长花岗岩	$\eta\gamma\epsilon$	1	U-Pb 495	侵入 Pt_1H.，被二叠纪塔尔岩体侵入	76°10′	38°00′
				弱片麻状含中斑中粒花岗闪长岩	$\gamma\delta\epsilon$					
蓟县纪		阿克乔克	23	片麻状细粒斜长花岗岩	γoJx				76°06′	38°00′

（一）蓟县纪侵入岩（γoJx）

仅出露阿克乔克岩体，分布于英吉沙县幅东南部阿黑买尔太村东侧，面积 23km^2，岩体南延出图，总面积 141km^2。仅含一次侵入活动，岩性为片麻状细粒斜长花岗岩。

1. 地质特征

产于也提木苏断隆带内。在本测区内侵入古元古界赫罗斯坦岩群，内部发育围岩捕虏体，附近围岩发育较多同成分岩脉。在南邻塔什库尔干幅与周围蓟县系接触,但关系不明,被二叠纪塔尔岩体侵入。岩体普遍发育强烈的片麻理,并产生一系列宽缓褶曲;内部捕虏体较多,捕虏体与主岩界线截然;石英脉较发育,但分布不均。岩石局部具绢云母化、钠黝帘石化。

2. 岩石学特征

岩石呈浅灰—暗灰色,细粒花岗结构,片麻状构造。更长石 70%～80%,半自形板柱状、粒状,1mm×0.6mm～2mm×1mm,个别显细密聚片双晶;石英 0.5%～20%,青灰色,他形粒状,0.1～0.3mm,不均匀分布;绿泥石 0～5%,片状,0.1～1mm;副矿物为磁铁矿。

3. 成因及时代

在南邻塔什库尔干幅与该岩体紧邻的阿孜别里地岩体内可见斜长花岗岩、花岗闪长岩、二长花岗岩三者紧密伴生,所取样品在 Rb－Y＋Nb、Y－Nb 图解上位于火山弧花岗岩区,该岩石组合也具有火山弧花岗岩特点。本测区的阿克乔克岩体为斜长花岗岩,与其可以对比。据此塔什库尔干幅区调认为,该花岗岩系板块俯冲产物。阿孜别里地岩体侵入蓟县系桑株塔格群,被奥陶系不整合覆盖,其中的二长花岗岩获得的锆石 U－Pb 上交点年龄为(1 301±15)Ma,属蓟县纪[①],阿克乔克岩体时代也相应置于蓟县纪。

(二)寒武纪侵入岩

仅出露巴格岩体,分布于英吉沙县幅东南部,巴格村南侧,面积约 25km^2,可划分为两次侵入活动,第一次岩性为花岗闪长岩($\gamma\delta\in$),第二次为二长花岗岩($\eta\gamma\in$),二者关系不明。

1. 地质特征

岩体产于乜提木苏断隆带内,呈岩株状侵位于古元古界赫罗斯坦岩群中,平面呈不规则的透镜状,边界弧状弯曲。内部偶见围岩大型顶垂体,附近围岩局部发育穿插的岩枝;岩体内部普遍发育弱的片麻理,局部发育初糜棱岩带;仅见稀少的灰绿色辉长岩脉,其边界呈港湾状。接触带处局部绢英岩化发育,蚀变带在围岩中宽达百米,岩性为绢英岩,在岩体内最宽达 300m,岩性为绢英岩化花岗岩,蚀变岩中伴少量黄铁矿化、黄铜矿化。

2. 岩石学特征

第一次侵入岩:弱片麻状含中斑中粒花岗闪长岩。灰绿色、深灰色,似斑状结构、基质花岗结构,片麻状构造。斑晶钾长石 10%～20%,板柱状,0.5cm×1cm～0.5cm×2cm;基质由钾长石(10%～5%)、斜长石(49%～43%)、石英(20%～25%)、黑云母(2%)及次生绢云母(6%～10%)组成,钾长石为微斜长石,3mm±,包裹斜长石;斜长石 3mm±,表面布满绢云母;黑云母片状,0.05～1mm,多绿泥石化;副矿物为磁铁矿。

第二次侵入岩:弱片麻状中—细粒黑云母二长花岗岩。多阳离子 R_1－R_2 图解(图 3-18)位于花岗闪长岩区,与实际矿物含量定名稍有差别。岩石灰白色,中—细粒花岗结

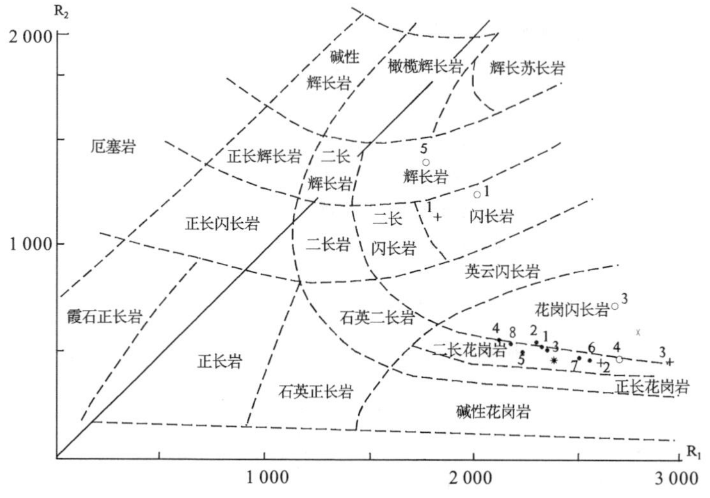

图 3-18 R_1－R_2 图解

(De La Rache,1980)

×. 巴格岩体;○. 编号同表 3-16;

*. 卡依孜;+. 库尔干幅(457911),编号同表 3－46;

·. 阿克塔什,编号同表 3－49

① 河南省地质调查院.1∶25 万塔什库尔干塔吉克自治县幅、克克吐鲁克幅区域地质调查报告.2004.

构，局部显似斑状结构，弱片麻状构造。斑晶小于5%，为钾长石。基质长石均呈半自形板柱状、粒状，0.9mm×0.5mm～2.5mm×1.3mm，其中钾长石24%～30%，部分具格子双晶，为微斜长石；斜长石43%～37%；石英24%～25%，他形粒状，0.1～0.5mm；黑云母2%～5%，片状，0.1～0.2mm，多变成绿泥石，不均匀定向分布；副矿物为磁铁矿、榍石、磷灰石、锆石。

3. 岩石化学及地球化学特征

岩石化学分析结果及参数见表3-8。与中国黑云母花岗岩平均值大体一致，具高CaO、K_2O，低Fe_2O_3、FeO、MnO、Na_2O特点。铝指数A/CNK=1.07，属弱过铝质，钙碱性系列(图3-19、图3-20)，高钾类型(图3-21)，AR-SiO_2图显示碱度上属钙碱性岩(图3-22)。

表3-8　侵入岩岩石化学成分、CIPW标准矿物及特征参数一览表

岩体	岩性	样号	氧化物含量(%)												
			SiO_2	TiO_2	Al_2O_3	Fe_2O_3	FeO	MnO	MgO	CaO	Na_2O	K_2O	P_2O_5	H_2O^+	CO_2	总量
巴格	黑云二长花岗岩	307/1	71.75	0.34	13.76	1.17	1.15	0.05	0.59	2.21	2.54	4.34	0.09	1.16	0.60	99.75
卡依孜	斜长花岗岩	203/3	72.56	0.18	14.22	2.47	0.68	0.03	0.56	0.99	5.94	1.20	0.05	0.77	0.17	99.82

序号	样号	CIPW标准矿物					特征参数								
		q	or	ab	an	c	σ	AR	DI	SI	Alk	A/CNK	Na_2O/K_2O	MF	M/F
1	307/1	36.34	25.64	21.49	6.58	2.47	1.65	1.93	83.47	6.03	6.88	6.88	0.59	79.73	0.48
2	203/3	30.60	7.09	50.26	3.51	1.86	1.72	2.77	87.94	5.20	7.14	1.10	4.95	84.56	0.36

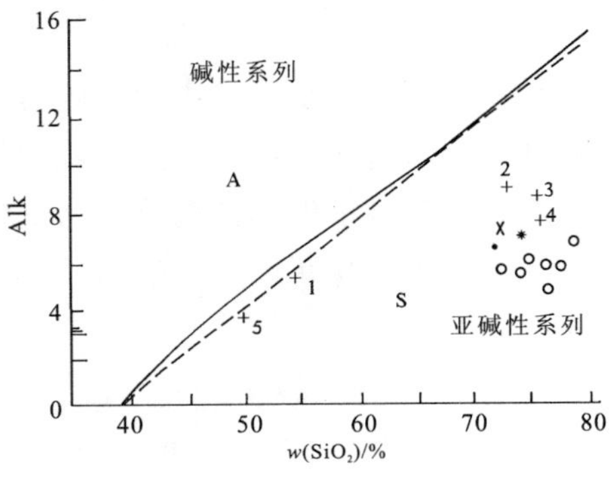

图3-19　硅-碱图

(Lrvine T N等，1971)

×. 巴格岩体；*. 卡依孜；

○. 奥依塔克；•. 维齐得歪；+. 也提木苏，样品编号同表3-16

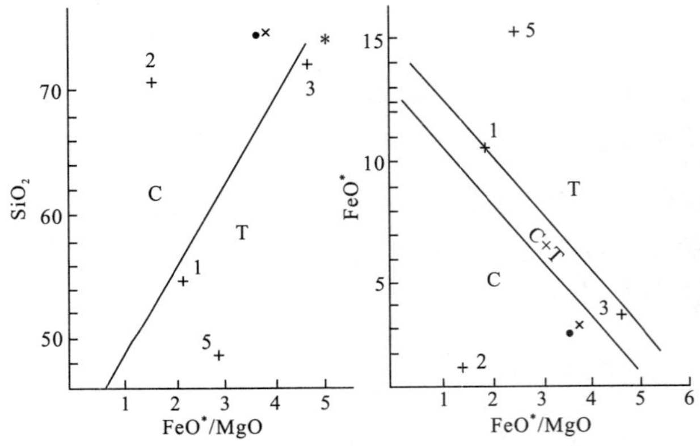

图3-20　FeO^*/MgO与SiO_2、FeO^*图

(Miyashiro A，1974)

×. 巴格岩体；*. 卡依孜；○. 奥依塔克；

•. 维齐得歪；+. 也提木苏等，样品编号同表3-16

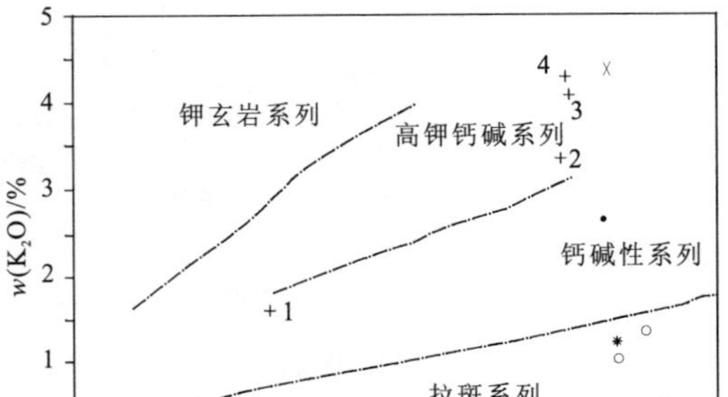

图3-21　SiO_2-K_2O图

×巴格岩体；*. 卡依孜；○. 奥依塔克；•. 维齐得歪；

+. 也提木苏等，样品编号同表3-16

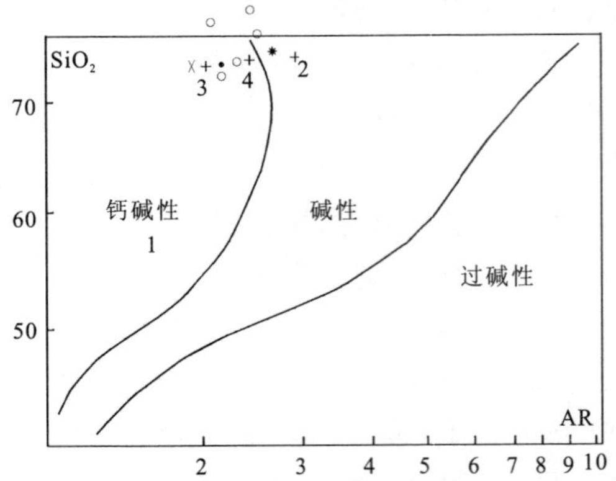

图3-22　AR-SiO_2与碱性度关系图

(Wright J B，1969)

×. 巴格岩体；*. 卡依孜；○. 奥依塔克；•. 维齐得歪；

+. 也提木苏等，样品编号同表3-16

二长花岗岩稀土元素分析结果及参数见表 3-9，稀土总量(231.46×10^{-6})与花岗岩平均值接近稀土配分模式(图 3-23)，显示轻稀土相对富集程度较强，$(La/Yb)_N=40.18$，具中等程度的铕亏损。

二长花岗岩微量元素分析结果及参数见 3-9。微量元素含量与花岗岩维氏值基本接近，具高 Co、Th、Hf、Ga，贫 Cr、Ni、Ta 的特点。地球化学型式见图 3-24，显示较强富集大离子亲石元素，具 Ba 的负异常，不同程度亏损右侧高场强元素，具 Ce、Sm 的正异常，类似于碰撞花岗岩的典型型式。

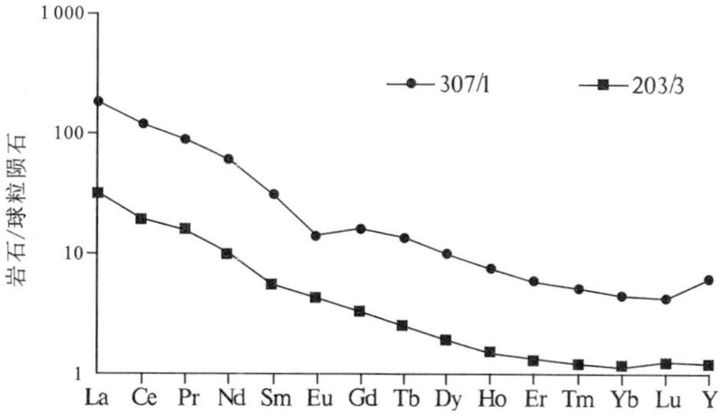

图 3-23　稀土配分模式

(Coryell，1963；样品编号同表 3-9)

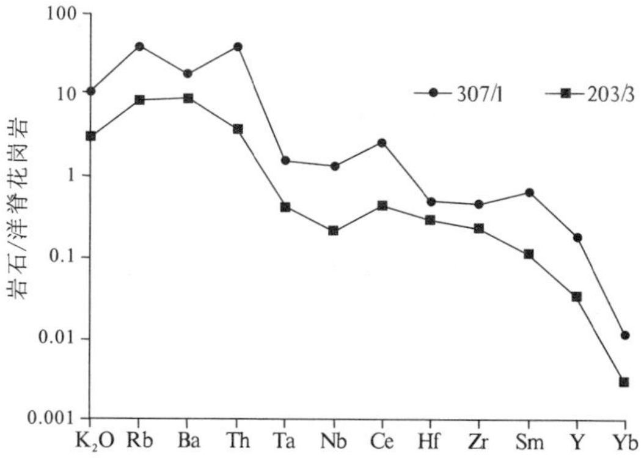

图 3-24　地球化学型式

(Pearce，1984；样品编号同表 3-9)

表 3-9　侵入岩稀土和微量元素含量($\times10^{-6}$)及特征参数一览表

岩体	岩性	样号	La	Ce	Pr	Nd	Sm	Eu	Gd	Tb	Dy	Ho	Er	Tm	Yb	Lu	Y	ΣREE	LR/HR	δEu	$(La/Yb)_N$
巴格	二长花岗岩	307/1	56.67	96.81	10.74	36.42	5.85	1.03	4.26	0.64	3.20	0.55	1.25	0.17	0.95	0.14	12.78	231.40	18.59	0.60	40.18
卡依孜	斜长花岗岩	203/3	9.74	15.62	1.91	6.11	1.04	0.32	0.85	0.12	0.63	0.11	0.27	0.04	0.24	0.04	2.46	39.50	15.10	1.01	27.32

样号	V	Cr	Ni	Rb	Sr	Zr	Ba	Th	Sc	Hf	Nb	Co	Ta	Ga	Rb/Sr	Ba/Sr	K/ Rb
307/1	71.75	7.10	2.96	166.0	321.00	157.00	907.00	32.30	4.60	4.40	13.30	10.40	1.07	38.30	0.52	2.82	217
203/3	23.40	8.40	4.24	34.50	256.00	77.80	455.00	3.19	10.30	2.60	2.09	12.50	0.28	20.00	0.130	1.777	288.70

4. 形成深度

该岩体的围岩为角闪岩相变质岩，二者界线截然，接触带处绢英岩化发育，内部发育弱的面理，见顶垂体及三斜度高的微斜长石，总体具浅带下部或中带上部特征。

5. 成因及构造环境分析

该侵入岩为花岗闪长岩-二长花岗岩组合，$FeO^*/MgO+FeO^*=0.789$，岩石化学属钙碱性系列，K_2O 相对较高，总体与巴尔巴林的“含角闪石钙碱性花岗岩”大致相当。

该类型的物质来源为壳幔混合源，形成的地球动力学环境为板块俯冲。该侵入岩在 Maniar 的主元素 4 组判别图上(图 3-25)主要落入后造山与俯冲-碰撞花岗岩重叠区；Rb－Y+Nb、Nb－Y 图解分别位于弧花岗岩或弧与碰撞型花岗岩重叠区(图 3-26)。综上所述，该花岗岩形成于板块俯冲环境。

6. 形成时代

本次获得的锆石 U－Pb 表面年龄加权平均值为(495.2±1.0)Ma(天津地矿所测定)，属晚寒武世；新疆局地质二队(1985)在南邻亚瓦勒克岩体石英闪长岩中获得的角闪石 K－Ar 年龄为 532Ma①，相当于早寒武世，该岩体与本区的巴格岩体仅有一个断层相隔，岩石类型具有亲缘性；在塔什库尔干幅该岩体被二

① 新疆维吾尔自治区地矿局第二地质大队．新疆南疆西部地质图、矿产图说明书(1：50 万)．1985．

叠纪塔尔岩体侵入①。故将该岩体时代置寒武纪。

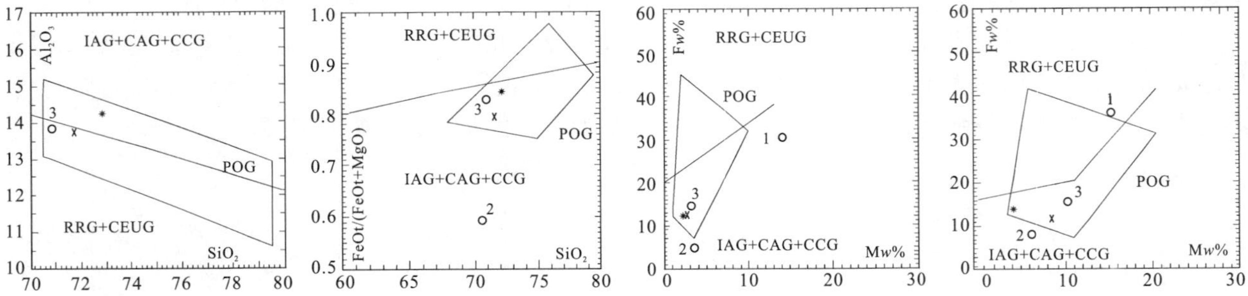

图 3-25　Maniar 的主元素环境判别图解

IAG＋CAG＋CCG. 岛弧、大陆弧、碰撞花岗岩；POG. 后造山花岗岩；RRG＋CEUG. 与裂谷、造陆抬升有关的花岗岩；×. 巴格岩体；*. 卡依孜；○. 也提木苏等；样品编号同表 3-16

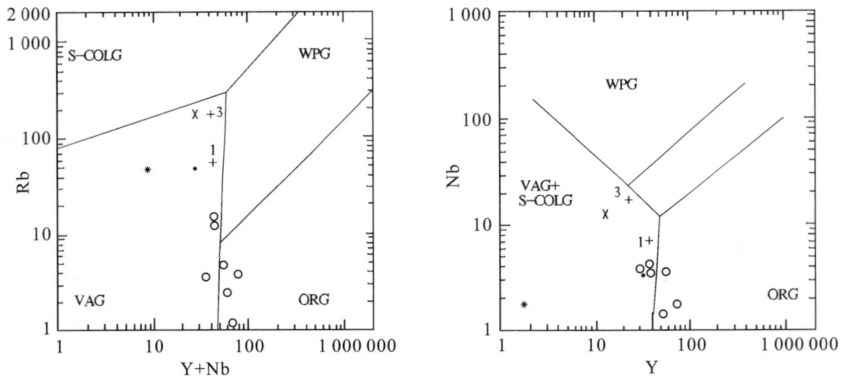

图 3-26　不同构造环境花岗岩的非活动元素判别图解

(Pearce,1984)

VAG. 火山弧花岗岩；WPG. 板内花岗岩；S－COLG. 同碰撞花岗岩；ORG. 洋中脊花岗岩；×. 巴格岩体；*. 卡依孜；○. 奥依塔克；•. 维齐得歪；＋. 也提木苏等，样品编号同表 3-19

(三)晚奥陶世侵入岩

分布于英吉沙幅东南部的卡依孜一带，包括卡依孜、克拉克阿格孜两个岩体，面积 35km²。仅有一次侵入活动，岩性为黑云母斜长花岗岩，有中粒、细粒之分。

1. 卡依孜岩体

位于命名地南侧，面积 34km²，岩性为细粒黑云母斜长花岗岩。

(1)地质特征

呈长带状沿构造线延伸，岩体东北部或被断层截切或被侏罗系覆盖，侏罗系底部发育下伏花岗岩的砾石构成的底砾岩；岩体西南部与同期第二阶段的也提木苏岩体接触，二者接触处常有古元古界赫罗斯坦岩群相隔，关系不明。岩体侵入周围的赫罗斯坦岩群($Pt_1H.$)、蓟县系桑株塔格群(JxS)，侵入界面总体呈舒缓波状，局部锯齿状、港湾状，岩体边部粒度有所细化，围岩中有同成分岩脉贯入，岩体剖面见图 3-27。

(2)岩石学特征

岩石呈淡灰绿色，细粒花岗结构，一般块状构造。斜长石 77%±，半自形板柱状，0.5mm×0.8mm～1mm×2mm，An＝27，系更长石；石英 20%±，他形粒状，0.3～2.8mm，波状消光；黑云母少量至 3%，鳞片状，0.1～0.3mm，大都变成绿泥石；副矿物为磁铁矿、榍石。该侵入岩在 R_1-R_2 图解上位于二长花岗岩区(图 3-18)，与矿物含量定名略有不同。

---

① 河南省地质调查院. 1：25 万塔什库尔干塔吉克自治县幅、克克吐鲁克幅区域地质调查报告. 2004.

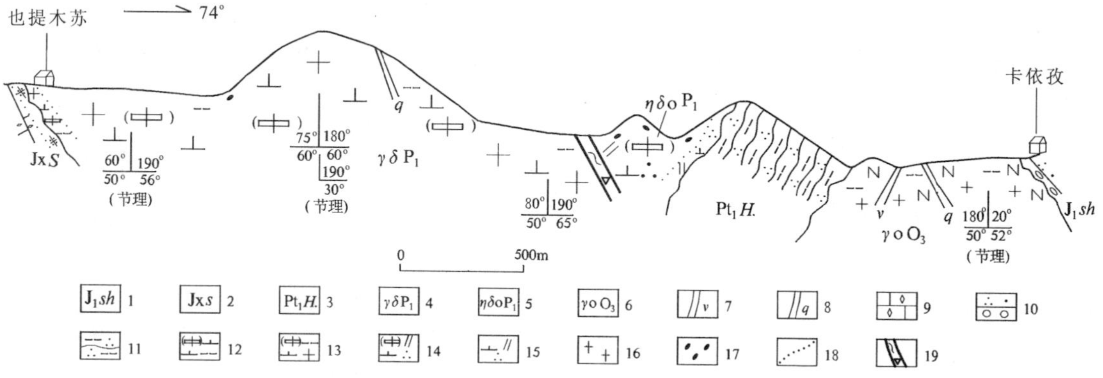

图 3-27　阿克陶县喀依孜岩体-也提木苏岩体实测剖面图

1. 下侏罗统莎里塔什组；2. 蓟县系桑株塔格群；3. 古元古界郝罗斯塔岩群；4. 早二叠世花岗闪长岩；5. 早二叠世石英二长闪长岩；6. 晚奥陶世斜长花岗岩；7. 辉长岩脉；8. 石英脉；9. 结晶灰岩；10. 砾岩及石英砂岩；11. 黑云石英片岩；12. 含中斑中—细粒黑云母花岗闪长岩；13. 含小斑细粒黑云母花岗闪长岩；14. 含中斑中—细粒石英二长闪长岩；15. 含小斑细粒石英二长闪长岩；16. 云英岩；17. 暗色闪长质包体；18. 岩性渐变界线；19. 碎裂绿泥石化带

(3)岩石化学及地球化学特征

岩石化学分析结果及参数见表 3-8。在硅-碱图(图 3-19)上位于亚碱性系列区，在 FeO^*/MgO 与 SiO_2、FeO^* 图解(图 3-20)上位于拉斑玄武岩系列与钙碱性系列的界线附近，在 K_2O-SiO_2 图解(图 3-21)上位于低钾区，岩石化学特征与 Barker F(1979)提出的奥长花岗岩基本一致，仅 FeO^*/MgO(5.18)高、CaO(0.99)低。该岩石局部含钾长石，区域上与克拉思克阿格孜含少量钾长石的斜长花岗岩伴生，特征显示该岩石很可能为钙碱性奥长花岗岩系。在 $AR-SiO_2$ 图解(图 3-22)上位于碱性岩区，与里特曼指数($\sigma=1.72$)所反映的钙性岩(但 $SiO_2>68\%$时，有效性较差)矛盾，该岩石为斜长花岗岩，综合看碱度属皮科克的钙性岩。铝指数 A/CNK=1.10，属过铝质类型。氧化物含量与中国花岗岩平均值相比差别稍大，表现出显著高 Na_2O，显著低 CaO、K_2O 的特点。

稀土元素分析结果及参数见表 3-9。稀土总量格外低(39.50×10^{-6})。稀土标准化曲线(图 3-23)圆滑、中等右倾，斜率$(La/Yb)_N=27.36$，无铕异常，与加利福尼亚的克拉马斯岩基中的大陆边缘型奥长花岗岩极其一致。

微量元素分析结果见表 3-9。元素含量与富钙酸性岩涂氏值相比，Sc、Hf、Ga 相当，显著高 Co，其他元素均显著低。地球化学型式(图 3-24)基本类似于牙买加火山弧花岗岩。

(4)形成深度、温压条件

岩体产状与围岩之间不协调，侵入的蓟县系区域变质为绿片岩相，接触变质作用不发育，岩体内部显很弱的叶理，具不明显的冷凝边，岩相带不发育，钾长石为微斜长石，从地质特征上看侵位于浅带的下部—中带的上部。该岩体不具斑状结构，矿物成分近于共结，Ab－Or－Q 相图显示形成压力为 2 100 巴(图 3-28)，相应深度为 6.9km，与地质特征吻合。综合认为该岩体侵位深度为浅带的下部—中带的上部。该侵入岩石英包裹体经国土资源部中南矿产资源检测中心测试均一法温度为 680℃～810℃。

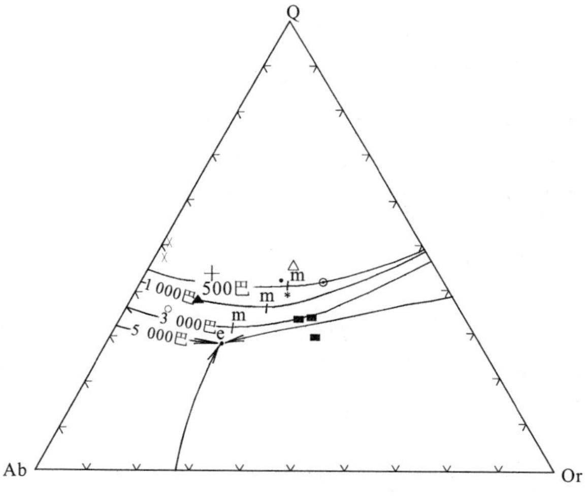

图 3-28　Ab－Or－Q 图解

(Bowen N L，Tuttle O F，1958)

×. 奥依塔克；○. 卡依孜；＋. 维齐得歪；▲. 卓勒托克铁热克沟；＊. 慕士塔格；·. 也提木苏；△. 穷布斯萨依；■. 卡日巴生

2. 克拉思克阿格孜岩体

位于命名地北侧，面积很小(仅 $1km^2$)，岩性为灰白色中粒斜长花岗岩，含 5%左右的微斜条纹长石，黑云母呈褐色片状，见 Q－A－P 图解(图 3-29)，其他特征同上述喀依孜岩体。该岩体内部发育少量暗绿色绿帘石化细粒闪长岩块体，大者达 4m×7m，可见主岩呈“脉状”贯入其中，可能为同源岩浆包体。

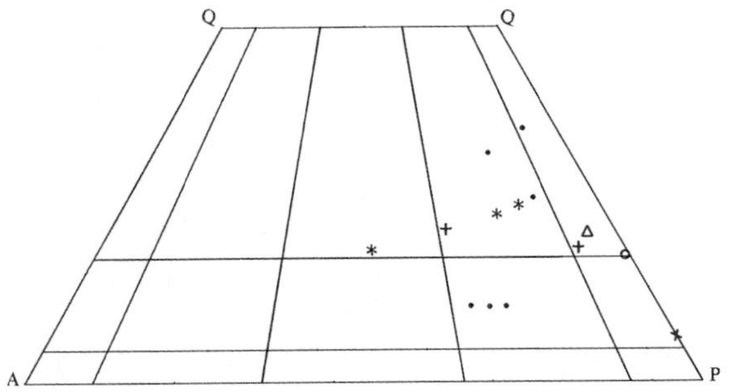

图 3-29　Q－A－P 图解

○. 喀依孜平均值；×. 库里巴克吉勒嘎；*. 穷布斯萨依；•. 也提木苏；+. 阿克达拉；△. 克拉思克阿格孜

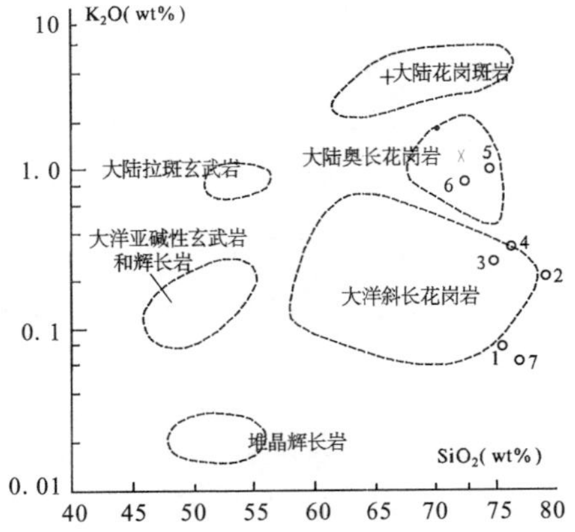

图 3-30　K_2O-SiO_2 图解

(科尔曼与彼得曼，1975)

○. 奥依塔克，样品编号同表 3-11；•. 维齐得歪；×. 卡依孜；+. 阔什乌托克

3. 成因及地球动力学环境分析

该侵入岩的岩石化学、岩石组合显示为钙碱性奥长花岗岩系。FeO^*/MgO 高(为 0.84，>0.8)，Na_2O/K_2O 也高(为 4.95)，具有巴尔巴林和 Manira 总结的大洋斜长花岗岩的特点。该岩石 K_2O(1.2%)虽低，但大于 1%，局部含有钾长石，与大洋斜长花岗岩不同，在 K_2O-SiO_2 图解上(图 3-30)位于大陆边缘奥长花岗岩区。

该侵入岩稀土曲线与大陆边缘奥长花岗岩典型型式极其一致，Yb(0.24ppm)很低，据研究，Yb 含量低为大陆奥长花岗岩的典型特征。

微量元素地球化学型式类似于火山弧花岗岩的典型型式，在 Rb－Sr 图解上位于大陆奥长花岗岩区(图略)，在 Rb－Y+Nb、Y－Nb 图解(图 3-26)上均显示为火山弧花岗岩。

该侵入岩与周围的沉积地层为侵入关系。据此，该花岗岩为大陆边缘形成的低钾钙碱性奥长花岗岩系，物质来源为幔源为主的幔壳混合源。

4. 形成时代

卡依孜岩体侵入的最新地层为蓟县系，上被侏罗系地层覆盖；表明岩体形成时代的下限为蓟县纪、上限为侏罗纪。本次工作在卡依孜岩体斜长花岗岩中获得的锆石 U－Pb 表面年龄 4 个点加权平均值为(439.6±1.0)Ma(天津地矿所测定)，属晚奥陶世，故将其置于晚奥陶世。

(四)晚石炭世侵入岩

分布于英吉沙县幅北部奥依塔克一带，面积约 138km²。产于构造区划上的奥依塔克裂陷槽内，与奥依塔克基性—超基性岩带伴生。可划分为两个阶段。

1. 第一阶段侵入岩

仅有奥依塔克岩体(1)，位于奥依塔克镇西 12km 处，岩体总面积 55km²，图内 42km²，长 16km，最宽处 5.5km。包含两次侵入活动，第一次岩性为细粒斜长花岗岩($\gamma o C_2$)，第二次主体为中粒斜长花岗岩($\gamma o C_2$)，在岩体西北边缘发育中粒英云闪长岩($\gamma\delta o C_2$)。

(1)地质特征

呈岩株状，平面椭圆状，边界舒缓波状，中等角度外倾。与周围早石炭世乌鲁阿特组火山岩及沉积岩侵入关系清楚，内部常见围岩捕虏体，捕虏体与主岩界面截然（图版Ⅶ,7）。岩体边界切割围岩的不同岩层，岩体边缘因混染而色调变深，接触带处的围岩发育主岩的岩枝或岩脉。内部两次侵入岩接触界面截然，中粒花岗岩呈岩枝、岩脉状插入细粒斜长花岗岩之中（图 3-31），岩体剖面见图 3-32。

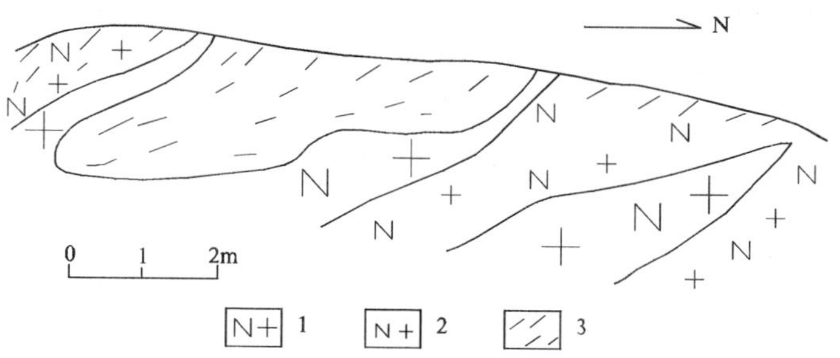

图 3-31　阿克陶县奥依塔克岩体中粒花岗岩侵入细粒花岗岩素描图

1. 中粒斜长花岗岩；2. 细粒斜长花岗岩；3. 捕虏体

（2）岩石学特征

岩石学特征见表 3-10。各次侵入岩主体岩石一般不含钾长石，第二次侵入体北西边缘英云闪长岩含较多暗色矿物及少量钾长石。

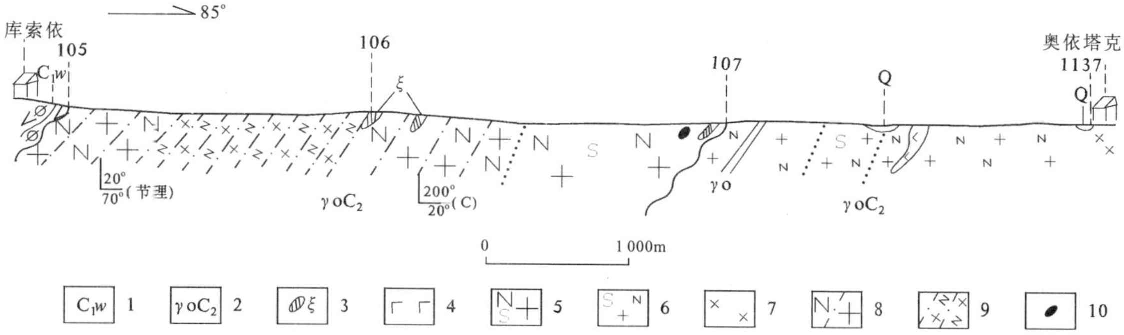

图 3-32　阿克陶县库索依奥依塔克岩体实测剖面图

1. 下石炭统乌鲁阿特组；2. 晚石炭世斜长花岗岩；3. 变英安岩捕虏体；4. 变玄武岩；5. 片麻状中粒斜长花岗岩；6. 片麻状细粒斜长花岗岩；7. 辉长岩；8. 糜棱岩化中粒斜长花岗岩；9. 斜长花岗质初糜棱岩；10. 暗色包体

表 3-10　奥依塔克岩体岩石学特征表

分次	第一次	第二次	
岩石类型	细粒斜长花岗岩	中粒斜长花岗岩	中粒英云闪长岩
颜色	浅灰色	灰白色	灰白色
结构	细粒花岗结构、略具不等粒结构	中粒花岗结构	中粒花岗结构
构造	块状构造	块状构造，局部片麻状构造	块状构造
钾长石			2%～7%，平均 4%，条纹长石
斜长石	60%～70%，平均 63%为酸性斜长石，半自形板柱状，一般 0.5mm×0.3mm～1.2mm×2.5mm，一部分小于 0.5mm，双晶发育	50%～65%，为酸性斜长石，板柱状，2mm×3mm～3mm×5mm，较大的颗粒黝帘石化明显	50%～60%，为钠-更长石，自形板柱状，2～3mm，聚片双晶发育，绢云母化明显
石英	30%～35%，不规则粒状，0.2～2.5mm，个别与长石呈显微文象结构	30%～45%，他形粒状，1mm×3mm，波状消光明显	25%～32%，平均 30%，粒状，2～4mm，不均匀分布
暗色矿物	角闪石＋黑云母，5%	绿泥石＋黑云母，5%	普通角闪石 11%
	普通角闪石呈柱状、纤状，大部分变成绿泥石；黑云母少量，鳞片状，0.5mm×0.3mm	黑云母呈显微纤状鳞片，分布在绿泥石集合体附近	绿色柱状，1～2mm，黑云母化明显
副矿物	方解石、白云石、金属矿物、绿帘石	榍石、方解石、白云石、绿帘石	磁铁矿、榍石
	方解石呈细粒状充填于主要矿物孔隙中，金属矿物多与暗色矿物一起产出	绿帘石分布于暗色矿物集合体中，榍石与方解石、白云石充填于裂隙	

（3）岩石化学及地球化学特征

①岩石化学特征

分析结果及有关参数见表 3-11。

硅-碱图（图 3-19）上位于亚碱性系列区，在硅-钾图（图 3-21）上样点均位于低钾拉斑玄武岩系列区，显示属低钾拉斑玄武系列。在 AR－SiO_2图解(图 3-22)上位于钙碱性岩区,里特曼指数 σ 平均为 0.92,显示碱度上为皮科克的钙性岩(但 SiO_2 大于 68%,σ 值有效性较低)。铝指数 A/CNK 平均为 0.93,属偏铝质类型。

表 3-11 侵入岩岩石化学成分、CIPW 标准矿物及特征参数一览表

岩体	序次	侵入体岩性	序号	样号	氧化物含量(%)													
					SiO_2	TiO_2	Al_2O_3	Fe_2O_3	FeO	MnO	MgO	CaO	Na_2O	K_2O	P_2O_5	H_2O^+	CO_2	总量
奥依塔克	1	细粒斜长花岗岩	1	107/1	76.88	0.12	11.61	2.05	0.43	0.07	0.11	2.91	4.83	0.08	0.01	0.45	0.30	99.85
			2	108/2	80.16	0.10	10.61	0.01	1.05	0.02	0.13	1.51	5.36	0.18	0.01	0.69	0.18	100.01
	2	中粒斜长花岗岩	3	105/3	76.62	0.23	11.79	0.82	1.20	0.04	0.28	2.14	5.28	0.24	0.04	0.75	0.45	99.88
		斜长花岗岩	4	WY－11＊	76.27	0.18	11.58	0.81	1.42	0.06	0.16	1.72	5.38	0.28	0.07			98.08
			5	WY－12＊	74.17	0.22	12.03	1.16	1.58	0.06	0.28	2.34	4.70	0.88	0.06			97.48
			6	WY－17＊	73.36	0.25	13.22	1.03	1.43	0.06	0.26	2.58	4.92	0.8	0.06			97.25
			7	WY－18＊	77.58	0.06	11.54	0.70	1.20	0.04	0.02	1.24	5.76	0.06	0.04			98.24
维齐得歪	3	斜长花岗岩	8	1036/2	72.41	0.36	13.00	1.15	1.73	0.07	0.84	2.40	4.26	1.82	0.07	1.04	0.65	99.80

序号	样号	CIPW 标准矿物					特征参数								
		q	or	ab	an	c	σ	AR	DI	SI	Alk	A/CNK	Na_2O/K_2O	MF	M/F
1	107/1	43.01	0.47	40.87	9.76	0.00	0.71	2.02	84.35	1.48	4.91	0.87	60.38	95.61	0.09
2	108/2	45.00	1.06	45.35	4.36	0.00	0.83	2.68	91.41	1.93	5.54	0.90	29.78	89.08	0.20
3	105/3	40.78	1.42	44.67	7.51	0.09	0.91	2.31	86.87	3.58	5.52	0.92	22.00	87.83	0.25
4	WY－11＊	40.48	1.71	46.45	6.72	0.00	0.96	2.48	88.66	1.99	5.66	0.94	19.11	93.31	0.13
5	WY－12＊	37.76	5.20	39.77	9.13	0.00	1.00	2.27	84.87	3.26	5.58	0.93	5.34	90.73	0.19
6	WY－17＊	37.86	0.47	41.63	12.45	0.00	0.82	1.93	82.24	3.37	5.72	0.96	6.15	90.44	0.18
7	WY－18＊	40.63	0.35	48.74	5.46	0.00	0.98	2.67	91.34	0.26	5.82	0.97	96.00	98.96	0.00
8	1036/2	35.45	10.75	36.04	7.34	1.33	1.26	2.30	82.24	8.57	6.08	0.97	2.34	77.42	0.54

注:带"＊"者数据来自姜耀辉《西昆仑山加里东期花岗岩类构造的类型及其大地构造意义》(1999)一文

与中国花岗岩平均值相比(邱家骧,1991),该花岗岩表现出显著高 SiO_2(平均 76.63%)、Na_2O(平均 5.18%),低 MgO(平均 0.18%)、Al_2O_3(平均 11.77%)、K_2O(平均 0.50%)的特点,SiO_2＝73.36%～80.16%,Na_2O/K_2O 高达 10.36,FeO^*/FeO^*+MgO 高达 0.92＞0.8,这种高 SiO_2、Na_2O,低 Al_2O_3、K_2O,高 FeO^*/FeO^*+MgO 为大洋斜长花岗岩的特点,岩石化学成分与塞浦路斯蛇绿岩套中的角斑岩较为接近,与之相比 SiO_2、Na_2O 更高,Al_2O_3 更低,但 FeO^*、MgO 明显低于蛇绿岩套中的浅色岩石。

②稀土元素特征

分析结果及特征参数见表 3-12。稀土总量 136.58×10^{-6},显著低于花岗岩平均值,标准化曲线(图 3-33)平坦或略向左倾,斜率$(La/Yb)_N$＝0.51～1.05,平均 0.79,一般具中等铕亏损(δEu＝0.27～0.90,平均 0.6),曲线型态不同程度具塞浦路斯蛇绿岩套更长花岗岩、塞斑岛的岛弧英安岩的特点(花岗岩类区 1∶5万区域地质填图方法指南,1991);Yb 含量高,两次侵入岩平均值分别为 52.57×10^{-6}和 6.19×10^{-6},具大洋斜长花岗岩的特点。曲线形态也与周围的火山岩类似,但比其稀土总量高,铕亏损强。

③微量元素特征

分析结果及参数见表 3-13。与花岗岩维氏值差别很大,除 Hf 高外,其余元素含量均低,其中 Rb、Sr、Ba、Th、Nb、Ta、Ga 显著低。Rb 平均 6.41×10^{-6},Sr 平均 70.3×10^{-6},Rb/Sr＝0.091,不同程度具大洋、大陆奥长花岗岩的特点。地球化学型式见图 3-34,两次侵入岩曲线特征一致,均为平缓型,与 Pearce 的洋脊花岗岩典型型式类似,从早至晚大离子亲石元素略增加,高场强元素略下降。

④同位素特征

姜耀辉等(1999)在该花岗岩中获得的 $\delta^{18}O$ 为 6.58‰,获得的 Sr^{87}/Sr^{86}＝0.706 613±0.000 017,显

示出幔源-幔壳混合源的特征。

表 3-12 侵入岩稀土元素含量($\times10^{-6}$)及特征参数一览表

岩体	侵入体序次	侵入体岩性	序号	样号	La	Ce	Pr	Nd	Sm	Eu	Gd
奥依塔克	1	细粒斜长花岗岩	1	107/1	6.92	19.66	3.49	19.63	7.20	0.77	10.52
			2	108/2	7.00	20.59	3.53	19.83	6.33	1.36	8.82
	2	中粒斜长花岗岩	3	105/3	7.14	19.95	3.77	18.45	5.97	0.86	8.05
	未分	斜长花岗岩	4	WY-11*	5.07	12.3	3.05	11.3	3.40	1.04	4.76
			5	WY-12*	6.07	14.4	3.54	13.0	3.94	0.91	5.70
			6	WY-17*	6.05	13.9	3.22	12.0	3.42	1.05	4.66
			7	WY-18*	8.03	20.5	5.31	20.0	6.30	1.24	9.15
维齐得歪	3	斜长花岗岩	8	1036/2	12.96	26.27	3.51	14.51	3.42	0.86	3.96

序号	样号	Tb	Dy	Ho	Er	Tm	Yb	Lu	Y	ΣREE	LR/HR	δEu	$(La/Yb)_N$
1	107/1	2.00	13.79	3.04	8.87	1.41	9.13	1.50	75.66	183.6	1.15	0.27	0.51
2	108/2	1.65	11.35	2.44	7.32	1.21	7.59	1.16	65.31	165.5	1.41	0.56	0.62
3	105/3	1.48	9.96	2.17	6.15	1.00	6.56	1.08	51.37	144.0	1.54	0.38	0.73
4	WY-11*	0.86	5.73	1.29	3.82	0.58	3.95	0.63	33.8	91.58	0.65	0.88	0.87
5	WY-12*	1.04	6.96	1.55	4.67	0.71	4.90	0.79	41.6	109.78	0.62	0.65	0.84
6	WY-17*	0.85	5.48	1.25	3.74	0.57	3.88	0.62	33.4	94.09	0.73	0.90	1.05
7	WY-18*	1.62	11.2	2.49	7.35	1.08	7.34	1.13	64.8	167.54	0.58	0.56	0.74
8	1036/2	0.71	4.59	1.00	2.91	0.49	3.17	0.51	25.77	104.64	3.55	0.71	2.75

注:带"*"者数据来自姜耀辉《西昆仑山加里东期花岗岩类构造的类型及其大地构造意义》(1999)一文

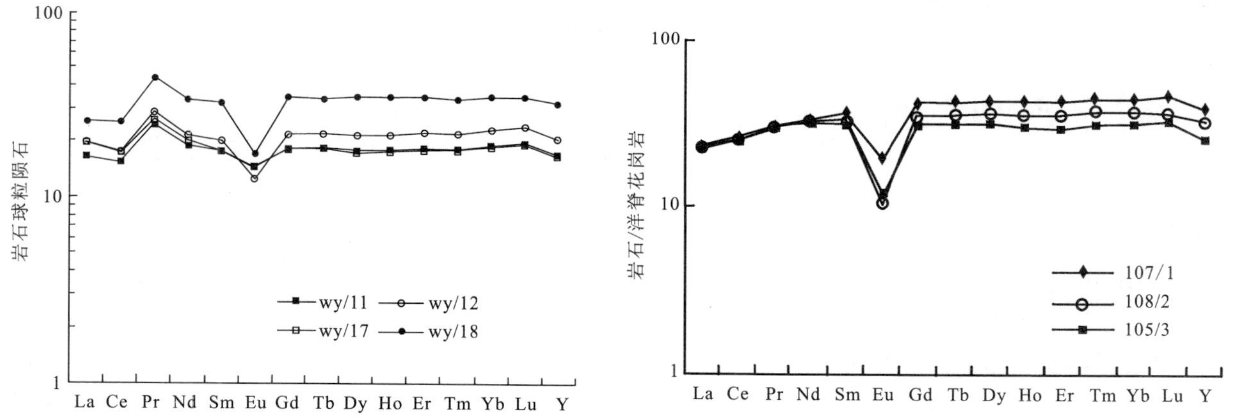

图 3-33 奥依塔克岩体稀土配分模式图

(Coryell,1963;样品编号见表 3-12)

(4)包体特征

岩体内捕虏体中等发育,局部较为密集。内部为顶垂体,主要岩性为变英安岩、变玄武岩、绿帘石英岩,大小不等,一般 0.3m×0.7m~3m×10m,大者宽达 170m,呈长条状、不规则状,大型者随主岩界面呈波状弯曲,周围分布有较多小碎块,主岩与有的捕虏体之间具同化混染现象。岩体内发育少量暗色闪长质包体,呈圆状、椭圆状,1cm×2cm~4cm×5cm。岩脉及接触变质作用不发育。

(5)形成深度、压力及温度

该岩体与围岩界线截然,明显切割围岩层理,接触变质作用弱,主体不显叶理,伴相关火山岩,从地质特征看侵位于浅带。该岩体不具斑状结构,矿物成分近于共结,Ab-Or-Q 相图显示形成压力小于 500 巴(图 3-28)。综合认为该岩体侵位深度较浅。两次侵入岩石英包裹体均一法温度均为 670℃~790℃(国土资源部中南矿产资源检测中心测试)。

表 3-13　侵入岩微量元素含量($\times10^{-6}$)及特征数值一览表

岩体	侵入体序次	侵入体岩性	序号	样号	V	Cr	Ni	Rb	Sr	Zr	Ba
奥依塔克	1	细粒斜长花岗岩	1	107/1	7.70	9.90	1.56	4.70	50.70	147.00	104.00
			2	108/2	8.60	9.10	2.50	2.80	112.00	172.00	48.40
	2	中粒斜长花岗岩	3	105/3	11.60	7.60	1.79	5.40	80.10	139.00	71.90
	未分	斜长花岗岩	4	WY-11*	25.90	31.50	2.76	3.40	65.40	119	134
			5	WY-12*	40.90	32.60	2.14	14.40	69.50	114	235
			6	WY-17*	38.90	30.80	2.32	13.00	74.30	104	230
			7	WY-18*	20.50	32.60	1.99	1.20	40.10	107	108
维齐得歪	3	斜长花岗岩	8	1036/2	25.70	15.7	5.92	51.70	207.00	137.00	389.00

序号	样号	Th	Sc	Hf	Nb	Co	Ta	Ga	Rb/Sr	Ba/Sr	K/ Rb
1	107/1	0.77	7.75	4.90	1.48	21.30	0.20	8.77	0.093	2.051	141.28
2	108/2	0.55	10.90	5.60	0.91	171.00	0.20	8.61	0.025	0.432	533.57
3	105/3	0.77	10.40	4.60	1.41	8.79	0.20	6.92	0.067	0.898	368.89
4	WY-11*		8.75	2.78	3.72	14.30			0.052	2.048	683.53
5	WY-12*		9.56	2.95	4.62	16.10			0.207	3.381	104.64
6	WY-17*		8.04	2.53	4.30	12.10			0.175	3.096	510.77
7	WY-18*		8.51	2.94	3.65	15.30			0.030	2.693	415.00
8	1036/2	3.14	8.48	3.60	3.44	10.60	0.31	18.30	0.250	1.879	292.19

注:带“*”者数据来自姜耀辉《西昆仑山加里东期花岗岩类构造的类型及其大地构造意义》(1999)一文

(6)成因探讨

岩石化学成分及特征比值(Na_2O/K_2O、FeO^*/FeO^*+MgO)具大洋斜长花岗岩特点。K_2O含量<1%,在K_2O-SiO_2图解(图 3-30)上主要位于大洋斜长花岗岩区。

稀土曲线型态不同程度具有大洋奥长花岗岩和岛弧英安岩的特点,高 Yb、低Al_2O_3的特征显示为大洋(洋脊、岛弧)斜长花岗岩。

微量元素地球化学型式类似于洋脊花岗岩。在 Rb-Y+Nb,Nb-Y 图解(图 3-26)上位于火山弧区与洋脊花岗岩区分界线附近。该花岗岩体规模较大,而蛇绿岩中的斜长花岗岩呈岩脉、小岩株产出,其含量不足蛇绿岩的 2%。

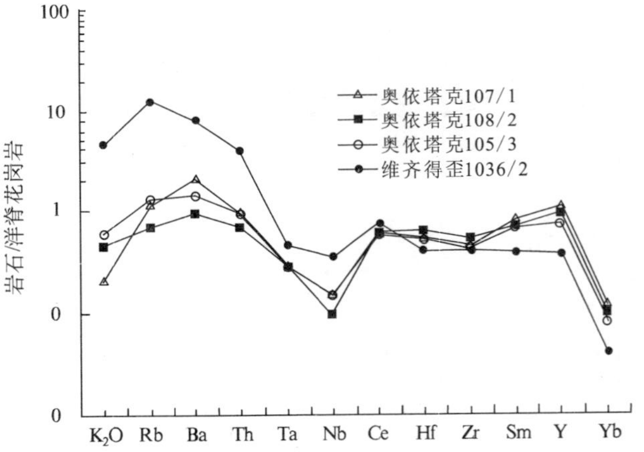

图 3-34　奥依塔克岩体地球化学型式图

(Pearce,1984;样品编号见表 3-12)

该花岗岩直接侵入乌鲁阿特组火山岩,从图面上分析切割其中的沉积岩及其上覆的岛弧火山岩。而蛇绿岩套中的斜长花岗岩一般侵入席状岩墙群及均质辉长岩。

该花岗岩局部含钾长石(可达 2%~7%),而蛇绿岩套中的斜长花岗岩一般不含钾长石。该岩石中K_2O含量比典型的蛇绿岩套中的浅色岩石要高一些。

据此,认为该花岗岩形成于洋内俯冲的岛弧环境,为拉斑玄武质岩浆分异产物。

2. 第二阶段侵入岩

包括维齐得歪等 4 个岩体,面积 96km²。包含 4 次侵入活动,第一次为细粒闪长岩(δC_2),有 1 个侵入体;第二次为细粒石英闪长岩($\delta o C_2$),有 4 个侵入体,有细、中粒之分;第三次为细粒斜长花岗岩($\gamma o C_2$),有

1 个侵入体;第四次为中粒花岗闪长岩($\gamma\delta C_2$),有 1 个侵入体。

(1)维齐得歪岩体

位于命名地南侧,面积约 36km^2。由本阶段第一次(细粒闪长岩)、第二次(细粒石英闪长岩)、第三次侵入岩(细粒斜长花岗岩)组成。

①地质及岩石学特征

位于阿托依那克-克鲁格阿特韧性剪切带北侧,西部及南部大部分被断裂围限,呈岩株状产出,平面形态极不规则,侵入界面呈不同角度的内倾。侵入周围早石炭世火山岩(图 3-35),界线截然,岩体边部发育大量火山岩捕虏体(图版Ⅶ,8)、细粒化带,附近围岩穿插大量岩枝、岩脉。细粒斜长花岗岩单元与细粒闪长岩单元之间为界线截然的脉动关系。岩体内部不具定向组构;节理发育,使岩石呈网格状外貌;捕虏体见于岩体边部,主要为变玄武岩,呈带状、不规则团块状;由于露头所限,其他包体未见。闪长岩内部具较强的绿帘石化,绿帘石呈团块状不均匀分布于岩石之中。

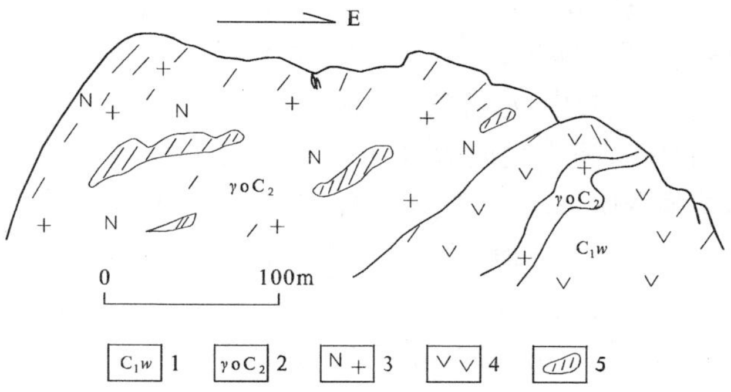

图 3-35　维齐得歪岩体侵入乌鲁阿特组火山岩素描图

1. 下石炭统乌鲁阿特组;2. 晚石炭世斜长花岗岩;
3. 细粒斜长花岗岩;4. 安山岩;5. 捕虏体

岩石学特征见表 3-14。斜长花岗岩单元与围岩接触处尚发育 400m 宽的细粒化边缘带,岩性为细粒石英斜长岩($\upsilon\sigma o C_2$)。

表 3-14　维齐得歪岩体岩石学特征表

侵入体	第一次侵入岩	第二次侵入岩	第三次侵入岩
岩石类型	细粒闪长岩	细粒石英闪长岩	细粒斜长花岗岩
颜色	浅绿灰色—浅灰色	浅灰绿色—浅灰色	灰白色,局部泛红色
结构	半自形细粒结构,块状构造	半自形细粒结构,块状构造	细粒花岗结构,块状构造
斜长石	45%～80%,平均 6%,半自形板柱状,一般 0.5～0.3mm,具强烈黝帘石化	65%,半自形板柱状,1mm×0.5mm～2mm×0.7mm,少数具钠黝帘石化,个别显双晶	65%～75%,为钠-更长石,半自形板柱状,1mm×0.5mm～1mm×2mm,少量绢云母化,双晶纹细密近平行消光
石英	0%～5%,青灰色,他形粒状,0.5mm,波状消光明显	15%,他形粒状,0.7～0.5mm,波状消光明显	20%～30%,他形粒状,0.3～3mm,不均匀分布
黑云母			3%～5%,褐色片状,0.3～0.5mm,大部分变成绿泥石,不均匀分布
角闪石	55%～15%,平均 35%,柱状,0.8mm×2mm	20%,柱状,0.5mm×0.3mm～1.2mm×0.8mm,已绿泥石化	20%,柱状,2mm×3mm～2mm×4mm,已绿泥石化
副矿物		磁铁矿,榍石	主要为磁铁矿、绿帘石,少量为白钛石

②岩石化学及地球化学特征

斜长花岗岩岩石化学分析结果及参数见表 3-11。岩石化学成分与中国花岗岩平均值接近,显著高 CaO、Na_2O,低 K_2O、P_2O_5、Al_2O_3的特点。K_2O 含量 1.82%,高于蛇绿岩套的浅色岩石。硅-碱图(图 3-19)及 FeO^*/MgO 与 SiO_2、FeO^* 图(图 3-20)显示属钙碱性系列,硅-钾图(图 3-21)显示属中钾类型。在 AR - SiO_2 图解(图 3-22)上位于钙碱性岩区,结合里特曼指数(σ=1.26)判断,碱度上属皮科克的钙性岩,铝指数 A/CNK=0.97,属偏铝质岩石。

稀土元素分析结果及参数见表 3-12。稀土总量 104.64×10^{-6},远低于赫尔曼的花岗岩类平均值(250×10^{-6})。标准化曲线见图 3-36,显示轻稀土相对弱富集,斜率$(La/Yb)_N$=2.76,具弱铕亏损,δEu=0.71,类似于塞斑岛英安岩的型式。

微量元素分析结果及参数见表 3-13,元素含量与富钙酸性岩涂氏克拉克值较为接近,但不同程度低于其值，具显著低 Rb、Nb、Ta、Sr，低 Th、Hf 的特点。Rb 含量 51.7×10^{-6}，Rb/Sr＝0.25，与蛇绿岩套岩石的低 Rb、低 Rb/Sr 不相当，具大陆边缘奥长花岗岩的特点。地球化学型式见图 3-30，富集左侧大离子亲石元素，略亏损右侧高场强元素，与纽芬兰火山弧花岗岩型式接近(花岗岩区 1∶5 万填图方法指南，1991)，仅该花岗岩右侧高场强元素含量比其要高一些。

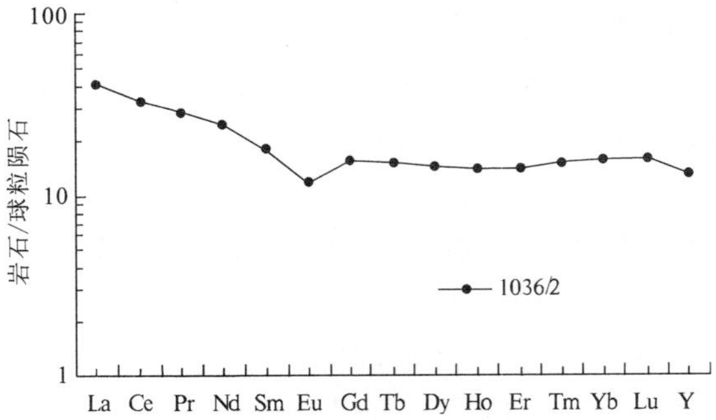

图 3-36　维齐得歪岩体稀土配分模式图

(Coryell，1963；样品编号见表 3-12)

④形成深度、温压条件及剥蚀程度

岩体与围岩之间表现出不协调的关系，界线明显，接触变质作用弱，岩体内部不显面理、发育相带，伴大量火山岩，从地质特征上看位于浅带。该岩体中的斜长花岗岩不具斑状结构，矿物成分近于共结，Ab－Or－Q 相图上位于 500 巴压力线附近(图 3-28)，相应深度为 1.7km。综合分析认为岩体侵位深度较浅。斜长花岗岩中石英包裹体均一法温度均为 670℃～790℃(国土资源部中南矿产资源检测中心测试)。

(2)本阶段的其他岩体

其他岩体特征见表 3-15。

表 3-15　晚石炭世第二阶段侵入岩其他岩体特征一览表

岩体	位置	面积	地质特征	侵入体	岩石类型	岩石特征
托喀依东(4)		$48km^2$	呈岩株状，平面形态椭圆状。侵入早石炭世火山岩，接触面中等角度外倾，边缘处发育火山岩捕虏体，捕虏体呈椭圆状、长条形，直径一般十几厘米	由第二次侵入岩组成	中粒石英闪长岩(δoC_2)	浅灰色，中粒半自形结构，块状构造。斜长石：60%，半自形—自形板状，一般 2～4mm，多为中长石；石英：10%，他形粒状，1～5mm，波状消光明显；角闪石：30%，柱状 2mm×3mm～2mm×4mm，已绿泥石化；副矿物：磁铁矿
阿克达坂(2)	阿克达坂东侧	$4km^2$	呈带状，岩体外倾 46°～68°，侵入早石炭世火山岩	由第二次侵入岩组成	细粒石英闪长岩(δoC_2)	浅灰色，细粒半自形结构，块状构造。斜长石：63%，2mm；石英：7%，1～2mm；角闪石：20%，柱状
皮拉勒(5)	皮拉勒南侧	$4km^2$	呈岩株状，侵入早石炭世火山岩，围岩中发育岩枝，常具绿帘石、黝帘石化，蚀变矿物局部达 20%	由第四次侵入岩组成	糜棱岩化中粒花岗闪长岩($\gamma\delta C_2$)	灰白色，碎斑糜棱结构、中粒花岗结构，流状构造。石英：25%，青灰色，拉长定向，＞2mm，多聚集；正长石：22%，＞2.5mm；斜长石：48%，主要为钠长石，聚片双晶明显，＞2.5mm；绿泥石及绢云母：5%，局部富集

(3)第二阶段侵入岩的成因

岩石组合为闪长岩-石英闪长岩-斜长花岗岩-花岗闪长岩，空间上与早石炭世岛弧火山岩(玄武岩、安山岩、英安岩)及其沉积岩伴生，具有火山弧花岗岩的特点。其中的闪长岩、石英闪长岩富含角闪石，不含辉石；其中的斜长花岗岩属偏铝质、钙碱性系列，$FeO^*/FeO^*+MgO=0.77<0.8$，K_2O 含量中等(1.82%)；副矿物为磁铁矿、榍石。岩石具有巴尔巴林的“含角闪石钙碱性花岗岩”的特点，钙碱性系列、K_2O 含量等特征与蛇绿岩套中的浅色岩石不相当。该类型物质来源为幔壳混合源，形成的地球动力学环境为板块俯冲。

斜长花岗岩稀土标准曲线类似于岛弧型式，Yb 高(3.17×10^{-6})，Al_2O_3 低(13.00%)，含量小于 14.5%，具有大洋(包括洋内岛弧及洋脊)花岗岩的特点。微量元素地球化学型式类似于火山弧花岗岩的典型型式，高场强元素较高，岛弧成因花岗岩可能性较高。在 Rb－Y+Nb、Y－Nb 图解(图 3-26)上均位于火山弧花岗岩区。

综上所述，该套侵入岩为洋内俯冲形成的岛弧花岗岩，物质来源为壳幔混合源。

3. 晚石炭世侵入岩小结

(1)岩体特征及对比

该期岩体均与早石炭世火山岩紧密伴生，显示成因上具有相关性。

奥依塔克岩体全部由斜长花岗岩组成，与维齐得歪岩体斜长花岗岩有一定差别。前者为低钾拉斑玄武岩系列，暗色矿物以角闪石为主，后者为钾质稍高的钙碱性系列，暗色矿物以黑云母为主；前者轻稀土亏损或不富集，后者为轻稀土弱富集；前者的微量元素地球化学型式为平缓型，类似于洋脊花岗岩型式，后者为右倾型，具有火山弧钙碱性花岗岩的特点。

维齐得歪、托喀依东、阿克达坂及皮拉勒岩体中的各种岩石类型构成闪长岩→石英闪长岩→斜长花岗岩→花岗闪长岩的演化序列，与钙碱性奥长花岗岩系的演化轨迹相同。几个岩体之间的石英闪长岩基本可以对比。

(2)形成时代

该期侵入岩侵入早石炭世火山岩，显示形成时代的下限为早石炭世；新疆地矿局第二区调大队(1995)在奥依塔克岩体斜长花岗岩中获得的锆石 Pb－Pb 年龄为 313Ma①，新疆地调院第二调查所(1998)在西邻波斯坦铁列克岩体细粒斜长花岗岩中获得单颗粒锆石 U－Pb 年龄为 309Ma②，该岩体从所处的空间位置、构造位置、岩石特征上均可与本图幅的维齐得歪岩体对比，上述年龄值吻合较好，均属晚石炭世，也与区域构造演化吻合；本次工作在维齐得歪岩体二长花岗岩中采集了锆石 U－Pb 样品，1～3 号点表面年龄加权平均值为(237.1±1.7)Ma，属晚三叠世，4 号点表面年龄为(257.5±4.3)Ma，属中二叠世。据此将其时代置晚石炭世。

(五)早二叠世侵入岩

主要分布于英吉沙幅东南部的也提木苏—阿克达拉牧场一带，少量分布于西北部的盖孜一带，面积 61km^2。包括库里巴克吉勒嘎、也提木苏、阿克达拉等 5 个岩体，各岩体简况见表 3-7。岩体长轴及排列均与区域构造线一致。

1. 库里巴克吉勒嘎岩体($\delta o P_1$)

分布于英吉沙幅中部库里巴克吉勒嘎沟口，面积 0.5km^2，为穷布斯萨依岩体中新解体出来的一个小岩株。仅有一次侵入活动，岩性为中粒石英闪长岩。

(1)岩石学特征

浅灰绿色，风化面灰绿色，中粒半自形结构，微片麻状构造。斜长石 62%±，半自形板柱状，2mm×1.2mm～3.5mm×1.5mm；角闪石 30%±，柱状，1.2mm×0.4mm～5mm×2mm，有的被石英、绿帘石交代；石英 5%±，青灰色，他形粒状，0.6～1mm，星散分布；黑云母 30%±，片状，0.25～0.8mm，不均匀分布，大都变成绿泥石；副矿物为磁铁矿、榍石。该岩石在 R_1-R_2 图解(图 3-18)上位于闪长岩区，与矿物含量定名一致。

(2)岩石化学及地球化学特征

岩石化学分析结果见表 3-16。样品有所风化，岩石化学图解大致显示为钙碱性系列(图 3-19、图 3-20)，在 K_2O-SiO_2图解(图 3-21)上位于中—高钾区，二者显示属中—高钾钙碱性系列。在 $AR-SiO_2$图解(图 3-22)上位于钙碱性区，里特曼指数 σ=1.68，二者显示碱度上相当于皮科克的钙性—钙碱性岩。

稀土元素分析结果及参数见表 3-17。稀土总量与中性岩平均值相当；稀土配分模式(图 3-37)显示轻稀土弱富集，曲线斜率$(La/Yb)_N$=1.85，具中等铕亏损。

微量元素分析结果及参数见表 3-18。元素含量与闪长岩维氏值相差大，仅 Hf、Ta、Ga 接近，除显著高 V、Sc、Co 外，其他均显著低。地球化学型式(图 3-38)总体接近于纽芬兰火山弧花岗岩特征，但表现出

① 新疆维吾尔自治区地质局第二区域地质调查大队. 1∶5 万奥依塔克等 2 幅区域地质调查报告及说明书. 1995.

② 新疆地质调查院第二地质调查所. 1∶5 万喔尔托克等 4 幅区域地质调查报告及说明书. 1998.

同碰撞花岗岩型式的一些特点。

表 3-16　侵入岩岩石化学成分、CIPW 标准矿物及特征参数一览表

岩体	侵入体岩性	序号	样号	氧化物含量(%)													
				SiO_2	TiO_2	Al_2O_3	Fe_2O_3	FeO	MnO	MgO	CaO	Na_2O	K_2O	P_2O_5	H_2O^+	CO_2	总量
库里巴吉勒嘎	石英闪长岩	2	2007/2	51.94	0.83	16.37	3.97	6.50	0.19	4.77	6.29	2.36	1.51	0.18	2.03	2.00	98.94
阿克达拉	黑云母花岗闪长岩	3	AS117	71.22	0.28	14.52	0.11	1.10	0.03	0.91	1.68	5.45	3.22	0.05	1.55		100.10
也提木苏	花岗闪长岩	4	201/2	70.90	0.29	13.81	2.08	1.38	0.10	0.68	2.75	2.90	3.68	0.11	0.85	0.23	99.76
穷布斯萨依	黑云母花岗闪长岩	5	2007/1	71.54	0.38	13.21	1.42	1.33	0.05	1.11	1.42	2.96	3.96	0.14	1.53	0.70	99.75
	细粒闪长岩脉	6	2008/3	49.72	1.66	13.01	4.17	11.00	0.25	4.96	8.36	2.08	1.56	0.32	2.36	4.75	99.70

序号	样号	CIPW 标准矿物					特征参数								
		q	or	ab	an	c	σ	AR	DI	SI	Alk	A/CNK	Na_2O/ K_2O	MF	M/F
2	2007/2	14.26	8.92	19.97	17.39	4.48	1.68	1.41	43.15	24.91	3.87	0.97	1.56	68.69	68.70
3	AS117	22.16	19.03	46.03	5.64	0.00	2.66	3.30	88.59	8.43	8.67	0.94	1.69	0.57	1.35
4	201/2	33.38	21.74	24.54	11.47	0.85	1.55	2.08	79.66	6.36	6.58	1.00	0.79	83.45	0.37
5	2007/1	36.45	23.40	25.04	1.71	3.43	1.68	2.36	84.89	10.30	6.92	1.13	0.75	71.24	0.74
6	2008/3	3.79	29.78	1.02	2.64	4.18	1.97	1.80	34.58	33.57	5.16	0.57	0.02	58.49	0.59

表 3-17　侵入岩稀土元素含量($\times10^{-6}$)及特征参数一览表

岩体	序次	侵入体岩性	序号	样号	La	Ce	Pr	Nd	Sm	Eu	Gd
库里巴克吉勒嘎	1	石英闪长岩	2	2007/2	13.99	31.85	4.97	19.85	5.24	1.31	6.38
也提木苏	3	花岗闪长岩	4	201/2	43.07	79.01	9.54	30.42	5.28	1.22	4.36
穷布斯萨依		黑云母花岗闪长岩	5	2007/1	34.35	60.85	7.83	25.55	4.75	0.91	4.26
		细粒闪长岩脉	6	2008/3	25.56	62.19	8.58	29.91	6.23	2.31	6.59

序号	样号	Tb	Dy	Ho	Er	Tm	Yb	Lu	Y	∑REE	LR/HR	δEu	$(La/Yb)_N$
2	2007/2	1.17	7.61	1.56	4.65	0.76	5.11	0.75	38.67	143.9	2.76	0.69	1.85
4	201/2	0.66	3.65	0.71	2.1	0.33	2.16	0.35	17.68	200.5	11.77	0.76	13.45
5	2007/1	0.64	3.50	0.67	1.84	0.28	1.68	0.24	17.24	164.6	10.24	0.61	13.78
6	2008/3	1.03	6.02	1.20	3.38	0.55	3.37	0.50	30.46	187.9	5.95	1.01	5.11

表 3-18　侵入岩微量元素含量($\times10^{-6}$)及特征数值一览表

岩体	序次	侵入体岩性	序号	样号	V	Cr	Ni	Rb	Sr	Zr	Ba
库里巴克吉勒嘎	1	石英闪长岩	2	2007/2	277.00	13.00	13.60	49.60	401.00	69.60	236.00
阿克达拉	2	黑云母花岗闪长岩	3	AS117	30.00	15.00	25.00		250.00	50.00	500.00
也提木苏	3	花岗闪长岩	4	201/2	31.90	8.80	3.87	173.00	341.00	176.00	464.00
穷布斯萨依		黑云母花岗闪长岩	5	2007/1	40.20	17.90	8.95	142.00	166.00	166.00	716.00
		细粒闪长岩脉	6	2008/3	471.00	81.50	53.60	65.30	445.00	141.00	231.00

序号	样号	Th	Sc	Hf	Nb	Co	Ta	Ga	Rb/Sr	Ba/Sr	K/ Rb
2	2007/2	3.47	35.40	2.20	7.28	32.80	0.93	17.60	0.124	0.589	252.68
3	AS117		1.00					12.00		2.00	
4	201/2	20.60	16.20	5.20	16.10	21.80	1.59	23.90	0.507	1.361	176.55
5	2007/1	15.10	11.80	5.10	16.00	15.40	2.02	34.20	0.855	4.313	231.46
6	2008/3	5.44	50.80	3.50	20.20	55.50	2.02	19.90	0.147	0.519	198.28

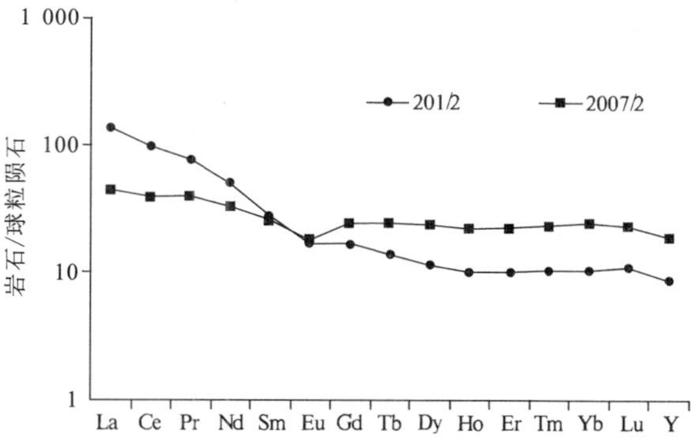

图 3-37　早二叠世侵入岩稀土分配模式图
(Coryell,1963;样品编号同表 3-17)

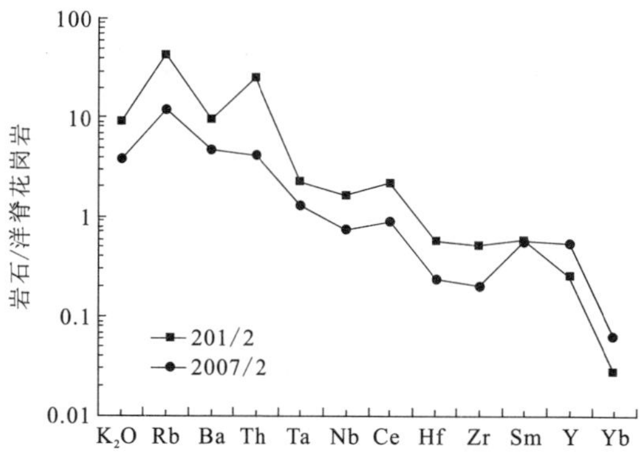

图 3-38　早二叠世侵入岩地球化学型式图
(Pearce,1984;样品编号同表 3-18)

2. 阿克达拉岩体

位于英吉沙幅东南部阿克达拉牧场南侧,面积 12km²。包含主体期、末期两次侵入活动,主体期为中细粒花岗闪长岩($\gamma\delta P_1$),末期为文象正长花岗岩($\xi\gamma P_1$)。

(1)地质特征

该岩体周围被侏罗系沉积覆盖,表现为侏罗系底部发育花岗质底砾岩。内部分布有大量特给乃奇克达坂组(C_2P_1tg)捕虏体,捕虏体主要为条带状结晶灰岩,少量变绢云母粉砂岩、变岩屑石英砂岩,大小不等,小者 0.3m 以下,大者数千米,分布杂乱,位于中心者属顶垂体。岩体与大型捕虏体之间侵入关系明确(图 3-39),界线呈港湾状。接触处地层发育较强的接触变质现象,主要为角岩化、硅化、褐铁矿化及褪色现象。大型捕虏体周围接触变质带宽 10～25m,内接触带普遍绿泥石化、绿帘石化、绢云母化。岩石具轻微破碎现象。

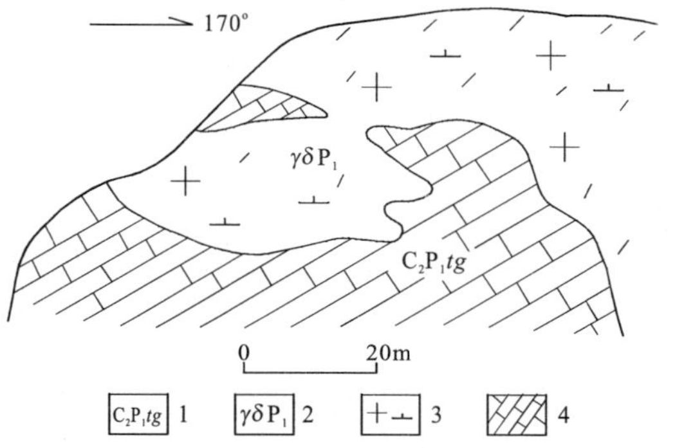

图 3-39　阿克陶县阿克达拉岩体侵入特给乃奇克达坂组素描图
1. 上石炭—下二叠统特给乃奇克达坂组;2. 早二叠世花岗闪长岩体;3. 花岗闪长岩;4. 灰岩

(2)岩石学特征

Q－A－P 见图 3-29,岩石学特征见表 3-19。

(3)岩石化学及岩石地球化学特征

花岗闪长岩岩石化学分析结果及参数见表 3-16。岩石化学图解(图 3-19、图 3－20)显示属钙碱性系列,K_2O-SiO_2 图解(图 3-21)显示为中—高钾类型。在 $AR-SiO_2$ 图解(图 3-22)上位于碱性岩区,里特曼指数 σ=2.66,结合岩石类型认为该岩石属钙碱性岩。铝指数 A/CNK=0.94,属偏铝质类型。与中国花岗闪长岩平均值差别较大,显著高 Na_2O,低 Fe_2O_3、FeO、MnO、P_2O_5。

花岗闪长岩微量元素分析结果见表 3-18。与富钙酸性岩涂氏值相比,具显著高 Co,显著低 Sr、V、Ni、Sc、Zr 的特点。

3. 也提木苏岩体

分布于英吉沙县幅东南部也提木苏附近,面积 44km²。仅有 1 次侵入活动,岩性为含中斑花岗闪长岩($\gamma\delta P_1$)-含中斑石英二长闪长岩($\eta\delta o P_1$)。

(1)地质特征

呈不规则带状产出,边界呈折线状,一般中等角度内倾,侵入周围古元古界赫罗斯坦岩群($Pt_1H.$)及蓟县系桑株塔格群,边部发育宽 30～110m 的细粒化带,附近围岩中有岩枝贯入。与第一阶段喀依孜岩体之间常有地层相隔,野外关系不明。

该岩体相带发育,西部暗色闪长质包体少(1%±),岩浆混合作用相对较弱,形成的岩石类型为含中斑中—细粒黑云母花岗闪长岩，东部含大量(3%±)暗色闪长质包体，岩浆混合作用相对较强，形成的岩石类型为含中斑中—细粒石英二长闪长岩；边缘处斑晶变小、变少，基质变细，为含小斑细粒的相应岩石。岩体剖面见图3-27。

表3-19　阿克达拉岩体岩石学特征表

侵入体类型	主体期	末期
岩石类型	灰白色—灰绿色中—细粒花岗闪长岩	灰白色文象正长花岗岩
结构构造	中—细粒花岗结构、局部碎裂结构，块状构造	文象结构，块状构造
钾长石	24%～6%，不规则他形粒状，具格子双晶，为微斜长石，0.25～3.95mm	64%±，不规则板状，1～10mm，其内含发育不好的文象状石英，具泥化
斜长石	44%～55%，半自形板柱状，0.3mm×0.6mm～0.9mm×2.3mm，An=25，为更长石，普遍绢云母化，见聚片和卡钠复合双晶	25%±，半自形板状，一般0.2～1.5mm，已绢云母化和泥化
石英	23%～18%，青灰色他形粒状，常呈齿状、镶嵌状分布于其他矿物间，强烈波状消光	25%±，青灰色，他形粒状，0.2～2mm
黑云母	6%～8%，片状，0.2mm×0.5mm～0.92mm×2.1mm，多绿泥石替代	少量
其他	角闪石：3%～12%，柱状，0.45mm×0.92mm～0.7mm×2.3mm，被海绿石、绿泥石替代	白云母：1%，片状，0.2～2mm
副矿物	磁铁矿、榍石、锆石、磷灰石、黄铁矿	含少量次生黄铁钾钒

(2)岩石学特征

岩石学特征见表3-20。Q－A－P图解(图3-29)与R_1-R_2图解(图3-18)定名一致。

表3-20　也提木苏岩体岩石学特征表

岩石类型		灰白色含中斑中—细粒黑云母花岗闪长岩	灰白色—浅灰色含中斑中—细粒石英二长闪长岩
结构构造		似斑状结构、基质半自形粒状结构，块状构造	
斑晶		48%～10%，平均7%，半自形板柱状，4mm×10mm～8mm×25mm，为微斜长石	
基质	钾长石	5%	5%～19%，平均13%
		半自形板柱状，一般0.8mm×0.5mm～4.5mm×3mm，一般1.5mm×2mm，为微斜长石，有的具条纹结构	
	斜长石	46%～60%，平均49%，	48%～65%，平均56%，⊥(010)法An为26～27，具聚片双晶
		⊥(010)法An为25～26，半自形板柱状，1mm×1.8mm～1.5mm×2mm。具聚片双晶	
	石英	30%～40%，平均32%	平均10%
		青灰色，他形粒状，1～2mm，局部呈3mm±的集合体	
	黑云母	10%～5%，平均7%	少量
		黑色片状，1mm±，新鲜，个别向绿泥石变化	黑色片状，0.5～1mm
	角闪石		10%～20%
			绿色柱状，0.8mm×0.3mm～1mm×3mm，C∧Ng=25°
副矿物		磁铁矿、榍石、锆石、磷灰石	

(3)岩石化学及地球化学特征

花岗闪长岩岩石化学分析结果见表3-16。硅-碱图(图3-19)及FeO^*/MgO与FeO^*、SiO_2(图3-20)显示为钙碱性系列；K_2O-SiO_2图解(图3-21)上显示为高钾类型；$AR-SiO_2$图解(图3-22)上位于钙碱性岩区，$\sigma=1.72$，结合岩石类型认为碱度上属皮科克的钙碱性岩。铝指数A/CNK=1.00，出现角闪石，总体上应属偏铝质类型。与中国花岗闪长岩平均值差别较大，具显著高SiO_2，显著低Al_2O_3、FeO、MgO、P_2O_5，低Na_2O的特点。

花岗闪长岩的稀土元素分析结果及参数见表 3-17。稀土总量为 153.14×10^{-6}，远低于赫尔曼花岗岩的平均值(250×10^{-6})。标准化曲线(图 3-37)显示轻稀土富集较强，斜率$(La/Yb)_N=27.32$，具弱铕亏损($\delta Eu=0.76$)。

花岗闪长岩微量元素分析结果见表 3-18。与富钙酸性岩涂氏值基本接近，具有显著高 Co，高 Th、Sc、Hf，显著低 Cr、Ni，低 Ta 的特点。地球化学型式见图 3-29，显示较强富集大离子亲石元素，具 Ba 亏损，亏损右侧的高场强元素，Ce、Sm 异常不明显，不同程度具有火山弧花岗岩、同碰撞花岗岩典型型式的特点。

(4)包体及接触变质特征

普遍较发育前述暗色闪长质包体，多不规则状，1～20cm，与主岩界线截然。岩脉不发育，仅见石英脉。接触带附近的围岩中局部发育云英岩化，宽一般 10m±，富含白云母。

(5)形成深度、剥蚀程度

岩体产状与围岩接触关系不协调，侵入的蓟县系区域变质为绿片岩相，外接触带具云英岩化，岩体内部不显叶理，冷凝边常见，岩相带发育，钾长石为微斜长石，从地质特征上看侵位于浅带，比上述卡依孜岩体要浅。花岗岩中的石英包裹体均一法温度为 680℃～850℃(国土资源部中南矿产资源检测中心测试)。岩体边界内倾，显示剥蚀程度较深。

4. 库台依买克岩体($\eta\gamma P_1$)

分布于英吉沙幅西北部，命名地北侧，面积 $0.5km^2$。仅一次侵入活动，岩性为细粒黑云母二长花岗岩。

岩体侵位于早二叠世火山岩之中，界面外倾，内部发育较多的暗绿色石英闪长玢岩包体，包体一般呈长条状，规模较大。

岩石呈灰白色，细粒花岗结构，块状构造。微斜条纹长石 25%±，他形板柱状，具格子双晶；斜长石(40%±)，半自形—自形板柱状，0.5mm×0.8mm～1mm×2.8mm，部分具环带，有的具净边；石英 30%±，粒状，0.3～2mm，具波状消光；黑云母 5%±，鳞片状，多发生绿泥石化；副矿物为榍石、金属矿物、磷灰石。

5. 对比及演化

本期形成的岩体相同岩石类型可以对比，可归纳为 4 次侵入事件。第一次侵入岩的岩性为石英闪长岩，由 2 个侵入体组成(表 3-7)，二者成分一致，仅粒度上有微小变化，有中粒、中—细粒之分；第二次侵入岩的岩性为不含斑的中—细粒花岗闪长岩，由阿克达拉、江嘎尔岩体中的相应侵入体组成，前者含暗色矿物较多，后者较少；第三次侵入岩的岩性为中斑状中—细粒黑云母花岗闪长岩-石英二长闪长岩，仅有也提木苏岩体；第四次侵入岩岩性为细粒黑云母二长花岗岩，仅有库台依买克岩体。该期侵入岩同属中—高钾钙碱性系列，构成的岩石演化序列为石英闪长岩-石英二长闪长岩-花岗闪长岩-二长花岗岩，从早至晚，钾长石含量增高，岩石化学由中钾向高钾演变。

6. 成因分析

该阶段侵入岩中的石英闪长岩、花岗闪长岩均富含角闪石；某些花岗闪长岩体、二长花岗岩体均发育较多的暗色包体；副矿物为磁铁矿、榍石；铝指数 A/CNK<1，$FeO^* / FeO^* + MgO=(0.57～0.68)<0.8$，岩石化学属钙碱性系列，$K_2O$ 最高值 3.68%，相对属中等含量，小于巴尔巴林的“富钾钙碱性花岗岩”(5%±)，这些特征与其“含角闪石钙碱性花岗岩”极其一致。该岩石类型物质来源为壳幔混合源，形成的地球动力学环境为板块俯冲。

Maniar 的主元素判别图解(图 3-25)、Pearce 的微量元素判别图(图 3-26)、地球化学型式图均一致显示为火山弧花岗岩。据此认为该侵入岩为板块俯冲产物。

7. 形成时代

也提木苏岩体侵入的最新层位为蓟县系；阿克达拉岩体侵入的最新层位为上石炭统—下二叠统特给

乃奇克达坂组，该地层时代有化石依据，岩体被侏罗系覆盖。可以看出，该期岩体形成时代的下限为早二叠世，上限为侏罗纪。该期侵入岩为俯冲型，研究表明测区早二叠世处于俯冲背景，故将其置于早二叠世。

（六）中二叠世侵入岩（$\gamma\delta P_2$）

仅有穷布斯萨依岩体，分布于英吉沙幅中部阿提加依罗达坂处，出露面积约 27km²。仅包含一次侵入活动，岩性为淡灰色细粒黑云母花岗闪长岩。

1. 地质特征

呈岩株状，边界弧状中等外倾。侵入周围特给乃奇克达坂组（C_2P_1tg，图 3-40）。岩体边部粒度细化，围岩中发育卫星状小岩株，并产生接触热变质及接触交代变质现象，形成斑点状云英岩，接触变质带宽 2m±。与内部的早二叠世石英闪长岩呈超动侵入关系，二者之间发育宽 50cm 左右的角岩带（图版Ⅷ，1），角砾呈棱角状，大小不等，岩性为早期石英闪长岩。

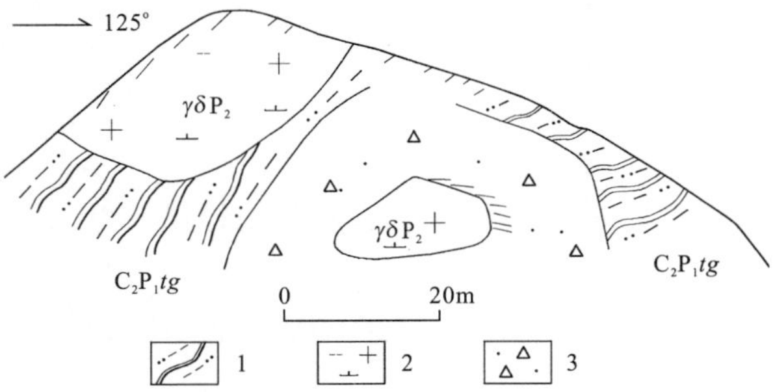

图 3-40　阿克陶县穷布斯萨依岩体侵入特给乃奇克达坂组素描图

C_2P_1tg. 上石炭—下二叠统特给乃奇克达坂组；$\gamma\delta P_2$. 中二叠世花岗闪长岩；1. 粉砂质泥板岩；2. 细粒黑云母花岗闪长岩；3. 残坡积物

2. 岩石学特征

岩性从边部向中心矿物粒度稍粗，均为细粒黑云母花岗闪长岩。Q－A－P 图解（图 3-29）与多阳离子 R_1-R_2 图解（图 3-18）定名一致。

岩石呈淡灰色，略具似斑状结构、基质细粒花岗结构，发育很弱的片麻状构造。斑晶 2%～3%，灰白色泛肉红，为微斜长石，半自形板柱状，5mm×8mm～6mm×10mm。基质长石呈半自形板柱状，0.8mm×1.5mm～1mm×2mm，其中更长石 39%～54%，平均 49%；微斜长石 15%～33%，平均 19%；石英 20%～29%，平均 25%，粒状，1mm±，部分聚集；黑云母 5%，片状，0.5～1mm，有的具绿泥石化。

3. 岩石化学及地球化学特征

岩石化学分析结果见表 3-16。在硅-碱图（图 3-19）上位于亚碱性系列区，在硅-钾图（图 3-21）上位于高钾区。在 AR－SiO_2图解（图 3-22）上位于钙碱性岩区，里特曼指数 $\sigma=1.68$，结合岩石类型综合看，该岩石碱度上相当于皮科克的钙碱性岩。铝指数 A/CNK＝1.13，属强过铝岩石。氧化物含量与中国花岗闪长岩平均值差别较大，大部分元素含量接近黑云母二长花岗岩，具有低 Na_2O、MnO 的特点。

稀土元素分析结果及特征参数见表 3-17。稀土总量（164.59×10^{-6}）介于陈德潜（1990）的中性岩与花岗岩之间。标准化曲线见图 3-41，轻稀土相对中等富集，具中等铕亏损。

微量元素分析结果及参数见表 3-18。元素含量与花岗岩维氏值很接近，仅 Hf、Co、Ga 高。地球化学型式见图 3-42，显示强烈富集大离子亲石元素，具 Ba 的负异常；亏损右侧的高场强元素，具 Ce、Sm 的正异常，与同碰撞花岗岩的典型型式类似。

4. 脉岩特征

岩脉稀疏，有细粒闪长岩、花岗伟晶岩、石英斜长岩 3 种，产状与片麻理一致，宽 0.4～10m，延伸几十米，边界锯齿状。

暗绿色细粒闪长岩脉呈细粒半自形粒状结构，块状构造。由斜长石（55%±）、角闪石（45%±）、石英（少量）组成。属拉斑玄武岩系列，稀土总量较高，稀土曲线与主岩有一定的相似性（图 3-41），具弱铕正异常。地球化学型式与主岩曲线呈“X”型交切，显示混染作用的存在。岩脉周围分布有较多的同成分团块。据上述特征我们认为，该岩脉为同深成岩墙，周围的小团块系岩浆相互作用形成的暗色包体。岩体内未见捕虏体及其他包体。

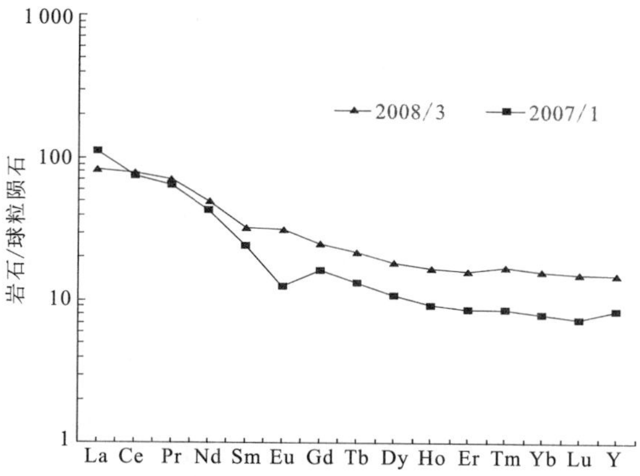

图 3-41　穷布斯萨依岩体稀土分配模式图
(Coryell,1963;样品编号同表 3-18)

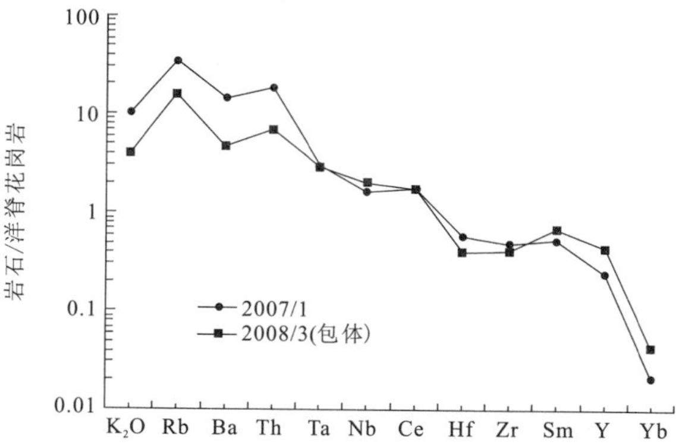

图 3-42　穷布斯萨依岩体地球化学型式图
(Pearce,1984;样品编号同表 3-18)

5. 形成深度

岩体围岩具弱的热变质及云英岩化,岩体中普遍发育很不明显的片麻理,斑晶及基质均为三斜度高的微斜长石,故认为其形成于浅带的下部。该岩体斑状结构不明显,矿物成分近于共结,在 Ab－Or－Q 相图上位于 500 巴压力线附近(图 3-28),相应深度为 1.7km,与地质特征不一致。综合认为该岩体侵位深度为浅带的下部。

6. 成因、地球动力学环境及形成时代

该侵入岩为强过铝类型,暗色矿物仅见黑云母,岩浆包体不发育,$FeO^*/FeO^*+MgO=0.70<0.8$,与巴尔巴林总结的“含堇青石过铝花岗岩”相当。该类型物质来源主要为壳源、混有少量幔源,形成的地球动力学环境为大陆碰撞(广义)。研究表明,狭义的大陆碰撞时间短暂,形成的花岗岩极其有限,强过铝花岗岩多为后碰撞产物,该侵入岩可能形成于后碰撞环境。

该岩体侵入有化石依据的上石炭—下二叠统特给乃奇克达坂组,显示形成下限为早二叠世,本次在该岩体中采集了锆石 U－Pb 同位素样品,经天津地矿所测试,1、2 号样点表面年龄加权平均值为(413.2±1.6)Ma,属晚志留世,3 号样点表面年龄值为(330.1±0.8)Ma,属早石炭世,这些年龄值与地质特征不符,明显偏老,可能反映了源岩的年龄,该岩体侵入上述早二叠世石英闪长岩,结合形成环境(后碰撞)及区域地质构造演化,将其时代置中二叠世。

(七)晚三叠世侵入岩($\eta\gamma T_3$)

分布于英吉沙县幅西北部托喀依北 4km 处,面积 5km²。包括托喀依等 3 个岩体,仅有一次侵入活动,岩性为花岗斑岩、同成分隐爆角砾岩。两个岩体规模很小,侵位于晚三叠世霍峡尔组火山岩中,明显为潜火山岩,在火山岩部分介绍。现仅叙述托喀依岩体特征。

1. 地质特征

呈岩墙状沿构造线展布,东西被断层截切,出露宽 0.7km,长 8km。侵入周围中二叠统棋盘组生物屑灰岩及火山岩中,界面弯曲、陡倾,岩体边缘具少量围岩捕虏体。

2. 岩石学特征

该岩体仅发育花岗斑岩。岩石呈灰褐色,斑状结构,基质微晶-玻璃质结构,块状构造。斑晶 35%~20%,主要为石英,次为条纹长石、斜长石,少量黑云母,石英呈粒状,2~4mm,裂纹发育,长石呈半自形板柱状,1~5mm,黑云母呈褐色片状,0.2~0.8mm;基质由长英质微晶及玻璃质组成;副矿物为磁铁矿。

3. 岩石化学及地球化学特征

岩石化学成分具高 CaO、Fe_2O_3,低 Al_2O_3、FeO、MnO,显著低 Na_2O、P_2O_5 的特点。属钙碱性系列,高

钾类型，碱度上属莱特的钙碱性岩，岩体内部铝饱和度不均一，主体为过铝质，部分地段为偏铝质。稀土总量较低，轻稀土相对中等富集，具中等铕亏损。微量元素中的亲硫元素普遍高于维氏值，其中 Bi 和 Au 分别高于维氏值 1.74、1.62 倍，亲铁元素 Ni 略低于维氏值，Co 高于维氏值 1.81 倍。

4. 形成时代

该期岩体侵入霍峡尔组火山岩；1998 年，新疆地质调查院在该岩体中获得的 Rb－Sr 等时线年龄为(222±14)Ma①，属晚三叠世，与地质特征吻合，故将其时代置于晚三叠世。

5. 成因及形成的大地构造环境分析

该岩体局部含少量角闪石；副矿物主要为磁铁矿；具较低 Al_2O_3、较高 CaO 的特点，K_2O 含量较高，但不稳定；伴生的霍峡尔组岩石组合为玄武岩-安山岩；Sr^{87}/Sr^{86} = 0.705 7±0.000 42，位于幔壳混合源(0.706)附近；类似于巴尔巴林的"含角闪石钙碱性花岗岩"，该岩石类型显示的地球动力学环境为板块俯冲。结合晚三叠世沉积盆地提供的信息，该岩浆岩可能为后碰撞阶段幔源拉斑玄武质岩浆上升时混染了地壳组分再经分异而成。

二、西昆仑中带中酸性侵入岩

该带构造位置处于西昆仑中间地块，北以空贝利-木扎灵断裂为界，南以江托克铁热克达坂断裂(即康西瓦断裂)为界。该带侵入岩很发育，面积 2 513km^2，可划分为泥盆纪、二叠纪、三叠纪(包括早三叠世、中三叠世)、晚侏罗世、古近纪 5 期(表 3-21)。

(一)泥盆纪侵入岩

仅有阔什乌托克岩体，分布于艾提开尔丁萨依幅南部命名地北侧，面积 48km^2。呈弧形带状侵位于布伦阔勒岩群($Pt_1B.$)之中。岩性为弱片麻状细粒黑云母石英闪长岩(δoD)。

1. 岩石学特征

岩石呈深灰色，细粒半自形结构，略具定向构造。斜长石 70%±，呈不规则粒状，0.1～0.3mm，个别微显聚片双晶；石英 10%±，他形粒状，0.1～0.3mm；黑云母 20%±，褐色片状，0.2～0.5mm；角闪石少量，柱状，0.2～0.3mm；副矿物为榍石。在多阳离子 R_1－R_2 图解(图 3-43)上，该侵入岩位于英云闪长岩区，与实际矿物含量定名稍有差别。

2. 岩石化学及地球化学特征

岩石化学分析结果见表 3-22。硅-碱图(图 3-44)及 FeO^*/MgO 与 SiO_2，FeO^* 图(图 3-45)显示为拉斑玄武岩系列；在硅-钾图(图 3-46)上位于高钾区；碱度相当于皮科克的钙碱性岩(图 3-47)；铝指数 A/CNK=0.81，属偏铝质类型。氧化物含量与同类岩石相比具高 TiO_2、K_2O，低 Al_2O_3、MgO、Na_2O 的特点。

稀土元素分析结果见表 3-23。稀土总量高(300×10^{-6})，标准化曲线见图 3-48，显示轻稀土弱富集，曲线斜率$(La/Yb)_N$=4.38，具中等铕亏损。

微量元素分析结果见表 3-23，具显著高 Zr、Hf，显著低 Sr、Ni，低 V 的特点，地球化学型式见图 3-49，显示富集大离子亲石元素，具 Ba 的弱亏损，高场强元素仅亏损 Yb，具有板内花岗岩的特点。

3. 地球动力学环境分析

该侵入岩岩石化学显示为拉斑玄武岩系列。K_2O 较高，在科尔曼的 K_2O－SiO_2 图解(图 3-30)上位于大陆花岗斑岩区；在不活动性元素 Rb－Y+Nb、Y－Nb 判别图解(图 3-50)上位于板内花岗岩区，故认为该侵入岩形成于板内拉张环境。

---

① 新疆地质调查院第二地质调查所. 1∶5 万喔尔托克等 4 幅区域地质调查报告及说明书. 1998.

表 3-21 西昆仑中带中酸性侵入岩划分及简况一览表

时代	阶段	岩体名称	面积(km²)	侵入体主体岩性	代号	侵入序次	年龄(Ma)	主要接触关系	中心坐标	
古近纪		保勒木沙达坂	32	中粒—粗粒黑云母正长花岗岩	$\xi\gamma E$	1		侵入 Ch*ST*.	75°40′	38°11′
		苏盖特	4	中斑状细中粒黑云正长花岗岩		2		侵入 Ch*ST*.	75°37′	38°16′
		上且木干	68	中粒黑云母正长花岗岩		1		侵入 C_2P_1tg	75°34′	38°26′
		玉其卡帕	80	斑状细粒黑云母正长花岗岩		3	K-Ar 30	侵入 D_2kz	75°11′	38°45′
				中斑状中—粗粒正长花岗岩		2				
				中—粗粒正长花岗岩		1				
		库米托尔	9	中粒黑云母正长花岗岩		1			75°35′	38°33′
		牙满达坂	28	中粒黑云母正长花岗岩		1			75°45′	38°33′
晚侏罗世		卜科肉克	6	中—细粒二云母二长花岗岩	$\eta\gamma J_3$		K-Ar 148	侵入 δ^1P	73°19′	38°58′
		皮拉里	30	中粒二云母二长花岗岩				侵入 Pt_1B.	74°44′	38°43′
		琼块勒巴什	3	中粒二云母二长花岗岩				侵入 Pt_1B.	74°49′	38°45′
		克迪肉	0.5	中粒二云母二长花岗岩					74°56′	38°39′
中三叠世	二	其其克提达坂	0.5	片麻状细粒石英闪长岩	$\delta o T_2$			侵入 $\eta\gamma T_2$	75°24′	38°00′
		沙热塔石	10	片麻状细粒石英闪长岩				侵入 $\eta\gamma T_2$	74°16′	39°00′
	一	科克佐	14	中斑状中粒黑云母二长花岗岩	$\eta\gamma T_2$	2		侵入 $S_{2-3}D$	74°11′	38°51′
		慕士塔格	1 160	片麻状斑状中粒黑云二长花岗岩		2	U-Pb 212	侵入 Ch*ST*.、奥陶系	75°24′	38°11′
				片麻状中粒黑云母二长花岗岩		1	U-Pb 214			
早三叠世	二	喀赞吉勒尕套	16	中粒黑云母石英二长岩	$\eta o T_1$			侵入 δo^3P	73°54′	38°55′
		空巴克	12	片麻状细中粒黑云母石英闪长岩	$\delta o T_1$			侵入奥陶系	75°45′	38°00′
	一	琼阿坡力别克	267	中粒黑云母英云闪长岩-中粒黑云母石英闪长岩	$\gamma\delta o^3T_1$ δo^3T_1	3	U-Pb 219	侵入志留系	74°22′	38°53′
				弱片麻状中细粒黑云母石英闪长岩	δo^3T_1	2				
		苦鲁土克	4	中粒黑云母英云闪长岩	$\gamma\delta o^3T_1$	3		侵入 Pt_1B.	74°25′	38°57′
		土曼其	4	中粒黑云母英云闪长岩		3		侵入 Pt_1B.	74°49′	38°50′
				片麻状细粒黑云母石英闪长岩	δo^3T_1	2				
		恰特	4	细粒黑云母英云闪长岩	$\gamma\delta o^3T_1$	3		侵入志留系	74°45′	38°54′
		库里吉勒尕	48	中粒黑云母英云闪长岩-黑云母石英闪长岩	$\gamma\delta o^3T_1$ δo^3T_1	3		侵入志留系	73°54′	38°55′
		求库台	424	中粒黑云母花岗闪长岩 中粒黑云母英云闪长岩 细粒黑云母石英闪长岩	$\gamma\delta^3T_1$ $\gamma\delta o^3T_1$ δo^3T_1	3	U-Pb 241	侵入 $S_{2-3}D$	74°39′	38°39′
		米什干	113	细粒黑云母英云闪长岩	$\gamma\delta o^3T_1$	3		侵入 $S_{2-3}D$	74°2′	38°50′
		沙热塔什	44	中粒黑云母花岗闪长岩	$\gamma\delta^4T_1$	4	244	侵入志留系	74°16′	39°07′
				细粒闪长岩	δ^1T_1	1	159			
		克其克阿克亚	40	中粒黑云母花岗闪长岩	$\gamma\delta^4T_1$	4		侵入 Pt_1B.	74°40′	38°57′
				中粒黑云母石英闪长岩	δo^2T_1	2				
		布伦口	40	片麻状中细粒黑云花岗闪长岩	$\gamma\delta^4T_1$	4		侵入 Pt_1B.	74°50′	38°36′
		喀拉麻大坂	4	细粒黑云母花岗闪长岩		4		侵入 Pt_1B.	74°42′	38°42′
泥盆纪		阔什乌托克	48	弱片麻状细粒黑云石英闪长岩	$\delta o D$			侵入 Pt_1B.	74°48′	38°24′

4. 形成时代

该岩体从产状上看侵入志留系，从成因上看形成于板内环境，区域资料显示泥盆纪测区有一次拉张事件，结合区域构造背景将其暂置泥盆纪。

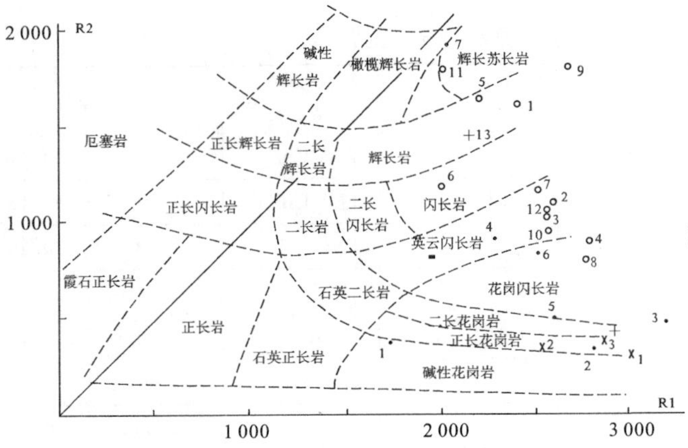

图 3-43　R_1-R_2 图解

(De La Rache，1980)

▬. 阔什乌托克；○. 琼阿坡力别克等，样品编号同表 3-25；•. 慕士塔格，样品编号同表 3-34；×. 玉其卡帕，样品编号同表 3-41；+. 卜科肉克

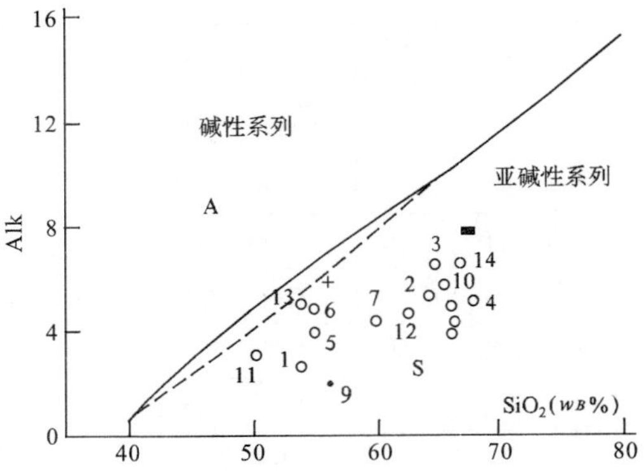

图 3-44　硅-碱图

(Irvine T N，1971)

▬. 阔什乌托克；○. 琼阿坡力别克等，样品编号同表 3-25；+. 空巴克

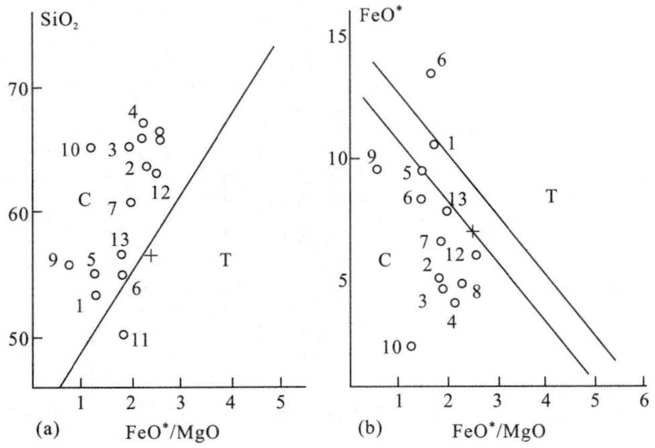

图 3-45　FeO^*/MgO 与 SiO_2/FeO^* 图解

(Miyashiro A，1974)

▬. 阔什乌托克；○. 琼阿坡力别克等，样品编号同表 3-25；+. 空巴克

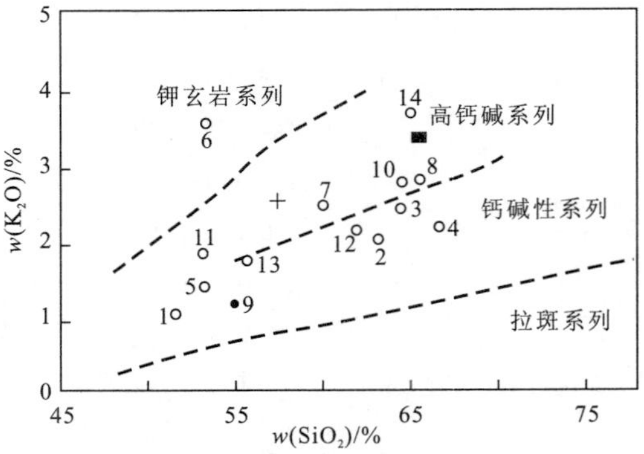

图 3-46　K_2O-SiO_2 图解

▬. 阔什乌托克；○. 琼阿坡力别克等，样品编号同表 3-25；+. 空巴克

表 3-22　侵入岩岩石化学成分、CIPW 标准矿物及特征参数一览表

岩体	侵入体岩性	样号	氧化物含量(%)													
			SiO_2	TiO_2	Al_2O_3	Fe_2O_3	FeO	MnO	MgO	CaO	Na_2O	K_2O	P_2O_5	H_2O^+	CO_2	总量
阔什乌托克	石英闪长岩	1198/2	65.19	0.98	13.80	3.04	3.25	0.10	1.16	3.70	4.03	3.33	0.28	0.52	0.35	99.73

样号	CIPW					特征参数								
	q	or	ab	an	c	σ	AR	DI	SI	Alk	A/CNK	Na_2O/K_2O	MF	M/F
1198/2	21.17	19.87	34.10	9.73	0.00	2.44	2.45	74.94	7.83	7.36	0.81	1.21	84.43	0.35

表 3-23　侵入岩稀土和微量元素含量($\times10^{-6}$)及特征参数一览表

岩体	岩性	样号	La	Ce	Pr	Nd	Sm	Eu	Gd	Tb	Dy	Ho	Er	Tm	Yb	Lu	Y	ΣREE	LR/HR	δEu	$(La/Yb)_N$
阔什乌托克	石英闪长岩	1198/2	41.70	87.01	12.43	48.72	10.69	2.19	10.94	1.89	11.38	2.38	6.50	0.99	6.42	1.01	56.08	300.30	4.88	0.61	4.38

样号	V	Cr	Ni	Rb	Sr	Zr	Ba	Th	Sc	Hf	Nb	Co	Ta	Ga	Rb/Sr	Ba/Sr	K/Rb
1198/2	48.90	12.10	5.83	93.30	146.00	576.00	530.00	14.60	14.80	14.00	17.40	12.80	1.32	27.00	0.639	3.630	296.23

(二)早三叠世侵入岩

大量分布于艾提开尔丁萨依幅琼让—布伦口一带，少量位于英吉沙县幅南部的木扎令，面积

1 020km²。呈 NW 向带状展布，构成二叠纪火山弧花岗岩带。可划分为两个阶段。

1. 第一阶段侵入岩

广泛分布于艾提开尔丁萨依幅东北部琼让—布伦口一带，面积 992km²。包括琼阿坡力别克、求库台、沙热塔什等 12 个岩体。包含 4 次侵入活动，主体岩石类型分别为闪长岩($\delta^1 T_1$)、石英闪长岩($\delta o^2 T_1$)、英云闪长岩-石英闪长岩($\gamma\delta o^3 T_1 - \delta o^3 T_1$)、花岗闪长岩($\gamma\delta^4 T_1$)。

(1)琼阿坡力别克岩体

分布于图幅北部，面积 267km²。由第二次侵入的中—细粒黑云母石英闪长岩($\delta o^2 T_1$)、第三次侵入的中粒黑云母英云闪长岩-黑云母石英闪长岩($\gamma\delta o^3 T_1 - \delta o^3 T_1$)组成。

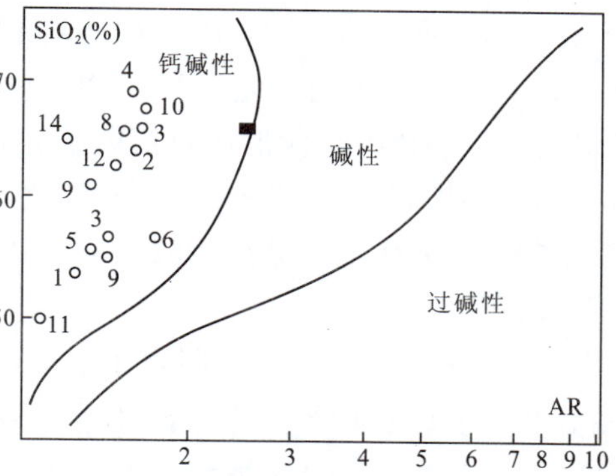

图 3-47　AR - SiO_2 与碱性度关系图

(Wright J B,1969)

■. 阔什乌托克；○. 琼阿坡力别克等，样品编号同表 3-25；+. 空巴克

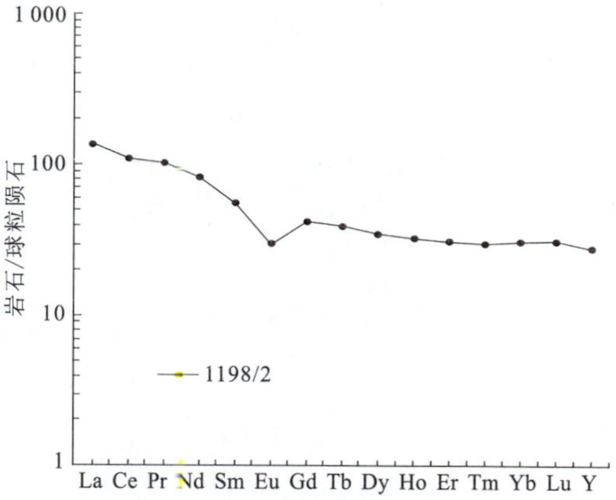

图 3-48　阔什乌托克岩体稀土配分模式

(Coryell,1963；样品编号同表 3-23)

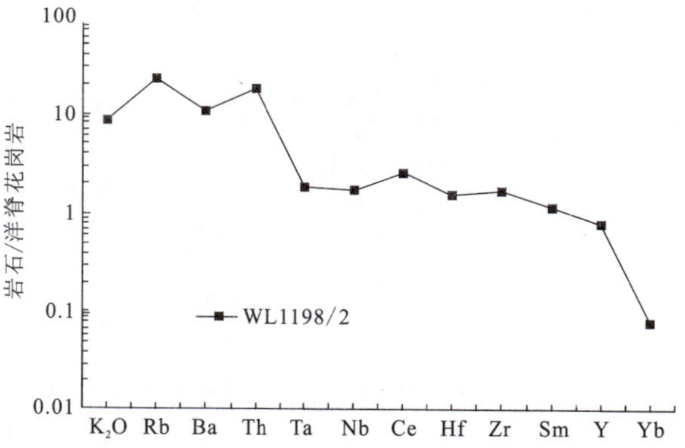

图 3-49　阔什乌托克岩体地球化学型式

(Pearce,1984；样品编号同表 3-23)

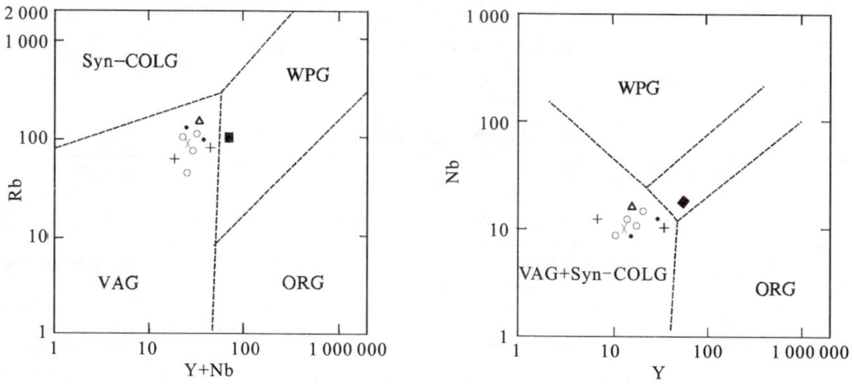

图 3-50　不同构造环境花岗岩的非活动元素判别图

(Pearce 等,1984)

VAG. 火山弧花岗岩；WPG. 板内花岗岩；S-COLG. 同碰撞花岗岩；ORG. 洋中脊花岗岩；

■. 阔什乌托克；○. 琼阿坡力别克；•. 求库台；×. 米计干；+. 沙热塔什；△. 空巴克

①地质特征

呈小岩基产出，平面上呈长透镜状，长轴沿构造线展布，岩体边界中—高角度南倾，南界及北界呈折线状、港湾状，西界较圆滑。岩体侵入周围志留系及布伦阔勒岩群($Pt_1B.$)，边部具细粒化带和捕虏体，细粒化带一般宽 30m±，围岩中分布有卫星状小岩株，并发育明显的接触变质现象。两次侵入岩之间为脉动关系(图 3-51),界面平直,向外中—高角度倾斜,接触处常分布透镜状花岗伟晶岩囊。其中(本阶段)第三次侵入岩在岩浆混合中心区形成石英闪长岩,暗色包体较多、较大,向外过渡为英云闪长岩,随之石英增多、角闪石降低,该岩体剖面见图 3-52。

②岩石学特征

岩石学特征见表 3-24,多阳离子 R_1-R_2 命名图解(图 3-43)与实际矿物含量定名接近。铝指数分别为 0.88、0.95,均属偏铝质类型。本阶段第二次侵入的石英闪长岩岩石化学成分与中国石英闪长岩平均值差别较大,具显著低 SiO_2、K_2O、P_2O_5,显著高 FeO^*、MgO、CaO、Na_2O 的特点,一部分可能与分异程度较低有关。第三次侵入的石英闪长岩化学成分

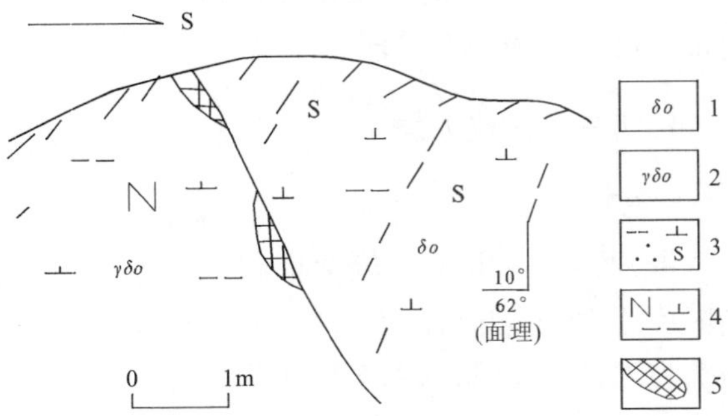

图 3-51　阿克陶县琼阿坡力别克岩体两次侵入岩之间接触关系素描图

1. 石英闪长岩;2. 英云闪长岩;3. 片麻状中细粒石英闪长岩;4. 中粒英云闪长岩;5. 伟晶岩囊

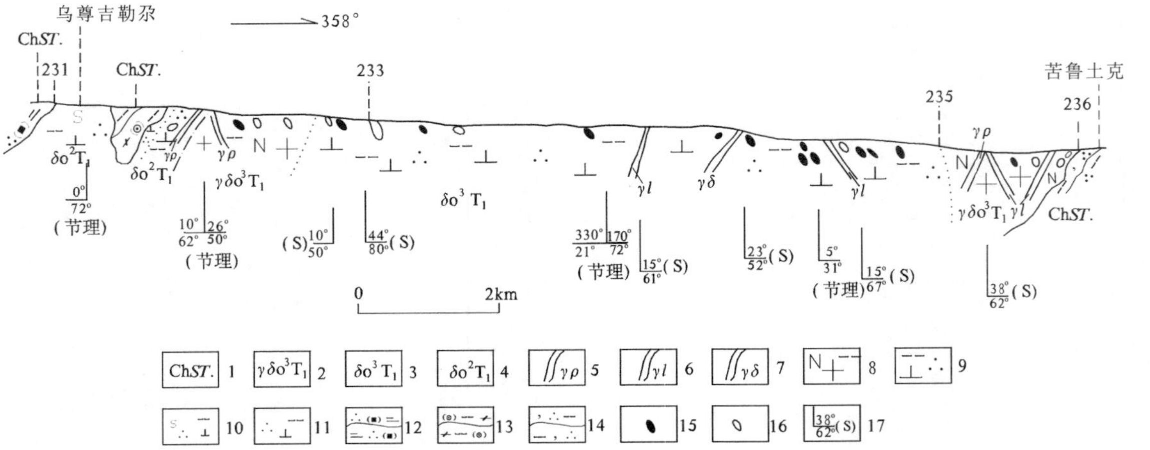

图 3-52　阿克陶县乌尊吉勒尕—苦鲁土克村琼阿坡力别克岩体实测剖面图

1. 长城系赛图拉岩群;2. 第三次侵入的英云闪长岩;3. 第三次侵入的早三叠世石英闪长岩;4. 第二次侵入的石英闪长岩;5. 花岗伟晶岩脉;6. 花岗细晶岩脉;7. 花岗闪长岩脉;8. 中粒英云闪长岩;9. 中粒黑云母石英闪长岩;10. 片麻状细粒黑云母石英闪长岩;11. 中—细粒黑云母石英闪长岩;12. 含磁铁绢云石英片岩;13. 含石榴红柱石黑云片岩;14. 斑点状黑云石英片岩;15. 暗色岩浆包体;16. 捕虏体;17. 面理产状

表 3-24　琼阿玻力别克岩体岩石学特征表

侵入体序次	(本阶段)第二次	(本阶段)第三次	
岩石类型	浅灰绿色弱片麻状中—细粒黑云母石英闪长岩	灰白色中粒黑云母英云闪长岩	中粒黑云母石英闪长岩
结构构造	中—细粒半自形结构,弱片麻状构造	中粒半自形结构,弱片麻状—块状构造	
斜长石	40%~70%,平均 57%	58%~70%,平均 64.5%	72%~78%,平均 76%
	半自形板柱状,0.6mm×0.4mm~2mm×1mm,部分显聚片双晶,⊥(010)法 An 为 34~35,为中长石	半自形板柱状,1.3mm×0.7mm~3mm×1.8mm,一般 2.5mm×1mm~3mm×1mm,聚片双晶,⊥(010)法 An 为 25~35,更-中长石	
石英	5%~15%,平均 8%	20%	10%~15%,一般 10%±
	青灰色,他形粒状,0.25~1mm,波状消光	青灰色略泛红,他形粒状,0.5~1.3mm,星散分布,波状消光	
黑云母	5%~15%,平均 8%	10%~20%,平均 12%	6%~10%,平均 9%
	黑褐色,片状,0.3~1.2mm,不均匀定向分布	黑褐凸,片状,0.5~2.5mm,一般 1~2mm	
角闪石	20%~40%,平均 27%	0%~10%,平均 3.5%	3%~6%,平均 5%
	绿色柱状,0.6mm×0.25mm~2mm×1mm	绿色柱状,1mm×0.7mm~2mm×6mm,一般 1mm×3mm,包裹有黑云母	
副矿物	磁铁矿	磁铁矿、黄铁矿	
R_1-R_2 图解	位于辉长岩区	位于花岗闪长岩区	位于英云闪长岩区

与中国石英闪长岩平均值很接近，具显著低 P_2O_5 的特点，英云闪长岩化学成分与中国英安岩平均值也很接近，具显著高 FeO、显著低 Fe_2O_3 的特点。

③岩石化学及地球化学特征

岩石化学分析结果及参数见表 3-25。

表 3-25　侵入岩岩石化学成分、CIPW 标准矿物及特征参数一览表

岩体	序次	侵入体岩性	序号	样号	氧化物含量(%)													
					SiO_2	TiO_2	Al_2O_3	Fe_2O_3	FeO	MnO	MgO	CaO	Na_2O	K_2O	P_2O_5	H_2O^+	CO_2	总量
琼阿坡力别克	2	中细粒黑云母石英闪长岩	1	232/2	52.16	1.11	17.54	1.01	7.57	0.24	5.90	8.99	1.41	1.10	0.20	2.20	0.37	99.80
	3	中粒黑云母石英闪长岩	2	232/6	62.99	0.62	15.91	1.45	3.65	0.10	2.82	5.77	2.75	1.96	0.13	1.27	0.35	99.77
			3	234/3	63.83	0.52	15.74	1.17	3.57	0.10	2.51	5.53	2.75	2.48	0.11	1.12	0.35	99.78
		中粒黑云母英云闪长岩	4	1021/1	66.65	0.47	15.62	0.67	3.40	0.10	1.88	4.74	2.82	2.13	0.11	1.16	0.08	99.83
	石英闪长质包体		5	233/2	53.42	0.62	13.77	1.79	7.57	0.30	6.45	9.73	2.27	1.35	0.10	1.91	0.48	99.76
			6	234/9	53.14	1.39	10.90	2.86	10.22	0.30	7.03	5.94	0.98	3.52	0.24	2.43	0.77	99.72
求库台	3	中粒黑云母英云闪长岩	7	673/6	59.85	0.74	16.35	0.95	5.73	0.19	3.27	6.16	1.89	2.49	0.17	1.59	0.37	99.75
		中粒黑云母花岗闪长岩	8	673/3	65.41	0.65	15.54	0.71	4.23	0.12	2.24	4.04	2.10	2.84	0.18	1.47	0.25	99.78
	辉石闪长岩岩墙		9	675/1	54.14	0.51	8.57	1.23	8.43	0.33	11.40	10.12	0.87	1.21	0.09	2.54	0.27	99.71
米计干	3	细粒黑云母英云闪长岩	10	2129/1	64.58	0.55	15.84	0.83	3.70	0.12	2.12	4.99	2.78	2.61	0.12	1.24	0.28	99.76
沙热塔什	1	细粒闪长岩	11	5133/1	49.18	1.16	16.51	2.15	8.30	0.24	6.08	10.4	1.37	1.78	0.23	1.90	0.50	99.75
	4	中粒黑云母花岗闪长岩	12	2102/2	61.69	0.80	16.42	1.36	4.78	0.10	2.55	5.46	2.49	2.10	0.17	1.53	0.33	99.78
	闪长质包体		13	2102/3	55.40	0.72	17.19	1.50	6.28	0.21	3.95	8.41	2.53	1.71	0.11	1.60	0.20	99.81
库里吉勒嘎	3	中粒黑云母英云闪长岩	14*		65.94	0.70	13.71	6.78	1.32	0.07	0.59	3.58	0.89	3.59				

序号	样号	CIPW 标准矿物					特征参数								
		q	or	ab	an	c	σ	AR	DI	SI	Alk	A/CNK	Na_2O/K_2O	MF	M/F
1	232/2	8.52	6.50	11.93	38.28	0.00	0.69	1.21	26.95	34.73	2.51	0.88	1.28	59.25	1.22
2	232/6	22.19	11.58	23.27	25.28	0.00	1.11	1.56	57.04	22.33	4.71	0.93	1.40	64.39	1.00
3	234/3	22.05	14.65	23.27	23.28	0.00	1.31	1.65	59.97	20.11	5.23	0.91	1.11	65.38	0.95
4	1021/1	27.35	12.58	23.86	22.29	0.51	1.04	1.64	63.79	17.25	4.95	1.00	1.32	68.40	0.84
5	233/2	5.31	7.98	19.21	23.39	0.00	1.26	1.36	32.49	33.20	3.62	0.60	1.68	59.20	1.22
6	234/9	8.61	20.80	8.29	14.95	0.00	2.00	0.73	37.70	28.57	4.50	0.67	0.28	65.04	0.96
7	673/6	28.71	14.71	15.99	27.11	0.61	1.14	1.40	49.41	41.56	4.38	0.96	0.76	67.14	0.85
8	673/3	28.64	16.78	17.77	17.28	2.67	1.09	2.17	84.84	18.48	4.94	1.12	0.74	68.80	0.81
9	675/1	7.19	7.15	7.36	15.50	0.00	0.39	1.21	21.70	49.27	2.08	0.41	0.72	45.87	2.05
10	2129/1	23.21	15.42	23.52	22.20	0.30	1.35	1.70	62.95	17.61	5.39	0.96	1.07	68.12	0.84
11	5133/1	2.52	10.52	11.59	33.64	0.00	1.61	1.27	24.63	30.89	3.15	0.72	0.77	63.22	1.04
12	2102/2	22.08	12.41	21.07	23.89	1.29	1.13	1.53	55.56	19.20	4.59	1.01	1.19	70.66	0.73
13	2102/3	22.19	11.58	23.27	25.28	0.00	1.45	1.56	57.04	22.33	4.71	0.93	1.40	64.39	0.91
14*		36.31	21.22	7.53	17.76	1.85	0.8	1.70	68.19	4.98				91.99	0.18

注：带“※”者数据来自新疆地矿局地质二队新疆南疆西部 1：50 万地质图说明书资料(1985)

硅-碱图(图 3-44)、FeO^*/MgO 与 SiO_2/FeO^* 图(图 3-45)显示该岩体属钙碱性系列，硅-钾图(图 3-46)显示属中钾类型。在 AR－SiO_2 图解(图 3-47)上均位于钙碱性区，两次侵入岩的里特曼指数分别为 0.69、1.15，二者显示碱度上相当于皮科克的钙性岩。稀土元素分析结果及参数见表 3-26。稀土总量与相应岩石基本相当，稀土配分模式见图 3-53，各岩石类型曲线型态相似，轻稀土均中等富集。从早至晚(岩石由中性向酸性)稀土总量增高(102.33ppm～130.3ppm～150.5ppm)，曲线斜率增大(5.68～8.36～7.17)，铕亏损增强(δEu＝0.97、0.77、0.62)，显示出一定程度的同源岩浆演化特点。

表 3-26　侵入岩稀土元素含量($\times 10^{-6}$)及特征参数一览表

岩体	序次	侵入体岩性	序号	样号	La	Ce	Pr	Nd	Sm	Eu	Gd
琼阿坡力别克	2	中细粒黑云母石英闪长岩	1	232/2	15.34	33.24	4.20	16.08	3.69	1.15	3.47
	3	中粒黑云母石英闪长岩	2	232/6	19.71	40.02	4.93	18.39	4.20	1.07	3.82
			3	234/3	27.36	54.52	6.41	23.20	4.45	1.00	3.75
		中粒黑云母英云闪长岩	4	1021/1	25.52	50.72	6.26	22.47	5.08	1.03	4.94
	石英闪长质包体		5	233/2	19.95	57.09	9.53	43.81	13.25	1.31	14.53
			6	234/9	27.91	65.26	9.29	37.18	9.16	1.12	9.05
求库台	3	中粒黑云母英云闪长岩	7	673/6	33.04	71.63	8.84	33.40	6.72	1.32	5.83
		中粒黑云母花岗闪长岩	8	673/3	15.69	26.69	2.95	10.72	1.72	0.96	1.54
	辉石闪长岩脉		9	675/1	11.87	27.27	3.56	14.51	3.21	0.78	3.27
米计干		细粒黑云母英云闪长岩	10	2129/1	28.01	55.70	6.51	24.59	4.67	1.15	3.89
沙热塔什	1	细粒闪长岩	11	5133/1	21.81	52.17	7.39	32.29	7.16	1.64	7.14
	4	中粒黑云母花岗闪长岩	12	2102/2	16.54	31.66	3.99	15.64	3.54	1.43	3.00
	闪长质包体		13	2102/3	8.38	21.63	3.64	18.47	5.19	1.16	6.16

序号	样号	Tb	6	2008/3	Er	Tm	Yb	Lu	Y	ΣREE	LR/HR	δEu	$(La/Yb)_N$
1	232/2	0.57	3.29	0.68	1.91	0.30	1.82	0.28	16.27	102.3	5.98	0.97	5.68
2	232/6	0.64	3.81	0.76	2.06	0.33	2.05	0.30	18.58	120.7	6.41	0.80	6.48
3	234/3	0.60	3.27	0.66	1.86	0.30	1.80	0.28	16.49	145.9	9.34	0.73	10.25
4	1021/1	0.83	4.72	0.93	2.56	0.39	2.4	0.36	22.33	150.5	6.48	0.62	7.17
5	233/2	2.59	16.10	3.25	8.85	1.47	9.30	1.33	86.23	288.6	2.52	0.29	1.45
6	234/9	1.50	8.73	1.74	4.77	0.76	4.70	0.70	42.71	224.6	4.69	0.37	4.00
7	673/6	0.95	5.10	1.07	2.90	0.47	2.71	0.39	25.91	200.3	7.98	0.63	8.22
8	673/3	0.32	2.18	0.49	1.59	0.25	1.68	0.25	14.05	81.1	7.08	1.77	6.29
9	675/1	0.55	3.29	0.67	1.84	0.30	1.96	0.30	16.93	90.3	5.02	0.73	4.08
10	2129/1	0.59	3.32	0.68	1.77	0.28	1.78	0.27	16.37	149.6	9.59	0.80	10.60
11	5133/1	1.16	6.49	1.29	3.65	0.59	3.61	0.53	31.76	178.7	5.01	0.69	4.07
12	2102/2	0.39	1.79	0.30	0.77	0.12	0.76	0.13	7.32	87.1	10.40	1.31	22.32
13	2102/3	1.03	6.31	1.27	3.79	0.60	3.85	0.56	32.03	110.7	2.89	0.63	11.31

微量元素分析结果及参数见表 3-27。本阶段第二次侵入的石英闪长岩与闪长岩维氏值差别较大，具显著高 Cr、Sc、Hf、Co，显著低 Sr、Zr、Ba、Th、Nb 的特点。第三次侵入的石英闪长岩与其较接近，具显著高 Sc、Hf、Co，显著低 Sr、Nb、Ni 的特点；该次英云闪长岩与富钙酸性岩涂氏值也较接近，具显著高 Co、Cr、显著低 Sr 的特点。该岩体各岩石类型共同特点是高 Co、低 Sr。地球化学型式见图 3-54，曲线右倾，略具 Ba 的负异常和 Ce、Sm 的正异常，接近于纽芬兰火山弧花岗岩的典型式。

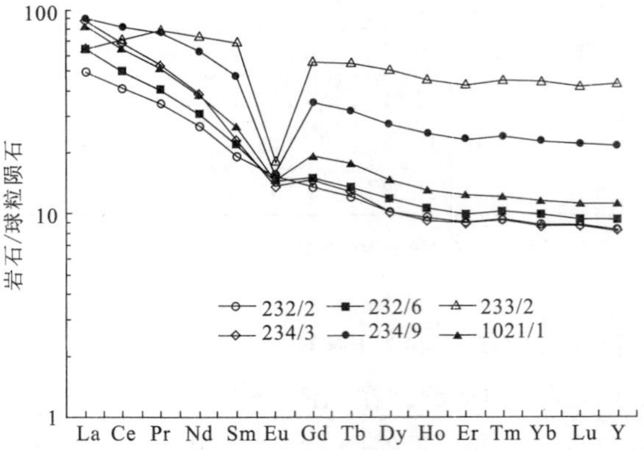

图 3-53　琼阿坡力别克岩体稀土配分模式

(Coryell，1963；样品编号同表 3-26)

④脉岩及包体特征

岩体内脉岩发育，部分地段被岩脉充填。疏密不均，厚 1～20cm，延伸不远。主要为花岗细晶岩脉，少量花岗伟晶岩脉，零星发育灰白色略泛肉红色细粒花

表 3-27　侵入岩微量元素含量($\times10^{-6}$)及特征数值一览表

岩体	序次	侵入体岩性	序号	样号	V	Cr	Ni	Rb	Sr	Zr	Ba
琼阿坡力别克	2	中细粒黑云母石英闪长岩	1	232/2	171.00	191.00	52.70	53.10	241.00	120.00	276.00
	3	中粒黑云母石英闪长岩	2	232/6	82.10	81.70	26.40	77.60	236.00	158.00	430.00
			3	234/3	76.70	36.40	16.90	93.80	252.00	115.00	433.00
		中粒黑云母英云闪长岩	4	1021/1	65.00	49.00	18.00	105.00	203.00	133.00	467.00
	石英闪长质包体		5	233/2	169.00	324.00	81.40	46.50	187.00	123.00	152.00
			6	234/9	265.00	103.00	40.30	144.00	106.00	209.00	645.00
求库台	3	中粒黑云母英云闪长岩	7	673/6	126.00	11.00	20.80	103.00	300.00	145.80	437.00
		中粒黑云母花岗闪长岩	8	673/3	95.80	65.60	19.00	117.00	225.00	127.50	406.00
	辉石闪长岩岩脉		9	675/1	387.00	506.00	37.20	56.40	84.30	56.00	151.00
米计干	3	细粒黑云母英云闪长岩	10	2129/1	62.40	37.00	10.50	97.90	254.00	145.00	534.00
沙热塔什	1	细粒闪长岩	11	5133/1	283.00	140.00	23.60	60.60	293.00	123.00	414.00
	4	中粒黑云母花岗闪长岩	12	2102/2	92.50	52.70	27.00	83.00	235.00	214.00	409.00
	闪长质包体		13	2102/3	147.00	41.70	12.30	64.00	240.00	83.10	274.00

序号	样号	Th	Sc	Hf	Nb	Co	Ta	Ga	Rb/Sr	Ba/Sr	K/Rb
1	232/2	2.68	32.10	3.30	9.54	36.30	1.11	17.50	0.22	1.15	171.94
2	232/6	3.94	18.70	4.30	9.16	21.80	0.68	22.90	0.33	1.82	209.64
3	234/3	12.10	14.90	3.50	8.35	16.60	0.89	22.30	0.37	1.72	219.45
4	1021/1	9.50	19.00	3.80	12.00	17.00	0.90	22.00	0.52	2.30	168.37
5	233/2	3.50	49.20	3.80	9.89	31.30	0.73	13.80	0.25	0.81	240.97
6	234/9	7.11	49.70	4.00	17.20	41.10	1.30	32.00	1.36	6.08	202.89
7	673/6	10.10	24.40	4.80	11.90	22.90	0.94	24.10	0.34	1.46	200.65
8	673/3	3.49	17.30	3.30	8.45	19.40	1.13	22.20	0.52	1.80	201.47
9	675/1	4.14	63.20	1.90	4.64	44.80	0.54	10.60	0.67	1.79	178.07
10	2129/1	9.71	16.30	4.60	9.47	15.10	0.84	27.70	0.39	2.10	221.28
11	5133/1	1.55	46.20	3.40	10.50	33.50	0.87	22.40	0.21	1.41	243.79
12	2102/2	2.36	17.80	5.80	11.20	20.20	0.87	21.70	0.35	1.74	210.00
13	2102/3	1.12	32.00	3.20	8.26	25.70	0.91	18.20	0.27	1.14	221.77

岗闪长岩脉、中粒二长花岗岩脉。其中伟晶岩脉常含电气石。

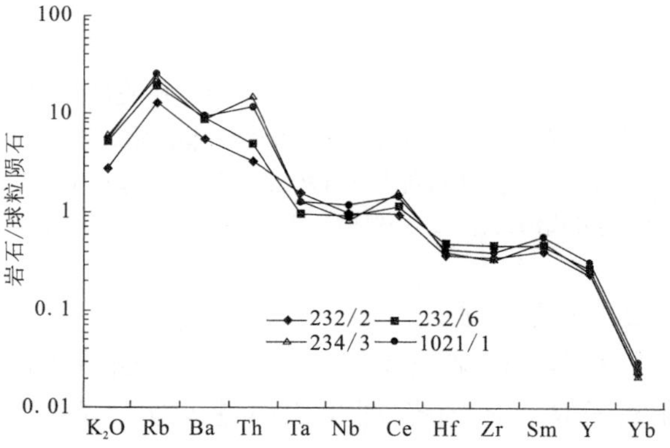

图 3-54　琼阿坡力别克岩体地球化学型式

(Pearce，1984；样品编号同表 3-27)

包体有捕虏体、暗色岩浆包体、暗色堆晶岩包体 3 种类型。捕虏体在岩体边部中等发育，向内变少，中心不见，形态不规则，大小不等，大型者与主岩呈折线状、港湾状边界，主要为变粒岩、片岩、砂岩等，内部面理与主岩一致；暗色岩浆包体比主岩要暗、细，具半自形粒状结构。岩石类型有细粒闪长岩、细粒石英闪长岩-英云闪长岩、中粒石英闪长岩-英云闪长岩。包体呈不规则状、圆球状、透镜状、条带状；一般 3cm×6cm～5cm×10cm，个别达 2～3m；包体内部普遍发育弱的片麻状构造，长轴及内部定向与主岩面理一致；与主岩关系截然、过渡均有，有的捕虏体有砂岩、变粒岩块体(图版Ⅷ，2)。暗色包体岩石化学具拉斑系列与钙碱性系列过渡特征(图 3-44、图 3 - 45)，碱度上属钙性岩、钙碱性岩(图 3-47)；K_2O 含量跳跃性很大；轻稀土中等程度富集；微量元素具高 Cr、Sc、Hf、Co，低 Sr 的特点。

⑤接触变质作用

岩体附近围岩中发育较强的接触变质现象。变质晕宽 400～1 000m，从内向外依次发育红柱石带（红柱石达 60%）、石榴-红柱石带、黑云母带。

⑥形成深度、剥蚀程度

岩体的围岩区域变质程度为低绿片岩相，接触变质程度为低角闪岩相，接触变质带宽，岩体内部显示弱的面理，冷凝边不太发育，细晶岩脉多，伟晶岩脉少，从地质特征看岩体形成于浅带的下部。该岩体内部顶垂体零星，岩体面积大，两次侵入岩之间为脉动关系，综合判断剥蚀程度中等。

（2）求库台岩体

分布于艾提开尔丁萨依幅中东部，面积 424km²。由本阶段第三次侵入岩组成，由于岩浆混合作用而形成不同的岩相带，混合作用中心地带形成细粒黑云母石英闪长岩（δo^3T_1），向外依次出现中粒黑云母英云闪长岩（$\gamma\delta o^3T_1$）、中粒黑云母花岗闪长岩，相应暗色岩浆包体变少、变小，角闪石变少，石英增多。边部常发育细粒化带。

①地质特征

呈不规则长带状岩基顺构造线侵位于志留系之中，南、北边界附近常有断层相伴，侵入接触面呈港湾状、波状。一般中—高角度外倾，与围岩的侵入关系（图 3-55）表现为岩体向边缘渐细，边部发育细粒带，岩体内具捕虏体，附近围岩中穿插有岩枝、岩脉，并具明显的接触变质现象。该岩体剖面见图 3-56。

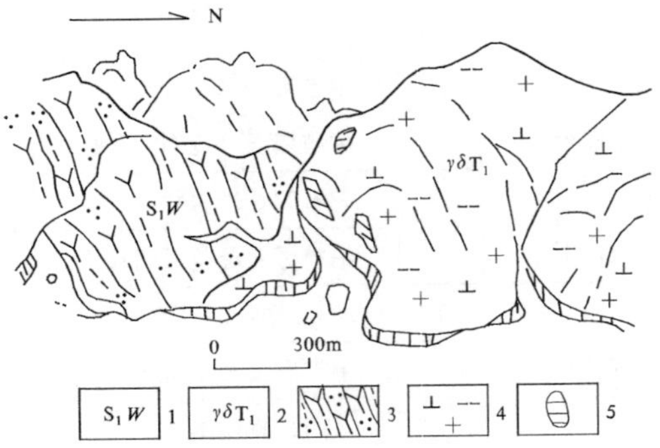

图 3-55 阿克陶县求库台岩体侵入下志留统温泉沟群素描图

1. 下志留统温泉沟群；2. 早三叠世花岗闪长岩；3. 矽线黑云石英片岩；4. 黑云母花岗闪长岩；5. 捕虏体

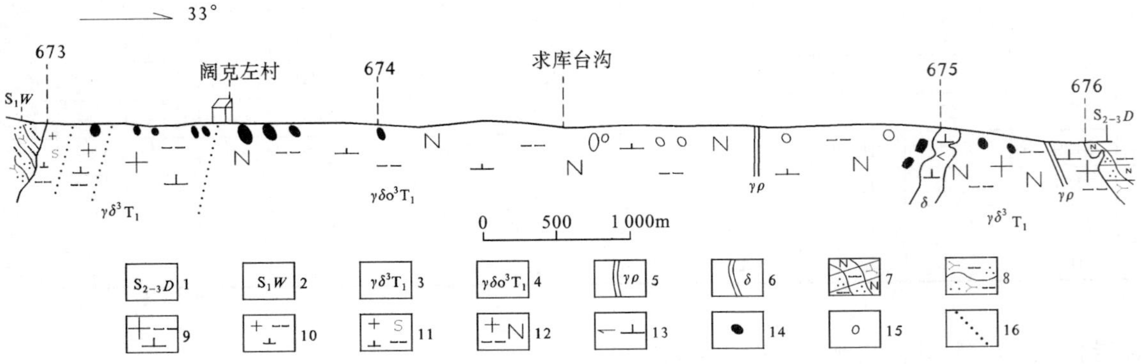

图 3-56 阿克陶县求库台沟求库台岩体实测剖面图

1. 中—上志留统达坂沟群；2. 下志留统温泉沟群；3. 早三叠世花岗闪长岩；4. 早三叠世英云闪长岩；5. 花岗伟晶岩脉；6. 辉石闪长岩墙；7. 矽线长英质角岩；8. 矽线黑云石英片岩；9. 中粒黑云母花岗闪长岩；10. 细—中粒黑云母花岗闪长岩；11. 片麻状细粒黑云母花岗闪长岩；12. 中粒黑云母英云闪长岩；13. 中粒辉石闪长岩；14. 闪长质包体；15. 捕虏体；16. 渐变过渡界线

②岩石学特征

岩石学特征见表 3-28，Q－A－P 图解见图 3-57。多阳离子 R_1-R_2 图解（图 3-43）定名与实际矿物含量定名接近。

③岩石化学及地球化学特征

英云闪长岩、花岗闪长岩岩石化学分析结果及参数见表 3-25。属岩石化学的钙碱性系列（图 3-44、图 3－45），在 K_2O-SiO_2 图解（图 3-46）上位于高钾区（靠近中钾区），结合岩石类型判断属中钾类型。在 $AR-SiO_2$

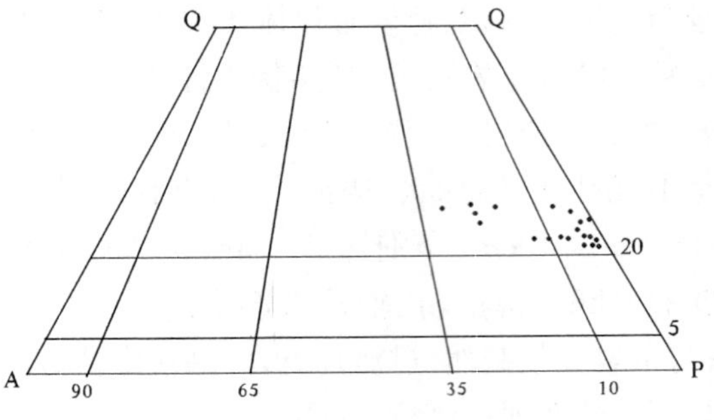

图 3-57 求库台岩体 Q－A－P 图解

图解(图 3-47)上位于钙碱性岩区，里特曼指数 $\sigma=1.09\sim1.14$，显示碱度上相当于皮科克的钙性岩。氧化物含量与中国同类岩石平均值接近，具高 FeO、MgO、CaO，低 Fe_2O_3、Na_2O 的特点。

英云闪长岩、花岗闪长岩稀土分析结果及参数见表 3-26，标准化曲线见图 3-58。英云闪长岩轻稀土中等程度富集，曲线斜率 $(La/Yb)_N=8.22$，具中等铕亏损($\delta Eu=0.63$)；花岗闪长岩轻稀土中等富集，具较强的正铕异常($\delta Eu=1.77$)。两种岩石的曲线型态类似。

英云闪长岩、花岗闪长岩微量元素分析结果及参数见表 3-27。元素含量与富钙酸性岩涂氏值较接近，具显著高 Co，高 Sc、Hf，低 Nb 的特点。不同程度具火山弧、同碰撞花岗岩的典型型式特点(图 3-59)；花岗闪长岩形态有点特别，为平缓曲线。

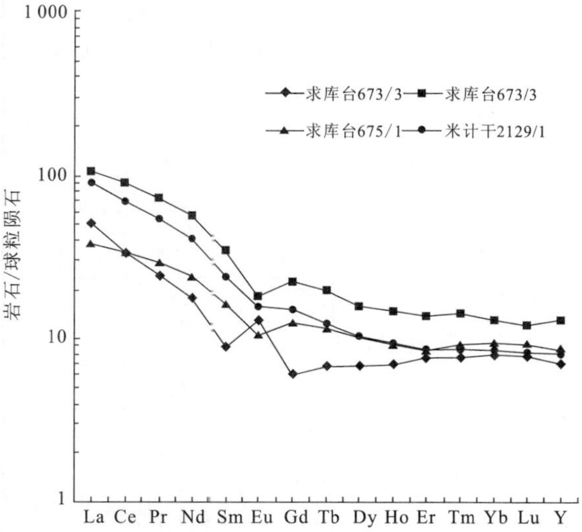

图 3-58　求库台-米计干岩体稀土配分模式

(Coryell，1963；样品编号同表 3-26)

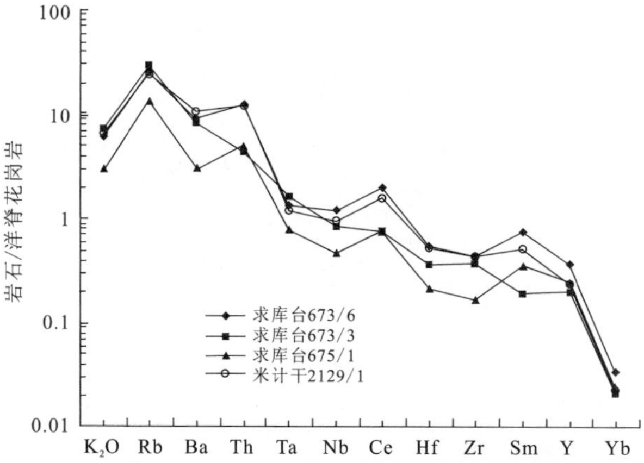

图 3-59　求库台-米计干岩体地球化学型式

(Pearce，1984；样品编号同表 3-27)

④脉岩及包体特征

该侵入岩脉岩稀少，有两种类型。花岗伟晶岩脉走向约 300°，宽几十厘米～200cm。墨绿色辉石闪长岩脉宽可达百余米，与主岩界线截然，接触处伴小型同成分块体(图 3-60)，岩石由黑云母(20%)、辉石(10%)、角闪石(55%)、石英(3%)、斜长石(30%)组成；该闪长岩岩石化学、稀土元素、微量元素分析结果分别见表 3-25、表 3－26、表 3－27。岩石化学具中钾钙碱性系列特征，格外高 FeO、MgO、MnO，格外低 Na_2O、Al_2O_3、P_2O_5，低 Fe_2O_3；稀土总量低于中性岩，接近于基性岩，稀土曲线(图 3-58)与相伴的英云闪长岩极其相似，轻稀土弱富集；微量元素含量与同类岩石差别很大，格外富集 V、Cr、Sc、Co，格外贫 Sr、Zr、Ba、Nb，具有基性—超基性岩的特点；地球化学型式与相伴的英云闪长岩极其相似，只是各元素含量均低。

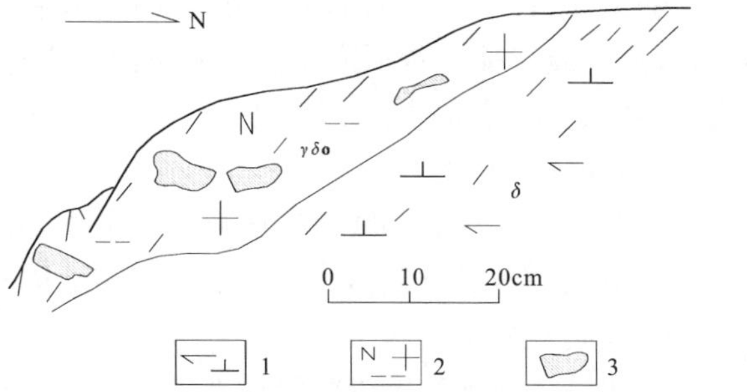

图 3-60　阿克陶县求库台岩体与闪长岩接触关系素描图

γδo. 英云闪长岩；δ. 闪长岩；1. 辉石闪长岩；2. 黑云母英云闪长岩；3. 岩墙岩块

该侵入岩包体发育，有捕虏体、暗色闪长质包体两类。捕虏体分布于岩体边部及内部，中心者为顶垂体性质。呈条带状、透镜状，大小不等，与主岩界线呈港湾状，岩性为片岩、片麻岩、矽线黑云长英质角岩。暗色闪长质包体在岩浆混合中心大量出现，向两侧变小、变少，多呈椭圆形，个别不规则棱角状，局部定向排列，一般与主岩界线截然。

⑤接触蚀变质作用及矿化

岩体接触带处的围岩及内部的捕虏体普遍发育接触热变质现象，接触变质带宽百米，可达角闪岩相。另见接触带附近局部发育接触交代变质现象，在碎屑质围岩中发生绿帘石化，绿帘石可达 15%，呈斑点状，绿帘石化带宽处可达 100m。与钙质岩接触处局部具矽卡岩化，在岩体边部出现少量新生矿物石榴石，在围岩中形成矽卡岩，伴铜矿化，黄铜矿含量可达 30%。

表 3-28　求库台岩体岩石学特征表

岩石类型	中—细粒黑云母石英闪长岩	中粒黑云母英云闪长岩	中粒黑云母花岗闪长岩
颜 色	浅灰色	灰白色，风化面黄褐色、铁褐色	
结构构造	细粒半自形结构，块状构造	中粒半自形结构，块状构造	
钾长石	5%±	1%～4%，平均 2.5%	9%～20%，平均 14.5%
	半自形粒状，1mm，主要为微斜长石，具条纹结构	肉红色，半自形板柱状、他形粒状，1.6～4mm，为正长石、微斜长石，少量具条纹结构，包裹体有石英、斜长石	
斜长石	62%～60%，平均 61%	61%～68%，平均 64%	47%～68%，平均 51%
	半自形粒状、板柱状，1～2.3mm，An=30，为长石	白色，半自形板柱状、粒状，2～3mm，An=27～30，为长石，具钠长石双晶，有的具环带，多具绢云母化	
石英	8%～10%，平均 9%	19%～23%，平均 21%	20%～25%，平均 22%
	他形粒状，0.6～2mm	青灰色，他形粒状，1～2.4mm，具不均匀消光现象	
黑云母	5%～10%，平均 7%	6%～15%，平均 10.5%	8%～15%，平均 11%
	片状，0.6～1.5mm，包裹体有磷灰石	褐黑色，片状，1～2.3mm，有的呈 2mm×3mm～2mm×4mm 集合体	
角闪石	20%～15%，平均 18%	0～8%，平均 2%	0～4%，平均 1.5%
	短柱状，1～2.5mm	绿色柱状，1.5～3mm	
透辉石		微量～1%	偶见
		半自形粒状，1mm±	
副矿物	磁铁矿、磷灰石	磷灰石、磁铁矿、锆石、榍石	
R_1-R_2 图解		英云闪长岩区	花岗闪长岩区

⑥形成深度、剥蚀程度

除边缘带外，岩体内部不显叶理，局部发育向边部逐渐变细的细粒化带，岩石中既有正长石也有微斜长石，从地质特征上看形成于浅带的下部。岩体总体中高角度外倾，内部顶垂体发育，岩体面积虽大，但南北并不太宽，综合判断为浅剥蚀。

(3)米计干岩体

分布于图幅西北部阔克铁勒佩克·乔库—琼喀拉吉勒嘎能奥祖一带，面积 $113km^2$，由本阶段第三次侵入岩组成，岩性较稳定，为细粒黑云母英云闪长岩($\gamma\delta o^{3}T_{1}$)。

①地质特征

岩体呈不规则的长带状沿构造线展布，侵位于志留系之中。侵入接触面呈弧状、港湾状，中等角度外倾，侵入关系表现为岩体向边部其矿物粒度逐渐细化，内含围岩捕虏体。岩体普遍发育很弱的片麻理，产状与围岩一致。捕虏体在岩体边部、内部均零星分布，大小不等。暗色闪长质包体普遍中等发育，呈透镜状，扁平面平行于主岩片麻理，与主岩界线截然，有的内部包有花岗岩，显示岩浆混合成因。节理中等发育，一组向北陡倾，一组向东南缓倾。内部发育少量细粒花岗伟晶岩脉，沿上述节理分布，厚 5cm。岩体的接触变质现象不明显。

②岩石学特征

灰白色，细粒半自形结构，弱片麻状构造。黑云母 8%±，褐色片状，0.5～1.5mm；角闪石 1%±，绿色短柱状，0.4mm×1mm～1mm×2mm；石英 21%±，青灰色，他形粒状，0.3～1mm，星散分布；斜长石 69%±，半自形板柱状、粒状，1mm×1.5mm～1mm×2.2mm，An=28±，为更长石，部分具强烈的钠黝帘石化；钾长石 1%±，半自形板柱状—他形粒状，0.3～1mm，多为正长石。副矿物为磷灰石、磁铁矿。多阳离子 R_1-R_2 命名图解(图 3-43)上位于英云闪长岩区，与矿物含量定名一致。

③岩石化学及地球化学特征

岩石化学分析结果见表 3-25。与求库台完全一致，同样属中钾钙碱性系列、钙性岩(图 3-44、图 3-45、图 3-46、图 3-47)。

稀土元素分析结果见表 3-26。标准化曲线见图 3-58。稀土总量(149.58×10^{-6})比酸性岩平均值低，接近于中性岩，比求库台岩体同类岩石也低，轻稀土中等富集，具弱铕亏损。

微量元素分析结果见表 3-27。与富钙酸性岩涂氏值较接近，具显著 Co，高 Hf、Cr、Ga，显著低 Nb、Sr 的特点。地球化学型式见图 3-59，与求库台岩体同类岩石类似，不同程度地具有火山弧、大陆碰撞花岗岩典型型式的特点。

(4)沙热塔什岩体

分布于图幅北部琼让北侧，向北出图，总面积 $120km^2$，图内 $44km^2$，由本阶段第一次侵入的细粒闪长岩($\delta^1 T_1$)、第四次侵入的中粒黑云母花岗闪长岩($\gamma\delta^4 T_1$)组成。

①地质特征

呈极不规则的带状，顺构造线侵位于志留系之中。侵入界面呈港湾状、折线状，一般中等角度外倾，局部因界面弯曲而成中—高角度内倾。与围岩的侵入关系明确，表现为岩体边部发育大量捕虏体，接触带附近围岩中穿插大量岩枝并发育明显的热变质现象。两次侵入岩之间为界线截然的脉动关系，界面中等内倾，沿界面常充填伟晶岩脉。

②岩石学特征

岩石学特征见表 3-29，R_1-R_2 命名图解(图 3-43)与实际矿物含量定名稍有差别。

表 3-29　沙热塔什岩体岩石学特征表

侵入体	本阶段第一次侵入岩	本阶段第四次侵入岩
岩石类型	细粒闪长岩	中粒黑云母花岗闪长岩
颜色	灰色，风化面深灰色、灰黑色	浅灰色—浅白色
结构	细粒半自形结构，块状构造	中粒半自形结构，弱定向构造
钾长石		17%，半自形板柱状，一般 1.5mm×2.5mm，为微斜条纹长石
斜长石	>60%，自形、半自形板柱状，一般 0.3mm×0.5mm～1.5mm×2mm，聚片双晶发育	47%，半自形、自形板柱状，1mm×2mm～1.5mm×3mm，聚片双晶发育，少量具卡氏双晶，多数具环带，部分钠长石化
石英	<5%	3%～25%，平均 24%，半自形—他形粒状，1～1.5mm
黑云母	10%±，鳞片状，分布于角闪石粒间，有绿泥石化现象	7%～17%，平均 12%，黑褐色片状，1～1.5mm，部分呈集合体出现，少数具绿泥石化
其他	普通角闪石 25%±，半自形柱状，(0.3～1.5)mm×2mm，多聚集	白云母局部少量，小片状
副矿物	榍石、磷灰石、金属矿物	榍石、磷灰石
R_1-R_2 图解	辉长岩区	英云闪长岩区

③岩石化学及地球化学特征

岩石化学分析结果见表 3-25。闪长岩、花岗闪长岩在岩石系列判断图解(图 3-44、图 3-45)上分别显示为拉斑玄武岩系列、钙碱性系列，在硅-钾图(图 3-46)上分别位于高钾、中钾区，结合岩石类型综合看该侵入岩属中钾钙碱性系列。在 $AR-SiO_2$ 图解(图 3-47)上位于钙碱性岩区，闪长岩、花岗闪长岩的里特曼指数分别为 1.61、1.31，综合显示碱度相当于皮科克的钙性岩。闪长岩的铝指数为 0.72，属偏铝质类型，花岗闪长岩的铝指数为 1.01，属弱过铝。

该岩体中的闪长岩、花岗闪长岩氧化物含量与中国同类岩石平均值相比 SiO_2 均低，具有高 CaO，低 Na_2O、Fe_2O_3 的特点。

稀土元素分析结果见表 3-26。稀土配分模式见图 3-61。闪长岩的稀土总量(178.68×10^{-6})高于同类岩石平均值(130×10^{-6})，轻稀土相对弱富集，具中等铕亏损，花岗闪长岩的稀土总量特别低(87.12×10^{-6})，轻稀土中等富集，具弱的铕正异常。

微量元素特征分析结果及参数见表 3-27。闪长岩与同类岩石维氏值相比，具有高 V、Sc、Hf，低 Ni、Sr、Th、Nb 的特点，花岗闪长岩与同类岩石相比具有高 Hf，低 Th、Nb 的特点，两次侵入岩的共同特征是高 Hf，低 Th、Nb。地球化学型式(图 3-62)均大体类似于火山弧花岗岩的典型型式。

④脉岩及包体特征

闪长岩单元中发育少量花岗伟晶岩脉，岩脉中含较多的大片径白云母，可开采，花岗闪长岩单元中几乎不见任何岩脉。

岩体中的包体包括捕虏体和暗色岩浆包体两类。捕虏体分布于岩体边部，其中在花岗闪长岩单元边部大量出现，呈不规则块状、带状、似层状产出，密集处构成与岩体互层外貌，规模一般较大，几米～几十米，最宽达百米，岩石类型为各种片岩。暗色岩浆包体在各种岩石类型中广泛分布，在花岗闪长岩单元中大量发育，呈透镜状、不规则团块状、圆球状，一般5cm×7cm，扁平面与主岩的定向一致；主要岩性为闪长岩，分析结果分别见表3-25、表3－26、表3－27，具富FeO、CaO，贫Fe_2O_3、Na_2O、K_2O、P_2O_5的特点，稀土总量与中性岩平均值相当，稀土配分模式（图3-61）显示轻稀土略富集，具中等铕亏损和强的Yb亏损，微量元素含量与闪长岩维氏值差别较大，显著富集Sc、Hf、Co，显著亏损Ni、Sr、Zr、Ba、Th、Nb。

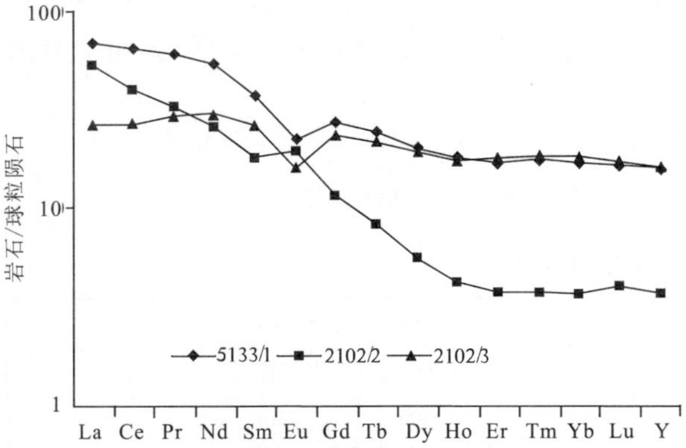

图3-61　沙热塔什岩体稀土配分模式

（Coryell，1963；样品编号同表3-26）

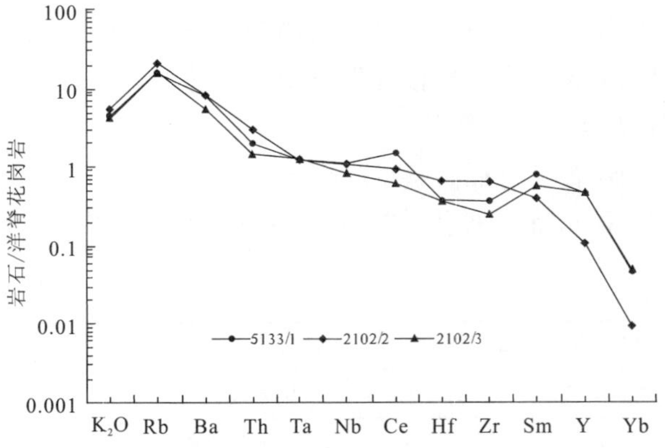

图3-62　沙热塔什岩体地球化学型式

（Pearce，1984；样品编号同表3-27）

⑤接触变质作用

接触带处围岩及岩体内的捕虏体普遍发育接触变质现象，围岩接触变质晕宽1～4km，在碎屑岩中产生新生矿物红柱石、白云母，近岩体处红柱石含量可达30%，在周围钙质岩中形成条带状大理岩。

（4）其他岩体

其他一些岩体特征见表3-30。库里吉勒尕岩体中的英云闪长岩岩石化学分析结果见表3-25。该岩体同样中钾钙碱性系列、钙性岩（图3-44、图3－45、图3－46），与中国同类岩石相比，表现出高Fe_2O_3，低MgO、Na_2O的特点，除此之外与求库台、米计干岩体相同。

（5）第一阶段侵入岩小结

①岩体的总体特征、对比及演化

第一次侵入的闪长岩仅有1个侵入体，以低SiO_2为特征。

第二次侵入岩有3个侵入体，石英含量稳定（8%～10%），南侧的琼阿坡力别克岩体中石英闪长岩富角闪石（27%），黑云母少（8%），K_2O含量中等；北侧的克其克阿克亚岩体中石英闪长岩以角闪石较少（5%），富含黑云母（13%），含有少量微斜长石为特点，显示其K_2O含量相对较高。

第三次侵入岩共有7个侵入体，普遍发育较多的暗色包体，由于岩浆混合程度不均一而普遍在岩体中心形成石英闪长岩，向两侧则为主体岩性英云闪长岩，个别甚至出现花岗闪长岩。对各个岩体普遍出现的英云闪长岩对比表明，石英（一般20%～22%）、角闪石（0%～3.5%）、黑云母（10%～12%）含量均差别不大，部分岩体无钾长石，部分岩体由于K_2O稍高而普遍含少量钾长石，这些钾长石均为正长石、微斜长石，斜长石为更长石，一般均具高FeO、MgO、CaO，低Fe_2O_3、Na_2O特点（仅库里吉勒尕岩体中的英云闪长岩高Fe_2O_3，低MgO、Na_2O，也可能由于以前分析精度误差所致）。各侵入体差别很小，其中的米计干岩体与求库台岩体各项特征十分相似。

第四次侵入的花岗闪长岩有3个侵入体，石英含量高，均在24%～25%之间，有的含一些角闪石，有的不含角闪石而出现少量白云母，钾长石稳定在17%～20%，且均为微斜长石。

表 3-30　早三叠世第一阶段侵入岩及其他岩体特征一览表

岩体名称	位置面积	地质特征	岩石类型及代号	岩性特征
苦鲁土克东(34)	北部，苦鲁土克东，$4km^2$	岩株状侵入 Pt_1B. 中，侵入界面陡倾，呈波状弯曲，岩体边缘具捕虏体。仅有一次侵入活动	中粒黑云母英云闪长岩($\gamma\delta o^3 T_1$)	灰白色，中粒花岗结构，块状构造。斜长石 60%±，⊥(010)法 An=27；钾长石 5%±；石英 25%±；黑云母 10%±
土曼其(38)	东北部，土曼其南侧，$4km^2$	呈岩株状。由两次侵入岩组成，二者为脉动关系，其中石英闪长岩单元片麻状构造明显，产状与接触面一致	中粒黑云母英云闪长岩($\gamma\delta o^3 T_1$)	灰白色，中粒花岗结构，块状构造。粒度 2～5mm，长石 60%±，石英 25%～30%，黑云母 10%～15%
			片麻状细粒黑云母石英闪长岩($\delta o^1 T_1$)	深灰色，细粒半自形结构，定向构造。粒度 0.5mm±，长石 60%±，石英 10%±，角闪石+黑云母 30%±
恰特(28)	图幅中部，恰特东侧，$4km^2$	呈小岩株状侵位于志留系，界面呈折线状，南界中等内倾。闪长质包体发育，少量花岗伟晶、细晶岩脉。中心粒度稍粗	细粒黑云母英云闪长岩($\gamma\delta o^3 T_1$)	灰白色，细粒半自形结构，块状构造。正长石 2%±，斜长石 61%±，部分具环带，An=31；石英 20%±；黑云母 10%±；角闪石 2%±，短柱状；副矿物为榍石、磷灰石
库里吉勒尕(25)	图幅西北，喀特腾奥组西侧，$48km^2$	呈岩株状，侵位于志留系中，界面外倾或内倾、呈圆滑港湾状，围岩中发育岩枝，热变质晕宽 1.5km，由红柱石片岩、大理岩、石英岩组成。内部暗色闪长质包体很发育，但不均匀。包含一次侵入活动	黑云母石英闪长岩($\delta o^1 T_1$)	
			中粒黑云母英云闪长岩($\gamma\delta o^3 T_1$)	灰白色，风化面褐黄色，半自形结构，块状构造。粒度 1.5～3mm；更长石 61%±，部分具环带，An=29；条纹长石 5%±；石英 22%±，青灰色，多聚集；黑云母 12%±；角闪石少量
克其克阿克亚(37)	图幅东北部，克其克阿克亚北侧，$40km^2$	侵入 Pt_1B. 中，内部具片岩捕虏体，发育闪长质包体，多呈透镜状。包含两次侵入活动	中粒黑云母花岗闪长岩($\gamma\delta^4 T_1$)	灰色，半自形结构，块状构造。粒度 1.5～2.5mm，微斜长石 3%±，斜长石 76%±，An=29；石英 10%±，角闪石 5%±，黑云母 13%±；副矿物磷灰石、榍石
			中粒黑云母石英闪长岩($\delta o^2 T_1$)	灰白色，中粒花岗结构，弱定向构造。粒度 2～3mm，微斜长石 19%±，更长石 44%±，石英 25%±，填隙状分布；黑云母 8%，鳞片状；角闪石 4%
布伦口(45)	东部，布伦口南 2km，$40km^2$	侵位于 Pt_1B. 中。内部有大型透镜状斜长角闪岩块体，与主岩界线呈弧状，穿插大量主岩岩枝。发育稀疏的花岗伟晶岩脉。包含一次侵入活动	片麻状中—细粒黑云母花岗闪长岩($\gamma\delta^4 T_1$)	灰白色，花岗结构，片麻状构造。粒度 1～3mm，微斜长石 20%±，斜长石 50%±，石英 25%±，多聚集，黑云母 5%±，白云母局部少量
喀拉麻大坂(41)	图幅东部，喀拉麻大坂	侵入 Pt_1B. 中，边界切割不同岩层，发育围岩捕虏体	细粒黑云母花岗闪长岩($\gamma\delta^4 T_1$)	灰白色，细粒花岗结构，块状构造。粒度 1.5mm，钾长石 25%±，斜长石 51%±，石英 20%，黑云母 4%±

各岩石类型均具高 CaO，低 Na_2O、Fe_2O_3 的特点，均属中钾钙碱性系列、钙性岩，微量元素一般高 Co、Sc、Hf，低 Th、Nb。第一次侵入的闪长岩稀土总量高，第二、三次侵入的石英闪长岩、英云闪长岩稀土总量正常，而花岗闪长岩低稀土总量、高正铕异常。

侵入体之间均具有很好的可比性和共同性，在 Q-A-P 图解(图 3-63)上显示出钙碱性花岗闪长岩系—奥长花岗岩的演化特点，构成了一个较为完整的火山弧花岗岩演化序列。

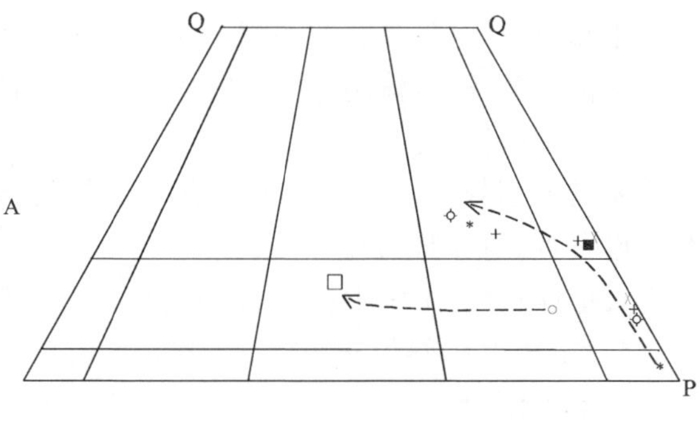

图 3-63　早三叠世岩体平均矿物含量 Q-A-P 图解

×. 琼阿坡力别克；+. 求库台；■. 米计干；*沙热塔什；¤. 克其克阿克亚；○. 空巴克；□. 喀赞吉勒嘎套

②成因及地球动力学环境分析

该阶段侵入岩一般均不同程度地含有角闪石，暗色矿物高，副矿物为磁铁矿、榍石，暗色岩浆包体丰富，铝指数 A/CNK 一般均小于 1，属中钾类型，K_2O 含量中等，均属钙碱性系列，FeO^*/FeO^*+MgO= 0.59～0.71(平均 0.66)<0.8(仅库里吉勒尕岩体达 0.93，可能由于分析精度误差所致)，与巴尔巴林的“含角闪石钙碱性花岗岩”一致。显示地球动力学环境为板块俯冲，物质来源为壳幔混合源。

在 Maniar 主元素环境判别图解(图 3-64)上及非活动元素 Rb-Y+Nb、Y-Nb 图解(图 3-50)上均位于火山弧花岗岩区。综合认为，该侵入岩属板块俯冲形成的典型火山弧花岗岩。

③形成时代

该侵入岩侵入的最新地层为志留系。本次区调在该岩体英云闪长岩中获得的锆石 U－Pb 表面年龄加权平均值为(241.4±0.5)Ma(天津地矿所测定,锆石为近无色透明短柱状),属早三叠世,在琼阿坡力别克岩体英云闪长岩中获得的锆石 U－Pb 表面年龄加权平均值为(219.5±1.4)Ma(天津地矿所测定),属晚三叠世;在沙热塔什岩体中获得的角闪石 K－Ar 年龄为 159Ma(宜昌地矿所测定),为晚侏罗世。该侵入岩应早于俯冲末期高钾性质的慕士塔克等岩体,后者的同位素年龄值为晚三叠世。结合区域构造演化将该侵入岩时代置于早三叠世。

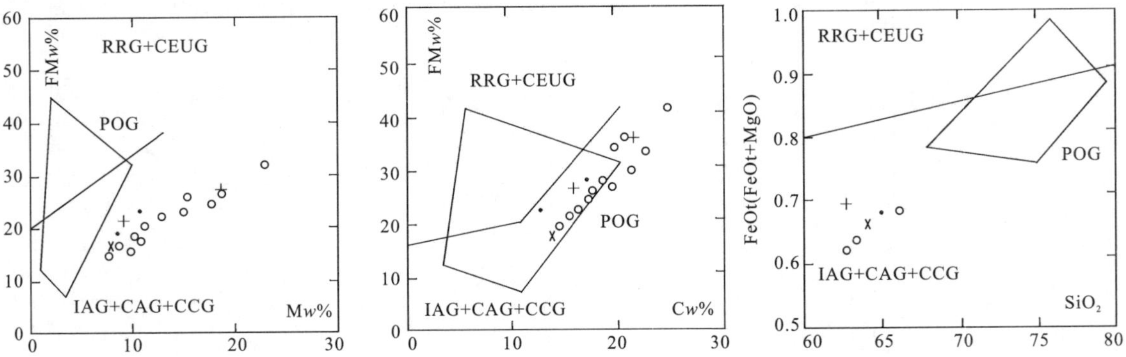

图 3-64　Maniar 的主元素环境判别图解

IAG+CAG+CCG. 岛弧、大陆弧、碰撞花岗岩;POG. 后造山花岗岩;RRG+CEUG. 与裂谷、造陆抬升有关的花岗岩;○. 琼阿坡力别克;•. 求库台;×. 米计干;+. 沙热塔什

2. 第二阶段侵入岩

分布于英吉沙县幅南部木扎灵一带及艾提开尔丁萨依幅中东部喀赞吉勒嘎套一带,面积仅 28km²。前者有空巴克岩体,后者有喀赞吉勒嘎套岩体。

(1)空巴克岩体($\delta o T_1$)

该岩体南延出图,共计 42km²,图内 12km²,仅有一次侵入活动,岩石类型为黑云母石英闪长岩-黑云石英二长闪长岩。

①地质特征

产于布伦口-木扎灵断裂旁侧,平面上呈长透镜状,岩体边界呈弧状、港湾状陡倾,与周围赛图拉岩群、奥陶系呈侵入关系,岩体边部具细粒化带,内具围岩的捕虏体,围岩中发育主岩的岩枝。

②岩石学特征

岩体具岩相分带,边部为片麻状细中粒黑云母石英闪长岩,向中心钾长石逐渐增高,变为片麻状细中粒黑云母石英二长闪长岩。

岩石呈深灰色,细—中粒半自形结构,片麻状构造。长石半自形板柱状、粒状,0.6mm×0.3mm～3mm×1.2mm,其中斜长石 50%～69%,平均 59%,为中-更长石,具轻微钠黝帘石化;钾长石 0～20%,平均 10%,微显条纹结构,格子双晶,为微斜条纹长石,有的显卡氏双晶;石英 5%～15%,平均 10%,他形粒状,0.1～1mm,有的呈集合体;黑云母 10%～35%,平均 21%;副矿物为磁铁矿、榍石、褐帘石。岩石局部具较强的绢云母化。

③岩石化学及地球化学特征

岩石化学分析结果及有关参数见表 3-31,与黎彤(1962)的中国闪长岩平均值接近,仅 CaO 高,Na_2O、K_2O 略低。在硅-碱图(图 3-44)上位于亚碱性系列区,在 FeO^*/MgO 与 SiO_2,FeO^* 图解(图 3-45)上位于钙碱性系列边界附近,在硅-钾图(图 3-46)上位于高钾区,综合显示属高钾钙碱性系列。在 AR－SiO_2 图解(图 3-47)上位于钙碱性岩区,里特曼指数 σ=2.03,碱度相当于皮科克的钙碱性岩。铝指数 A/CNK=0.802<1,偏铝质类型。

稀土元素及有关参数见表 3-32,稀土总量 148.52×10^{-6},与陈德潜(1982)的中性岩相当,标准化曲线见图 3-65，显示轻稀土中等富集，具轻微的铕亏损(δEu=0.83)。

微量元素及有关参数见表 3-32，与闪长岩维氏值相比，相当一部分元素差距较大，表现为 Hf、Sc、Co 高，W 很高，Sr、Zr、Nb、Cr 低，其他接近，地球化学型式(图 3-66)与牙买加的钙碱性火山弧花岗岩类似。

表 3-31　侵入岩岩石化学成分、CIPW 标准矿物及特征参数一览表

岩体	岩性	样号	氧化物含量(%)													
			SiO_2	TiO_2	Al_2O_3	Fe_2O_3	FeO	MnO	MgO	CaO	Na_2O	K_2O	P_2O_5	H_2O^+	Lost	总量
空巴克	黑云母石英闪长岩	1147－1	56.97	0.76	16.53	3.54	4.08	0.16	3.17	7.24	3.01	2.31	0.24	1.63	1.26	100.9

样号	CIPW 标准矿物					特征参数								
	q	or	ab	an	c	σ	AR	DI	SI	Alk	A/CNK	Na_2O/ K_2O	MF	M/F
1147－1	10.47	13.65	25.47	24.77	0.00	2.03	1.58	50.64	19.68	5.32	0.802	1.30	70.62	0.77

表 3-32　侵入岩稀土和微量元素含量($\times10^{-6}$)及特征参数一览表

岩体	序次	岩性	样号	La	Ce	Pr	Nd	Sm	Eu	Gd	Tb	Dy	Ho	Er	Tm	Yb	Lu	Y	ΣREE	LR/HR	δEu	$(La/Yb)_N$
空巴克	1	石英闪长岩	1147－1	26.22	49.60	6.08	24.22	4.69	1.27	4.52	0.74	4.12	0.86	2.45	0.38	2.41	0.35	20.59	148.52	7.08	0.83	7.34

样号	W	Sn	Mo	Be	V	Cr	Ni	Rb	Sr	Zr	Ba	Se	Th	Sc	Hf	Nb	Li	Co	Ta	Ga	Rb/Sr	Ba/Sr	K/ Rb
1147－1	78.0	1.7	0.5	1.9	135.1	24.5	11.8	96.8	433	116	763		7.9	18.5	2.9	10.6		20.0	0.5	19.4	0.22	1.76	198.07

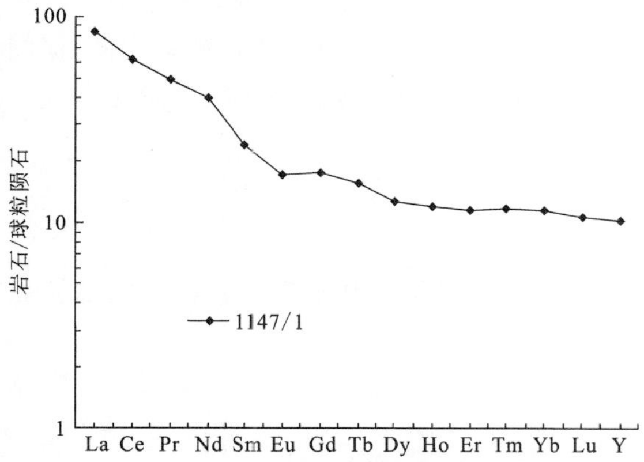

图 3-65　空巴克岩体稀土配分模式

(Coryell，1963；样品编号同表 3-32)

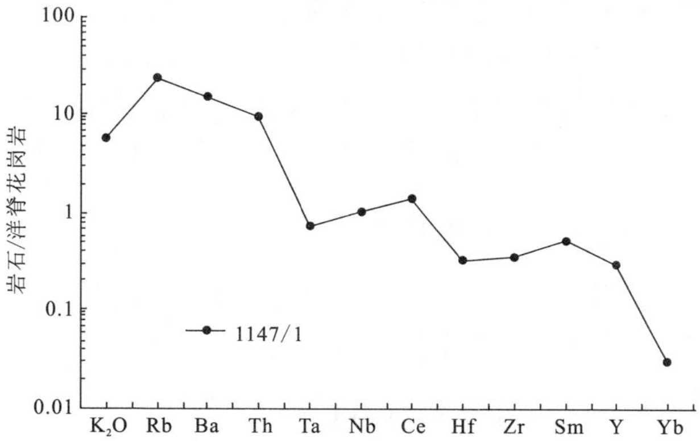

图 3-66　空巴克岩体地球化学型式

(Pearce，1984；样品编号同表 3-32)

④脉岩、包体及接触变质特征

岩体内部普遍发育较强的片麻理，边部普遍发育糜棱岩带，向边缘糜棱岩化增加，糜棱面理与岩体边界一致，东部向东北陡倾，西部向西南陡倾。岩体内捕虏体较少，岩性为黑云石英片岩、磁铁石英岩、英安质晶屑凝灰岩，大小不等，不规则状，定向分布。发育少量暗色黑云角闪岩包体，呈条带状，长轴定向与片麻理一致。

岩石中发育少量花岗岩脉，宽几厘米～十几厘米，延伸较远，产状无规律。岩体周围的大理岩普遍发生阳起石化，阳起石可达 10%±。

(2)喀赞吉勒嘎套岩体($\eta o T_1$，42)

面积 16km^2，仅有一次侵入活动，为黑云母石英二长岩。

①地质特征

呈岩株状侵位于求库台岩体之中，二者为超动关系，表现为该岩体边部发育较宽的细粒化带，宽处可达 500m，局部在二者接触带处发育较多的地层捕虏体。

②岩石学特征

主体岩性为中粒黑云母石英二长岩。岩石呈灰白色，风化面略泛红色，中粒半自形结构，块状构造。长石半自形板柱状，2～5mm，其中钾长石 40%～42%，为条纹长石、微斜长石，斜长石 35%～36%，An=

25～26，具弱钠黝帘石化；石英 15%±，他形粒状，1～2.5mm，多具波状消光；黑云母 6%～7%，片状，1～2mm；角闪石 0%～4%，柱状，1～2.5mm；副矿物为磷灰石、磁铁矿。

边部细粒化带岩性为细粒黑云母石英二长岩，粒度 1.6mm±，矿物含量同上。

3. 第二阶段侵入岩

(1)总体特征及演化

该阶段侵入岩以角闪石含量低、钾质相对较高为特征，属高钾钙碱性系列，钙碱性岩，在 Q－A－P 图解(图 3-63)上构成高钾钙碱性花岗岩演化趋势，初步认为二者系同一机制下两次侵入活动产物。

(2)成因及地球动力学环境分析

该阶段侵入岩局部含角闪石，副矿物为磁铁矿、榍石，具钙碱性花岗岩演化趋势，暗色岩浆包体少见，空巴克岩体铝指数 A/CNK<<1，与巴尔巴林的"富钾钙碱性花岗岩(KCG)"一致，也与其"含角闪石钙碱性花岗岩(ACG)"接近。空巴克岩体 FeO＊/FeO＊＋MgO＝0.7<0.8，K_2O 含量虽高，但低于"KCG"的一般值(5%±)，这些特征与"ACG"一致。故认为该阶段侵入岩为"ACG"与"KCG"的过渡类型。显示的地球动力学环境为板块俯冲，物质来源为壳幔混合源。该侵入岩在 Rb－Y＋Nb、Y－Nb 图解(图 3-50)上位于火山弧花岗岩区。

综上所述，该侵入岩为板块俯冲产物。

(3)形成时代

喀赞吉勒尕套岩体侵入前述求库台岩体，二者空间紧密伴生，同为板块俯冲产物，同位素年龄显示求库台岩体的形成时代为早三叠世，另一方面该阶段岩体成因应早于俯冲末期形成的慕士塔格等岩体，据同位素年龄将后者置于中三叠世，故将该侵入岩置于早三叠世。据 K_2O 含量及碱度相对较第一阶段侵入岩高及火山弧花岗岩的演化规律，将其置于第二阶段。

(三)中三叠世侵入岩

大量分布于英吉沙县幅西南部慕士塔格山—公格尔山一带，少量位于艾提开尔丁萨依幅中北部科克佐处。可划分为两个阶段。

1. 第一阶段侵入岩($\eta\gamma T_2$)

面积 1 174km²。在上述两地分别出露慕士塔格(46)、科克佐(31)两个岩体。该侵入岩在联测图幅的喀拉阿尔特苏河一带也有出露，构成 NW 向展布的三叠纪花岗岩带。

慕士塔格岩体向南出图，总面积 1 905km²，图内面积 1 160km²，包含两次侵入活动，岩性分别为中粒黑云母二长花岗岩、中斑状中粒黑云母二长花岗岩。科克佐岩体很小，仅 14km²，现以慕士塔格岩体为例叙述如下，科克佐岩体的简要特征见表 3-21。

(1)地质特征

岩体产于布伦口-木扎灵断裂旁侧。呈岩基状侵位于布伦阔勒岩群(Pt_1*B.*)、赛图拉岩群(Ch*ST.*)及奥陶系之中，平面上呈长透镜状，长轴与构造线一致，岩体边界呈圆滑波状弯曲，局部因顺薄弱带注入而呈港湾状，一般中等角度外倾，仅西界局部地段内倾，与上述围岩的侵入关系表现为内部具上述地层的捕虏体，接触处普遍呈小型岩枝插入围岩。

两次侵入岩之间为脉动关系，界线分明。第一次侵入岩仅一个侵入体，广泛分布；第二次侵入岩从南向北由木扎灵达坂、苏盖特达坂、公格尔等 3 个侵入体组成，本次各侵入体呈带状排列位于该复杂岩体的中心。该岩体剖面见图 3-67。

(2)岩石学特征

岩石学特征见表 3-33，第一次侵入岩矿物含量波动较大，部分落入 Q－A－P 图解(图略)的花岗闪长岩、正长花岗岩区，R_1－R_2 图解(图 3-43)与实际矿物含量定名稍有差别。

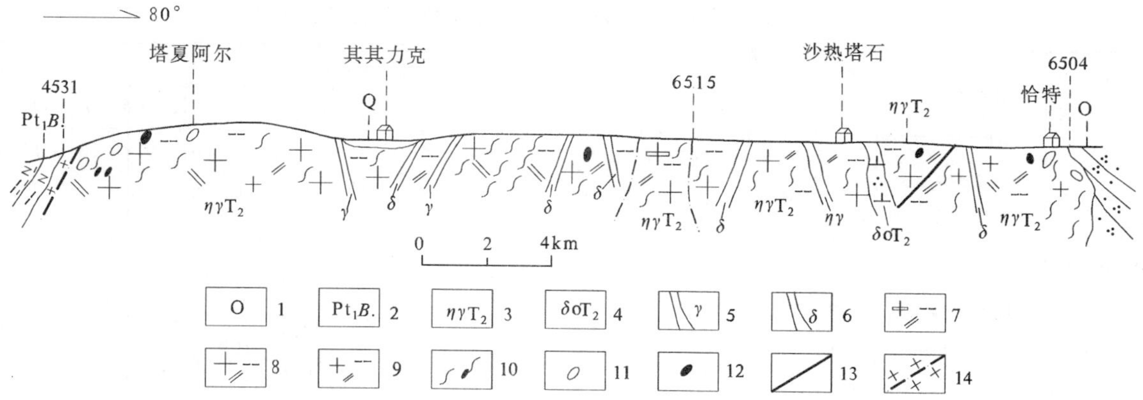

图 3-67 阿克陶县恰特-塔夏阿尔慕士塔格、沙热塔石岩体剖面图

1. 奥陶系；2. 布伦阔勒岩群；3. 中三叠世二长花岗岩；4. 中三叠世石英闪长岩；5. 二长花岗岩脉；6. 闪长岩脉；7. 中斑状中粒黑云母二长花岗岩；8. 中粒黑云母二长花岗岩；9. 中细粒黑云母二长花岗岩；10. 片麻理；11. 捕虏体；12. 暗色包体；13. 断层；14. 花岗质初糜棱岩

表 3-33 慕士塔格岩体岩石类型及特征表

侵入体	第一次	第二次
岩石类型	片麻状中粒黑云母二长花岗岩	片麻状中斑状中粒黑云母二长花岗岩
颜色	灰白色，风化面灰黄、褐黄色	灰白色，风化面灰色
结构构造	中粒花岗结构，片麻状构造	似斑状结构、基质中粒花岗结构，片麻状构造
钾长石	一般 15%～50%，平均 35%，半自形板柱状、粒状，2～3mm，有的显条纹结构	斑晶 10%～30%，平均 20%，呈半自形板柱状。基质中含 10%～20%，平均 15%，半自形板柱状、粒状，2～3mm
斜长石	20%～52%，平均 29%，半自形板柱状、粒状，2～3mm，An=25～27	20%～38%，平均 35%，半自形板柱状、粒状，2～3mm
石英	20%～35%，平均 27%，青灰色、乳白色，他形粒状，2mm±，波状消光明显	20%±，青灰色、乳白色，他形粒状，2mm±，波状消光明显
黑云母	8～10%，褐色板状、片状，2mm±	5%～20%，平均 10%，2mm±，呈板状、片状
角闪石		0～2%，绿色柱状，1mm×2mm
副矿物	磁铁矿、锆石、绿帘石、磷灰石	磁铁矿、榍石、磷灰石
R_1-R_2	位于花岗闪长岩-正长花岗岩区	主要位于花岗闪长岩区

(3)岩石化学及地球化学特征

①岩石化学特征

岩石化学分析结果及有关参数见表 3-34。在硅-碱图(图 3-68)上均位于亚碱性系列区，在 FeO^*/MgO 与 SiO_2、FeO^* 图解(图 3-69)上有效的样点(FeO^*/MgO 小于 5)均位于钙碱性系列区，在 K_2O－SiO_2 图解(图 3-70)上主要位于高钾区，显示该侵入岩属钙碱性系列、高钾类型。在 AR－SiO_2 图解(图 3-71)上主要位于钙碱性岩区，少量位于碱性区，里特曼指数为 1.50～3.88，碱度相当于皮科克的钙碱性-碱钙性岩。两次侵入岩的 A/CNK 分别为 0.98、0.93，属弱偏铝类型。

两次侵入岩与中国花岗岩平均值均较接近，第一次侵入岩具高 SiO_2、低 MgO 特点，第二次侵入岩具高 CaO、低 K_2O 特点。

②稀土元素特征

稀土元素分析结果及参数见表 3-35，标准化曲线见图 3-72。

第一次侵入岩稀土总量与花岗岩类的平均值(250×10^{-6})相当，轻稀土中等富集，曲线斜率$(La/Yb)_N$=4.1～8.6，具中等的铕亏损(δEu=0.25～0.37)。第二次侵入岩稀土总量比花岗岩类的平均值(250ppm)略低，轻稀土中等富集，斜率$(La/Yb)_N$=6.4～11.5，具中等的弱铕亏损(δEu=0.5～0.8)。从早至晚稀土总量略降低，铕亏损减弱，曲线斜率略增大。

表 3-34 侵入岩岩石化学成分、CIPW 标准矿物及特征参数一览表

岩体	序次	侵入体岩性	序号	样号	氧化物含量(%)													
					SiO_2	TiO_2	Al_2O_3	Fe_2O_3	FeO	MnO	MgO	CaO	Na_2O	K_2O	P_2O_5	H_2O^+	CO_2	总量
慕士塔格	1	中粒黑云母二长花岗岩	1	6504/1	70.99	0.17	15.09	1.25	0.28	0.02	0.19	0.82	4.47	5.86	0.02	0.53	0.15	99.84
			2	8524/1	76.32	0.14	12.01	0.30	1.23	0.04	0.24	0.82	3.21	4.63	0.02	0.56	0.27	99.79
			3	344/1	76.22	0.26	12.02	0.49	1.58	0.07	0.44	1.82	2.67	3.56	0.04	0.66	0.02	100.25
	2	中斑状中粒黑云母二长花岗岩	4	1141/2	66.06	0.57	14.38	1.30	3.85	0.12	1.45	4.16	3.44	3.14	0.15	0.81		100.14
			5	1143/1	72.50	0.26	13.45	0.49	2.15	0.06	0.60	2.33	3.50	3.79	0.07	0.50		100.05
			6	343/4	67.54	0.52	15.00	1.34	3.45	0.11	0.80	3.79	3.91	2.16	0.16	0.84	0.12	100.33
沙热塔石		细粒石英闪长岩	7	6507/1	48.82	1.04	18.18	2.66	6.55	0.15	5.31	12.02	1.94	1.00	0.19	1.83	0.08	99.77

序号	样号	CIPW					特征参数								
		q	or	ab	an	c	σ	AR	DI	SI	Alk	A/CNK	Na_2O/K_2O	MF	M/F
1	6504/1	20.93	34.62	37.82	2.99	0.30	3.81	3.57	93.37	1.58	10.33	0.99	0.76	88.72	0.25
2	8524/1	37.77	27.35	27.16	2.23	0.90	1.84	3.00	92.29	2.50	7.84	1.02	0.69	86.44	0.27
3	344/1	41.73	21.1	22.59	8.67	0.61	1.17	2.26	85.99	5.03	6.23	1.04	0.75	82.47	0.38
4	1141/2	22.19	18.67	29.28	14.59	0.00	2.04	2.10	70.71	11.00	8.38	0.986	1.10	78.03	0.50
5	1143/1	30.85	22.46	29.70	9.83	0.00	1.80	2.59	83.43	5.70	7.29	0.954	0.92	81.48	0.41
6	343/4	25.95	12.82	33.17	17.03	0.00	1.50	1.95	72.55	6.86	6.07	0.958	1.81	85.69	0.30
7	6507/1	1.27	5.91	16.41	37.94	0.00	1.49	1.22	23.60	30.41	2.94	0.70	1.94	63.43	1.04

表 3-35 侵入岩稀土元素含量($\times10^{-6}$)及特征参数一览表

岩体	序次	侵入体岩性	序号	样号	La	Ce	Pr	Nd	Sm	Eu	Gd
慕士塔格	1	中粒黑云母二长花岗岩	1	6504/1	55.71	92.1	10.39	34.44	6.76	0.53	6.26
			2	8524/1	48.05	97.47	12.08	44.49	9.07	1.09	8.44
			3	344/1	22.24	44.23	5.82	20.31	4.82	0.49	4.85
	2	中斑状中粒黑云母二长花岗岩	4	1141/2	54.12	92.03	10.28	33.34	5.59	1.01	4.78
			5	1143/1	44.94	74.19	7.69	23.37	3.76	0.67	2.94
			6	343/4	28.52	62.72	8.46	32.18	7.15	1.83	6.67
沙热塔石		细粒石英闪长岩	7	6507/1	16.60	30.61	3.99	16.73	3.61	1.19	3.47

序号	样号	Tb	Dy	Ho	Er	Tm	Yb	Lu	Y	∑REE	LR/HR	δEu	$(La/Yb)_N$
1	6504/1	0.98	4.73	0.78	1.6	0.2	1.01	0.15	16.88	232.50	12.73	0.25	37.21
2	8524/1	1.41	8.28	1.67	4.35	0.66	3.96	0.56	41.66	283.20	7.24	0.37	8.18
3	344/1	0.88	5.32	1.14	3.27	0.55	3.64	0.59	29.59	147.70	4.84	0.31	4.12
4	1141/2	0.74	4.14	0.92	2.66	0.45	2.93	0.46	23.75	237.19	11.50	0.58	12.45
5	1143/1	0.49	2.88	0.62	1.94	0.33	2.31	0.37	16.37	183.62	13.02	0.60	13.12
6	343/4	1.05	5.96	1.21	3.24	0.50	3.02	0.48	29.26	192.20	6.37	0.80	6.37
7	6507/1	0.55	2.89	0.57	1.49	0.22	1.30	0.20	13.68	97.10	6.80	1.01	8.61

③微量元素特征

微量元素分析结果及参数见表 3-36。第一次侵入岩与花岗岩维氏值相比具显著高 Hf、Co，显著低 Sr、Ba、Ta、V、Cr、Ni 的特点。第二次侵入岩与之很接近，具显著高 Hf、Co、Sc，显著低 Ta、Cr 的特点。二者的共同特点是高 Hf、Co，低 Ta、Cr。地球化学型式(图 3-73)显示强烈富集高场强元素，有的具 Ba 负异常，不同程度具有火山弧、同碰撞花岗岩典型型式的特点。

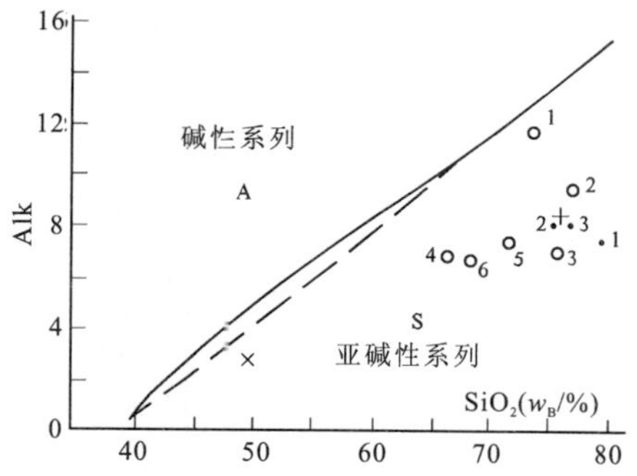

图 3-68 硅-碱图

(Irvine T N,1971)

○. 慕士塔格,样品编号同表 3-34;×. 沙热塔石;

+. 卜科肉克;·. 玉其卡帕岩带,样品编号同表 3-41

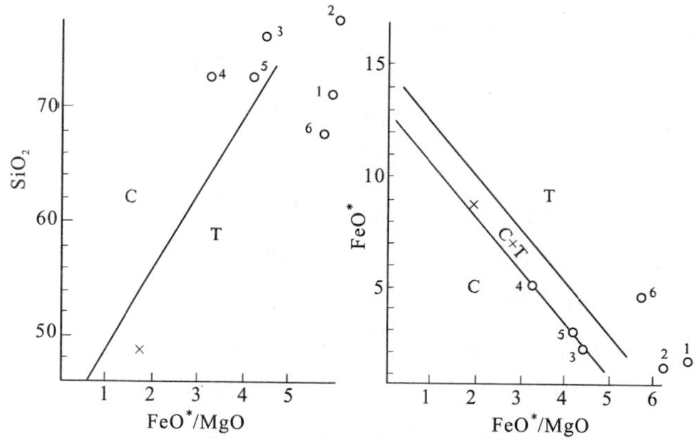

图 3-69 FeO^*/MgO 与 SiO_2、FeO^* 图解

(Miyashiro A,1974)

○. 慕士塔格,样品编号同表 3-34;×. 沙热塔石

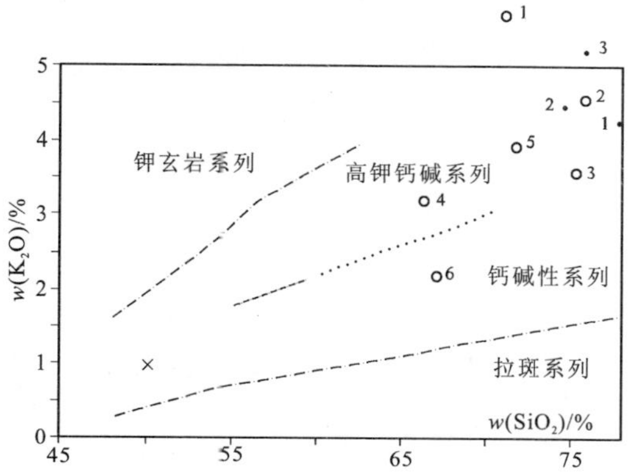

图 3-70 K_2O-SiO_2 图解

(Roberts & Clemens,1993)

○. 慕士塔格,样品编号同表 3-34;×. 沙热塔石;

·. 玉其卡帕岩带,样品编号同表 3-41

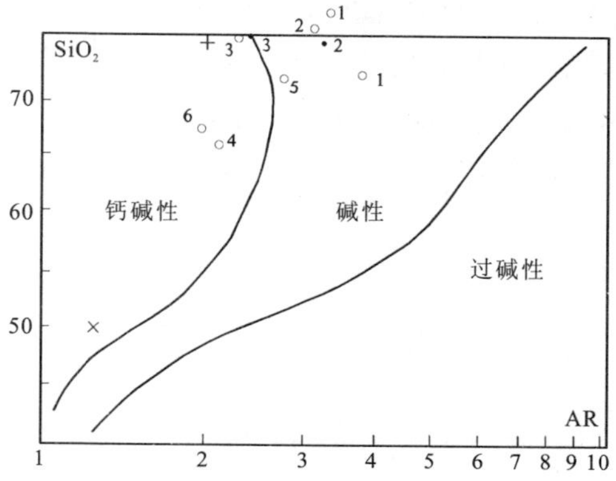

图 3-71 AR - SiO_2 与碱性度关系图

(Wright J B,1969)

○. 慕士塔格,样品编号同表 3-34;×. 沙热塔石;

+. 卜科肉克;·. 玉其卡帕岩带,样品编号同表 3-41

表 3-36 侵入岩微量元素含量($\times10^{-6}$)及特征数值一览表

岩体	序次	侵入体岩性	序号	样号	V	Cr	Ni	Rb	Sr	Zr	Ba
慕士塔格	1	中粒黑云母二长花岗岩	1	6504/1	8.70	11.00	3.30	162.00	57.00	191.00	392.00
			2	8524/1	12.50	9.30	2.37	188.00	66.70	165.50	565.00
			3	344/1	28	11	7.60	157	113	123	287
	2	中斑状中粒黑云母二长花岗岩	4	1141/2	54.80	12.30	5.10	151.70	220	206	514
			5	1143/1	22.60	7.70	4.50	178.70	168	135	474
			6	343/4	36	14	8.0	74	336	292	1 033
沙热塔石		细粒石英闪长岩	7	6507/1	229.00	149.00	46.00	28.00	481.00	89.00	321.00

序号	样号	Th	Sc	Hf	Nb	Co	Ta	Ga	Rb/Sr	Ba/Sr	K/ Rb
1	6504/1	22.00	2.20	5.60	17.00	20.00	1.10	21.00	2.84	6.88	300.23
2	8524/1	34.00	3.26	5.40	15.00	8.14	1.43	30.00	2.82	8.47	204.41
3	344/1	21	4.80	4.20	16	22	1.80	15	1.39	2.54	188.20
4	1141/2	19.20	8.60	5.00	19.50	14.40	1.60	19.70	0.69	2.34	171.80
5	1143/1	34.40	3.90	4.50	14.40	16.60	1.30	16.00	1.06	2.82	171.85
6	343/4	5.90	15	7.30	13	16	1.00	17	0.22	3.07	242.27
7	6507/1	3.60	30.00	1.80	8.40	32.00	0.53	19.00	0.06	0.67	296.42

(4)脉岩及包体特征

岩体中脉岩较发育,计有4种类型:辉长岩脉零星,产状同闪长岩脉,一般呈细中粒结构,块状—片麻状构造,由短柱状辉石(40%)、斜长石(60%)组成;闪长岩-石英闪长岩脉在岩体中十分发育,一般宽几厘米至几十厘米,最宽者达50~300m,边界较平直,一般延伸较远。明显或略显片麻状构造,由斜长石(70%±)、石英(少量~4%)、角闪石(25%~21%)、黑云母(2%)组成;细粒二长花岗岩脉局部较多,宽几厘米至几十厘米,延伸较稳定;花岗伟晶岩脉局部发育,呈透镜状、不规则团块状产出,透镜状者延伸百米至1 000m,产水晶。

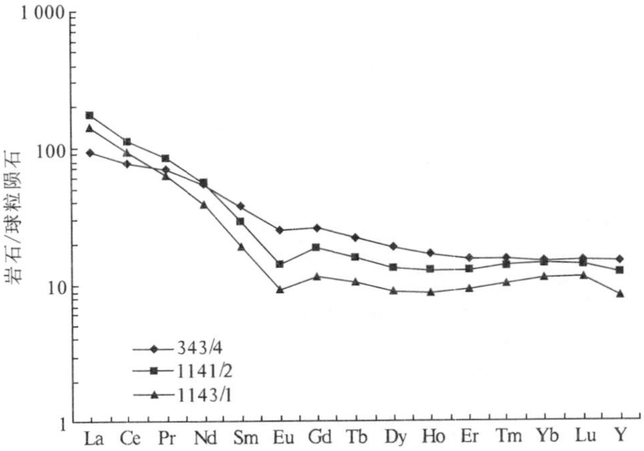

图3-72　慕士塔格岩体稀土配分模式

(Coryell,1963;样品编号同表3-35)

包体有以下两类:捕虏体中心未见,向边部增多,一般零星发育,局部大量发育。大小不等,呈透镜状、椭圆状,扁平面与主岩片麻理一致;暗色岩浆包体偏少不均,局部大量发育,呈长条状、椭球状,长轴与片麻理一致,内部矿物普遍定向,也与主岩片麻理一致。

从岩脉、包体的产状看该岩体为典型的热气球膨胀机制就位。

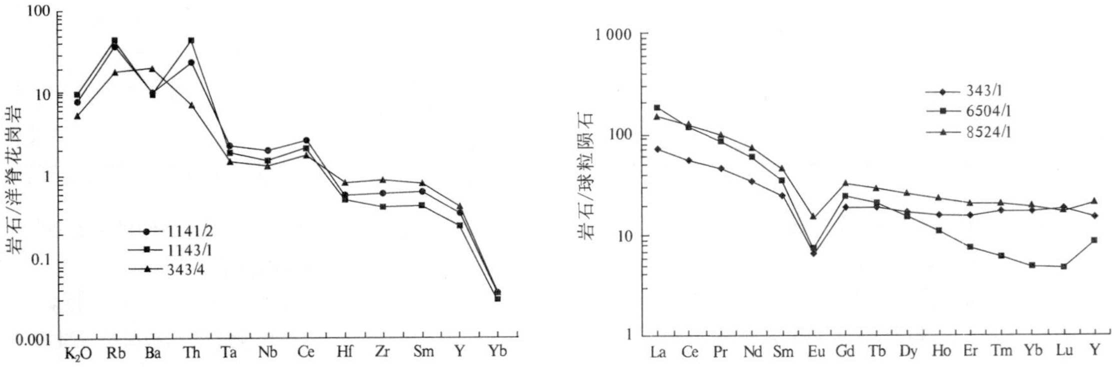

图3-73　慕士塔格岩体地球化学型式图

(Pearce,1984;样品编号同表3-35)

(5)接触变质特征

岩体周围布伦阔勒岩群($Pt_1B.$)接触变质现象不发育,但周围的赛图拉岩群(Ch*ST.*)及奥陶系产生明显的接触变质现象,接触变质晕宽4~6km,新生矿物石榴石、黑云母交互出现,后者常呈变斑晶。

(6)形成深度、剥蚀程度

岩体围岩为绿片岩相—角闪岩相变质岩,接触变质作用较强,岩体产状与围岩之间表现出协调的关系,岩体内部面理较发育并平行于接触带,未见相关的火山岩,从这些地质特征看形成于中带的上部。该岩体第一次侵入岩不具斑状结构,矿物成分近于共结,在Ab-Or-Q相图上部分点位于同结点附近(图3-28),显示的压力为500巴,相当于1.7km深度,与地质特征不吻合。综合认为该岩体侵位深度为中带的上部。

岩体大面积出露早晚两期侵入体,部分地段岩体边界已直接表现出内倾产状,部分面理内倾反映出岩体边界在地表以下已有内倾趋势。故认为岩体剥蚀较深。

(7)成因及地球动力学环境分析

该岩体的一部分具钾长石斑状结构,岩石中含少量角闪石,副矿物含磁铁矿、榍石,暗色岩浆包体含量中等偏少,岩石化学属钙碱性系列、高钾类型,K_2O含量在3.14%~5.86%之间,既有大于5%的高值,也有小于5%的相对低值,铝指数A/CNK小于1,$FeO^*/FeO^*+MgO=0.78\sim0.88$。这些特征与巴尔巴林的“富钾钙碱性花岗岩”接近，但相对较低的 K_2O 含量又与“含角闪石钙碱性花岗岩”类似，故认为它是二者的过渡类型，岩石类型显示其物质来源为壳幔混合源，形成于板块俯冲的末期。

Maniar 的主元素判别图解投点情况见图 3-74，其中在 FeO^* / FeO^* +MgO－SiO_2，F－M，FM－C 图上主要位于火山弧-碰撞花岗岩与后造山花岗岩的重叠区，部分明确位于火山弧-碰撞花岗岩区；在 Al_2O_3－SiO_2 图上位于后造山花岗岩与其他（板内、火山弧-碰撞花岗岩）重叠区；在其铝饱和指数图解上主要位于火山弧花岗岩区；该侵入岩 SiO_2 一般小于 76%，具俯冲-碰撞花岗岩特征，这些主元素总体显示为火山弧-碰撞花岗岩，更接近于火山弧花岗岩。微量元素 Rb－Y+Nb、Y－Nb 图解（图 3-75）显示为火山弧花岗岩。

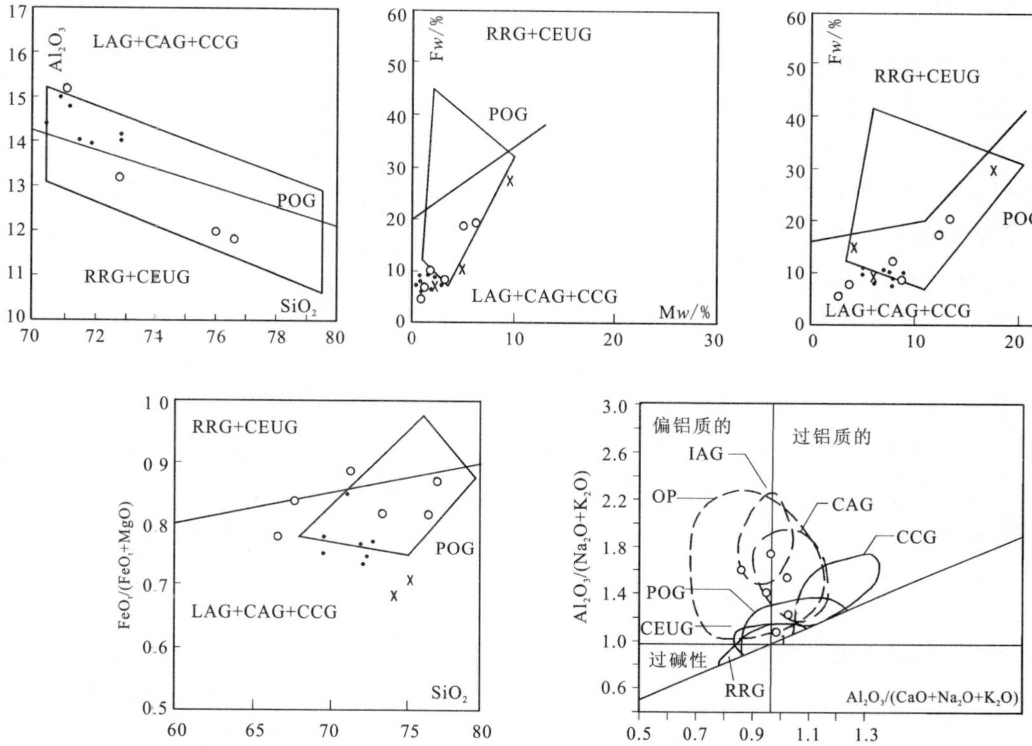

图 3-74　Maniar 的主元素环境判别图解

IAG+CAG+CCG. 岛弧、大陆弧、碰撞花岗岩；POG. 后造山花岗岩；RRG+CEUG. 与裂谷、造陆抬升有关的花岗岩；○. 慕士塔格，样品编号同表 3－34；×. 卓勒托克铁热克沟，样品编号同表 3-46；•. 卡日巴生

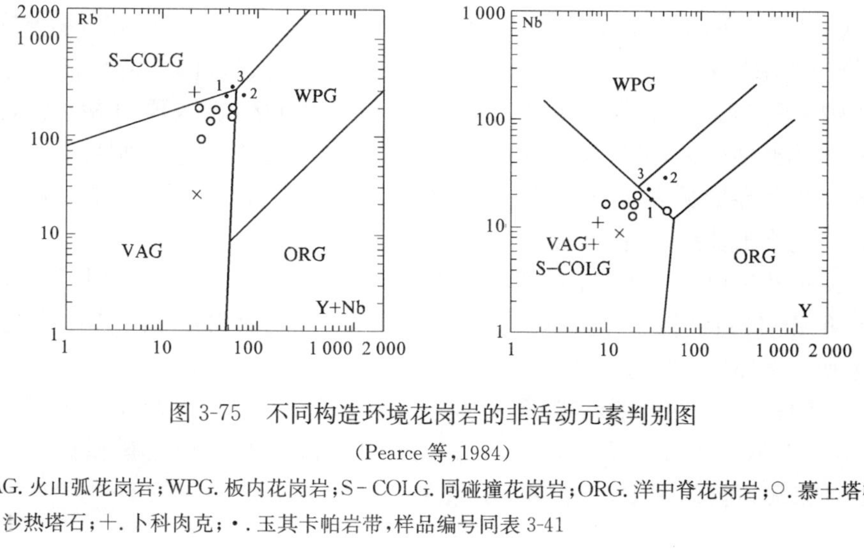

图 3-75　不同构造环境花岗岩的非活动元素判别图

（Pearce 等，1984）

VAG. 火山弧花岗岩；WPG. 板内花岗岩；S－COLG. 同碰撞花岗岩；ORG. 洋中脊花岗岩；○. 慕士塔格；×. 沙热塔石；+. 卜科肉克；•. 玉其卡帕岩带，样品编号同表 3-41

综合认为该花岗岩形成于板块俯冲环境，它是俯冲末期形成的高钾性质钙碱性花岗岩。

(8)形成时代

在南邻塔什库尔干幅，该岩体侵入有时代依据的奥陶—志留系(未分)显示该岩体形成时代的下限为志留纪。河南省地质调查院(2004)在该岩体第一次侵入的中斑状中粒黑云母二长花岗岩中获得的锆石U-Pb年龄为(212.2±0.7)Ma，权重平均年龄204.3Ma①(天津地矿所测试)。本次区调在该岩体第一次侵入的黑云母二长花岗岩中获得的锆石U-Pb表面年龄加权平均值为(214.4±1.1)Ma(天津地矿所测定)，这些年龄值相当于晚三叠世。区域资料显示，涉及测区的板块运动在晚三叠世已经闭合，该侵入岩从岩石成因上看形成于板块俯冲的末期，故本次工作将其置于中三叠世。

2. 第二阶段侵入岩

广泛分布于英吉沙县幅西南部慕士塔格山东麓，面积约12km²，呈小岩株、岩墙、岩脉状侵位于慕士塔格岩体中，岩性为细粒闪长岩-石英闪长岩，呈岩墙、岩脉状者已在慕士塔格岩体中叙述，小岩株状者包括沙热塔石、其其克提达坂两个，为片麻状细粒石英闪长岩($\delta o T_2$)，二者可以对比，现以较大的沙热塔石岩体为例叙述如下，克克提克达坂岩体的简要特征见表3-21。

(1)地质特征

平面形态不规则，岩体内倾，与慕士塔格岩体界面截然清晰，呈波状弯曲，在接触带处呈岩枝状插入慕士塔格岩体中(图3-76)，内具慕士塔格岩体的捕虏体，捕虏体一般呈浑圆状，侵入岩内部普遍发育片麻理，有的明显，有的仅表现为弱定向。

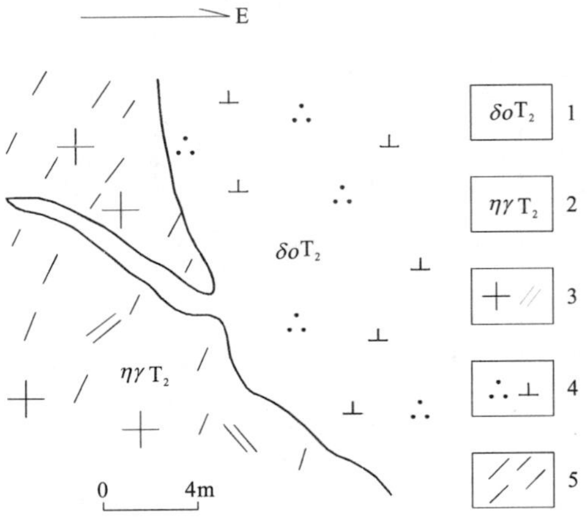

图3-76 沙热塔石岩体侵入慕士塔格岩体素描图

1. 中三叠世石英闪长岩；2. 中三叠世二长花岗岩；3. 二长花岗岩；4. 石英闪长岩；5. 片麻理

(2)岩石学特征

岩石呈灰—灰黑色，半自形细粒结构，片麻状构造。斜长石67%～77%，半自形板柱状、粒状，0.5mm×0.3mm～1.5mm×0.6mm，部分显聚片双晶，An=28，为更长石；石英3%～5%，他形粒状，0.1～0.3mm；角闪石20%～25%，绿色柱状，0.4mm×0.1mm～1mm×0.4mm；黑云母少量，片状，0.2～1mm，个别向绿泥石变化，副矿物为磁铁矿。在R_1-R_2图解(图3-43)上位于辉长苏长岩区，与矿物含量定名稍有差别。

(3)岩石化学及地球化学特征

岩石化学分析结果及参数见表3-34。SiO_2含量48.82%，氧化物含量大部分介于中国闪长岩、辉长岩平均值之间，具高CaO、Al_2O_3，低Na_2O、K_2O、P_2O_5的特点。铝指数A/CNK=0.7，属偏铝质类型。在硅-碱图(图3-68)上位于亚碱性系列区，在$FeO^*/MgO-SiO_2$、FeO^*图解(图3-69)上位于拉斑玄武岩系列区，二者综合显示为拉斑玄武系列，在硅-钾图(图3-70)上位于中钾区，显示K_2O相对较高。在$AR-SiO_2$图解(图3-71)上位于钙碱性岩区，里特曼指数为1.49，小于1.80，属皮科克的钙性岩。

稀土元素分析结果及参数见表3-35。稀土总量97.10×10^{-6}，介于基性岩、中性岩之间，标准化曲线(图3-77)为向右倾斜的平滑曲线，无铕异常。

微量元素分析结果及参数见表3-36。大部分元素(Cr、Rb、Th、Ga、Ba)介于基性岩与闪长岩维氏值之间，具高V、Sc，低Ni、Zr、Nb的特点。地球化学型式图见图3-78，与火山弧花岗岩典型型式十分接近。

(4)成因、地球动力学环境分析及形成时代

该侵入岩富含角闪石；副矿物含磁铁矿；A/CNK<<1，$FeO^*/FeO^*+MgO=0.627<0.8$；岩石化学属拉斑玄武岩系列，具巴尔巴林弧"拉斑玄武质"花岗岩特征。该岩体K_2O含量相对较高，表现出大陆弧的特点。该类型物质来源以幔源为主，具少量地壳混染。

① 河南省地质调查院.1∶25万塔什库尔干塔吉克自治县幅、克克吐鲁克幅区域地质调查报告.2004.

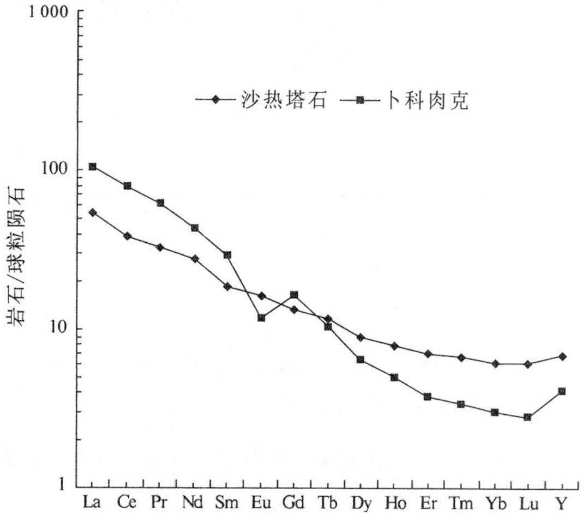

图 3-77　稀土配分模式图
(Coryell,1963)

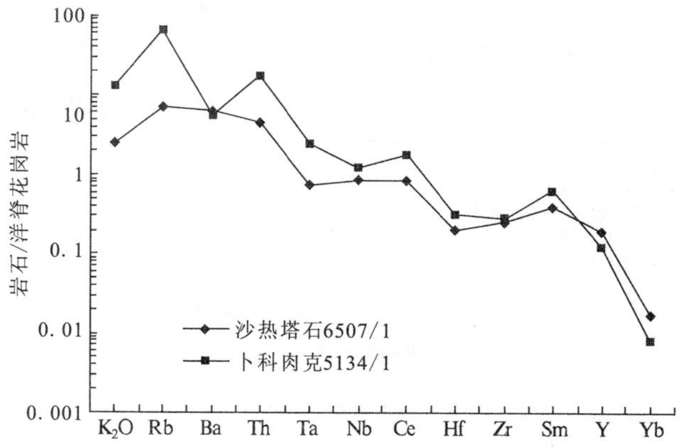

图 3-78　地球化学型式图
(Pearce,1984)

在 Rb－Y＋Nb、Y－Nb 图解(图 3-75)上显示为火山弧花岗岩。

该阶段闪长岩与第一阶段形成的慕仕塔格岩体空间上紧密伴生,大量多呈岩脉、岩墙状沿慕士塔格岩体节理就位,两个岩株又表现出与其明显的侵入关系,表明为在慕士塔格岩体冷缩期间或冷缩以后较短时间内侵位的,慕士塔格岩体为俯冲末期形成的高钾钙碱性花岗岩,该阶段闪长岩是俯冲末期在某些特殊的环境下由于壳源混入很少而形成的幔源为主的侵入岩。据与慕士塔格岩体的密切关系,将其时代置中二叠世,作为该时期第二阶段侵入岩。

(四)晚侏罗世侵入岩($\eta\gamma J_3$)

分布于艾提开尔丁萨依幅北部卜科肉克及该幅中东部的皮拉勒达坂、布伦口一带,面积约 40km²。由 4 个岩体组成,均为一次侵入的简单岩体,岩性均为二云母二长花岗岩。各岩体沿构造线呈带状展布,构成后碰撞白云母花岗岩带。现以卜科肉克、皮拉里岩体为代表叙述,琼块勒巴什岩体、克迪肉岩体为皮拉里岩体的卫星岩体,其简要特征见表 3-21。

1. 卜科肉克岩体

位于命名地北侧,面积 6km²。呈岩株状产出,超动侵入周围早三叠世花岗闪长岩,接触面中等角度内倾,曲折不平,边部发育大量后者的捕虏体(图版Ⅷ,3),后者中发育前者的岩枝、岩脉。捕虏体呈次棱角状,10～30cm,内部仅发育一组剪节理,产状 110°∠75°。

(1)岩石学特征

岩石学特征见表 3-37,多阳离子 R_1-R_2 图解(图 3-43)定名与矿物含量定名一致。

(2)岩石化学及地球化学特征

岩石化学分析结果见表 3-38。$\sigma=1.72$,结合岩石类型综合看碱度上相当于皮科克的钙碱性岩。铝指数 A/CNK＝1.10,岩石中普遍含较多的白云母,属强过铝类型。岩石化学成分与中国二云母花岗岩平均值很接近,仅稍高 CaO、TiO_2、K_2O(5.07%),稍低 FeO、Na_2O。

稀土分析结果见表 3-39。稀土总量 153.14×10^{-6},比陈德潜花岗岩平均值(250×10^{-6})低,标准化曲线见图 3-77,显示轻稀土较强富集,曲线斜率$(La/Yb)_N=35.16$,具中等铕亏损($\delta Eu=0.51$)。

微量元素分析结果见表 3-39。元素含量与花岗岩维氏值差别较大,具显著高 Ba、Ni、Hf,低 V、Cr、Sr、Zr 的特点。地球化学型式(图 3-78)显示强烈富集左侧大离子亲石元素,具 Ba 的负异常,亏损右侧高场强元素,Sm 的正异常,与西藏同碰撞花岗岩典型型式一致。

2. 皮拉里岩体

位于皮拉勒达坂东南侧,面积 30km²。平面上呈带状,侵入周围布伦阔勒岩群($Pt_1B.$),边界中角度外倾，呈港湾状，接触界面斜切围岩面理，内部普遍具大量围岩捕虏体，捕虏体呈浑圆状、似层状，规模较大，岩性为片麻岩、片岩、石英岩。岩体北部局部发育初糜棱岩带，岩脉及其他包体均不发育。

岩石类型为中粒二云母二长花岗岩，岩石学特征见表 3-37。

表 3-37 卜科肉克、皮拉里岩体岩石学特征表

岩体名称	卜科肉克	皮拉里
岩石类型	灰白色中—细粒二云母二长花岗岩	灰白色中粒二云母二长花岗岩
结构、构造	中—细粒花岗结构，块状构造	中粒花岗结构，块状构造
钾长石	30%±，为微斜长石，他形、半自形板柱状，0.5～2.2mm，个别具条纹结构	30%～49%，平均 39%，半自形板柱状、粒状，2～7mm，显格子双晶，为微斜长石，有的显条纹结构
斜长石	35%±，半自形—自形板柱状，0.5～2.2mm，聚片双晶发育	43%～20%，平均 32%，半自形板柱状、粒状，2～7mm，微显细密聚片双晶，为更长石
石英	25%±，青灰色，他形、半自形粒状，1～3mm	20%～35%，平均 23%，青灰色、乳白色，粒状，一般 2～3mm，常呈不规则状集合体
黑云母	5%±，灰黑色片状，1mm×1mm～1mm×2mm，少数绿泥石化，集合体中见绿帘石、磷灰石	3%±，黑色片状，一般 1～3mm，部分具绿泥石化
白云母	5%±，片状，1mm×1mm～1mm×2mm	3%±，片状，1～3mm
副矿物	绿帘石少量，磷灰石微量，榍石微量	钙铝榴石少量，矽线石少量，局部出现微量磁铁矿

表 3-38 侵入岩岩石化学成分(%)、CIPW 标准矿物及特征参数一览表

岩体	岩性	样号	氧化物含量(%)													
			SiO_2	TiO_2	Al_2O_3	Fe_2O_3	FeO	MnO	MgO	CaO	Na_2O	K_2O	P_2O_5	H_2O^+	CO_2	总量
卜科肉克	二云母二长花岗岩	5134/1	74.46	0.21	13.03	0.64	0.68	0.04	0.44	1.46	2.28	5.07	0.16	0.98	0.37	99.82

序号	样号	CIPW 标准矿物					特征参数								
		q	or	ab	an	c	σ	AR	DI	SI	Alk	A/CNK	Na_2O/K_2O	MF	M/F
1	5134/1	39.28	29.95	19.29	3.86	2.38	1.72	1.92	88.52	4.83	7.35	1.10	0.45	75.00	0.61

表 3-39 侵入岩稀土和微量元素含量($\times10^{-6}$)及特征参数一览表

岩体	岩性	样号	La	Ce	Pr	Nd	Sm	Eu	Gd	Tb	Dy	Ho	Er	Tm	Yb	Lu	Y	ΣREE	LR/HR	δEu	$(La/Yb)_N$
卜科肉克	二云母二长花岗岩	5134/1	32.37	63.20	7.46	26.36	5.69	0.86	4.29	0.49	2.09	0.36	0.79	0.11	0.62	0.09	8.36	153.10	15.38	0.51	35.16

样号	V	Cr	Ni	Rb	Sr	Zr	Ba	Th	Sc	Hf	Nb	Co	Ta	Ga	Rb/Sr	Ba/Sr	K/Rb
5134/1	13.60	12.60	3.86	272.00	100.00	92.50	271.00	14.80	2.93	2.90	12.00	13.10	1.76	17.30	2.72	2.71	154.71

3. 晚侏罗世侵入岩小结

(1)岩体总体特征及对比

该期岩体沿构造线带状展布，构成后碰撞白云母花岗岩带，岩性近似，矿物含量差别很小，内部均不显定向构造，不见岩脉和暗色岩浆包体，仅粒度稍有差别，彼此之间可以对比。

(2)成因及地球动力学环境分析

该期岩体岩石类型为二云母二长花岗岩，原生白云母丰富(含量 3%～5%)、片径大、与岩石中的主要矿物粒度近似，无镁铁质岩浆包体，局部含石榴石，铝指数 A/CNK=1.10，属强过铝类型，$FeO^*/FeO^*+MgO=0.74<0.8$，与巴尔巴林的“白云母过铝质花岗岩类”特征一致，仅该岩石中局部含微量磁铁矿、榍石，与该花岗岩类稍有差别。该类型物质来源为壳源，地球动力学环境为大陆碰撞。

在 Rb－Y＋Nb、Y－Nb 环境判别图(图 3-75)上位于碰撞花岗岩区。

上述表明，该期岩体形成于大陆碰撞环境。最近研究表明，这种强过铝花岗岩大部分是后碰撞阶段产物，“白云母、二云母花岗岩”是陆内俯冲的标志，根据该花岗岩的同位素年龄，结合区域地质背景认为其形成于后碰撞环境。

(3)形成时代

该期岩体侵入的最新层位为早三叠世花岗岩，本次区调在卜科肉克岩体中获得的白云母 K－Ar 年龄为 148Ma，属晚侏罗世，故将其置于晚侏罗世。

(五)古近纪侵入岩($\xi\gamma E$)

分布于英吉沙县幅西北部玉其卡帕至南部保勒木沙勒达坂一带，面积 221km^2。由保勒木沙勒达坂、上且木干、玉其卡帕等 6 个岩体组成，均为正长花岗岩(表 3-21)。岩体产于布伦口-木扎灵大断裂附近，沿构造线呈 NW－SE 向带状展布，构成古近纪正长花岗岩带。

1. 保勒木沙勒达坂岩体($\xi\gamma E$)

位于英吉沙县幅南部、命名地东侧，面积 32km^2。包含一次侵入活动，岩性为中—粗粒黑云母正长花岗岩。

(1)地质特征

呈岩株状侵位于赛图拉岩群(Ch*ST.*)中，边界向外陡倾，普遍发育细粒边，宽约 0.5m，岩体的局部略显定向性，岩脉及包体均不发育。

(2)岩石学特征

该岩体发育相带，主体为中—粗粒黑云母正长花岗岩，位于岩体中心，向边缘粒度变细，变为中粒黑云母正长花岗岩。岩石学特征见表 3-40，Q－A－P 图解见图 3-79，多阳离子 R_1－R_2 图解(图 3-43)定名与其一致。

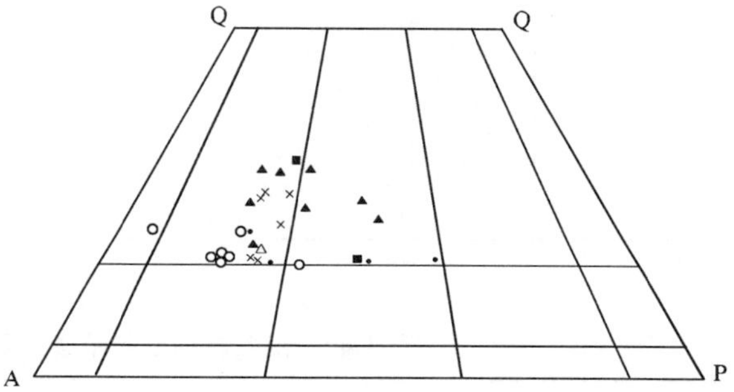

图 3-79 玉其卡帕岩带 Q－A－P 图解

•. 第一次侵入岩；○. 第二次侵入岩；×. 第三次侵入岩；+. 求库台；■. 且木干；▲. 保勒木沙勒；△. 苏盖特

(3)岩石化学及地球化学特征

岩石化学分析结果及参数见表 3-41。与中国黑云母花岗岩平均值差别较大，具显著高 SiO_2、K_2O，低 FeO*、MgO、CaO、P_2O_5、TiO_2、Al_2O_3的特点。硅-碱图(图 3-68)上位于亚碱性系列区，在硅-钾

表 3-40 保勒木沙勒达坂、上其木干岩体岩石学特征表

岩体	上其木干	保勒木沙勒达坂	
岩石类型	中粒黑云母正长花岗岩	中—粗粒黑云母正长花岗岩	中粒黑云母正长花岗岩
颜色	灰白色	灰白色	
结构构造	中粒花岗结构，块状构造	中粗粒花岗结构，块状构造，稍显定向性	中粒花岗结构，块状构造，稍显定向性
钾长石	40%，半自形板柱状，3mm×4mm～4mm×5mm，少数达 7mm，为微斜长石，具条纹结构	35%～55%，平均 45%，半自形柱—粒状，条纹长石，裹斜长石	
		一般 4～6mm，向中心变粗	一般 2～3mm
斜长石	20%～30%，平均 25%，半自形板柱状，3mm×4mm～4mm×5mm，聚片双晶发育，有不均匀的绢云母化	15%～30%，平均 24%，半自形、自形板状，聚片双晶发育，多中酸性长石	
		2～8mm，一般 4～6mm	一般 2～3mm
石英	20%～35%，平均 27%，他形粒状，0.3～3mm，多 1.5mm，多呈不规则状集合体	20%～35%，平均 29%，粒状，1～2mm，多呈不规则状集合体	
黑云母	5%，鳞片状，0.1mm，多以集合体产出	1%～3%，平均 2%，鳞片状，0.2mm±，多以集合体产出	
副矿物	萤石、榍石、磷灰石、石榴石、金属矿物	磁铁矿、榍石、磷灰石、锆石	

图上(图 3-70)位于高钾区,在 AR－SiO_2图解(图 3-71)上位于碱性岩区,里特曼指数σ=1.64,综合看该岩石属亚碱性系列,高钾类型,碱度较高,相当于皮科克的碱钙性岩。铝指数 A/CNK=0.99,属偏铝质类型。

稀土元素分析结果及参数见表 3-42,稀土总量低于花岗岩平均值,稀土曲线见图 3-80,显示轻稀土中等富集,斜率$(La/Yb)_N$=3.20,重稀土分馏不明显,具强烈的铕亏损(δEu=0.09)。

微量元素分析结果及参数见表 3- 42。与贫钙花岗岩涂氏值大体接近,具显著高 Th、Co,高 Hf,低 V、Ba,低 Sc 的特点。地球化学型式显示富集左侧大离子亲石元素(图 3-81),亏损右侧高场强元素,具明显 Ba 负异常,与中国西藏同碰撞花岗岩型式接近。

表 3-41 侵入岩岩石化学成分、CIPW 标准矿物及特征参数一览表

岩体	序号	岩性	序次	样号	氧化物含量(%)													
					SiO_2	TiO_2	Al_2O_3	Fe_2O_3	FeO	MnO	MgO	CaO	Na_2O	K_2O	P_2O_5	H_2O^+	CO^2	总量
保勒木沙勒	1	中粗粒黑云母正长花岗岩	1	451/6	78.13	0.10	11.27	0.85	0.22	0.04	0.11	0.74	3.25	4.33	0.01	0.45	0.35	99.85
上且木干	2	中粒黑云母正长花岗岩	1	6658/1	74.48	0.19	12.33	1.65	0.47	0.04	0.24	1.05	3.63	4.53	0.04	0.66	0.50	99.81
玉其卡帕	3	中斑状中粗粒正长花岗岩	2	0019/1	75.93	0.17	12.17	0.50	1.00	0.05	0.22	1.22	2.65	5.24	0.04	0.62	0.04	99.85

序号	样号	CIPW					特征参数								
		q	or	ab	an	c	σ	AR	DI	SI	Alk	A/CNK	Na_2O/K_2O	MF	M/F
1	451/6	41.78	25.58	27.50	1.39	0.73	1.64	3.36	94.86	1.26	7.58	0.99	0.75	90.47	0.21
2	6658/1	34.70	26.76	30.71	1.79	0.80	2.12	3.37	92.17	2.29	8.16	0.96	0.80	89.62	0.21
3	0019/1	37.19	30.96	22.42	5.54	0.11	1.89	2.31	90.57	2.29	7.89	0.99	0.51	87.21	0.24

表 3-42 侵入岩稀土和微量元素含量($\times 10^{-6}$)及特征参数一览表

岩体	序次	侵入体岩性	序号	样号	La	Ce	Pr	Nd	Sm	Eu	Gd
保勒木沙勒达坂	1	中粗粒黑云母正长花岗岩	1	451/6	19.09	39.32	5.10	18.88	4.99	0.15	5.17
上且木干	1	中粒黑云母正长花岗岩	2	6658/1	60.27	117.70	14.08	48.31	10.18	0.43	9.02
玉其卡帕	2	中斑状—中粗粒正长花岗岩	3	0019/1	38.40	68.96	8.42	29.75	6.30	0.73	5.60

序号	样号	Tb	Dy	Ho	Er	Tm	Yb	Lu	Y	ΣREE	LR/HR	δEu	$(La/Yb)_N$
1	451/6	0.94	5.97	1.27	3.80	0.62	4.02	0.64	34.08	144.04	3.90	0.09	3.20
2	6658/1	1.55	8.65	1.82	4.73	0.75	4.83	0.75	43.70	326.77	7.82	0.13	8.41
3	0019/1	0.98	5.54	1.10	3.26	0.54	3.46	0.53	30.69	20.4.26	7.26	0.37	7.48

岩体	序次	侵入体岩性	序号	样号	V	Cr	Ni	Rb	Sr	Zr	Ba
保勒木沙勒达坂	1	中粗粒黑云母正长花岗岩	1	451/6	7.20	6.10	1.50	250.00	20.40	91.50	47.00
上且木干		中粒黑云母正长花岗岩	2	6658/1	12.10	10.30	2.19	243.00	82.90	229.00	193.00
玉其卡帕	2	中斑状—中粗粒正长花岗岩	3	0019/1	12.00	12.00	3.00	299.00	95.00	136.00	272.00

序号	样号	Th	Sc	Hf	Nb	Co	Ta	Ga	Rb/Sr	Ba/Sr	K/ Rb
1	451/6	40.50	1.05	3.60	15.60	19.10	1.97	8.23	12.25	2.30	143.76
2	6658/1	31.30	1.61	7.20	27.50	8.10	2.06	16.10	2.93	2.33	154.73
3	0019/1	34.00	3.50	4.20	21.00	23.00	2.90	15.00	3.15	2.86	145.46

2. 上且木干岩体

分布于英吉沙县幅中部命名地南侧,面积 68km²。岩性单一,为中粒黑云母正长花岗岩。

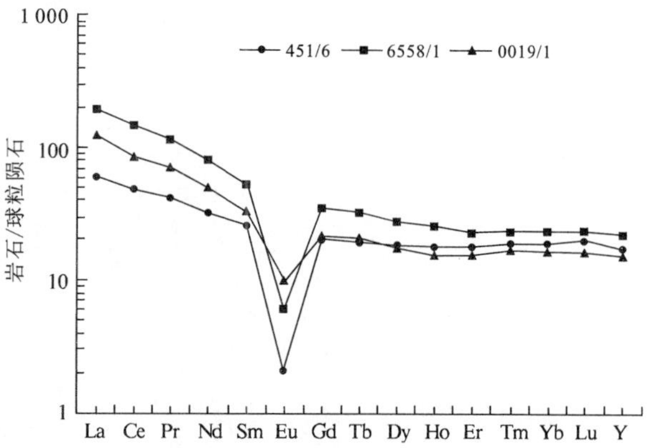

图 3-80　玉其卡帕岩带稀土配分模式图

(Coryell,1963;样品编号同表 3-41)

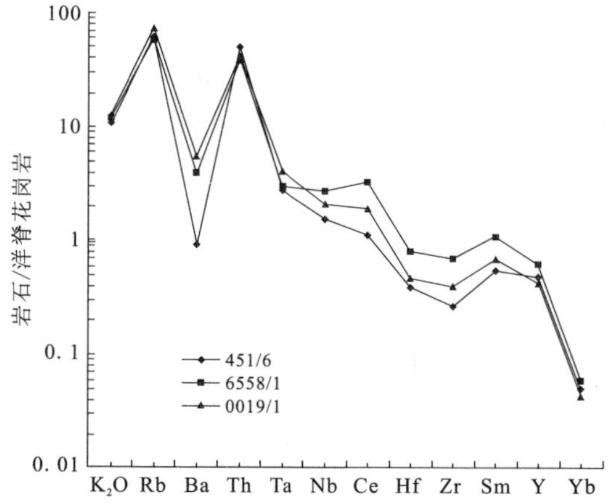

图 3-81　玉其卡帕岩带地球化学型式图

(Pearce,1984;样品编号同表 3-42)

(1)地质特征

呈岩墙状侵位于周围赛图拉岩群(Ch*ST.*)及特给乃奇克达坂组(C_2P_1tg)之中,边界向北陡倾,呈波状,局部港湾状,围岩中有插入的岩枝,并具大理岩化。内部不显面理,稀疏发育两组剪节理,一组向 SW 中等倾斜,一组向 NE 陡倾,二者构成共轭。

(2)岩石学特征

岩石学特征见表 3-40。在 R_1-R_2 图解上位于正长花岗岩区,与矿物含量定名一致。岩石中含少量萤石,呈不规则细脉状充填于其他矿物间或解理、裂隙中,或黑云母集合体附近。

(3)岩石化学及地球化学特征

该岩体岩石化学、稀土和微量元素各项测试结果分别见表 3-41、表 3-42。特征与上述保勒木沙勒达坂岩体很相似,仅铝指数低(0.96)、里特曼指数高(2.12),稀土总量较高(326.7×10^{-6}),高于花岗岩类的平均值,轻稀土富集程度较高(图 3-80),高场强元素较高一些,地球化学型式(图 3-81)稍具板内花岗岩的特点。

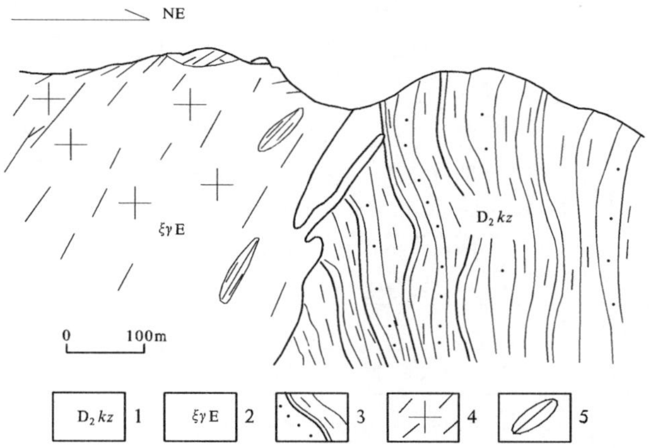

图 3-82　阿克陶县盖孜南玉其卡帕岩体侵入中泥盆统克孜勒陶组素描图

1.中泥盆统克孜勒陶组;2.古近纪正长花岗岩;3.变粉砂岩及泥板岩;4.捕虏体;5.糜棱岩化正长花岗岩

3.玉其卡帕岩体

位于命名地北侧,面积 80km²。包含 3 次侵入活动,第一次主体岩性为中—粗粒正长花岗岩,第二次主体为中斑状中—粗粒正长花岗岩,第三次为斑状细粒黑云母正长花岗岩。

(1)地质特征

呈岩株状侵位于克孜勒陶组(D_2kz)及布伦阔勒岩群($Pt_1B.$)中,边界内倾一般较陡,呈波状、港湾状。与围岩的侵入关系(图 3-82)表现为岩体边部发育宽几十厘米的细粒边,具捕虏体,围岩中有插入的岩枝。3 次侵入岩呈套叠式分布,第一、二次侵入岩关系不明,第三次侵入岩属补充期侵入体,与早期侵入岩界面为截然的脉动关系。岩体剖面见图 3-83。

(2)岩石学特征

第一次侵入的中—粗粒正长花岗岩单元向边部变细,出现中粒(粒度 2～3mm)正长花岗岩相带,第二次侵入的中斑状中—粗粒正长花岗岩单元向边部斑晶含量变少,出现含中斑中—粗粒正长花岗岩相带。各岩石特征见表 3-43,Q－A－P 图解见图 3-79,多阳离子 R_1-R_2 图解(图 3-43)定名与其一致。

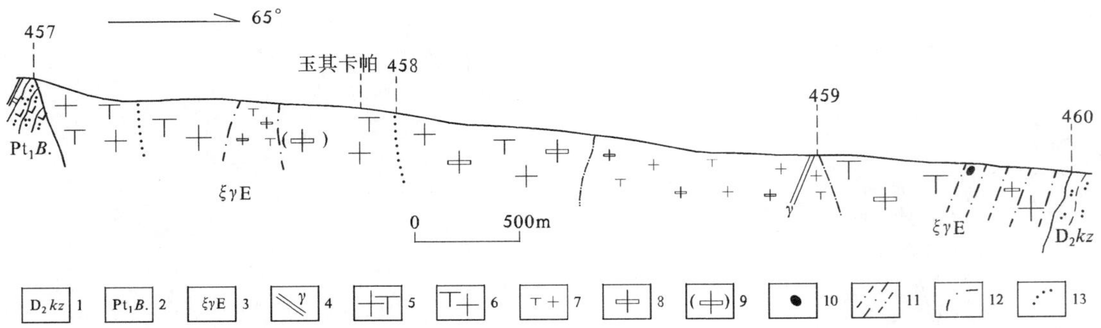

图 3-83　阿克陶县盖孜南玉其卡帕岩体实测剖面图

1. 布伦阔勒岩群；2. 克孜勒陶组；3. 花岗岩脉；4. 暗色包体；5. 中—粗粒正长花岗岩；6. 中粒正长花岗岩；7. 细粒正长花岗岩；8. 中斑状；9. 含中斑；10. 捕虏体；11. 糜棱岩化；12. 脉动界线；13. 岩性渐变界线

表 3-43　玉其卡帕岩体岩石学特征表

侵入体	第一次	第二次		第三次
岩石类型	中—粗粒正长花岗岩边缘中粒正长花岗岩	中斑状中—粗粒正长花岗岩	含中斑中—粗粒正长花岗岩	斑状细粒黑云母正长花岗岩
颜色	灰白色	灰白色	灰白色	
结构构造	中—粗粒花岗结构，块状构造	似斑状结构，块状构造，斑晶为钾长石		似斑状结构，块状构造
斑晶		14%～20%，平均 23%	4%	20%～45%，平均 33%
		半自形短柱状、板柱状，1～3cm		大小不等，6～20mm
钾长石	40%～60%，平均 53%	20%～44%，平均 33%	平均 52%	18%
	半自形板柱状，4～7mm，为微斜条纹长石，包裹斜长石、石英	半自形板柱状，4～7mm，为条纹长石，有的具卡氏双晶		半自形板柱状，0.7mm×0.3nn～2mm×1.8mm，为条纹长石
斜长石	20%～40%，平均 26%	20%～25%，平均 22%	平均 25%	20%
	半自形板柱状，4～7mm，An=25～27	半自形板柱状，An=25～27		部分显聚片双晶，An=27
石英	20%～25%，平均 21%，青灰色他形粒状，0.5～3mm，多呈不规则状集合体	20%～25%，平均 22%	平均 20%	20%～30%，平均 26%
		青灰色他形粒状，1mm±	他形粒状，不均匀分布	
黑云母	少量，片状，0.2～0.3mm，大部分变成绿泥石	少量，局部达 4%，褐色片状，0.1～0.25mm，部分具绿泥石化		3%，片状，0.1～0.7mm，大部分变成绿泥石
白云母		局部可达 4%，片状，0.1～0.25mm		局部达 2%，0.1～0.25mm
副矿物	磁铁矿、榍石、绿帘石	磁铁矿		磁铁矿、绿帘石、磷灰石

(3)岩石化学及地球化学特征

中斑状中—粗粒正长花岗岩岩石化学分析结果及特征参数见表 3-41。岩石化学成分与中国黑云母花岗岩平均值差别较大，具显著高 SiO_2、K_2O，显著低 FeO^*、MgO、MnO、CaO、P_2O_5，低 TiO_2、Al_2O_3、Na_2O的特点，其中 K_2O 高达 5.24%。在硅-碱图(图 3-68)上位于亚碱性系列区，在硅-钾图(图 3-70)上均位于高钾区，在 AR - SiO_2图解(图 3-71)上位于碱性岩区与钙碱性岩区分界线附近，里特曼指数 σ=1.89。上述显示该岩石属亚碱性系列，高钾类型，碱度较高，相当于皮科克的钙碱性岩。

稀土元素分析结果及参数见表 3-42。稀土总量接近于花岗岩平均值。稀土元素标准化曲线见图 3-80，轻稀土中等富集，重稀土未分馏，斜率$(La/Yb)_N$=7.48，具中等铕亏损(δEu=0.37)。

微量元素分析结果及特征参数见表 3-42。与贫钙花岗岩涂氏值大体接近，显著高 Th、Co、Hf，低 V、Ba、Sc。地球化学型式见图 3-81，富集左侧大离子亲石元素，具 Ba 的负异常，亏损右侧高场强元素，Ce、Sm 异常不明显，与中国西藏同碰撞花岗岩典型型式类似。

(4)脉岩及包体特征

捕虏体在岩体北部大量发育，内部稀少，主要为变砂岩、千枚岩，少量片麻岩。其他包体不发育，仅在斑状花岗岩单元中零星见暗色岩浆包体，呈透镜状、不规则条带状，内部可见钾长石捕虏晶。

岩体中仅偶见花岗斑岩脉，顺横节理贯入。

(5)岩体形成深度、温度及剥蚀程度

以玉其卡帕岩体为代表进行阐述。岩体与围岩之间接触关系表现出一定程度协调性，围岩区域变质程度为低绿片岩相，岩体内部一般不发育叶理，冷凝边普遍但较窄，岩相带明显，可见三斜度高的微斜长石，从地质特征看，形成深度大致在浅带的下部。该岩体中的斑状花岗岩在 Ab－Or－Q 相图上位于最低温度点附近，显示成分接近于共结，显示的压力为 500 巴(图 3-28)，相当于 1.7km 的深度。综合认为该岩体侵位深度较浅。该侵入岩石英包裹体经国土资源部中南矿产资源检测中心测试均一法温度为 670～850℃。

据岩体内部各次侵入岩均有出露，岩体边界向内陡倾判断剥蚀中等。

4. 该期侵入岩小结

(1)岩体总体特征及对比

该期岩体规模均小，呈岩株、岩墙产出，一般不具面理，仅个别显弱的片麻理，岩脉和暗色岩浆包体稀少。

据接触关系、空间分布、岩石类型等可对比为 3 次侵入活动。第一次侵入为不含斑的中—粗粒正长花岗岩，有 5 个侵入体，其中的保勒木沙勒达坂与上且木干岩体各项特征很接近，仅玉其卡帕岩体石英含量较低，钾长石较高；第二次侵入为斑状中粒正长花岗岩，由玉其卡帕、苏盖特两个侵入体组成，特征差别不大，仅后者显片麻理；第三次为补充期形成的斑状细粒正长花岗岩，仅在玉其卡帕岩体中发育两个小型侵入体。

岩石化学均为亚碱性系列，偏铝质岩石，碱度均较高(钙碱性—碱钙性)，均具高 SiO_2、K_2O，低 FeO^*、MgO、MnO、CaO、P_2O_5、Al_2O_3、TiO_2 的特点，其中 K_2O 稳定且高。稀土总量总体正常，但在第一次各侵入体中波动较大，稀土配分曲线型态相似，均为轻稀土中等富集，重稀土分馏不明显，具较强的铕亏损。微量元素均具高 Th、Co、Hf，低 V、Ba、Sc 的特点。地球化学型式类似，均具同碰撞花岗岩的特点。

(2)成因及地球动力学环境

该岩石局部在矿物颗粒间有萤石充填，显示富 F 特征，非造山的“A”型花岗岩、造山带的钾玄岩系均具有该特点。岩石碱度较高，属皮科克的碱钙性岩，与非造山的“A”型花岗岩、碰撞-后造山型花岗岩特征一致。

该侵入岩高 SiO_2、K_2O，格外低 Al_2O_3、MgO、CaO，与非造山的“A”型花岗岩一致。造山带高度分异的花岗岩也具有该特征，但岩石表现出的贫 FeO^*、TiO_2 的特征与“A”型花岗岩的富 FeO^*、TiO_2 迥然不同，而与造山带的钾玄岩系特征类似。

该侵入岩亏损 Sr、Ba、Sc、V，具有“A”型花岗岩的特点，但高场强元素 Ga、Y、Nb、Zr 均不富集，有的比正常的花岗岩值偏低一些，与“A”型花岗岩的富集高场强元素不同，虽然在 K_2O/MgO－Zr＋Nb＋Y＋Ce 图解上由于高 K_2O、低 MgO 而落入“A”型花岗岩区，但在 FeO^*/MgO－Ga/Al、K_2O+Na_2O/CaO－Zr＋Nb＋Y＋Ce 图解(图 3-84)上位于分异型花岗岩区。

在微量元素 Rb－Y＋Nb、Y－Nb 图解(图 3-75)上位于碰撞与板内花岗岩区边界附近。

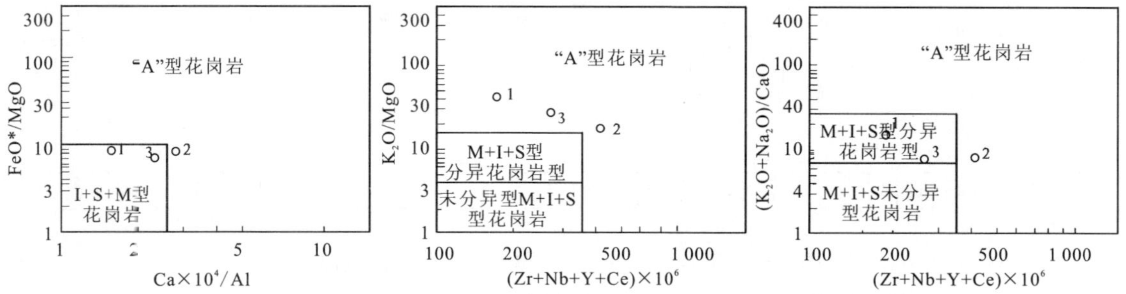

图 3-84 阿克陶县玉其卡帕岩带成因类型判别图解

(样品编号同表 3-41)

该岩石含少量暗色镁铁质包体，副矿物为磁铁矿-榍石，铝指数 A/CNK<1，暗色矿物不含角闪石，$FeO^*/(FeO^*+MgO)=0.87\sim0.99$，$K_2O$ 稳定且高，与巴尔巴林定义的富钾钙碱性花岗岩类似，该类型形成的地球动力学环境为各种构造体制转换，物质来源为壳幔混合源。

上述特征显示，该侵入岩不是"A"型花岗岩，为大陆碰撞或后造山形成的"富钾钙碱性花岗岩类"。区域资料显示，古近纪主大洋早已关闭，该侵入岩在空间上与布伦口-木扎灵断裂密切伴生，北部发育糜棱岩带，显示在其侵位前、后均有构造活动，故我们认为该侵入岩形成于后碰撞的背景下，系挤压高峰之间的间歇性松弛阶段形成的富钾钙碱性花岗岩，岩浆来源于壳幔混合源。

(3)形成时代

该侵入岩侵入的最新地层为上石炭—下二叠统，该地层时代有化石依据。1978 年地质部石油综合大队在玉其卡帕岩体中获得全岩 K-Ar 法年龄值为 30.3Ma，属渐新世，考虑到全岩 K-Ar 法年龄值误差较大，故将其笼统置于古近纪。

三、西昆仑南带中酸性侵入岩

该带构造位置处于羌塘地块北部，北以江托克铁热克达坂断裂(即康西瓦断裂)为界，侵入岩面积 $133km^2$，可划分为寒武纪、古近纪两期(表 3-44)。

表 3-44 西昆仑南带中酸性侵入岩划分及简况一览表

时代	岩体名称	面积(km^2)	侵入体主体岩性	代号	序次	年龄(Ma)	主要接触关系	中心坐标	
古近纪	卡英代-卡日巴生	96	中斑状中—细粒黑云母二长花岗岩	ηγE	2	K-Ar 17.8	侵入 P_2	74°52′	38°05′
			细粒黑云母二长花岗岩		1				
寒武纪	卓勒托克铁热克沟	37	片麻状细粒斜长花岗岩	γο∈	2	U-Pb 388	侵入 $Pt_1B.$	74°51′	38°19′
			片麻状细粒黑云母石英闪长岩	δο∈	1				

(一)寒武纪侵入岩

仅有卓勒托克铁热克沟(52)一个岩体，分布于艾提开尔丁萨依幅南部，命名地附近，羌塘地块北缘，面积 $37km^2$。包含两次侵入活动，第一次为片麻状细粒黑云母石英闪长岩(δο∈)，第二次主体为片麻状细粒斜长花岗岩(γο∈)。

1. 地质特征

侵位于布伦阔勒岩群($Pt_1B.$)，岩体北部被断裂截切。与围岩侵入界线截然，中等角度内倾，岩体内发育围岩捕虏体，具混染现象，附近围岩中穿插较多岩枝、岩脉。两次侵入岩之间常有花岗伟晶岩脉充填，变形程度显示斜长花岗岩晚于石英闪长岩。剖面见图 3-85。

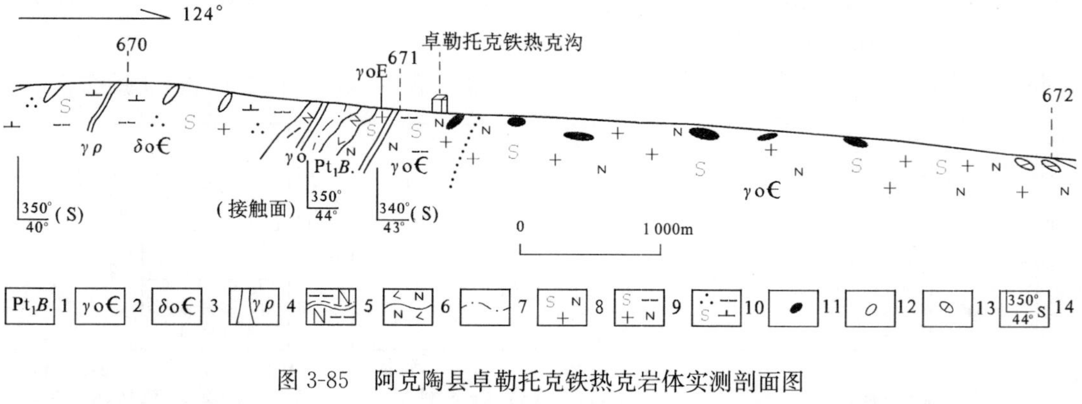

图 3-85 阿克陶县卓勒托克铁热克岩体实测剖面图

1. 古元古界布伦阔勒岩群；2. 寒武纪斜长花岗岩；3. 寒武纪石英闪长岩；4. 花岗伟晶岩脉；5. 黑云斜长片麻岩；6. 角闪斜长片麻岩；7. 变粒岩；8. 片麻状细粒斜长花岗岩；9. 片麻状黑云母斜长花岗岩；10. 片麻状细粒黑云母石英闪长岩；11. 闪长质包体；12. 黑云斜长片麻岩包体；13. 斜长角闪(片)岩包体；14. 片麻理产状

2. 岩石学特征

岩石学特征见表 3-45，多阳离子 R_1-R_2 图解（图 3-18）定名与其稍有差别。第二次侵入岩主体为含少量黑云母、不含钾长石的斜长花岗岩，在边缘可能由于混染原因黑云母可达 5%～20%，构成黑云母斜长花岗岩，局部钾长石可达 20%，构成黑云母花岗闪长岩。

表 3-45　卓勒托克铁热克沟岩体岩石学特征表

侵入体	第一次侵入岩	第二次侵入岩
岩石类型	片麻状细粒黑云母石英闪长岩	片麻状细粒斜长花岗岩
颜色	深灰色，风化面灰色、褐灰色	灰白色，风化面浅灰—褐黄色
结构构造	细粒半自形结构，片麻状构造	细粒半自形结构，片麻状—块状构造
斜长石	75%±	75%～80%，平均 79%
	半自形板柱状、粒状，5mm×2.5mm～1.3mm×0.5mm，An=27	白色，半自形板柱状、粒状，0.5～1.2mm，显聚片双晶，An=25～27，为更长石
石英	10%±，他形粒状，0.5～1mm，不均匀定向分布	20%～25%，平均 21%，青灰色，他形粒状，0.5～0.9mm，有的呈集合体
黑云母	10%±，褐色片状，0.4～1.5mm	少量，褐色片状，0.25～0.8mm，不均匀分布
角闪石	5%±，绿色柱状，0.5mm×0.25mm～1.2mm×0.2mm，定向分布	
副矿物	磁铁矿	磁铁矿
R_1-R_2	闪长岩区	二长花岗岩区

3. 岩石化学及地球化学特征

（1）岩石化学特征

分析结果及特征参数见表 3-46。

表 3-46　侵入岩岩石化学成分、CIPW 标准矿物及特征参数一览表

岩体	序次	侵入体岩性	序号	样号	氧化物含量（%）													
					SiO_2	TiO_2	Al_2O_3	Fe_2O_3	FeO	MnO	MgO	CaO	Na_2O	K_2O	P_2O_5	H_2O^+	CO_2	总量
卓勒托克铁热克沟	1	细粒黑云母石英闪长岩	1	670/北 1	57.33	1.27	15.78	3.22	5.37	0.17	2.88	6.52	3.67	1.77	0.27	1.26	0.27	99.78
	2	细粒斜长花岗岩	2	670/12	73.46	0.37	13.54	0.87	1.67	0.02	1.30	0.98	5.19	1.45	0.12	0.66	0.21	99.84
			3	671/1	75.78	0.23	12.58	0.51	1.00	0.02	0.67	1.50	3.89	3.00	0.04	0.37	0.22	99.81

序号	样号	CIPW 标准矿物					特征参数								
		q	or	ab	an	c	σ	AR	DI	SI	Alk	A/CNK	Na_2O/K_2O	MF	M/F
1	670/北 1	11.60	10.46	31.05	21.35	0.00	2.07	1.65	53.11	17.03	5.44	0.80	2.07	74.89	0.61
2	670/12	33.80	8.57	43.91	2.75	2.42	1.45	2.69	86.28	12.40	6.64	1.14	3.58	66.15	0.97
3	671/1	37.69	17.72	32.91	5.79	0.81	1.45	2.92	88.33	7.39	6.89	1.02	1.30	69.27	0.85

该侵入岩在硅-碱图（图 3-86）上位于亚碱性系列区；在 FeO^*/MgO 与 SiO_2、FeO^* 图解（图 3-87）上，石英闪长岩位于拉斑玄武岩系列区，靠近与钙碱性系列区的分界线，斜长花岗岩位于钙碱性系列区，在硅-钾图（图 3-88）上均位于中钾区，岩石中基本不含钾长石，综合看该侵入岩可能为钙碱性奥长花岗岩系。在 $AR-SiO_2$ 图解（图 3-89）上石英闪长岩位于钙碱性岩区，$\sigma=2.07$，斜长花岗岩位于碱性岩区，$\sigma=1.45$，结合岩石类型认为，该侵入岩碱度均相当于皮科克的钙碱性岩。

石英闪长岩岩石化学成分与中国石英闪长岩平均值较接近，具显著高 FeO、CaO，高 TiO_2，显著低 K_2O 的特点，铝指数 A/CNK=0.80，属偏铝质岩石；斜长花岗岩与中国花岗岩平均值相比，具稍高 Na_2O，低 Al_2O_3、Fe_2O_3、CaO，显著低 MnO、K_2O 的特点，铝指数 A/CNK=1.08，属弱过铝质岩石。

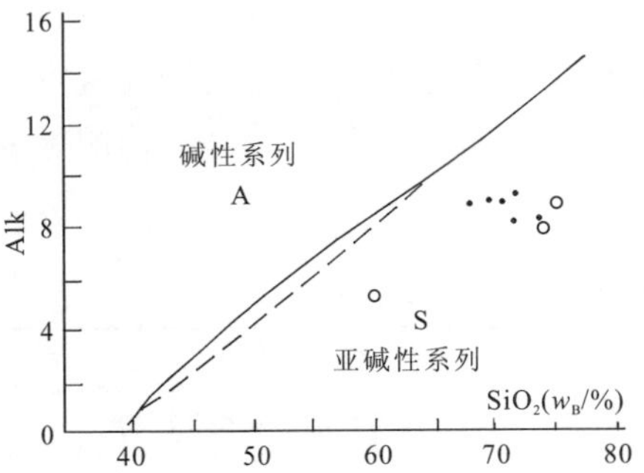

图 3-86 硅-碱图

(Lrvine T N 等,1971)

○. 卓勒托克铁热克沟,样品编号同表 3-46;•. 卡日巴生

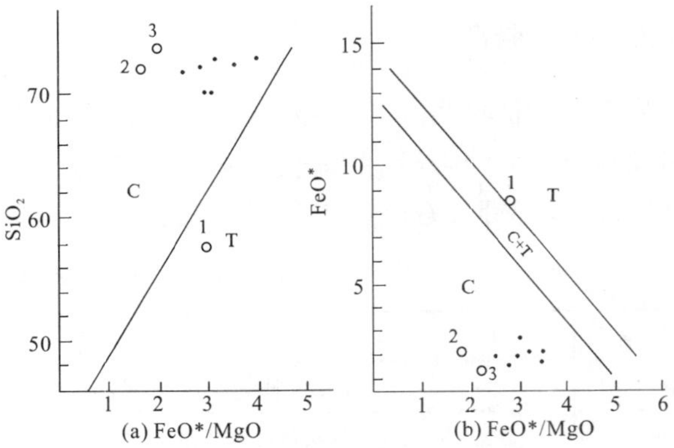

图 3-87 FeO^*/MgO 与 SiO_2、FeO^* 图

(Miyashiro A,1974)

○. 卓勒托克铁热克沟;•. 卡日巴生;样品编号同表 3-53

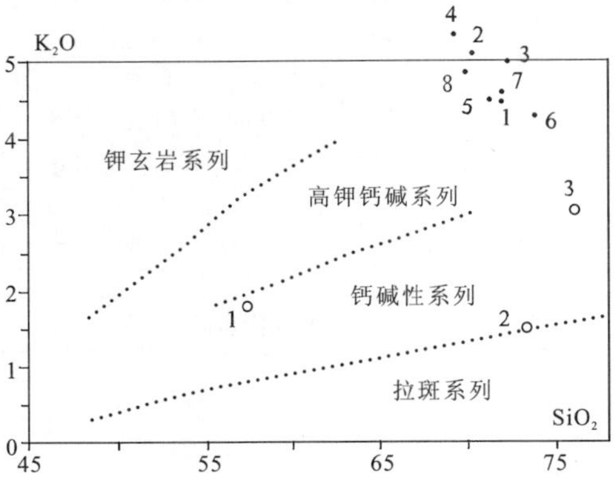

图 3-88 SiO_2-K_2O 图解

(Roberts & Clemens,1993)

○. 卓勒托克铁热克沟,样品编号同表 3-46;

•. 卡英代-卡日巴生,样品编号同表 3-49

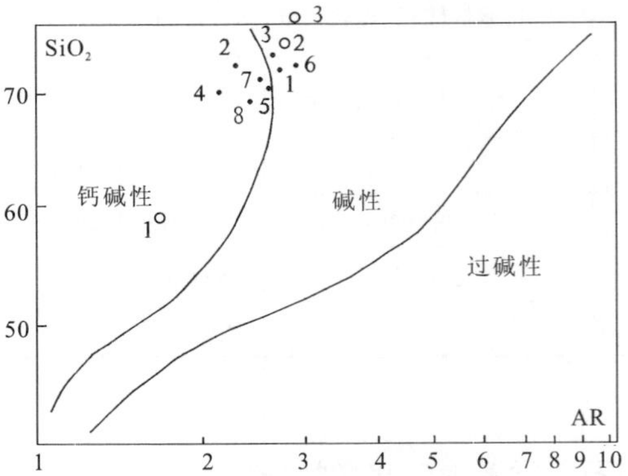

图 3-89 AR-SiO_2 与碱性度关系图

(Wright J B,1969)

○. 卓勒托克铁热克沟,样品编号同表 3-46;

•. 卡英代-卡日巴生,样品编号同表 3-49

(2)稀土元素特征

分析结果及参数见表 3-47,配分模式见图 3-90。石英闪长岩的稀土总量为 180ppm,高于陈德潜的中性岩平均值(130ppm),轻稀土相对富集程度较低,曲线斜率$(La/Yb)_N=4.19$,具弱铕亏损($\delta Eu=0.84$),稀土总量平均 158ppm,低于酸性岩平均值,斜长花岗岩稀土总量平均 180ppm,低于酸性岩平均值,轻稀土相对富集程度中等,具中等铕亏损($\delta Eu=0.67$),两次侵入岩稀土曲线型态类似,从早至晚,稀土总量略下降,铕亏损程度增强。

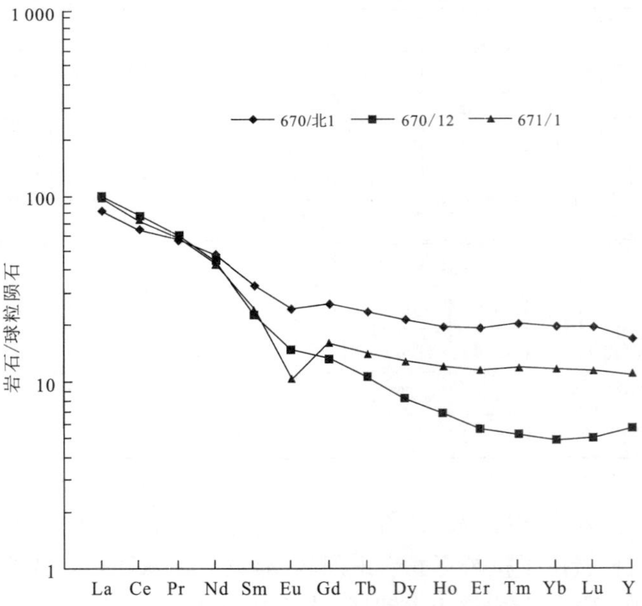

图 3-90 卓勒托克铁热克沟岩体稀土配分模式图

(Coryell,1963;样品编号同表 3-47)

(3)微量元素特征

分析结果及参数见表 3-47。石英闪长岩微量元素含量与闪长岩维氏值相差较大,具显著高 V、Sc、Hf、Co,显著低 Ni、Sr,低 Rb、Ba、Nb 的特点。斜长花岗岩元素含量与富钙酸性岩涂氏值差别也较大,具高 Hf,显著低 V、Cr、Ni、Sr、Sc、Nb 的特点。地球化学型式见图 3-91,显示富集大离子亲石元素,具 Ba 的弱异常,亏损右侧高场强元素,Ce、Sm 正异常不明显,接近于纽芬兰火山弧花岗岩的典型型式。

4. 脉岩及包体特征

石英闪长岩单元内部花岗伟晶岩脉较发育，一般宽几米，延伸稳定。斜长花岗岩单元内部仅见暗色辉石岩岩脉。岩脉多见于岩体边部，同类型岩石也见于附近围岩布伦阔勒岩群($Pt_1B.$)中，呈长带状，个别透镜状，宽0.1～1.5m，长4～40m。

斜长花岗岩中发育大量包体，捕虏体在岩体的边部大量发育，内部零星，岩性为黑云斜长片麻岩、斜长角闪片岩等，具变晶结构；暗色闪长质包体在岩体中心部位较多，黑灰色，半自形细粒结构，块状—片麻状构造，由斜长石(35%±)、角闪石(20%±)、黑云母(45%±)组成，主岩与包体接触处暗色矿物逐渐增高，包体与主岩粒度相近，可能属堆晶成因。

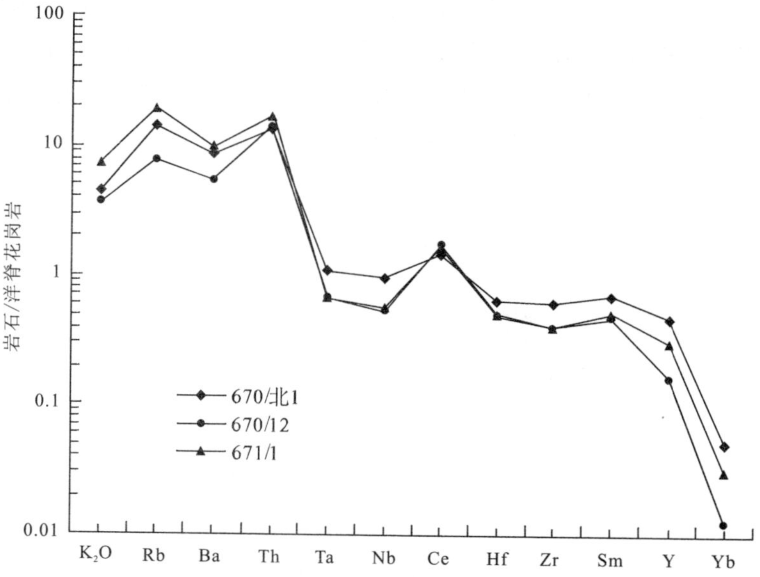

图 3-91　卓勒托克铁热克沟岩体地球化学型式图

(Pearce, 1984；样品编号同表 3-47)

表 3-47　侵入岩稀土和微量元素含量($\times10^{-6}$)及特征参数一览表

岩体	序次	侵入体岩性	序号	样号	La	Ce	Pr	Nd	Sm	Eu	Gd
卓勒托克铁热克沟	1	细粒黑云母石英闪长岩	1	670/北 1	25.51	51.80	6.95	28.10	6.31	1.80	6.79
	2	细粒斜长花岗岩	2	670/12	31.04	61.25	7.30	25.98	4.38	1.08	3.44
			3	671/1	30.67	57.23	7.27	25.42	4.82	0.77	4.28

序号	样号	Tb	Dy	Ho	Er	Tm	Yb	Lu	Y	ΣREE	LR/HR	δEu	$(La/Yb)_N$
1	670/北 1	1.12	6.92	1.43	4.07	0.66	4.10	0.63	33.81	180.00	4.68	0.84	4.19
2	670/12	0.51	2.60	0.48	1.17	0.17	1.01	0.16	11.38	151.95	13.73	0.82	20.73
3	671/1	0.68	4.13	0.88	2.42	0.39	2.46	0.37	22.35	164.14	8.08	0.51	8.41

岩体	序次	侵入体岩性	序号	样号	V	Cr	Ni	Rb	Sr	Zr	Ba
卓勒托克铁热克沟	1	细粒黑云母石英闪长岩	1	670/北 1	197.00	33.00	10.30	57.60	290.00	212.60	418.00
	2	细粒斜长花岗岩	2	670/12	39.00	7.60	3.10	31.70	78.30	136.20	270.00
			3	671/1	22.50	9.40	4.72	79.60	109.00	141.20	478.00

序号	样号	Th	Sc	Hf	Nb	Co	Ta	Ga	Rb/Sr	Ba/Sr	K/ Rb
1	670/北 1	10.80	27.70	5.80	9.38	23.90	0.75	23.10	0.199	1.44	255.05
2	670/12	11.20	6.26	4.50	5.32	11.70	0.47	14.30	0.405	3.45	379.65
3	671/1	13.70	3.63	4.50	5.73	9.83	0.46	21.20	0.730	4.385	312.81

5. 形成深度、温压条件

该岩体产状与围岩具有一定协调性，地质特征上看形成深度为浅带的下部或中带的上部。花岗岩中不具斑状结构，接近于共结，在 Ab－Or－Q 相图上位于 1 000 巴压力线上(图 3-28)，相当于 3.3km 的深度。综合认为该岩体侵位深度为浅带的下部。该斜长花岗岩石英包裹体均一法温度为 680～780℃(国土资源部中南矿产资源检测中心测试)。

6. 成因及地球动力学环境分析

该岩体副矿物均为磁铁矿，属钙碱性系列，K_2O 含量中等，$FeO^*/(FeO^*+MgO)=(0.66\sim0.75)<$

0.8,石英闪长岩中富含角闪石,斜长花岗岩中富含暗色包体,大致接近于巴尔巴林的"含角闪石钙碱性花岗岩"。该类型物质来源为以幔源为主的幔壳混合源,形成的环境为板块俯冲。

在Manira的主元素判别图(图3-74)上主要位于俯冲-碰撞花岗岩区,在Rb-Y+Nb、Y-Nb判别图(图3-92)上均位于火山弧花岗岩区。

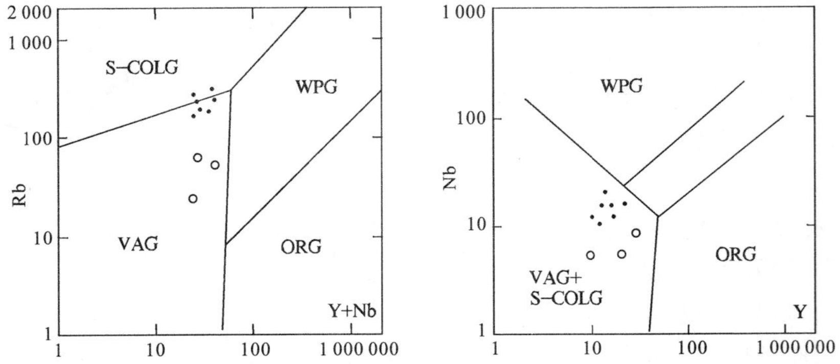

图3-92　不同构造环境花岗岩的非活动元素判别图

(Pearce等,1984)

VAG.火山弧花岗岩;WPG.板内花岗岩;S-COLG.同碰撞花岗岩;ORG.洋中脊花岗岩;○.卓勒托克铁热克沟;·.卡英代-卡日巴生

综合认为,该花岗岩为板块俯冲产物,据侵入布伦阔勒岩群判断形成于大陆边缘弧环境。

7.形成时代

新疆南疆西部地质图、矿产图说明书(1985)将该岩体时代定为泥盆纪①,其依据为该地区的一些其他片麻状花岗岩侵入志留系—泥盆系,石炭系底部有片麻状花岗岩的脉岩砾石。本次区调在该岩体斜长花岗岩中采集了锆石U-Pb年龄样,锆石为浅红色透明长柱状—短柱状,1~3号点获得的表面加权平均年龄值为(325.5±0.8)Ma,属早石炭世,4号点表面年龄值为(387.8±1.7)Ma,属早泥盆世(天津地矿所测定)。该侵入岩从成因上看与板块俯冲有关,区域资料显示测区泥盆纪处于板内拉张阶段,南侧的塔阿西构造带在寒武纪发育板块俯冲作用,考虑到该岩体变质变形较强,本次工作将其时代置于寒武纪。

(二)古近纪侵入岩($\eta\gamma E$)

仅出露卡英代-卡日巴生岩体(53),分布于艾提开尔丁萨依幅东南部喀拉吉勒嘎一带,多被第四系覆盖,出露面积96km^2,岩体向南延出测区,总计468km^2。包含两次侵入活动,第一次岩性为细粒黑云母二长花岗岩,第二次为中斑状中—细粒黑云母二长花岗岩。

1.地质特征

产于塔什库尔干走滑断裂西侧,呈WN向带状展布。测区内未见围岩,南邻图幅可见侵入中二叠统(未分)及古元古界布伦阔勒岩群。局部发育捕虏体,捕虏体主要为布伦阔勒岩群的岩石,大小不等,巨大者似原地岩块,岩体内偶见闪长岩脉,脉宽20m±,延伸较远,产状不稳定。岩体内的两个单元呈套叠式分布,晚期的斑状花岗岩位于中心,二者为脉动关系,界面截然、清晰,先后关系仅据空间位置厘定。

2.岩石学特征

岩石学特征见表3-48,R_1-R_2命名图解(图3-18)与实际矿物含量定名基本一致。

3.岩石化学及地球化学特征

(1)岩石化学特征

分析结果及参数见表3-49。在硅-碱图(图3-86)上均位于亚碱性系列区,在硅-钾图(图3-87)上位于

① 新疆维吾尔自治区地矿局第二地质大队.新疆南疆西部地质图、矿产图说明书(1:50万).1985.

高钾区，在 AR－SiO_2 图解(图 3-89)上位于钙碱性岩—碱性岩区，里特曼指数 σ=2.14～2.88。综合看该岩石属亚碱性系列，具有高钾、碱度较高(相当于皮科克的钙碱性—碱钙性)的特点。

表 3-48 卡英代-卡日巴生岩体岩石学特征一览表

侵入体		第一次侵入岩	第二次侵入岩
岩石类型		细粒黑云母二长花岗岩	中斑状中—细粒黑云母二长花岗岩
颜色		浅灰红色	浅肉红色—灰白色，风化面灰黄色、褐黄色
结构构造		似斑状结构，基质细粒花岗结构，块状构造	似斑状结构，基质中—细粒花岗结构，块状构造
斑晶		1%～2%，为钾长石，板柱状，2.5mm×5mm	分布不均，10%～25%，一般 15%～20%。钾长石，0.5cm×1cm～1cm×2cm，卡氏双晶，有的具环带
基质	钾长石	30%～40%，平均 32%。半自形板柱状，0.5mm×0.3mm～2mm×1.3mm，卡氏双晶，条纹结构	20%～30%，平均 21%。0.5cm×1cm～2.5cm×1.5mm
	斜长石	30%～47%，平均 38%。半自形板柱状，0.5mm×0.3mm～2mm×1.3mm，细密聚片双晶，An=26	30%～40%，平均 33%。0.5cm×1mm～2.5cm×1.5mm，更长石
	石英	20%～27%，平均 25%	21%
		青灰色他形粒状，0.5～1mm，星散分布	他形粒状，0.5～1.5mm，少数呈不规则状集合体
	黑云母	3%～5%，黑褐色片状	3%～5%，黑褐色片状，0.2～1.3mm
	角闪石		不均匀分布，0～5%，平均 2%
			绿色柱状，0.5mm×1mm～1mm×3mm
副矿物		磁铁矿	磁铁矿、榍石，局部见钙铝榴石
R_1－R_2 图解		二长花岗岩区与花岗闪长岩区分界附近	

表 3-49 侵入岩岩石化学成分、CIPW 标准矿物及特征参数一览表

岩体	序次	侵入体岩性	序号	样号	氧化物含量(%)													
					SiO_2	TiO_2	Al_2O_3	Fe_2O_3	FeO	MnO	MgO	CaO	Na_2O	K_2O	P_2O_5	H_2O^+	CO_2	总量
卡英代-卡日巴生	1	细粒黑云母二长花岗岩	1	1119/1	71.72	0.41	14.21	0.82	1.02	0.03	0.61	2.06	3.71	4.48	0.11	0.40		99.84
			2	8529/1	70.47	0.42	14.40	1.12	0.87	0.03	0.53	2.29	3.08	5.26	0.10	0.48	0.27	99.32
	2	中斑状中—细粒黑云母二长花岗岩	3	6660/1	71.83	0.37	13.84	0.83	0.83	0.02	0.49	2.03	3.48	4.92	0.07	0.61	0.15	99.47
			4	6667/1	69.16	0.49	15.27	1.03	1.10	0.03	0.74	2.32	3.21	5.47	0.22	0.14	0.22	99.40
	未分	黑云母二长花岗岩	5	ZB235★	74.95	0.33	15.08	0.63	1.18	0.03	0.34	1.18	3.73	4.65	0.11			98.85
			6	ZB237★	72.96	0.24	13.85	0.41	1.38	0.03	0.50	1.43	3.74	4.25	0.086			
			7	ZB238★	71.69	0.27	14.66	0.17	1.65	0.04	0.75	1.52	3.40	4.46	0.11			
			8	ZB240★	69.36	0.46	15.37	1.02	1.45	0.03	0.78	2.17	3.48	4.81	0.12			

序号	样号	CIPW					特征参数								
		q	or	ab	an	c	σ	AR	DI	SI	Alk	A/CNK	Na_2O/ K_2O	MF	M/F
1	1119/1	27.93	26.59	31.56	8.9	0.00	2.34	2.68	86.43	5.73	8.19	0.967	0.83	75.10	0.63
2	8529/1	27.70	31.08	26.06	9.00	0.34	2.53	2.17	84.84	4.88	8.34	0.96	0.59	78.94	0.50
3	6660/1	28.40	29.07	29.44	7.61	0.00	2.45	2.56	86.91	4.64	8.40	0.94	24.75	77.21	0.55
4	6667/1	24.52	32.32	27.16	8.68	0.89	2.88	2.15	83.99	6.41	8.68	0.99	0.59	74.22	0.67
5	ZB235★	31.21	26.89	30.89	5.55	1.77	2.51	2.70	88.99	3.23	8.38	1.042	0.80	84.19	0.33
6	ZB237★	30.62	25.35	31.99	7.11	0.52	2.13	2.92	87.99	4.86	0.99		0.88	78.17	0.48
7	ZB238★	29.60	26.36	28.77	6.89	1.71	2.15	2.45	85.82	7.19	7.86		0.76	70.82	0.73
8	ZB240★	24.69	28.43	29.45	10.06	0.75	2.61	2.32	83.36	6.76	8.29		0.72	76.00	0.59

注：带"★"者数据引自丁道桂《西昆仑造山带与盆地》(1996)一文

(2)稀土元素特征

分析结果及参数见表 3-50，配分模式见图 3-93。两次侵入岩稀土特征极其相似，稀土总量平均 492.1ppm，为酸性岩平均值的 2 倍，强烈富集轻稀土，曲线斜率$(La/Yb)_N$ 平均 79.06，具弱铕亏损(δEu

平均0.73)，与R. L. Cullers总结的富钾的碱性花岗岩型式极其一致。从早至晚，稀土总量总体增高，轻重稀土分馏程度增强。

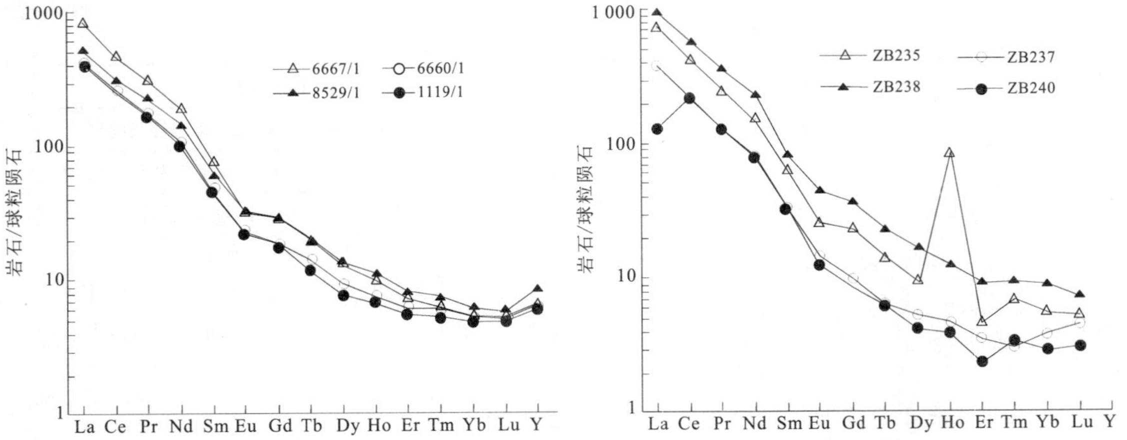

图3-93　卡英代-卡日巴生岩体稀土配分模式图

(Coryell,1963;样品编号同表3-50)

(3)微量元素特征

分析结果及参数见表3-50。两次侵入岩含量接近，与花岗岩维氏值差别很大，具显著高Sr、Ba、Th、Hf、Co，显著低V、Ta的特点，Ga含量波动较大，有的比其高3～5倍。地球化学型式见图3-94，显示强烈富集左侧大离子亲石元素，不同程度亏损高场强元素，具Ce、Sm的明显正异常，类似于阿曼同碰撞花岗岩型式。

4. 形成深度、温度及剥蚀程度

该岩体不显面理，侵入的二叠系围岩区域变质程度很低，地质特征上看侵位深度为浅带。岩体中部分侵入体不具斑状结构，接近于共结。Ab-Or-Q相图上位于3 000巴压力线上(图3-28)，相当于9.9km的深度，与地质特征不吻合。综合认为该岩体侵位深度为浅带。细粒花岗岩石英包裹体均一法温度为680～850℃(国土资源部中南矿产资源检测中心测试)。

据两次侵入岩均大面积出露、脉动关系、接触面内倾等判断该岩体剥蚀程度中等。

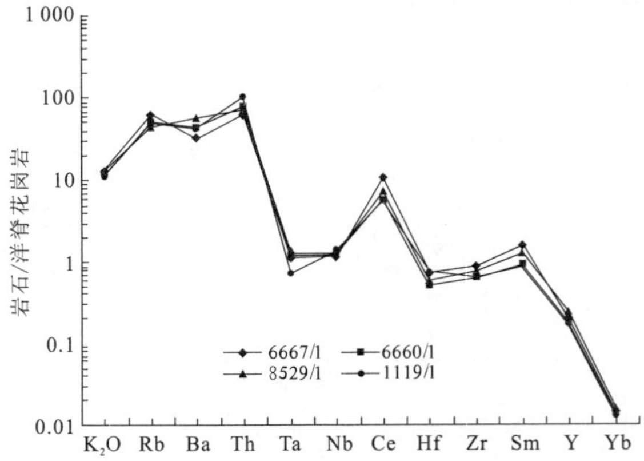

图3-94　卡英代-卡日巴生岩体地球化学型式图

(Pearce,1984;样品编号同表3-50)

5. 成因及形成的地球动力学环境

该侵入岩具以下成因方面特征。

含少量角闪石，副矿物为磁铁矿、榍石，部分具钾长石斑状结构，岩石化学为亚碱性系列，K_2O含量(4.26%～5.47%)稳定且高，与巴尔巴林的"富钾钙碱性花岗岩"总体一致。

$FeO^*/(FeO^*+MgO)$一般为0.71～0.84，部分大于0.8，显示出"KCG"特征。

铝指数A/CNK虽有稍大于1的，但也有小于1的，与"过铝质花岗岩类"不同，表现出"KCG"花岗岩的特征。

综合认为该侵入岩相当于巴尔巴林的"富钾钙碱性花岗岩"，该岩石类型显示的物质来源为以壳源为主的壳幔混合源，形成与构造体制的转换。

该岩体在Manira的主元素判别图(图3-74)上主要位于俯冲-碰撞花岗岩区；$Al_2O_3/(K_2O+Na_2O)$较高(1.64～1.85>1.1)，碱度较高(钙碱性—碱钙性)，具有碰撞花岗岩的特点。在Rb-Y+Nb图(图3-92)上位于火山弧花岗岩与碰撞型花岗岩界线附近，在Y-Nb图解上(图3-92)位于火山弧花岗岩与碰撞型花岗岩重叠区。

表 3-50　侵入岩稀土、微量元素含量($\times 10^{-6}$)及特征参数一览表

岩体	序次	侵入体岩性	序号	样号	La	Ce	Pr	Nd	Sm	Eu	Gd
卡英代-卡日巴生	1	细粒黑云母二长花岗岩	1	1119/1	136.00	205.80	21.09	61.34	7.95	1.58	4.61
			2	8529/1	161.20	254.10	27.02	88.41	12.26	2.30	7.27
	2	中斑状中—细粒黑云母二长花岗岩	3	6660/1	129.50	201.80	20.90	63.82	8.41	1.64	4.87
			4	6667/1	262.80	374.00	36.91	114.30	14.30	2.39	7.55
	未分	黑云母二长花岗岩	5	ZB235★	146	225	20.30	61.80	8.70	1.46	4.67
			6	ZB237★	76.10	120	10.50	33.10	4.90	0.86	2.10
			7	ZB238★	8.30	128	11	35.20	4.70	0.98	1.88
			8	ZB240★	182	301	28.5	94.50	11.90	2.45	7.29

序号	样号	Tb	Dy	Ho	Er	Tm	Yb	Lu	Y	ΣREE	LR/HR	δEu	$(La/Yb)_N$
1	1119/1	0.55	2.45	0.47	1.14	0.17	1.00	0.15	11.57	455.85	41.15	0.73	91.69
2	8529/1	0.98	4.37	0.81	1.75	0.24	1.30	0.18	17.33	579.50	32.27	0.69	83.60
3	6660/1	0.66	2.96	0.54	1.28	0.19	1.09	0.17	12.00	499.80	449.83	0.72	80.03
4	6667/1	0.95	4.06	0.71	1.49	0.20	1.10	0.16	13.35	834.30	49.61	0.63	161.17
5	ZB235★	0.54	2.48	4.40	0.84	0.19	0.99	0.15		483.42	32.49	0.63	99.43
6	ZB237★	0.26	1.45	0.29	0.65	0.09	0.73	0.13		258.36	43.06	0.70	70.28
7	ZB238★	0.26	1.18	0.25	0.44	0.1	0.54	0.09		218.22	43.92	0.85	35.33
8	ZB240★	0.87	4.49	0.76	1.58	0.26	1.57	0.2		658.87	36.45	0.75	78.15

岩体	序次	侵入体岩性	序号	样号	V	Cr	Ni	Rb	Sr	Zr	Ba
卡英代-卡日巴生	1	细粒黑云母二长花岗岩	1	1119/1	24.20	8.30	7.20	201.00	974	223	2 067
			2	8529/1	27.60	13.70	4.52	183.00	1 682.00	260.40	2 949.00
	2	中斑状中—细粒黑云母二长花岗岩	3	6660/1	25.40	22.20	4.54	207.00	1 329.00	213.10	2 169.00
			4	6667/1	32.90	15.40	8.56	251.00	1 078.00	307.10	1 560.00

序号	样号	Th	Sc	Hf	Nb	Co	Ta	Ga	Rb/Sr	Ba/Sr	K/ Rb
1	1119/1	85.90	4.20	6.80	13.60	15.90	<0.50	21.40	0.21	2.12	184.99
2	8529/1	56.80	4.65	5.30	13.00	15.30	0.94	113.00	0.11	1.75	238.57
3	6660/1	61.70	3.89	4.50	12.50	14.60	0.85	90.60	0.16	1.63	197.28
4	6667/1	50.00	1.67	6.80	11.80	11.50	0.80	67.70	0.23	1.45	180.88

注：带“★”者数据引自丁道桂《西昆仑造山带与盆地》(1996)一文

6. 形成时代

该岩体侵入中二叠统，被苦子干霓辉正长岩侵入，姜春发(2000)在后者获得长石 K－Ar 年龄 18.045Ma，本次在喀拉吉勒嘎乔库斑状花岗岩中获得全岩 K－Ar 年龄为 17.5、17.8Ma，考虑到全岩年龄误差大，故该岩体的年龄应大于苦子干岩体 18Ma，将其置于古近纪。

四、脉岩

岩体及火山岩专属性脉岩已在相应岩体及火山岩部分叙述，本节叙述区域性脉岩。各种脉岩的特征见表 3-51。

脉岩在测区内的元古代地层中很发育，其后的地层中则不发育，主要顺层理、片(麻)理、节理贯入。

辉长岩、辉绿岩脉零星产于 $Pt_1B.$、JxS 之中，周围伴有蓟县纪、寒武纪岩体，时代可能为蓟县纪、寒武纪。

闪长岩脉零星产于 $Pt_1B.$ 中，周围伴泥盆纪基性岩、早二叠世石英闪长岩、斜长花岗岩等，该岩脉与这些岩体有关。

斜长花岗岩脉在 $Pt_1B.$ 中大量发育，有片麻状、块状两种，片麻状者与周围蓟县纪片麻状斜长花岗岩特征一致，时代应为蓟县纪，块状者也可能与周围寒武纪花岗闪长岩属同一机制下形成，时代为蓟县纪—寒武纪。

表 3-51 测区脉岩特征一览表

岩石名称	产地	产状	结构构造	组成
蚀变辉长岩(υ)	英吉沙县幅东南部巴克西南，填绘出 2 条	呈脉状顺片麻理贯入于 $Pt_1H.$ 中，宽 19～26m，长 300m	变余辉长结构、纤状粒状变晶结构，块状构造	深绿色，次闪石 55%±，普通角闪石少量，绿泥石 5%±，黝帘石-绿帘石 35%±，石英少量，副矿物为黄铁矿、榍石
辉绿岩($\beta\mu$)	英吉沙县幅东南部，巴克附近	顺围岩层理、片理或岩体边界贯入，长 400～700m，宽 2～100m，侵入 $Pt_1H.$、JxS	辉绿结构，块状构造	
片麻状闪长岩(δ)	英吉沙县幅东南部，恰特东侧	呈透镜状贯入于 $Pt_1H.$ 中，走向与围岩面理一致，但倾角较围岩面理陡，长 700m，宽 40m	细粒半自形结构，定向构造	斜长石 55%，角闪石 15%，绿帘石 30%，黄铁矿微量
片麻状细粒石英闪长岩(δo)	艾提开尔丁萨依幅东北部，土曼其西南侧。仅见 1 条	呈脉状贯入于 $Pt_1B.$ 中，走向与围岩片麻理相同，宽 25m，延伸较远	细粒半自形结构，定向构造	长石 60%，石英 10%，角闪石及黑云母 30%
块状花岗闪长岩($\gamma\delta$)	艾提开尔丁萨依幅东北部，铜矿采矿厂北东侧，仅见 1 条	呈透镜状贯入于 $Pt_1B.$ 中，长 2 500m，宽 200m，走向与主岩片麻理一致	中粒花岗结构，块状构造	斜长石 60%，钾长石 15%，石英 20%，黑云母 5%，白云母少量
块状、片麻状斜长花岗岩(γo)	英吉沙县幅东南部，巴克西南	呈脉状贯入于 $Pt_1H.$ 中，长 700～1 200m，宽 25～100m，内部有 Pt_1H 捕虏体	不等粒结构，块状、弱片麻状构造	浅灰色，斜长石 65%～70%，常钠长石化、钠黝帘石化、绢云母化；石英 20%～30%，绿泥石<5%
片麻状花岗闪长岩($\gamma\delta$)	英吉沙县幅西部，苏巴什南	脉状贯入于 $Pt_1B.$ 中，宽 8～10m，走向 70°～160°，近直立	细粒结构、交代蠕英结构，定向构造	斜长石 57%±，钾长石 20%±，石英 20%±，黑云母 3%±
中—细粒黑云母二长花岗岩($\eta\gamma$)	英吉沙县幅南东部巴格东南。填绘出 3 条	呈脉状、透镜状贯入于 $Pt_1H.$、JxS 中，界线截然，具冷凝边，围岩中发育岩枝，长 700m，宽 30～200m	普遍具不等粒花岗结构，块状构造	灰白色，斜长石 15%～32%，钾长石 40%～45%，部分为微斜条纹长石，石英 20%～30%，黑云母 5%～8%
白云母二长花岗岩($\eta\gamma$)	艾提开尔丁萨依幅东北部，土曼其西南侧，已填绘出 3 条	呈脉状贯入于 $Pt_1B.$ 中，长 800～1 000m，界面平直或弯曲，走向同围岩片麻理一致，倾角不一	细粒、细中粒花岗结构，块状构造	灰白色，更长石 30%～35%，钾长石 30%，石英 25%～30%，白云母 5%，电气石0～10%
不等粒正长花岗岩($\xi\gamma$)	英吉沙县幅东南部，巴格西。仅见 1 条	呈岩墙状贯入于 Pt_1H 及 γoJx 中，长 2 700m，宽 700m	不等粒花岗结构，块状构造	杂色，钾长石 60%±，斜长石 10%±，石英 30%
花岗伟晶岩($\gamma\rho$)	广泛产于 $Pt_1B.$ 分布区，平均 1～2 条/km^2	呈脉状、板状、透镜状、团块状、串珠状。宽几米～50m、长几十米～100m，大型者宽达 750m、长 1 800m，大部分沿围岩面理，少数沿围岩节理贯入	中—细粒伟晶，少数粗粒、块状伟晶结构，块状构造，少数带状、斑杂状构造	典型成分：微斜条纹长石 35%±，斜长石 30%±，石英 24%～30%，白云母 5%～10%，黑云母少量，电气石 0～5%

片麻状花岗闪长岩脉在 $Pt_1B.$ 中局部大量发育，块状花岗闪长岩脉在 $Pt_1B.$ 中零星见及，周围二叠纪花岗岩有同类岩石，可能为同期产物。

黑云母二长花岗岩、正长花岗岩零星见于 $Pt_1B.$、JxS 中，呈块状构造，与周围寒武纪二长花岗岩最接近，可能为同时代产物。

白云母花岗岩脉见于 Pt_1B. 中，与周围晚侏罗世二云母花岗岩特征一致，时代为晚侏罗世。

花岗伟晶岩脉大量发育于 Pt_1B. 中，有的岩脉分带可达 9 个结构单元，从外至内为霏细、细晶、中—细粒伟晶、粗粒伟晶、块状伟晶、微斜长石块体、石英块体、锂辉石-石英块体、白云母交代结构。一般均有弱—中等(个别强烈)白云母及钠长石交代作用，部分见白云母及稀有元素 Be、Li、Nb、Ta 等矿化，个别形成有工业价值的白云母、Be、Li 矿体，地质部石油综合大队在中巴公路苏巴什一带获得的白云母 K－Ar 年龄为 186.0Ma(宜昌地矿所测试)，其时代为早、中侏罗世。

五、侵入岩小结

(一)特征综述

测区侵入岩众多岩体的长轴方向及各期岩体的排列方向与构造线一致，显示其形成与构造密切相关。

西昆仑北构造岩浆岩带由蓟县纪俯冲型斜长花岗岩体、寒武纪俯冲型花岗闪长岩-二长花岗岩体、晚奥陶世俯冲型斜长花岗岩体、晚石炭世岛弧型花岗岩亚带、早二叠世大陆边缘弧型花岗岩亚带、中二叠世后碰撞型花岗岩体等组成。

蓟县纪斜长花岗岩体以片麻理发育并发生褶曲为特征；寒武纪岩体以发育片麻理为特征；晚奥陶世俯冲型斜长花岗岩体为低钾奥长花岗岩系，特点为发育弱的片麻理、无暗色岩浆包体、不含角闪石、黑云母少，富 Na_2O、Fe_2O_3、低 CaO、FeO、稀土总量特别低、稀土曲线圆滑、中等右倾，贫各种微量元素、Yb 很低。

晚石炭世岛弧型花岗岩亚带以低 Al_2O_3、高 Yb 为特征。包含两个阶段，第一阶段侵入岩为低钾拉斑玄武岩系列，岩性为斜长花岗岩，特征为不含钾长石，暗色矿物主要为角闪石，轻稀土不富集或亏损；第二阶段侵入岩为钙碱性奥长花岗岩系，岩石演化序列为闪长岩-石英闪长岩-斜长花岗岩-花岗闪长岩，其中酸性岩暗色矿物以黑云母为主，钾质较高，轻稀土具弱富集。

早二叠世大陆边缘弧型花岗岩亚带为中—高钾的钙碱性系列，构成的岩石序列为石英闪长岩-花岗闪长岩-二长花岗岩，其中的花岗闪长岩特点为暗色岩浆包体较多、往往含一定量的角闪石、偏铝质、微量元素富 Th。

中二叠世后碰撞型花岗岩特点为暗色包体十分稀少、强过铝。

西昆仑中部构造岩浆岩带由泥盆纪板内侵入岩、早三叠世大陆弧花岗岩-中三叠世大陆弧花岗岩亚带、晚侏罗世后碰撞白云母花岗岩-古近纪后碰撞正长花岗岩亚带组成。

泥盆纪板内侵入岩其岩性为石英闪长岩，属拉斑玄武岩系列，特点为角闪石少，高 TiO_2、K_2O，高场强元素较高。

早三叠世火山弧花岗岩亚带第一阶段侵入岩规模巨大，为中钾钙碱性系列，构成的岩石序列为闪长岩-石英闪长岩-英云闪长岩-花岗闪长岩。共同特点为含大量暗色包体，其中的石英闪长岩中的角闪石常少于黑云母，其中的英云闪长岩常含角闪石及少量钾长石，富 FeO、CaO，贫 Fe_2O_3、Na_2O，其中的花岗闪长岩铝指数较高，有的无角闪石而出现白云母，稀土总量很低，出现正铕异常。第二阶段侵入岩很少，为高钾钙碱性系列，构成的岩石演化序列为石英闪长岩-石英二长闪长岩-石英二长岩，以暗色包体少、角闪石少为特征。中三叠世大陆弧花岗岩亚带，主体岩性为二长花岗岩，特点为暗色包体偏少一些、角闪石少，K_2O、碱度较高。两个花岗岩亚带分别代表了板块俯冲演化的早晚两个阶段，共同构成了规模宏大的三叠纪火山弧花岗岩带。

该构造岩浆岩带总体看从老至新，从 SW 至 NE 钾质、碱度逐渐增高，三叠纪火山弧花岗岩带内部也具有这个规律，显示三叠纪板块俯冲的方向是向北的。

西昆仑北带、中带、南带各发育一个大陆边缘弧花岗岩带。组成岩石主要为石英闪长岩-英云闪长岩或斜长花岗岩-花岗闪长岩。三者中的石英闪长岩差别不大。北带、南带的斜长花岗岩从矿物组成(均含少量黑云母)、过铝特征(均为过铝质)上很相似，但二者在含钾量、稀土特征、暗色包体含量上不同；中带的英云闪长岩与北带的斜长花岗岩从暗色矿物组成、氧化物含量、稀土特征上差别很大。中带、北带的花岗闪长岩从次要矿物组成上，尤其是稀土元素特征上(前者为弱铕亏损，后者稀土总量仅是前者的一半，具正铕异常)不同，它们可能与不同性质板块的俯冲有关。

从区域上看，蓟县纪、寒武纪、奥陶纪花岗岩一般被限制在康西瓦构造带以北，测区也具有这种规律，这些老岩体大部分分布于西昆仑北带。石炭纪、二叠纪花岗岩仅分布于测区北部的西昆仑北带中，早中三叠世花岗岩被限制在康西瓦构造带以北的西昆仑中带上。

（二）侵入岩成因综述

蓟县纪，测区北部表现为板块俯冲环境，在俯冲板块的上盘（西昆仑北带）形成幔壳混合源的阿克乔克岩体，这可能与基底缝合带向北俯冲有关。

寒武纪，测区南部为板块俯冲环境，形成以西昆仑南带幔源为主的卓勒托克铁热克沟岩体。同时，测区北部西昆仑北带可能由于更为复杂的原因也形成了俯冲型幔壳混合源的巴格岩体。

泥盆纪，测区表现为板内拉张环境，拉斑玄武质岩浆顺薄弱带上升并分异，形成西昆仑中带幔源型具被动就位特点的阔什乌托克石英闪长岩体。

晚石炭世塔里木地块南缘奥依塔克裂陷槽内发育洋内俯冲作用，早期岛弧很不成熟，由拉斑玄武质岩浆分异形成幔源型奥依塔克斜长花岗岩体，随着岛弧的发展，晚期形成以幔源为主的幔壳混合型的维齐得歪等岩体。

早二叠世塔里木地块西南缘奥依塔克裂陷槽发育洋陆俯冲作用，形成以幔源为主的幔壳混合型也提木苏等岩体。中二叠世塔里木地块西南缘表现为后碰撞环境，在少量幔源岩浆贯入下，导致地壳岩石发生干深熔作用，形成以壳源成因为主的穷布斯萨依岩体。三叠纪康西瓦洋发育向北的洋陆俯冲作用，在西昆仑中间地块表现为板块俯冲环境，早三叠世早期板块俯冲较快，形成以西昆仑中带幔源为主的幔壳混合型的火山弧花岗岩，早三叠世晚期俯冲变慢，形成以西昆仑中带壳源为主的壳幔混合型的空巴克等岩体。中三叠世板块俯冲接近尾声，形成西昆仑中带幔壳混合型的慕士塔格等岩体，大量岩浆靠热气球膨胀机制开辟空间，形成强力就位的构造型式。晚三叠世，测区已全面进入后碰撞阶段，由于阶段性松弛或局部形成拉张环境，幔源拉斑玄武质岩浆沿裂隙上升，与壳源岩石混染并分异，形成以幔源为主的托喀依岩体，岩浆主要靠岩墙扩张机制侵位。晚侏罗世，在后碰撞形成的断裂作用下，地壳岩石发生“湿”的深熔作用，形成以壳源型卜科肉克、皮拉里白云母花岗岩等岩体。

古近纪测区仍表现为后碰撞环境，断裂发育，诱导少量幔源岩浆上升，分别在西昆仑中带（跨北带）、南带形成壳源为主、幔壳混合型岩体。

（三）侵入岩与矿产的关系

测区与侵入岩直接有关的矿化较少，矿种有 Cu、Fe、Li、Be、水晶。

二叠纪求库台岩体与 Cu 矿化有关，矿化发育于外接触带，与菱铁矿伴生，为矽卡岩型，矿床可达小型。该岩体岩相带发育，属钙碱性系列。

晚侏罗世皮拉里岩体与 Cu 矿化有关，其产出特征及成因同上，矿床可达小型。该岩体规模小，属钙碱性系列。

三叠纪慕士塔格岩体与 Cu 矿化有关，矿化较弱，发育于外接触带，属矽卡岩型。该岩体高碱、低 MgO。与该岩体相关的伟晶岩脉与水晶矿有关。

古近纪巴西且木干岩体与 Cu 矿化有关，矿化较弱，产于岩体内部裂隙中。该岩体特点是规模小，高碱，低 FeO、MgO、CaO。

泥盆纪基性—超基性岩与磁铁矿有关，矿体呈似层状、透镜状分布于主岩中，品位较富，可达小型，系岩浆分异成因。该岩体特点是发育堆晶结构。

木吉—布伦口一带布伦阔勒岩群中（$Pt_1B.$）的伟晶岩脉与 Li、Be 矿化、白云母矿化有关，矿床可达小型，岩脉分带较好的易于形成 Li、Be 矿。

第三节 火山岩

测区火山岩不甚发育，出露面积约 134.5km^2，其中早石炭世乌鲁阿特组火山岩一部分属蛇绿岩范畴，已归入第一节叙述，余下部分仅 24.5km²，主要分布于北部奥依塔克—盖孜一带，少量分布于英吉沙幅中部的其木干、七美干，西部的乌孜别里山口一带。出露层位有中泥盆世克孜勒陶组、晚石炭世—早二叠世哈拉米兰河群、早二叠世(未分)、中二叠世棋盘组、晚三叠世霍峡尔组。晚石炭世—早二叠世哈拉米兰河群的火山岩极少，不再叙述。

一、中泥盆世克孜勒陶组火山岩

该火山岩不发育，仅在测区中部且木干处有产出，面积约 6km²。

(一)地质特征

呈夹层状整合产于海相沉积岩中，宽 500m，长度大于 11km。火山岩与沉积岩整合关系确凿，岩相、岩性单一，为喷溢相基性熔岩，且木干处最厚约 692m，向两侧变薄，该处火山岩下部、上部均为灰绿色片理化玄武岩，分别厚 369m、146m，中部厚 177m，为灰绿色片理化斑状玄武岩与片理化玄武岩韵律互层，前者厚 1～3m，向上增厚，后者厚 5～8m。

(二)岩石类型及特征

主要为玄武岩，少量斑状玄武岩。

1. 玄武岩

灰绿色，间粒结构，片状构造。由斜长石(40%～45%)、暗色矿物(55%±)及少量绿帘石组成，斜长石呈细小针柱状，0.01～0.05mm，杂乱分布，在其孔隙中充填粒状辉石，辉石已蚀变为绿泥石、次闪石，绿泥石呈鳞片状，次闪石呈细小纤状(0.2mm)，绿帘石呈粒状，0.1～0.5mm，副矿物为榍石、黄铁矿。

2. 斑状玄武岩

灰绿色，斑状结构，基质间粒结构。斑晶含量 10%～15%，为斜长石，2～7mm，由于碎裂及熔蚀而呈次棱角状、圆状。基质成分同上述玄武岩，但粒度稍细。

(三)岩石化学特征

分析结果及参数见表 3-52。

表 3-52 中泥盆世克孜勒陶组火山岩岩石化学成分、CIPW 标准矿物及特征参数一览表

样号	岩石类型	氧化物含量(%)												
		SiO_2	TiO_2	Al_2O_3	Fe_2O_3	FeO	MnO	MgO	CaO	Na_2O	K_2O	P_2O_5	LOSS	总量
554/2	玄武岩	48.30	2.05	13.91	5.87	7.45	0.22	6.16	8.76	1.96	0.79	0.28	3.72	99.45

样号	CIPW 标准矿物										特征参数									
	or	ab	an	c	di	hy	q	ap	il	mt	σ	AR	DI	SI	Alk	A/CNK	FL	MF	M/F
554/2	4.67	16.50	27.09	0.00	12.20	19.03	5.71	0.61	3.91	6.42	1.41	1.27	27.96	27.74	2.75	0.70	23.76	68.38	0.85

1. 岩石化学分类

该岩石中 SiO_2=50.45%，Al_2O_3>Na_2O+K_2O，铝指数 A/CNK=0.70，属基性岩、SiO_2过饱和、偏铝质类型。在 TAS 图解(图 3-95)上位于玄武岩区，标准矿物石英含量 5.7%，岩石化学属石英拉斑玄武岩，硅-钾图(图 3-96)上显示为中钾类型。

2. 系列划分

该火山岩在硅-碱图(图 3-97)上位于亚碱性区，在 $FeO^*/MgO-SiO_2$、FeO^* 图解(图 3-98)上均位于

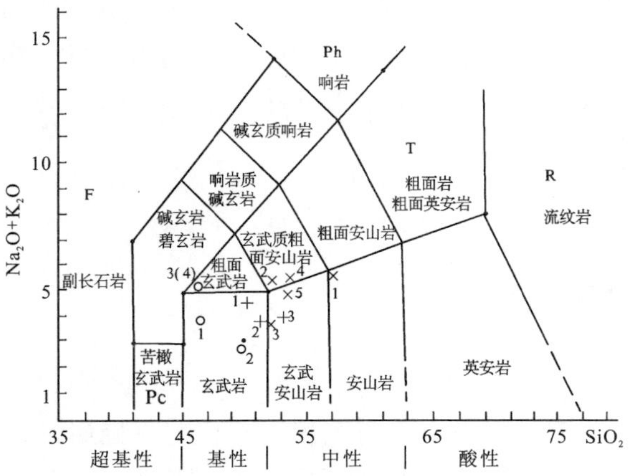

图 3-95　TAS 图解

(Le Bas M J, 1986; IUGS, 1989)

•. 克孜勒陶组；×. 早二叠世，编号同表 3-53；

○. 棋盘组，编号同表 3-55；+. 霍峡尔组，编号同表 3-58

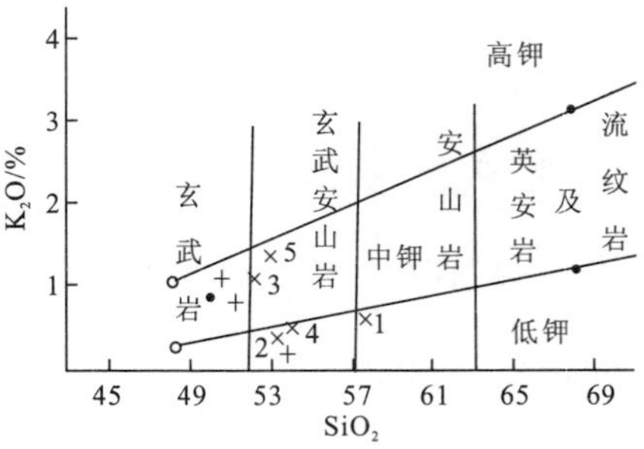

图 3-96　TAS 硅-钾图解

(Pecerillo 等, 1976; Ewart, 1979; IUGS, 1989)

•. 克孜勒陶组；×. 早二叠世，编号同表 3-53；

+. 霍峡尔组，编号同表 3-58

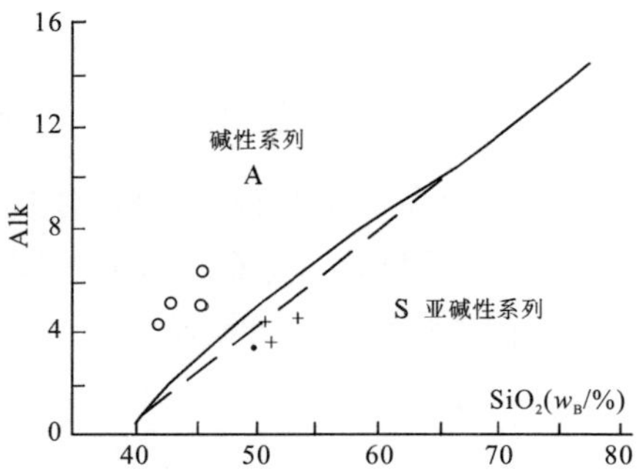

图 3-97　硅-碱图

(Lrvine T N 等, 1971)

•. 克孜勒陶组；○. 棋盘组；+. 霍峡尔组

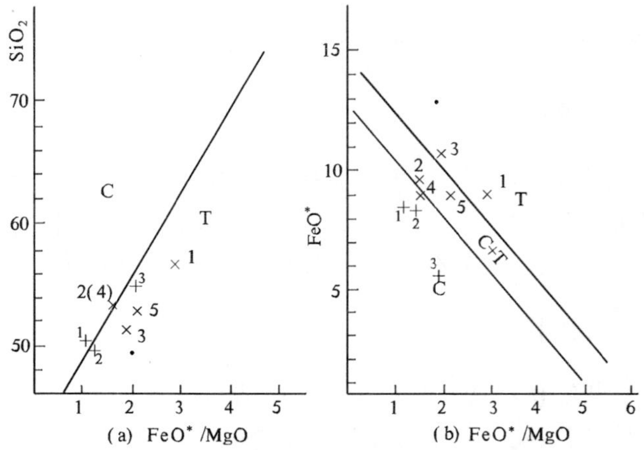

图 3-98　FeO* /MgO 与 SiO_2、FeO* 图

(Miyashiro A, 1974)

•. 克孜勒陶组；×. 早二叠世，样品编号同表 3-53；

+. 霍峡尔组，样品编号同表 3-58

拉斑玄武岩系列区，故属拉斑玄武岩系列。在 AR－SiO_2 图解（图 3-99）上位于钙碱性岩区，里特曼指数 σ=1.41，碱度上相当于皮科克的钙性岩。

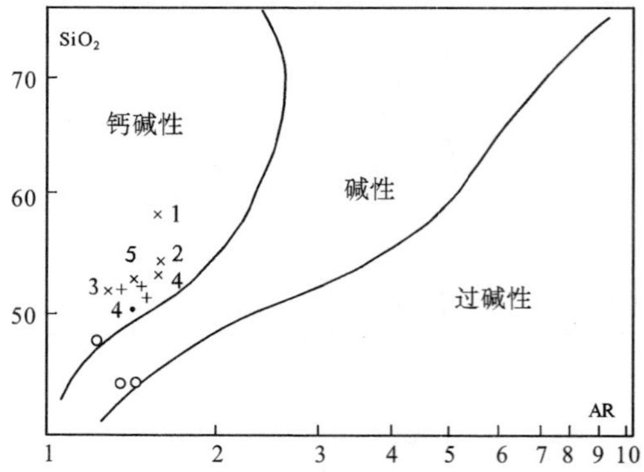

图 3-99　AR－SiO_2 图解

(Wright J B, 1969)

•. 克孜勒陶组；×. 早二叠世，编号同表 3-53；

○. 棋盘组；+. 霍峡尔组

3. 化学成分特征

与世界拉斑玄武岩相比有所差别，表现为 TiO_2、K_2O 较高，MgO 较低，与大陆裂谷拉斑玄武岩极其接近，仅 K_2O 稍高一些。

（四）形成的构造环境分析

该火山岩整合产于浅海相的沉积岩之中，为拉斑玄武岩系列，该地质背景下的该系列有两种环境，一种为火山弧，一种为大陆板内。该火山岩 TiO_2 高达 2.14%，明显高于火山弧而与大陆板内一致，在 $\lg\tau-\lg(\sigma25\times100)$、$FeO^*/MgO-Al_2O_3$ 图解（图 3-100）上均分别位于板内、大陆板内区，故认为该火山岩形成于大陆板内环境，结合区域地质背景，与中泥盆世发生的裂解事件有关。

二、早二叠世火山岩

测区早二叠世火山岩不发育，仅在英吉沙幅西北部、中巴公路西侧、库台依买克一带有少量产出，面积约 12km²。

（一）地质特征

该火山岩产于 NW 向断裂之间，覆于上石炭统灰岩之上，二者可以排除构造接触。该火山地层几乎全由火山岩组成，仅顶部发育少量沉积岩夹层，火山岩厚 800m，为一套以玄武安山岩为主的玄武岩-玄武安山岩-石英安山岩组合，其中玄武质占2%±，玄武安山质占 63%±，安山质、石英安山质占 35%±。

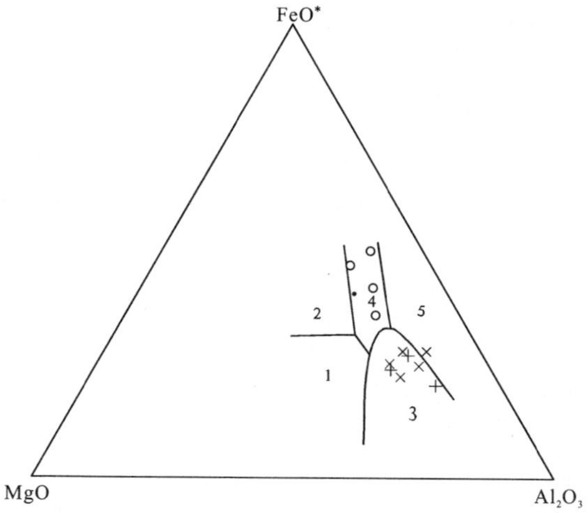

图 3-100　$FeO^*/MgO-Al_2O_3$ 图解
（Pearce T H，1977）
1. 洋中脊及洋底；2. 大洋岛屿；3. 造山带；4. 大陆板块内部；5. 扩张中心岛屿（冰岛）；•. 克孜勒陶组；×. P_1；○. 棋盘组；+. 霍峡尔组

（二）韵律旋回划分

该火山岩从下至上由中性向基性变化，喷发强度由强至弱，构成一个完整的旋回。据此可划分为 3 个亚旋回，下部亚旋回厚约 300m，岩浆成分较偏酸性，组成为“石英安山岩→安山质凝灰熔岩”，单个韵律厚 10～30m，二者比例为 1∶5～1∶10，向上后者增厚，并出现角砾熔岩夹层，韵律显示喷溢中夹杂着弱的爆发，火山活动相对较强；中部亚旋回厚约 500m，韵律组成为“玄武安山岩→玄武安山质凝灰熔岩”，玄武安山质凝灰熔岩在其中所占比例甚小；上部亚旋回发育不全，仅局部见十几米厚的玄武岩。

（三）岩石类型及特征

1. 熔岩类

（1）玄武安山岩

为该火山岩的主要岩性。岩石呈灰绿色、灰紫色，斑状结构、基质玻晶交织结构，块状构造。斑晶含量 20%±，为斜长石，（0.3～2）mm×2.5mm，板柱状。基质由斜长石（20%±）和脱玻化玻璃质（50%±）组成，斜长石呈细小板条状，0.02mm×0.05mm～0.05mm×0.1mm，玻璃质普遍碳酸盐化、绢云母化。副矿物为磁铁矿。

（2）杏仁状石英安山岩

灰绿色，斑状结构，基质玻晶交织结构，杏仁状构造。斑晶含量 20%±，为斜长石，呈板柱状，0.2mm×0.3mm～0.5mm×0.8mm，普遍绿帘石化及绢云母化；基质由细小板柱状斜长石（30%±）、玻璃质（20%±）、石英（10%±）及脱玻化形成的磁铁矿（5%±）、绿泥石（5%±）、绿帘石（5%±）组成。杏仁体含量 5%±，呈圆形，2～4mm，充填物为绿泥石和白云石。

2. 碎屑熔岩类

（1）玄武安山质集块熔岩

灰绿、褐红色，集块熔岩结构，基质间隐-交织结构，杏仁状构造。火山碎屑物 60%±，灰绿色，大小混杂，一般 0.3mm×0.4mm～20mm×10mm，个别达 2cm×5cm，大者构成集块，含量 40%±，呈浑圆状，小者构成火山角砾-火山灰，含量 20%±，不规则的次棱角、次圆状；胶结物为褐红色玄武安山岩，由细小斜长石及玻璃质组成。杏仁体少量，其充填物为绿泥石、石英、绿帘石。

（2）安山质凝灰熔岩

为该火山岩的主要岩石类型，呈灰绿色、褐红色，凝灰熔岩结构，块状构造。火山碎屑物含量不等，一般 10%～50%，多为棱角状，少数次圆状，0.2～4mm，主要为安山岩屑，次为英安岩屑，少量长石、石英晶屑。基质为安山熔岩,具玻晶交织结构,由斜长石微晶(25%±)及玻璃质(25%±)组成。

3. 潜火山岩类

较发育,均呈岩墙状产出,可划分为辉绿岩、石英闪长玢岩两个类型,前者较为发育,后者少见,岩墙宽几米至十几米,长几百米,有的为顺层侵入,有的为顺火山机构的锥状节理贯入。

(1)辉绿岩

灰绿色,辉绿结构,块状构造。由斜长石(40%±)、角闪石(60%±)组成。斜长石呈板条状,(0.3mm×0.5mm)×0.1mm,杂乱分布;角闪石为柱状,0.3mm×0.1mm～0.4mm×0.15mm;副矿物为磁铁矿。该岩石常发生钠黝帘石化。

(2)石英闪长玢岩

灰绿色,斑状结构,基质半自形细粒结构,块状构造。斑晶由斜长石(15%)、普通辉石(15%)、普通角闪石(5%±)组成,基质由斜长石(40%±)、普通角闪石(15%±)、普通辉石(5%±)、石英(5%±)组成。

(四)岩石化学及地球化学特征

1. 岩石化学特征

分析结果、CIPW标准矿物及参数见表3-53。

表3-53　早二叠世火山岩岩石化学成分、CIPW标准矿物及特征参数一览表

序号	样　号	岩石类型	氧化物含量(%)													
			Si_2O	TiO_2	Ai_2O_3	Fe_2O_3	FeO	MnO	MgO	CaO	Na_2O	K_2O	P_2O_5	H_2O^+	CO_2	总量
1	ZB12	安山岩	55.33	0.75	17.76	4.27	4.56	0.10	2.68	5.63	4.62	0.53	0.20	2.48	2.50	101.41
2	ZB12(1)	玄武安山岩	51.04	0.99	18.41	6.42	3.22	0.11	5.42	4.68	4.83	0.39	0.24	2.70	3.29	101.74
3	ZB12(2)	玄武安山岩	50.16	0.94	19.48	8.27	2.46	0.09	4.70	6.67	2.19	0.95	0.19	3.02	4.20	103.32
4	ZB12(4)	玄武安山岩	50.95	1.01	17.97	4.23	5.08	0.11	5.30	4.77	4.73	0.46	0.23	1.14	4.03	100.01
5	ZB12(5)	玄武安山岩	51.59	0.80	19.39	8.52	1.16	0.10	3.86	6.85	3.54	1.16	0.19	1.70	2.52	101.38

序号	样　号	CIPW标准矿物									特征参数								
		or	ab	an	c	hy	q	ap	il	mt	σ	AR	DI	SI	Alk	Na_2O/K_2O	FL	MF	M/F
1	ZB12	3.07	38.59	10.74	5.51	11.96	15.02	0.44	1.41	5.51	2.15	1.56	58.13	16.09	5.15	8.71	47.77	76.72	0.56
2	ZB12(1)	2.25	40.19	0.99	9.51	19.14	10.04	0.52	1.84	5.25	3.39	1.58	54.06	26.73	5.22	12.38	52.73	64.01	1.06
3	ZB12(2)	5.44	17.94	5.26	12.44	19.21	20.05	0.39	1.73	4.90	1.38	1.27	44.95	25.31	3.14	2.31	32.01	69.54	0.84
4	ZB12(4)	2.72	40.02	0.00	9.69	17.80	11.83	0.50	1.92	5.34	3.39	1.59	55.77	26.77	5.194.70	10.28	52.11	63.72	1.05
5	ZB12(5)	6.74	29.53	16.68	6.04	15.70	10.51	0.42	1.50	5.06	2.57	1.44	47.81	21.16	4.70	3.05	40.69	71.49	0.78

注:本表数据引自丁道桂《西昆仑盆地与构造演化》(1996)一文

(1)岩石化学分类

该火山岩 SiO_2 含量为52.20%～57.38%,属中性岩,标准矿物石英含量为10%～20%,铝指数A/CNK在0.96～1.16之间,属 SiO_2 过饱和、过铝质类型。TAS图解(图3-95)显示该火山岩主要为玄武安山岩、少量为安山岩。硅-钾图(图3-96),显示主要为低钾、少数为中钾类型。

(2)岩石系列的划分及碱度

该火山岩在 $Zr/TiO_2-Nb/Y$ 图解(图略)上显示为亚碱性系列,在 $FeO^*/MgO-SiO_2$、FeO^* 图解上,主要位于拉斑玄武岩系列区(图3-98),二者显示属拉斑玄武岩系列。在 $AR-SiO_2$ 图解上位于钙碱性岩区(图3-99)。里特曼指数 σ=1.38～3.39,二者显示碱度上大致相当于皮科克的钙性岩、钙碱性岩。

(3)岩石化学的基本特征

该火山岩大部分氧化物含量介于世界玄武岩、安山岩平均值之间,突出的特点是高 Al_2O_3、Na_2O、

FeO*，显著低 K_2O。Al_2O_3 普遍大于 17%，K_2O 含量一般小于 1%，Na_2O 含量一般大于 3.5%，TiO_2 含量较为稳定，平均为 0.90%，这些特征与大陆弧低钾安山岩相一致。

2. 稀土元素特征

稀土分析结果及参数见表 3-54。玄武安山岩稀土总量平均 94.75ppm，介于基性岩与中性岩之间，安山岩的稀土总量仅 79.55ppm，明显低于中性岩平均值。

该火山岩中的玄武安山岩、安山岩稀土配分模式(图 3-101)形态一致，显示轻稀土相对富集程度中等，具轻微的铕亏损，与大陆弧火山岩的典型型式大体相当。

3. 微量元素特征

分析结果及参数见表 3-54，地球化学型式见图 3-102。该火山岩强烈富集左侧大离子亲石元素，呈现三隆起型态(即 Sr、K、Ba、Th 的显著正异常，Ce、Sm 的正异常)，具显著 Nb 负异常、Ti 的弱负异常，与智利的大陆火山弧玄武岩接近；类似于 Bransfield Strait、South Shetland Islands 和 Antarctic Peninsular 的玄武岩分配型式，均形成于硅铝质基底的大陆边缘。微量元素含量介于玄武岩与安山岩之间，具低 Cu、Ni、Ga、Th，显著低 Nb 的特点。

表 3-54　早二叠世火山岩稀土和微量元素含量($\times10^{-6}$)及特征参数表

序号	样号	稀土元素含量($\times10^{-6}$)															特征参数			
		La	Ce	Pr	Nd	Sm	Eu	Gd	Tb	Dy	Ho	Er	Tm	Yb	Lu	Y	ΣREE	LR/HR	δEu	$(La/Yb)_N$
1	ZB12	9.65	22.15	2.6	11.65	3.45	1.02	3.65	0.53	2.89	0.64	1.83	0.36	1.79	0.29	14.80	79.55	1.74	0.96	3.20
2	ZB12(1)	16.80	34.00	4.96	19.20	4.82	1.34	5.03	0.74	4.23	0.89	2.64	0.40	2.68	0.39	16.40	121.22	2.02	0.91	3.70
3	ZB12(2)	9.00	20.20	2.22	10.50	2.64	0.88	3.08	0.45	2.63	0.59	1.77	0.27	1.64	0.24	14.40	71.01	1.78	1.04	3.30
4	ZB12(4)	15.20	31.40	4.00	17.70	4.75	1.20	4.33	0.70	3.64	0.80	2.25	0.35	2.24	0.32	15.80	108.78	2.15	0.87	4.00
5	ZB12(5)	10.90	23.50	2.27	12.20	3.17	0.94	3.12	0.45	2.81	0.51	1.82	0.29	1.71	0.26	15.00	78.55	2.07	0.99	3.78

序号	样号	微量元素含量($\times10^{-6}$)										特征参数		
		V	Cr	Ni	Rb	Sr	Zr	Ba	Th	Nb	Ga	Rb/Sr	Ba/Sr	K/Rb
1	ZB12	119.70	108.90	37.70	2.30	498.80	146.30	134.80	2.30	2.40	13.30	0.004 6	0.27	1 913
2	ZB12(1)	196.60	62.40	44.50	1.80	361.50	171.90	263.60	3.50	3.20	11.90	0.005	0.73	1 798
3	ZB12(2)	197.10	91.00	39.70	15.80	283.20	122.30	311.10	1.00	2.50	15.10	0.056	1.10	499.10
4	ZB12(4)	128.00	51.10	40.60	2.70	230.20	168.40	172.30	3.00	3.00	17.20	0.012	0.75	1 414
5	ZB12(5)	144.50	88.40	50.50	22.80	558.90	145.00	486.80	1.80	2.40	13.40	0.041	0.87	422.30

注：本表数据引自丁道桂《西昆仑造山带与盆地》(1996)一文

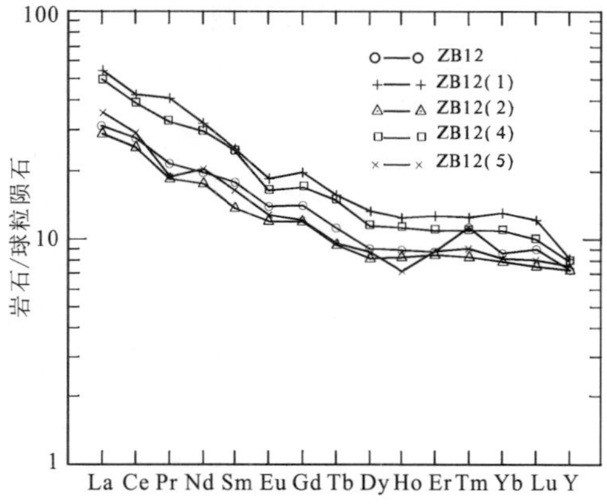

图 3-101　稀土配分模式图

(Coryell，1963；样品编号同表 3-54)

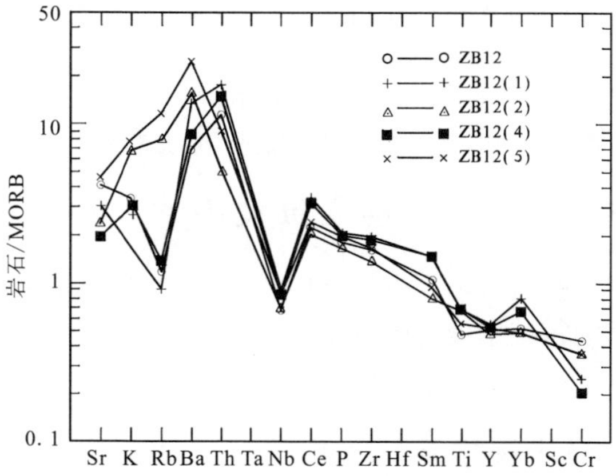

图 3-102　地球化学型式图

(Pearce，1984；样品编号同表 3-54)

(五)火山机构及火山岩相

该火山岩在测区出露本身就构成一个火山机构,由于受断层破坏,火山机构仅保留一大半。火山堆积物构成山岳地貌,从中心向外依次由火山管道相的集块熔岩、喷溢相的安山质凝灰熔岩、石英安山岩、玄武安山岩、玄武岩组成,各岩石类型呈残缺不全环状分布。

火山管道相平面上呈椭圆形,长轴 50m,短轴 20m,剖面上呈筒状,产状近于直立,与周围火山岩呈侵入关系,接触界面不平整。充填物为集块熔岩,火山碎屑物与充填物颜色差别明显,碎屑物大小混杂,一部分熔蚀磨圆成浑圆状,较大碎屑常发育黑褐色烘烤边,长轴大致定向,与岩颈表面平行;火山碎屑物之间充填的熔岩呈褐红色,发育稀疏小型气孔、杏仁状构造,长轴显示的流动方向也与岩颈表面平行。

从火山管道相向外几乎全由喷溢相组成,产状一般围斜外倾,倾角 42°～52°,边部受火山沉陷及构造影响一般为内倾。可分为 3 个环带,第一环带为安山质凝灰熔岩与石英安山岩互层,凝灰熔岩中火山灰含量较高,一般 50%±,成分不一,一般呈棱角状,个别稍显磨圆,显示喷溢中夹杂着火山碎屑物爆发;第二环带基本由玄武安山岩组成,有少量的安山质凝灰熔岩夹层,火山灰含量低,一般 10%±,呈棱角状;第三环带为玄武岩,仅局部有出露。

(六)形成的构造环境分析

该火山岩与下伏的大套海相灰岩之间非断层接触,为正常的关系。岩石组合以玄武安山岩为主,岩石化学具高 Al_2O_3、低 TiO_2 特征,与大陆弧低钾安山岩相当,而与洋脊玄武岩、板内玄武岩均不同;富集轻稀土,微量元素具三隆起,Nb 的负异常的型式均与大陆弧火山岩一致。该火山岩在 $\lg\tau-\lg\sigma$ 图解上位于消减带火山岩区,在 $FeO^*/MgO-Al_2O_3$ 图解(图 3-100)上位于造山带区,在 Cr－Y 图解(图 3-103)上位于火山弧玄武岩区,Zr/Y－Zr 图解(图 3-104)显示为大陆弧火山岩。故我们认为该火山岩为大陆边缘弧火山岩。

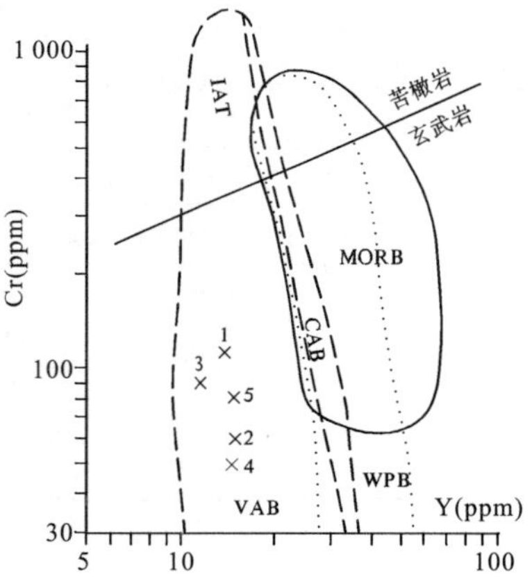

图 3-103　火山岩 Cr－Y 图解

(Pearce J A,1982)

VAB. 火山弧玄武岩;WPB. 板内玄武岩;MORB. 洋中脊玄武岩;样品编号同表 3-54

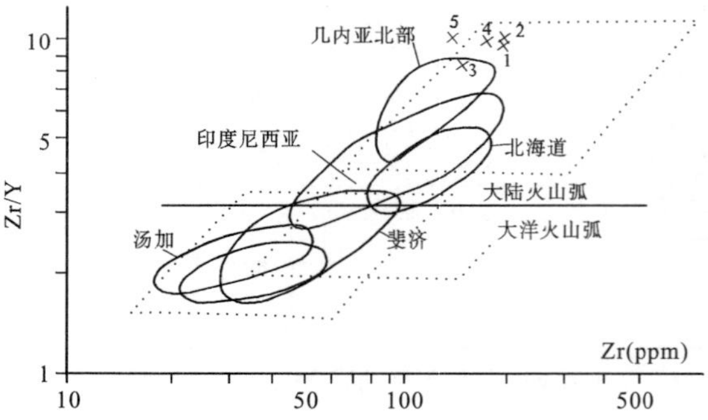

图 3-104　Zr/Y－Zr 判别图

转引自《火山岩地区区域地质调查方法指南》(1987)

(样品编号同表 3-54)

三、中二叠世棋盘组火山岩

中二叠世火山岩少见,分布于英吉沙县幅东南部、其木干村西北,面积约 $2km^2$。另外,在英吉沙县幅西北部的霍峡尔处有极少量中基性熔岩不整合于上三叠统之下,具体时代不明,也暂归中二叠世,面积约 $0.5km^2$,下面仅叙述前者。

(一)地质特征

该处仅见两个夹层,分别厚 58.4m、115.3m,沿走向呈带状展布,椭圆状型态系褶皱所致。火山岩与周围海相沉积岩为整合关系,顶板沉积岩中产苔藓、腕足类化石,表明火山岩形成于滨浅海环境。该火山岩为一套基性岩石组合，主要为喷溢相熔岩，在冲沟陡壁处尚见一火山管道，直径 25m±，充填物为辉绿岩，含少量围岩角砾，辉绿岩向上与喷出熔岩相连。

（二）岩石类型及特征

1. 杏仁状玄武岩

灰绿色，风化面灰绿、灰黑色，填间结构，杏仁状构造。由斜长石（60%～64%）、辉石（3%±）、磁铁矿（3%±）、同成分火山灰级岩屑（5%～10%）及玻璃质（10%～15%）组成。斜长石半自形长条状，0.02mm×0.04mm～0.2mm×0.4mm，杂乱分布，辉石、磁铁矿半自形粒状，0.03～0.1mm，岩屑椭圆形，1～2mm；辉石、磁铁矿、灰黑色玻璃质充填于长石之间。杏仁体不均匀分布，含量 4%～20%，2～8mm，圆状—椭圆状，充填物为绿泥石和方解石。

2. 辉绿岩

绿灰色，风化面褐黑色，嵌晶含长结构、辉绿结构，块状构造。主要由斜长石（50%～60%）和辉石（40%～50%）组成，斜长石呈半自形细长条状，一般 0.05mm×0.25mm～0.2mm×1.0mm，个别略粗大，为 An=52 的拉长石，杂乱分布，辉石呈他形粒状，一般 0.1～1mm，已完全变为绿泥石，充填于长石之间，此外岩石中尚有一部分嵌晶辉石，结晶较差，一般 1.5～4mm，其内分布有许多斜长石，很少或基本未蚀变。副矿物为磁铁矿、磷灰石。

（三）岩石化学及地球化学特征

1. 岩石化学特征

化学成分及有关参数见表 3-55，在 TAS 图解（图 3-95）上位于粗面玄武岩区与玄武岩边界附近。与中国玄武岩（黎彤、饶纪龙，1962）相比，高 TiO_2、Fe_2O_3，低 SiO_2、Al_2O_3、MgO、K_2O；总体上接近于大陆碱性玄武岩的成分，仅 TiO_2 高，MgO、CaO 低一些，具裂谷特征；Mg＃平均 59.67，接近洋脊玄武岩初始值；在 SiO_2－Na_2O＋K_2O 图解（图 3-97）上样品落入碱性区，Na_2O－2＝0.97＜K_2O（1.16）。上述特征显示，棋盘组火山岩为碱性玄武岩系列，钾质类型，TiO_2 高达 3.25，说明不是钾玄岩。在 SiO_2－AR 图解（图 3-99）上样品落入碱性岩区，属莱特的碱性岩。

表 3-55 棋盘组玄武岩岩石化学成分、CIPW 标准矿物及特征参数一览表

序号	样号	SiO_2	TiO_2	Al_2O_3	Fe_2O_3	FeO	MnO	MgO	CaO	Na_2O	K_2O	P_2O_5	H_2O	CO_2
1	GS214/56－1	45.73	3.96	13.47	8.08	8.40	0.18	4.46	7.68	2.39	1.42	1.19	2.74	0.04
2	Q2	49.61	0.64	15.96	3.87	8.50	0.16	6.02	4.94	2.58	0.34			
3	Q5	45.23	4.16	13.61	11.31	4.30	0.19	5.03	7.70	3.40	1.54			
4	Q6	45.63	4.23	13.83	10.63	4.10	0.21	4.61	7.74	3.51	1.33			
4 个平均值		46.55	3.25	14.22	8.47	6.33	0.19	5.03	7.02	2.97	1.16			
序号	样号	Loss	总量	Alk	K_2O/Na_2O	δ	AR	Mg＃	A/MF	C/MF	MF	A/NCK	A/NK	
1	GS214/56－1	1.97	101.71	3.81	0.59	5.32	1.44	48.61	0.40	0.42	0.78	0.69	2.46	
2	Q2		92.62	2.92	0.13	1.29	1.32	55.79	0.49	0.28	0.67	1.17	3.46	
3	Q5		96.47	4.94	0.45	10.94	1.60	67.58	0.41	0.42	0.74	0.64	1.87	
4	Q6		95.82	4.84	0.38	8.91	1.58	66.70	0.45	0.45	0.75	0.65	1.92	
4 个平均值			96.66	4.13	0.39	6.61	1.49	59.67	0.44	0.39	0.73	0.79	2.43	

注：1 号样品为 1∶25 万叶城幅区调报告资料①；2～4 号样品为 1∶50 万新疆南疆西部地质图、矿产图说明书资料②

① 河南省地质调查院. 1∶25 万叶城县幅区域地质调查报告. 2004.

② 新疆维吾尔自治区地矿局第二地质大队. 新疆南疆西部地质图、矿产图说明书（1∶50 万）. 1985.

2. 稀土元素特征

稀土元素含量及有关参数见表 3-56，稀土总量很高，ΣREE=277.42，远高于基性岩平均值，接近于碱性岩的平均值，稀土配分曲线为左高右低型斜线（图 3-105），斜率$(La/Yb)_N$=11.46，基本无铕亏损，与日本岛弧大陆一侧的碱性玄武岩稀土曲线吻合。棋盘组火山岩稀土配分曲线中没有出现日本岛型 Ce 负异常，说明喷发环境可能为相对封闭的海洋（陆地封闭海）或沿海、边缘海（Shimizu 等，1977）。这也与棋盘组三角洲及浅水陆棚沉积环境相吻合。

表 3-56　棋盘组玄武岩稀土和微量元素含量（$\times10^{-6}$）及有关参数一览表

样号	La	Ce	Pr	Nd	Sm	Eu	Gd	Tb	Dy	Ho	Er	Tm	Yb	Lu	Y	ΣREE	LR/HR	δEu	$(La/Yb)_N$
214/56-1	43.56	87.49	11.51	49.80	10.20	3.29	10.40	1.64	8.72	1.67	4.37	0.67	3.80	0.58	39.66	277.42	6.46	0.97	11.46

样号	Rb	Sr	Ba	Zr	Nb	Ta	Hf	Sc	V	Cr	Co	Ni	Th	W	Sn	Mo	Be	Sn	Mo	Be	Ga	Se
WL214/56—1	28	306	666	352	30	2	7	26	285	54	47	59	4.10	3.80	3.50	1.50	4.40	3.50	1.50	4.40	22	0.08

注：本表数据引自 1∶25 万叶城县幅区调报告资料（2004）①

3. 微量元素特征

微量元素分析结果见表 3-56。微量元素丰度接近于陆壳元素丰度值（Taylor *et al.*，1985），微量元素地球化学型式（图 3-106）既不同于 N 型 MORB 平坦分配模式（Pearce，1982），也不同于具 Rb、Ba、Th 峰的 E 型 MORB 分配模式（Holm，1985），而与板内玄武岩中的亚述尔型一致（图 3-29），表现为富集度宽，除 Cr 外所有元素都富集，其中 K、Rb、Ba 及 Nb、Ce、P 富集明显，呈“双隆起”型。微量元素 Ba 接近大陆碱性玄武岩，Rb、Sr、Zr、Cr 以其较低的含量、K/Rb 以其较高的比值（327）与洋岛碱性玄武岩一致，Ba/Sr 值（0.09）介于二者之间，显示该碱性玄武岩具大陆碱性玄武岩和洋岛碱性玄武岩的双重特征。

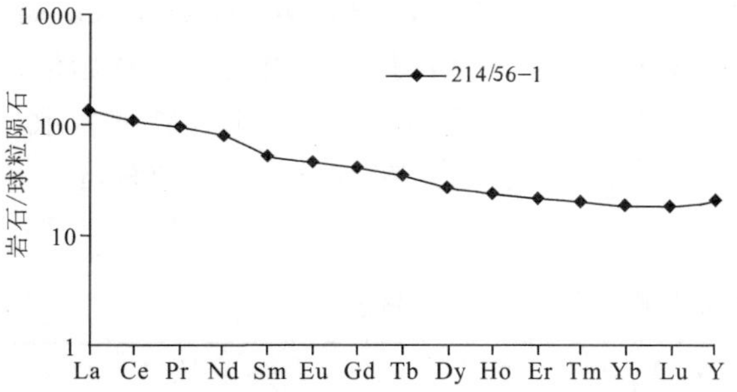

图 3-105　棋盘组玄武岩稀土配分模式图

（Coryell，1963；样品编号同表 3-56）

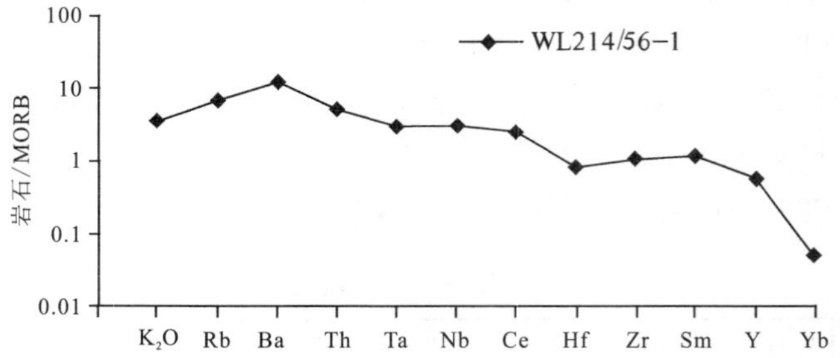

图 3-106　地球化学型式图

（Pearce，1984；样品编号同表 3-56）

（四）构造环境

区域资料显示，棋盘组为二叠纪茅口期三角洲及浅水陆棚沉积，火山岩产于棋盘组上部砂岩及灰岩中。岩石化学为碱性玄武岩系列，钾质类型，化学成分接近于大陆碱性玄武岩，微量元素显示具大陆碱性玄武岩和洋岛碱性玄武岩的双重特征，在 $FeO^*/MgO-Al_2O_3$ 环境判别图解（图 3-100）上样品均落入大陆板块内部区，在 Pearce 等（1979）的 Zr/Y－Zr（图 3-13）及 Zr－Y－Nb（图 3-15）微量元素构造环境判别图解上落在板内玄武岩区。西北乌恰县阿克彻依一带该组为拉斑玄武岩，二者的组合也说明为板内环境。结合地质特征认为它是塔里木陆块二叠纪一次间歇式拉张环境下岩浆活动的产物。

四、晚三叠世霍峡尔组火山岩

出露较少，仅分布于测区北部的霍峡尔一带，面积约 $4km^2$。

---

① 河南省地质调查院. 1∶25 万叶城县幅区域地质调查报告. 2004.

1. 地质特征

呈夹层、互层形式产于湖沼相沉积岩中，平面型态呈西窄东宽的楔状，厚度不等，火山岩一般厚百米，占该地层的28%。为一套以玄武岩为主的玄武岩-玄武安山岩-安山岩组合。

2. 韵律划分及特征

该火山地层顶底均为较厚的沉积岩，内部可划分为3个韵律(表3-57)。韵律结构为沉积岩→熔岩→火山碎屑岩型、沉积岩→熔岩型，韵律内部及整个火山岩从下至上均由较基性向较酸性方向演化。

表3-57 霍峡尔组火山岩韵律特征划分表

韵律	厚度(m)	岩石组合	韵律结构特征	喷发强度
3		沉积岩		宁静
2	50	黄绿色杏仁状辉石安山岩 浅褐色玄武安山质角砾熔岩 泥质粉砂岩、煤线	沉积岩→玄武安山质角砾熔岩→辉石安山岩	宁静→喷溢
1	311	杂色玄武-安山质集块熔岩 褐红色玄武-安山岩 灰绿色—灰黑色玄武岩 砂岩、粉砂岩、泥岩夹煤线	沉积岩→玄武岩、玄武-安山岩→玄武-安山质集块熔岩	宁静→喷溢→爆发

3. 岩石类型及特征

包括熔岩、火山碎屑岩、潜火山岩3大类。以熔岩为主，后两者局部出现。

(1)熔岩类

可划分为玄武岩、玄武-安山岩、安山岩三类。

①玄武岩亚类

为该火山岩的主要岩石类型，包括玄武岩、沸石化杏仁状玄武岩，后者局部发育。

玄武岩：灰绿色，斑状结构、基质交织-间隐结构，块状构造。斑晶5%±，为辉石，呈柱状，全被黑云母交代；基质由斜长石(50%±)、普通辉石(30%±)、黑云母化辉石(10%±)组成，斜长石呈长板柱状，0.02mm×0.1mm～0.1mm×0.4mm，轴率2～3，一般5±，大致定向，孔隙中充填着显微粒状的普通辉石及黑云母化辉石。

沸石化杏仁状玄武岩：绿灰色，斑状结构、基质间隐结构，杏仁状构造。斑晶由基性斜长石(20%±)和暗色矿物组成。斜长石自形板条状，0.2mm×0.5mm～0.6mm×2mm，聚片双晶发育，多具环带状构造，被沸石交代，暗色矿物自形柱状，0.08mm×0.15mm～0.2mm×0.4mm，从晶形判断主要为辉石，次为橄榄石。基质含量67%～72%，斜长石微晶杂乱分布，局部沸石化。杏仁体5%～10%，不规则状，0.1～1mm，充填物主要为绿泥石，部分有沸石交代。

②玄武-安山岩

褐红色，间隐结构，块状构造。由斜长石(45%±)、铁染玻璃质(50%±)、少量辉石、石英组成。斜长石呈显微板柱状，0.02mm×0.1mm，轴率5±，普遍高岭土化，辉石、石英微晶及玻璃质充填于斜长石格架孔隙中。

③安山岩

局部发育，为杏仁状辉石安山岩。浅黄绿色，斑状结构、基质交织结构，杏仁状构造。斑晶含量35%±，由斜长石(30%±)、斜方辉石(<2%)、单斜辉石(3%±)组成。斜长石为半自形板状，0.32mm×0.6mm～0.68mm×1.68mm，为中-拉长石；斜方辉石为柱状，0.11mm×0.18mm，为紫苏辉石；单斜辉石为柱状，0.49mm×0.29mm，为透辉石。基质由大量斜长石微晶、少量脱玻化玻璃质组成。副矿物为磁铁矿。

(2)火山碎屑岩类

该火山岩仅发育碎屑熔岩亚类，可划分为玄武-安山质集块熔岩、玄武安山质角砾熔岩两个类型，以前者为主。

①玄武-安山质集块熔岩

岩石呈灰绿色、杂色，集块熔岩结构，块状构造。集块含量 35%～60%，多呈棱角状，少数次棱角状，大小混杂，大者 0.8～1.3m，成分主要为褐红色玄武-安山岩及同成分火山角砾岩，次为灰绿—浅灰色玄武-安山岩及同成分火山角砾岩。为灰绿色、褐红色玄武-安山岩，均呈斑状结构、基质间隐结构，斑晶含量 10%±，由普通辉石和斜长石组成，辉石呈自形柱状，0.5～2.5mm，斜长石呈自形板柱状，0.5mm×0.7mm～1mm×1.2mm，有的围绕辉石分布，基质由少量辉石、脱玻化玻璃质组成，其中灰绿色胶结物含少量玻璃质，褐红色胶结物以玻璃质为主。副矿物为磁铁矿。

该岩石的特点为集块成分与同颜色的胶结物相同，但一般玻璃质含量相对较少，个别集块中含少量棱角状灰级白云岩屑。

②玄武安山质角砾熔岩

岩石呈浅褐色，角砾熔岩结构，块状构造。角砾呈灰绿色、浅褐色，含量 40%±，分布不均，<6mm，棱角状，胶结物呈褐红色，其他特征同上述集块岩。该岩石局部沸石化。

(3)潜火山岩类

伴生的潜火山岩有花岗斑岩及花岗斑岩质隐爆角砾岩。花岗斑岩在中酸性岩中已有叙述。

花岗斑岩质隐爆角砾岩为浅灰色、灰白色，角砾状结构，块状构造。由同成分火山角砾(70%±)、火山灰级晶屑(30%±)组成。火山角砾多为棱角状，大小不等，一般 2～8mm，具斑状结构，斑晶主要为石英，次为条纹长石、斜长石，少量黑云母，石英呈粒状，1～2mm，具熔蚀及碎裂现象。基质由微粒长英矿物组成，火山灰充填于角砾之间。

4. 岩石化学特征

岩石化学成分及有关参数见表 3-58。

(1)岩石化学分类

TAS 图解(图 3-95)显示该火山岩为玄武岩、玄武安山岩，K_2O-SiO_2 图解显示为低—中钾类型(图 3-96)。玄武岩的铝指数 A/CNK=0.78～0.85，属偏铝质类型，安山岩的铝指数达 1.24，属过铝质类型。火山岩的 Na_2O 均大于 K_2O，属钠质类型。

表 3-58　晚三叠世霍峡尔组火山岩岩石化学成分、CIPW 标准矿物及特征参数一览表

序号	样　号	岩石类型	氧化物含量(%)												
			SiO_2	TiO_2	Al_2O_3	Fe_2O_3	FeO	MnO	MgO	CaO	Na_2O	K_2O	P_2O_5	烧失量	总量
1	454/6	玄武岩	49.24	1.23	18.20	4.53	3.53	0.12	6.30	9.95	2.72	0.71	0.20	3.14	99.87
2	840A5-F-4/3	沸石化杏仁状橄榄玄武岩	50.63	1.60	17.41	5.84	2.44	0.08	5.25	7.76	3.36	0.93	0.18	4.25	99.73
3	840A5-F-I-4/3	沸石化辉石安山岩	53.30	1.00	19.58	4.05	1.80	0.04	3.28	4.93	4.02	0.27	0.28	7.84	100.39

序号	样　号	CIPW 标准矿物										特征参数								
		or	ab	an	c	di	hy	q	ap	il	mt	σ	AR	DI	SI	Alk	A/CNK	FL	MF	M/F
1	454/6	4.20	22.85	35.12		10.25	16.33	0.66	0.44	2.32	3.99	1.89	1.28	28.82	35.41	3.43	0.78	7.05	56.13	1.42
2	840A5-F-4/3	5.50	28.52	29.77		6.23	14.31	3.33	0.39	3.04	4.39	2.41	1.41	39.12	29.46	4.29	0.85	35.6	61.2	1.19
3	840A5-F-I-4/3	1.60	33.85	22.71	4.30		11.12	12.75	0.61	1.90	3.16	1.79	1.43	52.39	24.44	4.29	1.24	46.53	64.07	1.07

(2)系列划分及碱度

该火山岩在硅-碱图(图 3-97)上位于亚碱性系列区，在 FeO^*/MgO 与 SiO_2、FeO^* 图解(图 3-98)上位于钙碱性系列区，安山岩中出现紫苏辉石、普通辉石两种类型，上述显示该火山岩具钙碱性系列特征。在 $AR-SiO_2$ 图解(图 3-99)上该火山岩位于钙碱性岩区，里特曼指数 σ=1.79～2.41，显示碱度上相当于皮科克的钙碱性岩。

(3)岩石化学的基本特征

该火山岩中的玄武岩、辉石安山岩与中国同类岩石的平均值相比有较大差别，普遍显著低 K_2O、P_2O_5、TiO_2，高 Al_2O_3，玄武岩低 Fe_2O_3，安山岩高 Na_2O、低 CaO。这些特征与弧火山岩类似，而与板内火山岩的低 Al_2O_3、高 TiO_2 不同。

5. 火山岩相划分及特征

该火山岩发育爆发相、喷溢相、潜火山相 3 种类型，三者同等发育。

(1)爆发相

仅发育崩落堆积，分布于火山喷发中心附近，岩石类型为集块熔岩。集块既有与熔岩同成分的，也有不同成分的，少数因在火山斜坡上滚动而稍有磨圆，大小相差悬殊，无分选性。

(2)喷溢相

分布于上述集块岩的周围，呈多次喷溢的复式熔岩流产出，熔岩流中部较厚，向四周迅速变薄尖灭。组成该相的岩石有各种熔岩及角砾熔岩，其角砾较细，含量低，成分不一，可能为喷溢时夹杂着爆发、熔岩捕获碎屑物而成。

(3)潜火山相

测区中共填绘出 3 个岩体，呈带状展布，展布方向与喷出岩一致，系火山活动后期沿裂隙就位而成。托尕依岩体由花岗斑岩组成，规模较大，岩体特征见第二节中酸性侵入岩部分。另两个小型岩体分布于霍峡尔东，平面型态均呈长椭圆状，长 200～500m，宽约 100m，与周围火山岩接触界面曲折不平，呈明显的侵入关系，仅出露隐爆角砾岩。

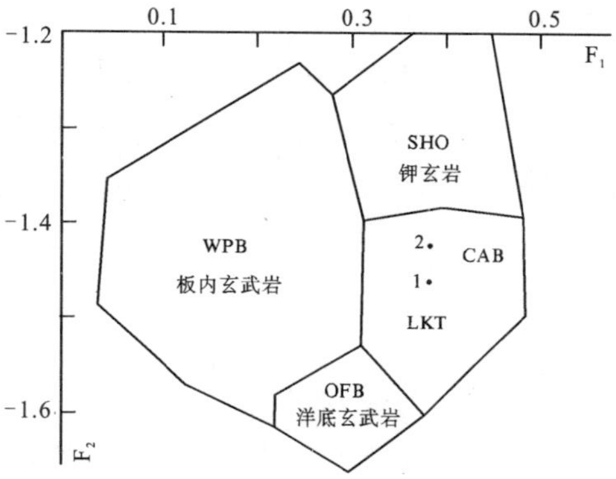

图 3-107　霍峡尔组玄武岩 F_1-F_2 图解
(Pearce J A，1976；样品编号同表 3-58)
LKT. 低钾拉斑玄武岩；CAB. 钙碱性玄武岩

6. 形成的构造环境分析

该火山岩岩石化学具中—低钾钙碱性系列特征，高 Al_2O_3、低 TiO_2 特征与弧火山岩类似；玄武岩在 F_1-F_2 图解(图 3-107)及 $KA-KO_1$ 图解上均位于弧玄武岩区；在 $Fe_2O_3-MgO-Al_2O_3$ 图解(图 3-100)、$\lg\sigma-g\tau$ 图解上该火山岩样品位于造山带区；上述各项显示该火山岩具有弧火山岩的特征。区域构造演化显示，晚三叠世时期主大洋已经关闭，测区进入后碰撞阶段，结合该时期沉积盆地的性质，认为该火山岩为陆壳松弛形成的幔源岩浆在上升中混染了壳源而成。

第四章　变质岩

调查区变质岩分布较广，约占图幅总面积的三分之一。除三叠纪以来地层基本没有变质外，前古生代地层都经受了不同程度的变质、变形。由于区域地质演化的长期性、复杂性，变质地层叠加了多期次、多类型的变质作用，形成了种类丰富、变形复杂的变质岩石系列。在空间上测区横跨不同的构造单元——塔里木地块和西昆仑中间地块，各构造单元内的变质地层具有相对独立的变质作用，因而变质岩在空间分布上特征各异，反映了区域地质演化与变质作用的密切关系。

在各种变质岩石中，以区域动力变质作用和区域动力热流变质作用为主，其他变质作用类型也有小范围的分布。本报告变质岩的分类和命名以《变质岩岩石的分类和命名方案》(GB/T 17412.3—1998)为准则，参考长春地质学院《变质岩岩石学》(1998)变质岩分类方案，将区内变质岩划分为区域变质岩、动力变质岩及接触变质岩 3 类。其中，区域变质岩分布较为广泛，接触变质岩次之，动力变质岩仅局限在断裂带附近(图 4-1)。

本报告使用的变质矿物代号为：Q——石英，Pl——斜长石，Ab——钠长石，Ser——绢云母，Chl——绿泥石，Ep——绿帘石，Mu——白云母，Bi——黑云母，Gt——石榴石，Ad——红柱石，St——十字石，Sil——矽线石，Cal——方解石，Hb——普通角闪石，Cht——硬绿泥石，Kp——钾长石。

第一节　区域变质岩

区域变质岩是区内最为发育的变质岩石，主要变质作用类型为区域动力变质作用和区域动力热流变质作用，其他较少。依据变质作用类型的时空分布差异，结合大地构造单元的划分，可将测区内自东向西划分为 2 个变质地区，8 个变质地带，10 个变质岩带(表 4-1)，各单元的分布范围大致与构造单元一致。根据变质相带划分的一般原则和方法，排除其他变质作用因素的干扰，以变质岩石的变质矿物共生组合为基础，特征变质矿物的首次出现为依据，结合测区实际情况，划分出绢云母带、绢云母-绿泥石带、黑云母级带、黑云母带、石榴石带、矽线石带。进一步依据特征变质矿物及矿物共生组合，归纳为低绿片岩相、高绿

表 4-1　区域变质单元及特征表

	变质地(岩)带		变质地层	变质带	变质相系及变质相		变质作用类型
塔里木西缘变质地区(Ⅰ)	恰尔隆-乌依塔克变质地(岩)带(Ⅰ$_1$)		D_2kz—P_1	绢云母-绿泥石带	低绿片岩相		区域低温动力变质作用
	克斯麻克变质地(岩)带(Ⅰ$_2$)		P_3d、P_3k	绢云母带	低绿片岩相		断陷埋深变质作用
	也提木苏变质地带(Ⅰ$_3$)	卡依孜变质岩带(Ⅰ$_3^1$)	JxS	绢云母带	低绿片岩相		区域低温动力变质作用
		沙黑孜阿勒克变质岩带(Ⅰ$_3^2$)	$Pt_1H.$	铁铝榴石带	中压相系低角闪岩相		区域动力热流变质作用
	巧去里变质地(岩)带(Ⅰ$_4$)		ChST.	黑云母带	中压相系低绿片岩相		区域低温动力变质作用
西昆仑变质地区(Ⅱ)	卡拉吉拉变质地(岩)带(Ⅱ$_1$)		O	绢云母带	低绿片岩相		区域低温动力变质作用
	托尔色子变质岩带(Ⅱ$_2$)		ChST.	黑云母带	低绿片岩相		区域低温动力变质作用
	慕士塔格-布伦口变质地(岩)带(Ⅱ$_3$)		$Pt_1B.$	铁铝榴石带	中压相系	低角闪岩相	区域动力热流变质作用
				矽线石带		高角闪岩相	
	喀拉库勒-克孜勒介克沟变质地(岩)带(Ⅱ$_4$)		S、S_1W、$S_{2-3}D$	绢云母-绿泥石带	低绿片岩相		区域低温动力变质作用
	乌孜别里山口变质地(岩)带(Ⅱ$_5$)		C_2P_1H	绢云母-绿泥石带	低绿片岩相		区域低温动力变质作用

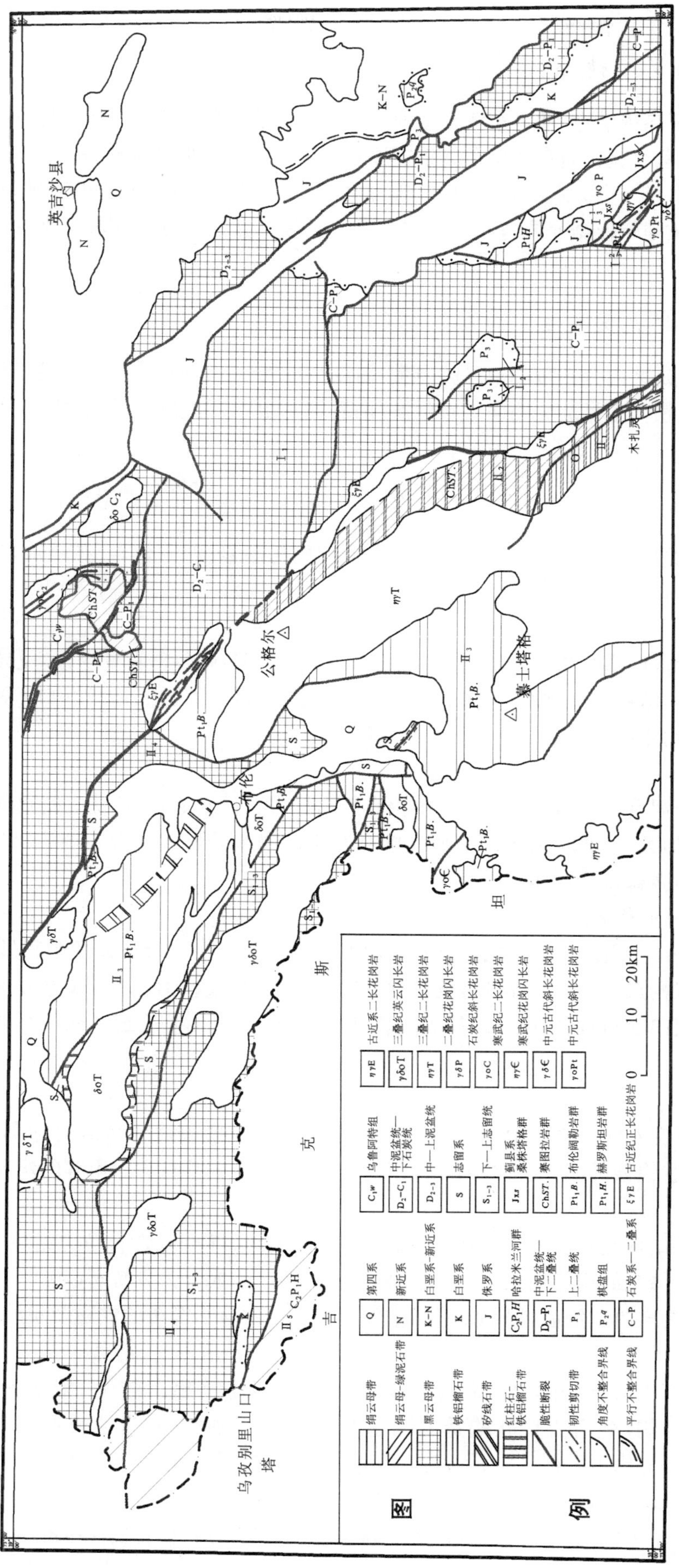

图4-1　测区中酸性侵入岩分布图

Ⅰ$_1$.恰尔隆-乌依塔克变质地(岩)带；Ⅰ$_2$.克斯麻克变质地(岩)带；Ⅰ$_3^1$.卡依孜变质岩带；Ⅰ$_3^2$.沙黑孜阿勒克变质岩带；Ⅰ$_4$.巧去里变质地(岩)带；Ⅱ$_1$.卡拉吉拉变质地(岩)带；Ⅱ$_2$.托尔色子变质地(岩)带；Ⅱ$_3$.慕士塔格-布伦口变质地(岩)带；Ⅱ$_4$.喀拉库勒-克孜勒介克沟变质地(岩)带；Ⅱ$_5$.乌孜别里山口变质地(岩)带

片岩相等区域变质相(表 4-1)。以下重点叙述各个变质岩带的变质作用特征,变质地区及地带只作一般性介绍。

一、塔里木西缘变质地区

分布于恰尔隆以北至乌依塔克一线,东侧至山前逆冲推覆断裂前缘,西侧以空贝利-木扎灵断裂与西昆仑变质地区分开,总体呈北北西向带状展布。依据原岩建造、变质时期、变质作用类型的差异划分为恰尔隆-乌依塔克变质地(岩)带、也提木苏变质地带、巧去里变质地(岩)带、克斯麻克变质地(岩)带 4 个变质地带。其中也提木苏变质地带依据变质时期和变质作用类型差异可划分为卡依孜变质岩带、沙黑孜阿勒克变质岩带。

(一)恰尔隆-乌依塔克变质地(岩)带

分布于图幅东半部,是区内分布范围最广的岩带,西以空贝利-木扎灵断裂与西昆仑变质地区分开,东至山前逆冲推覆断裂带,横向上呈北北西向带状延伸,两侧均延出图外,包括中泥盆统至下二叠统众多变质地层,出露面积约 4 900km^2。

1. 主要岩石类型特征

均为轻微变质岩石类型,主要有变质砾岩、变质砂岩、变质粉砂岩、泥质板岩、结晶灰岩、变质玄武岩、变质石英霏细岩等,其间较多过渡类型。

(1)变质砾岩

零星产于克孜勒陶组(D_2kz)、奇自拉夫组(D_3q)、库尔良群(C_2K)中。岩石具变余砾状结构、显微鳞片粒状变晶或显微粒状变晶结构,块状构造。部分砂级石英碎屑具变晶加大边;硅质、钙质胶结物重结晶为微晶石英、方解石;泥质物变质为略定向的显微鳞片状绢云母。

(2)变质砂岩

分布较广,主要产于泥盆系中,石炭、二叠系中少有产出。岩石具变余砂状结构、显微鳞片粒状变晶结构。石英碎屑部分次生加大,具波状消光。填隙物中有变质矿物绢云母或绿泥石产生,微显定向性。硅质、钙质胶结物重结晶为微粒石英、方解石。

(3)变质粉砂岩(粉砂质板岩)

分布较为广泛,主要产于石炭、二叠系岩层中,其他地层中零星产出。岩石具变余粉砂结构及显微粒状鳞片结构,多数具板状构造。表现为部分石英粉砂具次生加大,具波状消光;泥质物大都已变成了细小鳞片状绢云母,不均匀定向分布;钙质已重结晶成微晶、粉晶方解石;硅质均变成了微粒石英。岩石中常含有少量炭质。

(4)泥质板岩

分布广泛,主要出现在石炭系岩层中。岩石具变余泥质结构、显微鳞片变晶结构,板状构造。泥质物大都已变成了细小鳞片状绢云母(60%～80%),微定向。此外,岩石中常有含量不等的炭质不均匀分布。

(5)结晶灰岩

分布较为广泛,主要出现在石炭、二叠系中,泥盆系克孜勒陶组(D_2kz)、奇自拉夫组(D_3q)中有少量产出。岩石呈灰—灰白色,微晶结构或细晶结构,块状构造。主要矿物成分为方解石(60%～100%),表现为泥晶方解石部分重结晶为微晶或细晶,局部显示微定向。岩石中常含不等量的铁质及炭质。

(6)变质玄武岩

主要分布在乌鲁阿特组(C_1w)中,克孜勒陶组(D_2kz)下部有少量产出。岩石一般呈灰绿色,具变余间粒结构、鳞片纤状变晶结构,变余杏仁状构造、片状构造。主要矿物成分为钠长石(40%±)、纤闪石(35%±)、绿帘石(10%±)、绿泥石(5%±)等,常含少量方解石和榍石。钠长石呈板柱状,大小 0.1mm×0.2mm～0.15mm×0.4mm,略定向,部分微粒状,一般具聚片双晶;纤闪石呈显微纤维、纤柱状,保留辉石假象;绿帘石一种为粒状,一种为充填杏仁,杏仁无压扁现象;绿泥石分布在杏仁体中的绿帘石边部。岩石在露头尺度上片理化强烈。

2. 主要变质矿物特征

岩石中主要变质矿物有石英、钠长石、绢云母、绿泥石、方解石等。

石英分布最为广泛，两种形态，一种为原石英碎屑次生加大，保留碎屑形态，具明显的次生增大边缘，局部具裂纹；另一种为硅质重结晶，常呈微粒状，普遍波状消光，部分微定向。

钠长石主要由变火山岩类岩石中基质重结晶形成，不规则粒状，粒度细小，大致定向。

绢云母是轻微变质岩石主要特征变质矿物之一，分布较广。细小鳞片状，不均匀定向分布，部分有时会变成白云母。

绿泥石也是该变质岩带主要特征变质矿物之一，分布较少，在变质火山岩中较多。细小鳞片状，不均匀定向分布。

3. 原岩恢复

岩石均为轻微变质，大部分保留原始特征，变余组构明显，空间上常呈层状延伸，并含有生物及有机质等，显示原岩为正常沉积的碎屑岩或火山岩，原岩恢复较为容易。原岩为砾岩、砂岩、粉砂岩、泥岩、灰岩及火山岩等。

4. 变质相带划分

常见变质矿物组合为Q＋Ser＋Chl（砂泥质岩类）、Q＋Cal（灰岩类），仅出现特征变质矿物绢云母及绿泥石，划归绢云母-绿泥石带，相当于低绿片岩相单相变质，参照董申保（1986）变质作用分类，为区域低温动力变质作用类型。推测形成的大致温压条件为：0.2～1.0Gpa，400～500℃。

（二）克斯麻克变质地（岩）带

该变质岩带属塔里木西缘变质地区次一级变质单元，分布范围较小，局限于恰尔隆北克斯麻克达坂一带，包括轻微变质地层达里约尔组（P_3d）和克斯麻克组（P_3k），与周围地层大部分为不整合接触，平面上呈不规则椭圆状，长轴呈北北西向延伸。出露面积约123km²。

1. 主要岩石类型及特征

岩石类型与上述恰尔隆地区相似，同为一套轻微变质岩石，主要岩石类型有变质砾岩、变质石英砂岩、变质粉砂岩、变质泥岩、结晶灰岩等，不再赘述。

2. 主要变质矿物特征

岩石变质较浅，变质矿物较少，主要有石英、绢云母、方解石。

石英分布广泛，在达里约尔组（P_3d）中较多。岩石中有两种表现形式，一种是石英碎屑重结晶，具次生加大边；另一种是硅质胶结物重结晶为微粒石英。波状消光不明显。

绢云母分布最为广泛，呈细小鳞片状，分布在主要矿物之间，定向不明显。

方解石分布也较为广泛，主要产在克斯麻克组（P_3k）中，呈微晶—细晶状，有两种表现形式，一种为灰岩中泥晶重结晶；另一种是碎屑岩中钙质胶结物重结晶为微晶—细晶方解石。

3. 原岩恢复

岩石总体属较低级变质，原岩特征保存完好，空间上呈层状展布，为一套正常沉积岩系。原岩恢复较为容易，达里约尔组（P_3d）原岩为一套红色碎屑岩系；克斯麻克组（P_3k）原岩为一套灰、灰白色碳酸盐岩沉积建造。

4. 变质相带划分

常见变质矿物组合为Q＋Cal、Q＋Ser。划归绢云母带，相当于低绿片岩相单相变质，结合大地构造环境特征，参照董申保(1986)分类，为断陷变质作用类型。推测形成的温压条件为：0.2～0.6GPa，360～400℃。

5. 变质作用历史分析

岩层总体变形较弱，原始沉积特征保存完好，重结晶表现出来的微弱劈理与原层理基本一致，属继承性重结晶。岩层仅局部发生弯曲变形。总体变质、变形可能与印支期以来的陆内叠覆造山作用有关。

(三)也提木苏变质地带

分布于图幅东南角，范围较小。平面上呈楔状夹持于恰尔隆-奥依塔克变质岩带中，南延入邻幅。据原岩沉积建造、变质时代、变质作用类型差异进一步划分为沙黑孜阿勒克变质岩带和卡依孜变质岩带，各岩带与区域构造线一致，均呈北北西向延伸，周围均为断裂围限。

1. 沙黑孜阿勒克变质岩带

分布在沙黑孜阿勒克及也系尔达坂一带，其间小部分被桑株塔格群(JxS)分隔。除南侧被桑株塔格群不整合覆盖外，其余均被断裂围限。西侧以阿黑买尔太-艾捷克达坂断裂与恰尔隆-乌依塔克变质岩带分隔，北东侧以托西克塔石-可可塔什断裂与卡依孜变质岩带相邻，向北西尖灭，向南东延出图外。平面上呈不规则三角形，包括变质地层古元古代赫罗斯坦岩群(Pt_1 *H.*)，其内包括小部分石炭系库尔良群(C_2K)，出露面积约79km^2。

(1)主要岩石类型及特征

岩石变质程度较深，属中—高级变质岩石系列，主要类型有片岩类、长英质粒岩类、片麻岩类、角闪质岩类等，其中以片麻岩类分布较为广泛。

①片岩类

分布较少，主要有黑云绢云石英片岩、白云黑云石英片岩等。

黑云绢云石英片岩：岩石呈灰色，具鳞片粒状变晶结构，片状构造。主要矿物成分为石英(50%)、绢云母(35%)、黑云母(10%)、绿泥石(<5%)，次要矿物成分有绿帘石(少量)，副矿物有金红石(微量)、榍石(微量)、锆石(微量)等。绢云母、黑云母均呈显微鳞片状，常聚集呈扁条状集合体定向分布，黑云母部分绿泥石化，绢云母部分保留板柱状假象；石英呈粒状，大小0.05～0.5mm，多形成眼球状、透镜状集合体被片状矿物所围绕的现象；金红石呈针状，榍石为微粒状，二者共同嵌布在黑云母集合体中。

白云黑云石英片岩：岩石呈灰、灰黑色，具鳞片粒状变晶结构，片状构造。主要矿物成分为石英(60%)、黑云母(20%)、白云母(10%)、绢云母(10%)，副矿物为黄铁矿(少量)。石英呈不规则粒状，大小0.1～0.5mm，大致定向分布；黑云母、白云母为片状，大小0.1～0.5mm，黑云母部分绿泥石化，二者共同定向分布在粒状矿物间；绢云母为细小鳞片状，多聚集呈不均匀定向分布；黄铁矿呈粒状，大小0.1～0.5mm，多褐铁矿化，不均匀定向分布。

②长英质粒岩类

分布广泛，主要类型有绢云母变粒岩、黑云斜长变粒岩、二云变粒岩。

绢云母变粒岩：岩石呈浅灰绿色，鳞片粒状变晶结构，块状构造或微定向构造。主要矿物成分为石英(55%)、斜长石(30%)、绢云母(<10%)，次要矿物为绿泥石(5%)、方解石(少量)，副矿物有榍石(微量)、锆石(个别)。石英呈粒状，大小0.05～0.3mm；斜长石呈细粒状—板柱状，二者互相紧密结合；绢云母、绿泥石呈显微鳞片状，定向分布在粒状矿物之间，绢云母为斜长石退变形成，绿泥石还呈小的集合体产出；榍石多分布在绿泥石集合体中。

黑云斜长变粒岩：岩石呈浅灰白色，具鳞片粒状变晶结构，块状构造、略具片麻状构造。主要矿物成分有斜长石(60%)、石英(30%)，次要矿物成分为黑云母(5%～10%)、绢云母(<5%)、白云石(少量)，副矿物为榍石(少量)、锆石(个别)。斜长石呈板柱状，大小(0.2～1)mm×1.5mm，具聚片双晶，部分绢云母化，大致定向分布；石英呈不规则粒状，大小(0.05～0.7)mm×1mm，粒度较大者具波状消光；绢云母呈显微鳞片状；黑云母呈细鳞片状，多色性明显。

二云变粒岩：岩石呈灰白色，具鳞片粒状变晶结构，片麻状构造。主要矿物成分为石英(40%)、斜长石(50%)、黑云母(5%)、白云母(5%)，副矿物为榍石(微量)及锆石(个别)。石英呈不规则粒状，大小0.1～1.2mm，分布在斜长石颗粒之间；斜长石呈板柱状，大小0.2mm×(0.3～4)mm，具聚片双晶，显示弱的绢云母化；黑云母及白云母呈鳞片状，多呈集合体分布在主要矿物之间；榍石及锆石见于片状矿物集合体中。

③片麻岩类

是该岩带分布最广泛的重要的岩石类型，由于退变质作用，岩石中产生了较多的鳞片状矿物绢云母，部分显示片状构造，但总体具明显残余片麻状构造。主要有黑云斜长片麻岩、石榴黑云斜长片麻岩、石榴角闪斜长片麻岩、石榴矽线斜长片麻岩等，其中较多过渡类型将放在主要类型中一并描述，不再单独列出。

黑云斜长片麻岩：分布较为广泛，岩石呈灰、深灰色，具鳞片粒状变晶结构，片麻状构造，部分显示片状构造，但残留有片麻状构造。主要矿物成分为斜长石(30%～70%)、石英(5%～50%)、黑云母(5%～20%)，次要矿物成分有绿(黝)帘石(少量)、白云石(少量)，副矿物有榍石(微量)、锆石(个别)。斜长石多呈不规则板柱状，大小0.2mm×0.3mm～1.5mm×1.8mm，具聚片双晶，大部分为酸性斜长石，强烈绢云母化，有的仅保留板柱状假象，部分钠黝帘石化，总体大致定向；石英他形粒状，大小0.1～0.6mm，不均匀分布在斜长石颗粒间；黑云母片状，大小0.05～0.1mm，常形成大的集合体定向分布在粒状矿物间，部分绿泥石化；副矿物微粒状不均匀分布。岩石中常含有石榴石而成为(含)石榴石黑云斜长片麻岩。

石榴角闪斜长片麻岩：分布较少，岩石呈灰绿色，具纤状花岗变晶结构，片麻状构造。主要矿物成分为石英(15%)、斜长石(40%)、角闪石(30%)、绢云母(10%)，次要矿物成分有绿(黝)帘石(少量)、石榴石(少量)，副矿物为榍石(微量)、锆石(个别)。斜长石呈不规则板柱状，大小(0.1～1.2)mm×2mm，一般在0.5～1mm，具聚片双晶，部分绢云母化。角闪石呈鳞片状，大都已绿泥石化，保留纤柱状假象，呈束状集合体产出，部分集合体内有微粒石英淅出；石英呈不规则粒状，常呈集合体分布在斜长石颗粒间；绢云母呈显微鳞片状，以集合体产出；石榴石呈粒状残晶，大小0.1～0.2mm；绿帘石及榍石嵌布在绿泥石中。

石榴矽线斜长片麻岩：分布极少，岩石呈灰色，具纤柱状变晶结构、显微鳞片结构，片麻状构造。主要矿物成分为斜长石(30%)、石英(35%)、矽线石(20%)、铁铝榴石(15%)，含少量金属矿物。斜长石呈板柱状，大小0.3mm×0.5mm～0.8mm×2mm，几乎全部绢云母化，仅保留板柱状假象；石英呈粒状，大小(0.1～0.5)mm×0.7mm，不均匀分布在斜长石之间；铁铝榴石呈粒状，大小0.3～1.5mm，内有圆形石英包体，具裂纹，沿裂纹有绢云母分布，部分聚集形成眼球状构造；矽线石呈柱状、纤柱状，最大达0.2mm×1.6mm，呈集束状定向分布于石榴石两侧，部分被绢云母交代，并可见挠曲变形，$2V$小，正光性。

④角闪质岩类

石榴黑云角闪岩：岩石呈灰绿色，具鳞片纤状变晶结构，定向构造。主要矿物成分为角闪石(45%)、绿泥石(20%)、黑云母(10%)、斜长石(10%)，次要矿物成分有石英(5%)、铁铝榴石(5%)、绿帘石(5%)、白云石(少量)，副矿物为榍石(少量)、磷灰石(微量)。角闪石呈纤柱状，多呈束状集合体，具裂纹；黑云母呈鳞片状，多色性明显，中心颜色深，边部浅，并对角闪石进行交代；绿泥石呈显微鳞片状，为交代角闪石而来，部分保留纤柱状假象，多呈集合体产出；石榴石呈残晶出现在片状矿物黑云母及绿泥石集合体中；绿帘石、白云石、榍石等多嵌布在绿泥石、纤柱状角闪石中；斜长石呈板柱状，大小在(0.5～1)mm×1.2mm，聚片双晶发育，多呈集合体产出，其内有细粒石英与之共生。

黝帘角闪片岩：岩石呈浅灰绿色，具纤状变晶结构，片(麻)状构造。主要矿物成分为普通角闪石(65%)、黝帘石(35%)，次要矿物为白云石(少量)。角闪石呈纤柱状，粒度变化大，最大达0.4mm×1.2mm，细小的呈纤维状，总体呈绿色，无褐色色调，属次闪石；黝帘石呈显微细粒及柱状，多以集合体产出，具板柱状假象。其中可见角闪石细粒化现象。

(2)主要变质矿物特征

岩石经历了多期变质，变质矿物种类较多，主要有石英、斜长石、黑云母、白云母、角闪石、石榴石、矽线石、绢云母、绿泥石、绿(黝)帘石等，其中后三者属晚期退变质矿物。

石英是分布最为广泛的变质矿物之一，一般呈不规则粒状，具裂纹，粒度大者具波状消光，不均匀分布在斜长石颗粒间，部分岩石中与斜长石一起形成眼球状透镜体。

斜长石也是带内分布较为广泛的变质矿物，呈不规则板柱状，大小不等，具聚片双晶，二轴晶正光性，多属钠长石；常具强弱不等的绢云母化及钠黝帘石化。

黑云母是分布较为广泛的特征变质矿物之一。呈片状或鳞片状，大小不等，部分多色性明显。常形成大的集合体定向分布在粒状矿物间，部分绿泥石化。

白云母分布较少，呈片状或鳞片状，与其他片状矿物一起定向分布在粒状矿物间。

角闪石分布较少，主要分布在角闪质岩类中，片岩及片麻岩中少量产出。一般呈纤柱状或纤维状，多呈束状集合体产出，大致定向，部分绿泥石化。部分集合体内有微粒石英淅出。

铁铝榴石是分布较广泛的特征变质矿物之一，主要出现在片岩及片麻岩中，其他岩类中少量分布。常呈不规则粒状，内有圆形石英包体，具裂纹，沿裂纹有绢云母分布，部分聚集形成眼球状构造，多呈残晶出现在片状矿物黑云母及绿泥石集合体中。

矽线石是重要的特征变质矿物之一，仅出现在片麻岩中，分布较少。呈柱状、纤柱状、集束状定向分布于石榴石两侧，部分被绢云母交代，并可见挠曲变形，2V 小，正光性。

绢云母分布较为广泛，系晚期的退变质新生矿物。呈细小鳞片状，多聚集呈条纹大致定向分布，大部分为斜长石退变质产生，可见其保留板柱状假象；部分为石榴石退变质形成。

绿泥石分布较少，也是退变质形成，呈鳞片状，大致定向，部分为黑云母退变形成，可见二者形成连晶；部分为角闪石退变形成，保留有纤柱状假象。

绿(黝)帘石呈微粒状或柱状，多以透镜状集合体产出，其内有许多乳滴状石英包体；大部分保留板柱状假象，为斜长石退变质产物。

(3)原岩恢复

赫罗斯坦岩群($Pt_1H.$)岩石属中—高级变质岩石系列，总体属层状无序地层，空间上呈似层状或透镜状延伸。主要岩石类型有片岩类、长英质粒岩类、片麻岩类、角闪岩类，原岩结构、构造已无保留，主要依据岩石的矿物成分、产状、共生组合，结合岩石化学和地球化学特征进行原岩恢复。在 QFM 图解中(图 4-2，样品对应岩性表 4-2)，大部分投点落入火成岩区(Ⅴ、Ⅵ、Ⅶ、Ⅷ区)，少量落入沉积岩砂岩区(Ⅱ、Ⅲ区)。落入酸性岩区的样品岩性多为片麻岩和浅粒岩类，其原岩应为花岗岩类；而落入砂岩区(Ⅱ、Ⅲ区)岩性较杂，有片岩、变粒岩、片麻岩等，其原岩为长石砂岩或杂砂岩类；落入中性岩区(Ⅵ区)的样品岩性均为片麻岩类，其原岩可能为闪长岩类；落入基性、超基性岩区(Ⅷ区)的样品均为角闪岩类，原岩可能为中基性火成岩类。由于赫罗斯坦杂岩变质程度深、变形强烈，部分地段已混合岩化，对其原岩恢复有一定困难，只能根据现有资料和前人数据作概略分析。该套杂岩中除有老侵入体外，不排除有变质中酸性火山岩的存在。

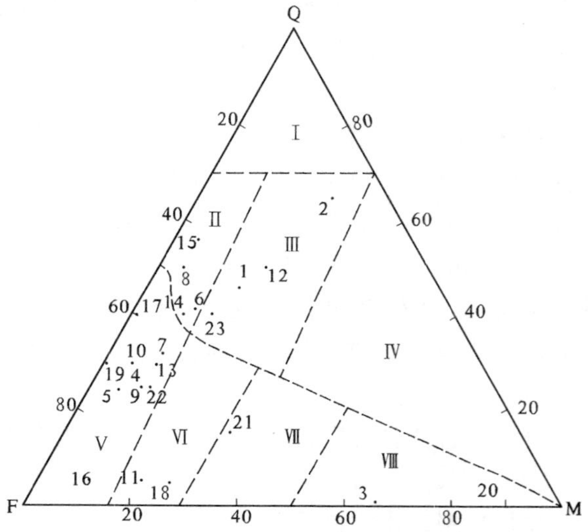

图 4-2　QFM 图解

(Van de Kamp and Beakhouse, 1979)

Ⅰ. 石英岩；Ⅱ. 长石砂岩；Ⅲ. 杂砂岩；Ⅳ. 页岩；Ⅴ. 酸性岩；Ⅵ. 中性岩；Ⅶ. 基性岩；Ⅷ. 超基性岩；样品编号同表 4-2

上述特征表明：赫罗斯坦岩群($Pt_1H.$)为一套碎屑岩沉积建造，成分成熟度低，应为活动型沉积，并有同期偏基性岩浆侵入。

(4)变质相带划分

岩石明显经历了多期变质，早期变质已为峰期变质所掩盖，晚期叠加了退变质，形成了系列低绿片岩相变质矿物组合。排除干扰因素，其常见矿物组合为：Q+Pl+Bi，Q+Pl+Mu+Bi，Q+Pl+Bi+Gt，Hb+Pl，Hb+Pl+Gt，Q+Pl+Sil+Gt；出现特征变质矿物有石榴石、矽线石，且不存在矽线石与钾长石共生组合，划归铁榴石带。可能存在的反应为：Q+Chl+Mu=Gt+Bi+H_2O。结合变质矿物组合、矿物岩相学特征，相当于中压相系低角闪岩相，具递增变质特征，属区域动力热流变质作用类型。推测形成的温压条件为：0.3～0.8GPa，570～660℃。其中矽线石的出现可能与混合岩化作用有关。限于样品数据较少，不排除高角闪岩相的存在。

表 4-2　区域变质岩矿物成分含量表

序号	样品编号	岩石名称	层位	主要矿物含量(%)		
				石英(Q)	长石(F)	铁镁矿物(M)
1	b306/48-1	石榴矽线斜长片麻岩	$Pt_1H.$	44	38	18
2	b306/47-1	黝帘二云石英片岩	$Pt_1H.$	64	12	24
3	b306/45-1	黝帘角闪片岩	$Pt_1H.$	0	35	65
4	b306/42-1	黑云斜长片麻岩	$Pt_1H.$	30	65	5
5	b306/39-1	斜长浅粒岩	$Pt_1H.$	25	70	5
6	b306/35-1	含石榴石黑云斜长片麻岩	$Pt_1H.$	41	47	12
7	b306/32-1	黑云斜长片麻岩	$Pt_1H.$	32	63	5
8	b306/30-1	黑云斜长片麻岩	$Pt_1H.$	50	45	5
9	b306/29-1	黑云斜长片麻岩	$Pt_1H.$	26	68	5
10	b306/27-1	黑云斜长变粒岩	$Pt_1H.$	30	65	5
11	b306/25-1	黑云斜长片麻岩	$Pt_1H.$	5	75	20
12	b306/24-1	黑云斜长片麻岩	$Pt_1H.$	50	30	20
13	b306/22-1	黑云斜长变粒岩	$Pt_1H.$	30	60	10
14	b306/21-1	二云变粒岩	$Pt_1H.$	40	50	10
15	b306/20-2	绿泥绢云变粒岩	$Pt_1H.$	55	40	5
16	b306/18-1	石榴斜长片麻岩	$Pt_1H.$	5	85	10
17	b306/17-1	斜长浅粒岩	$Pt_1H.$	40	60	0
18	b306/15-1	黑云斜长片麻岩	$Pt_1H.$	5	70	25
19	b306/14-1	斜长浅粒岩	$Pt_1H.$	30	70	0
20	b306/12-1	石榴角闪岩	$Pt_1H.$	5	10	85
21	b306/10	石榴角闪斜长片麻岩	$Pt_1H.$	16	52	32
22	b306/9	二云变粒岩	$Pt_1H.$	26	63	11
23	b306/8	石榴斜长片麻岩	$Pt_1H.$	40	45	15
备注	其中 Q、F、M 是计算后使 Q+F+M=100 的数值					

2. 卡依孜变质岩带

为也提木苏变质地带次级变质单元。分布在也提木苏达坂—卡依孜一带，北东侧为断裂或不整合覆盖，西南侧以断裂与沙黑孜阿勒克变质岩带相邻，北西侧被阿黑买尔太-艾捷克达坂断裂所截切，南东延伸出图，总体呈北西—南东向带状展布。包括变质地层中元古界蓟县系桑株塔格群(JxS)，西北端部分为侏罗系稳定盖层(J_1sh)所覆盖，中部华力西期岩体吞噬较多，出露面积约 104km^2。

(1)主要岩石类型及特征

与前述恰尔隆地区大体一致，岩石属轻微变质，主要类型有结晶灰岩、变质石英砂岩、变质石英杂砂岩、粉砂板岩、泥板岩等，其中以结晶灰岩类分布较为广泛。不再分述。

(2)主要变质矿物特征

岩石变质较浅，变质矿物简单，主要有石英、方解石、绢云母等。

石英是分布较为广泛的变质矿物，存在于各类变质岩中。有两种表现形式：一种是石英碎屑重结晶，具次生加大边；另一种是硅质胶结物重结晶为微粒石英。波状消光不明显。

方解石是分布最为广泛的变质矿物，以灰岩中居多。有两种表现形式：一种是在灰岩中泥晶重结晶；另一种是在碎屑岩中钙质胶结物重结晶为微晶—细晶方解石。

绢云母分布也较广泛，是主要的特征变质矿物。呈细小鳞片状，微定向分布。

(3)原岩恢复

岩石均为浅变质，大部分保留原始沉积特征，变余组构明显，纵向上常呈互层或韵律层，横向上呈层状延伸，并含有生物碎片及有机质等，显示原岩为正常沉积的碎屑岩，原岩恢复较为容易。恢复原岩为石英砂岩、石英杂砂岩、粉砂岩、泥岩、灰岩等。为一套碳酸盐岩夹碎屑岩沉积建造，砂岩中见有交错层理和泥裂，灰岩中见有条带，显示为浅海沉积环境。

(4)变质相带划分

岩石中常见变质矿物组合为：Q＋Ser，Q＋Cal(砂泥质岩类)，局部出现黑云母雏晶。以特征变质矿物首次出现为依据，划归绢云母带，相当于低绿片岩相单相变质。参照董申保(1986)分类，属区域动力变质作用类型。推测形成的温压条件为：0.2～1.0GPa，400～500℃。

(四)巧去里变质地(岩)带

分布在奥依塔克西南巧去里一带，以飞来峰的形式出现，周围均以断裂与恰尔隆-奥依塔克变质地(岩)带相分隔，平面上呈不规则面状展布。仅包括变质地层中元古界长城系赛图拉岩群(Ch*ST*.)，出露面积约 80km^2

1. 主要岩石类型及特征

岩石属低—中级变质，主要岩石类型有片岩类、长英质粒岩类、大理岩类等，以片岩类较多，其他岩类多以夹层产出。

(1)片岩类

分布较为广泛，主要有(方解)绿帘绿泥角闪片岩、石墨黑云钠长片岩、二云石英片岩、二云片岩等。其中以角闪片岩类分布最广。

①绿帘绿泥角闪片岩

分布较为广泛，岩石具鳞片柱状变晶结构，片状构造。主要矿物成分有普通角闪石(60%±)、绿泥石(20%±)、石英(＜10%)、绿帘石(10%±)，常含有少量金属矿物。普通角闪石呈长柱状，大小 0.5mm×1.2mm，沿长轴定向分布；绿泥石呈长条鳞片状，定向分布在角闪石之间；绿帘石呈粒状，分布在绿泥石、角闪石之间，部分还形成小的集合体产出；石英呈拉长的细粒状，呈不连续条纹定向分布；少量金属矿物嵌布在角闪石中。部分岩石中见方解石(20%±)，呈粒状，大小 0.3mm±，呈条痕状集合体定向延伸。

②石墨黑云钠长片岩

分布较少，一般呈夹层出现。岩石灰、深灰色，具鳞片粒状变晶结构，片状构造。主要矿物成分有钠长石(60%±)、黑云母(25%±)、石墨(5%～10%)，次要矿物成分为石英(5%±)、绿帘石(少量)，常含有少量黄铁矿。斜长石粒状，大小 0.05mm±，粒度均匀，紧密接触，略显定向；黑云母鳞片状，大小 0.2～1mm，具绿褐色—浅褐色多色性，可见一组完美解理，最高干涉色达二级橙色；石墨显微鳞片状，大小 0.02～0.1mm，断续呈线状集合分布；绿帘石少量，不均匀分布；黄铁矿粒状，星散分布。

③二云石英片岩

分布较少，大多呈夹层产出。岩石具鳞片粒状变晶结构，片状结构。主要矿物成分为石英(55%±)、黑云母(15%±)、白云母(15%±)、钠长石(5%±)，次要矿物成分有白云石(5%±)、绿帘石(5%±)，岩石中常含少量金属矿物。石英呈微粒状，大小(0.05～0.1)mm×0.15mm；黑云母、白云母呈鳞片状定向分布在石英颗粒间，以不同的量比形成浅暗色调相间的纹层，黑云母部分绿泥石化，并与之形成连晶；绿帘石呈微粒状，多呈集合体产出；钠长石呈微粒状，多分布在云母纹层中；白云石呈细粒状，除分布在主要矿物之间外，还呈细脉状穿插岩石。

(2)长英质粒岩类

分布较少，多呈夹层产出，主要岩石类型有黑云母变粒岩、石英岩等。

①黑云母变粒岩

岩石呈灰色，具鳞片粒状变晶结构，块状构造，局部微定向。主要矿物成分为石英(40%±)、钠长石(30%±)、黑云母(20%±)、绢云母(10%±)，次要矿物成分有绿泥石(少量)、绿帘石(＜5%±)、白云石(少量)，副矿物有磁铁矿(＜5%±)及榍石(微量)。钠长石呈微粒状，一般 d＜0.05mm，其中有 5%±呈板柱状变斑晶出现，具聚片双晶；石英呈微粒状，部分呈 0.2mm±的拉长粒状；黑云母、绢云母呈鳞片状，定向分布在粒状矿物间，遇到变斑晶则绕过相夹，形成眼球状构造，黑云母部分绿泥石化，且二者常形成连晶产出；绿帘石呈细粒状嵌布在黑云母鳞片间；磁铁矿呈自形微粒弥散分布；白云石呈细粒分布在钠长石碎斑旁侧。岩石明显受到了糜棱岩化作用，表现为矿物细粒化、圆化，并可见旋转碎斑。

②石英岩

产出较少，岩石呈青灰、灰白色，具粒状变晶结构，块状构造。主要矿物成分为石英(85%±)、钠长石(10%±)，次要矿物成分有黑云母(5%±)、白云石(少量)，副矿物有磁铁矿(微量)、榍石(微量)。石英不规则粒状，大小0.1～0.5mm，具裂纹，普遍波状消光，部分拉长定向；钠长石呈微粒状，大小0.2mm±，部分见聚片双晶，分布不均匀；黑云母呈鳞片状，大致定向分布；白云石呈细粒状，多呈集合体产出；磁铁矿、榍石呈微粒状，星散分布。

(3)大理岩类

分布较少，呈夹层产出，主要类型为方解石大理岩类。

岩石呈灰、灰白色，具粒状变晶结构，块状构造、条带状构造。主要矿物成分为方解石(50%～80%)、石英(5%～15%)，次要矿物成分为黑云母(5%～10%)、绢云母(15%±)，副矿物为磁铁矿(少量)。方解石呈微粒状，不均匀分布，部分拉长定向。石英微粒状，大致定向分布；黑云母为鳞片状，大小0.3～1.2mm，部分绿泥石化，并形成连晶，局部内有定向分布的微粒石英包体；绢云母为显微鳞片状，聚集定向分布；磁铁矿呈微粒状弥散分布。

2. 主要变质矿物特征

岩石中主要变质矿物有石英、钠长石、普通角闪石、绿帘石、黑云母、白云母、绿泥石、绢云母等。

石英是分布最为广泛的变质矿物，在岩石中大小和含量变化较大，从微粒—中粒均有，可见裂纹，普遍具波状消光，部分拉长定向。部分岩石中作为片状矿物包体出现。

钠长石分布也较为广泛，呈微粒状或等轴粒状，大小0.05～0.15mm，不均匀分布在主要矿物之间，部分粒度大者成为碎斑，折光率≤树胶，二轴晶正光性，双晶不发育，局部见聚片双晶，部分拉长定向。

普通角闪石为重要特征变质矿物之一，分布也较广泛，以角闪片岩类中产出较多。一般呈柱状，大小及含量变化大，较大柱体被细粒绿帘石穿插交代而残缺不全，一般沿长轴定向分布。

绿帘石分布广泛，一般呈细粒状，多以集合体产出，分布在主要矿物之间。

黑云母是重要的特征变质矿物之一，分布较广泛。呈鳞片状，大小、含量不等，多聚集定向分布；局部具绿褐色—浅褐色多色性，可见一组完美解理，最高干涉色达二级橙色；部分绿泥石化，并形成连晶。

白云母分布较少，主要出现在云母片岩中，呈鳞片状，多聚集定向分布在粒状矿物间。

绿泥石分布广泛，出现在各类片岩中。一般呈鳞片状，多聚集定向分布；部分为角闪石退变而来，部分为黑云母退变形成。

绢云母分布较少，呈显微鳞片状，微定向，不均匀分布。

3. 原岩恢复

岩石属低级变质，属总体无序、局部有序地层。原岩结构、构造仅部分残留，主要据野外产状、岩相学及矿物组合等特征恢复原岩。横向上呈层状或似层状延伸，纵向上常构成角闪片岩夹石英片岩或大理岩，且岩石中含有少量炭质(已变成石墨)，显示正常沉积特征。在QFM图解上(图4-3，样品编号对应表4-3)，含有角闪石的片岩类投点(2、3、5号点)均落入火成岩中性—超基性岩区，其他则落入沉积岩区(4、

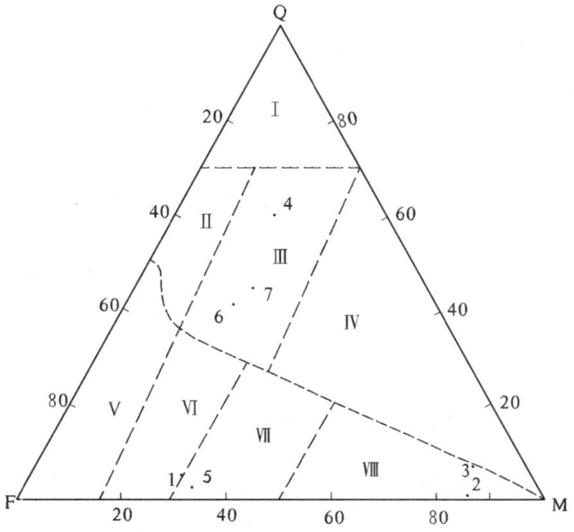

图4-3　QFM图解

(Van de Kamp and Beakhouse，1979)

Ⅰ.石英岩；Ⅱ.长石砂岩；Ⅲ.杂砂岩；Ⅳ.页岩；Ⅴ.酸性岩；Ⅵ.中性岩；Ⅶ.基性岩；Ⅷ.超基性岩；样品编号同表4-3

6、7号点)(样品号对应岩性见表4-3),其中1号点矿物成分中含有炭质(石墨),野外产状也表明为正常沉积岩,而投点落入火成岩中性岩区,可能与后期的混合岩化作用有关。落入沉积岩杂砂岩区(Ⅲ区)中的样品,其原岩应为沉积岩,结合矿物共生组合,恢复其原岩应为石英杂砂岩(4号样品)及长石杂砂岩(6、7号样品)。火成岩区的样品分别落入基性岩区(5号点)和超基性岩区(2、3号点),且5号点靠近中性岩区,结合矿物共生组合,对应原岩分别为安山质玄武岩(5号)和玄武岩。大理岩、石英岩据野外产状及岩相学特征,恢复为灰岩及石英砂岩。

上述原岩组合特征表明,该岩带赛图拉岩群(Ch*ST.*)原岩为一套中基性火山岩夹碎屑岩建造,可能为拉张环境下的产物。

表4-3 区域变质岩矿物成分含量表

序号	样品编号	岩石名称	层位	主要矿物含量(%)		
				石英(Q)	长石(F)	铁镁矿物(M)
1	b6601/2	石墨黑云斜长片岩	Ch*ST.*	6	66	28
2	b5572/1	方解绿帘角闪片岩	Ch*ST.*	1	13	86
3	b5572/2	绿帘绿泥角闪片岩	Ch*ST.*	8	10	82
4	b5572/3	二云石英片岩	Ch*ST.*	61	22	17
5	b5572/6	绿帘角闪钠长片岩	Ch*ST.*	1	66	33
6	b5574/2	绢云黑云钠长片岩	Ch*ST.*	42	37	21
7	b5573/3	黑云母变粒岩	Ch*ST.*	44	33	22

注:其中Q、F、M是计算后使Q+F+M=100的数值

4. 变质相带划分

岩石中主期矿物组合:Q+Ab+Bi+Mu(砂泥质岩类),Hb+Ep+Chl+Q(基性岩类),其特征矿物为黑云母和普通角闪石,划归黑云母带,相当于中压相系低绿片岩相,参照董申保(1986)分类,属区域低温动力变质作用。推测形成的温压条件为:0.2~1GPa,400~500℃。

二、西昆仑变质地区

分布在慕士塔格—公格尔—木吉西南一带,北东以空贝利-木扎灵断裂与恰尔隆-奥依塔克变质地带分隔,范围与慕士塔格-公格尔复合岛弧带相当,总体呈北东—南西向不规则带状延伸,两端均延出图外。据变质期、变质作用类型的差异,划分为卡拉吉拉变质地(岩)带($Ⅱ_1$)、托尔色子变质地(岩)带($Ⅱ_2$)、慕士塔格-布伦口变质地(岩)带($Ⅱ_3$)、喀拉库勒-克孜勒介克沟变质地(岩)带($Ⅱ_4$)、乌孜别里山口变质地(岩)带($Ⅱ_5$)5个变质地(岩)带。

(一)卡拉吉拉变质地(岩)带($Ⅱ_1$)

分布在卡拉吉拉—托鱼鲁布隆以西地区,东侧以断裂与托尔色子变质岩带分隔,西侧被印支期岩体侵入,总体呈北西—南东向不规则带状延伸,与区域构造线方向一致,向南延入邻幅。包括变质地层奥陶系未分(O),出露面积约92km²。

1. 主要岩石类型及特征

岩石属浅变质,主要岩石类型有变质石英砂岩、粉砂板岩、含炭质石榴石绢云石英片岩、阳起石大理岩等,以含炭质石榴石绢云石英片岩分布较为广泛。

(1)含炭质石榴石绢云石英片岩

是地层中主要岩石类型。岩石呈深灰、灰黑色,具鳞片粒状变晶结构,斑点状构造、片状构造。主要矿物成分为石英(40%~60%)、绢云母(20%~35%)、方解石(0~20%)、黑云母(2%~10%),次要矿物成分为斜长石(0~5%)、炭质(5%~10%)、钙铝榴石(少量),副矿物为磁铁矿(微量)。石英、斜长石、方解石均

呈不规则粒状，大小 0.05～0.3mm，斜长石部分绢云母化，三者均呈不均匀定向分布；黑云母褐色片状，大小 0.1～0.3mm；绢云母细小鳞片状，二者均呈不均匀定向分布；炭质为尘状，呈不均匀定向分布；钙铝榴石等呈轴粒状或不规则粒状，大小 1～2mm，无色，裂纹发育，均质，包裹有一些炭质，不均匀分布；磁铁矿粒状，大小 0.05～0.5mm，多向褐铁矿变化，呈不均匀定向分布。

(2)阳起石大理岩

少量分布在木扎灵一带，多呈夹层产出。灰白色或浅绿灰色，具粒状变晶结构，块状构造。主要矿物成分为方解石(87%±)、阳起石(10%±)，次要矿物成分为石英(3%±)、黑云母(少量)，副矿物为磁铁矿(微量)。方解石不规则粒状，大小 0.2～1mm，定向分布；阳起石纤柱状，大小 0.1～0.5mm，淡绿色，多色性、吸收性不明显，呈不均匀定向分布；黑云母褐色片状，大小 0.1～0.2mm，不均匀定向分布；石英、磁铁矿粒状，大小 0.05～0.1mm，有的显示次圆状特征，不均匀定向分布。

2. 主要变质矿物特征

岩石明显叠加了热接触变质，形成的变质矿物不在这里叙述。排除干扰后的区域变质矿物主要有石英、斜长石、绢云母、方解石、绿泥石、黑云母(雏晶)，其特征分述如下。

石英是分布最为广泛的变质矿物，有两种形式：一是石英碎屑保留次棱角、次圆状形态，具次生加大边，弱波状消光；其二是硅质重结晶为微粒石英，普遍波状消光，微定向。

绢云母是主要的特征变质矿物，分布广泛。呈细小鳞片状，多聚集定向分布。

绿泥石分布较少，呈细小鳞片状，不均匀定向分布。

黑云母分布较少，仅局部可见。一般呈雏晶出现，细小鳞片状，大致定向分布。

方解石分布较为广泛，主要出现在大理岩类岩石中。有两种表现形式：一是在碎屑岩中钙质胶结物重结晶为粉晶或细晶方解石；其二是大理岩中泥晶重结晶。

3. 原岩恢复

岩石总体变质较浅，但大部分叠加了后期的热接触变质，部分保留原岩结构、构造特征，变余组构明显。横向上呈层状延伸，纵向上常见变质石英砂岩→粉砂板岩→片岩构成的韵律，显示为正常沉积碎屑岩。原岩恢复较为容易，结合岩相学特征，对应原岩分别为石英砂岩、粉砂岩、粉砂质泥岩、大理岩，为一套碎屑岩夹碳酸盐岩建造。

4. 变质相带划分

岩石经历了不同类型的变质作用，呈现较为复杂的矿物组合。其中以热接触变质较为强烈，排除其干扰，常见的主期变质矿物组合有 Q＋Pl＋Ser(砂泥质岩类)，Cal＋Q(灰岩)，主要特征变质矿物为绢云母，绿泥石分布较少，局部见黑云母雏晶，划归绢云母带，相当于低绿片岩相单相变质，结合矿物组合，参照董申保(1986)分类，属区域低温动力变质作用类型。推测形成的温压条件为：0.2～1.0GPa，400～500℃。

(二)托尔色子变质地(岩)带(II_2)

分布在保勒木莎达坂—托尔色子一带，呈近南北向不规则带状展布，东侧以空贝利-木札灵断裂与恰尔隆-奥依塔克变质地带毗邻，西侧为岩体及断裂所围陷，其内有零星岩株及小岩脉穿插，包括的变质地层为长城系赛图拉岩群(Ch*ST*.)，出露面积约 380km^2。

1. 主要岩石类型及特征

岩石为低级变质，种类齐全，主要类型有片岩类、长英质粒岩类、大理岩类，其中以长英质粒岩类分布最为广泛。

(1)片岩类

是主要的岩石类型之一，主要有含石榴黑云石英片岩、含石榴二云石英片岩、黑云钙质片岩等，前两者分布较为广泛。

①含石榴黑云石英片岩

岩石呈深灰、灰黑色，具鳞片粒状变晶结构、筛状变晶结构，皱曲片状构造、斑点状构造。变斑晶为铁铝榴石(<5%)，铁铝榴石呈粒状，大小0.5～3mm，略具自形轮廓，边缘不规整，呈枝状、港湾状，一般均含有乳滴状石英包体，部分还含有黑云母、白云母、炭质等包体，包体一般呈线状定向排列，构成筛状变晶结构；黑云母变斑晶呈鳞片状，大小1.5mm×2.5mm，其内常含有线状炭质包体，有的线状包体排列方向垂直片理，有的则一致，局部还可见黑云母解理纹横交皱曲片理。基质中主要矿物成分为黑云母(25%～30%)、钠长石(10%～30%)、石英(20%～50%)、绢(白)云母(5%±)、绿泥石(0～5%)，次要矿物成分为炭质(5%±)、方解石或白云石(少量)，副矿物为电气石(微量)及金红石(微量)。黑云母呈显微长条鳞片状，大小0.005mm×0.02mm～0.05mm×0.2mm，大致定向分布，部分绿泥石化；钠长石呈不规则微粒状(<0.05mm)，不均匀分布在石英颗粒间；石英呈粒状，大小0.05～0.2mm，部分呈集合体产出，大致沿长轴定向分布；绢云母呈显微鳞片状，星散状分布；炭质呈尘点状，弥散呈线纹状分布；方解石或白云石呈微细粒状分布在主要矿物之间。副矿物呈粒状零星分布在主要矿物之间。

②含石榴二云石英片岩

分布较为广泛。岩石呈灰、深灰色，具显微鳞片粒状变晶结构，片状构造、斑点状构造。主要矿物成分为石英(25%～50%)、钠长石(15%～20%)、黑云母(15%～30%)、白云母(10%～20%)，次要矿物成分为石榴石(<5%)、炭质(<5%±)，副矿物有金红石(微量)、电气石(微量)、磷灰石(微量)。石英呈微粒状(<0.05mm)，部分拉长定向，具弱的波状消光；钠长石呈微粒状(<0.02mm)，定向分布在微粒石英之间；黑云母、白云母呈细小鳞片状，聚集定向分布，黑云母粒度较大者达1mm±，而成为变斑晶，内含炭质包体；石榴石均呈变斑晶出现，大小1～3mm，自形粒状，内含许多石英、黑云母、炭质包体，部分包体排列方向与基质一致，部分与基质一起皱曲变形；炭质呈尘状弥散分布在片状矿物之间；方解石或白云石呈不规则微粒状分布在主要矿物间；副矿物金红石、电气石、磷灰石等呈细粒状星散分布。

③黑云钙质片岩

零星分布，多以夹层产出。岩石呈浅灰色，具鳞片粒状变晶结构，片状构造。主要矿物成分为方解石(50%±)、石英(30%±)、黑云母(10%±)、钠长石(10%±)，副矿物有金红石(个别)、锆石(个别)。方解石呈粒状，大小0.2mm×0.35mm，轴径不等，沿长轴定向分布；石英、钠长石呈粒状，大小0.1～0.2mm，不均匀分布；黑云母呈长条鳞片状，大小0.03mm×0.3mm～0.25mm×0.8mm，定向分布于主要矿物之间。岩石中常含微量尘状炭质，弥散分布。副矿物金红石呈针状嵌布在黑云母中。

(2)长英质粒岩类

是赛图拉岩群(Ch*ST*.)中分布最多的岩石，主要类型有(含石榴石)黑云钠长变粒岩、(含石榴石)黑云斜长变粒岩、含石榴石石英岩等，其间过渡类型岩石将不再作描述。

①黑云斜长变粒岩

分布较少。岩石呈灰、浅灰色，具鳞片粒状变晶结构、筛状变晶结构，斑点状构造、片状构造。主要矿物成分为石英(5%～50%)、斜长石(30%～50%)、黑云母(10%～25%)、白云母(0～10%)，次要矿物为炭质(<5%)、方解石或白云石(少量)、绿帘石(少量)，副矿物为金红石(微量)。石英呈不规则粒状，大小(0.05～0.2)mm×0.3mm，分布在斜长石颗粒间，略定向；斜长石粒度变化大，大者(0.2～1mm)呈板柱状，且部分内有炭质包体，小者(0.05～0.1mm)以粒状为主，板柱状较少，总体双晶不发育，大致定向；黑云母呈鳞片状，大小0.05mm×0.15mm～0.15mm×0.5mm，定向分布，部分绿泥石化；白云母鳞片较黑云母小，定向分布；炭质呈尘状弥散分布；方解石或白云石呈细粒状分布在主要矿物之间；绿帘石呈粒状、柱状散布。岩石中常含少量(<5%)铁铝榴石变斑晶，而使岩石成为含石榴石黑云斜长变粒岩，变斑晶呈半自形，大小0.3～3mm，内有许多石英、炭质包体，显示筛状变晶结构。

②含石榴石石英岩

分布较少，仅局部可见。岩石呈青灰色，具鳞片粒状变晶结构，块状构造。主要矿物成分为石英(90%±)、白云母(5%±)、黑云母(5%±)，次要矿物成分为石榴石(<3%)，副矿物有电气石(个别)、金红石(微量)。石英呈不规则粒状，大小0.05～0.5mm，基本不具波状消光；白云母呈细小鳞片状，分布在石英颗粒间；黑云母呈片状，大小0.02mm×0.06mm～0.1mm×0.5mm，个别属金云母，大小0.5mm；铁铝

榴石呈粒状，大小 0.15～0.5mm，个别大者成为变斑晶，有的含有少量石英包体。

(3)大理岩类

岩石呈浅灰、灰白色，粒状变晶结构，块状构造。主要矿物成分为方解石(90%～95%)，次要矿物成分为石英(<10%)、斜长石(少量)、黑云母或绢云母(微量)、炭质(少量)。方解石呈半自形粒状，大小 0.2～1mm，部分沿长轴定向，具波状消光；石英及斜长石呈细粒状，大小 0.056～0.2mm，不均匀分布在方解石颗粒间；黑云母及绢云母呈细小鳞片状散布在岩石中；炭质呈尘状弥散分布。

2. 主要变质矿物特征

岩石中变质矿物丰富，叠加有热接触变质矿物，排除热接触变质矿物的干扰，区域变质矿物主要有石英、斜长石、钠长石、黑云母、绢云母等。

石英：是分布最为广泛的变质矿物，出现在各类岩石中，在长英质粒岩类和石英片岩中产出较多。一般呈不规则粒状，含量和粒径变化大，基本不具或显示弱的波状消光，部分拉长，总体微定向。另有小部分作为变斑晶中包体存在，呈线状或乳滴状排列。

斜长石：分布较为局限。粒度变化大，大者(0.2～1mm)作为变斑晶出现，呈板柱状，且内有炭质包体；小者(0.05～0.1mm)以粒状为主，板柱状较少，总体双晶不发育，大致定向。

钠长石：是分布较为广泛的变质矿物，以片岩类及长英质粒岩类中产出较多。一般呈不规则微粒状(<0.05mm)，不均匀分布在石英颗粒间，双晶不发育，N<树胶，2*V* 大；部分岩石粒径较大[(0.5～1.7)mm×2.5mm]而成为变斑晶，内含石英包体，大致定向分布，部分绢云母化。

黑云母：是岩石中重要特征变质矿物，分布也较广泛，在片岩和长英质粒岩类中产出较多。在岩石中有两种赋存状态：一是在基质中呈显微长条鳞片状，大小 0.005mm×0.02mm～0.05mm×0.2mm，大致定向分布，大部分发生舒缓状皱曲，部分岩石中显示多色性，Ng 为深棕黄色，Np 为浅黄色，部分绿泥石化，二者形成连晶；还有一部分作为石榴石中的包体出现。其二是呈变斑晶出现，为后期热接触变质产生，同样具多色性，呈鳞片状，大小 1.5mm×2.5mm，其内常含有线状炭质包体，有的线状包体排列方向垂直片理，有的则一致，局部还可见黑云母解理纹横交皱曲片理。

绢云母：分布广泛，以片岩类中较多。呈显微长条鳞片状，定向分布，可见片理纹皱曲。

3. 原岩恢复

变质地层属总体无序、局部有序，原岩结构、构造等特征保留较少，其原岩的恢复主要依据野外产状、岩石共生组合、岩相学等特征。横向上呈层状或似层状延伸较远，纵向上常出现由变粒岩→片岩或片岩→大理岩的韵律，且岩石中普遍含有尘状炭质，显示为正常沉积碎屑岩系。在 QFM 图解(图 4-4)中，投点均落入沉积岩区(矿物成分含量见表 4-4)。结合矿物共生组合，落入长石砂岩区(Ⅱ区)的变粒岩类其原岩为石英长石砂岩；落入杂砂岩区(Ⅲ区)的多为变粒岩，部分石英片岩类，恢复其原岩为石英杂砂岩；落入页岩区(Ⅳ区)的多为片岩类，小部分为变粒岩类，恢复其原岩为泥质岩类，有个别样品点靠近砂岩区，应为粉砂质泥岩；大理岩类原岩为灰岩。

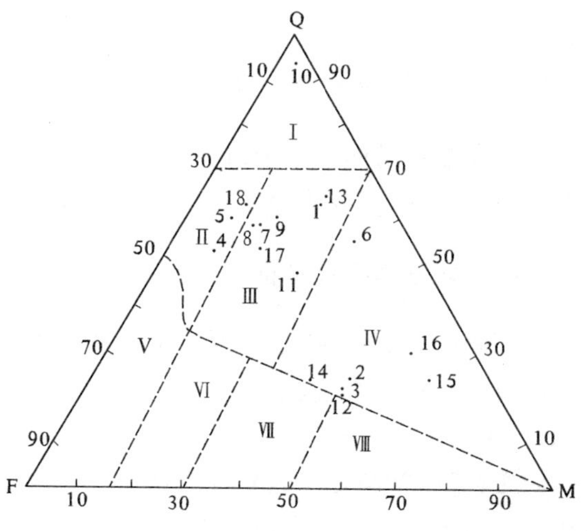

图 4-4　QFM 图解

(Van de Kamp and Beakhouse, 1979)

Ⅰ. 石英岩；Ⅱ. 长石砂岩；Ⅲ. 杂砂岩；Ⅳ. 页岩；Ⅴ. 酸性岩；Ⅵ. 中性岩；Ⅶ. 基性岩；Ⅷ. 超基性岩；样品编号同表 4-4

上述原岩组合总体表明赛图拉岩群(Ch*ST.*)为一套碎屑岩夹碳酸盐岩建造，岩石中长石含量较高，成分成熟度较低，显示活动型沉积特征。

4. 变质相带划分

从宏观及微观特征可以看出，岩石明显经历了三幕构造作用，其中变质高峰期出现在第二幕，表现为热接触变质。具体特征如下：第一幕变质为区域变质，为进变质作用，产生特征变质矿物绢云母、白云母、黑云母(雏晶)，从残留矿物组合可以识别出主要为黑云母带变质，排除干扰，其平衡矿物组合为 Q+Ab+Ser+Bi(雏晶)(砂泥质岩类)，相当于低绿片岩相单相变质，为区域低温动力变质作用的产物，推测形成的温压条件为 0.2～1GPa，400～500℃；第二幕为热接触变质，大部分掩盖或改造早期变质、变形，出现特征变质矿物黑云母、石榴石，且均是以变斑晶形式产出，相当于普通角闪石角岩相；第三幕主要表现为退变质作用，出现了新一代绢云母、绿泥石、钠长石，属低绿片岩相单相变质，为区域低温动力变质作用的产物。

表 4-4　区域变质岩矿物成分含量表

序号	样品编号	岩石名称	层位	主要矿物含量(%)		
				石英(Q)	长石(F)	铁镁矿物(M)
1	b5550/3	含石榴黑云绢云石英片岩	Ch*ST.*	63	13	24
2	b101/3	黑云斜长变粒岩	Ch*ST.*	25	50	25
3	b101/4	含石榴黑云斜长变粒岩	Ch*ST.*	22	50	28
4	b101/5	含石榴黑云斜长变粒岩	Ch*ST.*	53	37	10
5	b101/6	含石榴黑云钠长变粒岩	Ch*ST.*	60	30	10
6	b101/8	含石榴黑云石英片岩	Ch*ST.*	56	11	33
7	b101/9	黑云钠长变粒岩	Ch*ST.*	58	26	16
8	b101/10	含石榴二云石英片岩	Ch*ST.*	58	24	18
9	b101/12	含石榴黑云变粒岩	Ch*ST.*	61	22	17
10	b101/13	含石榴石英岩	Ch*ST.*	95	0	5
11	b101/14	二云石英片岩	Ch*ST.*	47	27	26
12	b102/17	石榴二云片岩	Ch*ST.*	22	28	50
13	b102/20	黑云变粒岩	Ch*ST.*	64	24	12
14	b102/23	含石榴黑云石英片岩	Ch*ST.*	24	35	41
15	b102/25	含石榴二云片岩	Ch*ST.*	24	12	64
16	b103/29	含石榴二云石英片岩	Ch*ST.*	31	13	56
17	b103/32	黑云变粒岩	Ch*ST.*	53	29	18
18	b104/34	黑云变粒岩	Ch*ST.*	63	26	11

注：其中 Q、F、M 是计算后使 Q+F+M=100 的数值

(三)慕士塔格-布伦口变质地(岩)带(Ⅱ$_3$)

分布在慕士塔格—布伦口—木吉南一带，总体呈不规则带状北北西向延伸。与其他变质单元以断裂或岩体分开，仅包括变质地层布伦阔勒岩群(Pt$_1$*B.*)，出露面积约 1 775km^2。

1. 主要岩石类型及特征

岩石属中—高级变质，主要大类有片岩类、片麻岩类、长英质粒岩类、角闪质岩类、大理岩类，以片麻岩类分布最为广泛，片岩次之。

(1)片岩类

分布广泛，常与片麻岩呈互层或作为夹层产出。主要类型有黑云石英片岩、含石榴黑云石英片岩、含矽线黑云石英片岩。其中以后者分布较为广泛。

①黑云石英片岩

岩石呈深灰、灰黑色，具鳞片粒状变晶结构，片状构造。主要矿物成分为石英(50%～65%)、斜长石(10%～20%)、黑云母(25%±)、白云母(5%～10%)，副矿物为磁铁矿(微量)。石英、斜长石均呈不规则粒状，大小 0.1～0.6mm，石英普遍具波状消光，斜长石部分显示聚片双晶，双晶纹细密并近平行消光，石

英>N>树胶，为更长石，二者呈不均匀的定向分布；黑云母为褐色片状，大小 0.1～0.6mm，白云母为片状，大小 0.5～2mm，二者在长英质粒状矿物间呈连续的定向分布；磁铁矿呈微粒状，零星分布。

②含石榴黑云石英片岩

岩石呈暗灰色，具鳞片粒状变晶结构，片状构造。主要矿物成分为石英(50%～65%)、斜长石(5%～20%)、黑云母(25%～30%)，次要矿物成分为白云母(0～5%)、石榴石(少量)，副矿物常为磁铁矿(微量)。石英、斜长石均呈不规则粒状，大小 0.2～1.5mm，石英波状消光明显，斜长石显聚片双晶，最大消光角法测得(010)∧Np′=9°，N>树胶，An=26 为更长石，二者均呈不均匀的定向分布；黑云母为褐色片状，白云母为片状，大小 0.15～1mm，二者共同在长英矿物间呈连续不均匀定向分布；石榴石为钙铝榴石，呈等轴粒状，大小 0.3～1.6mm，无色，正高突起，裂纹发育；磁铁矿为 0.05～0.15mm 的粒状，零星分布。部分岩石中白云母含量达到或超过 10%，而使岩石成为含石榴白云黑云石英片岩。

③矽线黑云石英片岩

岩石呈灰黑色，具鳞片粒状变晶结构，片状构造。主要矿物成分为石英(50%～65%)、斜长石(5%～15%)、黑云母(20%～25%)、矽线石(10%±)，次要矿物成分为白云母(0～5%)，副矿物为磁铁矿(微量)、电气石(微量)。石英、斜长石均呈不规则粒状，大小 0.25～1.5mm，石英波状消光明显，斜长石部分微显聚片双晶，部分绢云母化；黑云母、白云母为片状，0.2～1mm，矽线石呈毛发状、束状，大小 0.25～1mm，三者在长英粒状矿物间呈不均匀定向分布；部分岩石中含有铁铝榴石而使岩石成为(含)石榴石矽线石黑云石英片岩，石榴石多为铁铝榴石，粒状，大小 0.05～0.15mm。副矿物均为微粒状(0.05～0.2mm)，零星分布。

(2)片麻岩类

是布伦阔勒岩群($Pt_1B.$)中分布最为广泛的岩石类型，主要有黑云斜长片麻岩、二云斜长片麻岩、黑云二长片麻岩、含矽线石榴黑云斜长片麻岩、矽线石榴黑云二长片麻岩等，其间存在较多过渡类型。其中以黑云斜长片麻岩类分布最广。

①黑云斜长片麻岩

岩石具鳞片粒状变晶结构，片麻状构造。主要矿物成分为石英(5%～20%)、斜长石(30%～70%)、黑云母(15%～25%)，次要矿物成分为钾长石(<5%)、白云母(<5%)，副矿物为磁铁矿(微量)。石英、斜长石、钾长石均呈不规则粒状，大小 0.1～1mm，部分达 3mm±，石英普遍波状消光，斜长石部分显聚片双晶，石英>N>树胶，An=25～29，为更长石，斜长石部分绢云母化或钠黝帘石化，钾长石个别显格子双晶，并有交代斜长石的现象，三者均呈不均匀的定向分布；黑云母(褐色)、白云母为片状，大小 0.2～1.3mm，在长英矿物颗粒间呈不连续的定向分布；磁铁矿呈微粒状(0.05～0.1mm)，零星分布。此外，个别岩石中见有角闪石，为绿色柱状，大小 0.4mm×0.15mm～0.6mm×0.25mm，C∧Ng=20°，不均匀的定向分布。部分岩石中常含少量(<5%)石榴石，而成为含石榴石黑云斜长片麻岩，石榴石多为钙铝榴石，无色，等轴粒状，大小 0.1～1.5mm，均质，裂纹发育；部分岩石中见含少量矽线石，而使岩石成为含矽线石黑云斜长片麻岩，矽线石呈毛发状、束状，大小 0.1～0.3mm，在粒状矿物间不均匀定向分布。

②二云斜长片麻岩

分布较少，呈夹层产出。岩石呈灰色，具鳞片粒状变晶结构，片麻状构造。岩石主要矿物成分为石英(30%±)、斜长石(50%±)、黑云母(10%±)、白云母(10%±)，石英、斜长石均呈不规则粒状，大小 0.2～0.8mm，斜长石个别显聚片双晶，石英>N>树胶，为更长石，二者呈不均匀定向分布；黑云母、白云母为片状，大小 0.2～0.5mm，在长英质矿物间呈不均匀的定向分布，黑云母部分绿泥石化。

③矽线石榴黑云二长片麻岩

分布较少，岩石为浅灰白色，具鳞片粒状变晶结构，片麻状构造。主要矿物成分为斜长石(30%±)、钾长石(20%±)、黑云母(25%±)、白云母(<5%)、矽线石(10%±)、石榴石(10%±)。斜长石、钾长石均呈不规则粒状，大小 0.5～4.5mm，斜长石个别微显聚片双晶，钾长石包裹有一些黑云母、斜长石，个别微显格子双晶，二者均呈不均匀定向分布；黑云母、白云母为片状，大小 0.3～3.5mm，在粒状矿物间呈不均匀的定向分布；钙铝榴石呈不规则粒状，大小 2～7mm，无色，均质，裂纹发育，内有斜长石包体；矽线石为毛发状、束状，大小 0.3～0.5mm，均呈不均匀定向分布。

(3)长英质粒岩类

分布比前者稍广，主要类型有石英岩、浅粒岩等，以前者为主。

①石英岩

岩石呈灰、灰白色，具鳞片粒状变晶结构，块状构造。主要矿物成分为石英(88%～90%)，次要矿物成分为斜长石(<5%)、黑云母(<5%)、白云母(<5%)，副矿物为磁铁矿(微量)。石英、斜长石均呈不规则粒状，大小0.1～1mm，石英波状消光明显，斜长石微显聚片双晶，二者常相互结合，杂乱分布，微显定向性；黑云母、白云母呈片状，大小0.1～0.4mm，不均匀分布，微定向；磁铁矿为0.05～0.15mm的粒状，零星分布。部分岩石中含有少量微斜长石(<2%)，显格子双晶。

②浅粒岩

岩石呈灰白色，具粒状变晶结构，块状构造，部分微定向。主要矿物为石英(20%～70%)、斜长石(30%～78%)，次要矿物为白云母(少量)、黑云母(<2%)，副矿物为褐铁矿(微量)、磷灰石(微量)。石英、斜长石均呈不规则粒状，大小0.7～1.5mm，斜长石个别微显聚片双晶，An=24，为更长石，二者均呈不均匀分布，部分微显定向；黑云母、白云母为片状，0.2～0.5mm，零星分布；褐铁矿为隐晶质粒状，磷灰石为0.05～0.3mm的柱状，均星散分布。

(4)大理岩类

分布极少，仅见有方解石大理岩。

岩石呈灰白色，具粒状变晶结构，块状构造。几乎全由方解石(98%±)组成，为不规则晶粒状，大小0.25～0.7mm，部分达1.5～7.5mm，相互结合杂乱分布，微定向；石英少量(2%±)，粒状，大小0.1～0.25mm，分布不均匀。

2. 主要变质矿物特征

岩石变质程度较深，变质矿物种类齐全，主要有石英、斜长石、钾长石、黑云母、白云母、角闪石、石榴石、矽线石等，其特征分述如下。

石英：分布最为广泛的变质矿物，在片岩类、片麻岩类、长英质粒岩类岩石中产出较多，角闪岩类及大理岩类中零星产出。一般呈不规则粒状，粒径和含量变化大，部分具裂纹，普遍波状消光明显，分布不均匀，微定向。部分岩石中作为石榴石包体出现。

斜长石：分布也较为广泛，存在于各类岩石中。一般呈不规则粒状，部分显聚片双晶，双晶纹细而密，最大消光角法测得An=20～29，为更长石。部分绢云母化或钠黝帘石化。

钾长石：分布较少，主要出现在片麻岩中。多为微斜长石，一般呈不规则粒状，部分包裹有一些黑云母、斜长石包体，个别微显格子双晶，和其他粒状矿物一起不均匀定向分布。

黑云母：分布较为广泛，是重要的特征变质矿物之一。一般呈褐色片状，不均匀定向分布在粒状矿物间，部分向绿泥石转化。

白云母：分布较黑云母少，一般呈片状，大小和含量变化较大，不均匀定向分布在粒状矿物间，在有矽线石出现的岩石中含量急剧减少甚至消失。

角闪石：主要出现在角闪岩类中，在个别片麻岩中零星可见，但总体光性特征基本相似。一般呈绿色柱状，多色性、吸收性明显，$C \wedge Ng=20° \sim 23°$，小部分定向，大部分为杂乱分布。

石榴石：分布广泛，是主要的特征变质矿物之一。多为钙铝榴石，呈等轴粒状或不规则粒状，无色，正高突起，均质，裂纹发育。个别岩石内有石英或斜长石包体，不均匀分布。

矽线石：分布广泛，是主要特征变质矿物之一，主要出现在片麻岩中，片岩中有少量产出。一般呈毛发状、束状，呈不均匀定向分布。

3. 岩石化学及地球化学特征

(1)岩石化学特征

岩石化学成分(见表4-5)。

斜长角闪岩类SiO_2含量介于45%～53%之间，为基性岩类，富含CaO、Al_2O_3、MgO、FeO、Fe_2O_3，贫

碱，K_2O+Na_2O 均小于 4%，尼格里特征参数值（表 4-5）显示：alk+c>al>alk，t<0 为正常系列，qz≤－12为硅不饱和型，与基性—超基性岩类的特征相当。在 Si－t 图解（图 4-5 ）中落入基性岩系。片麻岩中 SiO_2 含量介于 53%～66%之间，为硅饱和岩类，K_2O+Na_2O> 4%，富碱；尼格里特征参数值显示：alk+c>al >alk，t<0，为正常系列，qz<－12 为硅不饱和型。在 Si－t 图解（图 4-5）中投点落在基性岩系与长英质岩系界线附近（该样品中镜下见较多矽线石，而未见铝过饱和，可能存在多种原因的误差）。

表 4-5　区域变质岩石化学成分及尼格里值及特征参数表（wt%）

序号	层位	岩石名称	样号	SiO_2	TiO_2	Al_2O_3	Fe_2O_3	FeO	MnO	MgO	CaO	Na_2O	K_2O	P_2O_5	H_2O^+	CO_2	总量
1	$Pt_1B.$	斜长角闪岩	b463/1	51.64	1.25	14.09	1.75	9.43	0.25	6.14	10.62	0.99	1.11	0.11	2.15	0.23	99.76
2	$Pt_1B.$	含石榴矽线黑云斜长片麻岩	b463/4	53.9	1.01	18.4	1.85	7.7	0.31	2.65	7.36	1.46	2.78	0.44	1.58	0.28	100.72
3	$Pt_1B.$	矽线黑云石英片岩	b465/8	56.86	1.22	18.43	3.08	6.38	0.26	4.8	0.59	0.86	5.13	0.06	1.77	0.28	99.72

序号	层位	岩石名称	样号	al	fm	c	alk	Si	k	mg	qz	t	c/fm
1	$Pt_1B.$	斜长角闪岩	b463/1	20.80	46.51	28.51	4.18	85.96	0.42	0.49	－30.75	－11.88	0.61
2	$Pt_1B.$	含石榴矽线黑云斜长片麻岩	b463/4	31.93	35.46	23.22	9.39	89.36	0.56	0.33	－48.19	－0.68	0.65
3	$Pt_1B.$	矽线黑云石英片岩	b465/8	35.46	49.07	2.06	13.41	88.75	0.80	0.48	－74.88	19.99	0.04

片岩中 SiO_2 含量介于 53%～66%之间，为硅饱和岩类，K_2O+Na_2O>4%，富碱；尼格里特征参数值显示：al>alk+c，t>0 为铝过饱和系列，qz<－12 为硅不饱和型，在 Si－t 图解（图 4-5）中投点落入富铝岩系区。

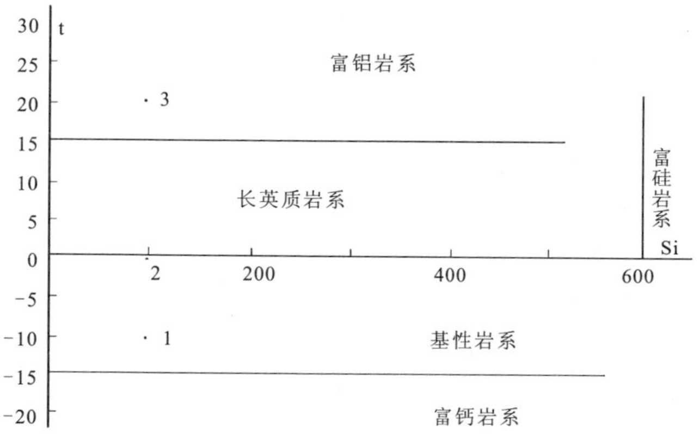

图 4-5　Si-t 图解

（样品编号同表 4-6）

（2）微量元素特征

岩石微量元素（表 4-6）含量显示：角闪岩类 V、Cr、Ni、Sr、Zr、Co 等亲铁元素均明显富集，而 Hf、Nb、Ta、Ga 等偏低，指示岩石偏基性特征；片麻岩类中 Rb、Sr、Zr、Ba、Ga 等明显富集，而 V、Cr、Ni 等偏低；片岩中总体偏高，较散乱，无明显变化特征。

（3）稀土元素特征

岩石稀土含量（表 4-7）显示：角闪岩类稀土总量偏低，介于 96.92×10^{-6}～110.5×10^{-6} 之间，$\Sigma Ce/\Sigma Y$ 介于 1～2，轻微富集，δEu＝1.09异常不明显。稀土元素球粒陨石标准化配分模式图（图 4-6）显示轻、重稀土曲线斜率接近，向右缓倾，与大陆拉斑玄武岩的球粒标准化模式接近。而片麻岩、片岩类稀土总量较高（$>200\times10^{-6}$），$\Sigma Ce/\Sigma Y$ 介于 2～5 之间，轻稀土明显富集，$\delta Eu<1$ 为负铕异常，在稀土元素配分模式图上曲线斜率明显较右倾，且在重稀土段呈平坦状；与前者形成鲜明对照。

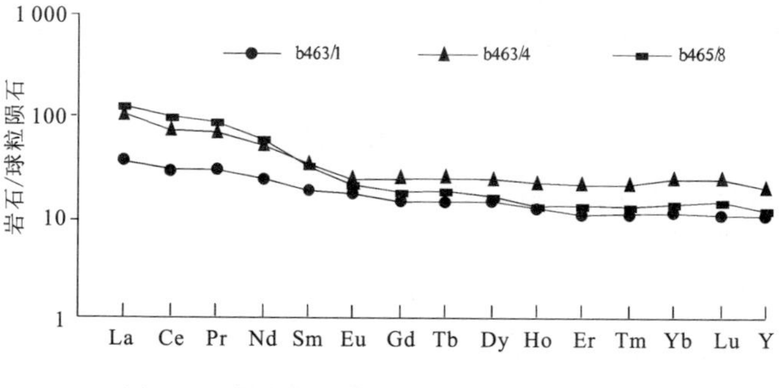

图 4-6　布伦阔勒岩群岩石稀土配分模式图

（样品编号同表 4-7）

4. 原岩恢复

布伦阔勒岩群（$Pt_1B.$）属总体无序地层，原岩结构、构造等特征已无保留，主要依据野外产状、岩石共生组合、岩相学、岩石化学等特征进行原岩的恢复。

表 4-6 区域变质岩石微量元素含量表($\times10^{-6}$)

序号	层位	岩石名称	样号	V	Cr	Ni	Rb	Sr	Zr	Ba	Th	Sc	Hf	Nb	Co	Ta	Ga
1	Pt_1B.	斜长角闪岩	b463/1	359.0	110.0	67.4	57.9	257.0	90.2	206.0	3.18	42.80	3.10	6.97	44.0	0.60	15.9
2	Pt_1B.	含石榴矽线黑云斜长片麻岩	b463/4	31.70	8.3	3.72	130.0	367.0	317.0	520.0	7.91	18.20	8.00	18.80	17.8	1.28	26.3
3	Pt_1B.	矽线黑云石英片岩	b465/8	297.0	131.0	94.0	206.0	66.8	226.0	288.0	16.10	19.30	5.80	22.60	53.3	1.44	17.0

表 4-7 区域变质岩稀土元素含量($\times10^{-6}$)及有关参数

序号	层位	岩石名称	样号	La	Ce	Pr	Nd	Sm	Eu	Gd	Tb	Dy	Ho	Er	Tm	Yb	Lu	Y	ΣREE	ΣCe/ΣY	δEu
1	Pt_1B.	斜长角闪岩	b463/1	11.94	27.1	3.70	14.8	3.82	1.26	4.35	0.77	4.48	0.92	2.33	0.36	2.16	0.34	20.83	99.14	1.71	1.09
2	Pt_1B.	含石榴矽线黑云斜长片麻岩	b463/4	33.90	66.8	8.58	30.1	6.77	1.70	7.23	1.27	7.67	1.58	4.49	0.69	4.47	0.73	38.35	214.30	2.22	0.85
3	Pt_1B.	矽线黑云石英片岩	b465/8	41.20	98.5	10.80	39.1	7.47	1.24	5.99	0.94	5.12	1.01	2.73	0.43	2.71	0.45	21.63	239.30	4.83	0.63
22 个球粒陨石平均值※				0.32	0.94	0.12	0.60	0.20	0.07	0.31	0.05	0.31	0.07	0.21	0.03	0.19	0.03	1.96	据赫尔曼,1971		

注:带“※”者数据引自赫尔曼

(1)片岩类

空间上岩层在横向上呈层状或似层状延伸,且常与长英质粒岩类呈互层状产出,岩石种类有黑云石英片岩、含石榴矽线黑云石英片岩等,主要矿物成分为石英、黑云母、斜长石,特征变质矿物有石榴石、矽线石。QFM 图解(图 4-7,矿物成分含量见表 4-8)落入沉积岩页岩区(Ⅳ区);尼格里四面体图解(图 4-8)投点落入粘土质沉积岩区;西蒙南(al+fm)-(c+alk)- Si 图解投点落入泥质沉积岩区(图 4-9)。片岩原岩主要为泥岩类,部分为粉砂质泥岩。

(2)片麻岩类

空间上呈层状或似层状延伸,常与片岩、长英质粒岩类互层或夹层产出,主要岩石类型有黑云斜长片麻岩、黑云二长片麻岩等,主要矿物成分为石英、斜长石、云母类,局部见角闪石、石墨,特征矿物为石榴石、矽线石。在 QFM 图解中大部分落入火成岩中性岩区(Ⅵ),少量落入杂砂岩区(Ⅲ)(图 4-7)。露头上常见长石斑晶,可能与混合岩化有关;在尼格里四面体图解中,投点落在粘土质沉积岩与火成岩区的界线上(图 4-8),进一步在西蒙南的(al+fm)-(c+alk)- Si 图解中片麻岩均落入泥质沉积岩区(图 4-9)。可见,片麻岩类的原岩主要为杂砂岩。

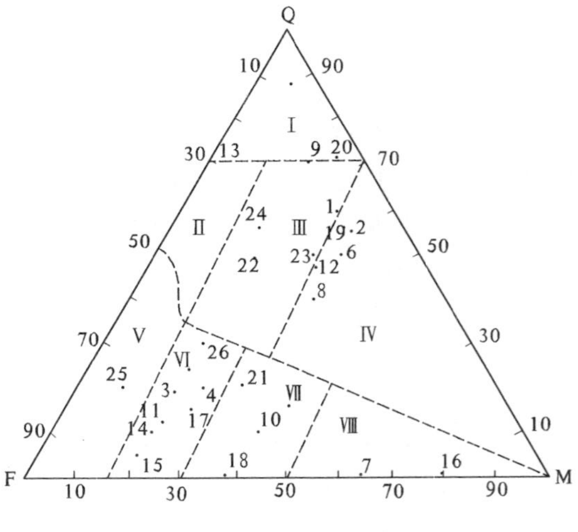

图 4-7 QFM 图解

(Van de Kamp and Beakhouse,1979)

Ⅰ.石英岩;Ⅱ.长石砂岩;Ⅲ.杂砂岩;Ⅳ.页岩;Ⅴ.酸性岩;Ⅵ.中性岩;Ⅶ.基性岩;Ⅷ.超基性岩;样品编号同表 4-8

(3)长英质粒岩类

空间上呈层状延伸,常与片岩互层产出,主要岩石种类有石英岩、长石石英岩、浅粒岩,主要矿物成分为石英、斜长石,局部见少量云母类矿物,特征矿物为石榴石,在 QFM 图解(图 4-7)中投点均落入石英区(Ⅰ区)或该区与长石砂岩区(Ⅱ)及杂砂岩区(Ⅲ)的界线上。可见,石英岩原岩为石英砂岩或石英杂砂岩,浅粒岩原岩为长石石英砂岩。

(4)角闪质岩类

在空间上呈似层或脉状延伸,可见与黑云斜长片麻岩、黑云石英片岩互层产出,主要岩石种类为斜长角闪(片)岩,主要矿物成分为斜长石、角闪石,局部见石英及云母,特征矿物为石榴石。在 QFM 图解(图 4-7)中投点均落入基性—超基性岩区(Ⅶ、Ⅷ区),在尼格里四面体图解(图 4-8)中落入火成岩区偏基性地带,在米斯拉的 MnO - TiO_2图解(图 4-10)中落入正斜长角闪岩区中;岩石化学、地球化学特征显示出与大

表 4-8　区域变质矿物成分含量

序号	样品编号	岩石名称	层位	主要矿物含量(%)		
				石英(Q)	长石(F)	铁镁矿物(M)
1	b461/1	黑云石英片岩	Pt_1B.	60	10	30
2	b461/2	白云黑云石英片岩	Pt_1B.	55	10	35
3	b461/6	黑云斜长片麻岩	Pt_1B.	20	60	20
4	b462/1	黑云斜长片麻岩	Pt_1B.	20	55	25
5	b462/5	石英岩	Pt_1B.	88	5	7
6	b462/6	黑云石英片岩	Pt_1B.	50	15	35
7	b462/7	斜长角闪岩	Pt_1B.	0	35	65
8	b462/8	黑云白云斜长片麻岩	Pt_1B.	40	25	35
9	b462/11	黑云母石英岩	Pt_1B.	70	10	20
10	b463/1	斜长角闪岩	Pt_1B.	10	50	40
11	b463/4	含石榴矽线黑云斜长片麻岩	Pt_1B.	12	67	21
12	b463/8	含矽线石榴黑云石英片岩	Pt_1B.	47	21	32
13	b463/10	浅粒岩	Pt_1B.	70	30	0
14	b464/3	黑云斜长片麻岩	Pt_1B.	10	70	20
15	b464/5	黑云斜长片麻岩	Pt_1B.	5	75	20
16	b465/1	斜长角闪岩	Pt_1B.	0	20	80
17	b456/2	含石榴黑云斜长片麻岩	Pt_1B.	15	60	25
18	b465/5	矽线石榴黑云二长片麻岩	Pt_1B.	0	62	38
19	b465/8	矽线黑云石英片岩	Pt_1B.	56	11	33
20	b465/9	石榴矽线黑云石英片岩	Pt_1B.	71	6	24
21	b465/10	石榴白云黑云斜长片麻岩	Pt_1B.	21	47	32
22	b466/3	含矽线黑云斜长片麻岩	Pt_1B.	49	31	20
23	b466/4	含石榴黑云石英片岩	Pt_1B.	50	20	30
24	b466/7	黑云斜长片麻岩	Pt_1B.	55	27	18
25	b467/5	黑云二长片麻岩	Pt_1B.	20	70	10
26	b467/13	二云斜长片麻岩	Pt_1B.	30	50	20

注:其中 Q、F、M 是计算后使 Q+F+M=100 的数值

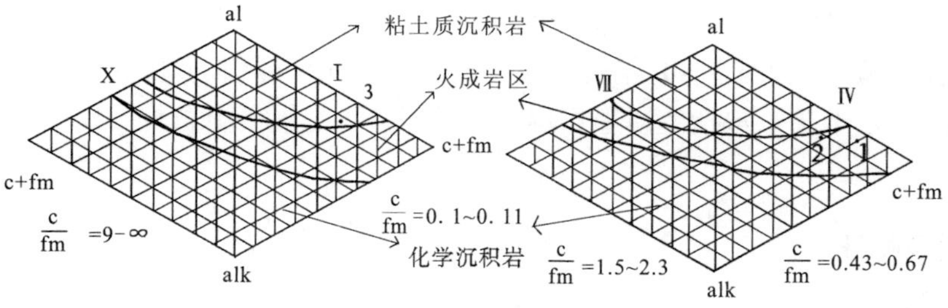

图 4-8　尼格里四面体图解

(尼格里,1954)

陆拉斑玄武岩相似。可见区内布伦阔勒群的斜长角闪质岩石原岩主要是大陆玄武岩,部分角闪石含量偏低的岩石原岩应为安山岩或玄武安山岩(投点在 QFM 图解中落入中基性岩区)。

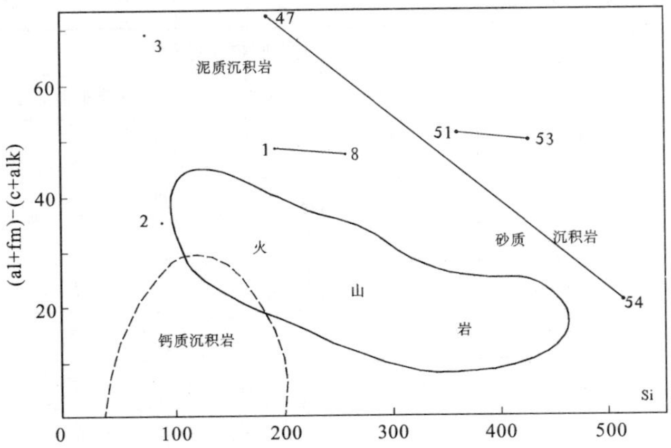

图 4-9 (al+fm)-(c+alk)-Si 图解

(西蒙南,1953 简化)

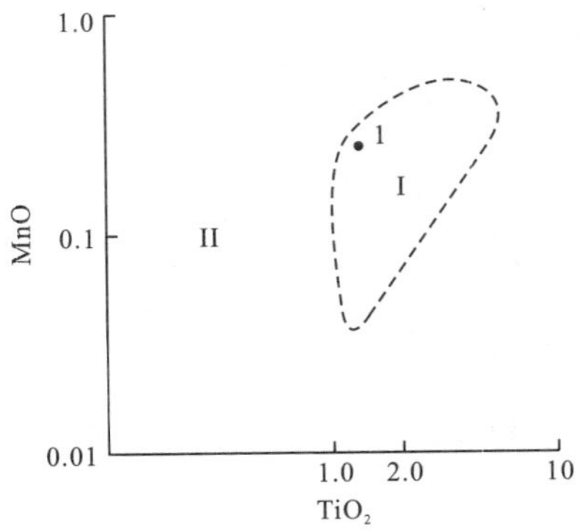

图 4-10 MnO-TiO_2图解

(米斯拉,1971)

Ⅰ.正斜长角闪岩;Ⅱ.副斜长角闪岩

(5)大理岩类

空间上呈层状产出,常与片岩、长英质粒类呈互层产出。主要矿物成分为方解石,含有少量石英、云母,副矿物为磁铁矿。可见该类岩石原岩为泥晶灰岩。

上述原岩组合特征表明,布伦阔勒岩群($Pt_1B.$)为一套碎屑岩夹火山岩、碳酸盐岩建造,属活动型沉积建造。由于岩石化学样品较少,部分原岩的恢复存在较多的不确定性。

5. 变质相带划分

岩石宏观及微观特征显示主要经历了 3 期变质、变形。早期为进变质作用产生新生矿物,相当于高绿片岩相,大部分为后期所掩盖。中期为峰期变质,常见变质矿物组合为 Q+Pl+Bi+Gt(Sil)(砂泥质岩类),Hb+Pl(基性—超基性岩类),Q+Pl+Kp+Gt+Sil(中酸性岩类)。可能的变质反应:泥砂质岩类——2Mu+Bi+Q=4Kp+Gt+8H_2O;2Ser+4Q=3Gt+8H_2O。以特征变质矿物的出现为依据,结合变质矿物共生组合,划归铁铝榴石带、矽线石带,空间上延伸方向与地层展布方向基本一致,其中铁铝榴石带分布较为广泛,矽线石带仅见于布伦口北卡拉玛一带,矽线石带宽约 2km,延伸不稳定;结合岩石矿物共生组合,其变质相分别相当于低角闪岩相、高角闪岩相,当然不排除其中有可能存在麻粒岩相,总体具巴罗式递增变质特征,属区域动力热流变质作用类型。推测其形成的大致温压条件为 0.3~0.8GPa,570~660℃(低角闪岩相);0.2~1Gpa,660~700℃(高角闪岩相)。

晚期主要表现为退变质,黑云母部分转化为绿泥石,斜长石部分转化为绢云母等。

(四)喀拉库勒—克孜勒介克沟变质地(岩)带(Ⅱ$_4$)

分布在喀拉库勒—克孜勒介克沟一带,总体呈北西西向不规则环带状延伸,周围以断裂与其他变质单元相分隔,其中在喀拉库勒一带第四系覆盖较多,约 20%,在布伦口西北岩体吞噬较多,西南端部分延出国境,北西延入相邻的库尔干幅。包括变质地层温泉沟群(S_1W)、达坂沟群($S_{2-3}D$)、未分志留系(S),出露面积约 2 570km^2。

1. 主要岩石类型及特征

岩石总体轻微—低级变质,受岩体热接触变质作用影响,部分显示出中—高级变质岩特征。排除其他,区域变质岩主要种类有变质砂岩类、板岩类、千枚岩类、千枚状片岩类、结晶灰岩类等。其中以前三者分布较为广泛。

(1)变质杂砂岩

分布较前者稍广。岩石呈灰、灰白色,具显微鳞片粒状变晶结构、变余砂状结构,板状构造或片状构造。碎屑物石英含量为 30%~40%、斜长石含量为 25%~30%,填隙物含量为 30%~40%,副矿物为磷灰石(微量)、电气石(微量)。石英、斜长石呈不规则粒状,大小0.05～0.25mm,以细粒状为多,部分颗粒保持碎屑形态,呈次棱角状、浑圆状,具次生边,斜长石具聚片双晶,部分绢云母化;填隙物已全部变为鳞片状黑云母和绢云母,黑云母一般小于0.1mm,颗粒大者多色性明显,二者大致定向分布在粒状矿物间;磷灰石及电气石呈粒状星散分布。此外,岩石中常含有少量(<3%)尘状炭质及钙质(已重结晶为细晶方解石)。此外,在克孜勒介克沟一带,绢云母含量变化较大,在鳞片内见有尘状炭质包体,大致定向分布;常含有白云石(5%～20%),细粒状,部分有析铁现象,分布不均匀。

(2)粉砂板岩

分布较为广泛,岩石具变余粉砂结构、显微鳞片变晶结构,板状构造或层状构造。粉砂碎屑物主要为石英、斜长石,多呈不规则粒状,少量呈次圆状、次棱角状,其大小多数小于0.06mm,斜长石微显聚片双晶,均呈不均匀定向分布;泥质填隙物已变成了细小鳞片状绢云母,部分长成白云母,呈不均匀定向分布;钙质胶结物重结晶为微细晶方解石,零星分布;岩石中常含微量细小(0.05mm±)磁铁矿,星散分布。此外,岩石中常含有少量尘状炭质,在克孜勒介克沟一带几乎普遍含有炭质,局部含量高达10%±,部分作为绢云母鳞片的包体出现,包体大致定向,总体呈弥散分布。

(3)千枚岩类

分布最为广泛,尤其以木吉南克孜勒介克沟一带产出较多,类型丰富。主要种类有石英千枚岩、黑云绢云石英千枚岩、炭质绢云千枚岩、硬绿泥石绢云千枚岩、绢云绿泥千枚岩、炭质绢云石英千枚岩、硬绿泥石绢云石英千枚岩、绢云绿泥石英千枚岩、绢云钠长千枚岩等,除前两种外的其他岩石类型主要分布在克孜勒介克沟一带,其中又以硬绿泥石绢云千枚岩、绿泥石绢云石英千枚岩分布最广。下面以主要类型述之。

①石英千枚岩

主要分布在喀拉库勒湖—赛盖布拉克一带。岩石呈深灰、灰黑色,具显微鳞片粒状变晶结构、变余粉砂结构,千枚状构造。主要矿物成分有石英(55%±)、方解石(10%±)、绢云母(20%±)、绿泥石(15%±),副矿物为磁铁矿(微量)。石英呈微粒状(d<0.05mm),方解石呈微晶、粉晶,二者均呈不均匀定向分布;绢云母、绿泥石为细小鳞片状(d<0.05mm),部分聚集,呈不均匀定向分布;磁铁矿为粒状,大小0.05～0.2mm,零星分布。

②硬绿泥石绢云千枚岩

主要产出在木吉乡西南的克孜勒介克沟一带,分布较为广泛,岩石呈浅灰绿色,具显微粒状鳞片变晶结构,千枚状构造、皱曲片状构造。主要矿物成分有绢云母(30%～70%)、硬绿泥石(20%～40%),次要矿物成分为石英(5%～10%)、白云石(<5%)、炭质(少量～15%)等,常含少量褐铁矿。绢云母呈显微长条鳞片状,沿长轴定向分布,普遍发生舒缓皱曲,构成皱曲片状构造,其中部分粒度稍大,大小为0.03mm×0.15mm,其长轴与总面理有斜交现象;硬绿泥石大多为长条状或棒状,大小为0.05mm×0.2mm～0.1mm×0.5mm,内含尘状炭质包体,基本呈无定向分布,另一部分与尘状炭质形成0.1～0.5mm的圆形斑点,可能为未充分变晶的产物;石英多呈不规则微粒状(<0.05mm),不均匀分布在片状矿物之间;白云石呈微粒状不均分布;炭质呈尘状弥散分布在主要矿物中;褐铁矿为黄铁矿转化而来,可见黄铁矿假象。

③绢云绿泥千枚岩

主要分布在木吉乡西南的克孜勒介克沟一带,产出较少。岩石呈浅灰绿色,具显微粒状鳞片变晶结构,千枚状构造。主要矿物成分为石英(35%±)、绢云母(20%±)、绿泥石(45%±),次要矿物成分为褐铁矿(少量)、白云石(少量)、白钛石(微量)。石英为微粒状(d<0.02mm),分布在片状矿物之间;绢云母、绿泥石呈显微鳞片状,定向分布;绿泥石颜色很浅,几近无色,低干涉色,负延性;褐铁矿呈细粒散布;白钛石呈不透明雾状斑点散布。

(4)千枚状绢云黑云片岩

岩石呈深灰色,具显微花岗鳞片变晶结构、变余泥质结构,片状构造。主要矿物成分为黑云母(40%±)、绢云母(20%±)、石英(40%±),炭质少量,金属矿物微量。黑云母呈杏黄色,大小为0.03～0.08mm,属雏晶,大致沿长轴定向分布;绢云母呈显微鳞片状,大小与黑云母相近,定向分布在黑云母鳞片之间;石英呈微粒状(0.05mm±),均匀分布在片状矿物间;炭质呈尘状弥散分布在片状矿物中;金属矿物呈微粒状星散分布。

(5)结晶灰岩

分布广泛,多数与其他岩石呈夹层或互层产出。岩石呈灰、深灰色,具显微粒状变晶结构,块状构造,主要矿物成分为方解石(60%~90%),此外,常含有少量石英及斜长石。方解石为不规则晶粒状,大小0.1~0.25mm,不均匀分布;石英、斜长石呈不规则粒状,部分呈次圆状、次棱角状,大小0.06~0.25mm,斜长石个别显聚片双晶,为更长石,二者不均匀分布于方解石颗粒之间。此外,在木吉乡西南的克孜勒介克沟一带常含有少量炭质(<10%),呈弥散分布。

2. 主要变质矿物特征

岩石属轻微—低级变质,主要变质矿物有石英、钠长石、绢云母、绿泥石、硬绿泥石、方解石、白云石、黑云母等,受岩体热接触变质作用所形成的变质矿物不在此处描述,仅对区域变质矿物分述之。

石英:分布最为广泛的变质矿物,存在于各类岩石中。有两种表现形式:一是碎屑物中的石英保留其形态,部分具次生加大边;其二是填隙物或硅质胶结物重结晶为微粒石英。

钠长石:主要分布在木吉乡西南的克孜勒介克沟一带的钠长千枚岩中,多为微粒状(d≤0.05mm),少量为细粒状,个别见聚片双晶,大致定向分布。

绢云母:分布广泛,是重要的特征变质矿物之一。呈细小鳞片状,不均匀分布于主要矿物之间,大致定向。在木吉乡西南的克孜勒介克沟一带,其内常含有大致定向分布的炭质包体。

绿泥石:分布较少,也是重要的特征变质矿物之一。呈显微鳞片状,定向分布在微粒石英间,颜色很浅,几近无色,低干涉色,负延性。

硬绿泥石:也是重要的特征变质矿物,主要见于木吉乡西南的克孜勒介克沟一带,分布较为广泛,主要存在于各种千枚岩中。多为长条状或棒状,大小为0.05mm×0.2mm~0.1mm×0.5mm,内含尘状炭质包体,基本呈无定向分布,部分与尘状炭质形成0.1~0.5mm的圆形斑点,可能为未充分变晶的产物,部分岩石具多色性;呈0.015mm×0.1mm纤柱状,有的柱体与绢云母连晶。

方解石:分布广泛,主要存在于结晶灰岩中,在碎屑岩中较少。有两种表现形式:一是在灰岩中泥晶重结晶为微晶—细晶;二是在碎屑岩中钙质胶结物重结晶为微晶-细晶方解石,呈不等径粒状,多数小于0.1mm,部分沿长轴定向分布。

白云石:主要分布在木吉乡西南的克孜勒介克沟一带,产出于白云石大理岩中,在其他岩类中有少量产出。均为粒状,大小0.3~0.7mm,颗粒略具挤长现象,有微弱波状消光,有定向分布的趋势。此外,在千枚岩类岩石中常见铁白云石,呈0.2~3mm的粒状,呈变斑晶出现,析铁被染成红褐色,保留白云石假象。

黑云母:主要分布在木吉乡南铁克塔希一带,产出有限,是岩石中重要的特征变质矿物之一。多呈雏晶,大部分为显微鳞片状,为褐绿色或杏黄色,多色性明显,大致沿长轴定向分布在粒状矿物间。部分大者呈变斑晶出现,内部常含有石英或炭质微粒包体。其中大部分雏晶多为热接触变质形成,只有少量为区域变质所形成。

3. 原岩恢复

温泉沟群(S_1W)、达坂沟群($S_{2-3}D$)、未分志留系(S)总体为有序地层,岩石系轻微—低级变质,大部分保留原岩结构、构造特征,变余组构明显,横向上呈层状稳定延伸,纵向上常见由变质砂岩-粉砂板岩-千枚岩或千枚岩与结晶灰岩(大理岩)构成的韵律,且岩石中常含少量钙质、炭质,显示正常沉积岩的特征。其原岩恢复较为容易,变质砂岩类其原岩为石英砂岩或石英杂砂岩,粉砂板岩其原岩为粉砂岩,硅质板岩其原岩为泥硅质岩,千枚岩其原岩为粉砂质泥岩或泥岩,结晶灰岩其原岩为泥晶灰岩。

上述原岩岩石组合表明:温泉沟群(S_1W)为一套碎屑岩夹碳酸盐岩沉积建造,硬绿泥石的大量出现表明,岩石为富铝岩系且Fe/Mg高,区域上见含铁建造;达坂沟群($S_{2-3}D$)为一套碳酸盐岩夹碎屑岩的沉积建造;未分志留系(S)为一套细碎屑岩(夹碳酸盐岩)沉积建造,较多的岩石在镜下显示不同的粒级递变,且岩石成分成熟度总体差,宏观上韵律层变化较为明显,可能为一套类复理石沉积。

4. 变质相带划分

排除其他变质作用因素的干扰，主期区域变质岩石中常见平衡变质矿物组合：Q+Pl+Ser，Q+Ser+Cht，Q+Ser+Chl，Q+Ab+Ser(砂泥质岩类)，Cal+Q+Ser，Do+Q+Ser(碳酸盐岩类)。

出现特征变质矿物绢云母、绿泥石、硬绿泥石等，局部出现黑云母雏晶，划归绢云母-绿泥石带，结合矿物组合，相当于低绿片岩相，在木吉乡西南的克孜勒介克沟一带大量绢云母、硬绿泥石的出现显示压力偏高，相当于中压相系，可能与所处构造位置有关。参照董申保(1986)的分类，属区域低温动力变质作用类型。推测形成的温压条件为0.2～1GPa，400～500℃。

（五）乌孜别里山口变质地(岩)带($Ⅱ_6$)

分布于图幅西南端，北侧以乌孜别里山口断裂与克孜勒介克沟变质地(岩)带分开，其他均延出国外，总体呈近东西向不规则带状展布。包括变质地层哈拉米兰河群(C_2P_1H)，出露面积约144km^2。

1. 主要岩石类型及特征

岩石变质较浅，主要种类有变质石英砂岩、变质石英杂砂岩、粉砂板岩、绢云千枚岩、结晶灰岩、变质火山岩等。以前三者分布较为广泛。其特征与前述大致相似，不再分述，以下仅对新见岩石类型描述。

(1)变英安岩

岩石呈绿灰色，具残斑结构、霏细结构，块状构造。斑晶为中长石(<5%)，呈不规则板状或粒状，部分具卡氏双晶，消光角31°，粒径小于0.24mm。基质主要为长英矿物(50%±)、绿泥石(35%±)、金属矿物(3%±)、白钛石(4%±)，次生矿物为方解石(少量)。长英矿物呈微粒状(0.04mm)，长石偏酸性，可见双晶，多呈集合体产出；金属矿物和白钛石为他形粒状(0.08mm)，不均匀分布。

(2)变安山玢岩

岩石呈深灰绿色，具变余斑状结构，变余气孔状构造。岩石由斑晶(10%)和基质两部分构成。斑晶为斜长石，呈半自形板柱状，大小0.2mm×1mm，不均匀分布，部分绢云母化；基质大部分已重结晶为微晶斜长石(50%±)和绿泥石(30%±)，微晶斜长石呈细小板条状，一般大小0.2mm×0.04mm。绿泥石呈细小鳞片状。野外露头见大量杏仁体(10%±)，该体为方解石充填，杏仁有压扁拉长现象。

2. 主要变质矿物特征

岩石中主要变质矿物成分为石英、斜长石、绢云母、绿泥石等，特征如下。

石英：是分布最为广泛的变质矿物，存在于各类岩石中。有两种表现形式：一是石英碎屑保留其次棱角、次圆状轮廓，部分重结晶，具次生加大边，波状消光明显；其二是填隙物或硅质胶结物重结晶为微粒石英，不均匀分布。

斜长石：以变火山岩中产出较多，其他岩类中相对较少。在碎屑岩中呈不规则粒状，部分见聚片双晶，不均匀分布；变火山岩中部分作为斑晶出现，粒度稍大，另一部分为基质重结晶形成，呈细小板条状，无定向不均匀分布。

绢云母：是分布最为广泛的特征变质矿物之一，一般呈细小鳞片状，大致定向分布于粒状矿物之间。

绿泥石：也是重要的特征变质矿物，主要出现在变火山岩中，其他岩类中相对较少。一般呈显微鳞片状，不均匀定向分布。

3. 原岩恢复

岩石轻微变质，大部分保留原岩结构、构造特征，变余组构明显。横向呈层状或似层状延伸，纵向上常见由变质砂岩→粉砂板岩→绢云千枚岩或千枚岩→结晶灰岩构成的韵律，岩石中常含少量炭质，灰岩中见有海百合茎碎片，显示为正常沉积特征。结合野外产状、岩相学、岩石组合等特征，恢复如下：变质石英砂岩、变质石英杂砂岩及粉砂板岩对应原岩分别为石英砂岩、石英杂砂岩、粉砂岩；绢云千枚岩原岩为泥岩或粉砂质泥岩；结晶灰岩原岩为泥晶灰岩；变质火山岩对应原岩为英安岩及安山玢岩。

上述原岩组合特征表明：哈拉米兰河群（C_2P_1H）原岩为一套碎屑岩夹碳酸盐岩及火山岩的沉积建造，显示为活动型沉积特征。

4. 变质相带划分

排除其他变质作用因素干扰，主期常见变质矿物组合：Q＋Pl＋Ser，Q＋Ser＋Chl（砂泥质岩类），Cal＋Q（灰岩类），Pl＋Chl（中基性岩）。

出现特征变质矿物绢云母、绿泥石，局部见黑云母雏晶，划归绢云母-绿泥石带，相当于低绿片岩相，参照董申保（1986）分类，属区域低温动力变质作用。推测形成的温压条件为 0.2～1.0GPa，400～500℃。

第二节　动力变质岩

测区位于塔里木地块与西昆仑中间地块的结合部位，西昆仑山前推覆带、空贝利-木扎灵结合带、康西瓦-瓦恰结合带等边界断裂均通过区内，次级断裂也比较发育，这些断裂带具有性质复杂、规模悬殊、多期活动等特征，在区内形成了类型齐全的动力变质岩石。

一、岩石类型及特征

据测区动力变质岩的结构构造、碎裂程度及其形成时的动力性质和应力强度，结合中国地质大学（武汉）1988 年动力变质岩分类方案，将测区动力变质岩分为脆性动力变质岩和韧性动力变质岩。

（一）脆性动力变质岩

测区各断裂带内或两侧均有分布，范围较广。该类岩石主要分布于脆性断裂上，部分为改造早期韧性岩石而来，主体表现为脆性动力变质岩石类型。

1. 构造角砾岩

在不同规模、级次的断裂带中均有分布，产出宽度不等。由角砾和胶结物两部分组成，具角砾状结构，块状构造、微定向构造。角砾含量一般大于 70%，大多为棱角状、次棱角状，杂乱分布；部分圆化呈次圆状，微定向排列。角砾成分与围岩一致，有砂岩、粉砂岩、泥岩、灰岩、花岗岩、火山岩、片岩等，角砾大小悬殊，2～200mm 或更大，角砾中的石英颗粒多具波状消光。胶结物小于 30%，为次生石英、方解石、铁质及少量硅质、泥质，部分胶结物为岩石碎裂过程中形成的碎粉状石英、方解石。该类岩石中沿其裂隙有大量后期石英脉、方解石脉呈网脉状穿插，并有绿帘石化、褐铁矿化等蚀变现象。

2. 碎裂岩

是区内最为发育的脆性动力变质岩石，多数断裂均有发育。岩石具碎裂结构，块状构造。部分原岩结构、构造得以保留，少部分岩石由于破碎强烈，原岩结构构造消失。碎块 50%～80%，大小 2～50mm，个别达 100mm。碎块中的长石、方解石双晶纹普遍弯曲、断裂，部分颗粒定向拉长；石英裂纹发育，强烈波状消光；云母片具波状消光，双晶纹弯曲、褶皱、拉开等现象。碎块边缘碎粒化明显，裂隙中为磨碎的微粒石英、方解石与重结晶的石英、方解石及铁质等充填，并被石英、方解石、褐铁矿细脉穿插，部分沿裂隙强烈绿帘石化、绿泥石化。

3. 碎斑岩

较大的断裂带中均有发育，岩石类型主要为长英质碎斑岩，具碎斑结构，块状构造。碎斑含量 30%～50%，大小 0.5～2.5mm，为岩石或矿物碎屑，边缘粒化、撕裂、位移、转动，但不同程度上保留了原岩的性质和结构，其成分主要为石英、长石及方解石，石英具强烈的波状消光，无流变特征；长石、方解石双晶弯曲，云母扭折。碎基一般为小于 0.1mm 的微粒石英、斜长石、方解石，含量 50%～70%，部分有重结晶现象。碎斑在碎基中不均匀分布,部分略定向。

4. 碎粉岩(断层泥)

测区发育相对较少,仅局部可见。岩石破碎强度进一步加强,形成小于0.02mm的细小颗粒,杂乱分布,无定向显示,原岩结构、构造全部消失,胶结疏松时为断层泥。

(二)韧性动力变质岩

该类岩石在区内分布较为广泛,主要分布在沙黑孜阿勒克、皮拉里、木扎灵、玉其卡帕、苏巴什村等地的韧性剪切带中,其中部分与边界断裂位置基本一致,部分位于岩体内部或边缘。岩石类型有糜棱岩化岩石、初糜棱岩、糜棱岩、超糜棱岩等。

1. 糜棱岩化岩石

主要分布在韧性剪切带的边缘,岩石类型有糜棱岩化花岗闪长岩、糜棱岩化黑云斜长片麻岩、糜棱岩化玄武岩、糜棱岩化石英岩,糜棱结构,定向构造、片状构造。镜下可见矿物明显细粒化、圆化,并聚集成条纹、条带围绕碎斑分布,同时有退变质矿物绢云母、绿泥石等产生,定向分布;露头尺度上可见碎斑旋转及S-C组构,糜棱岩化玄武岩主要表现为岩石强烈片理化。原岩结构、构造基本保留。

2. 初糜棱岩

各韧性带中均有分布,以长英质、花岗质、花岗闪长质初糜棱岩最为发育,糜棱结构,定向构造,纹理条带构造。岩石由碎斑和碎基组成,碎斑占50%~90%,碎斑大小0.5~4mm,个别达5mm,呈不规则状或被压碎拉长呈长条状、眼球状、透镜状定向分布,裂纹发育,石英碎斑强烈波状消光,部分碎斑两端有石英压力影。碎基10%~50%,粒径小于0.15mm,成分同碎斑,有少量新生矿物绢云母、绿泥石等,大多聚集成条纹、条带定向分布围绕碎斑分布,构成纹理条带构造。部分残留原岩结构。

3. 糜棱岩

各韧性带中均有分布,较为发育。岩石类型主要为长英质糜棱岩、花岗质糜棱岩、闪长质糜棱岩,次为钙质糜棱岩,糜棱结构,定向构造、纹理构造、眼球状构造。碎斑20%~50%,粒径0.3~2.5mm,压扁、细粒化,裂纹发育,部分见旋转,部分岩石中可见布丁构造,均呈不均匀定向分布;基质50%~80%,一般粒径小于0.1mm,成分同碎斑,并常有新生矿物绢云母、绿泥石等产生,常聚集成细条纹状围绕碎斑流动。露头尺度上可见岩石强烈片理化,局部可见S-C组构及碎斑旋转。

4. 超糜棱岩

分布局限,超糜棱结构,流动构造。主要由极细(0.02mm)的物质组成,霏细状,碎斑极少或无碎斑,部分物质重结晶后形成具有不同颜色和成分的条纹或条带,显示强烈的流动构造。

二、主要动力变质带的岩石组合特征

测区内不同时期、不同性质、不同规模的断裂作用于不同的岩石类型,形成不同面貌的动力变质岩石组合,并有多期次的叠加、改造现象。

1. 西昆仑山前逆冲推覆带

分布在图幅东部,沿奥依塔克—克孜勒陶—其美干一带呈北西南东向延伸,两端均延伸出图幅。展布宽度35~80km,由一系列北西向大致平行的逆冲断裂和少量北东向走滑断裂组成,在晚古生代以后的岩石中形成脆性动力变质岩石系列。在断裂带内主要为宽度不等的构造角砾岩、碎裂岩,碎粉岩、碎粉岩次之,断裂带附近形成较宽的碎裂岩化岩石带,其出露宽度与断裂规模大小相关,成分与两侧围岩相同。

2. 空贝利-木扎灵断裂带

沿木扎灵—托尔色子—玉其卡帕—昆盖山南坡一线呈北西南东向延伸，贯穿整个图幅，南北两端均延伸入相邻图幅，中部部分被喜山期岩体吞噬，总体呈向北东凸出的弧形。在区内形成的韧性动力变质岩带宽 2 000～3 800m 不等。韧性动力变质岩的分布有明显的分带性，自中心向两侧依次为超糜棱岩、糜棱岩、糜棱岩化岩石、片理化岩石。其中大部分主要是在区域变质岩石的基础上叠加韧性变形，形成系列糜棱岩化岩石或片理化岩石，韧性变形组构发育，具眼球状构造或条带纹理构造，中心部位主要为长英质糜棱岩、钙质糜棱岩，有少量超糜棱岩呈不规则条状分布，两侧为糜棱岩化岩石及片理化岩石；在玉其卡帕岩体中主要形成了花岗质糜棱岩系列，空巴克岩体中形成了闪长质糜棱岩系列。局部有脆性动力变质作用叠加，分布有碎裂岩。

3. 阿托依那克-克鲁格阿特韧性动力变质带

分布在图幅北中部，沿阿托依那克—巧去里达坂—克鲁格阿特一线呈北西南东向延伸，向北延伸出图，向南东被北东向断裂所截切。韧性动力变质岩主要分布在石炭系乌鲁阿特组（C_1w）与泥盆系克孜勒陶组（D_2kz）接触边界附近，具有明显的分带性，中心主要为长英质糜棱岩和钙质糜棱岩，向南西泥盆系克孜勒陶组（D_2kz）中为片理化岩石，种类有片理化石英砂岩、片理化石英杂砂岩，出露宽度 50～200m，向北东乌鲁阿特组（C_1w）中为系列片理化岩石，有片理化玄武岩、片理化灰岩，且向北东片理化强度渐弱，波及范围达 10km 左右，受后期褶皱作用影响，糜棱面理弧状弯曲变形。此外，局部叠加有脆性动力变质，出现构造角砾岩及碎裂岩。

4. 沙黑孜阿勒克韧性动力变质带

分布在图幅的南边部，沿克勒以提—沙黑孜阿勒克—艾去库雨孜一线呈带状北西西向延伸，西端及北东侧均被断裂截切，东南端延入相邻图幅。韧性动力变质岩分布在赫罗斯坦岩群（$Pt_1H.$）及元古期岩体、加里东期岩体中，具明显分带现象：中心位于加里东岩体中，变质岩石为花岗闪长质糜棱岩；向北东为花岗闪长质初糜棱岩、糜棱岩化花岗闪长岩；向南西为花岗闪长质初糜棱岩、糜棱岩化黑云斜长片麻岩等。总共波及宽度 3～5km，具有明显的糜棱组构，可见碎斑旋转、S－C 组构以及定向构造、条带纹理构造、眼球状构造等。

5. 江托克铁热克达坂北动力变质带

分布在慕士塔格山西，该断裂是康西瓦带的北延部分，图幅内呈北西向展布，西端延出国外，东端多为第四系覆盖，出露较少。断裂多期活动，早期韧性变形形成的糜棱岩系列岩石多为后期脆性动力变质作用所改造，形成了韧、脆性变质岩石共存的面貌，可见花岗质糜棱岩、碎裂岩等，波及范围 5km 左右。

6. 喀喇杂克山口-铁克塔希动力变质带

分布在图幅的西部，沿喀喇杂克山口—铁克塔希—奥依巴勒根沟一带，是分割三级构造单元的边界断裂。铁克塔希以西呈近东西走向，铁克塔希以东则呈北西西走向，向西延出图外，东端为断裂截切，总体呈向北略凸出的弧形。主要为脆性动力变质岩，断裂带内以碎裂岩为主，断面附近有少量构造角砾岩，断裂两侧则为碎裂岩化岩石，成分同围岩一致，涉及范围 5～100m。

7. 乌孜别里山口东动力变质带

分布于测区西部乌孜别里山口—博多布拉克一带，近东西向延伸，两端均延伸国外。主要为脆性动力变质岩石，沿断裂带内发育构造角砾岩、碎裂岩、碎粒岩，两侧形成较宽的碎裂岩化岩石带，成分同围岩相当，波及宽度 50～1 000m。

此外，值得注意的是在慕士塔格—公格尔岩浆岩带边缘，均存在 2～5km 韧性剪切带，韧性变质岩石主要为长英质糜棱岩、初糜棱岩及糜棱岩化岩石，且围绕岩体呈环带状展布，糜棱面理均向外倾，顺山势分布。在苏巴什村南见布伦阔勒岩群($Pt_1B.$)与志留系之间也为韧性剪切带,总体特征指示可能有变质核杂岩存在,其形成可能与新生代以来造山后的伸展作用有关。

第三节 接触变质岩

测区内岩浆活动频繁,接触变质岩石较为发育,尤其在西昆仑变质地区表现较为突出。主要分布于华力西晚期及其以后的岩体外接触带上,以热接触变质岩石为主,接触交代变质岩较少,零星分布。其中前者在多个岩体外围出现明显的环带状变质分带,形成较宽的变质晕;后者在两岩体接触带及附近零星分布。

一、热接触变质岩岩石类型及特征

(一)主要岩石类型及特征

主要有角岩类、板岩类、长英质粒岩类、片岩类、大理岩类等,主要类型叙述如下。

1. 角岩类

主要见于求库台岩体、乌尊吉勒尕岩体等岩体的外接触带上,岩石类型有矽线黑云长英质角岩、黑云母角岩等。

(1)矽线黑云长英质角岩

呈灰黑色,具纤状鳞片粒状变晶结构,弱定向构造或块状构造。主要矿物成分有黑云母(20%±)、石英(35%±)、斜长石(37%±)、矽线石(5%±),次有钾长石(3%±)、磷灰石(微量)。黑云母呈鳞片状,大小0.1~0.3mm,内有其他矿物包体;矽线石呈纤状、毛发状,多呈集合体出现,大小0.1~0.4mm,具有一定的方向性;石英呈他形粒状,大小0.1~0.2mm,均匀消光;斜长石多数不见解理及双晶,为更长石类,大小为0.2mm左右,部分绢云母化;钾长石为正长石,多小于0.2mm,低负突起;磷灰石他形粒状,大小0.03mm±。

(2)黑云母角岩

岩石一般为灰黑色,具斑状变晶结构、角岩结构、鳞片粒状变晶结构,块状构造、微定向构造。组成矿物有石英(50%~70%)、黑云母(20%~30%)、斜长石(20%~5%)、绢云母(5%~20%)。长英矿物常有0.05~0.2mm的不规则粒状,微定向分布;黑云母为褐色片状,大小0.05~0.2mm,多色性明显,多聚集在一起,呈现斑点状构造,手标本较为明显,大小1~2mm,无定向,不均匀分布。绢云母为细小鳞片状,分布在主要矿物之间。

2. 片岩类

分布较为广泛,主要产出在琼阿坡力别克、求库台岩体以及慕士塔格岩体周围的外接触带上,岩石类型有千枚状片岩类、含石榴黑云石英片岩、含石榴红柱石绿泥绢云片岩、含石榴红柱石黑云石英片岩、红柱石片岩、含石榴十字石绢云黑云片岩、含矽线石红柱石二云石英片岩等。

(1)含石榴红柱石黑云石英片岩

岩石浅灰色,鳞片粒状变晶结构,片状构造。主要矿物成分有石英(47%±)、黑云母(25%±)、红柱石(20%±),次要矿物成分有绢云母(5%±)、钙铝榴石(3%±),副矿物为磁铁矿(少量)。石英呈不规则粒状,大小0.03~0.1mm,定向分布;黑云母为褐色片状,大小0.15~0.3mm,绢云母为细小鳞片状,二者在石英颗粒间呈不均匀定向分布;红柱石为短柱状,大小0.2mm×0.5mm~0.8mm×5mm,内有黑云母、磁铁矿等包体,部分绢云母化,呈不均匀的定向分布;钙铝榴石为等轴粒状,大小0.2~0.7mm,无色,裂纹发育,正高突起,均质,不均匀分布;磁铁矿为粒状,大小0.03~0.1mm,星散分布。

(2)红柱石片岩

岩石呈浅灰色,具鳞片粒柱状变晶结构,片状构造。主要矿物成分有石英(20%±)、红柱石(60%±)、黑云母(20%±),磁铁矿少量。石英呈不规则粒状,大小0.05～0.1mm,红柱石为柱状,大小0.3mm×0.6mm～2mm×5mm,大部分绢云母化,二者均呈不均匀的定向分布;黑云母为褐色片状,大小0.05～0.2mm,不均匀定向分布;磁铁矿为0.05～0.2mm的粒状,零星分布。

(3)含石榴十字石绢云黑云片岩

岩石呈深灰色,具斑状变晶结构,显微粒状鳞片变晶结构,片状构造。主要矿物成分有黑云母(35%±)、绢云母(15%±)、石英(25%±)、十字石(10%±)、铁铝榴石(5%±),次要矿物成分为绿泥石(<5%)、炭质(5%±)、斜长石(<5%),金属矿物微量。黑云母呈杏黄色长条鳞片状,大小0.05mm×0.25mm左右,边界不规则,沿长轴定向分布;绢云母呈显微长条鳞片状,分布在黑云母之间;石英微粒状(<0.1mm),斜长石呈粒状,大小0.15mm±,二者分布在片状矿物之间;十字石呈柱状,大小0.1mm×0.15mm～1mm×2mm,有十字双晶,内富含炭质包体,二轴性,负光性,部分颗粒边部有绿泥石化;铁铝榴石呈0.2～1mm的变斑晶,与十字石变斑晶均匀嵌在前述基质中;炭质呈尘状弥散分布。

(4)含矽线石红柱石二云石英片岩

岩石呈浅灰色,具粒状鳞片变晶结构、筛状变晶结构,片状构造。主要矿物成分有石英(55%±)、白云母(20%±)、黑云母(20%±),次要矿物成分有斜长石(5%±)、红柱石(少量)、矽线石(微量)、炭质(微量)、磷灰石(微量)。白云母为鳞片状,大小0.2～1.5mm,较大的鳞片内有乳滴状石英包体;黑云母呈杏黄色鳞片状,大小0.2mm±,略定向分布;石英为不规则粒状,大小0.05～0.3mm,分布在片状矿物间;斜长石微粒状(0.05mm±),具绢云母化,分布在石英颗粒间;红柱石呈不规则细粒,多数已绢云母化,呈残晶出现在绢云母集合体中;矽线石呈显微毛发状,为石英包裹;炭质呈不透明细鳞片嵌布在片状矿物间。

3. 大理岩类

分布在卡依孜岩体、空巴克岩体、慕士塔格岩体、求库台岩体的外接触带上,岩石类型主要为黑云母大理岩、石英大理岩、阳起石大理岩、含石榴绿泥大理岩。

(1)阳起石大理岩

岩石呈浅绿灰色,局部为灰白色,具粒状变晶结构,块状构造。主要矿物成分为方解石(>85%)、阳起石(10%±),含有少量石英及黑云母。方解石为不规则晶粒状,大小0.2～1.5mm,相互镶嵌在一起,大致定向;石英为微粒状(0.05～0.1mm),不均匀分布;黑云母为褐色片状,大小在0.2mm±,分布不均匀。阳起石呈纤柱状,大小0.1～0.5mm,淡绿色,多色性、吸收性不太明显,均匀定向分布。

(2)含石榴绿泥大理岩

岩石呈浅绿灰色,具显微鳞片粒状变晶结构,定向构造。主要矿物成分为方解石(65%±)、绿泥石(20%±),次有黑云母(5%±)、石英(5%±)、绿帘石(5%±)、石榴石(少量)、榍石(少量)、褐铁矿(少量)。方解石呈不规则微细粒状,定向分布;绿泥石为显微鳞片状,多以集合体产出,具纤柱状假象,由阳起石变来,定向分布;黑云母为杏黄色鳞片状,定向分布;绿帘石呈显微粒状,分布在方解石及绿泥石集合体中;石榴石为钙铝榴石,以细粒集合体产出,粒间充填有方解石;石英为不规则粒状;榍石为微粒状,星散分布。

(二)接触变质相带的划分

调查区内出露规模较大、变质矿物分带明显的接触变质晕,主要分布在慕士塔格岩体、乌尊吉勒孜岩体及丘库台岩体的外围。

1. 慕士塔格岩体的热接触变质晕

慕士塔格岩体在卡拉吉拉—木扎灵以西一带侵入奥陶系未分(O)及赛图拉岩群(Ch*ST*.)中,使系列轻微—低级变质岩石叠加热接触变质作用,形成了较宽的接触变质晕。出露宽度2～8km,总体呈北西向带状延伸,与岩体侵入边界延伸方向基本一致。主要岩石类型有含石榴黑云绢云石英片岩、含石榴黑云石英片岩、含石榴二云石英片岩、含石榴二云片岩等,岩石常具斑状变晶结构及斑点状构造,常见变质矿物组合:Q+Pl+Ser+Bi+Gt,Q+Pl+Mu+Bi+Gt(砂泥质岩类)。可能存在的变质反应为Ser+Chl=Q+Pl+Bi,Mu+Chl+Q=Gt+Bi+H_2O。特征变质矿物黑云母、石榴石一般呈变斑晶出现,局部还见有斜长石变斑晶。黑云母多呈集合体出现，内部含有石英、炭质等微粒包体，变斑晶内面理(Si)与晶外面理(Se)基本一致，解理纹多与片理直交，部分沿S1方向结晶，为继承性重结晶；石榴石多为铁铝榴石，内部常含有石英、炭质等微粒包体，黑云母、白云母等微粒包体仅局部可见，伴随变质作用的进行，可见铁铝榴石中广泛发育与之相关的残缕结构，雪球构造、S型构造等，变斑晶内面理(Si)与晶外面理(Se)存在不同的交角关系，大部分呈和谐一致；二者常紧密共生，划归黑云母-石榴石带(相当于铁铝榴石带)，且变斑晶岩体边部向外围有逐渐减少的现象，结合变质矿物组合，按照特纳(Turnet，1981)的分类，相当于普通角闪石角岩相。同时，黑云母与铁铝榴石一起出现，表明岩石 FeO/MgO 比值或 $2Fe_2O_3/(2Fe_2O_3+FeO)$ 比值较大。推测形成的温度条件为400～650℃。

2. 琼阿坡力别克岩体的热接触变质晕

琼阿坡力别克岩体在铁克塔希-恰特一带侵入到未分志留系(S)中，形成较为明显的热接触变质晕，呈环带状围绕岩体展布，宽0.6～2km。外侧主要岩石类型为千枚状片岩类，近岩体主要为含石榴绢云黑云片岩、含石榴绿泥大理岩、含石榴绢云黑云石英片岩、石榴角闪变粒岩、石榴绿泥石英岩、石榴红柱绿泥绢云片岩、石榴十字绢云黑云片岩、二云片岩、含红柱石二云石英片岩、红柱石二云片岩、黑云母大理岩等。常见热接触变质矿物组合：Q+Ser+Bi+Gt，Q+Chl+Gt，Q+Pl+Hb+Gt，Q+Bi+Ser+Gt+Ad，Q+Ser+Bi+Gt+St，Q+Ab+Bi+Mu，Q+Bi+Mu+And(砂泥质岩类)，Cal+Chl+Gt(灰岩类)。出现的特征变质矿物有黑云母、白云母、石榴石、红柱石，且均以变斑晶的形式产出，内部多含有微粒包体，露头上见红柱石斑晶达1.5mm×5mm。包体排列方向有的与片理一致，有的斜交或直交，白云母、黑云母变斑晶解理纹大部分与片理垂直。按照变质岩石组合及特征矿物的出现，由岩体边界向外可划分为红柱石带、十字石-石榴石带(相当于铁铝榴石带)及黑云母带3个带(图4-1)，出露宽为500～1 000m。变质带总体横向上不稳定延伸，可能与原岩性质有关。按照特纳的分类，相当于普通角闪角岩相，推测形成的温度范围为400～650℃，且由内向外温度递减。

3. 求库台岩体的接触变质晕

仅在丘库台沟岩体的两侧与温泉沟群(S_1W)接触带附近见有产出，呈带状延伸，宽50～100m，主要岩石类型为矽线黑云石英片岩和矽线黑云长英质角岩，其变质矿物组合为Q+Pl+Bi+Mu+Sil，出现特征变质矿物黑云母、白云母、矽线石，黑云母向细小鳞片状转化，白云母片度较大，内部常有石英、黑云母、矽线石等包体，矽线石呈纤柱状，具定向性，划归矽线石带。参照特纳(1981)的分类，相当于辉石角岩相，推测形成温度范围为650～800℃。

二、气-液交代变质岩石类型及特征

测区内分布局限，主要产出在岩体的内外接触带上以及超基性岩、基性岩、大理岩中，碎屑岩中零星产出。主要岩石类型有绿帘石化岩石、云英岩、青盘岩、矽卡岩等

1. 绿帘石化岩石

主要产出在求库台岩体、琼阿坡力别克岩体、慕士塔格岩体等的外接触带上，零星分布。岩石类型有绿帘石化绢云石英片岩、绿帘石化粉砂板岩等，蚀变矿物绿帘石在镜下呈细小柱状或粒状，部分呈条纹状集合体，宽窄不一，不均匀分布，含量变化大。露头尺度上明显可见浅黄绿色绿帘石脉及团块，不均匀分布在近岩体的围岩中。

2. 云英岩

分布较少，主要岩石类型有白云母云英岩、电气石云英岩。

(1)白云母云英岩

主要见于卡依孜岩体边缘，岩石呈黄褐色，具粒状鳞片变晶结构，定向构造。主要矿物为白云母(90%±)、石英(10%±)，黑云母、磁铁矿少量。白云母、黑云母为片状，大小0.05～0.5mm，定向分布；石

英、磁铁矿呈不规则粒状，大小0.1～0.25mm，不均匀分布。

(2)电气石云英岩

仅见于求库台岩体东端与未分志留系(S)的外接触带上，零星分布。岩石呈灰黑色，具鳞片粒状变晶结构，片状构造。主要矿物成分为黑云母(30%±)、石英(50%±)、电气石(20%±)，磁铁矿微量。石英不规则粒状，大小0.25～0.8mm，呈不均匀定向分布；黑云母褐色片状，大小0.5～1.5mm，在石英颗粒间呈不均匀连续定向分布；电气石黄色柱状，大小3mm×3mm～4mm×10mm，裂纹发育，不均匀定向分布；磁铁矿粒状，大小0.1～0.2mm，零星分布。

3. 青盘岩

主要见于石炭系—二叠系中基性火山岩及中元古长城系赛图拉岩群(Ch*ST*.)、赫罗斯坦岩群(Pt_1*H*.)中的基性岩脉中，岩石种类有青盘岩化岩石、绿泥次闪石岩、绿泥阳起石岩、斜长阳起透辉石岩等。

(1)青盘岩化岩石

主要见于奥依塔克带的巧去里弧盆系内，为石炭系—二叠系中基性火山岩的蚀变岩。岩石呈灰绿色，残余斑状结构，块状构造。主要表现为辉石次闪石化、绿泥石化。蚀变强烈的岩石、辉石全部变化为次闪石，仅部分保留辉石斑晶假象。斜长石出现绿帘石化、方解石化，部分绿泥石化、钠长石化。常见的副矿物为电气石、铬铁矿。其中，次闪石主要为次生的纤状透闪石与柱状阳起石，杂乱分布；钠长石为板柱状，绿泥石鳞片状，绿帘石、方解石为粒状，均杂乱分布。此外，该类岩石常见有沸石化，并构成工业矿产。

(2)绿泥次闪石岩

主要见于基性岩脉中，岩石呈灰绿色或灰黑色，具鳞片纤状变晶结构，块状构造。主要矿物成分有次闪石(35%～60%)、绿泥石(30%～35%)、方解石(微量～20%)、钠长石(10%)，次要矿物成分有石英(少量)、榍石(<5%)、钛铁石(少量)、磷灰石(微量)。次闪石呈柱状、纤柱状，大小0.5mm×1.2mm±，无定向杂乱分布，见角闪石残晶；绿泥石显微鳞片状，与细粒状的方解石对次闪石进行交代；钠长石板柱状，除分布在次闪石柱体之间外，还呈脉状穿插；榍石显微细粒，嵌布在绿泥石中，有的围绕钛铁矿细粒周围；石英不规则粒状分布在主要矿物间。

(3)绿泥阳起石岩

岩石呈灰绿色，具鳞片纤状变晶结构，略具定向构造。主要矿物成分为阳起石(70%±)、绿泥石(20%±)，次要矿物成分有方解石(<5%)、黑云母(少量)，常含少量金属矿物。阳起石呈纤柱状，最大达0.2mm×2mm，横切面具角闪石式解理，细小纤柱状近于纤维状，无定向，局部略具定向；绿泥石呈鳞片状交代阳起石，充填在阳起石纤柱间，有的与黑云母形成连晶；方解石呈不规则粒状，分布在主要矿物间；金属矿物呈细粒嵌布在阳起石及绿泥石中。

(4)斜长阳起透辉石岩

仅见于沙黑孜阿勒克一带的赫罗斯坦岩群(Pt_1*H*.)中，岩石灰绿色，粒柱状变晶结构，块状构造。主要矿物成分有透辉石(75%±)、阳起石(10%±)、斜长石(10%±)，次要矿物成分为微斜长石(少量)、白云石(<5%)、石英(微量)。近等轴柱状，大小0.2～0.7mm，无定向分布；阳起石呈纤柱状，分布在透辉石颗粒间；斜长石呈不规则板柱状、微粒状，大者内部有阳起石包体，微粒(<0.05mm)者呈集合体分布在透辉石颗粒间；微斜长石呈不规则板柱状，具格子双晶，分布在透辉石粒间，并伴有微量细粒石英；白云石呈细粒状，分布在主要矿物间。

4. 矽卡岩

零星分布，主要见于求库台、琼阿坡力别克岩体接触带附近。按形成的物质基础不同，分为内矽卡岩和外矽卡岩。内矽卡岩仅见于求库台岩体南侧的内接触带上，宽度大于500m，岩石类型为石榴石矽卡岩，石榴石由接触带边缘向内逐渐减少。外矽卡岩呈囊状分布在接触带外侧，宽度较小(<300m)，岩石类型有矽卡岩化方解石大理岩、矽卡岩化白云石大理岩等。

(1)石榴石矽卡岩

岩石深灰色，斑状结构、半自形粒状结构，块状构造、弱片麻状构造。斑晶为斜长石（10%±），呈自形、半自形板柱状，大小 0.6mm×1mm～2mm×3.5mm，分布不均匀；基质斜长石 70%±，半自形板柱状，大小 0.25mm×0.4mm～0.5mm×0.9mm，An=29，为更长石；石英 3%±，他形粒状，大小 0.1～0.3mm；黑云母（15%±）呈褐色片状，大小 0.25～0.8mm；角闪石 2%±，呈柱状，大小 0.15m×0.2mm～0.3mm×0.8mm；磁铁矿微量。手标本上及露头上可见石榴石（<1%），不规则粒状，大小 1～4mm，分布不均匀。

（2）矽卡岩化方解石（白云石）大理岩

岩石呈灰、灰褐色，具粒状变晶结构，块状构造。主要矿物成分为方解石（白云石）（>95%），呈晶粒状，相互镶嵌分布；岩石中常含有钙铝榴石（<5%），为灰红色，呈不规则粒状，大小 1～3mm，不均匀分布。

第五章 地质构造及构造发展史

测区位于帕米尔构造结最北缘东侧弧形弯折部位，跨塔里木地块、西昆仑中间地块和羌塘地块三大构造单元，经历了漫长而复杂的地质构造演化历史，具复杂的变质变形特征，主体属西昆仑新生代板内再生造山带，其物质组成和构造样式具明显的空间分带性。

第一节 构造单元和构造阶段划分

一、构造单元划分

一个稳定的大陆板块及其周围大陆边缘常构成相对稳定的整体，这一整体可以和其他块体碰撞拼合形成新的板块，也可以裂离成若干陆块。板块构造研究者历来重视大陆边缘构造发展历史的研究，特别是板块拼合界线的研究，并以此作为划分Ⅰ级构造边界的依据。两个板块之间被现已消失了的、仅保留其残片的蛇绿岩组合所分割，大陆区及其陆缘活动带则构成Ⅱ级构造单元，而把叠覆在主造山期之上的早期或晚期裂陷、上叠盆地及不同时代的沟弧盆体系作为Ⅲ级构造单元。但是，洋与陆的概念是相对的，不同时期的洋与陆是可以相互转化的，对于一个地域广阔的、演化历史复杂的研究地区而言，选择任何一个造山期作为主造山事件的划分方案对于准确描绘该地区的构造演化历史全貌都是困难的。

受始新世末以来帕米尔向北突刺挤入作用的影响，作为分割两大板块边界直接证据的原始残存的蛇绿岩及其相关组分被逆掩消失了，给构造边界划分带来一定困难，但从构造岩浆组合的规律性分布特点和盆地属性分析不难得出主构造边界位置的结论。本项目在综合考虑区内以及区域上各地质块体不同地质时期沉积建造、岩浆活动、变质作用、构造变形、形成大地构造环境及块体构造边界特征等方面情况的基础上，从动态的、发展的角度出发，以板块构造和造山带动力学演化理论为依据，参考前人研究成果，通过对各地质块体综合对比研究，特别是各构造边界的大地构造属性的分析，建立能反映区域地质构造演化特征的大地构造格局。把加里东期作为主造山期，共分为3个Ⅰ级构造单元，依上述原则进一步细分为4个Ⅱ级构造单元，其中Ⅰ$_2$区和Ⅱ$_1$区又各自分为4个Ⅲ级构造单元(图5-1，表5-1)。

表5-1 测区构造单元划分简表

Ⅰ级构造单元	Ⅱ级构造单元	Ⅲ级构造单元	备注
塔里木地块(Ⅰ)	Ⅰ$_1$喀什凹陷		
	Ⅰ$_2$奥依塔克-库尔良晚古生代裂陷槽	Ⅰ$_2^1$ 克孜勒陶-考库亚陆缘盆地	
		Ⅰ$_2^2$ 巧去里弧盆系(含恰尔隆深水盆地)	
		Ⅰ$_2^3$ 也提木苏断隆	
		Ⅰ$_2^4$ 库山河陆缘盆地	
西昆仑中间地块(Ⅱ)	木吉-公格尔复合岛弧(Ⅱ$_1$)	空贝利-木扎灵早古生代残余海盆(Ⅱ$_1^1$)	
		公格尔微陆块(Ⅱ$_1^2$)	
		米计干早古生代残余弧后盆地(Ⅱ$_1^3$)	
		乌孜别里山口-瓦恰弧间盆地(Ⅱ$_1^4$)	
羌塘地块(Ⅲ)	塔什库尔干陆块(Ⅲ)		

二、构造阶段划分

按国际通行准则结合区域和区内主要地质构造特征将测区构造变形分为古元古代(2.5～1.6Ga)、中-新元古代(1.6～0.54Ga)、加里东期(540～410Ma)、华力西期(410～250Ma)、印支期(250～205Ma)、燕山期(205～65Ma)、喜马拉雅期(65Ma～现代)7个构造演化阶段,各构造阶段在不同构造单元内部表现为不同的构造变形特征。其中的新元古代至加里东早期为原特提斯演化阶段;华力西期和印支期为古特提斯演化阶段,其间形成的奥依塔克-库尔良晚古生代裂陷槽可能属古亚洲洋的一部分而仍与古特提斯洋相连,燕山期以后转为板内再生造山阶段。

第二节　主要边界断裂构造特征

一、空贝利-木扎灵断裂(F_{61})

(一)分布形态及空间展布

空贝利-木扎灵断裂作为塔里木地块的南缘边界断裂与其南侧的西昆仑中间地块分开。沿玉其卡帕—苏盖特—木扎灵一线呈北西—南东向延伸,向北西沿昆盖山南坡过空贝利出国境,向南进入塔什库尔干幅后可能与科冈结合带相连,图内出露长度158km左右,最小宽度2km,最大宽度3.8km,向北弧形凸出。北段断面主体南倾,倾向210°～230°,倾角60°～70°,南段主体西倾。该断裂地貌特征及卫星影像特征明显,地貌上呈系列线状展布的沟谷等负地形,有时可形成断层崖。卫星影像上呈线状条带,并可见系列线状排列的断层三角面。其北侧出露有泥盆系、石炭系,南侧以布伦阔勒岩群、赛图拉岩群、志留系及少量的奥陶系(未分)为主。

(二)变形特征

1. 宏观变形特征

该断裂具有韧脆性逆冲推覆性质。从北向南变形带宽度逐渐加大,变形带中心变形较强,以发育糜棱岩、构造片岩及构造透镜体为特征,糜棱面理及构造片理发育,可见面理或片理构造的挠曲或褶皱现象以及矿物的拉伸定向,具眼球纹理构造和挤压透镜体,并可见矿物的拉伸定向现象和碎斑的旋转现象。其中的石英脉体也产生了极强的韧性变形,使其拉长、拉断呈透镜状或者形成不对称褶皱。由中心强变形带向两侧变形程度逐渐减弱。受变形带影响,围岩具碎裂岩化、劈理化和轻微变质现象。

2. 显微变形特征

石英:变形带中的石英常拉长呈透镜状或长条状,具波状消光,定向性明显,其长轴方向与拉伸线理方向一致,有些碎斑具撕裂状或裂纹,且沿裂纹发生错位。

长石:多呈旋转碎斑状,部分为残斑,部分为变斑晶,少部分呈透镜状或长条状,近平行消光,定向性明显,其长轴方向与拉伸线理方向一致。有时可见到平行四边形结构,具不对称眼球状构造和不对称压力影及边缘粒化(图5-2、图5-3),长石碎斑发育裂纹,并沿裂纹发生错移,少数斜长石双晶发生错位。

黑云母、白云母、绢云母等:呈细小的条带状定向分布,与石英、长石等一同构成岩石的片理、糜棱面理及一些纹理构造或纹理条带构造。

3. 变形几何学特征

在该韧性变形带中,糜棱岩及构造片岩广泛发育,并保留了较多的韧性变形形迹,如强弱糜棱岩化带、片理、糜棱面理、拉伸线理、雁行式排列的石英脉、挤压透镜体及剪切褶皱(图5-4、图5-5)和膝折等。

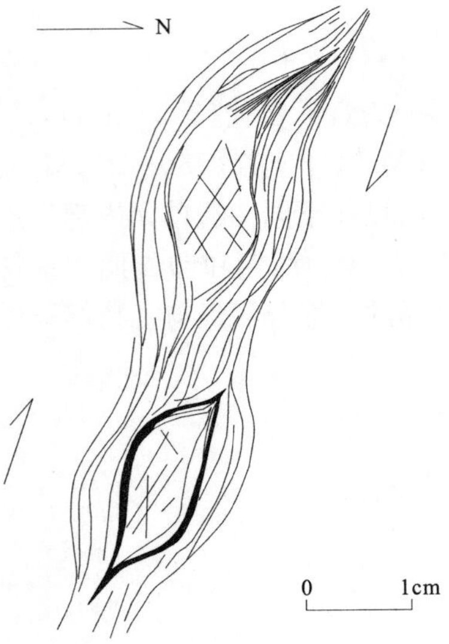

图 5-2　阿克陶县盖孜河玉其卡帕岩体中长石斑晶及压力影素描图

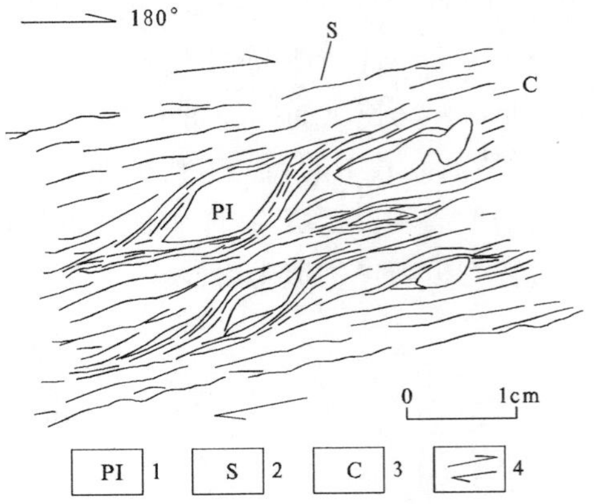

图 5-3　阿克陶县木扎灵岩体中长石斑晶变形特征素描图
1. 斜长石；2. "S"面理；3. "C"面理；4. 相对运动方向

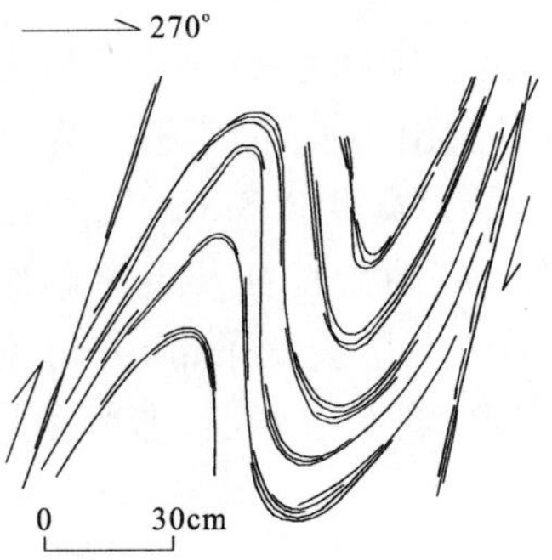

图 5-4　阿克陶县托鱼鲁布隆南奥陶系大理岩中顺层褶皱形态素描图

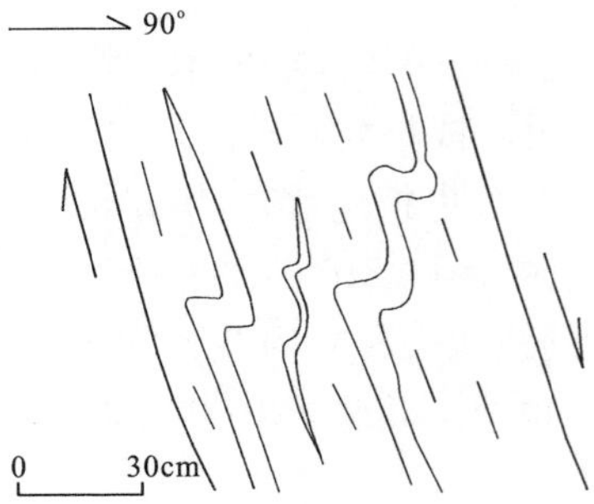

图 5-5　阿克陶县木扎灵构造带南段赛图拉群片岩中大理岩条带揉皱形态素描图

糜棱面理：变形带内糜棱面理发育，面理产状南西倾（偶有北东陡倾者），倾向 210°～240°，倾角 60°～70°。

拉伸线理：拉伸线理主要由拉长的岩石碎屑、矿物颗粒的平行排列显示，线理倾伏 230°±，倾伏角 60°±。

雁行式石英脉：石英脉呈雁行式排列，与糜棱面理呈锐角相交，显示逆冲推覆性质，见图 5-6、图 5-7。其中图 5-7 显示面理反转。

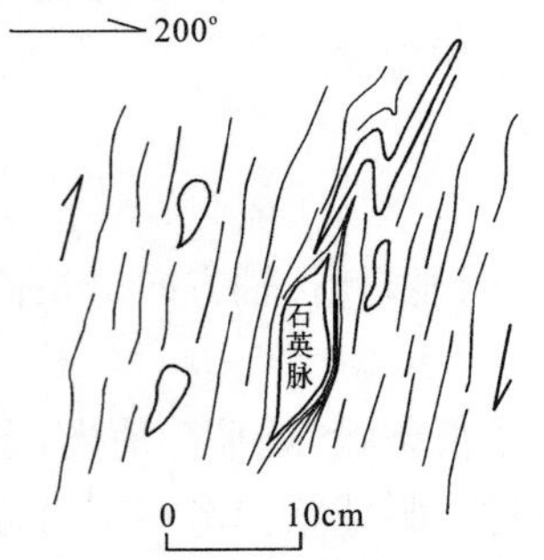

图 5-6　阿克陶县木扎灵构造带南段奥陶系未分地层中变形石英脉素描图

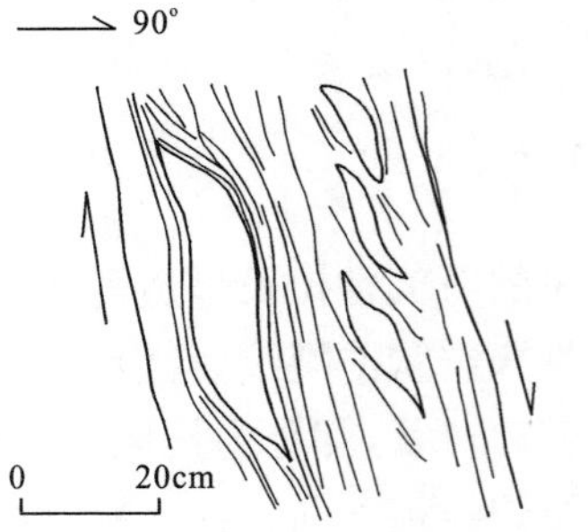

图 5-7　阿克陶县木扎灵构造带南段赛图拉岩群片岩中雁行式排列的石英脉素描图

（三）运动学指向

根据韧性变形带内的旋转碎斑系、不对称压力影、剪切褶皱、拉伸线理等判别该带总体为一由南西向北东的逆冲推覆构造，南段局部构造面有反转现象。

（四）航磁特征

在西昆仑地区航磁等值线平面图上，该带呈狭窄带状，在库地以东走向北西西，西侧走向北西，长约800km，表现为梯度带、线性磁异常带和不同磁异常走向的交汇带等特征（图 5-17）。

（五）形成时代探讨

作为西昆仑中间地块与塔里木地块的边界断裂，木扎灵断裂经历了复杂的构造演化历程。区域上，后碰撞型大同西岩体锆石 U－Pb 年龄为 480.4Ma（Fang *et al.*，1990），许荣华等（1994）对测年数据进行了重新处理，得到的年龄为 478.8Ma，相当于中奥陶世，表明作为早古生代西昆仑洋闭合边界的木扎灵断裂至少在早古生代晚期有过一次由南向北的逆冲事件。晚古生代（D_2—C）时期，木扎灵断裂是奥依塔克-恰尔隆裂陷槽的南侧边界断裂，可能有过一段时期的正断效应（北盘下降），随着奥依塔克洋向南俯冲闭合，又一次由南向北的逆冲事件叠加其上。三叠纪古特提斯洋在康西瓦一带闭合以后，在其碰撞带后缘曾出现过短时期的松弛，玉其卡帕岩体（古近纪）、保勒木沙岩体相继就位。受帕米尔向北突刺挤入作用的影响，松弛阶段很快被持续的挤压取代，侵位稍晚的玉其卡帕岩体在热状态下表现出了明显的韧性变形特征。挤压作用进一步发展，断裂带上的很多物质被逆掩消减掉了，早期韧性变形的糜棱岩带并未得到很好保存（北段消减程度更大一些），现今表现出来的主要是晚期的韧脆性逆冲特征。

二、阿拉依那克-克鲁格阿特韧性剪切带（F_{41}）

（一）分布形态及空间展布

阿拉依那克-克鲁格阿特韧性剪切带是Ⅲ级构造单元巧去里弧盆系内部的一条重要构造带，它可能是奥依塔克-库尔良晚古生代裂陷槽最终俯冲闭合时的增生造山主剪切带，其北侧出露包括早石炭世在内的奥依塔克蛇绿岩，南侧则为晚石炭世至早二叠世岛弧火山岩系。该韧性剪切带呈不规则弧线状沿北西—南东向延伸，北西延出测区，东没入盖孜河，被晚期山前推覆断裂 F_{25} 逆掩覆盖，图内长约 37km，最小宽度30m，最大宽度 220m。断面主体北东倾，倾向 15°～20°，倾角 50°以上。该断裂地貌特征及卫星影像特征明显，地貌上呈系列线状展布的沟谷等负地形，有时可形成断层崖。卫星影像上为线状条带，并可见系列线状排列的断层三角面。

（二）变形特征

1. 显微变形特征

受韧性剪切变形影响的主要是乌鲁阿特组安山岩和侵入其中的斜长花岗岩体。变形斜长花岗岩已达初糜棱岩，岩石中钠长石呈挤压拉长的板柱状，形如眼球，石英被拉长呈纹状定向分布于仅发生碎裂扭曲的眼球状钠长石颗粒周围。钠长石板柱双晶发生扭曲位移。破碎岩石以糜棱岩、糜棱岩化岩石、片理化岩石和碎裂岩为主，也见角砾岩和石英脉破碎重新胶结等现象。沿断裂常见褐铁矿化、赭石化、绿泥-绿帘石化、孔雀石化和镜铁矿化等蚀变（图版Ⅹ，7，8）。

2. 变形几何学特征

在该韧性变形带中，变形特征显著，保留了较多的韧性变形形迹，构造片岩及糜棱岩发育，如强弱糜棱岩化带、片理、糜棱面理、拉伸线理、变形的石英条带、挤压透镜体、剪切褶皱（图版Ⅸ，2）及 S－C 组构，石英颗粒的蠕虫状构造、“σ”型长石旋转碎斑、压力影构造（图版Ⅸ，3）、多米诺骨牌构造（图版Ⅸ，4）及石英脉变化透镜体（图 5-8）等。变形带内糜棱面理发育，面理产状主体北倾，倾向 15°～20°，倾角＞50°。拉伸线理倾伏向 95°，倾伏角 51°。

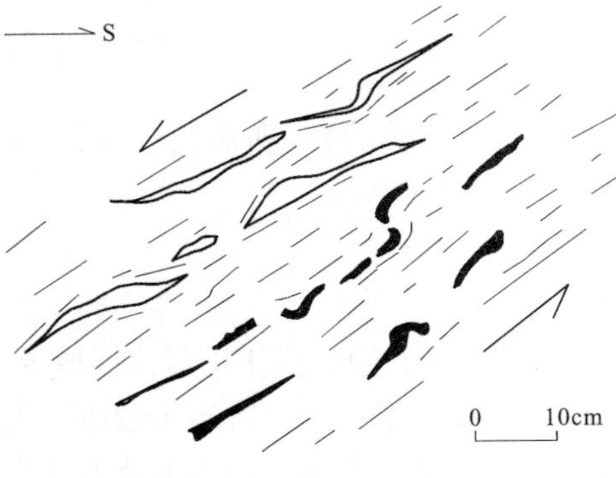

图 5-8　阿克陶县阿拉依那克-克鲁格阿特韧性剪切带中石英脉变形特征素描图

(三)运动学指向

根据韧性变形带内的旋转碎斑系、构造透镜体、拉伸线理等构造判别该带总体为一右行斜滑，即北盘相对下降。从发育糜棱岩这一变形程度看不大可能是浅层次的正断层，推断为糜棱面理原始状态南西倾向的韧性斜冲断层，受始新世末以来帕米尔向北突刺挤入作用产生的向北逆推和前锋阻力影响发生产状反转。

(四)形成时代探讨

卷入该韧性变形带变形的有早石炭世乌鲁阿特组火山岩和侵入其中的斜长花岗岩体，断裂形成时间应在奥依塔克洋闭合之后大约晚二叠世或早三叠世，伴洋盆关闭，俯冲形成由南向北的逆冲推覆构造，同时或稍晚形成走滑型韧性剪切带，根据剪切褶皱和"σ"型长石旋转碎斑、多米诺骨牌构造等，判断为右行剪切，但其内后期的变形石英脉体和镜铁矿的压力影构造则显示后期有左行剪切的叠加活动。古近纪帕米尔向北突刺挤入形成以来，后缘持续向北推挤，而前锋在阻力很大的情况下，前缘推覆构造面理发生反转变为北倾。近现代以后断裂表现出张性正断特征，形成角砾岩、碎裂岩，并切穿破坏赛图拉岩群(Ch*ST*.)推覆岩片。

第三节　各构造单元特征

一、塔里木地块(Ⅰ)

塔里木地块位于空贝利-木扎灵断裂以东，与西侧的西昆仑中间地块毗邻，可划分为两个Ⅱ级构造单元，大致以奥依塔克—考库亚一线的昆仑山前逆冲推覆构造前缘断裂(F_{83}、F_{16}、F_{15})为界，以东为喀什凹陷(Ⅰ$_1$)，以西为奥依塔克-库尔良晚古生代裂陷槽(Ⅰ$_2$)(图 5-1)。前者主要为中新生代地层分布区，后者主要为晚古生代地层分布区，另有少量的元古代地层和不同时代的中酸性侵入岩。奥依塔克-库尔良晚古生代裂陷槽内中生代地层角度不整合(或断层)覆盖在晚古生代地层之上，其分布位置虽然偏西，但仍属喀什凹陷的范畴。

(一)喀什凹陷(Ⅰ$_1$)

该构造单元分布于测区东部，它是以塔里木地块华力西期盖层为主要基底，在塔里木地块西南边缘发生的中新生代强烈坳陷区。喀什凹陷内是一套以陆相为主夹海相的沉积建造，白垩系为陆相夹浅海相沉积，为以红色碎屑岩为主的含碳酸盐岩和膏泥岩建造，具典型的山前坳陷特征；古近系为泻湖、滨浅海相交替沉积的石膏岩、碳酸盐岩、碎屑岩沉积，化石丰富；新近系下部乌恰群为一套泻湖相的棕色富钙含石膏的细碎屑岩沉积，为一套河流相沉积，以黄褐色砂岩、泥岩夹砾岩沉积为主，具下细上粗、西粗东细的特征；上新世开始海水全部退出测区。喀什坳陷内第四系广泛分布，包括冲洪积西域组、乌苏群、新疆群以及湖积、风积等。

除古近系与新近系之间的微角度或平行不整合外，中新生界内直到更新统均为连续沉积。坳陷区内沉积中心由老至新有由西向东迁移的特征。

该区内未见岩浆、热液活动和变质现象，仅有少量的重结晶作用，可见动力变质作用形成的角砾岩、碎裂岩和片理化或劈理化岩石。

1. 褶皱特征

该区内褶皱主要发育在西侧昆仑山前逆冲推覆构造前锋带附近，主要是由于其西部逆掩断层的活动，下盘中新生代地层受挤压、牵引而成，其褶皱轴线与主构造线逆掩断层走向一致，总的为北西走向，略弯曲，如阿孜干向斜 X_5、库尔阿尔格能别力向斜 X_1，同时沿构造线方向还发育一些单斜构造(如同由路克单斜)和鼻状构造，如坦木萨依鼻状构造、七美干鼻状构造、伊利亚斯鼻状构造等。另外，在坳陷内还发育一些近东西向的褶皱，如英吉沙背斜 B_1，该褶皱仍为南北向共同挤压作用所致。

(1)英吉沙背斜(B_1)

位于图幅东北部英吉沙县城附近的喀拉赫塔格山，轴线北西西向延伸，延长约 80km，宽约 6km。背斜脊线呈波状起伏，脊线升起于英吉沙东 10km 处，由此向东缓缓倾伏，并为第四系覆盖；向西越过英吉沙县城并向西升起，至萨依其克斯村又倾伏下去，在库山河以西，该背斜被山前断裂掩覆。

该背斜由上新统阿图什组(N_1a)组成，仅在西端封闭处即阿什库希村以西出露了下更新统西域组(Qp^1x)砾岩，构成背斜的北翼，倾角在 16°～30°之间。背斜在萨依其克斯、英吉沙县城、苏盖布拉克等地形成背斜鞍部，并分别被上更新统新疆群(Qp^3X)、上更新统湖积层(Qp^{3l})、全新统湖积层(Qh^l)、上更新统冲洪积层(Qp^{3pal})所覆盖。背斜在英吉沙县以东南翼(10°～45°)较北翼(10°～30°)陡，英吉沙县以西北翼(15°～75°)较南翼(10°～30°)陡。

总的来看，该背斜属于一个轴向近东西向—北西西向，脊线呈波状起伏、轴面时向南倾时向北倾的不对称褶皱，参与该期构造变形的地层主要为上新统阿图什组和下更新统西域组，而超覆于阿图组、西域组之上的上更新统新疆群(Qp^3X)并未卷入褶皱，说明该期褶皱应在早更新世之后晚更新世之前形成，大约为中更新世。

(2)阿孜干向斜(X_6)

该向斜位于测区东南部，是白垩系中唯一具有填图规模的向斜，它分布于阿克其-恰特-阿孜干布拉克逆掩断层(F_{19})的北东侧，轴线走向与逆掩断层走向一致，总体为北西走向，略弯曲。脊线向北西扬起，向东南倾伏。该向斜长约 18km，宽约 6km，向东延出图外，核部主要由上白垩统英吉莎群依格孜牙组(K_2y)碳酸盐岩组成，向东在阿孜干以东可见到向斜核部上覆古新统吐依洛克组(E_1t)紫红色泥岩和阿尔塔什组(E_1a)白色块状石膏岩。翼部主要为上白垩统乌依塔克组(K_2w)、库克拜组(K_2k)及下白垩统克孜勒苏群(K_1K)组成。其南翼被乌拉克钦达坂-坦木-克孜白尔达坂逆掩断层(F_{18})和阿克其-恰特-阿孜干布拉克逆掩断层(F_{19})破坏，向东南于阿孜干以东破坏至向斜核部。两翼平缓开阔，地层倾角较小，北东翼略缓，倾角在 15°～33°之间，西南翼略陡，倾角在 30°～42°之间，核部产状近于水平，形态简单。

该向斜为一个轴线近北西向、轴面略向南倾的开阔斜歪褶皱。参与该期构造变形的地层主要由白垩系和古新统吐依洛克组、阿尔塔什组，其形成时间应在古新世之后，主要是由于西南逆掩断层的活动，下盘地层受挤压牵引而成。

(3)奥依塔克向斜(X_1)

该向斜位于测区中北部的奥依塔克东，图幅内长约 18km，向北延出图外，宽约 10km，轴线近南北向，图幅外转向北西走向。脊线向南升起，向北倾伏，核部主要由下更新统西域组(Qp^1x)洪积砾岩组成，两翼由中新统乌恰群(N_1W)、古近系喀什群(EK)、上白垩统英吉莎群(K_2E_1Y)、下白垩统克孜勒苏群(K_1K)等组成。两翼平缓开阔，地层倾角较小，东翼地层倾角(15°～31°)比西翼(15°～45°)略缓，在西翼发育次级背斜褶皱而使地层倒转，核部产状近于水平，但局部地层由于断层的影响有变陡的现象，两翼地层均被北西走向的断层破坏。另有近东西向的断层切穿，破坏该向斜。

总的来看，该向斜是一个轴线近南北向、轴面略向西倾的平缓开阔褶皱，参与该期构造变形的地层为白垩系、古近系、新近系及下更新统西域组，其生成时间应在早更新世之后，该向斜是在白垩纪北西向—近南北向走滑拉分(或断陷)盆地的基础上发展起来的。

(4)鼻状构造

主要有坦木萨依鼻状构造、七美干鼻状构造、伊利亚斯鼻状构造等。这些鼻状构造都有一个共同的特征，即褶皱都发育在白垩系顶部的软硬岩石层的互层与古近系石膏层的接触面处，两者组合形成“鼻梁”和“鼻翼”。

2. 断裂特征

该区断裂集中分布于昆仑山前逆冲推覆前锋带附近，区内断裂西北段发育，东南段相对较弱，共识别出不同时期、不同方向、具一定规模的断裂 23 条，按走向分三大类，其中北西—北西西向 16 条，东西向 2 条，近南北向—北东向 5 条，北西—北西西向断裂与区域主构造线一致，组成本区基本构造格架。各类断裂带常相互切割，将地层切割成各种块状。各类断裂主要特征见表 5-2，下面就各类断裂中具有代表性的几条作以下详述。

表 5-2 喀什凹陷断层特征一览表

编号	名称	规模及产状			主要特征	矿化蚀变	性质	期次及时代
		长度	倾向及倾角	走向				
F_3	颇尔套东断层	10km		10°	向北被西域组(Qp^1x)覆盖，向南尖灭，切割地层 EK、J_3kz、J_2t、J_2y、J_1k，错断近东西向的 F_5、F_{22}，与 F_4 平行		左行走滑(解译)	早喜山期末(N)
F_5	颇尔套断层	15.5 km	向南陡倾	90°	西段 J_3kz、J_2t 压盖到 EK 之上，东段切割侏罗系地层，泥盆系向北压盖到侏罗系地层之上，西被第四系覆盖，东被 F_6 截切，中部被 F_2、F_3 错断。早期具正断层特征，控制喀什凹陷的边界，后期为逆冲推覆		正断-逆冲推覆(解译)	燕山末期(E 初)—晚喜山期末(Q_1 末)
F_7	达尔阿断层	11km	向 NE 陡倾	310°	北、南两端被中更新统乌苏群覆盖，切割古近系地层，使古近系与新近系地层直接接触		正断层(解译)	晚喜山期(N_2—Q_1)
F_8	达尔阿南断层	4km	向东陡倾	340°	切割 $E_{2-3}b$，使 $E_{2-3}b$ 与 N_1a 直接接触，被 F_7 截切，向南被中更新统乌苏群覆盖		正断层(解译)	晚喜山期(N_2—Q^1)
F_9	麦吉尔达坂断层	12km	向西陡倾	340°	向北被中更新统乌苏群覆盖，向南至麦吉尔达坂一带尖灭，被 F_{10} 截切，切割地层 E_3b、E_2w、E_2k，与 F_{10} 构成地堑，使 E_3b 呈断块夹持于断层之间		正断层(解译)	早喜山期末(E_3—N_1)
F_{10}	同由路克东断层	8km	向东南陡倾	340°	向北被中更新统乌苏群覆盖，向南截切 F_9，切割 E_3b、E_2w、E_2k，与 F_9 构成地堑，使 E_3b 呈断块夹持于两断层之间	泉华	正断层(解译)	早喜山期末(E_3—N_1)
F_{14}	考库亚东断层	12km	230°∠80°	320°	向北至布拉克巴西一带尖灭，向东南延出图外，断层平行山谷走向展布，断裂附近有泉分布，沿断层发育碎裂岩和牵引褶曲	东盘为石膏层	逆冲推覆(由西南向北东)	E_1之后
F_{81}	库尔阿尔格断裂	8km	向西南陡倾	340°	向北被第四系覆盖，向南被 F_{82} 截切复合，平行山脊走向分布，形成沟谷负地形，切割古近系喀什群(EK)地层，上盘(西盘)发育轴面向南倾的背斜褶皱，东盘(下盘)发育轴面向南倾的向斜构造		由西南向北东逆冲推覆断层，前期具正断层特征	晚喜山期末(Q_1 末)
F_{82}	博孜尔-加热塔什东断裂	17km	237°∠69° 230°∠64°	320°	西北延出图外，向东南在库山河被第四系覆盖，呈反"S"型波状弯曲，形成沟谷、丫脖负地形和陡壁或陡崖，发育碎裂岩和牵引褶皱，使白垩系(K_2E_1Y)地层由西南向北东推覆压盖到古近系(EK)、新近系(N_1W)地层之上，西侧发育 4 条同性质的断层推覆前锋带，由西向东依次变老		由西南向北东逆冲推覆，前期具正断层特征，由西向东向坳陷中心迁移的降向正断层	晚喜山期末(Q_1 末)

(1)亚尔瓦斯康-考库亚断裂(F_{15})

位于测区东部依格孜也尔都—卡克巴西阿格孜—亚尔瓦斯康—阿克奇—伊利亚斯—考库亚一带，向北被上更新统新疆群(Qp^3X)覆盖，向东南延出图外。图内全长约 64km，总体走向 320°左右，呈不规则线状展布，中部因断面缓倾，在地形变化时呈弧形弯曲，断面总体西南倾(220°)，倾角较缓(<44°)，但北段部分地段向北东陡倾(52°∠67°)。该断层卫星影像特征及地貌特征明显，影像上为线性构造，呈不规则条带状，地貌上断层通过地区多为沟谷、丫脖等负地形，可形成陡崖、陡坎、冲沟及河流拐点等。伊利亚斯附近有泉分布。断裂南段西侧石炭系向东推覆压盖在侏罗—白垩系之上，北段穿行于侏罗系内，J_1k 压盖到J_2Y之上。上盘岩石较破碎，灰岩风化后易成碎块，下盘地层具碎粉岩，局部倒转，部分地段的地层层序遭到破坏，缺失地层，沿断层面发育炭质层，断层两侧发育牵引褶皱(图 5-9)和变形透镜体(图版Ⅷ，4)。

根据断裂带上新老地层的压盖关系及牵引褶皱、变形透镜体等判断该断裂层西南向北东的逆冲推覆断层，且推覆距离达 2km 以上。

该断层与区域主构造线一致，东南复合追并断裂 F_{16}，中部复合到断裂 F_{19}之上，从影响到的地层看，在

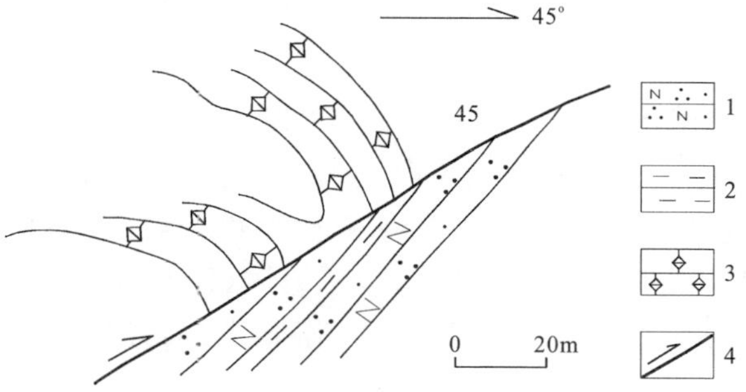

图 5-9　英吉沙县亚尔瓦斯康-考库亚逆冲断层(F_{15})4107 点处素描图

1. 长石石英砂岩；2. 泥岩；3. 泥晶灰岩；4. 断裂及性质

早白垩世初期可能为正断层，形成喀什坳陷边界。

(2)阿克特克断层(F_{34})

位于测区中部奥依塔克南库尔阿尔格能别力—亚色阔普若克—阿克特克一带，向北被下更新统西域组(Qp^1x)覆盖，中部穿过库山河，并被第四系冲洪积(Qp^{3pal})覆盖，向南延伸至雪山区，全长约 38km。北段近南北走向，过库山河转向西南走向，总体呈向东凸出的弧形，断面总体向西陡倾，倾角达 67°以上，但北段局部地段向东陡倾(52°∠67°)。该断层在卫星影像上线性构造明显，常构成不同影像花纹、色调分界线，地貌上多为山谷、河流、丫脖等负地形，并形成陡崖、河流拐点，北段明显错断山脉走向。断裂南段依次为泥盆系、石炭系由西向东推覆压盖在石炭系、侏罗系之上，北段穿行于新近系之中。沿断层发育碎裂岩、断层泥和“S”型或反“S”型牵引褶曲等(图 5-10)，并发育次级的破裂面。

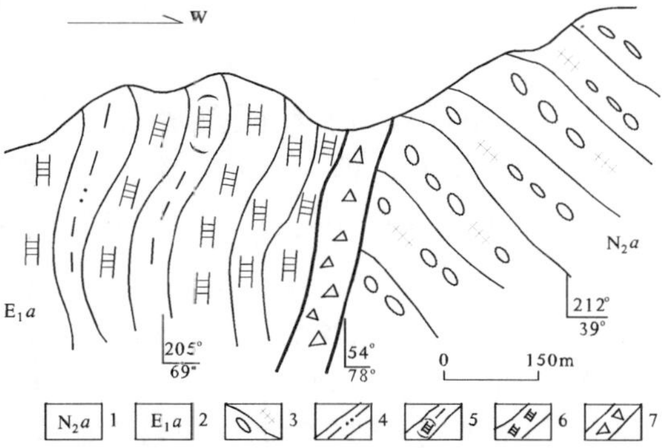

图 5-10　阿克陶县沙漫村 F_{34} 断裂特征素描图

1. 上新统阿图什组；2. 古新统阿尔塔什组；3. 复成分砾岩；4. 粉砂质泥岩；5. 含膏泥岩；6. 石膏岩；7. 断裂带

该断层错断北西西向断层(如 F_{25})，截切北西向断层(如 F_{35}、F_{82}、F_{83})和东西向断层(如 F_5)，发育一系列大致平行的断层组(如 F_{33}、F_2)或呈微角度相交的断层组(如 F_4、F_5)，这些断层的相互作用常将地层切割成断块状。

据断裂与地层的关系及断裂带内的牵引褶皱等判断，该断裂总体为由南西向北东斜冲，局部地区断面反转倾向北东。稍后在逆冲推覆的前锋部位形成与逆冲方向大致一致并切割逆冲岩席的走滑断层。据错断地层及断裂 F_{25} 的效应判断为右行走滑，且位移达 5km 以上。

该断裂影响到的最新地层为上新统阿图什组(N_2a)，又被下更新统西域组(Qp^1x)角度不整合覆盖，其推覆作用和走滑作用发生在上新世末。

(3)奥依塔克东断层(F_1)

位于测区中北部奥依塔克东库合台买—博孜达一带，向西被全新统冲洪积(Qh^{al})覆盖，向东被上更新统冲洪积(Qp^{3pal})覆盖，全长 17km，东西向直线状展布，断面总体向北陡倾(352°∠61°)。卫星影像上呈一近东西向的线性构造，地貌上多形成丫脖、陡崖等，断层切割古近系喀什群(EK)、新近系乌恰群(N_1W)和第四系下更新统西域组(Qp^1x)。上盘(北盘)下降，见 Qp^1x 上部层位，下盘(南盘)上升见到 Qp^1x 下部层位，为一正断层，且北盘(上盘)向西平移近 800m，断层兼具左行平移特征，总体为一个平移-正断层。

该断层影响的最新地层为下更新统西域组，破坏奥依塔克向斜(X_1)，同时又被上更新统冲洪积(Qp^{3pal})覆盖，其发生时间应在早更新世末或中更新世。始新世以来，西昆仑山地区受到南北向挤压，在应力最集中地方产生拉伸交织带，该断层就是在此基础上形成的平移-正断层。

(4)库夏勒-博孜墩断裂(F_{83})

位于测区中北部奥依塔克西库夏勒—博孜墩一带，向北被上更新统冲洪积(Qp^{3pal})覆盖，向南至库山河被阿克特克(F_{34})断裂所截，图内长约 24km，宽 8～200m，总体走向 320°，呈直线状展布，断面总体西南倾(210°～240°)，倾角较陡(60°～76°)，局部地段断层面向北东陡倾(80°∠73°)。影像上呈线状构造，为不同影像花纹和色调的分界线，地貌上常平行山脊走向形成沟谷、丫脖等负地形，并形成河流的拐点。断裂北段三叠系霍峡尔组(T_3h)向北东推覆到下白垩统克孜勒苏群(K_1K)之上，南段断层面主体向东陡倾，控制喀拉乔库石英闪长岩岩体($\delta o C_2$)与白垩系的边界，东南端博孜墩一带则控制上新统阿图什组(N_2a)与白垩系的边界，沿断裂两侧发育碎裂岩带，东侧碎裂岩带可达 8～200m，以碎裂岩为主，可见 30cm 宽的断层泥。在断裂东侧发育褶皱，并使白垩系、古近系地层倒转。

该断层为喀什凹陷与奥依塔克-库尔良晚古生代裂陷槽的分界断裂，它的初始阶段起码应在早白垩世早期，断裂的产生为中生界白垩系红色碎屑岩提供了沉积场所，并控制了白垩系的展布形态，属于山前断陷断裂，具正断层性质特征，其后随着昆仑山脉的崛起和喀什凹陷的发展，在其东侧相继生成了一系列由西向东的降向正断层，并分别控制了下白垩统克孜勒苏群(K_1K)与上白垩统英吉莎群(K_2E_1Y)、古近系喀什群(EK)地层的展布形态，这一点在盖孜河东南阿幔萨热一带表现最为明显，沿断裂发育断层面向东陡倾的(80°∠73°)正断层，并形成宽约 200m 的碎裂岩带和 30cm 宽的断层泥。

始新世以后，沿该断裂形成由西南向北东的逆冲推覆构造，致使三叠系推覆到白垩系不同层位之上，并在白垩系地层中形成牵引褶皱，且使白垩系地层倒转，受该期逆冲推覆构造影响，早期的降向断层复活，并沿这些断裂形成一系列由西南向北东的逆冲推覆构造(如 F_{81}、F_{82}、F_{29}等)，共同构成了昆仑山前推覆前锋带(前锋带航磁特征后述)。

(5)同由路克断裂(F_{11})

位于测区东部同由路克一带，向北被上更新统新疆群覆盖，向南至坦木萨依沟北尖灭，全长约 15.5km，总体走向 310°左右，呈向东凸出的弧形展布，断面向东北陡倾(40°∠65°)。卫星影像上呈明显的线状，是不同影纹色调的分界线，地貌上平行山脊走向形成沟谷、丫脖等负地形，可见断层崖或陡壁，并沿断裂分布一系列走向大致一致的泉群，断裂发育于古近系阿尔塔什组(E_1a)内部，断裂以西为 E_1a 紫灰色、灰色生物碎屑灰岩，以东为 E_1a 灰白色块状石膏层。沿断裂发育碎裂岩，推测为古近系之后形成的正断层，在该断层东侧发育 4 条大致平行的断层，与其组成由西向东的向凹陷带中心迁移的降向正断层组。

(6)博孜达坂断层(F_2)

位于测区东北部库山河西侧博孜达坂-塔合塔克让一带，向北延出图外，向南穿过库山河后尖灭，图幅内长约 19km，总体走向近南北向，呈向东凸出的弧形弯曲，断层面总体向西倾(258°～272°)，倾角较陡(66°～80°)，卫星影像上为一线性构造，地貌上平行山脊走向，为一地形陡变带，常形成陡壁或陡崖(图版Ⅷ,5)，断裂切割下更新统西域组(Qp^1x)、古近系喀什群(EK)、侏罗系库孜贡苏组(J_3kz)、塔尔尕组(J_2t)，断裂两侧岩石破碎，尤以东侧破碎明显，断裂两侧发育牵引褶皱或平卧褶皱(图 5-11，图版Ⅷ,6)。

该断层被东西向(F_1)和北东向断层错断，错断东西向断层 F_5，为一由西向东的高角度逆冲推覆构造，使喀什群(EK)推覆到下更新统西域组(Qp^1x)之上，并使上盘喀什群地层产生平卧褶皱，发生时间应在中更新世(中部被上更新统冲洪积(Qp^{3pal})覆盖)，但在此之前可能有右行走滑特征。

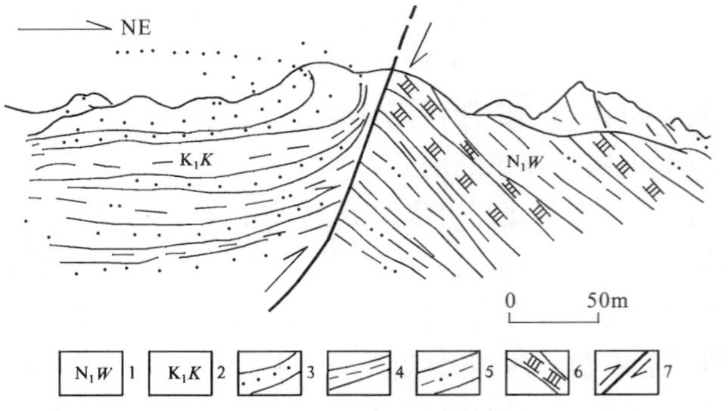

图 5-11　阿克陶县王孜坎断裂 F_2特征素描图

1. 中新统乌恰群；2. 下白垩统克孜勒苏群；3. 砂岩；4. 泥岩；5. 粉砂质泥岩；6. 石膏岩；7. 断层及性质

(7)伊利亚斯断层(F_{13})

位于测区东部伊利亚斯沟一带，向东、西侧尖灭，全长约 7.5km，宽约 5m，总体走向 310°左右，呈向西南凸出的弧形展布。断层面向西南缓倾(210°∠30°)，该断层卫星影像和地貌特征明显，影像上为线状构造，地貌上形成沟谷负地形，在断裂带附近有泉分布，断裂切割白垩系和古近系，并使白垩系由西向东压盖到古近系之上，断层上盘(西盘)破碎明显，发育宽约 5m 的破碎带，破碎带由西向东依次表现为劈理化带-角砾岩化带-碎斑岩带。断层两侧均发育牵引褶皱，根据牵引褶皱形态和断层面特征、新老地层压盖关系综合判断为由西南向北东的逆冲推覆构造(图 5-12；图版Ⅷ,7)。从影响到的最新地层为古近系阿尔塔什组(E_1a)推断，其发生时间在 E_1之后。

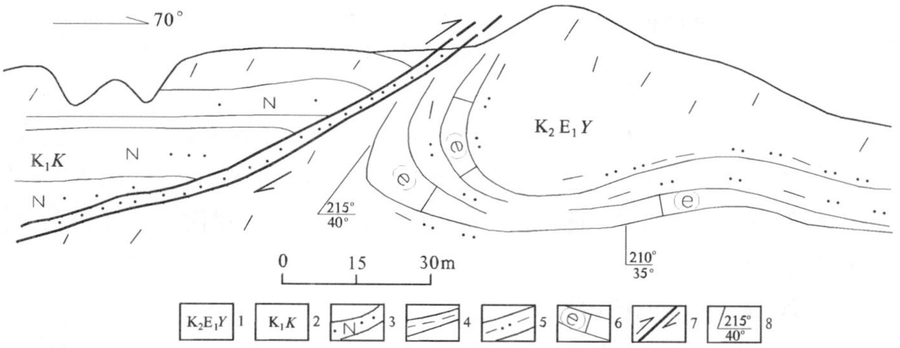

图 5-12　英吉沙县伊力亚斯沟 2046 点克孜勒苏群与英吉莎群断层关系素描图

1. 英吉莎群；2. 克孜勒苏群；3. 长石砂岩；4. 泥岩；5. 粉砂质泥岩；6. 生物碎屑灰岩；7. 断裂及性质；8. 岩层产状

3. 小结

综上所述，喀什凹陷区构造特征如下。

发育与区域主构造线方向一致的北西向—北西西向断裂，构成该区基本断裂格局，这些断裂多为不同构造单元或不同地质体的边界（如 F_{15}、F_{83}），并具多期活动特征，表现最为明显的为喜马拉雅山期大规模的由西南向北东的逆冲推覆构造，使古生界压盖到中新生界地层之上，甚至推覆到第四系之上，同时，这些逆冲推覆构造常具复合追并现象。

晚期的近南北向—北东向断裂切割与区域主构造线方向一致的北西—北西西向断裂，这些断裂常成组集中分布，多具平移断层特征，并叠加有逆冲推覆断层特征。

少量的近东西向断裂切割早期的北西—北西西向断裂和近南北向—北东向断裂，具平移-正断层特征。

部分北西向正断层常集中成组分布，构成由西向东的向坳陷中心迁移的降向正断层组（如 F_7-F_{11}、$F_{81}-F_{83}$ 断层的早期活动等）。

区内褶皱仅有轴向北西向—北西西向的向斜 1 个，轴线近南北向的向斜 1 个，轴线近东西向—北西西向的背斜 1 个。这些褶皱虽然走向不尽一致，但均与南北向的长期持续挤压有关，表现最明显的向斜 X_5 就是在由西南向北东的逆冲推覆构造活动下，下盘白垩系—古近系地层受挤压牵引而成的。

该区未见任何岩浆活动，基本上未见变质现象，仅在断裂带附近有少量动力变质作用形成的碎裂岩。

（二）奥依塔克-库尔良晚古生代裂陷槽（I_2）

该构造单元分布于测区东部奥依塔克—恰尔隆一带，大致以昆仑山前逆冲推覆构造前锋带为界与喀什凹陷毗邻，以空贝利-木扎灵断裂为界与西侧西昆仑中间地块毗邻，进一步划分为 4 个三级构造单元。

1. 克孜勒陶-考库亚陆缘盆地（I_2^1）

该三级构造单元位于测区东部克孜勒陶-考库亚一带，是昆仑山前逆冲推覆构造前锋带的主要组成部分。东以前锋带边界断裂（如 F_{15}、F_6）为界与喀什坳陷毗邻，西以阿托依那克达坂-加拉格尔达坂断裂（F_{25}）、塔什克拉-卡拉孜断裂（F_{47}）为界分别与库山河陆缘盆地（I_2^4）、巧去里弧盆系（I_2^2）、也提木苏断隆（I_2^3）毗邻。呈西北窄东南宽的楔形带状展布，向东南延出图外，向北西被喀什凹陷掩盖，上古生界从中泥盆统到上二叠统均有出露，主要为海相碎屑岩和碳酸盐岩建造。其中，中下二叠统还有一次基性岩浆的喷溢活动，除中泥盆统阿克巴西麻扎尔组（D_2a）与克孜勒陶组（D_2kz）为平行不整合接触外，其余均为整合接触。单元内的上古生界局部被中生界侏罗系和白垩系覆盖，其中侏罗系构成山间坳陷盆地，为一套陆相含煤黑色碎屑岩建造，以角度不整合覆盖于古生界之上。白垩系为一套滨浅海—泻湖相碎屑岩-碳酸盐岩建造，属喀什坳陷的一部分，以角度不整合覆盖于古生界之上，以平行不整合与侏罗系相接触。

该区岩浆活动微弱，仅在中二叠统棋盘组（P_2q）内有基性岩浆喷溢，也提木苏断隆东侧有少量的石炭—二叠纪俯冲型花岗闪长岩-石英闪长岩-斜长花岗岩分布，但热液活动较强，局部有一些基性脉体侵入。泥盆系、侏罗系内分布一些晚燕山期石英脉和长英质脉，并具水晶矿化，形成克孜勒陶西侏罗系内水晶矿和唐巴西沟上游泥盆系内水晶矿，同时沿断裂和破裂带可常见含硫较高的黄铁矿化、褐铁矿化、硫磺矿化等围岩蚀变，并形成少量热液型黄铁矿、硫磺矿和铅锌矿。

区内除轻微的低级区域变质作用外，可常见动力变质作用。

(1)褶皱特征

区内褶皱极其发育，一系列轴线北西向—北西西向的线状褶皱呈带状分布，与主构造线方向基本一致，多数褶皱与由西南向北东的逆冲推覆构造有关，并受断裂控制和破坏。不同级别的褶皱往往组合成巨大的复背斜和复向斜，局部可见紧闭的斜歪褶皱和平卧褶皱。具一定规模、不同时期、不同样式的褶皱构造有 15 个，择要详述，其他见表 5-3。

①艾捷克阿格孜-库斯拉甫复向斜(X_9)

该向斜位于图幅东部艾捷克阿格孜—库斯拉甫一线，由侏罗系组成。向南延出图外，向北被逆掩断层的前锋断裂 F_5 逆掩覆盖，它所处的位置虽然在奥依塔克-库尔良晚古生代裂陷槽内，但侏罗系以断层或角度不整合与古生界或元古界接触，为中新生代北西向山间坳陷，构造线方向为北西向，与区域构造走向一致。向斜南段长约 65km，北段长约 45km，最大宽度可达 15km，两翼较对称，地层倾角在 36°左右。两翼发育一些次级的褶皱，这些次级褶皱多平缓开阔，轴线短而弯曲，延长短。次级褶皱中规模稍大的仅见阿帕里克向斜(X_8)和阿克其依背斜(B_7)。核部的产状更为平缓，一般在 20°以内，且具“W”型褶皱特征(图 5-13)。复向斜的北段构造形态稍复杂，在艾捷克阿格孜附近更是如此，由于东侧断层 F_{25} 的破坏，向斜的东翼几乎完全缺失，在该带复向斜东翼的次级褶皱轴面多向西倾，西翼的次级褶皱轴面多向东倾，在剖面图上构造呈倒扇形复向斜。由于次级褶皱发育和断层的破坏，能见到不少次级的背、向斜构造，但很难确定复向斜的轴线位置。

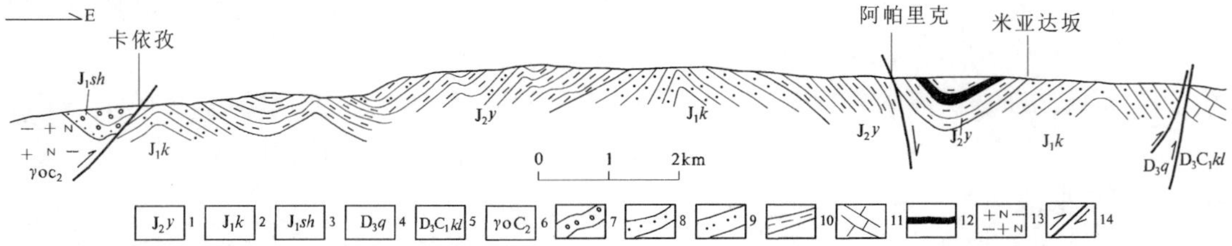

图 5-13 阿克陶县艾捷克阿格孜-库斯拉甫复向斜阿帕里克一带褶皱形态信手剖面图

1. 杨叶组；2. 康苏组；3. 莎里塔什组；4. 奇自拉夫组；5. 克里塔克组；6. 晚石炭世斜长花岗岩 7. 砾岩；8. 砂岩；9. 粉砂岩；10. 泥岩；11. 灰岩；12. 煤层(线)；13. 黑云母英云闪长岩；14. 断裂及性质

总地看来，该向斜是一个轴线北西、向北东凸出的弧形弯曲的复向斜，复向斜的西侧为晚古生代地台盖层和古元代地层基底，东侧为晚古生代地台盖层。组成复向斜的侏罗系地层呈断块状夹持于断裂带之间，北段夹持于断裂 F_{25}(西南侧)和断裂 F_{18}(东侧)之间；南段夹持于断裂 F_{47} 或 F_{44}(西侧)与断裂 F_{25} 或 F_{26}(东侧)之间，但多处仍能见到中生代地层呈角度不整合覆盖到晚古生代地层或元古代地层之上，其本身为一中生代山间坳陷。该向斜是在始新世以来由西南向北东的逆冲推覆作用快速发展阶段形成，向斜内未见叠加褶皱也可说明这一点。

②考库亚复式背斜(B_5)

该背斜位于测区东南部考库亚—伊利亚斯一带，核部在克孜阿洪—麻扎尔吾团克—阿依巴什一线，总体走向北西，延伸约 30km，最大宽度 7km，就其长宽比和构造形态来说，仍属平缓开阔的线状褶皱。向北西被白垩系覆盖，并被逆冲推覆构造 F_{15} 破坏，向东南延出图外，并被白垩系地层覆盖。背斜的脊线中部升起，向两端倾伏。背斜由中上泥盆统和石炭系组成，核部由中泥盆统克孜勒陶组(D_3kz)和上泥盆统奇自拉夫组(D_3q)组成，翼部由石炭系克里塔克组(D_3C_1kl)、和什拉甫组(C_1h)、卡拉乌依组(C_2kl)组成，两端可见上部层位阿孜干组(C_2a)和塔哈奇组(C_2P_1th)。除东翼逆掩推覆到白垩系之上外，其余地段(西翼为主)均为白垩系角度不整合覆盖。东翼地层产状稍陡，一般 30°～54°，多在 30°～45°之间，西翼稍缓，一般 26°～52°，多在 45°以下，核部地层倾角平缓，一般为 20°以下，部分近于水平(仅 5°左右)。在东翼发育一些平缓开阔、轴线短而弯曲、常见转折端的次级褶皱(图 5-14)，规模稍大的有 B_4。

总地来看，该复式背斜形态较为简单，总体为一核部不宽、延伸不长、轴面略向西南倾斜、轴线北西走

表 5-3　克孜勒陶-考库亚陆缘盆地褶皱一览表

编号	名称	规模	走向	核部地层	两翼地层及产状	轴面	其他特征
B_2	赛图拉东背斜	长 10km，宽 4km	330°	J_2y	J_2y，东翼北东倾，倾角 44°～56°；西翼西南倾，倾角 40°	西南倾	为短轴背斜，向两端尖灭，西翼发育次一级轴面西倾的背向斜构造，与主构造线走向一致，与推覆断裂 F_{15} 有关，其发生时间晚于早白垩世
B_3	七美干萨依复式背斜	长约 6km	300°	P_2q	P_2q，北东翼（42°～60°）比西南稍陡（50°～54°）	西南倾	由于白垩系覆盖，仅出露一小部分，轴向总体北西向，本身为一短轴复式背斜，两翼发育一些短轴褶皱，规模较小，多为一些同层褶曲或同斜构造，其上叠加有白垩系之后的褶皱，可见在 P_2q 向斜位置叠加有 K_1j 的背斜构造，而使褶皱复杂化，其早期发生时间应在晚二叠世之后，白垩纪之前
B_4	公能吉勒格斯背斜	宽约 5km	320°	C_1h	C_2kl、C_2a、C_2P_1th，北东翼倾角大于 45°，西南翼小于 45°	西南倾 235°∠70°	为一圆弧型短轴状背斜，是考库亚复式背斜北东翼次级褶皱，轴线向北西倾伏、尖灭，向东南升起，且向东南延出图外，西南翼多被白垩系覆盖，发生时间同 B_5
B_6	坦木-别来是达坂背斜	长 20km	330°	C_2P_1th	C_2P_1th、P_1kz，东翼北东倾；倾角 39°～40°，西翼西南倾，倾角 30°～40°	西南倾	呈线状，常见转折端，限于断层 F_{19} 与 F_{18} 之间的构造透镜体内，褶皱形成是由于上石炭统—下二叠统组成的断块向东推覆，上盘地层牵引变形所致。坦木西几个铅锌矿点产于 C_2P_1th、P_1kz 组成的翼部地层之中
B_7	阿克其依背斜	长 30km，宽 5km	北西向，向北转为北西西或近东西向	J_1k	J_1k，北东翼向北东倾，倾角 30°～58°；西南翼南西倾，倾角 26°～35°；核部地层平缓，倾角 5°～10°。	西南倾	为艾捷克阿格孜-库斯拉甫复向斜西南翼的次级褶皱，发育在 J_1k 内部，在其两端可见到更次一级的背向斜构造，多与背斜平行排列，规模较小，延伸不远，由于西南侧断裂 F_{25} 向北东逆冲推覆，下盘地层受挤压牵引而成，其发生时间在侏罗纪之后，结合区域上断层 F_{25} 特征，应为始新世以后
X_3	加牙阿里德向斜	长 25km 宽 2～5km	北西向（320°）	J_1k	J_1sh、J_1k，东翼西倾，倾角 40°～55°；西翼东倾，倾角 40°～60°	西南倾	夹持于 F_{15} 与 F_{18} 或 F_{19} 之间，为与主构造线一致的线状褶皱，在其两翼发育一系列次级褶皱，尤其是东翼发育一系列轴面向西南倾的同斜褶皱，该向斜位于昆仑山前逆冲推覆前锋带内，与推覆作用有关，其发生时限晚于始新世
X_4	科克然达坂复向斜	长约 10km，宽约 3km	北西向（325°）	D_2a	D_2a，两翼地层倾角一般大于 50°，多在 50°～54°之间	西南倾	位于科克然达坂东一带，北东部被侏罗系覆盖。轴线北段平直，南段弯曲，由一背斜和一向斜组成，可见复杂的褶曲和同斜褶皱，向斜构成正地形，背斜则为负地形。科克然达坂铅锌矿、赛拉铅锌矿就产在向斜两翼断裂带内。该向斜夹持于断裂 F_{18} 与 F_{20} 之间，呈断块状，又被侏罗系角度不整合覆盖，其生成时间应在侏罗纪以前，后期有叠加现象
X_5	吐尔那不孜向斜	27.5km	北西 330°	C_2P_1th	C_2P_1th，两翼产状较缓（10°～15°）；核部地层产状稍陡（46°～58°）	西南倾	分布于苏格提—吐尔那不孜—他米棋一带，限于断裂 F_{18} 与 F_{22} 之间的构造透镜体内，轴线与主要构造线基本一致，两端形成一些次级褶皱，阿帕里克铅锌矿就产在向斜南端。被侏罗系角度不整合覆盖，应在侏罗系之前生成
X_{18}	恰看特勒克复式向斜	图幅内长 10～12km	北西向 320°	P_1kz C_2P_1th	C_2a、C_2kl、C_1h、D_3C_1kl、D_3q 东翼倾角 34°～37°；西翼倾角 52°～68°	西南倾	分布于图幅东南恰看特勒克等地，南北延伸于叶尔羌河两岸。东翼由于断层破坏未见上泥盆统。西翼上泥盆统中见小块下石炭统克里塔克组（D_3C_1kl）呈断块，形成四周为断层所限的向斜构造，卡兰古铅锌矿就产在该向斜之中，向斜轴线北西—南东向展布，略弯曲。向斜西翼和核部较紧密，地层倾角一般 52°～68°，部分近于直立，东翼则相对平缓，地层倾角一般在 34°～37°之间，其东翼逆掩于白垩系之上，靠近东侧断裂 F_{18} 处有一些次一级的牵引褶曲，该向斜形成于白垩纪之后，在受到挤压时，应集中于西南翼，东翼发生逆掩，应力得到松弛的条件下形成的
X_7	康巴西向斜	长约 16km，最宽处 3～5km	北西向 345°	D_3q	D_2kz 两翼地层较陡，一般 55°以上，核部产状较陡，一般 70°～80°	西南倾	两翼为断层破坏，局限于由断裂 F_{22}、F_{23} 与断裂 F_{25} 组成的构造透镜体内，沿核部有逆冲断裂分割的小透镜体，该向斜较为紧密，为一轴面西南陡倾的同斜褶皱，但见不到转折端。西翼发育有石英脉，并形成水晶矿。该向斜西端有侏罗系角度不整合覆盖，其生成时代应在侏罗纪之前
X_8	阿帕里克复向斜	长 23km，宽 5km	北西向	J_2y J_1k	J_1k，东翼局部见有 J_1sh，东翼南西倾，倾角 10°～30°；西翼北倾，倾角 28°～56°	西南倾	该向斜为艾捷克阿格孜-库斯拉甫复向斜东翼的次级褶皱，向南、北两端尖灭，中部核部有北西向断层破坏，两翼发育有次级褶皱，总体由两背斜和一向斜组成，阿帕里克煤矿产于向斜核部，该向斜形成于侏罗系之后
X_{10}	克浪古向斜	长约 17.5km	北北西向-近南北向	D_2kz	D_2kz、D_3q，东翼较陡，45°以上；西翼较缓，一般 20°以下	向北东倾	西被侏罗系覆盖，东为断层 F_{26}、F_{29} 等破坏，向斜两端倾伏处次一级褶皱发育，可见褶皱转折端，向斜南端以南 D_3C_1kl 灰岩呈断块出露，其中有铅锌矿点产出。该向斜发育于中上泥盆统，又被侏罗系地层覆盖，其形成时间应在侏罗纪之前

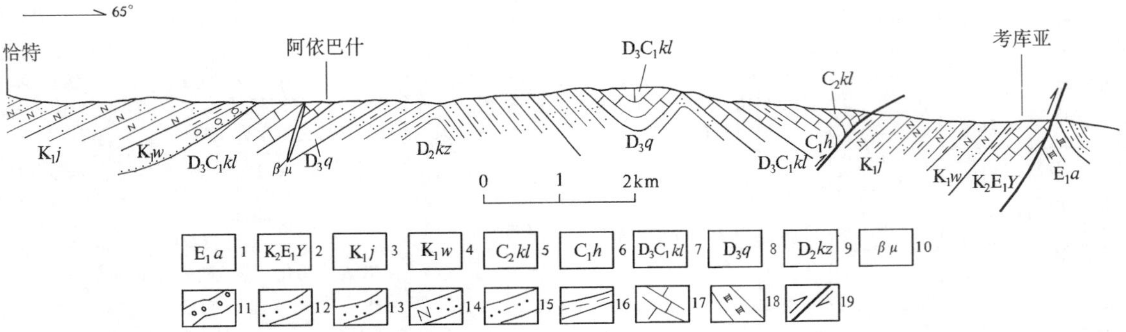

图 5-14　英吉沙县考库亚复背斜褶皱形态信手剖面图

1. 古新统阿尔塔什组；2. 上白垩统—古新统英吉莎群；3. 下白垩统江额结尔组；4. 下白垩统乌鲁克恰特组；5. 上石炭统卡拉乌依组；6. 下石炭统和什拉甫组；7. 上泥盆统—下石炭统克里塔克组；8. 上泥盆统奇自拉夫组；9. 中泥盆统克孜勒陶组；10. 辉绿玢岩脉；11. 砾岩；12. 砂岩；13. 石英砂岩；14. 长石石英砂岩；15. 泥质粉砂岩；16. 泥岩；17. 灰岩；18. 石膏岩；19. 断层及运动方向

向的复式背斜。该复式背斜是由于由西南向北东的逆冲推覆构造的活动，下盘（东盘）古生代地层受到挤压牵引而形成。该背斜被白垩系覆盖，其发生时间应在白垩纪之前，与奥依塔克—库尔良晚古生代裂陷槽向南俯冲闭合有关，可能在中晚二叠世时就已形成。

③哲勒根德克能别力-乌拉克钦向斜（X_2）

位于测区东部依格孜也尔乡西侧哲勒根德克能别力—乌拉克钦一带，总体走向北西向，与主构造线方向一致，延长约 15km，向西被断层 F_{12} 破坏，向东被侏罗系覆盖，枢纽向东南翘起，向北西倾伏，呈波状弯曲。向斜主要由中泥盆统阿克巴西麻扎尔组（D_2a）组成，向东南可见中泥盆统克孜勒陶组（D_2kz），向斜两翼地层产状较缓，一般不超过 30°，核部地层产状更缓，一般 10°左右。向斜两翼发育有次级褶皱，但受其两侧逆冲推覆断层破坏而面目全非，但仍显示出西翼比北东翼略陡，轴面具西倾的特征（图 5-15）。

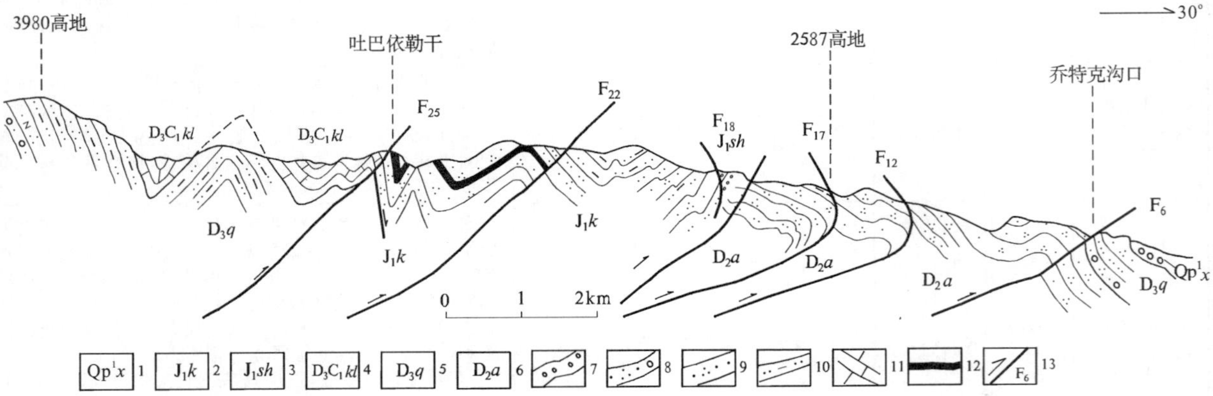

图 5-15　英吉沙县吐巴依勒干—乔特克一带逆冲推覆前锋带构造样式图

1. 西域组；2. 康苏组；3. 莎里塔什组；4. 上泥盆统、下石炭统克里塔克组；5. 上泥盆统奇自拉夫组；6. 中泥盆统阿克巴西麻扎尔组；7. 砾岩；8. 含砾石英砂岩；9. 石英砂岩；10. 泥质粉砂岩；11. 灰岩；12. 煤层；13. 断层运动方向及编号

该向斜总体为一核部不宽，延伸不长，其轴面略向西南倾斜，轴线与主构造线相一致的宽缓线状褶皱。向斜被侏罗系地层覆盖，其发生时间应在侏罗系沉积之前。由于向斜与主构造线走向一致，且与由西南向北东的逆冲推覆作用关系密切，结合区域上构造事件综合推断，其发生时间应为早—中二叠世时期，伴随着奥依塔克-库尔良晚古生代裂陷槽向西南俯冲闭合，受其挤压，该向斜形成。

（2）断裂特征

该构造单元内断裂极其发育，也是图幅内断裂最为发育的地区之一。不同时期、不同性质、不同特征的断裂集中于此，它们不但控制了不同构造单元的边界，也控制了单元内不同时期、不同特征的沉积分布，同时控制了层控型铅锌矿带、矿田的分布和晚期水晶矿床（或矿点）、硫磺矿点的产出和分布。部分断裂则控制了岩浆和热液活动，成为华力西期中酸性岩浆、晚期基性岩脉、石英脉的通道。

单元内断裂集中分布于克孜勒陶-库斯拉甫一线，呈宽4～5km的带状北西—北西西向展布，构成西昆仑山山前逆冲推覆构造的前锋带(图5-16、图5-17)。

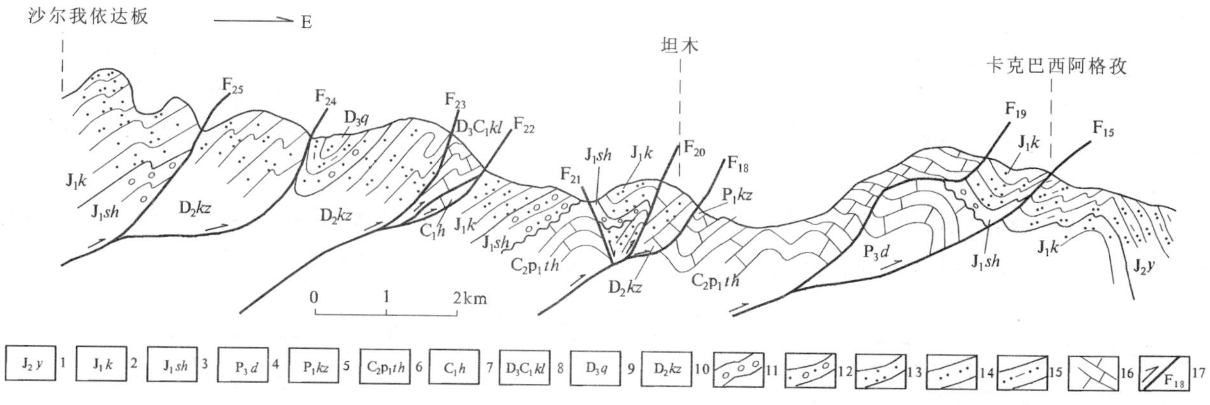

图5-16 英吉沙县坦木-卡克凹面阿格孜逆冲推覆前锋带构造样式图

1.杨叶组；2.康苏组；3.莎里塔什组；4.达里约尔组；5.克孜里奇曼组；6.塔哈其组；7.和什拉甫组；8.克里塔克组；9.奇自拉夫组；10.克孜勒陶组；11.砾岩；12.含砾砂岩；13.石英砂岩；14.粉砂岩；15.泥质粉砂岩；16.灰岩；17.断层运动方向及编号

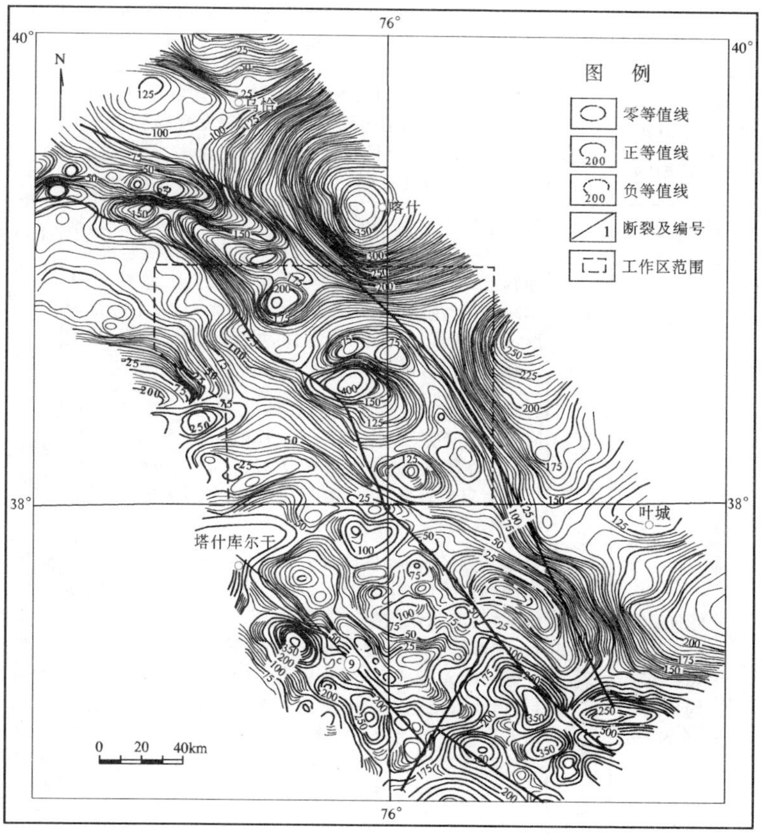

图5-17 西昆仑西北段航磁异常等值线平面图

(熊盛青等，2000年修改；单位：nT)

①克孜勒陶-库斯拉甫逆冲推覆构造前锋带

该带位于测区东部罕铁热克—克孜勒陶—坦木—他米棋—库斯拉甫一线，呈北西向，向东凸出的弧形带状展布，宽4～5km，由多条逆冲推覆断裂组成，具叠瓦状排列特征。

该带断裂具有多期次活动特征，但早期断裂活动特征往往已被后期断裂所破坏，现今表现的特征都显示逆冲推覆等压性特征，并具有复合追并现象，这些断裂共同构成昆仑山前逆冲推覆前锋带，并与东侧喀什坳陷形成鲜明对比(图 5-15、图 5-16)。

该带是图幅内重要成矿带,控制着层控型铅锌矿带的分布,铅锌矿主要分布于科克然达坂—坦木—他米棋—库斯拉甫一带,矿体一般赋存于克孜勒陶组(D_2kz)与和什拉甫组(C_1h)灰岩或白云岩之内或克里塔克组(D_3C_1kl),与断裂关系密切,另外水晶矿、硫磺矿也沿该带分布。

该推覆前锋带的航磁异常特征明显,推覆前锋带的航磁异常特征显示,是一条向东南凸出的线性异常带,长约 400km,在南端被东西向的磁异常所切,并没有向东南方向延伸。从扩大的测区航磁异常图看,断裂东北侧以北东向强弱异常为特征,西南侧则以北西向线性异常为特征,幅度相对较低,反映断裂带两侧基底岩性差异明显(图 5-17)。

在该带共识别出不同时期、不同性质或不同特征的断裂达 24 条之多,有些断裂不但控制着不同构造单元的分界,也同时控制着不同特征沉积的分布。现对主要断裂详述,其余列于表 5-4 中。

表 5-4 克孜勒陶-考库亚陆缘盆地区断裂特征一览表

编号	名称	规模及产状				主要特征	矿化蚀变	性质	期次及时代
		长度	宽度	倾向及倾角	走向				
F_{12}	乔特克断层	31km		260°∠55° 240°∠80° 20°∠40°	320°左右	发育于 D_2a 之内,向西北被 F_{18} 复合,向东南被 J_2k 覆盖,呈向东凸出的弧形弯曲,沿断层发育碎裂岩、节理和次级断面、牵引褶皱等,形成断层崖和负地形,线性影像明显,局部反转	孔雀石化、蓝铜矿化、铅锌矿化	逆冲推覆(多期活动)早期为张性断层	华力早期—喜马拉雅期
F_{16}	博扎迪尔断层	6.5km		西南缓倾	325°	发育于 C_2kl 内,西北与 F_{15} 复合,东南延出图外,发育碎裂岩。沟谷负地形,影像上为线性		逆冲推覆	华力西中期
F_{17}	阔克套断层	15km		30°∠65°,但总体西南倾	310°左右	发育于 D_2a 之内,南北两端均被 F_{18} 复合,平行 F_{12}、F_{15},呈向东凸出的弧形弯曲,沿断裂发育碎裂岩及牵引褶皱等,影像上呈线性,地貌为沟谷、丫脖负地形。局部断层面发生反转		逆冲推覆	华力西早中期
F_{20}	科克然达板断层	7km	10~50m	245°∠70° 220°∠70°	320°左右	分布于科克然达坂至他依阿克达坂一带,向西北被 F_{22} 复合,向东南被 F_{18} 复合,呈北西西向直线状展布,控制 C_1h 与 D_2a 及侏罗系的边界,线性影像明显,为不同色调、花纹的分界线,地貌上形成沟谷、丫脖负地形,可见断层三角面和断层崖,沿断层发育碎裂岩、擦痕和牵引褶皱等,并可见 C_1h 压盖到 J_1sh、J_1k 之上	具铅锌矿化,矿化体长 300~1 000m,宽 3~8m	早期为张性断层,后期为多次的逆冲推覆构造	早中华力西期—中晚燕山期及喜马拉雅期
F_{21}	坦木西断层	7km	5~20m	43°∠50°	310°左右	分布于坦木西,呈北西向直线状展布,两端分别被 F_{22}、F_{18} 复合掩盖,切割 D_2kz、D_3C_1kl、C_2P_1th、J_1sh、J_1k,线性影像,地貌上形成沟谷、丫脖负地形。沿断层发育碎裂岩带、断层镜面、擦痕和牵引褶皱、石英脉等(图 5-24)	硅化、褐铁矿化	正断层	燕山中期(J_1之后)
F_{22}	克孜勒陶-他米棋断层	90km	10~50m	倾向 225°~240°,倾角 46°~65°,局部向北东陡倾	总走向 330°左右,向北转 285°走向	分布于测区东部,总体呈北西向,向北东突出的弧形延伸,向北转为北西西向,西北端被北东向断层错断或截切,向东南被 F_{18} 复合,与 F_{25}、F_{18}、F_{19} 等大致平行,中部坦木一带复合掩盖断层 F_{20}、F_{21}、F_{23} 等。线性影像明显,地貌上为负地形,常形成陡崖及河流拐点,沿线有泉分布。可见泥盆系、石炭系逆冲压盖到侏罗系地层之上和下石炭统逆冲压盖到上石炭统-下二叠统地层之上。克孜勒陶以北切割 J_1k。沿断层发育碎裂岩、碎粉岩和牵引褶皱等	硅化、褐铁矿化,科克然达坂、唐巴西、他米棋等地铅锌矿化。孜勒陶水晶矿均沿断裂分布	张性-逆冲-张性-逆冲	华力西早期-华力西中、后期-印支末期-喜山期
F_{23}	不久克塔断层	11km	10~50m	250°∠70°	345°左右	分布于东部坦木以西,北被 F_{22} 复合掩盖,向南被 F_{19} 复合掩盖,呈北西向线状展布。影像上为线状,两侧花纹、色调明显不同,地貌上为线状负地形,常为河流拐点,沿线有泉分布。沿断裂发育碎裂岩带,具牵引褶皱。中泥盆统 D_2kz 向东逆冲压盖到下石炭统 D_3C_1kl、C_1h 之上	有零星的铅锌矿化	张性-逆冲	华力西早期-华力西中期至喜山期
F_{24}	唐巴西断裂	13km	10~30m	250°∠68°	345°左右	分布于测区东部唐巴西一带,两端被 F_{25} 复合掩盖,呈北西向,向东凸出的弧形弯曲,切割中上泥盆统 D_2kz、D_3q。影像上呈线性,地貌上为线状沟谷、丫脖负地形,形成水系拐点,沿断裂发育碎裂岩带和石英脉,具擦痕和牵引褶皱,破坏早期向斜形态,形成同斜褶皱	有唐巴西铅锌矿和水晶矿沿断裂分布	张性-逆冲,具多期活动	早华力西期-中华力西期至喜山期

续表 5-4

编号	名称	规模及产状				主要特征	矿化蚀变	性质	期次及时代
		长度	宽度	倾向及倾角	走向				
F_{26}	恰看特勒克断层	15km	20m	200°∠30° 240°∠80°	320°左右	分布于测区东南部，呈北西向，线状弯曲，向北被 F_{25} 复合掩盖，中部复合掩盖 F_{29}，向南延伸出图外。影像上呈线状，两侧影像花纹明显不同，地貌上为沟谷、丫脖负地形。中上泥盆统向北东逆冲压盖到石炭系地层之上，并控制侏罗系地层的边界。沿断裂两侧发育碎裂岩、碎粉岩(0.5m 宽)和牵引褶皱(图 5-25)		张性-逆冲-张性-逆冲，具多期活动	早华力西期—中华力西期—印支末期—燕山期至喜山期
F_{27}	恰特厄格勒北东断层	8km	2m	245°∠60°	325°左右	分布于测区东南部，呈北西向线状延伸，向北被 F_{29} 复合掩盖，中部被 F_{28} 错断，向南延伸出图外。影像上线状，地貌为沟谷负地形，切割 D_3q 和 D_3C_1kl，发育碎裂岩和牵引褶皱	铅锌矿化	张性-逆冲	早华力西期—中华力西期
F_{28}	恰特厄格勒断层	4.5km			北西	分布于测区东南部，呈北西向，向西凸出的弧形展布，向北尖灭，向南延伸出图外。错断 F_{27}，切割地层 D_3q 和 D_3C_1kl，发育破碎带		左行平移	晚于 F_{27} 晚华力西期
F_{29}	琼阔若勒克断层	12km	1m	280°∠44° 285°∠62°	10°左右	分布于测区东部，呈北东向-近南北向延伸，为向东略凸的弧形弯曲。向北复合 F_{26}、F_{27} 之上，向南延伸出图外。大致与 F_{30}、F_{31} 平行，影像上呈线性构造明显，为不同影像花纹、色调的分界线，地貌上为沟谷负地形，切割中、上泥盆统和下石炭统地层，发育片理化带和碎裂带及碎粉岩，具牵引褶皱	南侧 D_3C_1kl 中有铅锌矿化	张性-逆冲张性-逆冲	早华力西期—中华力西期印支末期—晚喜山期—喜山期
F_{30}	克浪古断层	7.5km	50m	70°∠74°	350°左右	分布于测区东南克浪古一带，向两端尖灭，呈北北西向直线状展布，切割 D_2kz，控制侏罗系地层边界。发育碎裂岩带和牵引褶皱。该断裂大致平行 F_{25}、F_{26}、F_{31} 几条断层，从平面上看具有雁行状排列特征，由北向南、由东向西依次排列，为一组阶梯状降向正断层。受后期构造影响，再次活动有逆冲特征		正断层-逆冲	印支末期燕山早期
F_{32}	阿帕里克断裂	15km		80°∠80°	340°左右	分布于测区东南部，向南北两侧尖灭，呈北西向，向东凸出的弧形弯曲，切割 J_1k、J_2y。影像上呈线性构造，地貌上为沟谷、丫脖负地形，沿线有一系列泉分布，发育碎裂岩带和牵引褶皱。该断层位于向斜核部，与轴面走向一致，应属强烈压扁作用下的轴部断层		正断层	燕山中晚期

阿托依那克达坂-加拉格尔达坂断层(F_{25})

该断层为图幅内贯通全区的规模较大的断层，分布于测区东北部阿托依那克达坂—巧去里—罕铁热克—萨勒肯加依洛—克孜勒陶—加拉格尔达坂—他米棋一带。西段在图幅外与空贝利-木扎灵断裂在木吉北相交，向东南在罕铁热克附近被北东向断裂错断，在他米棋附近复合到断层 F_{26}，又被断层 F_{18}、F_{19} 复合叠加，区内全长约 146km。西段走向北西西向，在克孜勒陶附近转为北西走向，呈向北东凸出的舒缓波状弧形弯曲，断层面总体向西南或西陡倾，倾角一般在 60°，断层面产状多变，局部地段如罕铁热克附近发生反转。在卫星影像上线性构造明显，常为不同影像花纹、色调的分界线，地貌上为一陡变带，沿断裂通过处常形成深切谷地、断层崖、断层三角面和河流拐点等，并在断裂带中或两侧分布一系列与断裂大致平行的线状泉群。

该断裂控制了不同构造单元和地质体的边界，是一个多期次活动的断裂。在西段别勒丁巴希以西为库山河陆缘盆地(I_2^4)与巧里弧盆系(I_2^2)的分界断裂；向东在罕铁热克至克孜勒塔克一带则为库山河陆缘盆地(I_2^4)与克孜勒陶-考库亚陆缘盆地(I_2^1)的分界断裂，同时控制了侏罗系沉积；由克孜勒陶向南至他米棋一带则控制了古生界与中生界的地层的分布，为克孜勒陶-考库亚陆缘盆地内中生界侏罗系坳陷盆地的边界断裂。

沿断层两侧见碎裂岩带，一般东侧下盘较为明显，破碎带宽而明显的地段为卡不卡到加拉格尔达坂一带，破碎带东侧宽度可达 30m，在他米棋附近，断层西侧破碎带可达上百米。破碎带以岩石片理化、糜棱岩化和碎裂岩化为其主要特征，显示压性力学性质，同时在断裂带两侧，尤其在东北侧(下盘)发育大量褶皱，褶皱多为轴面南倾或西南倾斜歪褶皱(如 X_7、B_8)等，局部地段出现紧闭褶皱或平卧褶皱(图 5-18、图 5-19)，总体显示出由西南向北东逆冲推覆作用。

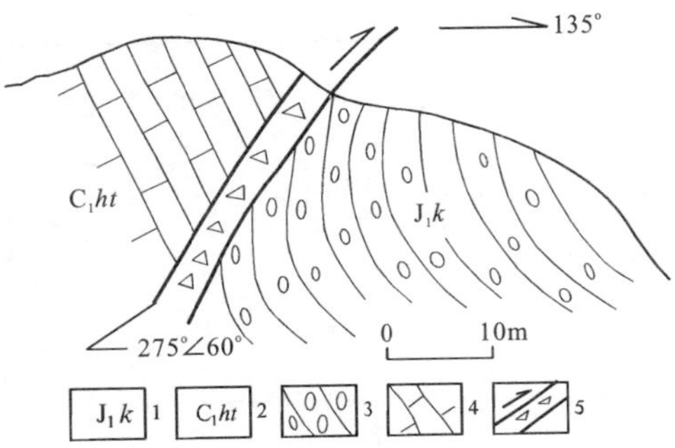

图 5-18　英吉沙县 4095 点处逆冲断层（F_{25}）及牵引褶皱形态素描图

1. 下侏罗统康苏组；2. 下石炭统罕铁热克组；3. 砾岩；4. 灰岩；5. 断裂带及性质

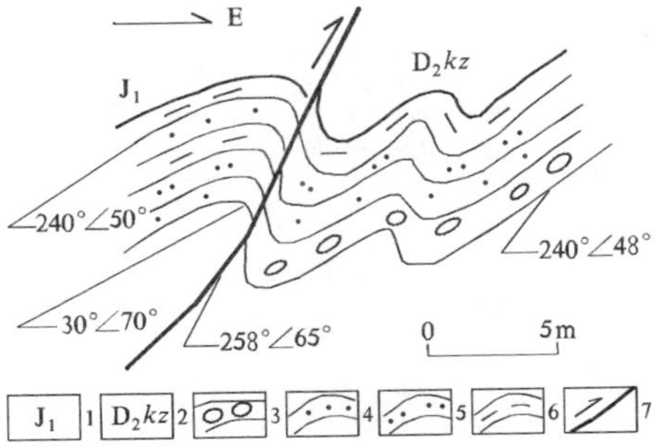

图 5-19　英吉沙县沙尔我依达坂东断层（F_{25}）特征素描图

1. 下侏罗统；2. 中泥盆统克孜勒陶组；3. 砾岩；4. 砂岩；5. 粉砂岩；6. 泥岩；7. 断裂及性质

位于测区东部喀拉塔克—阿克莫依塔克—乌拉克钦一带，是逆冲推覆前锋带最东边的断裂，东西两端均被第四系覆盖，全长约 37km，总体走向 300°左右，呈不规则线状展布，东段呈弧线状，断面总体西南倾（215°～200°），倾角较缓（20°～45°）。卫星影像上线性构造明显，地貌上平行山脊走向为一谷地负地形，局部形成陡坎和河流拐点，西端有泉分布。断面西侧中泥盆统阿克巴西麻扎尔组（D_2a）向北东逆冲推覆到中泥盆统克孜勒陶组（D_2kz）、上泥盆统奇自拉夫组（D_3q）之上，西段局部推覆到下更新统西域组（Qp^1x）之上。沿断裂发育碎裂岩、劈理化带和次级小断面（图 5-20），具牵引褶皱，下盘奇自拉夫组中见由克孜勒陶组构成的飞来峰。总体为一向西南缓倾的逆冲推覆断层。沿断裂发育数条石英脉，具褐铁矿化，局部可形成水晶矿。

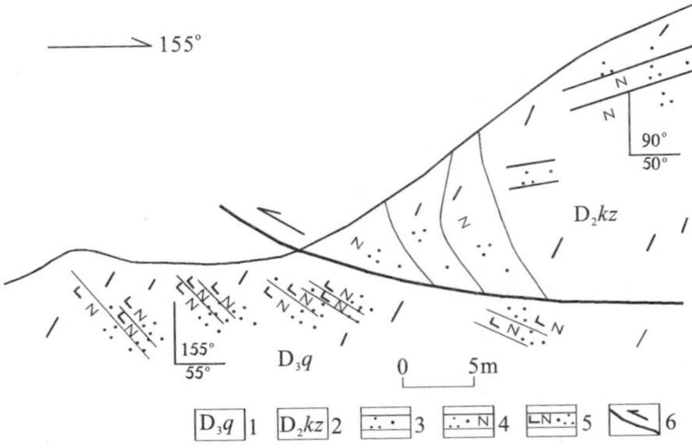

图 5-20　英吉沙县乌拉克沟克孜勒陶组推覆至奇自拉夫组之上素描剖面图

1. 上泥盆统奇自拉夫组；2. 中泥盆统克孜勒陶组；3. 石英砂岩；4. 长石石英砂岩；5. 钙质长石石英砂岩；6. 断裂及性质

该断裂影响到的最新地层为中侏罗统塔尔尕组，故其形成时间应在中侏罗世以后，主体应发生在始新世末以来帕米尔向北突刺挤入作用加剧阶段。根据下伏地层出露宽度，该断层由西南向北最大推覆距离可达 40km 以上。

阿克莫依塔克-英吉沙水泥厂断裂（F_6）

该断裂与断裂 F_{12}、F_{17} 为平行断裂（图 5-15），均发育在泥盆系内，但 F_{12} 又被侏罗系角度不整合覆盖，推测其初始生成时间应在侏罗系之前，可能为晚古生代时期的基底张性断裂，沿这些断裂分布的碎裂岩化、褐铁矿化石英脉也说明了断裂具有张性特征。但早期的一些断裂特征被后期的断裂特征所破坏，现今保存下来的一些特征都显示断裂的压性特征，根据断裂压盖的最新层位为下更新统西域组（Qp^1x），又被中更新统乌苏群、上更新统新疆群覆盖，推断其最晚期的逆冲推覆时间在早更新世末，是晚喜马拉雅末期的构造运动的结果，该断裂处于基岩裸露区和第四系的分界处，在新构造运动时期仍有活动，表现为东侧凹陷，西侧隆升，沿断裂发育一系列冲洪积扇（群），并在断裂附近发育一系列泉。

阿克奇-恰特-阿孜干布拉克断裂（F_{19}）

位于测区东部坦木东—阿克奇—恰特—克孜白尔达坂—阿孜干布拉克一带，分布于石炭系—二叠系出露块体的前缘，全长约 60km，总体走向北西向，断层线弯曲，断面总体西南倾，倾向 210°～275°，倾角一般 30°～60°，局部断层面平缓，甚至近于水平。卫星影像上呈不规则的线性构造，常为不同影像花纹、色调的分界线，地貌上东南段，即恰特以南平行山脊走向，并形成沟谷负地形，局部有泉出露，西北段即恰特以北则为丫脖、沟谷负地形，并形成断层崖和陡坎。断层西南侧石炭系—二叠系推覆压盖到东南侧的侏罗系一白垩系之上，局部见侏罗系压盖到白垩系地层之上，东段阿孜干布拉克以东可见白垩系推覆压盖到古近系之上。常可见到飞来峰和构造窗，并有飞来峰和构造窗组成的拉铺构造(图 5-21)，在断层上、下盘均见有构造角砾岩、碎裂岩，局部可见碎粉岩，沿断层具牵引褶皱和次级断裂，尤以上盘地层中褶皱、断裂发育。根据逆掩断层倾角变缓处到推覆体(飞来峰)最前缘的距离推断，断层逆掩距离达 2km 以上。断层持续多期活动，地层层序和构造形态变得复杂。

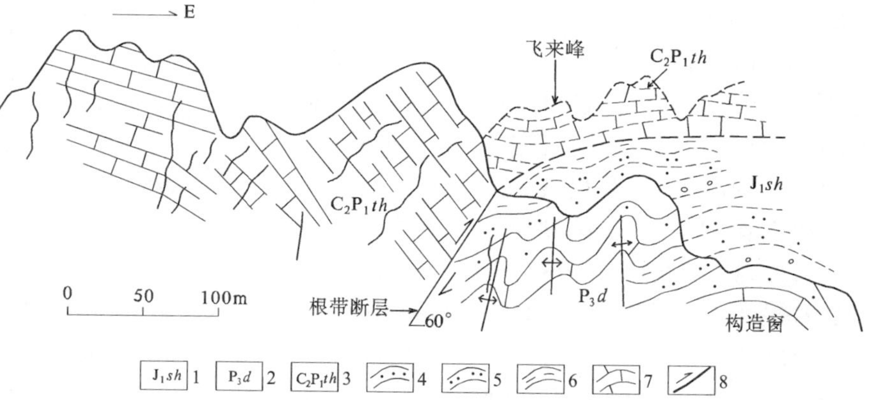

图 5-21　英吉沙县坦木-卡拉巴西阿格孜村拉铺构造根带断层素描图

1. 莎里塔什组；2. 达里约尔组；3. 塔哈其组；4. 砂岩；5. 粉砂岩；6. 泥岩；7. 灰岩；8. 断层运动方向及性质

该断裂为一隐伏基底断裂再次活动，基底断裂可能在早二叠世末期形成，控制了中二叠统棋盘组(P_2q)板内裂谷沉积，棋盘组中玄武岩、断裂西侧坦木东(C_2P_1th)中的中基性岩脉和断裂东侧阿依巴什(D_3C_1kl)中的基性岩脉可能与该期活动有关。该期断裂活动为断面向西陡倾的张性活动，这一点在坦木东表现明显，断层面向西陡倾，沿断裂形成碎裂岩，具正断层特征。

首次的逆冲推覆构造发生在晚古生代末期，随着奥依塔克-库尔良晚古生代裂陷槽的向西南的俯冲、关闭，石炭系地层由南西向北东逆冲推覆压盖到中二叠统之上。该期断裂活动形成的断裂组有 F_{15}、F_{19}、F_{18}、F_{20}、F_{22}、F_{23}、F_{24}、F_{25} 等，根据断裂的复合追并现象和由西向东老地层压盖新地层的特征，具后展式特征。

在侏罗系早期，该断裂再次活动形成断陷，为侏罗系—白垩系坳陷盆地沉积提供场所，该期断裂活动持续至白垩系，可能为断面向东陡倾的正断层。随着断陷盆地的发展，表现出断陷盆地中心由西向东迁移的特征。

大规模的逆冲推覆构造发生于古新世以后，受始新世末以来帕米尔向北突刺挤入作用的影响，西昆仑山脉的南北向缩短机制加剧，有的逆冲推覆构造面再次发生逆冲推覆作用，最终使古生代地层向北东逆冲推覆压盖于中新生代地层之上，该期逆冲推覆构造显示出前展式特征，这一点从 F_{19} 复合，切割 F_{18}、F_{22}、F_{25} 就是很好的证明。逆冲推覆构造样式见图 5-16。

乌拉克钦达坂-坦木-克孜白尔达坂断裂(F_{18})

位于测区东部昆仑山前逆冲推覆构造前锋带中部，大致沿阔克套—乌拉克钦达坂—加牙阿里德—坦木—坦克巴西—别来提达坂—恰特—克孜白尔达坂—阿孜干布拉克南一线分布，分割和控制不同时代沉积地层的边界。阔克套以北为侏罗系和泥盆系的分界，阔克套向南至赛拉因切割侏罗系，赛拉因至坦木一带则控制泥盆系和石炭—二叠系边界，坦木以南至恰特切割石炭—二叠系，并控制上石炭统与下二叠统的分布。恰特至阿孜干布拉克一带则为石炭系与白垩系的边界。断裂向西北被断裂 F_5 截切，向东南延出图外，中部与断裂 F_{17}、F_{19}、F_{20}、F_{21}、F_{22}、F_{25} 相交。全长约 87km，宽 20～200m，总体走向北西，断层线弯曲，断面总体西南倾(210°～255°)，局部向北东陡倾，倾角一般较陡(60°～75°)，但局部平缓(18°～30°)。卫星影像特征和地貌特征明显，影像上呈不规则的线性构造，常为不同影像花纹和色调的分界线，地貌上呈线状沟谷、丫脖等负地形，发育断层崖、陡坎，常为水系的拐点。沿断层发育 20～200m 宽的破碎带，以片理化、糜棱岩化、碎裂岩化为特征，可见构造角砾岩和碎粉岩，断层两侧褶皱发育，尤其上盘可见一系列轴面西南倾的同斜褶皱。

该断裂具多期活动特征，切割晚古生代所有地层和中生代侏罗系—白垩系。早期断裂活动为基底断裂，与塔里木台地西南缘奥依塔克—库尔良晚古生代裂陷槽的发生、发展有关。它不但控制了代表裂陷早期初始拉张环境的中泥盆统阿克巴西麻扎尔组(D_2a)红色碎屑岩建造沉积和分布，而且控制了克孜勒陶-考库亚陆缘盆地内中上泥盆统、石炭系和下二叠统不同时期沉积和分布，同时也控制了坦木一带(D_2kz、C_1h)层控型铅锌矿带和矿田分布。该期断裂活动持续时间较长，它切割了晚古生代所有的地层，为一断层面向西陡倾的张性正断层。沿断层带发育有中基性岩脉，沿断裂带通道上升的热液活动为铅锌矿的形成和富集提供了有利条件。

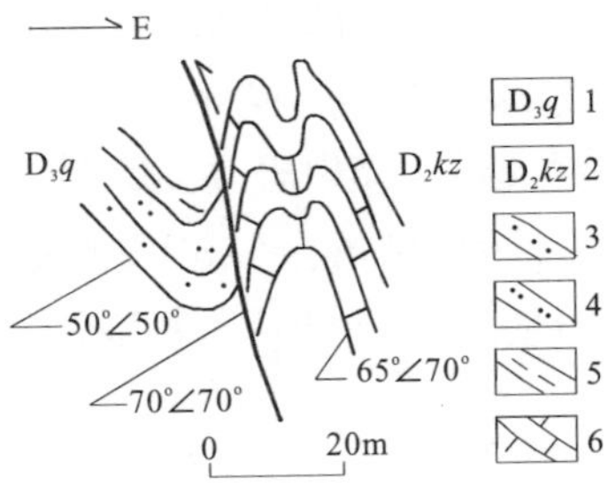

图 5-22 英吉沙县坦木附近断层F_{22}特征素描图

1.上泥盆统奇自拉夫组；2.中泥盆统克孜勒陶组；3.砂岩；4.粉砂岩；5.泥岩；6.灰岩

侏罗纪时期，北西—南东向山前坳陷盆地形成，该断裂活动成为坳陷盆地边界断裂，控制侏罗系—白垩系坳陷盆地的沉积和展布。

受始新世以来帕米尔向北突刺挤入作用影响，断裂再次发生由南西向北东方向的逆冲推覆，使古生界地层逆掩压盖到中生界地层之上，并与其他大致平行的逆冲推覆断裂一起形成西昆仑山前逆冲推覆构造前锋带。与该期断裂相伴出现一系列轴面西南倾的紧闭同斜褶皱(图 5-22、图 5-23)。该期逆冲推覆构造具有前展式特征(图 5-15、图 5-16)。

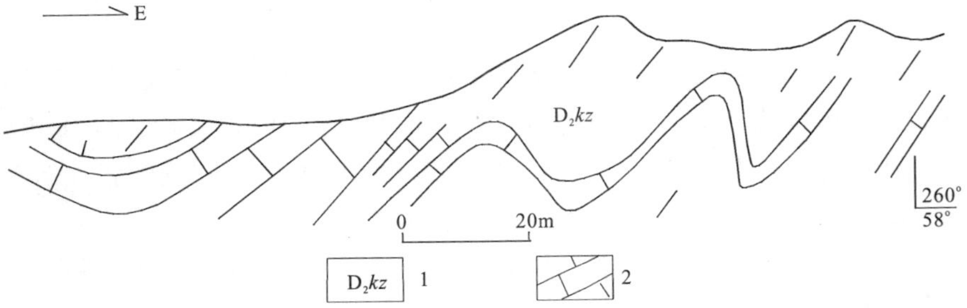

图 5-23 英吉沙县吐尔那布隆迪孜房西侧与断裂F_{18}伴生的复杂褶皱现象

1.中泥盆统克孜勒陶组；2.灰岩

②北西向边界断裂

塔石克拉-卡依孜断裂(F_{47})

位于测区东部，断层南起卡依孜大沟，经米垭向北延伸至塔石克拉一带尖灭。大部分地段为卡依孜岩体与蓟县系桑株塔格群(JxS)的界线，向北切割侏罗系。在米垭一带分为两支，两侧多有次级断裂发育，总体走向 335°左右，略呈弯曲，断面多为西南倾，倾角 50°左右，但北段则向北东陡倾。断层及两侧地质体的航片影像特征不明显，这和两侧地质体在色调上的区别不明显，地质体分布的复杂交错和地形复杂等因素有关。地貌上则为沟谷负地形，多沿卡依孜大沟及两侧展布，可见断层崖、断层三角面、陡坎等，常形成水系拐点。沿断层可见破碎带，一般宽 20～30m，发育碎裂岩、劈理化带、牵引褶皱和变形的砂岩、花岗岩脉、石英脉透镜体及一系列次级断层等，局部有糜棱岩化。

该断裂也具多期活动。石英闪长岩、斜长花岗岩和花岗闪长岩的分布受断层控制，说明华力西中期岩体侵入前该断层已经存在并显示张性特征。

岩体侵入后断层又有活动，切割岩体并形成糜棱岩化的破碎带，并在断层下盘(JxS)中形成片理化岩石、碎裂岩化岩石、碎裂岩、褶皱和变形的花岗岩脉、石英脉透镜体等，显示出压性活动特征。该期活动可能与晚石炭世至早中二叠世时晚古生代裂陷槽的闭合、俯冲有关。

在早侏罗世或稍早，该断裂再次活动，构成侏罗系山间坳陷盆地的边界，为侏罗系山间坳陷盆地提供沉积场所。该期活动具张性特征。

侏罗系沉积以后，该断裂至少有两次活动，一次显示由南西向北东逆冲推覆作用，表现为断层面西南倾逆冲推覆作用，切割侏罗系地层，并使侏罗系地层褶皱和 JxS 中砂岩透镜体化，一种显示断面向东陡倾的张性正断层特征，形成断层三角面和断层崖。该期活动发生在侏罗纪之后。

③北东向平移断层

克其克阿其克断裂(F_{21})

位于测区东北部克其克阿其克一带,发育于侏罗系地层之内,向南北两端尖灭。总体走向 20°左右,近直立。卫星影像上为南北向线性构造,两侧不同色彩变化明显,地貌上为一沟谷负地形。该断裂错断断裂 F_{22},并使侏罗系不同时期的地质体发生位移,根据断层及地质体的位移距离推断该断裂为一南北向的左行平移-正断层,其平移距离最大可达 500m(图 5-24)。断裂与 F_3 为一组平行断裂,其发生时间应在古近纪晚期或之后。

④近南北向的正断层

艾山特米尔断层(F_{31})

分布于测区东南部艾山特米尔一带,大部分地段控制古生代地层与中生代地层的边界,呈北北西向-近南北向直线状展布,向北尖灭,向南延出图外。图幅内长约 9km,宽约 5m,断层面向西陡倾(260°∠70°)。影像上线状构造明显,常为不同花纹和色调的分界线,地貌上为一地形陡变带,常形成沟谷、丫脖等负地形,可见断层崖、陡壁等,沿线有一系列线状泉群分布。沿断层发育 5m 宽的构造角砾岩带和破碎带,两侧地层发生牵引褶皱,根据牵引褶皱和断层岩特征判断为一断面向西陡倾的正断层。该断裂大致平行 F_{30}、F_{26}、F_{25} 等,在平面上可以看出这几条断层由东向西、由北向南呈雁行状排列,共同构成一阶梯状降向断层组。该组断裂的发育与中生代时期山间坳陷盆地的形成有关,依次控制了山间坳陷盆地侏罗系的沉积边界。

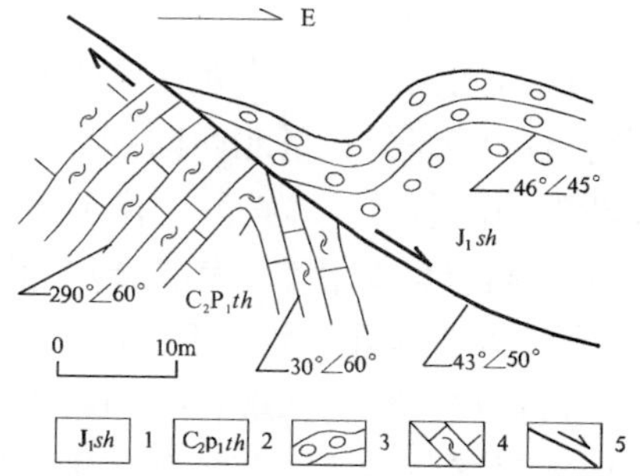

图 5-24　英吉沙县 5065 点处 F_{21} 断层特征素描图

1. 下侏罗统莎里塔什组;2. 上石炭—下二叠统塔哈奇组;3. 砾岩;4. 条带状灰岩;5. 断裂及性质

根据该断裂影响到的地层和区域上大地构造环境等判断该断层最初发生时间在印支晚期,即侏罗系山间坳陷盆地形成时期。

后期该组断裂又有活动,F_{25}、F_{26} 表现出由南西向北东的逆冲推覆特征,F_{30} 则表现为由东向西的逆冲特征(图 5-25)。F_{30} 仍显示出断面向西陡倾的正断性质。

该组断裂的分布特征反映了山间坳陷盆地由东向西、由北向南逐渐坳陷的特征。

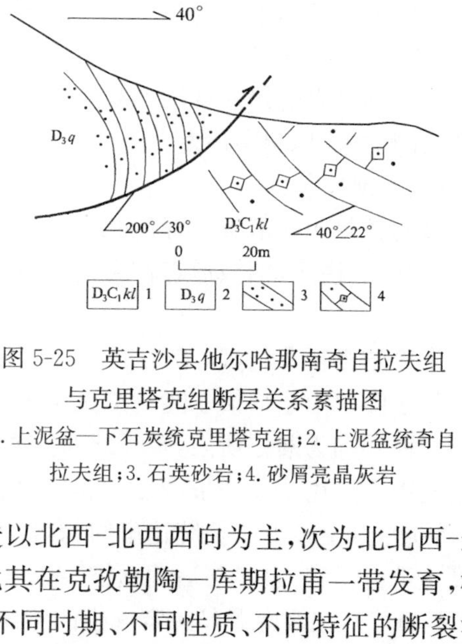

图 5-25　英吉沙县他尔哈那南奇自拉夫组与克里塔克组断层关系素描图

1. 上泥盆—下石炭统克里塔克组;2. 上泥盆统奇自拉夫组;3. 石英砂岩;4. 砂屑亮晶灰岩

(3)小结

该构造单元内沉积地层以晚古生代奥依塔克-库尔良裂陷槽北东缘陆缘盆地沉积为主,其上叠加有中生代山间坳陷盆地沉积的侏罗系—白垩系地层。区内以发育与区域上主构造线基本一致的北西-北西西向的褶皱、断裂为基本面貌。断裂构造以北西-北西西向为主,次为北北西-近南北向断裂和北北东向断裂,北西—北西西向断裂常集中分布,尤其在克孜勒陶—库期拉甫一带发育,构成西昆仑山山前逆冲推覆构造前锋带。这些断裂多具多期活动,不同时期、不同性质、不同特征的断裂活动不但控制了不同构造单元的边界,也控制了单元内不同时期、不同特征的沉积分布。早期断裂活动集中发育于华力西早期,是伴随着奥依塔克-库尔良晚古生代裂陷槽的发生、发展而形成。一般为基底断裂,多为张性断裂,它控制了晚古生代不同构造单元的边界、不同沉积特征的分布,同时也控制了层控型铅锌矿带、铜矿带或矿田的分布,部分断裂成为岩浆和热液的通道。第二期断裂活动集中发育于华力西中期,在晚石炭世—早二叠世时期伴随着晚古代裂陷槽的俯冲、闭合作用,大规模的逆冲推覆构造形成,该期逆冲推覆作用可持续至华力西晚期,并具后展式特征。伴随该期断裂活动在晚古生代地层内形成一系列北西—北西西向褶皱构造。第三期断裂活动集中发育于晚印支期末或早燕山期早期,该期断裂活动则形成北西—南北向山间坳陷(或拉分)盆地,多为盆地的边界断裂,一方面为盆地沉积提供场所,另一方面控制盆地的展布形态和展布方向。该期活动还造成一些晚燕山期的石英脉和长英质脉的贯入,并具水晶矿化,形成克孜勒陶西侏罗系内水晶矿和唐巴西沟上游泥盆系内水晶矿。同时沿断裂和破裂带可常见含硫较高的黄铁矿化、褐铁矿化、硫磺矿化等围岩蚀变，并形成少量热液型黄铁矿、硫磺矿和铅锌矿。第四期活动形成于喜马拉雅山期，受始新世末以来帕米尔向北突刺挤压作用的影响，西昆仑山脉的南北向缩短机制的加剧，大规模地向中新生代坳陷盆地方向逆冲推覆构造形成，并最终在西昆仑山山前地带构成逆冲推覆前锋带。伴随该期构造活动，在晚古生代地层和中新生代地层中大规模向北西—北西西向褶皱生成，奠定了该区基本构造面貌特征。

2. 巧去里弧盆系（I_2^2）

该构造单元位于测区中东部巧去里—恰尔隆一带，是奥依塔克—库尔良晚古生代裂隙槽中部具有弧-盆沉积特征的一部分。呈北西向延伸，南北均延出图外，北部巧去里一带南侧以阿托依那克达坂-加拉格尔达坂断裂的西段（F_{25}）为界，与南侧晚古生代裂陷槽库山河陆缘盆地相邻，北侧以库夏勒-博孜墩断裂（F_{83}）为界与喀什凹陷相邻，南部恰尔隆一带西侧以空贝利-木扎灵断裂（F_{61}）为界，与南侧西昆仑中间地块相接，东侧以艾捷克达坂-阿尔买尔太断裂（F_{45}）的南段为界与晚古生代张陷槽内的也提木苏断隆相邻，中北部罕铁热克—牙满达坂一带则被库山河陆缘盆地逆掩覆盖（图 5-1）。

区内主要沉积建造在巧去里一带主要有泥盆系碎屑岩夹碳酸盐岩建造。石炭系中基性熔岩、火山碎屑岩夹碎屑岩建造。下二叠世弧火山岩建造，三叠系海陆交互相碎屑岩夹火山岩建造角度不整合覆盖在晚古生代地层之上。另有赛图拉岩群的飞来峰叠置其上，在恰尔隆地区则主要为一套石炭系—二叠系深水碎屑岩夹碳酸盐岩建造，零星的中上二叠统陆相碎屑岩-碳酸盐岩建造角度不整合覆盖其上。

区内变质作用除赛图拉岩群达低绿片岩相外，泥盆系—石炭系—二叠系则以区域低温动力变质作用为主，以发育板岩、变质砂岩、结晶灰岩、千枚岩、千枚状粉砂岩等为特征。动力变质岩主要沿断裂分布，以发育糜棱岩、糜棱岩化岩石、角砾岩、碎裂岩及碎粉岩等为特征。

区内岩浆活动主要发育于晚古生代、中生代初期和新生代早期。晚古生代时期既有洋底火山熔岩的喷溢、弧火山岩的喷发，也有俯冲型的花岗岩侵入就位。中生代初期主要为三叠纪晚期的裂谷型弧火山岩喷溢和花岗斑岩的侵入就位。新生代早期主要为古近纪后碰撞型花岗岩带的分布，多沿大断裂边界展布。此外，在晚古代地层中还发育一些煌斑岩脉、花岗闪长岩脉和花岗岩脉、石英脉等。

（1）褶皱特征

该构造单元内褶皱发育，轴线多为北西向—北西西向，与区域主构造线基本一致，以恰尔隆复背斜为典型特征，规模大，褶皱形态较完整，褶皱样式复杂。巧去里一带构造变形复杂，褶皱多被掩盖破坏（表 5-5）。

①恰尔隆复背斜（B_{11}）

位于测区中东部恰尔隆—艾捷克达坂一带，南侧延出图外，西侧被库山河陆缘盆地逆冲推覆体掩盖、破坏。四周均为断层所限，轴线北西向或北西西向，呈波状弯曲。核部大致位于恰特—乔特可塔克—长大库勒达坂—阿克沙勒一带，卷入地层有石炭系—二叠系他龙组（C_1T）、库尔良组（C_2k）、特给乃奇克达坂组（C_2P_1tg），其上被上二叠统达里约尔组（P_3d）、克斯麻克组（P_3k）和侏罗系沙里塔什组（J_1sh）、康苏组（J_1k）角度不整合覆盖，且参与后期褶皱。该复式背斜次一级褶皱发育，在其北东翼具有一定规模的背向斜共两个（X_{11}、B_{10}），在西南翼具一定规模的背向斜 3 个（X_{12}、X_{17}、B_2，图 5-26）。次级褶皱常因断层破坏而变形或不完整，但仍常见转折端，发育有“W”型褶皱（图 5-27；图版Ⅷ，8）、紧闭同斜褶皱或尖棱褶皱等（图 5-28，图 5-29；图版Ⅷ，8）。该复式背斜初期形成于华力西中期，在晚古生代裂陷槽俯冲、闭合时，受南北向挤压作用发生的轴面向西南倾斜的褶皱，该背斜进一步发育形成现今的褶皱形态样式。

②皮拉勒向斜（X_{14}）

位于测区中北部皮拉勒一带，轴线弯曲，走向北西西，向北西延出图外，向东南被赛图拉岩群逆冲推覆体掩盖和岩体破坏。向斜主要发育在下石炭统乌鲁阿特组（C_1w）火山岩夹碎屑岩夹碳酸盐岩建造内，其构造形态平缓开阔，北东翼向西南倾，倾角一般在 30°～41°之间，南西翼向北东倾，倾角一般在 30°～51°之间，核部地层产状平缓。在其两翼可见次一级的背向斜褶皱，次一级褶皱轴线大致平行，一般规模较小，延伸不远，常见转折端。

表 5-5　巧去里弧盆系褶皱特征一览表

编号	名称	规模	核部地层	两翼地层及产状	轴面	走向	其他特征
B_{10}	阿克孜背斜	长约22km	C_1T	C_1T、C_2K、C_2P_1tg 两翼均南西倾，倾角 30°～55°	西南倾	近东西向，向东转为北西西向	位于恰尔隆复背斜的东翼，属于复背斜的次一级褶皱，该背斜主体为一同斜褶皱，两翼分别被 F_{45}、F_{44} 逆冲断裂破坏，且两翼又遭岩体破坏。在两翼可见次一级背向斜褶皱，并常见转折端，两翼均向南西倾，倾角 30°～55°，在断裂附近地层产状变化较大，平缓的产状仅 15°，陡倾的产状可达 70°以上。该背斜也是形成于中华力西晚古生代裂陷槽俯冲、闭合时期，且被俯冲型花岗岩侵蚀破坏，后期又被由南向北东向逆冲推覆叠加、破坏
B_{12}	下马力多背斜	长约10km	C_1T	C_1T、C_2K，东翼东倾，倾角 47°～50°；西翼西倾，倾角 38°～46°	西南倾	北西向	该背斜位于恰尔隆复背斜西翼两个次级向斜之间的一个背斜，向南北两侧尖灭，中南部被逆冲断裂 F_{59} 和北西向的正断层破坏，在其两翼发育更次一级的背向斜褶皱，其生成时间同 B_{10}
X_{11}	特给乃奇达坂向斜	长约41km	C_2P_1tg	C_2K、C_2P_1tg，东翼西倾，倾角 30°～50°；西翼东倾，倾角 40°～60°	西南倾	北西向	位于测区中东部牙满—特给乃奇达坂—塔什克勒一带，走向北西，呈向东凸出的弧形弯曲，向南被断裂 F_{45} 破坏，为恰尔隆复背斜东翼的次级褶皱。东翼被断裂 F_{58}、F_{45} 破坏，西翼与恰尔隆背斜相连，南端被断裂 F_{56} 破坏，核部地层稍缓，可见“W”型褶皱(图版Ⅷ,8)，翼部发育有更次一级的背向斜，并常见转折端，该向斜生成时间同 B_{11}
X_{12}	且木干-恰尔隆向斜	长约50km	C_2K、C_2P_1tg	C_2K、C_2P_1tg 东翼西倾，倾角 37°～48°；西翼东倾，倾角 0°～60°	西南倾	北西向	位于测区中东部且木干—克斯麻克—恰尔隆一带，走向北西，呈向东凸出的弧形弯曲，北端被古近系岩体和断裂 F_{43} 破坏，中部被断裂 F_{59} 破坏，向南延出图外，其上有上二叠统地层角度不整合覆盖。该向斜西翼比东翼地层产状陡，核部地层产状平缓，在其两翼发育更次级的背向斜，常见紧闭褶皱和斜歪褶皱等。该向斜东翼与恰尔隆背斜 B_{11} 的两翼相连，为一宽缓的开阔褶皱，其生成时间应在中华力西期，其成因同 B_{11}，根据其上的上二叠统地层未参加褶皱看，应在 P_3 之前
X_{17}	苏盖特-七里滚白子向斜	长约45km	C_1T	C_1T，东翼西倾，倾角 30°～55°；西翼东倾，倾角 40°～60°。	西南倾	北西向	该向斜位于空贝利-木扎灵断裂的东侧，仍为恰尔隆复背斜西翼的次级褶皱，呈北西走向，波状弯曲。向北被古近系岩体破坏，向南延出图外，中部有上二叠统角度不整合覆盖，在其两翼发育有次级背向斜，常见转折端，多为轴面南倾的紧闭褶皱。该向斜总体仍为一开阔褶皱，其形成时代仍为中华力西期
X_{15}	巧去里向斜	长约16km	C_2、P_1	C_2、P_1，北翼南倾，倾角 27°～35°；南翼北倾，倾角 28°～55°	南倾	北西西向	位于测区北部巧去里一带，F_{25} 断裂的北侧，走向北西西，波状弯曲，四周均被逆冲断裂掩盖，中部被赛图拉岩群推覆体掩盖。卷入褶皱的地层有上石炭统碳酸盐岩建造和下二叠统火山岩建造，褶皱有向西扬起、向东倾伏的趋势，层控型铜矿化就产在向斜中。该向斜影响到的地层为 C_2、P_1，又被库尔良陆缘盆地推覆体和赛图拉岩群推覆体逆冲掩盖，同时又被 F_{41} 韧性剪切带破坏，其形成时代应在中华力西期

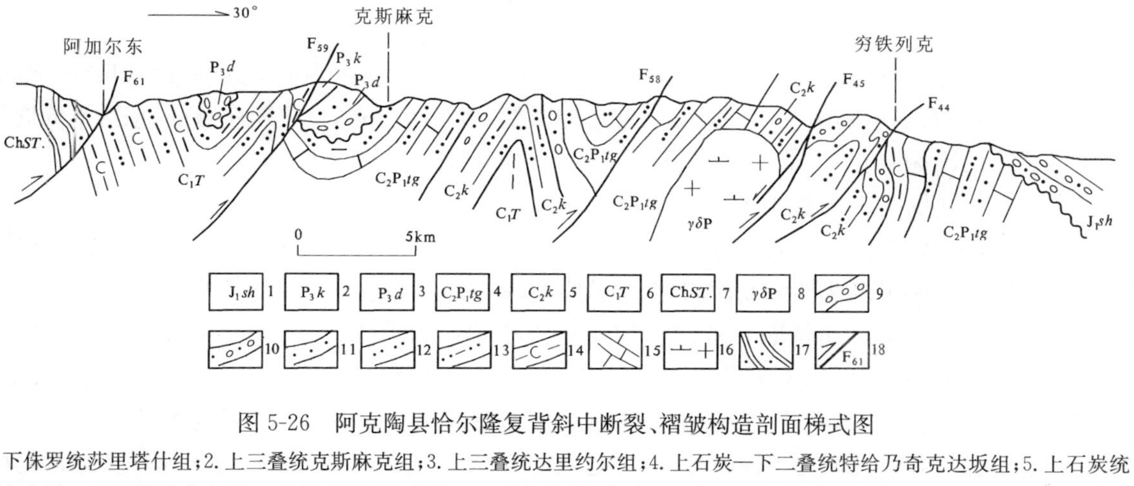

图 5-26　阿克陶县恰尔隆复背斜中断裂、褶皱构造剖面梯式图

1. 下侏罗统莎里塔什组；2. 上三叠统克斯麻克组；3. 上三叠统达里约尔组；4. 上石炭—下二叠统特给乃奇克达坂组；5. 上石炭统库尔良群；6. 下石炭统他龙群；7. 长城系赛图拉岩群；8. 二叠纪花岗闪长岩；9. 砾岩；10. 砂砾岩；11. 砂岩；12. 粉砂岩；13. 泥质粉砂岩；14. 炭质泥岩；15. 灰岩；16. 花岗闪长岩；17. 变砂岩；18. 断裂性质及编号

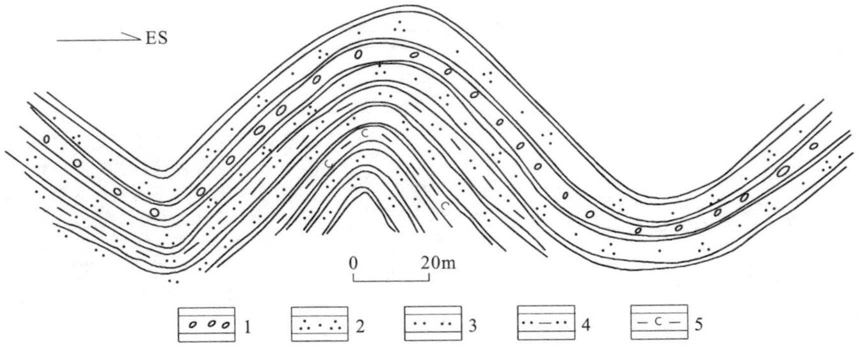

图 5-27 阿克陶县 3402 高地东中生代地层褶皱素描图

1. 砾岩；2. 石英砂岩；3. 粉砂岩；4. 泥质粉砂岩；5. 炭质泥岩

该向斜卷入的地层仅有下石炭统乌鲁阿特组(C_1w)，根据其褶皱形态和岩体被破坏的特征，判断其形成应在华力西中期，是伴随着晚古代裂陷槽向南俯冲、闭合时形成，同时又被中华力西期俯冲型花岗岩体侵入破坏，后期受南北向持续挤压作用和逆冲推覆构造的影响，其褶皱形态进一步复杂化。

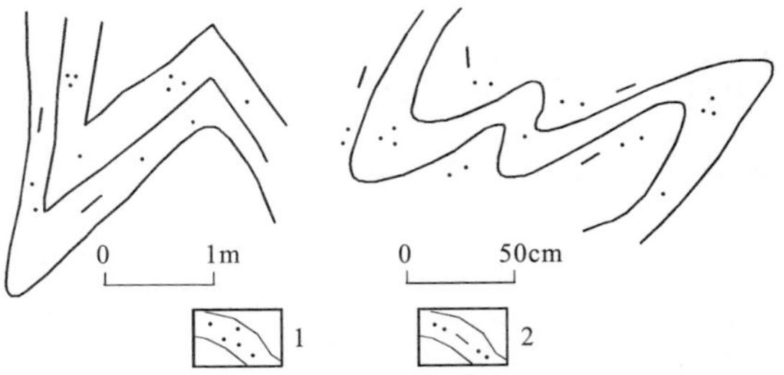

图 5-28 阿克陶县恰尔隆复背斜北东翼次级褶皱形态

1. 石英砂岩；2. 泥质粉砂岩

(2)断裂特征

该区断裂发育，在北侧巧去里一带以北西西向断裂为主，有少量的北东向断裂。北西向或北西西向断裂以逆冲为主，有韧性走滑剪切带；北东向断裂则多为正断层性质。在南侧恰尔隆一带则以北西向断裂为主，多具逆冲特征，另有少量的南北向、北西向、北东向断裂，多呈组分布，具正断层特征，该区不同时期、不同性质、不同特征的断裂共有 14 条，以 F_{45}、F_{43}、F_{42}、F_{39} 为例详述，其余见表 5-6。

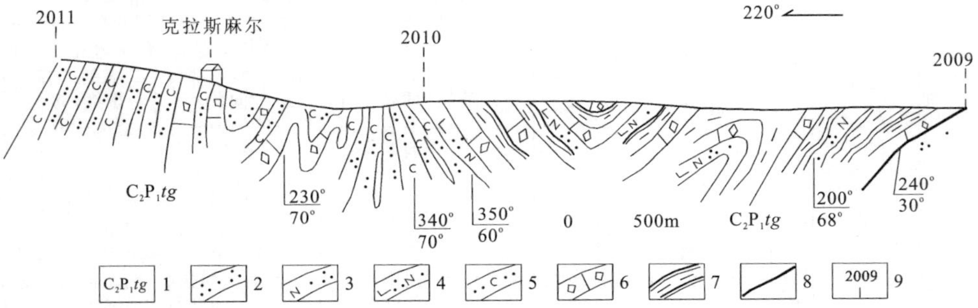

图 5-29 阿克陶县恰尔隆复背斜中同斜褶皱

1. 特给乃奇克达坂组；2. 石英砂岩；3. 长石石英砂岩；4. 钙质长石石英砂岩；5. 炭质粉砂岩；6. 结晶灰岩；7. 泥质板岩；8. 断裂；9. 地质点号

①艾捷克达坂-阿黑买尔太断裂(F_{45})

位于测区东南部艾捷克达坂—穷布萨依—昔力必里—马乃克达坂—阿黑买尔太一带，昔力必里以南呈近南北向走向，昔力必里以北转为北西向，至亚普强达坂—艾捷克达坂一带则为近东西向走向。断裂北端被北东东向平移断层组(F_{46})错断，并被断裂 F_{58} 复合，向南延出图外，南端截切一系列北西西向断层。图幅内长约 75km，破碎带宽可达千余米。该断裂切割古元古界赫罗斯坦岩群($Pt_1H.$)、中元古界桑株塔格群(JxS)及石炭系和侏罗系，在昔力必里以南构成也提木苏断隆和巧去里弧盆系的边界断裂。

影像上线性构造清晰，并成为不同影像花纹、色调的分界线，地貌上多为沟谷、丫脖等负地形，并有溶洞和泉分布。该断裂是一个多期次的复合断裂，具体特征如下。

早期：活动发生于华力西中期，伴随着晚古生代裂陷槽的拉张形成基底断裂，具张性特征。该期活动具有切割深、延伸远的特征，它不但控制也提木苏断隆和巧去里弧盆系两个不同构造单元的边界，而且也控制了巧去里弧盆系内部石炭系的不同特征的沉积，沿断裂有基性—超基性岩浆活动，形成马乃克达坂一带的基性—超基性岩带（图 5-30）。并截切也提木苏断隆内北西西向的基底断裂，使赫罗斯坦岩群（$Pt_1 H.$）、桑株塔格群（JxS）和中元古代斜长花岗岩（$\gamma o Pt_2$）等岩石破碎，形成碎裂岩、糜棱岩化岩石。

表 5-6　巧去里弧盆系断裂特征一览表

编号	名称	规模及产状				主要特征	矿化蚀变	性质	期次时代
		长	宽	倾向倾角	走向				
F_{40}	科克阿格孜断裂	4km		263°∠70° 305°∠50°	25°左右	切割 C_1w、N_2a 和 $\delta o C_2$ 岩体，呈波状弯曲，向北尖灭，向南被 F_{25} 截切，错断 F_{39} 和地层 C_1w。根据 C_1w、$\delta o C_2$、F_{39} 位移距离判断，该断层为一左行平移断层，位移量达 0.5～1.5km		左行平移断层	晚喜马拉雅期
F_{44}	节尔金-穷铁列克断裂	23km		西南倾，倾角 50°左右	北西向	切割 C_1T、C_2K、C_2P_1tg 和 P_3k，呈波状变曲，向西被 F_{43} 复合，向东被 F_{47} 复合，沿断裂发育碎裂岩，片理化带和牵引褶皱（图版Ⅸ，7），为由西南向北东的逆冲推覆		逆冲	中华力西期—晚华力西期
F_{46}	牙满-艾捷克达坂断裂	12km	15km	300°∠78°	北东东向	该断层与北侧大致平行的 3 条断层共同组成断层组，切割石炭系地层，呈直线状展布，向两侧尖灭。影像上线性构造明显，地貌上呈沟谷、丫脖负地形，发育碎裂岩、牵引褶皱等。错断地层走向和花岗岩岩脉，也错断近东西向展布的逆冲推覆断层 F_{45}、F_{58}，为一压扭性-左行平移断层，平移距离可达 2km 以上		压扭性-左行平移断层	中华力西期
F_{55}	库休的克断层	10km	10m	20°∠80°	290°	切割 C_2K、C_2P_1tg 和断层 F_{56}，被 F_{45} 截切，呈直线状展布，向西尖灭，发育碎裂岩和牵引褶皱，上盘下降，下盘上升。		正断层	喜马拉雅期
F_{56}	特给乃奇克达坂-布依纳克达坂断裂	29km	宽可达 1.2km	西侧 40°～80°∠55°～79°；中部 280°～310°∠74°～80°	近南北向	切割 C_2K、C_2P_1tg，呈反"S"型波状弯曲，向北尖灭，向南延出图外，羊大库勒一带由 3 条断层组成宽达 1.2km 的破碎带。影像上呈浅色条带的线性构造，地貌上为沟谷、丫脖负地形。发育碎裂岩、构造角砾岩，具擦痕、磨光面和牵引褶皱。被北西西向断裂 F_{55} 错断，截切 F_{57}，与 F_{45} 大致平行，断面倾向变化不定。根据与 F_{45} 大致平行，且为正断层特征，推断其形成时代相当于印支期末—燕山早期	水晶矿、铁矿	正断层	印支期末—燕山早期
F_{57}	长大库勒达坂西断裂	12km	2～20m	40°∠70°；280°∠70°	北西向	切割 C_2K、C_2P_1tg，呈向西南凸出的弧形波状弯曲，向北尖灭，向南被 F_{56} 截切。发育碎裂岩、牵引褶皱和磨光面、擦痕等，为由西南向北东的逆冲推覆断裂，在其南端推覆面发生反转呈东倾		逆冲	中华力西期
F_{58}	牙满-昔力必里断层	38km	20～200m	西侧 240°∠40°；东侧 10°～15°∠45°～70°	305°左右	切割 C_2K、C_2P_1tg，呈波状弯曲，向西被 F_{43} 复合，又被 F_{46} 错断，向东被侏罗系地层覆盖。影像上呈线性构造，地貌上多为沟谷、丫脖负地形。发育角砾岩、碎裂岩、牵引褶皱、擦痕和阶步，为由南西向北东的逆冲推覆构造，在其东侧，前锋面发生反转呈北东倾	硅化、孔雀石化	逆冲	中华力西期
F_{59}	苏克阿格孜-布留达坂断层	42km	10～200m	总体向南倾，倾角 40°～70°局部东倾，倾角 85°～82°	北西向	切割 C_2K、C_2P_1tg、P_3k、P_3d，呈向北突出的弧形弯曲，向北被古近系花岗岩体破坏，向南被一系列东西向或北西西向断层错断。影像上呈线性构造，地貌上为沟谷、丫脖负地形，常为水系拐点，沿线有泉出露。发育强片理化带、碎裂岩和牵引褶皱，可见石炭系地层压盖到上二叠统地层之上（图版Ⅸ，8）	铅锌矿化	逆冲-正断-逆冲	中华力西期—晚华力西期—燕山末期
F_{60}	吉朗德西断层	10km	150～200m	20°∠78°	310°左右	切割 C_2K、C_1T，向北尖灭，截切 F_{59}，向南延出图外，呈波状弯曲，与北侧大致平行的 4 条断裂组成断层组。断层面总体北东陡倾，发育次级断面，擦痕和牵引褶皱、石英脉，总体为正断层特征，局部为逆断层特征		正断层-逆断层	印支期末—燕山期
F_{84}	恰尔隆大沟断层	3km	50～100m	310°∠80° 320°∠82°	65°左右	切割 C_1T，向两侧尖灭，由两条大致平行的断裂组成断层组，呈直线状延伸，发育碎裂岩、牵引褶皱、擦痕等。单条断层形成碎裂带宽 50～100m，具正断层特征，该组断裂与两侧北西向正断层可能为共轭断层		正断层	印支期末—燕山期

第二期：发生于华力西晚期，随着晚古生代裂陷槽的俯冲、碰撞、关闭，该断裂再次活动形成由西南向北东的逆冲推覆构造。该期断裂活动的结果，一方面使石炭系消减或叠置，发生褶皱，形成一系列轴面西

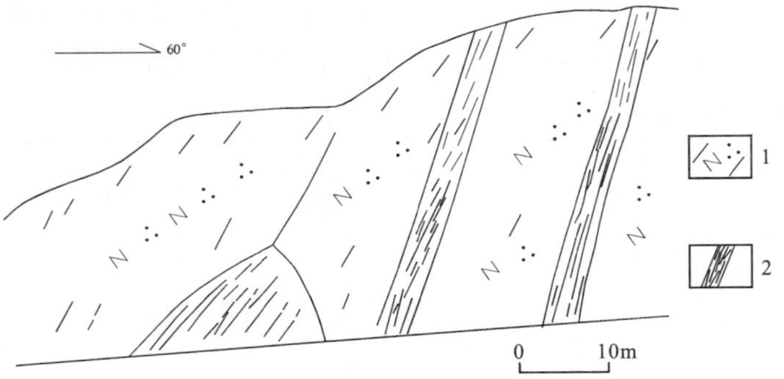

图 5-30　阿克陶县恰特尔长石石英岩中的角闪石岩

1. 长石石英岩；2. 角闪石岩

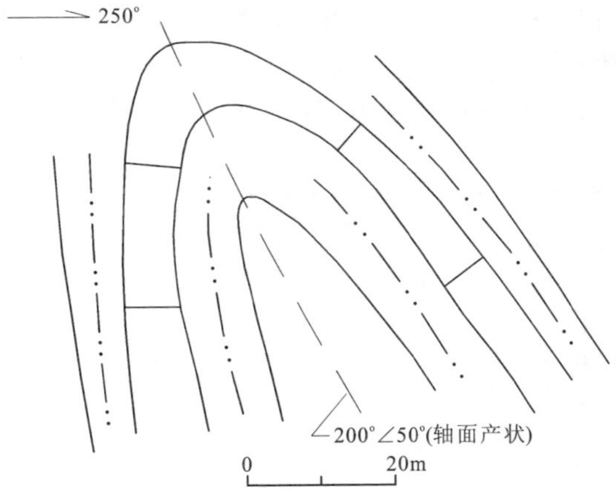

图 5-31　阿克陶县 2071 点西同斜褶皱素描图

南倾的歪斜褶皱(图 5-31)，如恰尔隆复背斜就是在这种情况下形成。另一方面，断裂成为岩浆热液活动的通道，使穷布斯碰撞型花岗闪长岩和阿合他拉俯冲型花岗岩体侵入就位，沿断裂形成劈理化带、片理化带和碎裂岩带，并使石炭系地层和早期碎裂岩带具较强的蚀变，形成硅化、绿帘石化和角岩化等。

第三期：断裂活动发生于印支期末—燕山晚期，该期活动具张性正断层特征，它不但成为侏罗纪时山间坳陷的边界断裂，而且使侏罗系地层也遭受破坏。昔力必里以南，它与西侧另一条大致平行的断层组成宽达上千米的构造角砾岩带。同时该断裂又成为热液活动的通道，有黑云母二长花岗岩脉、花岗闪长岩脉、黑云母闪长玢岩脉、云斜煌斑岩脉和石英脉侵入就位，一些泉和溶洞也于此时形成。

第四期：即末期的断裂活动发生于喜马拉雅山期，受古新世以来帕米尔向北突刺挤入作用的影响，在原有断裂的基础上，大规模的逆冲推覆构造发生，形成现今的构造样式(图 5-26)，并使石炭系地层逆冲压盖到侏罗系地层之上，同时也使原有的褶皱形态更加复杂化，形成一系列紧闭同斜褶皱或紧闭斜歪褶皱(图 5-32)。在局部地段，表现为侏罗系地层逆冲压盖石炭系地层之上(图 5-33)。

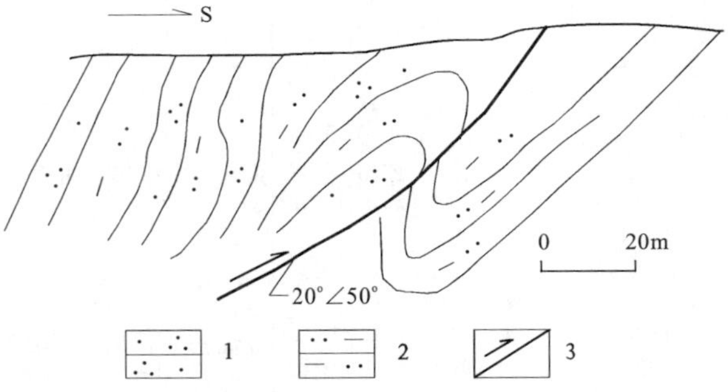

图 5-32　阿克陶县牙满附近断层及褶皱素描图

1. 石英砂岩；2. 泥质粉砂岩；3. 断层运动方向

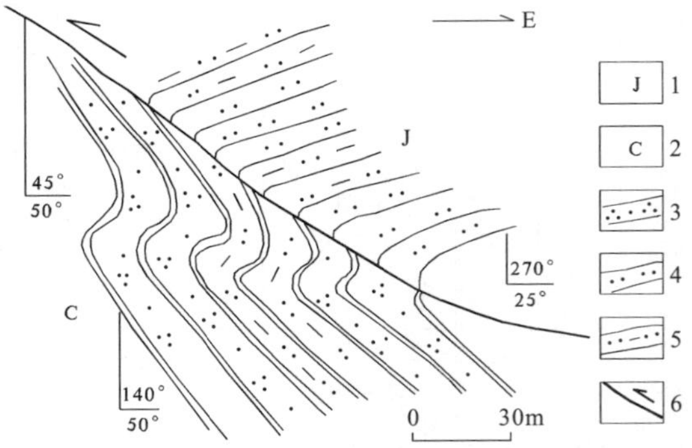

图 5-33　阿克陶县昔力必里断层 F_{45} 特征素描图

1. 侏罗系；2. 石炭系；3. 石英砂岩；4. 粉砂岩；5. 泥质粉砂岩；6. 断层运动方向

②且木干-艾捷克北断层(F_{43})

分布于测区中部巴西且木干—且木干—牙满达坂—艾捷克北一带，向西交汇于空贝利-木扎灵断裂上，向东被侏罗系地层覆盖，呈东西向折线状展布，是巧去里弧盆系南段(恰尔隆深水盆地)与库尔干陆缘盆地的边界断裂。北侧以库山河陆缘盆地泥盆系碎屑岩-碳酸盐岩沉积建造为特征，南侧以恰尔隆深水盆地碎屑岩夹碳酸盐岩建造为特征，全长约 52km，主断面呈弧形弯曲，具有上部向南陡倾 160°～190°∠56°～65°，下部向北陡倾 20°∠70°的特点。卫星影像上线性构造明显，地貌上为一地形陡变带，常形成沟谷、丫脖等负地形，可见断层崖、陡壁、河流拐点，沿线有东西向的线状泉出露。断裂两侧发育碎裂岩、糜棱岩或糜棱岩化岩石、牵引褶皱和次级断层面等，在其北侧 D_2a 中可见大理岩和石英脉的石香肠构造及变形的透镜体构造(图版Ⅸ,1),并发育紧闭同斜褶皱(如图5-34),其轴线大致平行断层,在断裂南侧发育有北东向与断层走向呈锐角的花岗岩脉。

从平面图上看,断裂北侧的库山河陆缘盆地应为逆冲推覆块体,它由南西向北东逆冲推覆压盖到巧去里弧盆系沉积建造之上,从而掩盖了罕铁热克—牙满达坂一带的巧去里弧盆系的沉积建造,与北侧的边界断裂 F_{25} 在克勒陶一带早期很可能圈闭为推覆体的边界断裂,只是被后期侏罗系沉积物所覆盖。该期活动应与中华力西期晚古生代裂陷槽的俯冲、闭合有关,并在喜马拉雅山期,受古新世以来帕米尔向北突刺挤入作用的影响,在原有断裂的基础上,大规模的逆冲推覆构造再次发生,形成现今的构造样式。东西向展布的糜棱岩带说明,该断裂具有东西向走滑特征。沿断裂发育的花岗岩脉和一系列泉出露说明该断裂后期有张性活动的叠加。

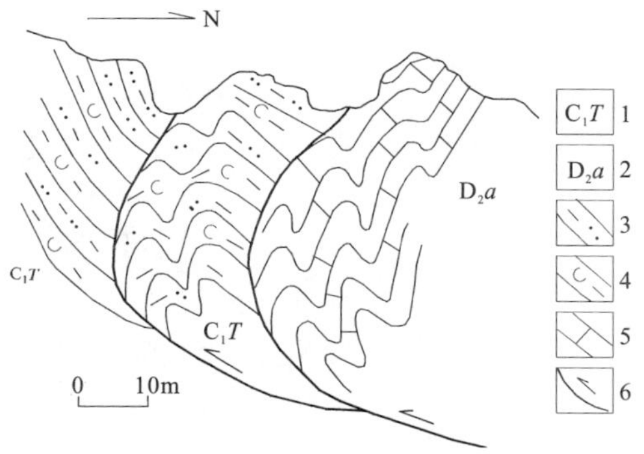

图 5-34 阿克陶县且木干南 F_{43} 断裂特征素描图

1.下石炭统他龙群;2.中泥盆统阿克巴西麻扎尔组;3.泥质粉砂岩;4.炭质泥岩;5.灰岩;6.断层运动方向

值得一提的是,以该断裂为界,南北两侧的巧去里弧盆系在石炭系—早二叠世时的沉积有很大的不同,在巧去里一带,是一套浅海—半深海—深海相基性、酸性熔岩喷溢和火山碎屑岩浊流沉积,夹杂有碎屑岩和碳酸盐岩沉积,其构造环境下中石炭统为一不太均一的大洋岩石圈和大洋海山的组合,该带也是与火山岩有关的铜、铁、金等多金属成矿带。而在南侧恰尔隆一带,则是一套浅海—半深海黑色细碎屑岩为主夹粗碎屑岩和碳酸盐岩建造,其中含炭成分较高,沉积韵律清晰,沉积厚度巨大,具明显的复理石建造特征,属半深海的浊流沉积,普遍含层控型黄铁矿,局部成为层控型铅锌矿的层位。

③巧去里逆冲推覆构造(F_{42})

位于测区北部巧去里—克开牙塔合一带,在晚古生代裂陷槽构造单元中,上泥盆统—石炭系—二叠系地层之上叠置了一套变质较深的中元古代赛图拉岩群,两者之间为断层接触,上叠地层产状平缓,常漂浮在山顶或山脊地带,无论从变质程度或是从岩相、岩性特征来看,两者差别较大,为一外来推覆岩片(图5-35,图5-36;图版Ⅸ,5)。

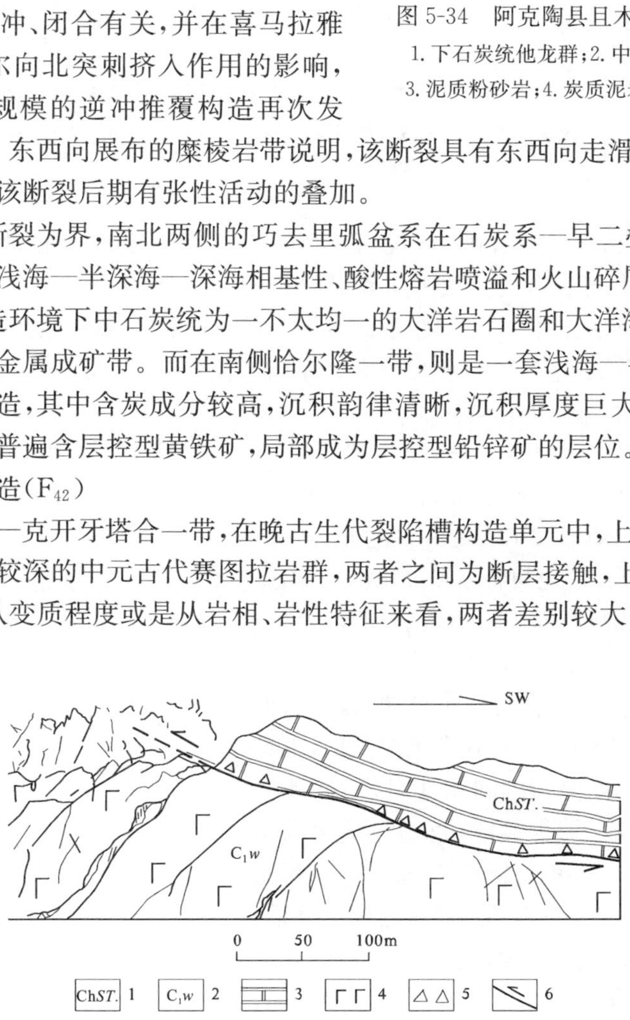

图 5-35 阿克陶县阿克吐孜沟赛图拉岩群推覆于乌鲁阿特组之上素描图

1.长城系赛图拉岩群;2.下石炭统乌鲁阿特组;3.大理岩;4.玄武岩;5.断层角砾;6.断层运动方向

断层面多平缓,有时近于水平,部分倾斜,倾斜方向多向南,局部有波状起伏。一般不见明显的破碎带,个别地段可见下伏地层的破碎岩块堆积在推覆体或飞来峰运动方向的前缘,这些堆积物部分胶结较好,多胶结松散,角砾的成分单一,均为下伏地层中的岩性,大小不一,为棱角状(图版Ⅸ,6)。该逆冲推覆构造呈飞来峰形式飘浮在晚古生代地层之上,它是西昆仑中间地块上木吉-公格尔复合岛弧带中的构造岩片飞越空贝利-木扎灵断裂而来的,根据赛图拉岩群(ChST.)出露的位置和下伏地层出露的宽度,大致推断其推覆距离20km以上。

该推覆构造掩盖了断裂 F_{25}、F_{41},又被 F_{41} 的后期活动所切割,根据 F_{25} 最晚的发生时限在古新世之后,判断其发生时间也应在古新世之后,这与古新世以来帕米尔向北突刺挤入、南北向缩短机制加剧有关。

④疏附县煤矿-科克阿断层(F_{39})

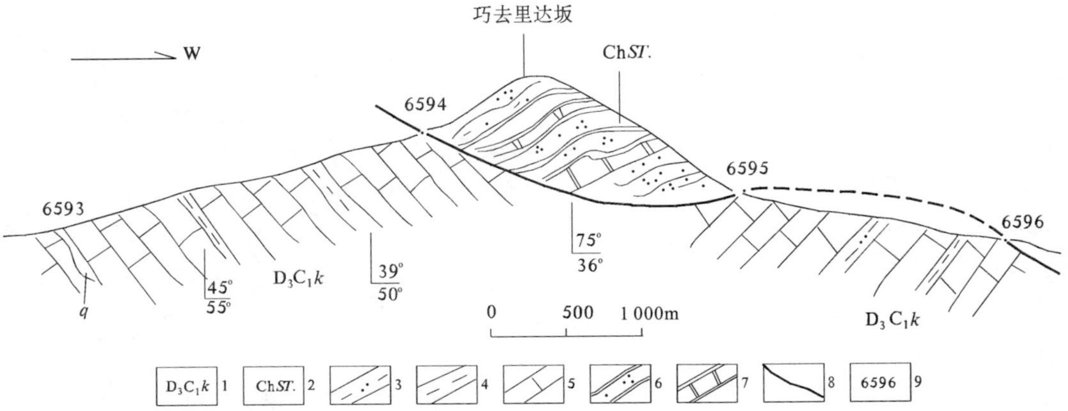

图 5-36　阿克陶县自库台依买克西沟经巧去里达坂至阿帕阿格孜路线剖面图

1. 上泥盆统—下石炭统库山河组；2. 长城系赛图拉岩群；3. 粉砂质泥岩；4. 泥岩；5. 灰岩；6. 变石英砂岩；7. 大理岩；8. 断层；9. 地质点号

位于测区北部疏附县煤矿—科克阿格孜一带，走向北西，波状弯曲，向西北被第四系覆盖，南东在库山河以西尖灭，南侧被断裂 F_{40} 错开。全长约 20km，宽 20～110m，断面主体向北东陡倾，局部南西陡倾。卫星影像上线状构造清晰，地貌上为一地形陡变带，常形成沟谷、陡坎、断层崖及水系拐点。断层切割石炭系乌鲁阿特组(C_1w)、二叠系棋盘组(P_2q)和晚石炭世花岗岩体，同时又切割三叠系霍峡尔组(T_3h)、新近系阿图什组(N_2a)和晚三叠世花岗斑岩岩体。

沿断裂发育碎裂岩带，可见碎裂岩、牵引褶皱(图 5-37)、挤压凸镜体和片理化岩石等。该断裂是一个多期次的活动断裂。早期发生于印支期即晚三叠世，具张性走滑特征，该期断裂活动形成了晚三叠世的北西—南东向的拉分盆地，控制了拉分盆地的展布和沉积特征，出露了晚三叠世花岗斑岩和库夏勒组海陆交互相含煤碎屑岩—火山岩岩系，在库尔干幅内则沉积了塔里奇克组(T_3t)碎屑岩岩系。第二期活动则发生于早喜马拉雅晚期，即中新世末期至上新世初期，该期断裂活动形成山前断陷盆地，也具张性特征，控制了断陷盆地内上新统阿图什组(N_2a)碎屑岩系的沉积和展布特征。第三期断裂活动发生于晚喜马拉雅期，该期活动主要是受南北向的持续挤压，形成由南西向北东的逆冲推覆构造，使石炭—二叠系地层压盖到三叠系、新近系地层之上(图 5-37)，乌鲁阿特组火山岩、棋盘组灰岩呈飞来峰飘浮于山顶或山脊之上。

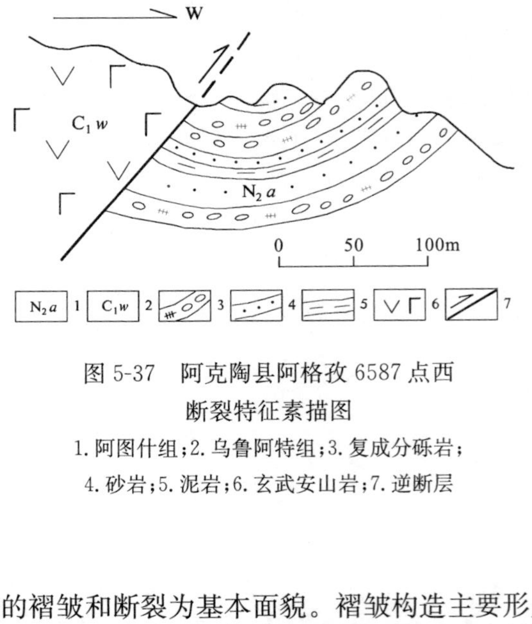

图 5-37　阿克陶县阿格孜 6587 点西断裂特征素描图

1. 阿图什组；2. 乌鲁阿特组；3. 复成分砾岩；4. 砂岩；5. 泥岩；6. 玄武安山岩；7. 逆断层

(3)小结

区内以发育与主构造线大致一致的北西向或北西西向的褶皱和断裂为基本面貌。褶皱构造主要形成于中华力西时期，但在喜马拉雅期有同轴叠加现象，主要发育于石炭—二叠系中，多以规模宏大的复式褶皱为主。断裂构造以北西向、北西西向为主，次为北东向、北东东向、东西向和近南北向断裂。北东向和南北向断裂多呈断层组出现，为张性正断层，有时与北西西向张性正断层形成共轭断裂组，北东东向断裂也呈断层组出现，多为平移断层，北西向—北西西向断裂常集中发育，形成一系列叠瓦状具后展式特征的逆冲推覆构造，并具多期活动特征。局部断裂形成压扭性韧性剪切带。

3. 也提木苏断隆(I_2^3)

位于测区东南部也提木苏一带，为分布于奥依塔克—库尔良晚古生代裂陷槽内的塔里木地台的基底断块，其边界为断裂或侏罗系不整合覆盖所限，向南延出图外。东侧大致以 F_{47} 为边界断裂，与克孜勒陶-考库亚陆缘盆地毗邻，西侧大致以 F_{45} 为边界断裂与巧去里弧盆系毗邻。

区内主要由古元古界赫罗斯坦岩群（$Pt_1H.$）和中元古界蓟县系桑株塔格群（JxS）组成，二者大致以托西克塔石-可可塔石断裂（F_{50}）为界。其上有侏罗系不整合覆盖。赫罗斯坦岩群（$Pt_1H.$）主体以一套具高绿片岩相-角闪岩相的中深变质岩系为主，其原岩为一套海相碎屑岩建造夹少量的火山岩建造。同时该套地层还受后期岩体和断裂影响，形成热接触变质的矽卡岩和动力变质的糜棱岩、碎裂岩等。桑株塔格群主体为一套具浅变质的海相碎屑岩夹碳酸盐岩建造，同样有热接触变质形成的矽卡岩和动力变质作用形成的碎裂岩、糜棱岩等，侏罗系则未变质，为一套陆相含煤碎屑岩建造。仅在断裂附近有动力变质岩形成。

区内岩浆岩活动作用较强，主要有蓟县纪俯冲型斜长花岗岩、寒武纪俯冲型花岗闪长岩侵入到赫罗斯坦岩群中，石炭—二叠纪（华力西中期）俯冲型斜长花岗岩、花岗闪长岩侵入到桑株塔格群之中。另有少量的华力西中期的基性岩脉、花岗岩脉分布。岩浆活动使赫罗斯坦岩群和桑株塔格群局部发生混合岩化作用。

区内矿化现象少见，仅有个别热液型铅、铅矿化。

（1）褶皱特征

该区褶皱发育，总的构造线方向为北西向，赫罗斯坦岩群和桑株塔格群各为一复式背斜构造（图 5-38）。

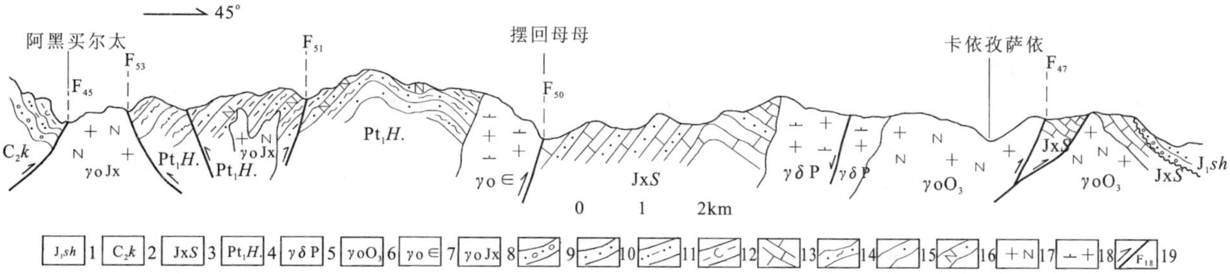

图 5-38　阿克陶县也提木苏断隆内的断裂、褶皱构造剖面图

1. 下侏罗统莎里塔什组；2. 上石炭统库尔良群；3 蓟县系桑株塔格群；4. 古元古界赫罗斯坦岩群；5. 二叠纪花岗闪长岩；6. 晚奥陶世斜长花岗岩；7. 寒武纪斜长花岗岩；8. 蓟县纪斜长花岗岩；9. 砂砾岩；10. 砂岩；11. 泥质粉砂岩；12. 炭质泥岩；13. 灰岩；14. 绿泥石变粒岩；15. 绢云母变粒岩；16. 斜长变粒岩；17. 斜长花岗岩；18. 花岗闪长岩；19. 断层运动方向及编号

①艾去库雨阿格孜复式背斜（B_{13}）

位于测区东南部也提木苏断隆内艾去库雨阿格孜一带，组成复背斜的地层为赫罗斯坦岩群的各种片岩、片麻岩和浅粒岩、变粒岩等。复背斜向西被断裂 F_{45} 截切，向东被岩体破坏，总体呈北西向展布。核部由两个背斜和一个向斜组成（图 5-39；图版Ⅹ，1）。两翼被断裂和岩体破坏，不对称，南翼由出露不宽的单斜断块组成，并多被岩体占据，向南倾。北翼为出露较宽的断块组成，其内可见紧闭和宽缓的次级褶皱，也多被岩体占据，该复式背斜受岩体和断层的破坏而残缺不全。根据岩体的时限为寒武系，说明该褶皱在古生代以前就已存在。

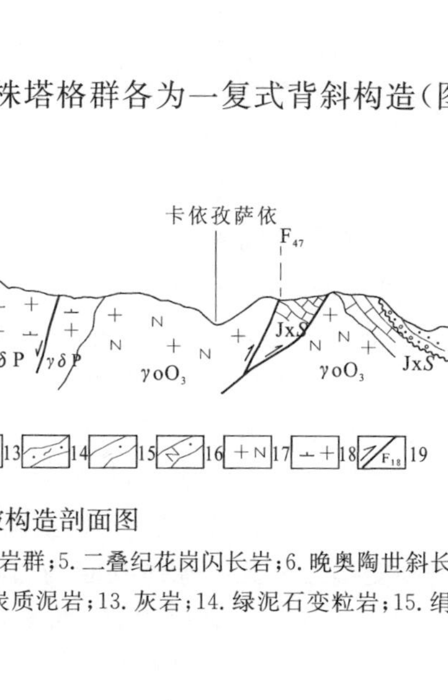

图 5-39　阿克陶县恰尔隆萨依赫罗斯坦岩群推覆于桑株塔格群之上的特征素描图

1. 蓟县系桑株塔格群；2. 古元古界赫罗斯坦岩群；3. 灰岩；4. 片岩；5. 断层运动方向

②也提木苏复式背斜（B_{14}）

位于测区东南部也提木苏断隆内的也系尔萨依—也提木苏—沙黑孜阿勒克阿格孜一带，总体呈北西向波状展布，向北被断裂 F_{45} 截切，向南延出图外。组成复背斜的地层以桑株塔格群变砂岩、石英岩、大理岩等为主，可见赫罗斯坦岩群分布于复背斜的两端，二者为角度不整合接触。核部在也提木苏一带表现明显，为一轴面近直立的圆弧褶皱，两翼倾角在 50°左右，但在其南侧依孜阿格孜一带则表现为核部由两个向斜和一个背斜组成的“W”型褶皱特征，翼部地层产状在 50°～60°之间，并在两翼发育次级的歪斜褶皱（图 5-39）。该复式背斜的西翼受断层破坏，东翼受岩体破坏，总体形态不完整。根据侵入复式背斜的岩体为华力西中期的俯冲型花岗岩特征，说明其形成时代在华力西中期以前，可能与晚古生代裂陷槽在华力西中期的俯冲有关。

（2）断裂特征

区内断裂发育，仍以北西西向断裂为主，次为北北西向断裂，多为逆冲推覆断裂。北西西断裂共有 6

条，北北西向断裂共有3条(图5-38)。以下分别叙之。

①托西克塔石-可可塔石断裂(F_{50})

位于测区东南部，西起托西克塔石，顺恰尔隆萨依大沟延伸，向西被断裂F_{45}截切，向东南延出图外，走向北西西，呈向北东突出的弧形弯曲。断裂西段为赫罗斯坦岩群与侏罗系的分界线，托西克塔石以东则为赫罗斯坦岩群与桑株塔格群的分界线，中部则被寒武纪巴克二长花岗岩体所占据。图幅内长约16km，断裂带可达1km以上，主断面向西南倾，倾角52°～76°，局部地段向北东陡倾(30°∠66°)。卫星影像上为较宽的、不太平直的浅色条带，成为分割不同影像花纹、色调的分界线，地貌上沿恰尔隆萨依大沟分布，多为沟谷、丫脖等负地形，并形成河流拐点和陡崖。沿断层发育碎裂岩、糜棱岩、劈理化带、片理化带，糜棱岩宽度可达1km以上，可见赫罗斯坦岩群压盖到桑株塔格群之上(图5-39)，并在桑株塔格群中形成飞来峰飘浮于山顶或山脊之上。糜棱岩带中可见"σ"型长石碎斑，带内发育长而宽的石英脉和个别石英碳酸岩脉，脉中石英和碳酸盐矿物多为石英岩化和大理岩化，脉石英形成质量较好的石英岩矿。脉体走向与断裂走向大体一致。在赫罗斯坦岩群($Pt_1H.$)和蓟县纪俯冲型斜长花岗岩、寒武纪黑云母二长花岗岩中的脉体变形强烈，石香肠脉构造和揉皱现象普遍(图5-40)。

该断裂是一个多期活动断裂，寒武纪黑云母二长花岗岩和花岗闪长岩的分布受断层控制，说明寒武纪黑云母二长花岗岩岩体侵入前该断层已经存在，并显示张性特征。赫罗斯坦岩群($Pt_1H.$)中变形的石英脉体和石英碳酸岩脉体也说明了存在张性断裂的特征。

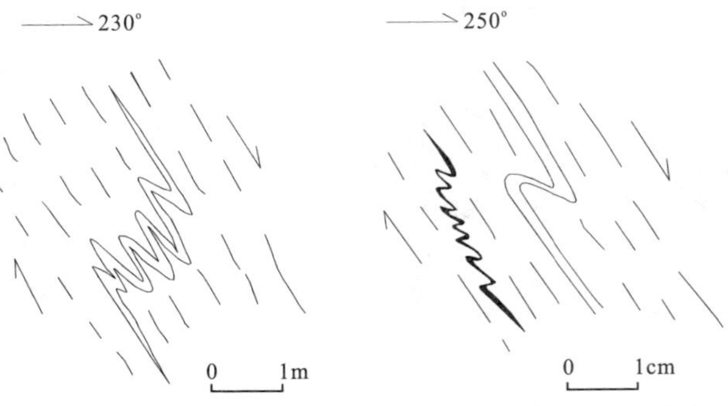

图5-40　阿克陶县恰尔隆萨依桑株塔格群中石英脉体揉皱特征

岩体侵入后又有活动，切割岩体并形成糜棱岩带和糜棱岩化的破碎带，根据糜棱岩带中"σ"型碎斑和变形的长英质脉体判断为右行剪切，该糜棱岩带仅发育在断裂的上盘(西南盘)寒武纪黑云母二长花岗岩岩体和赫罗斯坦岩群之中，而下盘(北东盘)桑株塔格群中则无，说明其形成与逆冲推覆无关，且早于逆冲推覆。

由南西向北东的逆冲推覆活动大致发生在华力西中期，使西南侧的赫罗斯坦岩群($Pt_1H.$)向北东压盖到侏罗系和桑株塔格群之上，并形成一系列飞来峰，这期活动应与华力西中期晚古生代裂陷槽的关闭、俯冲有关。

②艾去库雨孜阿格孜断裂(F_{51})

位于测区东南部F_{50}南侧，与之大致平行延伸，向西被F_{45}截切，向东被延出图外，呈北西西走向，波状弯曲，发育于赫罗斯坦岩群($Pt_1H.$)之内，中部控制蓟县纪俯冲型斜长花岗岩岩体边界，东侧切穿寒武纪黑云母二长花岗岩($\eta o \epsilon$)岩体，图幅内长约13km，糜棱岩化碎裂带可达1km以上，主断面向南西倾，倾角63°～76°。影像上为较宽、不太平直的浅色条带，分割不同花纹、色调，地貌上多为沟谷、丫脖等负地形，并形成河流拐点和陡崖。沿断层发育碎裂岩、糜棱岩、劈理化带、片理化带，糜棱面理240°∠67°，糜棱岩带中可见"σ"型长石碎斑和剪切变形的长英质脉体(图5-41)和辉长岩脉，局部发育石英脉和石英碳酸岩脉，脉中石英和碳酸盐矿物多为石英岩化和大理岩化，脉体走向与断裂走向大体一致。在赫罗斯坦岩群($Pt_1H.$)中和寒武纪黑云母二长花岗岩($\eta o \in$)中的脉体变形强烈，石香肠脉构造和揉皱现象普遍。

该断裂是一个多期活动断裂，蓟县纪俯冲型斜长花岗岩(γoJx)、寒武纪黑云母二长花岗岩和花岗闪长岩的分布受断层控制，说明蓟县纪俯冲型斜长花岗岩(γoJx)岩体侵入前该断层已经存在，并显示张性特征。在寒武纪时该断裂再次活动形成张性断裂，寒武纪花岗岩岩体侵入。

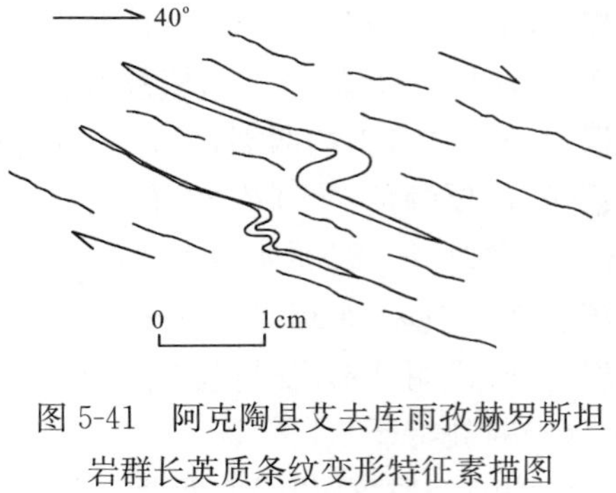

图5-41　阿克陶县艾去库雨孜赫罗斯坦岩群长英质条纹变形特征素描图

赫罗斯坦岩群($Pt_1H.$)中变形石英脉体和石英碳酸盐岩体、辉长岩脉也说明了存在张性断裂的特征。

岩体侵入后又有活动，切割岩体并形成糜棱岩带和糜棱岩化的破碎带，根据糜棱岩带中“σ”型碎斑和变形的石英脉体判断为右行剪切，该糜棱岩带发育在断裂的下盘（北盘）寒武纪黑云母二长花岗岩岩体（$\eta\gamma$E）之中，说明其形成应在寒武纪之后。

由南西向北东的逆冲推覆活动大致发生在华力西中期，使南西侧的蓟县纪俯冲型斜长花岗岩（γ_oJx）向北东压盖到赫罗斯坦岩群（Pt_1 *H.*）之上（图 5-42），这期活动应与华力西中期晚古生代裂陷槽的关闭、俯冲有关。该断裂与 F_{50}、F_{53} 平行。沿断裂发育有铁猛矿化，宽 20～30cm。

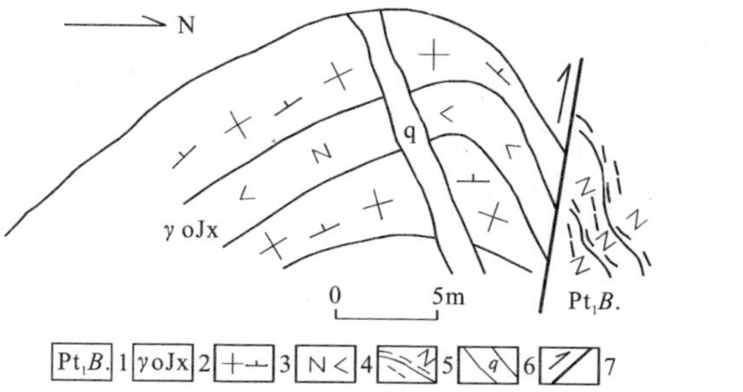

图 5-42　阿克陶县阿格孜斜长花岗岩俯冲至布伦阔勒岩群之上特征素描图

1. 古元古界布伦阔勒岩群；2. 蓟县纪斜长花岗岩；3. 花岗闪长岩；4. 斜长角闪岩；5. 黑云斜长片麻岩；6. 石英脉；7. 断层及运动方向

③阿黑买尔太北断层（F_{53}）

位于测区东南部阿黑买尔太一带，呈北东西西向直线状延伸，向西被断裂 F_{45} 截切，向东延出图外，在西侧分为两支，使赫罗斯坦岩群呈断块出露，切割蓟县纪俯冲型斜长花岗岩、寒武纪黑云母二长花岗岩，图幅内长约 8.5km，断面向北东倾，倾角在 50°以上，为高角度逆冲断层，无明显的破碎带。影像上为平直的浅色线条，该断裂与 F_{51}、F_{50} 等同为平行断裂，且与 F_{51} 组成背冲型特征（图 5-38）。

（3）小结

区内以发育北西西向断裂、褶皱为基本面貌。褶皱主要发育在赫罗斯坦岩群（Pt_1 *H.*）和桑株塔格群（JxS）中，为大型复式背斜，褶皱形态复杂，核部具“W”型特征，翼部多有同斜褶皱、歪斜褶皱等。褶皱形成较早，被寒武纪石炭—二叠纪岩体破坏，但在华力西中期，褶皱有被重新改造叠加现象，断裂构造也以北西西向为主，且断裂大致平行，多期活动特征，可见有早期张性活动、中期的右行剪切活动和后期的逆冲推覆活动，逆冲推覆大都发生在华力西中期，与晚古生代裂陷槽的俯冲、闭合有关，区内主要矿产有石英岩和少量热液型铅、铜矿化、铁猛矿化等。

4. 库山河陆缘盆地（I_2^4）

该构造单元位于测区中北部盖孜—库山河一带，是奥依塔克-库尔良晚古生代裂陷槽西南缘的陆缘盆地沉积。呈北西西走向，向西延出图外，西部盖孜一带南侧以空贝利-木扎灵断裂（F_{61}）为界与西昆仑中间地块直接接触，北侧以阿托克那克达坂-加拉格尔达坂断裂（F_{25}）为界与巧去里盆系北段和考库亚陆缘盆地相接，东部库山河一带以且木干-艾捷克北断裂（F_{43}）为界与巧去里弧盆系南段（恰尔隆深水盆地）相接。

区内主要有中、上泥盆统浅海碎屑岩夹碳酸盐岩和少量火山岩建造、石炭系浅海碳酸盐岩建造。

区内以区域低温动力变质岩为主，形成板岩、变质砂岩、结晶灰岩、千枚岩、千枚状粉砂岩等，动力变质岩主要发育于断裂带及边部，以碎裂岩、糜棱岩、片理化、劈理化岩石等为主。

区内岩浆活动有中泥盆统的火山喷溢玄武岩夹火山碎屑岩和沿空贝利-木扎灵断裂带的古近纪晚期的后碰撞型正长花岗岩的侵入活动。

（1）褶皱特征

区内褶皱发育，轴线多为北西西向，与区域主构造线一致，另有少量的北东向褶皱，北西西向的褶皱多在泥盆纪地层中发育，具有规模大、延伸远的特征。北东向褶皱主要发育在石炭纪地层之中，共有 3 个复背斜和 2 个向斜。

①盖孜复背斜（B_9）

位于测区中北部盖孜—库山河一带，轴线走向呈北西西向，弧形弯曲，西侧被断裂 F_{25} 破坏，沿核部有古近纪晚期后碰撞型正长花岗岩体侵入破坏。核部位于阿托依那克达坂—盖孜—穷塔什—且木干北—牙满达坂一带，全长约 80km。核部由中泥盆统克孜勒陶（D_2kz）组成，两翼则由中泥盆统阿克巴西麻扎尔组（D_2a）、克孜勒陶（D_2kz）和上泥盆统奇自拉夫组（D_3q）组成。其褶皱形态平缓开阔，核部地层平缓，多在 20°左右，轴面近直立或略向南西倾斜，枢纽有向西北翘起、向南东倾伏的趋势，核部发育一系列次级小褶皱，次级褶皱轴面向复背斜的顶部收敛，构成倒扇形复背斜特征（图 5-43）。两翼地层也较缓，多在 40°左右，北翼比南翼略陡，北翼总体为一向北倾斜的单斜层，可见次级的同斜褶皱、歪斜褶皱和平卧褶皱等，北翼西侧受断裂 F_{25} 破坏，发育不全，东侧则发育较宽。南翼地层总体南倾，受断裂 F_{61}、F_{43} 破坏出露较窄，可见次一级的向斜构造，次级向斜轴线大致平行复背斜，其内可见更次一级的一系列褶曲，褶曲轴面向槽部收敛构成扇形构造（图 5-44）。该复式背斜初期形成于中华力西期，在晚古生代裂陷槽俯冲、闭合时，受南北向挤压作用发生轴面向西南倾斜的褶皱，其后受南北向持续挤压作用的影响，该背斜进一步发育形成现今的褶皱形态样式。

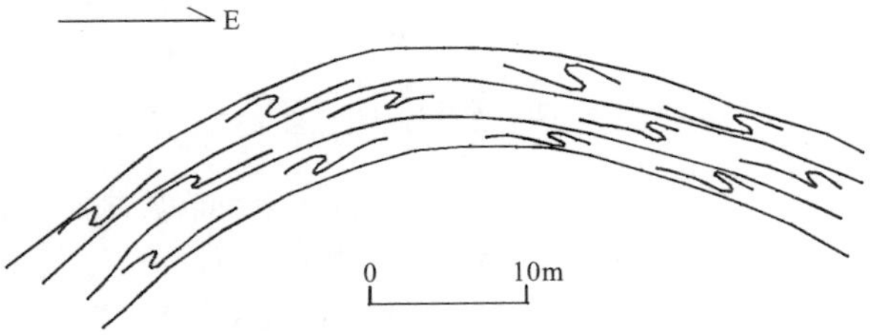

图 5-43　阿克陶县盖孜北背斜核部岩层中次级褶皱特征

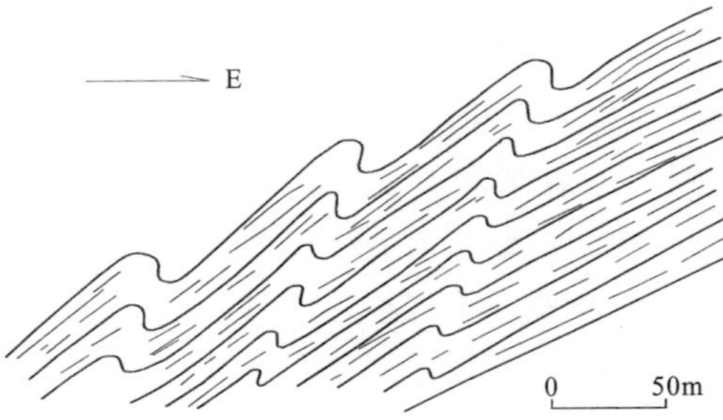

图 5-44　阿克陶县盖孜 1009 点东岩层中次级褶皱形态图

②博勒库孜达坂-卡音向斜（X_{16}）

该向斜位于盖孜复背斜的南侧，是盖孜复背斜南翼中的一个次级褶皱，轴线与复背斜大体一致。总体走向北西西向，呈波状弯曲，向西延出图外，向东被断裂 F_{61} 破坏，区内全长约 60km，该向斜的枢纽有向西倾伏、向东扬起的趋势，核部在西侧可见上泥盆统奇自拉夫组（D_3q）出露，中部有古近纪晚期正长花岗岩顺核部侵入，两翼地层倾角在 50°左右，南翼比北翼稍陡。其形成时间同盖孜复背斜（B_9）。

③乌鲁尕依提能达坂背斜（B_{15}）

位于测区北部乌鲁尕依提能达坂一带，博勒库孜达坂-卡音向斜的南侧，是盖孜复背斜的南翼中一个次级背斜褶皱。轴线呈北西西向，直线状延伸，向西延入库尔干幅，向东被断裂 F_{61} 破坏，长约 25km。核部地层由中泥盆统克孜勒陶（D_2kz）组成，两翼由中泥盆统克孜勒陶（D_2kz）和上泥盆统奇自拉夫组（D_3q）组成，北翼与博勒库孜达坂-卡音向斜的南翼相连，南翼被断裂 F_{61} 破坏发育不全，背斜北翼地层倾角在 50°以上，南翼地层倾角在 40°～60°之间。总体轴面略向南倾，在南翼可见更次一级的向斜构造，其形成时间同盖孜复背斜（B_9）。

④确特克达坂背斜（B_8）

位于测区东部克孜勒陶以西确特克达坂一带，核部沿阿格孜大沟一线分布，轴线走向北西西，向西尖灭，向东被断裂 F_{25} 破坏和侏罗系地层覆盖，枢纽有向西倾伏、向东扬起的趋势。核部地层为上泥盆统奇自拉夫组（D_3q）碎屑岩，翼部地层为下石炭统库山河组（C_1k）灰岩，核部可见由两个背斜和一个向斜组成的"M"型褶皱，背斜轴面向西南陡倾（225°∠65°），翼部地层北翼（倾角 35°～40°）比南翼（倾角 20°～45°）稍陡，在翼部，尤其北翼发育一系列次级背向斜褶皱，局部可见尖棱褶皱或平卧褶皱，该向斜卷入地层为上泥盆统奇自拉夫组（D_3q）、下石炭统库山河组（C_1k），而又被侏罗系地层角度不整合覆盖。发生时间应在华力西中期，与晚古生代裂陷槽的俯冲、闭合有关，从次级褶皱的变形和叠加特征看，后期有同轴同向叠加特征，仍受南北向挤压作用的影响。

（2）断裂特征

该构造单元内断裂不发育，除边界断裂外，在区内仅见 3 条北东向断裂和 2 条近东西向断裂，另外在玉其卡帕岩体内发育有糜棱岩带。

①科克木达断裂（F_{35}）

该断裂位于库山河科克木达一带，走向近东西，呈直线状，向西被断裂 F_{34} 截切，向东被 F_{36} 错断，且在汗铁列克代尔亚大沟以东尖灭，切割泥盆系—石炭系 D_2kz、D_3q、C_1h、C_1ht 等，其间多有第四期冰碛物覆盖。长约 20km，主断面向北陡倾(39°∠72°)，沿断裂发育碎裂岩、牵引褶皱和滑动面、擦痕等。在断裂附近节理发育，有石英脉、方解石脉充填，根据断层上盘地层中向下凹的牵引弧曲判断为张性正断层，该断裂在卫星影像上呈明显的线性构造，地貌上多沿近南北走向山脊的丫脖通过。断裂被 F_{34} 截切，其形成时间应在新近系以前。

②汗铁列克代尔亚断裂(F_{36})

该断裂位于汗铁列克代尔亚沟一带，走向北东，呈直线状，向两侧尖灭，错断断裂 F_{35}，发育于中泥盆统克孜勒陶组(D_2kz)内，长约 5km，主断面向北陡倾(320°∠78°)，沿断裂发育碎裂岩和牵引褶皱，根据上盘(西北盘)中的背斜褶曲判断为一逆冲断层，且具平移性质。该断裂在卫星影像上呈明显的线性构造，地貌上为沟谷负地形。错断 F_{35}，大致平行 F_{33}、F_{34}，推断其形成时间应与 F_{34}、F_{33} 同期，为上新世末。

(3)小结

该区褶皱发育，但断裂不发育，仅有少量的北东向断裂和近东西向断裂，褶皱总体为一复式背斜。东西两端出露较宽，中部盖孜一带出露较窄，在复式背斜的南翼可见具一定规模的背向斜各一个，北翼基本为一向北倾的单斜层，仅局部有次级褶皱，褶皱轴面多向西南倾斜，形成于华力西中期晚古生代裂陷槽俯冲、闭合时期，有后期南北向持续挤压形成的叠加特征。

二、西昆仑中间地块

西昆仑中间地块北以空贝利-木扎灵断裂(F_{61})为界与北侧塔里木地块奥依塔克-库尔良晚古生代裂陷槽毗邻，区内西昆仑中间地块仅划分出木吉-公格尔复合岛弧($Ⅱ_1$)一个二级构造单元。据单元内及区域上各地质体不同时期沉积建造、岩浆活动、变质作用、构造变形、大地构造环境及边界特征等，将木吉-公格尔复合岛弧划分为 4 个三级构造单元(表 5-1，图 5-1)。

(一)木扎灵早古生代残余海盆($Ⅱ_1^1$)

位于测区西北恰特—群让一带。在东南部保勒木沙尔吉尔嘎—木扎冷昂子一带和公格尔山西坡山前地带有少量出露。西部恰特—群让一带南以喀刺杂克山口-铁克塔希断裂(F_{69})为界与米计干早古生代残余弧后盆地($Ⅱ_1^3$)相接，向北延出图外，向西延出国外。东侧沿空贝利-木扎灵断裂带西侧分布，布伦口以南的北侧被三叠纪俯冲型-碰撞型二长花岗岩体侵入破坏。

沉积建造有奥陶系海相碎屑岩夹基性火山岩、少量碳酸盐岩建造，主要为一套变质砂岩、变粉砂岩、千枚岩、绢云片岩及大理岩、杏仁状安山岩和志留系海相碎屑岩夹碳酸盐岩建造，主要为一套各种变质砂岩、千枚岩夹结晶灰岩等。

该区具区域低温动力变质作用。地层为一向东或北、北东倾的单斜层，倾角在 50°～70°之间，其内发育与层理大体一致的板理和轴面西南倾的紧闭歪斜褶皱。

(二)公格尔微陆块($Ⅱ_1^2$)

是木吉-公格尔复合岛弧的基底组成部分，也是复合岛弧内出露面积较大的一个次级构造单元。其内地层主要为古元古界布伦阔勒岩群($Pt_1B.$)和中元古界赛图拉岩群($ChST.$)。布伦阔勒岩群原岩为以砂泥质沉积物为主的复理石夹少量的火山岩建造，变质程度可达角闪岩相，以各种片岩、片麻岩等为主，常出现石榴石、矽线石、十字石等变质矿物。赛图拉岩群($ChST.$)原岩也以砂泥质沉积物为主的复理石夹少量碳酸盐岩和火山岩建造，变质程度达低绿片岩相，为一套黑云母石英片岩、黑云斜长片麻岩夹少量大理岩、长英质火山岩等。

区内岩浆活动频繁，主要为三叠纪—古近纪各种俯冲型-碰撞型-后碰撞型花岗岩，另有少量的基性—超基性岩和不同时代的中酸性岩脉。

区内断裂和褶皱仍以北西向—近东西走向为主，与区域主构造线一致，另有少量的北东向断裂和南北向断裂，北西西—东西向断裂具多期活动，以逆冲断裂为主，南北向断裂多具张性和平移走滑特征。

(三)米计干早古生代残余弧后盆地($Ⅱ_1^3$)

位于测区西部阔克萨依鲁嫩别力山口—米计干—奥依巴勒根沟一带，北部大致以喀刺杂克山口-铁克塔希断裂(F_{69})为界，与木扎灵早古生代残余海盆($Ⅱ_1^1$)毗邻，南侧大致以乌孜别里山口-博多布拉克断裂(F_{76})为界与乌孜别里山口-瓦恰弧间盆地($Ⅱ_1^4$)毗邻，呈近东西向带状展布，向西延出图外，向东被二叠纪俯冲型-碰撞型花岗岩带占据。沉积建造为早古生代志留系海相碎屑岩夹碳酸盐岩建造，局部叠加有白垩系陆相山间断陷盆地碎屑岩建造。

志留系地层具区域低温动力变质和动力变质作用、岩浆热液蚀变作用，主要岩性为各种变质砂岩、千枚岩夹结晶灰岩等，见构造角砾岩、碎裂岩、片理化岩石和矽卡岩等。

单元内褶皱、断裂发育，断裂以北西西—近东西向断裂为主，多为逆冲断层，并具多期活动，部分为张性正断层。褶皱以规模较大的近东西走向的背斜为主。

(四)乌孜别里山口-瓦恰弧间盆地($Ⅱ_1^4$)

位于测区西南部乌孜别里山口—玉奇吉勒嘎一带，北部以乌孜别里山口-博多布拉克断裂(F_{76})为界与米计干早古生代残余弧后盆地($Ⅱ_1^3$)相接，南侧及东西两侧均延出图外，呈北西西—近东西向带状展布，其沉积建造为石炭—二叠系哈拉米兰河群(C_2P_1H)一套海相碎屑岩夹中基性火山岩和少量碳酸盐岩建造，主要岩性为变砂岩、变粉砂岩夹大理岩、安山岩、流纹岩等，与瓦恰地区的石炭系未分地层可以对比，相当于岛弧带上的弧间盆地沉积。具区域低温动力变质作用，其内可见由近东西向右型走滑剪切作用形成的糜棱岩、糜棱岩化岩石。地层为总体向北东倾的单倾层，倾角在60°以上，局部可见轴线近东西向的剪切褶皱。

(五)构造特征

1.褶皱特征

木吉-公格尔复合岛弧内由于变质变形强烈和大面积的花岗岩侵入破坏，其褶皱难以识别，仅识别出3个背斜构造和1个向斜构造，以下分别叙述。

(1)苏盖特复背斜(B_{16})

位于测区中东部苏盖提—苏盖特—卡拉吉拉一带，是公格尔微陆块最东缘的一个背斜构造，向北被古近纪晚期后碰撞型正长花岗岩体侵入破坏，向南被空贝利-木扎灵断裂韧性剪切带所截切，轴线北西向，波状弯曲，发育于中元古界赛图拉岩群(Ch*ST.*)之中。核部地层产状平缓(图版Ⅹ,2)，有2个向斜和1个背斜组成，具"W"型特征。背斜的西翼出露较宽，总体产状向西南倾，倾角50°左右，可见有次级的背向斜褶皱和大量轴面西南倾的紧闭同斜褶皱或平卧褶皱(图版Ⅹ,3,4)，受岩体破坏不完整，东翼受空贝利-木扎灵断裂(F_{61})和岩体破坏，出露较窄，总体产状向东倾，倾角多在55°以上。

总的看来，该背斜形态比较简单，总体为核部不宽、轴面略向西倾、轴线北西走向的复式背斜，其核部具"W"型特征，该背斜发育于Ch*ST.*中，并受F_{61}控制、破坏，根据区域构造环境判断，其发生时间应在加里东中期原特提斯俯冲、闭合时，并在中华力西期奥依塔克—库尔良晚古生代裂陷槽向南西俯冲、闭合时再次受由西南向北东挤压应力作用的影响而使褶皱复杂化。同时该褶皱又被加里东期(S)、印支期(T)、喜马拉雅期(E)的花岗岩侵入破坏。

(2)公格尔-慕士塔穹窿型背斜(B_{17})

位于测区中部公格尔—慕士塔格一带，该背斜按出露比较完整的部分计算，长约120km，图幅内长约95km，最宽处约50km，核部由加里东期、印支期片麻状花岗岩组成，翼部为古元古界布伦阔勒岩群($Pt_1B.$)中的深变质岩组成。穹窿背斜中片麻理有围绕岩体向四周倾斜的特征，倾角多在60°以上，而翼部地层产状也具此特征，核部片麻理较为平缓，一般在10°～26°之间。在背斜核部片麻状花岗岩中片麻理发育大量次级褶皱，褶皱轴面具东翼向东倾斜(图5-45)、西翼向西倾斜的特征，总体构成一种次级褶皱轴面向背斜顶部收敛的倒扇形褶皱形态。

参与该背斜的地质体有中元古界布伦阔勒岩群($Pt_1B.$)和加里东中期的片麻状花岗岩、印支期片麻花岗岩等，其最早形成时期应与加里东中期原特提斯洋俯冲、闭合有关。在印支期，三叠纪大规模的花岗岩侵入就位，使该穹窿背斜进一步加剧，并受后期持续的南北向挤压作用，褶皱形态复杂化。

(3)琼巴格什沟复背斜(B_{18})

位于测区西部米计干早古生代残余弧后盆地之内，东西两侧延出国外。轴线近东西向，核部沿琼巴格什大沟延伸，形成深切的负地形。卷入背斜的地层有下志留统温泉沟群(S_1W)和中上志留统达坂沟群($S_{2-3}D$)，其上有上白垩统铁龙滩组(K_2T)山间盆地沉积角度不整合覆盖。核部由下志留统温泉沟群(S_1W)组成，较宽缓，轴面近于直立，地层倾角35°～45°之间，局部仅10°～20°之间，背斜南翼由温泉沟群(S_1W)组成，向南中等倾斜，局部稍陡，倾角一般在40°左右，发育与之平行的次级背向斜构造，多见转折端，在向斜核部有“W”型褶皱特征。此外，小型的尖棱褶皱、平卧褶皱、紧闭同斜褶皱也很发育，次级褶皱的轴面多向南倾，背斜的北翼由温泉沟群(S_1W)和达坂沟群($S_{2-3}D$)组成，倾角46°～58°，总体为一单斜层，仅局部发育有次级紧闭褶皱和尖棱褶皱(图版Ⅹ,5)，该背斜核部及两翼发育大量的含金石英脉，使带内成为图幅内最大的砂金矿床。

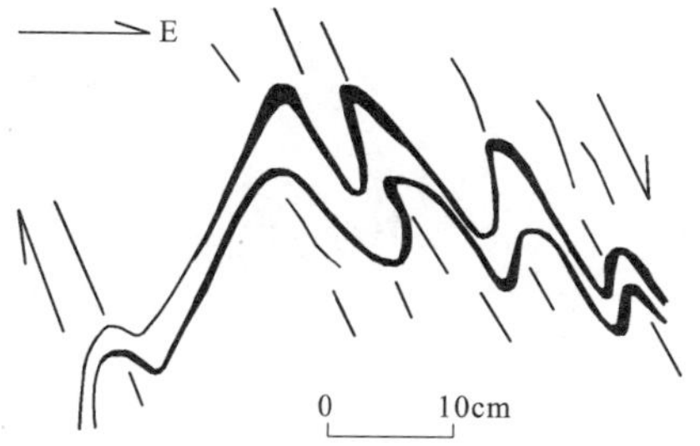

图5-45　阿克陶县呼肉母吉勒尕片麻状花岗岩中次级褶皱轴面特征素描图

该背斜影响到的地层仅为早古生代温泉沟群(S_1W)和达坂沟群($S_{2-3}D$)，而角度不整合覆盖其上的上白垩统铁龙滩组(K_2T)并未卷入其中。背斜东部又被二叠纪俯冲-碰撞型花岗岩侵入破坏，说明褶皱在二叠系之前已形成，可能与南部康西瓦带古特提斯洋的俯冲、闭合有关。

(4)布伦口复向斜(X_{13})

位于测区中部布伦口以北，是公格尔微陆块内唯一一个大规模的复向斜，向南北两侧均被二叠纪花岗岩侵入破坏。出露长度约32km，最大宽度可达20km，轴线北西向，波状弯曲，由2个向斜和1个背斜组成一大型宽缓开阔褶皱，具“W”型褶皱特征(图5-46)。核部和两翼均由古元古界布伦阔勒岩群($Pt_1B.$)组成，核部位于克其克布伦巴什—琼库木吉勒尕—布伦口一带，在核部位置可见到一个紧闭的、延伸不远的背斜构造，并沿核部发育与走向大体一致的侏罗纪后碰撞型花岗岩体及大量的花岗伟晶岩脉。东翼地层总体向西南倾，倾角在40°～50°之间，其内发育与轴线大体一致的一系列次级紧闭褶皱，轴面多向南西倾(图5-47)，其上有第四系沉积物覆盖而轮廓不清。复背斜的西翼地层总体向北东倾，倾角在40°～60°之间，比东翼稍陡，其内发育一系列大致平行的次级紧闭褶皱，轴面多向北东倾(图5-48)，该翼受二叠纪、侏罗纪花岗岩和断裂F_{63}破坏。复向斜中次级褶皱的轴面向槽部收敛，构成扇形复向斜构造特征。

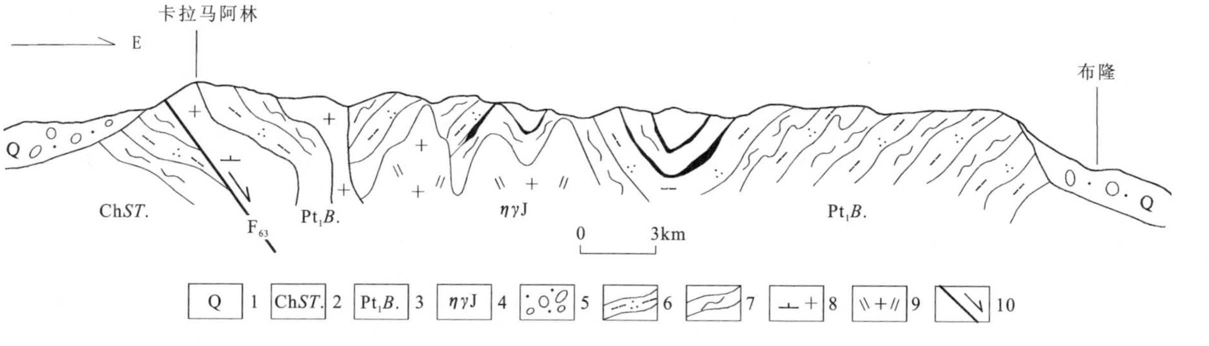

图5-46　阿克陶县布伦口一带复向斜构造剖面样式图

1.第四系；2.长城系赛图拉岩群；3.古元古界布伦阔勒岩群；4.侏罗纪二长花岗岩；5.砂砾石松散堆积；6.黑云石英片岩
7.片麻岩；8.花岗闪长岩；9.二长花岗岩；10.断层及运动方向

该复向斜总体为一轴面略向西南倾斜的平缓开阔褶皱，有2个向斜和1个背斜组成，总体具“W”型特征和扇形复向斜特征。所影响的地层仅为元古界布伦阔勒岩群($Pt_1B.$)，被二叠纪俯冲型英云闪长岩侵入破坏，其初始发生时间应在二叠纪之前，与空贝利-木扎灵带原特提斯洋在加里东期闭合、向南俯冲有关。受后期南北向持续挤压作用，使褶皱局部复杂化，并有侏罗纪后碰撞型花岗岩及花岗伟晶岩脉侵入破坏，克州铜矿就产在该复向斜中。

2.断裂特征

木吉-公格尔复合岛弧内断裂也较发育，以北西西向—近东西向断裂为主，可见少量的近南北向断裂

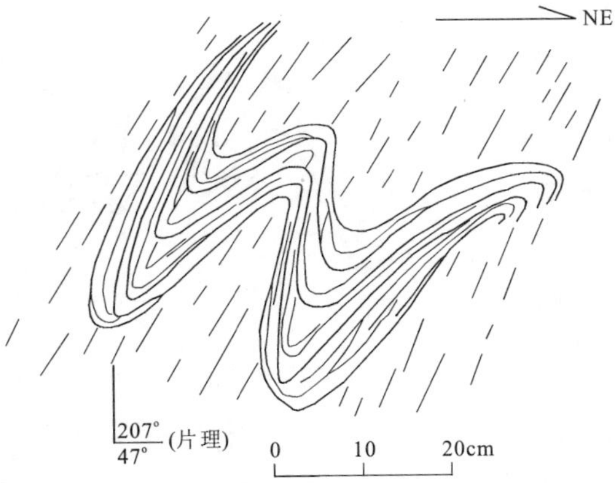

图 5-47　阿克陶县琼库木吉勒嘎沟西侧古元古界布伦阔勒岩群黑云石英片岩中揉皱特征

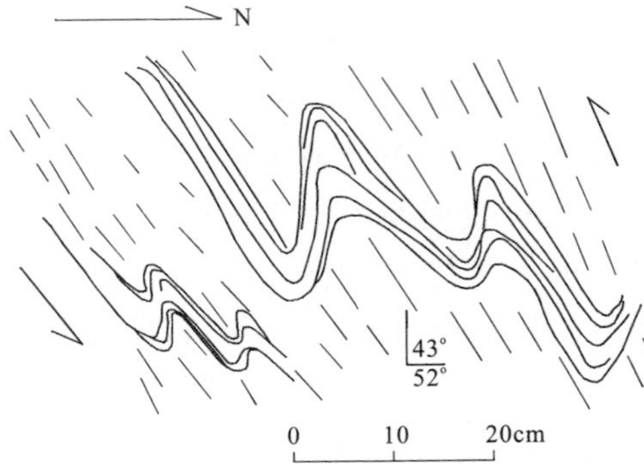

图 5-48　阿克陶县皮拉里达坂北古元古界布伦阔勒岩群黑云斜长片岩中揉皱特征

和北东向断裂、北东东向断裂。北西西向—近东西向断裂与区域主构造线一致，多为不同地质体的边界断裂，以逆冲断裂为主，部分为正断层或走滑剪切断层。以具有代表性的断裂为例详述，其余见表 5-7。

表 5-7　西昆仑中间地块断裂特征一览表

编号	名称	规模及产状				主要特征	矿化蚀变	性质	期次时代
		长	宽	产状	走向				
F_{63}	苏巴什断裂	91km	10m～3km	20°∠40°；72°∠66°	300°～340°	发育碎裂岩、碎粉岩、糜棱岩、糜棱岩化、片理化岩石等。糜棱面理 20°∠40°、“σ”型旋转碎斑、石香肠构造、S－C 组构和紧闭同斜褶皱，沿断裂石英脉、伟晶岩脉发育。分割、控制 Pt_1B. 与志留系地层的边界，被二叠纪花岗岩吞噬。切割断裂 F_{74}、F_{75}、F_{68}，地貌上为沟谷、丫脖负地形	绿泥石化、绿帘石化、黄铁矿化、孔雀石化	张性-由北向南逆冲-右型剪切-张性	长城纪—华力西中期—华力西晚期—燕山期
F_{65}	卡拉吉勒嘎断裂	7km		290°∠66°	25°±	发育碎裂岩化和断层三角面，分割 $S_{2-3}D$ 与 Pt_1B. 的边界，切割 D_2kz 并错断 F_{61}，向南被 F_{66} 截切。影像上为线性条带，地貌上为线状负地形		右型平移-正断层	喜山期
F_{72}	卡拉木库尔断裂	18km	15～20m	210°∠40°	290°±	发育碎裂岩、牵引褶皱和石英脉，向西在卡拉木库尔以西尖灭，中部和东部被第四系覆盖，切割志留系，沿断裂及两侧有斜长角闪岩分布	硅化和褐铁矿化	张性-由南向北逆冲	早加里东—中加里东期
F_{73}	博孜琼阔勒山西断裂	11km			15°±	向南凸的弧形弯曲，切割志留系与布伦阔勒岩群。西被 F_{74} 截切，东被 F_{63} 截切，沿断裂两侧有一系列轴面北东陡倾的歪斜褶皱和平行断裂走向的变形石英脉、伟晶岩脉等，判断为由北向南的逆冲推覆作用。影像上为一线性浅色条带，地貌上为线状负地形		张性-由北向南的逆冲	中元古代—华力西中晚期
F_{74}	乃宰代乔库断裂	14km			285°±	控制 Pt_1B. 与 S_1W 的边界和二叠纪俯冲-碰撞型花岗岩边界。向西截切 F_{74}，向东被 F_{68} 截切，影像上为平直线状构造，地貌上为沟谷、丫脖负地形，形成陡壁、陡坎。断裂北侧发育轴面北东陡倾的歪斜褶皱和与断层呈锐角的石英脉、伟晶岩脉，推测早期有张性特征，后期为断面北东陡倾的逆冲断层		张性-逆冲	加里东中期—华力西中晚期
F_{75}	别力山口断层	11km			270°±	控制 Pt_1B.、二叠纪俯冲-碰撞型花岗岩与 S_1W 的边界，向西延出国外。向东被断裂 F_{68} 截切，影像上为平直线状构造，地貌上为沟谷、丫脖负地形		不明（解译）	印支期或以后

续表 5-7

编号	名称	规模及产状				主要特征	矿化蚀变	性质	期次时代
		长	宽	产状	走向				
F_{77}	玉衣提克特断层	20km	1～6m	310°∠80° 170°∠80° 10°∠80°	270°±	呈向南凸的弧形弯曲，控制 $S_{2-3}D$ 与 K_2T 的边界，向西延出图外，向东被第四系覆盖。影像上为平直线状构造，地貌上为沟谷、丫脖负地形，有一系列泉出露。发育构造角砾岩、碎裂岩和密集节理带，节理与主断面呈锐角，该断层早期在燕山期具张性正断层，形成白垩系山间凹陷盆地，并控制凹陷盆地的沉积和展布。后期在喜山期再次活动，并形成断面北倾高角度正断层，一系列泉在此时形成		正断层	燕山中期—喜山期
F_{78}	克热格塔什北断层	18km	4m	150°∠80° 195°∠70°	270°	断层发育 S_1W 中，向西延出国外，向东被第四系覆盖。影像上为平直线状构造，地貌上为地形陡变带，发育断层崖、陡坎、碎裂岩和牵引褶皱、次级断面、派生节理等，其内及两侧发育大量含金石英脉，早期具张性正断层，后期为由南向北逆冲断层	金、孔雀石、硅化，沿断层两侧有砂金矿田。	张性-逆冲	加里东晚期—喜山期
F_{79}	乌孜别里山口北断层	15km		2°∠76° 30°∠40°	近东西向—北西西向	断层控制 S_1W 与 K_2T 的分界，西东两侧均延出国外，中东东被第四系覆盖。影像上为平直线状构造，地貌上为一地形陡变带，发育断层崖、陡壁等，沿断裂发育碎裂岩和牵引褶皱等。该断层早期(在燕山中后期)具张性正断层，形成白垩系山间凹陷盆地，并控制凹陷沉积和展布，后期在喜山期发生由南向北逆冲推覆并在前缘形成反旋使断面北倾		张性正断层-由南向北逆冲	燕山中后期(K_1末)—喜山期
F_{80}	肖尔托衣克尔断裂	25km	10～50m	25°∠80°	290°±	发育于乌孜别里山口-瓦恰弧间盆地内，东西两侧均延出国外。影像上呈线性构造，地貌上为一地形陡变带，为线状谷、丫脖负地形，发育碎裂岩、糜棱岩、糜棱岩化岩石等，见石英拉长和长英质旋转碎斑、变形透镜体及剪切褶皱等，为右行走滑剪切，有石英脉贯入	黄铁矿化、孔雀石化、硅化	右行剪切-张性	华力西中晚期—燕山期
F_{87}	阿克果如木沟断裂	13km			280°	位于图幅西侧阿克里如木沟一带，向西延出国外，向东被二叠纪花岗岩破坏，直线状展布，影像上为线状构造，地貌上为一线状负地形，发育于志留系中，可能与 F_{69} 晚期断裂一样同为由北向南逆冲断裂			华力西中晚期
F_{66}	公格尔山西缘活动断裂	71km	6～10m	西南倾或西倾倾角60°以上	SN—NW	大部分为基岩与第四系分界线，发育角砾岩、碎裂岩、断层三角面、擦痕等，常形成陡崖、陡坎。沿线发育一系列冲洪积扇、冰碛扇裙，有泉出露。错断全新统冰碛层，为一活动断裂。断裂常被现代冰川覆盖，冰川及冰碛扇锥向高山移动特征说明现今仍活动		正断层	第四系
F_{67}	公格尔山西缘活动断裂	16km	5～8m	251°∠79°；230°∠30°	NWW—SN	基岩与第四系边界断裂，发育碎裂岩、构造角砾岩等，形成断层三角面、陡崖、陡壁。沿断裂有冲洪积、冰碛扇裙分布和泉出露，为一活动断裂。南东端延出图外，并可见 4 条大致平行的正断层构成降向断层组		正断层	第四系
F_{71}	卡拉禾伦断裂	约23km		西南陡倾	NWW	大部分地段控制基岩与第四系边界，局部切割基岩或第四系。沿断裂发育碎裂岩、构造角砾岩等，形成断层三角面、陡崖、陡壁等，沿断裂有冲洪积、冰碛扇裙分布和泉出露，与 F_{66} 大致平行，为一组活动断裂		正断层	第四系

(1)江托克铁热克达坂北断裂(F_{70})

位于测区中南部江托克铁热克达坂以北，沿艾迪勒乌托克吉勒嘎大沟分布，是分割木吉-公格尔复合岛弧和塔什库尔干陆块的边界断裂，走向北西西，呈波状弯曲，向西在江托克铁热克达坂以西延出国外，大致沿萨雷阔勒岭南坡近东西向延伸，向东被第四系掩盖，大致以北西走向与塔什库尔干一带的康西瓦构造带相接。影像上呈明显线状构造，分割不同影像花纹和色调。地貌上为沟谷负地形，常形成水系拐点、陡崖、陡坎，在断裂北侧可见一系列大致平行断裂的深切谷地（或陡冲沟），沿断裂发育碎裂岩、糜棱岩化岩石，发育大量的剪切褶皱、"σ"型长石旋转斑（图版Ⅹ，6），可见片麻理（面理）和拉伸线理等，面理向北陡倾，倾角在50°以上。在断裂带及两侧发育花岗伟晶岩脉、长英质脉体，并有拉长、拉断和揉皱现象，总体显示出右行剪切特征。此外，断裂带及其两侧大致平行分布基性—超基性岩带，产磁铁矿床。

该断裂可能在古元古代时就已存在，其形成和发展造就并控制了基性—超基性岩带的形成和展布，在加里东期该断裂的再次活动造就了加里东期俯冲-碰撞型花岗岩的侵位和石英脉、长英质脉的形成，断裂控制了岩体的展布和边界。其后该断裂发育右型走滑剪切作用，使岩体受到剪切作用形成碎裂岩化和糜棱岩化，并出现"σ"型旋转碎斑，而长英质脉体、石英脉体等具拉长、拉断和揉皱变形。

（2）喀喇杂克山口-铁克塔希断裂（F_{69}）

位于测区西部喀喇杂克山口—铁克塔希—奥依巴勒根沟一带，是分割木扎灵早古生代残余海盆（$Ⅱ_1^1$）与米计干早古生代残余弧后盆地（$Ⅱ_1^3$）两个三级构造单元的边界断裂。铁克塔希以西呈近东西走向，铁克塔希以东则呈北西西走向，总体呈向北略凸的弧形弯曲，向西在沙牙其克一带被二叠纪俯冲-碰撞型花岗岩侵入破坏，并经喀喇杂克山口延出国外，东在阿热木吐沟以东被三叠纪俯冲-碰撞型花岗岩体侵入破坏，可能与F_{74}相连，图内总长约77km。卫星影像上呈明显的线状构造，分割不同影像花纹、色调。地貌上呈线状负地形，并形成水系拐点，主断面向北陡倾（20°∠50°），局部向南陡倾（210°∠70°），沿断裂发育有碎裂岩、牵引褶皱（图5-49）、雁行状石英脉、伟晶岩脉和一系列大致平行的次级断面、节理等，并有基性—超基性岩分布。

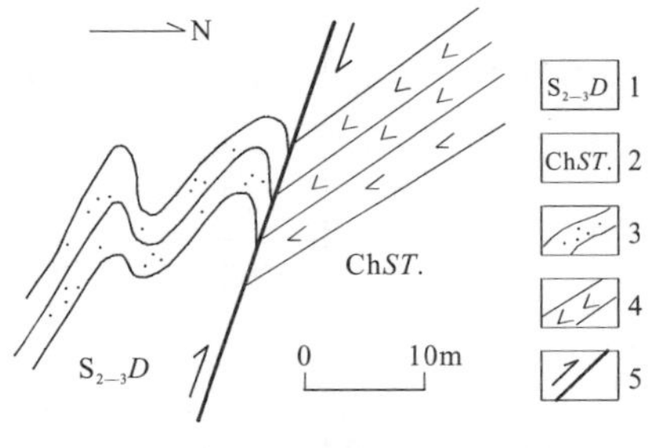

图5-49　阿克陶县铁克塔希断层上盘牵引褶皱

1.中—上志留统达坂沟群；2.长城系赛图拉岩群；3.石英砂岩；4.角闪片岩；5.断层及运动方向

该断裂是一长期活动的断裂。最早发生的时间应在中元古代长城纪时期，具张性活动，不但控制着赛图拉岩群（Ch*ST.*）活动型深水沉积的泥砂质复理石夹火山岩、少量的碳酸盐岩建造的沉积和展布，同时沿该断裂有大量的基性—超基性岩浆活动，断裂带或北侧的角闪石岩、次闪石岩、斜长角闪岩、角闪斜长岩等就是很好的证明。

第二期断裂活动应发生于加里东中期，断裂同样具张性特征，它的发生和形成为米计干早古生代残余弧后盆地志留系的沉积提供场所，并控制其展布和形态，同时或稍后沿断裂发育一系列石英脉、伟晶岩脉等，石英脉具硅化、褐铁矿化、孔雀石化等蚀变现象。

第三期断裂活动应发生于华力西中期或稍后，可能与南侧康西瓦带古特提斯洋的闭合、向北俯冲有关，形成由北向南的逆冲推覆构造，使赛图拉岩群由北向南压盖到志留系地层之上，局部受到阻力，断面发生反转而向南陡倾。同时沿断裂有大量的二叠纪俯冲-碰撞型花岗岩侵入就位，并吞噬破坏该断层。

（3）乌孜别里山口-博多布拉克断裂（F_{76}）

位于测区西部乌孜别里山口-博多布拉克一带，是分割米计干早古生代残余弧后盆地与乌孜别里山口-瓦恰弧间盆地的边界断裂。总体走向北西西—近东西向，波状弯曲，向西在乌孜别里山口一带延出国外，向东在恰普吐孜敦别力山口一带延出国外，图幅内全长约25km。在卫星影像上呈线状构造，其两侧的影像花纹、色调明显不同，地貌上为一地形陡变带，多为线状负地形，发育陡坎、陡壁，并形成水系拐点，有泉出露。主断面向北倾（倾向8°～20°），倾角在70°以上，沿断裂发育构造角砾岩、碎裂岩和大量石英脉，石英脉具碎裂和蚀变现象，发育硅化、褐铁矿化、孔雀石化和蓝铜矿化，沿该断裂两侧分布着一系列大大小小的砂金矿田。

该断裂也是一个具多期活动的断裂。早期该断裂至少在早华力西期末就已形成，它不但为乌孜别里山口-瓦恰弧间盆地石炭系一套碎屑岩夹中酸性火山岩建造提供了沉积场所，而且也控制了弧间盆地的展布和形态，具张性特征，断裂南侧上石炭统哈拉米兰河群（C_2P_1H）内大量的安山岩、英安岩、流纹岩的喷溢活动就是很好的证明。

与此同时或稍后，沿断裂有较强的热液活动，在断裂带及北侧有一系列大致平行断裂的石英脉形成，石英脉具较强的矿化蚀变，以硅化、孔雀石化、蓝铜矿化为主。在该带有大量的砂金矿田分布，根据在石英脉中发现明金现象，石英脉与砂金矿关系密切，石英脉可能就是原生的岩金矿脉，其后，受南北向的挤压作用，该断裂发生由北向南的逆冲作用，使下志留统温泉沟群（S_1W）向南压盖到上石炭统哈拉米兰河群（C_2P_1H）之上。

（六）小结

区内以发育与主构造线相一致的北西西—近东西向和北西西向的褶皱、断裂为基本面貌。北西向的褶皱（如 B_{16}、X_{13}）主要发育于古元古代布伦阔勒岩群（$Pt_1B.$）和中元古代赛图拉岩群（Ch*ST.*）中的深变质岩系内，另有三叠纪片麻状花岗岩形成的穹窿背斜。前者以复式背斜和复式向斜为主，具宽缓开阔的褶皱性质，轴面多向西南倾，最初形成阶段应在中加里东初期，即中奥陶世。伴随着原特提斯洋的关闭、向南俯冲，空贝利-木扎灵构造带和该期褶皱出现，其后在南北向挤压作用的持续影响下，褶皱有同轴、同向叠加特征而复杂化，后者主要发生在华力西晚期—印支初期，受南部康西瓦带古特提斯洋的向北俯冲、闭合的影响。大规模的俯冲-碰撞型花岗岩体在公格尔—慕士塔格一带主动侵入就位形成穹窿构造，该复背斜就是在此基础上形成的穹窿背斜，且具倒扇形褶皱特征。

近东西向褶皱主要发育在下志留统温泉沟群内，总体为一宽缓开阔的大型复式背斜，轴面近于直立（但略向北倾斜），南翼次级褶皱发育，北翼相对简单，总体为一单斜层，角度不整合覆盖在该背斜之上的上白垩统铁龙滩群（K_2T）碎屑岩未见参与褶皱，而同时又能被二叠纪俯冲-碰撞型花岗岩侵入破坏，其形成时间应在华力西中期，即中晚二叠世，与南部康西瓦带向南北俯冲、闭合有关。该复背斜中发育大量的含金石英脉，其附近的一系列砂金矿床（田）颇具特色，可能其砂金矿床就存在该背斜核部或次级背向斜的核部。

断裂构造主要以北西西—近东西向为主，少量的北东向、北东东向和南北向断裂，这些断裂大多控制不同地质体的边界。一种主体为由北向南的逆冲断层，一种主体为右行走滑剪切断层，它们均具多期活动特征，早期有张性活动。主体期形成于华力西中晚期，与康西瓦带向北俯冲、闭合有关，并同时被三叠纪俯冲-碰撞型花岗岩侵入破坏。另一种断层主体为张性正断层，近东西向的断裂控制晚白垩世山间凹陷沉积和展布形态，其形成时间应在燕山中期即早白垩世末、晚白垩世初期，此时是西昆仑南北向挤压相对平静期。

三、塔什库尔干陆块（Ⅲ）

位于测区中南部江托克铁热克大坂北断裂（F_{40}）以南的科克亚尔一带，区内被大面积的第四系覆盖，仅有少量的古元古代布伦阔勒岩群（$Pt_1B.$）中深变质岩和加里东期俯冲型花岗岩、古近系晚期后碰撞型花岗岩出露。

第四节　新构造运动

晚喜马拉雅旋回末（Q^1末）的构造运动，是一次影响范围较大的构造运动，它不仅使昆仑山前坳陷中巨厚的中生界和早更新世（Q^1）发生强烈的抬升和褶皱成山，而且使西昆仑山早先已形成的褶皱带再度抬升，受到挤压和区域地质构造的复杂化。由于早更新世的构造运动，基本上已形成了图幅内现今的区域地质构造轮廓。因此，本图幅将早更新世（Q^1）以后的构造活动期称作为新构造活动时期，这一时期的构造活动，其主要特征和表现是构造运动的继承性，这种继承性的本质直到现今为止，西昆仑地区仍受挤压应力场制约。

图幅内新构造运动基本表现为隆起、断陷（坳陷）和断裂，它们常集中分布组成带状展布的活动构造带，主要有北西向和近南北向两种。

一、北西向依格孜牙活动构造带

北西向活动构造带位于图幅东北侧依格孜牙一带，由不同地貌相接或顺直的沟谷显示的线性影像，反映出断裂的形迹，走向北西，为塔里木盆地西缘断裂。断裂带由依格孜牙向北经铁热克且克至图外阿克陶县内的托云都克，向南东经七美干沟口向图外的他米、坎地里克一带延伸。依格孜牙以北断裂带具多期活动性，早期古生代地层逆冲在第四系冲积洪积扇上；中期流经断裂带的一系列沟谷发生同步扭曲，断裂显示出右旋走滑特征（李建华等，2002）；晚期图幅内铁热克且克至依格孜牙一带表现明显，断裂带既是基岩和第四系的分界线，也是隆起和断陷带的分界线，同时也是直线水系突变为扇状水系的分界点。沿断裂形成一系列清晰断层陡崖地貌，并在其前形成带状展布的冲积、洪积扇裙（图版Ⅺ，2），局部见有蠕滑块体。根据坳陷盆地最低海拔高度与隆起带保存的最高夷平面高度推测，这一带活动断裂最大落差可达3 846m。依格孜牙南，由直线延伸的深切沟谷和冲洪积扇裙显示出断裂形迹，断裂规模变小，活动性减弱。

断裂带东侧为一大型的坳陷带（或断陷带），呈北西走向，带状延伸，断陷带中发育较多的扇状水系和向心状、网格状水系。有现代湖泊和大片沼泽分布，泉多以带状或片状群分布，第四系广泛发育，沉积物有更新统、全新统冲洪积层、湖积层、冲积层等。

隆起带位于活动构造带西侧，分布面积较广，没有固定的外部形态特征，现代冰雪覆盖少，冰蚀地貌分布局限，树枝状水系发育且上源侵蚀强烈，下游堆积，切割明显。

二、布伦口活动断裂带

该活动构造带由线状断陷带和隆起带组成，在断陷带与隆起带之间常发育有正断层边界断裂，断陷带中则发育右行走滑型断裂（图5-50）。该活动构造带位于公格尔山、慕士塔格山西缘的科克亚尔—布伦口一带，布伦口以南呈近南北向，布伦口以西则转为北西—北西西向，向南北两侧均延出图外。该活动构造带在卫星影像上表现明显，可以较为清晰地看到线状展布的断陷带及活动断裂。长超过120km，宽可达几千米至20多千米，由北向南形成木吉盆地、布伦口盆地和科克亚尔盆地（塔合曼盆地）。图幅内布伦口盆地有大小不等的串珠状湖泊分布，这些湖泊常由一条主河道相连，主河道位于断陷带西侧断陷强烈部位。

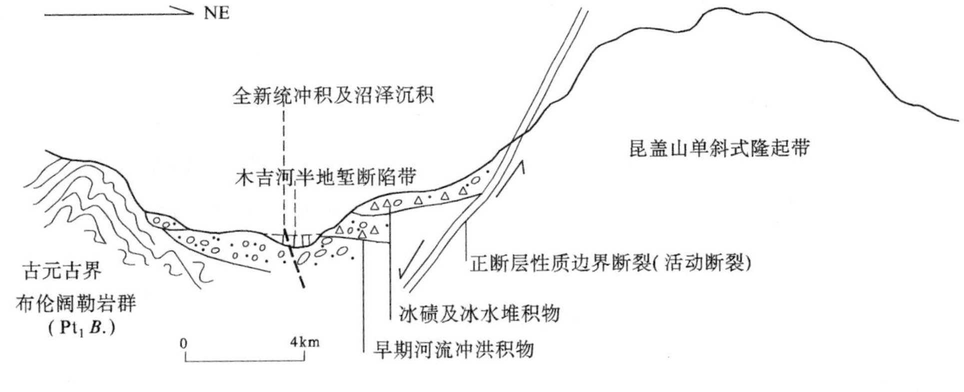

图5-50 阿克陶县布伦口—昆盖山一带活动构造带样式示意图

断陷带内发育扇状水系和向心水系。有大面积的第四系和沼泽分布，第四系沉积物以更新统—全新统的冲洪积和冰碛层为主，部分为湖积，且冲洪积、冰碛群不对称发育，仅发育于边界断裂明显的东侧。

断陷带东侧为公格尔-慕士塔格单斜式隆起带，常构成山体顶面向东或北东倾斜的单面山的形态特征，山脉主脊线走向与构造带基本一致，弯曲且偏居断陷带一侧。其上冰蚀地貌发育，具冰斗、角峰等现代冰川及遗迹，见不同时代冰碛物。西侧隆升强烈，高度达7 649m，以发育直线状水系和大致平行直线状冰川（谷）为特征。东侧隆升稍慢，以发育树枝状水系为特点。

断陷带西侧为克其克布伦巴什隆起带，面积较广，山脉没有固定的外部形态，少有现代冰雪覆盖，冰蚀地貌及冰碛物分布局限，树枝状水系发育且具上源侵蚀，下游堆积明显。

活动构造带边界断裂明显，尤以公格尔山西缘边界断裂(F_{66}、F_{71})和慕士塔格山西缘边界断裂(F_{67})最为清晰，由多条大致平行的断裂组成，呈北西—北西西向，局部呈南北向，为向西或西南陡倾正断层(图5-51)。沿断裂分布有断层三角面、断层崖及一系列平行直线状深切谷地或冰谷、冰川相间分布，其前形成带状展布的冲洪积、冰碛扇裙。根据断陷带内最低海拔高度及邻近东侧隆起带最高夷平面位置推测，这一活动断裂带自形成至今最大落差达4 254m以上。

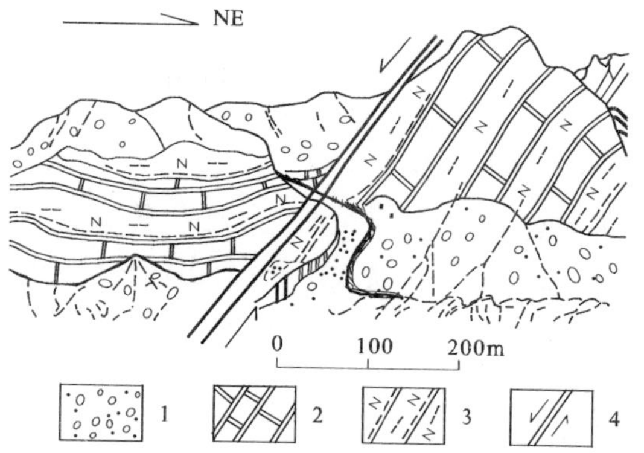

图5-51　阿克陶县土根曼苏沟活动断裂特征

1.冰碛砾石、砂土等混杂松散堆积物；2.大理岩；3.黑云斜长片麻岩；4.活动断裂及运动方向

主要表现为北侧木吉河河岸线具有“Z”型右旋走滑特征。而公格尔山和慕士塔格山山体总体外貌也显示“Z”型右旋走滑特征。

三、小结

图幅内新构造运动有如下特点。

集中分布在图幅东部西昆仑山前地带和中部西昆仑中部布伦口一带，前者隆起带隆升较慢，但坳陷带坳陷强烈，后者隆起带隆升较快，海拔可达7 649m，断陷带断陷也较强烈。

依格孜牙活动构造带主要发生在西昆仑山前逆冲推覆前锋带前锋，呈NW走向，由西南向北东逆冲推覆断裂和右行走滑断裂、后期张性断裂共同构成边界断裂。

布伦口活动构造带延伸较远，南部呈SN向，向北转为NW—]NWW，总体为弧顶向北东突出的弧型构造带，其力学性质以右行走滑和张性为主，该带为一重要的地震变形带，以中源地震为主，两侧发生强震。

该活动构造带南接康西瓦古特提斯构造带，北接空贝利-木扎灵原特提斯构造带，其右行走滑活动构造反映了在异常重力场和构造应力作用下的南北—北西—北西西向伸展作用。

第五节　地质构造演化史

根据测区岩浆作用、沉积作用、变质变形作用、古生物资料和同位素测年数据等的综合分析，结合区域相关资料研究，恢复测区地质发展演化历史如下。

一、前长城纪时期(1 800Ma以前)

测区古元古界在帕米尔和塔里木南缘均有出露。在塔里木南缘称赫罗斯坦岩群，具中等深度的变质作用，表现为一套片岩、片麻岩，并有一定的混合岩化和退变质现象。下部主要岩性为黝帘二云石英片岩、二云石英片岩，少量石榴矽线斜长片麻岩和绢云石英片岩；中部主要岩性为黑云(绢云、二云)斜长变粒岩、含石榴黑云斜长片麻岩，少量黑云斜长片麻岩、(石榴)绢云石英片岩、灰色黝帘角闪片岩，代表较深层次的变质变形作用；上部主要岩性为斜长浅粒岩、石榴绢云斜长片麻岩、绢云(绿泥)斜长片岩、黑云石英片岩等。片岩的夹层中还隐约看到原始沉积纹理，与片理有明显的交角，局部地段还见到变余的斜层理，原岩以砂泥质沉积物和火山岩为主，为地壳强烈活动的产物。

在帕米尔北缘称布伦阔勒岩群，主要岩性为黑云石英片岩、黑云斜长片麻岩和黑云斜长片岩，可以分为上、下两部分：下部以片麻岩为主夹片岩；上部以片岩为主夹片麻岩。区域上夹石英岩、大理岩、斜长角闪片岩，局部夹变质砾岩。小褶皱极为发育，形成小型紧闭褶皱，在大断裂附近形成糜棱岩。岩石中含矽线石、石榴石及十字石等高温高压变质矿物，变质程度达角闪岩相，但局部仍残留原始的层状构造，如石英岩、大理岩、变质砾岩等，原岩主要为一套中基性火山岩-碎屑岩-碳酸盐岩建造。

总之，前长城纪时期，测区普遍处于一种不稳定状态，尚无稳定地块形成。

二、中元古代至新元古代早期(1 800～800Ma)

这是本地区地壳开始出现分异的时期,从这时开始一些稳定地块开始形成,地块之间仍然为不稳定的活动带。

长城纪时期,帕米尔北缘接受的最早沉积为赛图拉岩群,具低绿片岩相变质,表现为一套黑云母片岩夹少量大理岩、长英质火山岩、海底热液交代变质的薄层或透镜状角闪岩,原岩为以砂泥质沉积物为主的复理石建造,属于活动型的较深水沉积。相应地,塔里木南缘(图区以南)长城纪时期出现一套陆内裂谷型细碧-石英角斑岩建造,称赛拉加兹塔格群,说明在此之前一个稳定的陆块已经出现,到蓟县纪时期才开始有稳定盖层沉积,代表地层单元为桑株塔格群及图区南侧的博查特塔格组和苏玛兰组中以碳酸盐岩建造为主的沉积组合,变质变形作用微弱。这意味着,至少在塔里木南缘,一个真正意义的稳定陆块在蓟县纪时期已经出现。

三、南华纪至早泥盆世时期(800～400Ma)

这一时期,测区构造演化主要受原特提斯洋演化的控制,约至中奥陶世末,原特提斯闭合,全区形成统一的陆壳块体。

张传林等(2003)对西昆仑早前寒武纪变质地层中的片麻状花岗岩进行了研究,发现该类岩石普遍具有高碱度、高轻稀土特征,为大陆裂解背景下的产物,其中的自生锆石 SHRIMP 测年结果获得的 U－Pb 不一致曲线上交点年龄为(815±57)Ma,表明这一时期,西昆仑地区存在大陆岩石圈引张裂解事件。库地蛇绿岩是西昆仑地区发育最完整、研究最深入的蛇绿岩,就目前地质、地球物理和地球化学资料,从蛇绿岩、沉积相以及古生物区系等方面考虑,初步结论是:在新元古代至早古生代,青藏高原北缘岩石圈时空上发生过不均一的引张裂解、会聚消减,存在陆块、岛弧与洋盆、深海槽(裂陷槽)相间的多岛(多陆)洋构造格局,这就是学者们习称的原特提斯洋。不过,地面地质调查表明,科岗结合带过木扎灵向西与空贝利断裂带相对应,而不是与奥依塔克蛇绿岩带相连;航磁测量也表明,库地—科岗—木扎灵一线呈狭窄带状异常,在库地以东走向北西西,西侧走向北西,长约 800km,表现为梯度带、线性磁异常带和不同磁异常走向的交汇带等特征。方锡廉等(1990)在大同西岩体中获得了锆石 U－Pb 年龄为 480.4Ma,许荣华等(1994)对年龄数据进行了重新处理,得到的年龄为 478.8Ma,相当于中奥陶世,慕士塔格至大同西一带大面积出露的加里东期岛弧型花岗岩和库地蛇绿岩地质及年代学研究一致证明,原特提斯洋是向南俯冲闭合的,闭合时间大约在中奥陶世,之后,测区进入长期的隆升状态,仅在相当于原弧前和弧后位置各自有奥陶—志留纪残余海盆地沉积。

伴随原特提斯洋向南俯冲闭合,空贝利-木扎灵构造带出现,形成宽达数千米的糜棱岩带。

在也提木苏隆起区(相当于铁克里克断隆),有数个加里东期钙碱性壳幔混合型花岗岩产出,新疆第二地质大队综合研究组(1983)测定其中的亚瓦勒克片麻状中斑细粒石英闪长岩体年龄为 532Ma,如果同位素测年结果准确的话,早古生代时期,铁克里克断隆带上地质演化情况比预想的还要复杂一些。

四、中泥盆世至二叠纪时期(400～205Ma)

中泥盆世开始,测区东北部出现一个新的拉张环境,发育一套海侵层序。下部阿克巴西麻扎尔组为一套以红色为主的碎屑岩,为初始拉张环境沉积物,产艾菲尔期孢子花粉,其中 *Geminospora nanus* Naumova ,*Cymbosporites cyathus* Allen 是中泥盆世典型种;上覆克孜勒陶组夹较多灰岩层,在库山河地区还夹有玄武岩和火山碎屑岩层,其岩石化学特征和沉积组合一致显示拉张环境。早石炭世开始,裂陷海盆已初具规模,在海盆地两侧和中部深水区域分别沉积了面貌各异的一套地层。横向上,由于扩张速度差异,扩张较快的奥依塔克地区甚至在早石炭世晚期就出现了洋壳,并于晚石炭世至早中二叠世向南俯冲,在南侧出现相应的弧火山岩。在图区北侧阿克彻依一带可见中二叠统棋盘组不整合超覆于早石炭世乌鲁阿特组之上,在克斯麻克地区上二叠统达里约尔组不整合超覆于晚石炭世特给乃奇达坂组之上,表明该裂陷海槽最迟在晚二叠世之前已完全关闭。从更大范围看,这一晚古生代裂陷海槽可能已属古亚洲洋的范畴,但极有可能仍与特提斯洋相连。

作为古特提斯洋闭合标志的康西瓦-麻扎结合带内因在苏巴什蛇绿混杂岩中发现早石炭世—中二叠世放射虫化石以及结合带北侧石炭纪以后至三叠纪岛弧-碰撞型花岗岩带的存在而使其活动时限被限定在晚古生代至三叠纪早期。康西瓦结合带西延可能并未进入测区，而是经瓦恰向西北过米计干沟上游的萨雷阔勒岭南坡(国境线外)继续西延，在米计干沟垴出露的一套碎屑岩加安山岩、英安岩、流纹岩地层基本可与瓦恰地区的石炭系未分地层对比，相当于岛弧带上的弧间盆地沉积。在古特提斯洋向北俯冲闭合过程中，喀拉佐克至慕士塔格一带二叠—三叠纪俯冲-碰撞型花岗岩带就位。

伴随着古特提斯洋向南俯冲闭合，空贝利-木扎灵构造带的由南向北推覆作用进一步发展。

五、三叠纪以后(205Ma 至今)

三叠纪初期，塔什库尔干陆块已完全与塔里木地块拼合在一起。在木吉-公格尔复合岛弧带上一系列后碰撞花岗岩体相继就位。受持续的南北向挤压作用影响，昆仑山脉迅速崛起，西昆仑山前逆冲推覆快速发展。稍晚，在昆盖山北坡出现一个东西向的断陷盆地，出露晚三叠世霍峡尔组海陆交互相含煤碎屑岩-火山岩系，其地球化学特征显示为大陆环境产物。与此同时或稍晚，在康苏—库斯拉甫一线上，一个北西—南东向走滑拉分盆地出现，沉积了塔里奇克组(T_3t)浅绿褐色巨厚层状石英岩-砂岩质粗—中砾岩、褐灰色厚层状灰岩-砂岩质中砾岩，夹少量灰黑色中层状泥质长石粉砂岩。上述两个不同方向的盆地可能会在乌帕尔附近交汇。

侏罗纪时期，北西—南东向走滑拉分盆地快速发展，而东西向断陷盆地迅速夭折。在康苏塔塔见早侏罗世莎里塔什组超覆在塔里奇克组之上。从沉积组合和岩性特征看，侏罗系含煤碎屑岩盆地仍然是一个陆相盆地。中侏罗世后期，盆地萎缩，沉降中心随之向盆内迁移，表现为区内上侏罗统库孜贡苏组与中侏罗统之间的平行不整合。向北至乌鲁克恰提地区，其影响较大。

早白垩世晚期开始，受世界性海侵的影响，海水从阿赖谷地方向涌入测区，自西向东超覆，始新世末—渐新世海退开始，至渐新世晚期海水全部退出测区，期间有过两次规模较大的海侵事件，分别发生在库克拜和依格孜牙期。长期存在的封闭海湾环境，沉积了巨量的膏盐矿产。

晚白垩世早期，测区西南部乌孜别里山口地区另一股海水涌入，沉积了一套滨岸碎屑沉积和海相碳酸岩沉积组合，向东至洛克宗山和阿克赛钦地区，均有大套碳酸盐岩和碎屑岩夹膏盐岩沉积，亦含有双壳类和有孔虫化石。从盆地形状看，海水并不与塔里木地区相连，但不排除它们通过费尔干纳盆地相连的可能性。这一时期，西昆仑处于一个相对平静期，并有一定的南北向引张倾向，在造山带内孕育着一期非造山花岗岩就位。

受始新世末以来帕米尔向北突刺挤入作用的影响，西昆仑山脉的南北向缩短机制加剧，其主要影响范围在山脉北坡至盆地边缘。山前地带的一些地区推覆断面发生了反转，表明其前锋阻力大，前锋带上的多条推覆断层出现了复合追并现象，多种证据表明，早期推覆构造的发展是后展式的。

第六章 结束语

第一节 取得的主要成果

一、地层方面

1. 对测区地层进行了构造地层分区，系统建立了测区地层层序，查明了各地层单元的时空展布规律。对沉积地层进行了岩石地层、生物地层、年代地层为主的多重地层划分；对火山地层进行了岩石地层划分；对变质地层进行了构造-地层划分。重新厘定了测区地层系统，建立组级正式地层单位 37 个，其中新建地层单位 2 个，新划分地层单位 3 个，(岩)群级地层单位 17 个。对中新生代地层还进行了层序地层划分，划分为 1 个巨层序，5 个超序，共 12 个Ⅲ级层序，为区域海平面变化和盆地演化研究丰富了资料。对塔里木盆地区晚古生代地层和中新生代地层进行了盆地沉积组合和演化分析，丰富了该区地质演化历史研究的内容。

2. 在原划泥盆系克孜勒陶组下部发现重要平行不整合面，界面上下岩性组合和外貌特征截然不同，下红上绿。把克孜勒陶组定义为不整合面之上部分，时代为中泥盆世；在不整合面之下泥岩夹层中采获丰富的孢子花粉 *Leiotriletes* sp.，*Geminospora nanus*(Naumova)Gao 等，时代为中泥盆世，新建阿克巴西麻扎尔组(D_2a)，代表中泥盆世早期拉张之前的浅滩-陆相氧化环境沉积。

3. 在恰尔隆北的克斯麻克、布拉达坂一带达里约尔组红色岩系之上发现一套灰岩地层，采获双壳类 *Anuliconcha* cf. *interlineata* (Meek et Worthem)，*Phestia*? sp.，*Pernopecten*? sp.，*Sedgwidcia*? sp.，*Heteropecten* sp.，腕足类 *Athyris*? sp. 等，暂归晚二叠世，新建克斯麻克组。

4. 在乌依塔克南库夏勒一带原划中侏罗统杨叶组含煤岩系中采获大量植物化石，含晚三叠世标准分子 *Cycadocarpidium swabii* Nathorst，下部为碎屑岩夹煤层，上部为中基性火山碎屑岩、熔岩，与上下地层均为不整合关系；对其区域展布和纵横向变化进行了详细研究，沿用霍峡尔组名称，置上三叠统。

5. 理清了测区石炭系地层系统。将塔里木地层区与西昆仑地层区分界线放在空贝利-木扎灵一线；提出库山河地区石炭系与考库亚地区石炭系之间本质差异是同一个海盆地不同部位变化的结果，恰尔隆和奥依塔克地区石炭系与前二者的差异则是盆地演化不同阶段的结果。

6. 重新厘定了英吉莎群的含义。根据岩石组合、生物年代、地球化学等多方面综合研究，将吐依洛克组时代置古新世早期，从而使英吉莎群成为一个跨年代地层单位，其时代为晚白垩-古新世。

二、岩浆岩方面

1. 在奥依塔克西发现蛇绿岩和放射虫硅质岩；首次提出乌鲁阿特组火山岩是以洋脊火山岩为主夹杂部分洋内弧火山岩的大洋火山岩；在巧去里至昆盖山一线识别出一个晚石炭—早二叠世大陆弧火山岩带；第一次在克孜勒陶组内发现火山岩，主要为玄武岩及少量斑状玄武岩，高 TiO_2、K_2O，低 MgO，为大陆拉斑玄武岩系列。

2. 发现木吉地区前人所谓的超基性岩块体仅分布于志留系中，呈透镜体或脉状产于泥板岩层间，偶切层，主要由角闪石或次闪石组成，高 Al_2O_3、K_2O，低 Cr、Ba，属大陆拉斑玄武岩系列，为泥盆纪陆内拉张活动产物，不是蛇绿岩，证实喀拉特河上游至喀拉佐克地区不存在蛇绿岩或者混杂岩带。

3. 经过详细的填图和对比研究，共填绘出各类岩体 52 个，解体出 72 个侵入体，分为北、中、南 3 个构造岩浆岩带;从侵位时间上分为寒武纪、晚奥陶世、泥盆纪、晚石炭世、二叠纪、三叠纪、古近纪 7 个岩浆活动期多种成因类型。

4. 正确厘定了岩石类型及成因类型,为反演大地构造演化规律打下了坚实的基础。在玉其卡帕-巴西且木干正长花岗岩带中发现了萤石,根据该岩体低 Fe、更贫 Mg、高 F 而不富集高价阳离子的特征,初步认定其为典型的"富钾钙碱性花岗岩"而非"A"型花岗岩,是"后造山"或"后碰撞"背景的产物;发现穷布斯萨依岩体为一强过铝花岗岩,各项特征与巴尔巴林的"含堇青石过铝花岗岩"相当,为大陆碰撞型花岗岩;综合木吉一带广泛分布的石英闪长岩-英云闪长岩-花岗闪长岩岩体详实的野外地质资料和地球化学信息判定,该岩带为典型的三叠纪火山弧花岗岩。

三、构造方面

1. 查明了测区构造格架和构造演化历史。以空贝利-木扎灵断裂和江托克铁热克达坂断裂为界将测区分为 3 个一级构造单元,进一步分为 4 个二级构造单元、8 个三级构造单元。经本次填图共识别出具一定规模的断裂 37 条,查明了各级褶皱的分布及规律。

2. 在西昆仑山前七美干、奥依塔克至坑希维尔等地,填绘出大量的逆冲推覆岩片,推覆方向为南西—北东向,波及新近纪以前的所有地层,但在七美干地区,推覆作用主要表现在白垩系以前地层中,古近纪以来地层主要以右行顺层走滑为主。

3. 通过对奥依塔克蛇绿岩和石炭—二叠纪火山岩研究,确认奥依塔克—恰尔隆地区是一个从中泥盆世开始拉张至中二叠世前后闭合的晚古生代裂陷槽,与库地原特提斯洋在时间上和空间上都不相关。

第二节 存在的主要问题

1. 测区属边境地区,边境管理严格,地面工作常常受到限制,个别地区控制程度不高,少数地层单元没有实测剖面,如上石炭统—下二叠统哈拉米兰河群。另有一部分因地表覆盖严重,无法测制,如上更新统新疆群。

2. 木吉地区的志留系和木扎灵地区的奥陶系缺乏准确化石依据,以后工作中应加强化石采集与研究工作。

参考文献

陈德潜,陈刚,等. 实用稀土元素地球化学. 北京:冶金地质出版社,1990.

陈汉林,杨树锋,等. 西昆仑甜水海地区前陆褶皱冲断带的构造样式及其演化. 地质学报,2000,74(2):134～141.

陈杰,曲国胜,胡军. 帕米尔北缘弧形推覆构造带东段的基本特征与现代地震活动. 地震地质,1997,19(4):301～302.

蔡土赐. 新疆早石炭世早期地层——和布克河组及库山河组. 新疆地质,1986,4(4):60～66.

成守德,刘朝荣,肖立新. 塔里木盆地西部及邻区构造格局与演化. 新疆地质,2002,20(增刊):13～18.

陈中强. 塔里木盆地西南缘达木斯剖面晚泥盆世 *Cyrtospirifer* 动物群的发现. 古生物学报,1995,34(4):495～504.

陈中强. 塔里木西南缘和什拉甫组的微地层分析——点断加积旋回理论的应用. 沉积学报,1995,13(增刊):38～45.

丁道桂等. 西昆仑造山带与盆地. 北京:地质出版社,1996.

丁跃潮. 塔里木西部石炭—二叠纪地层划分对比. 新疆石油学院学报,1995,7(1):1～11.

地质矿产部区域地质矿产地质司. 火山岩地区区域地质调查方法指南. 北京:地质出版社,1987.

地质矿产部直属单位管理局. 沉积岩区 1∶5 万区域地质填图方法指南. 武汉:中国地质大学出版社,1991.

地质矿产部直属管理局. 花岗岩类区 1∶5 万区域地质填图方法指南. 北京:地质出版社,1991.

董申保,等. 中国变质作用及其与地壳演化的关系. 北京:地质出版社,1986.

高联达,詹家祯. 新疆叶城奇自拉夫群 *Retispora lepidophyta* 的发现及其意义. 中国区域地质,1994 (3):284.

高鹏,张东生. 西昆仑阿克塔什一带逆冲-推覆构造特征. 新疆地质,1994,12(2):115～123.

高鹏. 昆盖山北坡阿克吐北-塔西克西韧性剪切带特征. 新疆地质,1998,16(2):179～184.

郭宪璞. 塔里木盆地西部海相白垩系—第三系界线划分的研究. 地球科学(中国地质大学学报),1990,15(3):325～335.

郭宪璞. 塔里木盆地西部白垩纪—古新世有孔虫群落的划分及其环境意义. 地球学报,1995(1):77～86.

侯鸿飞,王士涛,等. 中国的泥盆系. 北京:地质出版社,1988.

何镜宇,孟祥化,等. 沉积岩和沉积相模式及建造. 北京:地质出版社,1987.

韩同林. 西藏活动构造. 北京:地质出版社,1987.

郝诒纯,曾学鲁,李汉敏. 塔里木盆地西部晚白垩世—第三纪地层及有孔虫. 地球科学(武汉地质学院学报)——地层古生物专辑(Ⅰ),1982,17(2):1～161.

郝诒纯,郭宪璞,叶留生. 塔里木盆地西南地区海相白垩系—第三系界线研究. 北京:地质出版社,2001.

姜春发,王宗起. 中央造山带开合构造. 北京:地质出版社,2000.

姜春发,冯秉贵,杨经绥. 昆仑地质构造轮廓. 中国地质科学院地质研究所所刊,1986,(15):70～78.

John B,Sangree Peter R,Vait. 应用层序地层学. 张宏逵等译. 东营:石油大学出版社,1990.

贾群子,等. 西昆仑块状硫化物矿床成矿条件和成矿预测. 北京:地质出版社,1999.

姜耀辉,芮行健,贺菊瑞. 西昆仑山加里东期花岗岩类构造的类型及其大地构造意义. 岩石学报,1999,15(1):105～115.

姜耀辉,芮行健,郭昆一,等. 青藏高原乌依塔克花岗岩体地球化学及其大地构造意义. 地球化学,2000,29(3):259～262.

刘宝珺,曾允孚. 岩相古地理基础和工作方法. 北京:地质出版社,1985.

刘海兴,秦海西,杨志勇. 塔里木盆地三叠—侏罗纪沉积相. 沉积与特提斯地质,2003,23(1):37～44.

李建华,张家声,单新建.西昆仑—西南天山地区断裂活动性研究.地质学报,2002,76(3):347～353.
李锦轶,肖序常.对新疆地壳结构与构造演化几个问题的简要评述.地质科学,1999,34(4):405～419.
李少娟,冯新疆,张红喜,等.新疆英吉沙南克孜勒陶组沉积特征及沉积相.新疆地质,2004,22(2):155～159.
李武显,李献华.蛇绿岩中的花岗质岩石成因类型与构造意义.地球科学进展,2003,18(3):392～397.
刘训,Graham S,Chang E.塔里木板块周缘晚古生代以来的构造演化.地球科学,1994,19(6):715～725.
刘训.天山—西昆仑地区沉积-构造演化史.古地理学报,2001,3(3):21～31.
李向东,王元龙,黄智龙.康西瓦走滑构造带及其大地构造意义.新疆地质,1996,14(3):204～212.
李向东,王克卓.塔里木盆地西南及邻区特提斯格局和构造意义.新疆地质,2000,18(2):113～120.
李向东,王克卓.西昆仑山北缘盆地构造转换解析.新疆地质,2002,20(增刊):19～25.
李永安,等.中国新疆西部喀喇昆仑羌塘地块及康西瓦构造带构造演化.乌鲁木齐:新疆科技卫生出版社,1995.
刘肇昌.板块构造学.重庆:四川科学技术出版社,1985.
刘增仁,等.塔里木西南缘齐姆根—桑株河地区石炭—二叠系沉积特征及沉积相.新疆地质,2003,21(3):280～285.
马华东,杨子江.塔里木盆地西南新生代盆地演化特征.新疆地质,2003,21(1):92～95.
孟祥化,葛铭,等.沉积盆地与建造层序.北京:地质出版社,1993.
潘裕生.西昆仑构造特征与演化.地质科学,1990(3):224～231.
潘裕生.青藏高原第五缝合带的发现与论证.地球物理学报,1994,37(2):184～192.
邱家骧,林景仟.岩石化学.北京:地质出版社,1991.
孙海田,李纯杰,李锦荣,等.西昆仑布伦口地区发现铁铜共生矿床成矿带.地球学报,1996,17(3).
孙海田等.西昆仑金属成矿省概论.北京:地质出版社,2000.
吴利仁.论中国基性、超基性岩成矿专属性.地质科学,1963(1):29～41.
王仁民,王书来,汪东坡,等.新疆西昆仑金(铜)矿找矿前景分析.地质找矿论丛,2000,15(3):224～229.
王世炎,姚建新,肖序常,等.新疆塔什库尔干县达布达尔志留纪笔石动物群的新发现.地质学报,2003,22(10):839～840.
伍秀芳,刘胜,汪新,等.帕米尔—西昆仑北麓新生代前陆褶皱冲断带构造剖面分析.地质科学,2004,39(2):260～271.
王毅,张一伟,金之钧,等.塔里木盆地构造-层序分析.地质论评,1999,45(5):504～513.
王元龙,李向东,黄智龙.新疆西昆仑康西瓦构造带地质特征及演化.地质地球化学,1996,(2):48～54.
王元龙,李向东,毕华.西昆仑地蛇绿岩的地质特征及其形成环境.长春地质学院学报,1997,27(3):304～309.
王增吉,等.中国的石炭系.北京:地质出版社,1990.
伍致中.塔里木盆地西部及邻区构造形成机制.新疆石油地质,1996,17(2):97～104.
肖安成,杨树锋,陈汉林.西昆仑山前冲断系的结构特征.地学前缘,2000,7(增刊):128～136.
新疆维吾尔自治区区域地层表编写组.西北地区区域地层表·新疆维吾尔自治区分册.北京:地质出版社,1981.
新疆地矿局地质矿产研究所,新疆地矿局第一区调大队.新疆古生界(新疆地层总结之二).乌鲁木齐:新疆人民出版社,1991.
新疆维吾尔自治区地质矿产局.新疆维吾尔自治区区域地质志.北京:地质出版社,1993.
新疆维吾尔自治区地质矿产局.新疆维吾尔自治区岩石地层.武汉:中国地质大学出版社,1999.
肖文交,侯泉林,李继亮.西昆仑大地构造相解剖及其多岛增生过程.中国科学(D辑),2000,30(增刊):22～27.
殷鸿福,等.中国古生物地理学.武汉:中国地质大学出版社,1988.
尹嘉珉,乔俊军.新疆维吾尔自治区地图册.北京:中国地图出版社,2003.
俞建章,等.石炭纪二叠纪珊瑚.长春:吉林人民出版社,1983.
姚培毅.青藏高原北部生物古地理.北京:地质出版社,1999.
游振东,王方正.变质岩岩石学教程.武汉:中国地质大学出版社,1988.
赵飞霞.动力沉积学与陆相沉积.北京:科学出版社,1992.

中国地层典编委会. 中国地层典·第三系. 北京:地质出版社,1999.

中国地层典编委会. 中国地层典·侏罗系. 北京:地质出版社,2000.

中国地层典编委会. 中国地层典·二叠系. 北京:地质出版社,2000.

中国地层典编委会. 中国地层典·石炭系. 北京:地质出版社,2000.

中国地层典编委会. 中国地层典·泥盆系. 北京:地质出版社,2000.

朱怀诚. 塔里木盆地西南缘晚泥盆世孢子的发现及其意义. 地层学杂志,1996,20(4):252~261.

朱怀诚,赵治信,刘静江,等. 塔里木盆地早石炭世早期孢子化石的发现及其地层意义. 地层学杂志,1998,22(4):295~298.

朱怀诚. 新疆南部莎车奇自拉夫组晚泥盆世孢子组合及孢粉相研究. 古生物学报,1999,38(1):56~85.

张建东,朱志新. 库山河组牙形石的发现及其意义. 新疆地质,2004,22(2):160~163.

郑家风,穆曙光. 塔里木盆地震旦纪—奥陶纪岩相古地理. 西南石油学院学报,1994,17(4):1~5.

朱如凯,罗平,罗忠. 塔里木盆地晚泥盆世及石炭纪岩相古地理. 古地理学报,2002,4(1):13~24.

赵文智,靳久强,薛良清. 中国西北地区侏罗纪原型盆地形成与演化. 北京:地质出版社,2000.

张希明. 塔里木盆地中新生代沉积演化特征. 新疆地质,2001,19(4):246~250.

祝新友,汪东波,王书来. 西昆仑海相火山岩及其有关大型铜矿成矿前景的初步分析. 地质学报,1999,45(增刊):995~1 001.

祝新友,汪东坡,王书来. 西昆仑海相火山岩及其有关大型铜矿成矿前景的初步分析. 地质论评,1999,45(增刊).

祝新友,汪东坡,王书来. 新疆西昆仑大型铜矿成矿条件分析. 地质与勘探,2000,36(5).

赵志信,韩建修,王增吉. 塔里木盆地西南缘石炭纪地层及其生物群. 北京:地质出版社,1978.

周志毅,林焕令. 西北地区地层/古地理和板块构造. 南京:南京大学出版社,1995.

周志毅. 塔里木盆地各纪地层. 北京:科学出版社,2001.

Barker F, Arth J G. Ceneration of trondhjemitictonalitic liquids and Archean bimodal. Trondhjemite-basalt suites. Geology,1976(4):596~600.

Ch 鲍梅罗尔,C 巴宾,Y 兰斯洛特,等. 地层学和古地理学原理与方法. 芮仲清等译. 北京:科学出版社,1990.

Coleman R G,Peterman Z E. Oceanic plagiogranite. J Geophys Res,1975(80):1 099~1 108.

DeLa Roche H,*et al*. A classification of volcanic and plutonic rocks using R1 - R2 diagram and major-element analyses—its relationships with current nomenclature. Chem Petro, 1980(29):183~210.

Ewart A. A review of minerlogy and chemistry of Tertiary—Recent dacitic,latitic,rhyolitis and related salic volcanic rocks. In:Trondhjemites,dacite,and related rocks,Barker F. Amsterdam:Elsevie Scientific Publishing Co,1979. 13~122.

Harris B W,Tindle A G. Trace element discrimination diagrams for the tectonic interpretation of granitic rocks. J Petrol,1984,25(4):956~983.

Irvine,T N. A guide to the chemical classification of the common volcanic rocks. Can J Earth Sci, 1971(8):32~548.

Le Bas,M J, *et al*. A chemical classification of volcanic rocks based on the total alkalisillica diagram. J Petro, 1986, 27(3):745~750.

Le Maitre R W,*et al*. A classify of igneous rocks and glossar of terms. Recommendations of the interrational nion of Geological Sciences-Subcommission on the Systematics of igneous rocks. Blachwell Scientific Publications,1989.

Macdenald G A. Composition and origin of Hawaiian laves. Geol Soc Amer,1968(116):477~22.

Maniar P D,Piccoli P M. Tectonic discrimination of granitoids. Geol Soc, 1989(101):635~643.

Meschde M. A method of discriminating between different types of mid—ocean ridge basalts and continental tholeites with the Nb-Zr-Y diagram. Chemical Geology,1986(56):207~218.

Miyashiro A. Volcanic rock series in island arcs and active continental margins. Am. J Sci, 1974, 274(4):321~355.

Miyashiro A. Classification characteristics and origin of ophiolites. J Geol, 1975,83(2):249～281.

Statistical analysis of major element patterns in basalts. J Petrol, 1976,17(1):15～43

Pearce J A. Trace element characteristics of lavas form the destruclive plate boundaries. In:Thorpe R S (ed) . Arpretation,1982,525～547.

Pearce J A,Harris B W,Tindle A G. Trace element discrimination diagrams for the tectonic intndesites of granitic rocks. 1984, 25(4): 956～983.

PearceT H,Gorman B E,Birkett T C. The realationship between major element chemistry and tectonic environment of basic and intermediate volcanic rocks. Earth Planet Sci, 1977(36):121～132.

Peceerillo A, *et al*. Geochemistry of Eocene calc-alkaline volcanic rocks from the Kastamenu area northeron Turky. Contrib Miner, 1976,58(1):63～81.

Rittmann A. Note to contribution byV Gottini on the "Serial character of the volcanic rocks of Pantelleria". Bull, 1970(33):979～981.

Winchester J A. Deferent Moinian amphibolite suites in north Ross-shire Scott. J Geol,1976(16):165～179.

Winchester J A,Floyd P A. Discrimination of different magma series and their diffentiation products using immobile elements Chem. Geol,1977(20):325～343.

Wood D A,Joron J L,Treuil M. A reappraisal of the use of trace elements to classify and discriminate betwoon magma series erupted in different teconic settings. Earth Plant Sci,1979(45):326～336.

Wright J B. A Simplealk alinity Ratio and is applicatiom to questions of non—orogenic granites. Geol Mag,1969, 106(4):370～384.

Vande Kamp P C,Beakhous G P. Paragenesis in the Pakwash Lack area,English River Gneiss Belt,Northwest Ontario. Can J Earth Sci,1979,16(9):1 753～1 763.

Zindle A,Hart S R. Chemical geodynamics. J Ann Rev Earth Plant Sci,1986,(14):463～471.

图版说明及图版

图版Ⅰ

1. 新芦木(未定种) *Neocalamites* sp.，×1。采集号:H454/5-6。阿克陶县霍峡尔煤矿，上三叠统霍峡尔组。

2. 细齿似托第蕨 *Todites denticulatus* (Brongn.) Krasser，×1。采集号:H454/5-7。阿克陶县霍峡尔煤矿，上三叠统霍峡尔组。

3. 细齿似托第蕨 *Todites denticulatus* (Brongn.) Krasser，×1。采集号:H454/5-5。阿克陶县霍峡尔煤矿，上三叠统霍峡尔组。

4. 锥叶蕨(未定种) *Coniopteris* sp.，×1。采集号:H6552/1-(8)。阿克陶县库尔干塔格南，下侏罗统康苏组。

5. 细齿似托第蕨 *Todites denticulatus* (Brongn.) Krasser，×1。采集号:H454/5-3。阿克陶县霍峡尔煤矿，上三叠统霍峡尔组。

6. 霍尔新芦木 *Neocalamites hoerensis* (Schimper) Halle，×1。采集号:H6552/1-(1)。阿克陶县库尔干塔格南，下侏罗统康苏组。

7. 霍尔新芦木 *Neocalamites hoerensis* (Schimper) Halle，×1。采集号:H6552/1-(2)。阿克陶县库尔干塔格南，下侏罗统康苏组。

8. 细齿似托第蕨 *Todites denticulatus* (Brongn.) Krasser，×1。采集号:H454/5-1。阿克陶县霍峡尔煤矿，上三叠统霍峡尔组。

9. 细齿似托第蕨 *Todites denticulatus* (Brongn.) Krasser，×1。采集号:H454/5-4。阿克陶县霍峡尔煤矿，上三叠统霍峡尔组。

9a. 为图 9 放大 2 倍

图版Ⅱ

1,2. 棚珊瑚(未定种) *Dibunophyllum* sp.。1—横切面，×4；2—纵切面，×4。采集号:DH303/29-1。阿克陶县恰看特勒克，上泥盆统—下石炭统克里塔克组。

3,4. 棚珊瑚(未定种) *Dibunophyllum* sp.。3—横切面，×1.5；4—纵切面，×1.5。采集号:DH304/33-3。阿克陶县恰看特勒克，下石炭统和什拉甫组。

5,6. 辐射珊瑚(未定种) *Actinocyathus* sp.。5—横切面，× 2；6—纵切面，× 2。采集号:DH304/37-1。阿克陶县恰看特勒克，下石炭统和什拉甫组。

7,8. 假内沟珊瑚(未定种) *Pseudozaphrentis* sp.。7—横切面，× 4；8—纵切面，× 4。采集号:DH213/69-1。阿克陶县阿克巴西麻扎尔西，中泥盆统克孜勒陶组。

图版Ⅲ

1～4. 小马丁贝(未定种) *Martiniella* sp.。1—背视；2—腹视；3—侧视；4—前视，均×1。采集号:HS652/13-2。阿克陶县库尔干塔格南，下石炭统罕铁热克组。

5～7. 西方优美阿历克山贝(未定种) *Alexania* cf. *gratiodentalis* (Grabau)。5—腹视；6—侧视；7—背视，均×1.5。采集号:DH304/38—2。阿克陶县恰看特勒克，下石炭统和什拉甫组。

8,9. 盖刺贝(未定种) *Stegacanthia* sp.。8—腹视；9—侧视，采集号:DH652/4。阿克陶县库尔干塔格南，下石炭统罕铁热克组。

10～12. 李希霍芬贝(未定种) *Richthofenia* sp. 。10—侧视；11—侧视，均×1.5；12—腹视，×1。采集号：DH2043/1－2。阿克陶县可西土东，上石炭统—下二叠统塔哈奇组。

13. 横展准腕孔贝 *Brachythyrina lata* Chao。腹视，×1。采集号：HS6552/南 1－1。阿克陶县库尔干塔格南，下石炭统罕铁热克组。

14～18. 波形波形贝 *Fluctuaria undata* (Defrance)。14—后视；15—腹视；16—侧视，均×1；17—腹视；18—侧视，均×1.5。采集号：DH652/6。阿克陶县库尔干塔格南，下石炭统罕铁热克组。

19. 阔脊大长身贝 *Gigantoproductus latissimus* (Sowerby)。腹视，×1。采集号：DH304/35－1。阿克陶县恰看特勒克，下石炭统和什拉甫组。

20. 不规则大长身贝 *Gigantoproductus irregularis* (Janischewsky)。腹视，×1。采集号：DH304/38－1。阿克陶县恰看特勒克，下石炭统和什拉甫组。

21，22. 超大大长身贝 *Gigantoproductus superbus* (Sarytcheva)。21—侧视；22—腹视，均×1。采集号：DH304/38－2。阿克陶县恰看特勒克，下石炭统和什拉甫组。

图版Ⅳ

1，2. 长形准腕孔贝(比较种) *Brachythyrina* cf. *longa* Chao。1—腹视；2—背视，均×1。采集号：DH652/13－3。阿克陶县库尔干塔格南，下石炭统罕铁热克组。

3～5. 亚洲纹窗贝 *Phricodothyris asiatica* (Chao)。3—背视；4—腹视；5—侧视，均×1。采集号：DH652/6。阿克陶县库尔干塔格南，下石炭统罕铁热克组。

6，10. 直形贝(未定种 A) *Orthotetes* sp. A 。6—背视，×1.5，10—腹视，均×1。采集号：DH304/90－1。阿克陶县恰看特勒克，下二叠统克孜里奇曼组。

7. 弯嘴贝(未定种) *Streptorhynchus* sp. 。腹视，×1。采集号：DH5051/1。阿克陶县阿克奇北东，上石炭—下二叠统塔哈奇组。

8，9. 直形贝(未定种 B) *Orthotetes* sp. B。8—背视；9—腹内，均×1。采集号：DH304/90－2、DH5051/2。阿克陶县恰看特勒克，下二叠统克孜里奇曼组。

11～13. 粗糙纹褶贝 *Liraplecta aspera* (Wang)。11—后视；12—腹视；13—侧视，均×1。采集号：DH304/99－3。阿克陶县恰看特勒克，下二叠统克孜里奇曼组。

14. 李氏纹褶贝 *Liraplecta richthofeni* (Chao)。背内(破片)，×1。采集号：DH5051/1。阿克陶县阿克奇北东，上石炭—下二叠统塔哈奇组。

15. 最小无窗贝 *Athyris mininus* Ustrisky。群体，×1。采集号：DH2063/1。阿克陶县喀不喀达坂南东，下二叠统克孜里奇曼组。

16. 圆形马丁贝 *Martinia orbicularis* Gemmellaro。群体，×1。采集号：DH304/99－1。阿克陶县恰看特勒克，下二叠统克孜里奇曼组。

图版Ⅴ

1，2. 粗糙刺无洞贝广西变种 *Spinatrypa* var. *kwangsiensis* (Grabau)。1—背视；2—前视，均×1.5。采集号：DH213/50－1(3)。阿克陶县阿克巴西麻扎尔西，中泥盆统克孜勒陶组。

3，4. 李希霍芬无洞贝 *Atrypa richthofeni* (Kayser)。3—前视；4—腹视，均×1.5。采集号：DH213/52－1(1)。阿克陶县阿克巴西麻扎尔西，中泥盆统克孜勒陶组。

5，6. 无洞贝近似白石种 *Atrypa* cf. *peshiensis* Grabau。5—背视；6—前视，均×2。采集号：DH213/50－1(5)。阿克陶县阿克巴西麻扎尔西，中泥盆统克孜勒陶组。

7. 弓石燕未定种 *Cyrtospirifer* sp. 。腹视，×1。采集号：DH218/44(5)。英吉沙县水泥厂，上泥盆统—下石炭统克里塔克组。

8，9. 次阔弓石燕 *Cyrtospirifer subestensus* (Martelli)。8—前视；9—腹视，均×1。采集号：DH218/43－1(2)。英吉沙县水泥厂，上泥盆统—下石炭统克里塔克组。

10. 弓石燕近似准噶尔种 *Cyrtospirifer* cf. *junggarensis* Zhang。背视，×1.5。采集号：DH218/43－

1(4)。英吉沙县水泥厂,上泥盆统—下石炭统克里塔克组。

11,12. 似阿卡斯弓石燕 *Cyrtospirifer archiaciformis*(Grabau)。11—腹视;12—背视,均×1。采集号:DH218/43-1(7)。英吉沙县水泥厂,上泥盆统—下石炭统克里塔克组。

13,14. 似华里查弓石燕 *Cyrtospirifer pellizzariformis*(Grabau)。13—腹视;14—背视,均×1。采集号:DH218/43-1(3)。英吉沙县水泥厂,上泥盆统—下石炭统克里塔克组。

15. 英吉沙弗莱明蛎 *Flemingostrea yengisarica*(Wei)。15a—右内视;15b—右前视;15c—右侧视,均×1。采集号:DH403/19-2。阿克陶县七美干,古近系喀什群。

图版Ⅵ

1. 褶鼻蛎 *Rhynchostreon plicatulum* (Lamarck)。1 a—左侧视;1b—左后视;1 c—左内视,均×1。采集号:DH209/89-1(2)。阿克陶县同由路克,上白垩统—古新统英吉莎群。

2. 近圆似镜蛤 *Dosiniopsis subrotunda*(Sowerby)。群体,均×1。采集号:DH209/88-1(1)。阿克陶县同由路克,上白垩统—古新统英吉莎群。

3. 辐射蛤科 Radiolitidae。下壳体腔印模×1。采集号:DH502/6。阿克陶县克斯麻克,上二叠统克斯麻克组(P_3k)。

4. 辐射杜兰蛤 *Durania radiatus* Yang。下壳群体横切面×1。采集号:DH209/100-1。阿克陶县同由路克,上白垩统—古新统英吉莎群。

5. 可汗可汗蛎 *Kokanosrtea kokanensis*(Sokolov)。5a—左侧视;5b—左内视;5c—左前视,均×1。采集号:DH403/16-1(11-15)。阿克陶县七美干,古近系喀什群。

6. 始拟纺锤䗴 *Eoparafusulina* sp.。×20。采集号:HD001/1。英吉沙县煤矿,上石炭—下二叠统特给乃奇克达坂组。

7. 假纺锤䗴 *Pseudofusulina* sp.。×20。采集号:HD001/1。英吉沙县煤矿,上石炭—下二叠统特给乃奇克达坂组。

8. 假纺锤䗴 *Pseudofusulina* sp.。中切面,×20。采集号:HD001/3。英吉沙县煤矿,上石炭—下二叠统特给乃奇克达坂组。

9. 假纺锤䗴 *Pseudofusulina* sp.。中切面,×20。采集号:HD001/2。英吉沙县煤矿,上石炭—下二叠统特给乃奇克达坂组。

图版Ⅶ

1. 阿克陶县阿克巴西麻扎尔西中泥盆统克孜勒陶组与阿克巴西麻扎尔组平行不整合接触关系。
2. 阿克陶县克斯麻克上二叠统达里约尔组与上石炭统—下二叠统特给乃奇克达坂组角度不整合接触关系。
3. 阿克陶县霍峡尔煤矿上三叠统霍峡尔组下部泥岩中硅化木。
4. 阿克陶县木吉南东孜勒墩泥火山堆形态特征。
5. 阿克陶县公格尔山北侧沟谷现代冰碛堆积体及地貌特征。
6. 阿克陶县奥依塔克岩体斜长花岗岩中下石炭统乌鲁阿特组捕虏体。
7. 阿克陶县奥依塔克岩体斜长花岗岩与下石炭统乌鲁阿特组侵入接触界面。
8. 阿克陶县维齐得歪岩体边部的下石炭统乌鲁阿特组火山岩捕虏体。

图版Ⅷ

1. 阿克陶县穷布斯岩体与库里巴克吉勒尕岩体接触处的火成角砾岩带。
2. 阿克陶县琼阿坡力别克岩体中的暗色岩浆包体内部捕获的砂岩、变粒岩块体。
3. 阿克陶县卜科内克岩体发育大量的沙热塔什岩体之捕虏体。
4. 阿克陶县考库亚断裂(F_{15})带中的变形透镜体。
5. 阿克陶县博孜达坂断裂(F_2)外貌。

6. 阿克陶县博孜达坂断裂(F_2)西盘喀什群中的平卧褶皱。
7. 阿克陶县伊里亚斯沟断裂(F_{13})推覆构造特征。
8. 阿克陶县坡克陶石炭系中“W“型褶皱特征。

图版Ⅸ

1. 阿克陶县其木干断裂(F_{43})中的透镜体
2. 阿克陶县阿托依那克韧性剪切带(F_{41})中的剪切褶皱。
3. 阿克陶县阿托依那克韧性剪切带(F_{41})中的黄铁矿压力影。
4. 阿克陶县阿托依那克韧性剪切带(F_{41})中的镜铁矿多米诺牌构造。
5. 阿克陶县巧去里逆冲推覆构造(F_{42})。
6. 阿克陶县巧去里逆冲推覆体前缘(F_{42})构造角砾岩。
7. 阿克陶县穷铁列克断裂(F_{44})西盘牵引褶皱。
8. 阿克陶县不留达坂断裂(F_{59})外貌。

图版Ⅹ

1. 阿克陶县艾去库雨阿格孜赫罗斯坦岩群中复式背斜核部褶皱。
2. 阿克陶县苏盖特复背斜转折端形态。
3. 阿克陶县苏盖特复背斜西翼中的紧闭褶皱。
4. 阿克陶县苏盖特复背斜西翼中的平卧褶皱。
5. 阿克陶县玉去托尔沟温泉沟群灰岩中的紧闭褶皱。
6. 阿克陶县江托克铁热克达坂断裂(F_{70})“σ”型长石旋转斑。
7. 阿克陶县阿帕阿格孜东南花岗质糜棱岩。
8. 阿克陶县阿帕阿格孜东南变形花岗岩中的拔丝构造。

图版Ⅺ

1. 阿克陶县克斯麻克上二叠统达里约尔组与下石炭统他龙群角度不整合接触关系影像特征。
2. 英吉沙南山前冲洪积扇群影像特征。
3. 阿克陶县其木干正长花岗岩侵入体影像特征。
4. 英吉沙县英吉沙背斜(核部为上新统阿图什组)影像特征。
5. 阿克陶县布伦口南活动构造带影像特征。
6. 慕士塔格雪山与喀拉库勒湖迷人的自然风光。
7. 公格尔山——冰雪世界。
8. 塔什库尔干塔吉克自治县卡拉苏口岸一带花岗岩风化外貌景观。

图版 I

图版 II

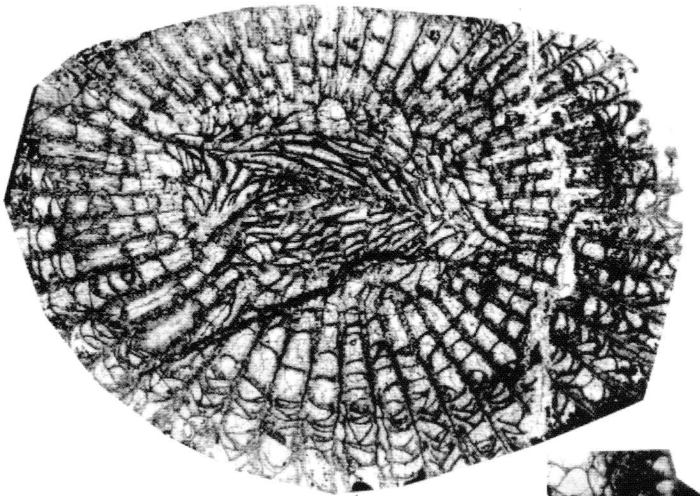

1

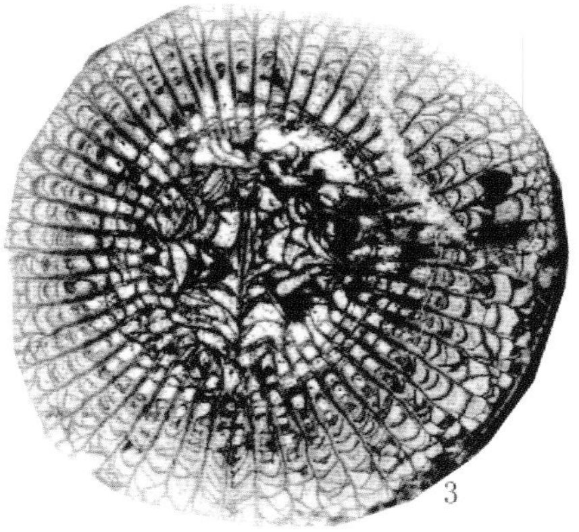

3

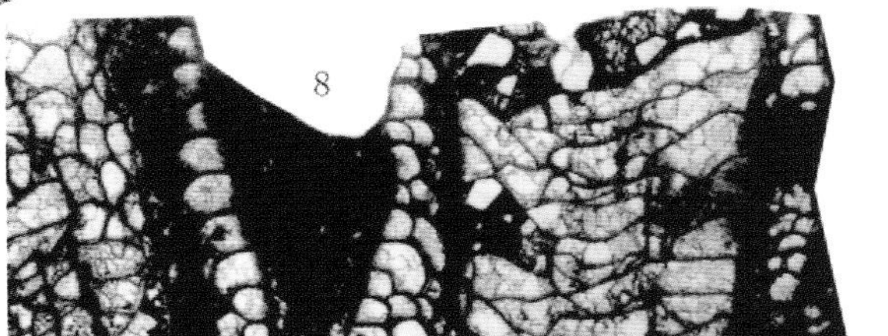

8

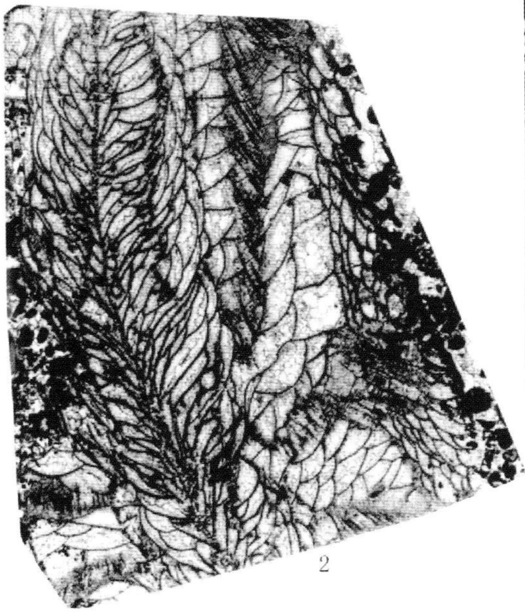

2

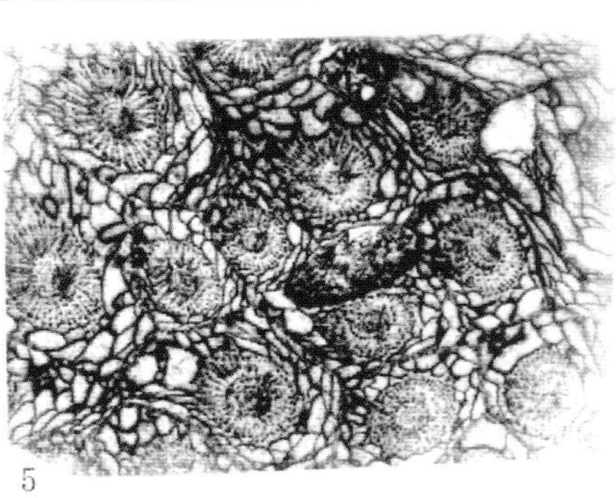

5

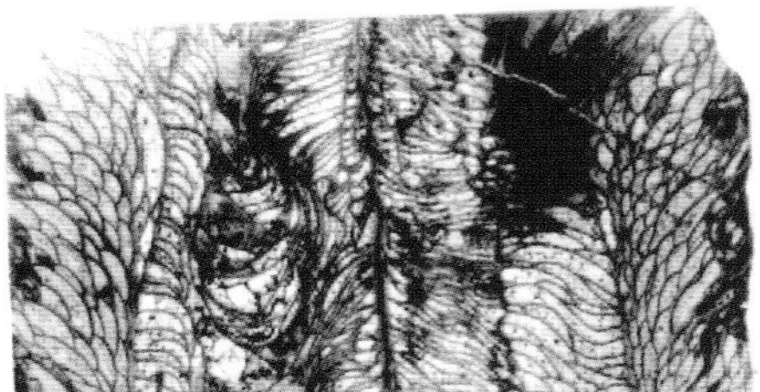

4

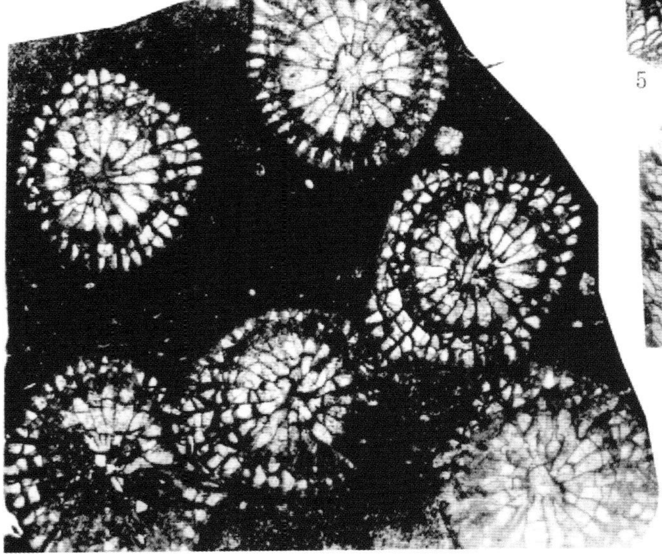

7

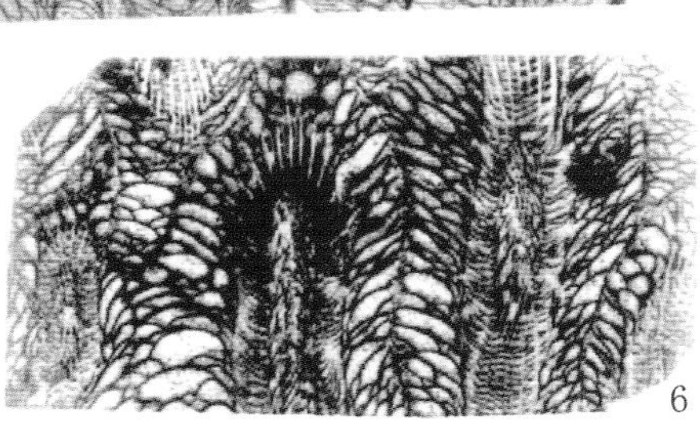

6

图版III

图版Ⅳ

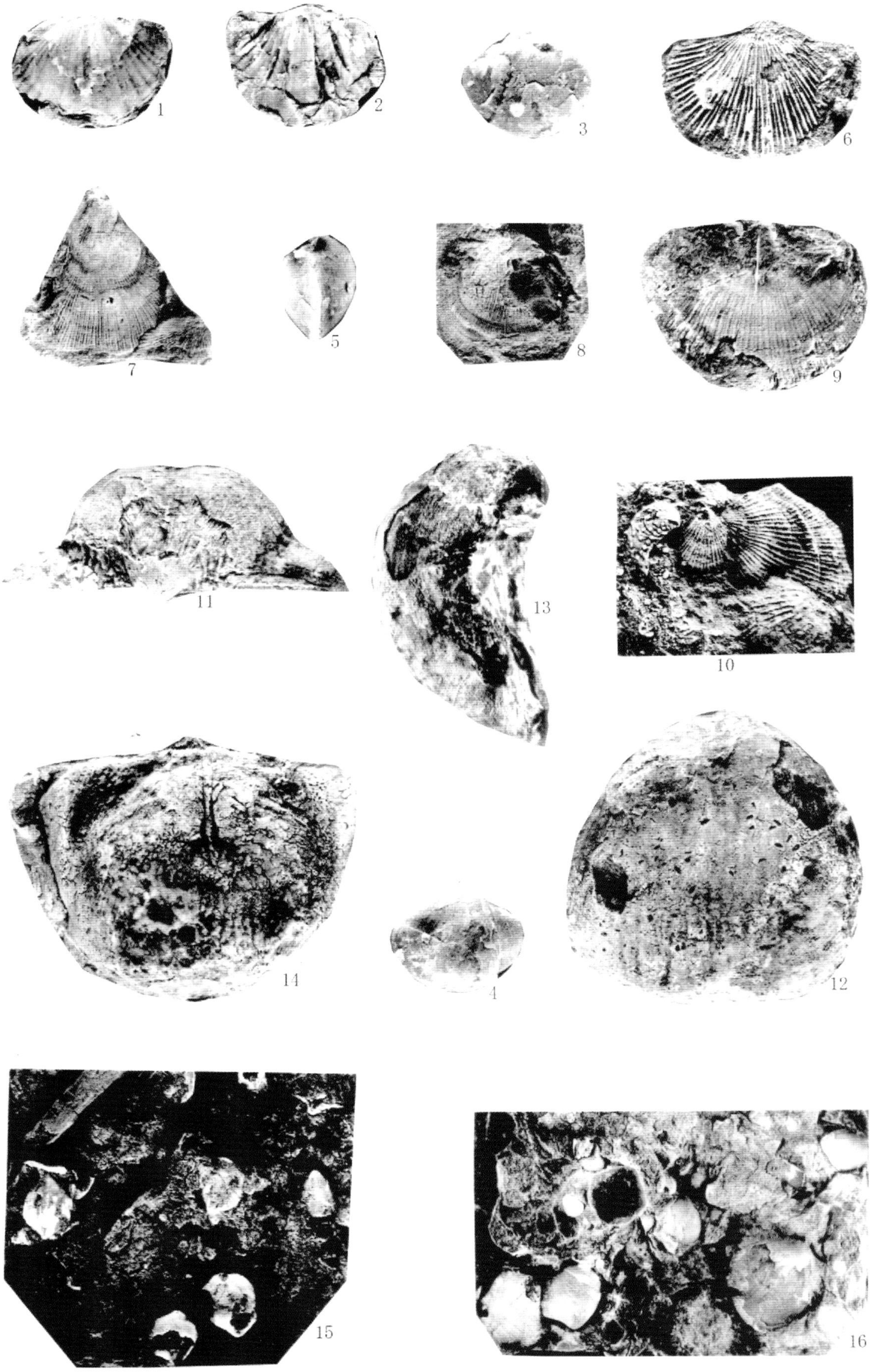

图版 V

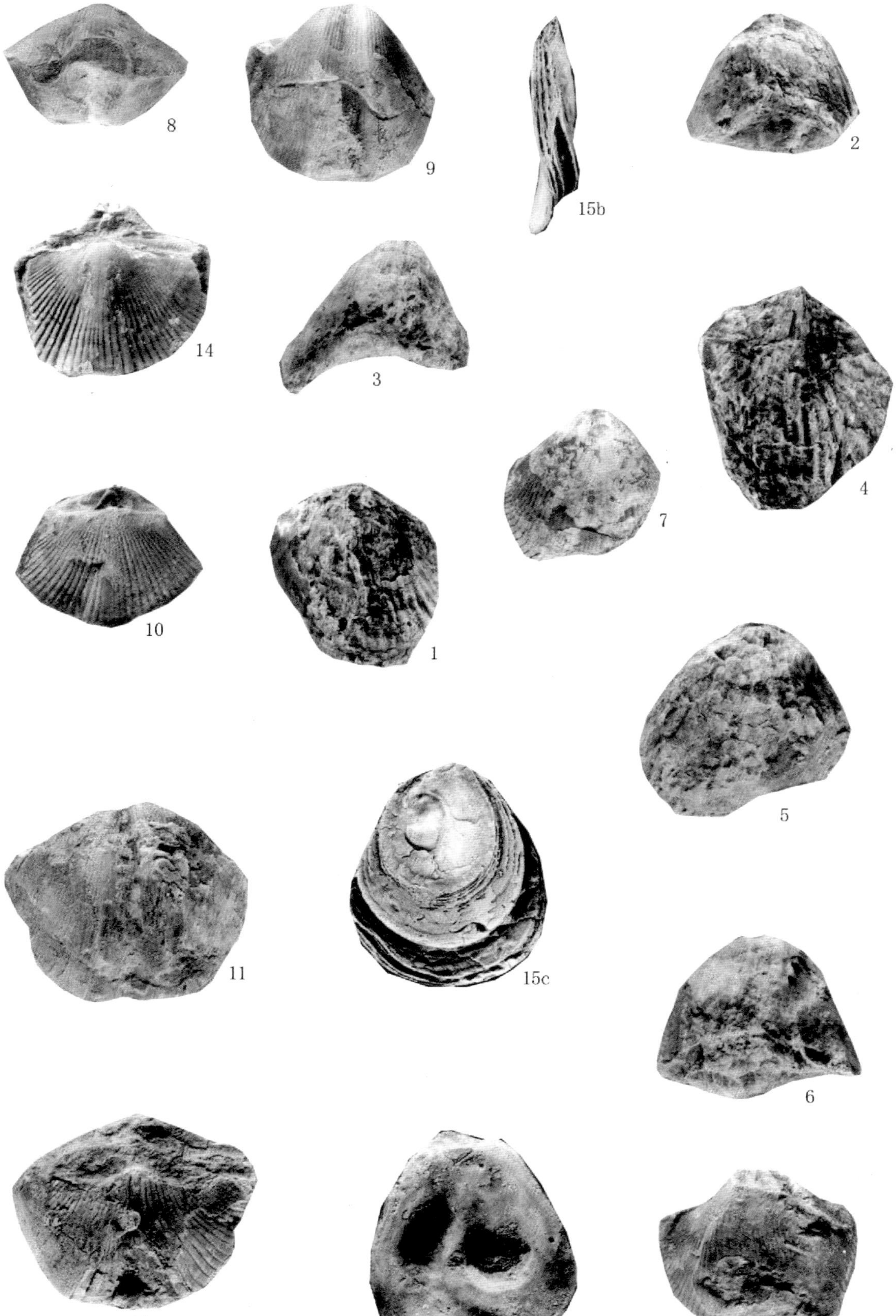

图版Ⅵ

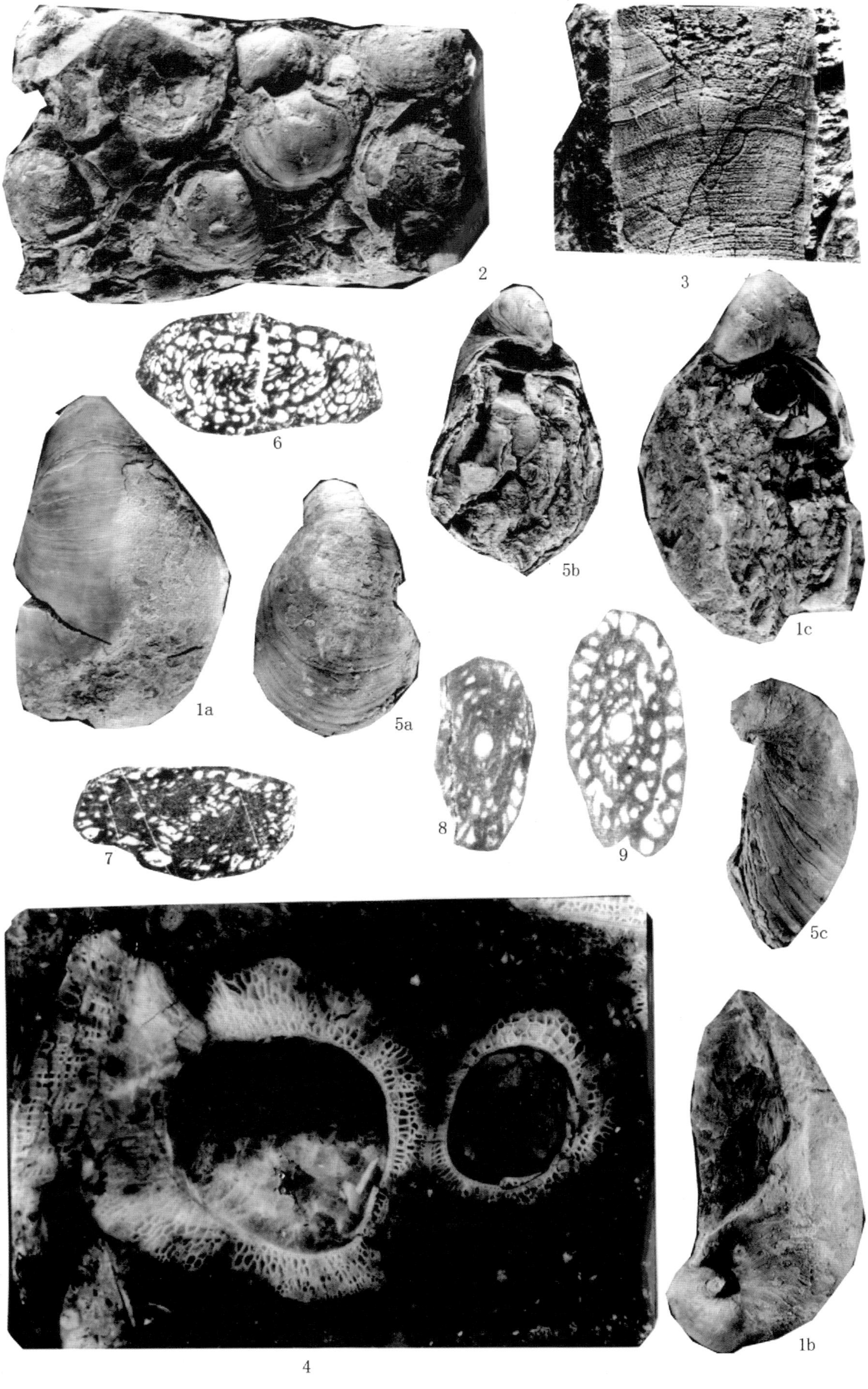

图版Ⅶ

图版Ⅷ

图版IX

图版 X

图版XI